Die

Bestimmung des Molekulargewichts

in

theoretischer und praktischer Beziehung.

Die

Bestimmung des Molekulargewichts

in

theoretischer und praktischer Beziehung.

Von

Dr. Karl Windisch.

Mit einem Vorwort

von

Professor Dr. Eugen Sell.

Mit in den Text gedruckten Figuren.

Berlin.

Verlag von Julius Springer.

1892.

Literaturverzeichniss.

Handbücher, Lehrbücher, Monographien u. s. w.

Babo, L. von, Ueber die Spannkraft des Wasserdampfs in Salzlösungen. Freiburg i. B. 1847.
Beilstein, F., Handbuch der organischen Chemie. 2. Aufl. Hamburg und Leipzig 1886—1890.
Berzelius, J. J., Lehrbuch der Chemie. 4. Aufl. Leipzig 1835 bis 1841.
Biot, Traité de Physique. Paris 1816.
Boedeker, C., Die gesetzmässigen Beziehungen zwischen Zusammensetzung, Dichtigkeit und spezifische Wärme der Gase. Göttingen 1858.
Bunsen, R., Gasometrische Methoden. Braunschweig 1877.
Clarke, F. W., Constants of Nature. Washington 1882.
Clausius, R., Abhandlungen über die mechanische Wärmetheorie. Braunschweig 1867.
Dalton, J., New System of Chemical Philosophy.
Dumas, J. B., Handbuch der angewandten Chemie, übersetzt von Engelhardt. Nürnberg 1830 bis 1850.
Fresenius, R., Anleitung zur quantitativen chemischen Analyse. 1. Aufl. Braunschweig 1847.
Gehler, J. S. T., Physikalisches Wörterbuch. 2. Aufl., neu bearbeitet von Brandes, Gmelin, Horner, Muncke, Pfaff. Leipzig 1825.
Gmelin, L., Handbuch der Chemie. 4. Aufl.
Hiller, Lehrbuch der Chemie. Leipzig 1863.
Hirn, Théorie mécanique de la chaleur. Paris 1862.
Hofmann, A. W., Einleitung in die moderne Chemie. 5. Aufl. Braunschweig 1871.
Horstmann, A., Theoretische Chemie einschliesslich der Thermochemie. Braunschweig 1885. Zugleich 1. Bandes 2. Abtheilung von Graham-Otto, Ausführliches Lehrbuch der Chemie.
Kohlrausch, F., Leitfaden der praktischen Physik. Leipzig 1877.
Kopp, H., Theoretische Chemie. Braunschweig 1863. Zugleich 1. Bandes 2. Abtheilung der 4. Aufl. von Graham-Otto, Ausführliches Lehrbuch der Chemie.
Ladenburg, A., Vorträge über die Entwicklungsgeschichte der Chemie in den letzten 100 Jahren. 2. Aufl. Braunschweig 1887.
Landolt, H. und R. Börnstein, Physikalisch-chemische Tabellen. Berlin 1883.
Laplace, Mécanique céleste. Paris 1825.
Lavoisier, A. L., Oeuvres, publiées par les soins du Ministère de l'Instruction publique. Paris 1862 bis 1868.
Meyer, L., Die modernen Theorien der Chemie und ihre Bedeutung für die chemische Mechanik. 4. Aufl. Breslau 1883.
Meyer, L. und K. Seubert, Die Atomgewichte der Elemente. Leipzig 1883.
Meyer, O. E., Kinetische Theorie der Gase. Breslau 1877.
Meyer, V. und C. Langer, Pyrochemische Untersuchungen. Braunschweig 1885.
Naumann, A., Lehr- und Handbuch der Thermochemie. Braunschweig 1882.

Literaturverzeichniss.

Handbücher, Lehrbücher, Monographien u. s. w.

Babo, L. von, Ueber die Spannkraft des Wasserdampfs in Salzlösungen. Freiburg i. B. 1847.

Beilstein, F., Handbuch der organischen Chemie. 2. Aufl. Hamburg und Leipzig 1886—1890.

Berzelius, J. J., Lehrbuch der Chemie. 4. Aufl. Leipzig 1835 bis 1841.

Biot, Traité de Physique. Paris 1816.

Boedeker, C., Die gesetzmässigen Beziehungen zwischen Zusammensetzung, Dichtigkeit und spezifische Wärme der Gase. Göttingen 1858.

Bunsen, R., Gasometrische Methoden. Braunschweig 1877.

Clarke, F. W., Constants of Nature. Washington 1882.

Clausius, R., Abhandlungen über die mechanische Wärmetheorie. Braunschweig 1867.

Dalton, J., New System of Chemical Philosophy.

Dumas, J. B., Handbuch der angewandten Chemie, übersetzt von Engelhardt. Nürnberg 1830 bis 1850.

Fresenius, R., Anleitung zur quantitativen chemischen Analyse. 1. Aufl. Braunschweig 1847.

Gehler, J. S. T., Physikalisches Wörterbuch. 2. Aufl., neu bearbeitet von Brandes, Gmelin, Horner, Muncke, Pfaff. Leipzig 1825.

Gmelin, L., Handbuch der Chemie. 4. Aufl.

Hiller, Lehrbuch der Chemie. Leipzig 1863.

Hirn, Théorie mécanique de la chaleur. Paris 1862.

Hofmann, A. W., Einleitung in die moderne Chemie. 5. Aufl. Braunschweig 1871.

Horstmann, A., Theoretische Chemie einschliesslich der Thermochemie. Braunschweig 1885. Zugleich 1. Bandes 2. Abtheilung von Graham-Otto, Ausführliches Lehrbuch der Chemie.

Kohlrausch, F., Leitfaden der praktischen Physik. Leipzig 1877.

Kopp, H., Theoretische Chemie. Braunschweig 1863. Zugleich 1. Bandes 2. Abtheilung der 4. Aufl. von Graham-Otto, Ausführliches Lehrbuch der Chemie.

Ladenburg, A., Vorträge über die Entwicklungsgeschichte der Chemie in den letzten 100 Jahren. 2. Aufl. Braunschweig 1887.

Landolt, H. und R. Börnstein, Physikalisch-chemische Tabellen. Berlin 1883.

Laplace, Mécanique céleste. Paris 1825.

Lavoisier, A. L., Oeuvres, publiées par les soins du Ministère de l'Instruction publique. Paris 1862 bis 1868.

Meyer, L., Die modernen Theorien der Chemie und ihre Bedeutung für die chemische Mechanik. 4. Aufl. Breslau 1883.

Meyer, L. und K. Seubert, Die Atomgewichte der Elemente. Leipzig 1883.

Meyer, O. E., Kinetische Theorie der Gase. Breslau 1877.

Meyer, V. und C. Langer, Pyrochemische Untersuchungen. Braunschweig 1885.

Naumann, A., Lehr- und Handbuch der Thermochemie. Braunschweig 1882.

Naumann, A., Allgemeine und physikalische Chemie. Heidelberg 1877. Zugleich 1. Bandes 1. Abtheilung der 4. Aufl. von Gmelin-Kraut, Handbuch der anorganischen Chemie.
Ostwald, W., Lehrbuch der allgemeinen Chemie. 1. Aufl. Leipzig 1885; 2. Aufl. Band 1, Leipzig 1891.
Ostwald, W., Grundriss der allgemeinen Chemie. 2. Aufl. Leipzig 1890.
Ostwald, W., Klassiker der exakten Wissenschaften 1889. No. 8: Avogadro und Ampère.
Pfeffer, W., Osmotische Untersuchungen. Leipzig 1877.
Pupin, M., Der osmotische Druck und seine Beziehung zur freien Energie. Inauguraldissertation. Berlin 1889.
Sainte-Claire Deville, H., Leçons sur la dissociation professées à la société chimique de Paris en 1864—1865. Paris 1866.
Stas, J. S., Untersuchungen über die Gesetze der chemischen Proportionen. Deutsch von Aronstein. Leipzig 1867.
Thomsen, J., Thermochemische Untersuchungen. Leipzig 1882—1886.
Waals, J. D. van der, Over de continuiteit van den gas- en vloeistof-toestand. Academisch proefschrift, Leiden 1873. Deutsch von Fr. Roth: Die Continuität des gasförmigen und flüssigen Zustandes. Leipzig 1881.
Wüllner, A., Lehrbuch der Experimentalphysik. 4. Aufl. Leipzig 1882—1886.

Die Abkürzungen der Zeitschriften sind so gewählt, dass sie ohne Erklärung verständlich sind. Die in Klammer gesetzte Zahl bedeutet die Reihe, dann folgt die Jahreszahl, Bandzahl (kursiv gedruckt) und Seitenzahl. Z. B. Journ. prakt. Chemie [2], 1877, *16*, 396 = Journal für praktische Chemie, zweite Reihe, Jahr 1877, Band 16, Seite 396.

Geschichtliche Entwickelung der Molekulartheorie.

Die geschichtliche Entwickelung der Molekulartheorie ist auf's Innigste mit derjenigen der Hypothese verknüpft, welche bis in die neueste Zeit das einzige Mittel in die Hand gab, das Molekulargewicht chemischer Verbindungen mit Sicherheit zu bestimmen: es ist dies die Avogadro'sche Hypothese. Man kann wohl sagen: die Geschichte der Molekulargewichtsbestimmungen ist die Geschichte des Avogadro'schen Gesetzes. Denn die der neuesten Zeit angehörigen Errungenschaften, welche die sichere Feststellung der Molekulargrösse aus anderen Gesetzmässigkeiten ermöglichen, sind noch zu jung, als dass man von einer Geschichte derselben sprechen könnte: sie sind noch in dem Entwickelungsstadium begriffen und noch nicht Gemeingut aller Chemiker geworden.

Die im Jahre 1804 von Dalton mit so grossem Erfolge eingeführte Atomtheorie konnte, gemäss der Richtung, welche sie der chemischen Forschung zunächst gab, nicht zu dem Begriff der Molekel führen, welcher heute in der Chemie üblich ist. Die Untersuchung der Gewichtsverhältnisse, nach denen sich die Elemente verbinden, ermöglichte nicht einmal die sichere Bestimmung des Atomgewichts, indem die auf diesem Wege gefundenen Werthe nicht eigentlich die Atomgewichte waren; bei der grossen Willkür, welche bei derartigen Bestimmungen herrschte, konnte man nur sagen, dass die gefundenen Werthe ein Multiplum oder Submultiplum des Atomgewichts seien.

Der Anstoss zur Scheidung der Begriffe des Atoms und der Molekel ging von der Erforschung der Volumverhältnisse aus, nach welchen Gase zusammentreten, um gemäss dem Gesetze der konstanten Verhältnisse neue chemische Verbindungen zu bilden. Der Erste, welcher die gesetzmässigen Beziehungen zwischen den Volumen sich verbindender Gase unter sich und zu dem Volumen der entstandenen Verbindung, sofern letztere gasförmig ist, erkannte, war Gay-Lussac. Schon vor Gay-Lussac war das Wasser in Bezug auf die Volumverhältnisse seiner Bestandtheile untersucht worden; Meusnier und Lavoisier[1]) hatten im Wasser 23 Raumtheile Wasserstoff auf 12 Raumtheile Sauerstoff und Fourcroy, Vauquelin und Seguin[2]) 205,2 Raumtheile Wasserstoff auf 100 Raumtheile Sauerstoff gefunden. Gay-Lussac und A. von Humboldt nahmen 1805 die Untersuchung über die Volumverhältnisse, nach denen sich Wasserstoff und Sauerstoff zu Wasser[3]) vereinigen, wieder auf, und der Erstere dehnte sie 1808 auf andere Gase aus. Das Ergebniss der Untersuchungen war das nach dem Entdecker genannte Gay-Lussac'sche Volumgesetz[4]), welches lautet: Verbinden sich zwei Gase nach festen Gewichtsverhältnissen, so sind die Volume derselben, welche in die Verbindung eintreten, entweder gleich gross oder sie stehen in einfachem, rationalem Verhältniss zu einander, sofern sie unter gleichem Druck und gleicher Temperatur gemessen werden; das Volum der entstehenden Verbindung steht, wenn dieselbe in den Gaszustand übergeführt werden kann und das Volum unter demselben Druck und derselben Temperatur gemessen wird, ebenfalls in einfachem, rationalem Verhältniss zu den Volumen der Bestandtheile.

Aus dem Gay-Lussac'schen Volumgesetz in Verbindung mit der Atomtheorie folgt, dass die Anzahl der Atome, welche in dem gleichen Volum aller Gase bei demselben Druck und derselben Temperatur enthalten sind, in einfachem, rationalem Verhältniss stehen. Etwas Näheres konnte über den absoluten Zahlenwerth des Verhältnisses nicht ausgesagt werden. Allerdings drängte das gleiche Verhalten der Gase gegenüber den Druck- und Temperaturverhältnissen, wie es in den Gesetzen von Boyle oder Mariotte und Gay-Lussac ausgesprochen war, zu der Annahme, dass in gleichen Räumen aller Gase unter denselben Bedingungen des Drucks und der Temperatur eine gleiche Anzahl kleinster Theilchen, also, nach der Anschauung dieser Zeit, von Atomen enthalten sei. Doch schon Dalton[5]) trat dieser Ansicht entgegen und zeigte, dass die aus zwei Elementargasen zusammengesetzten gasförmigen Verbindungen in gleichen Räumen nur halb soviel Atome haben könnten als die Elementargase.

Die Schwierigkeit, das Gay-Lussac'sche Gesetz mit der Atomtheorie in Einklang zu bringen, wurde von Amadeo Avogadro durch eine Hypothese aus dem Wege geräumt, welche heute in der Chemie allgemein anerkannt wird. Avogadro unterscheidet in seiner frucht-

---

1) Oeuvres II. 360.

2) Annal. chim. 1791, *8*, 230; *9*, 30.

3) Journ. phys. 1805, *60*, 129.

4) Mém. de la Soc. d'Arcueil 1808, *2*, 207.

5) New system of chemical philosophy *2*, 556.

bringenden Abhandlung[1]) zwei verschiedene Arten kleinster Theilchen, welche er als „molécules intégrantes" und „molecules élémentaires" bezeichnet. Die „molécules intégrantes" definirt er als diejenigen Massentheilchen, deren Entfernung im Vergleich zu ihrer Masse von einander so gross ist, dass sie sich gegenseitig nicht mehr anziehen, vielmehr nur noch der Wirkung der Wärme folgen. Diese „molécules intégrantes" stellen aber nicht die letzten Theile der Materie dar, sie sind vielmehr unter dem Einfluss chemischer Kräfte noch weiter theilbar und zwar in die „molécules élémentaires". Wie man sieht, sind die Avogadro'schen „molécules intégrantes" identisch mit unseren „Molekeln", seine „molécules élémentaires" mit unseren „Atomen".

Auf Grund dieser Unterscheidung zwischen Atom und Molekel sprach Avogadro 1811 das Gay-Lussac'sche Volumgesetz in folgender Form aus: In gleichen Volumen aller Gase ist bei gleichem Druck und gleicher Temperatur eine gleiche Anzahl Molekeln. Hiernach lösen sich beim Uebergang in den Gaszustand die Körper nicht in untheilbare Partikelchen auf, sondern in Molekel (molécules intégrantes), welche aus den Atomen (molécules élémentaires) zusammengesetzt sind. Und zwar besteht hierin kein Unterschied zwischen den Verbindungen und den Elementen; während in der Molekel der Verbindungen verschiedenartige Atome mit einander verbunden sind, ist eine Elementarmolekel aus gleichartigen Atomen zusammengesetzt.

Dieses Gesetz, welches als Avogadro'sches Gesetz bekannt ist, steht, wie schon der Entdecker an allen damals bekannten Beispielen der Bildung und Zersetzung von Gasen nachwies, mit der Atomtheorie in vollstem Einklang. Die Entstehung der Salzsäure aus Chlor und Wasserstoff stellt sich z. B. folgendermassen dar: Ein Volum Chlor und ein Volum Wasserstoff geben, wie der Versuch zeigt, 2 Volume Chlorwasserstoff. Sollen nun die drei Gase Wasserstoff, Chlor und Chlorwasserstoff in gleichen Volumen gleich viele Molekeln haben, so sind nach Eintritt der Verbindung doppelt so viele Molekeln Chlorwasserstoff vorhanden, als vorher Molekeln Wasserstoff oder Molekeln Chlor vorhanden waren. Eine Molekel Chlor und eine Molekel Wasserstoff geben daher 2 Molekeln Chlorwasserstoff; eine Molekel Chlorwasserstoff (d. i. die kleinste Menge Chlorwasserstoff, welche im freien Zustand bestehen kann) besteht demnach aus einer halben Molekel Chlor und einer halben Molekel Wasserstoff. Die Molekel Chlor,

[1]) Essai d'une manière de déterminer les masses relatives des molécules élémentaires des corps, et les proportions selon lesquelles elles entrent dans les combinaisons. Journ. phys. par Delaméthrie 1811, *73*, 58; übersetzt von W. Ostwald in „Ostwald's Klassikern der exakten Wissenschaften" 1889 No. 8.

und ebenso die Molekel Wasserstoff, besteht also aus mindestens zwei Theilchen, welche wir Atome nennen.

Schon Avogadro erkannte, dass die Bildung einer Verbindung aus zwei Elementargasen nicht in der Weise vor sich geht, dass die vorher getrennten Molekeln der Elemente sich einfach an einander lagern; die Molekeln der Elemente müssen sich in je zwei Atome spalten, welche sich dann so vereinigen, dass je zwei verschiedene Atome der Elemente zu einer Molekel der Verbindung zusammentreten, oder mit anderen Worten: Die Verbindungen entstehen nicht durch Aneinanderlagerung der Elementarmolekeln, sondern durch gegenseitigen Austausch der Elementaratome.

Das Avogadro'sche Gesetz ermöglicht es nun, zwar nicht die absoluten, wohl aber die relativen Molekulargewichte, bezogen auf eine empirische Einheit, aller Stoffe zu bestimmen, deren Gasvolumgewicht (spezifisches Gewicht im Gaszustand) man kennt. Das Gasvolumgewicht einer Substanz, bezogen auf irgend ein Gas, ist nämlich die Zahl, welche angibt, wie vielmal schwerer ein bestimmtes Volum der gasförmigen Substanz ist, als das gleiche Volum des als Einheit genommenen Gases bei gleichem Druck und gleicher Temperatur; die Gasvolumgewichte geben also die Gewichte gleicher Volume der Gase an. Da nun nach dem Avogadro'schen Gesetz in gleichen Volumen aller Gase unter den gleichen Bedingungen des Drucks und der Temperatur gleich viele Molekeln enthalten sind, so sind die Gasvolumgewichte den Molekulargewichten proportional. Das Verhältniss des Gasvolumgewichts zu dem Molekulargewicht oder der Quotient beider ist daher eine Konstante. Wählt man dann sowohl für die Gasvolumgewichte als auch für die Molekulargewichte bestimmte Einheiten, auf welche man dieselben bezieht, so erhält die Konstante einen bestimmten Zahlenwerth. Durch Multiplikation desselben mit dem Gasvolumgewicht erhält man das Molekulargewicht.

Drei Jahre nach Avogadro's grundlegender Abhandlung veröffentlichte Ampère[1]) 1814 ganz ähnliche Ansichten über die Constitution der Materie. Die Molekeln heissen bei ihm „particules“, die Atome nennt er „molécules“. Doch sind seine Auseinandersetzungen weniger einfach, als bei Avogadro, da er durch die Stellung der Atome in der Molekel die Krystallform der Körper zu erklären versucht; der darauf bezügliche Theil der Abhandlung, von dem nichts in der

[1]) Lettre de M. Ampère à M. le Comte Berthollet sur la détermination des proportions, dans lesquelles les corps se combinent d'après le nombre et la disposition respective des molécules dont leurs particules intégrantes sont composées. Annal. chim. 1814, *90*, 43. Uebersetzt von W. Ostwald in „Ostwald's Klassikern der exakten Wissenschaften“ 1889 No. 8.

Chemie Eingang gefunden hat, erscheint heute so komplizirt, dass er zu seinem Verständniss ein sorgsames Studium erfordert, wodurch dann die uns hier interessirenden Punkte in den Hintergrund gedrängt werden.

Bei der ausserordentlichen Einfachheit der Annahmen, welche Avogadro in seiner Hypothese machte, hätte man glauben sollen, dass dieselbe alsbald nach ihrem Bekanntwerden sich in die Chemie einbürgern würde. Dies trat jedoch nicht ein, sie fand vielmehr zunächst gar keine Beachtung. Die durch das Experiment ermittelten Daten waren noch zu gering an Zahl, einerseits um die allgemeine Gültigkeit des Avogadro'schen Gesetzes nachzuweisen, andererseits aber auch, um seine nothwendige Annahme zu begründen.

Berzelius[1]) ging bei der Aufstellung seines Systems auf das Gay-Lussac'sche Volumgesetz zurück, ohne die Ausführungen Avogadro's zu beachten. Er erkennt also den Unterschied zwischen Atom und Molekel nicht an und muss daher die Identität zwischen Volum und „Atom" auf die Elementargase beschränken, um nicht von neuem auf die von Avogadro umgangenen Schwierigkeiten zu stossen. Damit war aber der wesentliche Unterschied zwischen Elementen und Verbindungen wiederhergestellt, der nicht lange vorher beseitigt worden war.

Dagegen fand das Avogadro'sche Gesetz in Dumas[2]) anfangs einen eifrigen Verfechter; er legte sie allen seinen Betrachtungen über die atomistische Constitution zu Grunde. Die Molekulargewichte von Elementen, deren Gasvolumgewicht nicht bekannt war, leitete er aus den Molekulargewichten flüchtiger Verbindungen ab; so bestimmte er das Molekulargewicht des Schwefels aus dem Gasvolumgewicht des Schwefelwasserstoffs, der als dem Wasser analog zusammengesetzt angesehen wurde, und aus dem Gasvolumgewicht des Phosphorwasserstoffs das Molekulargewicht des Phosphors.

Doch seine eigenen Versuche[3]) veranlassten ihn, die Avogadro'sche Hypothese zu verlassen. Er fand eine Methode, das Gasvolumgewicht bei hoher Temperatur zu bestimmen und untersuchte nach ihr u. A. Schwefel, Phosphor und Quecksilber. Die Untersuchung ergab, dass das Gasvolumgewicht des Quecksilbers nur halb so gross, dasjenige des Phosphors doppelt und des Schwefels dreimal so gross war, als er sie aus den Verbindungen dieser Elemente abgeleitet hatte. Freilich könnte man noch annehmen, wie Dumas angibt, dass in gleichen

[1]) Berzelius, Lehrbuch der Chemie, 3. Auflage, Bd. 5. S. 82.

[2]) Handbuch der Chemie, deutsche Uebersetzung, Nürnberg 1830, Bd. *1*, 37.

[3]) Annal. chim. phys. 1826, *33*, 337; 1830, *44*, 288; 1832, *49*, 210; 1832, *50*, 170.

Räumen aller Gase eine gleiche Anzahl atomer Gruppen vorhanden sei, aber da das Volumgesetz in dieser Form nicht zur Atomgewichtsbestimmung benutzt werden kann, verlässt er die Avogadro'sche Hypothese ganz.

In den nächsten zehn Jahren traten die Molekulargewichtsbestimmungen vollständig in den Hintergrund; die Formeln der Verbindungen wurden so gewählt, dass sie möglichst einfach waren und die Atomgewichte darnach geändert. Die Molekulargewichtsbestimmung konnte daher aus dieser Periode keinen Nutzen ziehen.

Erst Gerhardt und Laurent begannen wieder Molekularformeln in die Chemie einzuführen. Gerhardt[1]) trat schon 1842 mit seinen Anschauungen hervor, doch trennte er die Begriffe Atom, Molekel und Aequivalent noch nicht klar. Dies geschah 1846 durch Laurent[2]), welcher diejenigen Definitionen von Atom und Molekel gab, welche noch heute in der Chemie Geltung haben. Er bezeichnet als Molekel diejenige kleinste Menge einer Substanz, welche im freien Zustande existiren kann und welche in Dampfform das doppelte Volum eines Atoms Wasserstoff erfüllt, als Atom die kleinste Menge eines Elements, welche in den Verbindungen desselben vorkommt. Die Molekularformeln aller Körper stellen demnach bei Laurent zwei Dampfvolume vor; er hebt dann auch ausdrücklich hervor, dass auch die Elemente aus mehreren Atomen zusammengesetzt seien, eine Ansicht, die schon Avogadro ausgesprochen hatte, die aber vollständig der Vergessenheit anheimgefallen war.

Noch in einer zweiten Richtung ging Laurent bahnbrechend vor: Er benutzte auch das chemische Verhalten der Körper zur Bestimmung des Molekulargewichts und leitete dadurch zu einer anderen Methode der Molekulargewichtsbestimmung über, welche in den folgenden Jahren die reichsten Früchte trug. Es ist dies die Methode der Feststellung der Molekulargrösse auf rein chemischem Wege.

Laurent stellte zwar das Avogadro'sche Gesetz bei den Molekulargewichtsbestimmungen in den Vordergrund, er prüfte und kontrollirte aber die hieraus gewonnenen Resultate durch das chemische und physikalische Verhalten der Körper. Das „Gesetz der paaren Atomzahl“ gab ihm Veranlassung zur Veränderung einer Reihe von Formeln. Hervorgehoben sei ferner Laurent's Begründung der Molekularformel des Salmiaks und der Schwefelsäure. Bineau[3]) hatte schon im Jahre 1838 das Gasvolumgewicht dieser Körper be-

[1]) Journ. prakt. Chemie 1842, *27*, 439; Annal. chim. phys. 1843, [3], *7*, 129; *8*, 238.

[2]) Annal. chim. phys. 1846, [3], *18*, 266.

[3]) Annal. chim. phys. 1838, *68*, 416.

stimmt und gefunden, dass die durch die Formeln NH_4Cl und H_2SO_4 ausgedrückten Mengen in Dampfform vier Volume einnahmen; nach Avogadro's Gesetz kamen diesen Substanzen daher die Molekularformeln $N_{1/2}H_2Cl_{1/2}$ und $HS_{1/2}O_2$ zu. Trotzdem gab Laurent dem Salmiak die Formel NH_4Cl und der Schwefelsäure die Formel H_2SO_4, ersterem wegen der Analogie mit den Chloralkalien, letzterer, weil sie eine zweibasische Säure sei. Laurent hat hier unbewusst das Richtige getroffen: die Ursache, warum hier eine scheinbare Ausnahme von dem Avogadro'schen Gesetz vorlag, zu ergründen, blieb einer späteren Zeit vorbehalten.

Die Bestimmung des Molekulargewichts auf chemischem Wege blieb so lange misslich, als die Atomgewichte noch nicht sicher festgestellt waren und man dieselben nach Bedürfniss vervielfältigen und vereinfachen konnte. Zunächst deuteten indess verschiedene, ganz unabhängige Erscheinungen darauf hin, dass die Molekeln der Elemente aus mehreren, mindestens aus zwei, Atomen bestehen müssten. Laurent schloss darauf aus dem Gesetz der paaren Atomzahl und aus der energischen Wirkung der Elemente im Entstehungszustande (status nascendi), welch' letztere er in derselben Weise erklärte, wie es noch heute üblich ist. Im Jahre 1846 fanden Favre und Silbermann[1]), dass bei der Verbrennung von Kohle in Sauerstoff weniger Wärme entsteht als bei der Verbrennung in Stickoxydul; sie erklärten dies durch die Annahme, dass in beiden Fällen eine Trennung vorher gebundener Atome vor sich gehe und dass zur Trennung der in der Sauerstoffmolekel verbundenen Atome mehr Wärme nöthig sei als zur Trennung der Atome der Stickoxydulmolekel. In der Sauerstoffmolekel müssen daher, ebenso wie in den zusammengesetzten Körpern, mehrere Atome vereinigt sein. Auch Brodie[2]) kam durch viele Erscheinungen, namentlich durch die eigenthümlichen Reduktionen, welche Wasserstoffsuperoxyd bei einigen Substanzen, z. B. besonders auffällig gegenüber Silberoxyd zeigt, zur Annahme, dass die Molekeln des Wasserstoffs und Sauerstoffs aus zwei Atomen bestehen.

Die Geschichte der Molekulargewichtsbestimmung auf rein chemischem Wege ist eine der glänzendsten Perioden der logisch-experimentellen Chemie. Die Methoden, nach denen dieselben ausgeführt wurden, waren die nämlichen, welche noch heute tausendfältig angewandt werden; ihre Beschreibung möge daher unter den Methoden der Molekulargewichtsbestimmung Platz finden. Sie knüpfen an die Diskussion über die Basizität der Säuren, an die Erforschung der Sub-

---

[1]) Compt. rend. 1846, *23*, 200.

[2]) Philos. Transact. 1850, *140*, Part II. 759.

stitutionserscheinungen, wobei besonders Gerhardt's Regel der paaren Atomzahl gute Dienste leistete, und namentlich an die Williamson'sche Theorie der Aetherbildung[1]) an. Williamson's Erforschung der Beziehungen zwischen den Alkoholen und den Aethern ist ein klassisches Beispiel für die Art und Weise, in welcher die chemischen Molekulargewichtsbestimmungen auszuführen sind. Weiter auf die glänzenden Ergebnisse dieser Periode einzugehen, verbietet sich in Anbetracht des gewaltigen Materials von selbst.

Werfen wir noch einen Blick auf das Schicksal des Avogadro'schen Gesetzes in den letzten drei Jahrzehnten, so müssen wir zugestehen, dass den Laurent'schen Auseinandersetzungen anfangs nicht allseitig Beifall gezollt wurde. Die allgemeine Durchführung des Gesetzes der gleichen Raumerfüllung im Gaszustand stiess auf zwei verschiedene Schwierigkeiten. Erstlich hatte man mit Hülfe der inzwischen bedeutend verbesserten Methoden der Bestimmung des Gasvolumgewichts gefunden, dass man bei Annahme des Avogadro'schen Gesetzes bei verschiedenen Elementen in der Molekel eine verschiedene Anzahl Atome annehmen müsse, z. B. beim Quecksilber 1 Atom, bei Sauerstoff, Wasserstoff u. s. w. 2, bei Phosphor und Arsen 4 und beim Schwefel 6 Atome. Hiergegen sträubte sich eine Anzahl Chemiker energisch. Dann aber trat den Forschern bei den immer mehr vervollkommneten und weiter ausgedehnten Gasvolumgewichtsbestimmungen eine Reihe neuer, vorher unbekannter Erscheinungen entgegen, welche der Allgemeingültigkeit des Raumerfüllungsgesetzes zu widersprechen schienen: es sind das die abnormen Gasvolumgewichte und die Dissociationserscheinungen. Die Beantwortung der Frage, wie diese Anomalien zu erklären sind, wie sie mit dem Avogadro'schen Gesetze in Einklang gebracht werden können, bildet den vorläufigen Schluss der Kette von Diskussionen, welche sich an die epochemachenden Prinzipien des italienischen Forschers geknüpft haben. Diese Verhältnisse können erst dargestellt werden, wenn die Methoden vorgeführt worden sind, welche die Schwierigkeiten zuerst hervorgerufen und dann wieder beseitigt haben.

Neben der Molekulargewichtsbestimmung auf chemischem Wege blieb das Avogadro'sche Gesetz bis in die jüngste Zeit die einzige Grundlage zur Feststellung der Molekel chemischer Verbindungen. Da, wie später des Näheren dargelegt werden wird, die Bestimmung des Molekulargewichts nur auf chemischem Wege stets mit einer Unsicherheit behaftet ist, insofern sie nur einen Minimalwerth für die Molekulargrösse festzustellen gestattet, so waren die Molekularformeln

[1]) Annal. Chem. Pharm. 1851, 77, 37; 1852, *81*, 73.

vieler Körper, welche nicht unzersetzt in den Gaszustand übergeführt werden konnten, nicht mit der nöthigen Sicherheit bestimmt. Unter diesen nicht unzersetzt vergasbaren Substanzen finden sich aber fast alle hochkonstituirten, complexen Verbindungen des Kohlenstoffs, wovon namentlich die Kohlehydrate hervorgehoben werden mögen, welche im Haushalt der Natur und neuerdings auch in der synthetischen Chemie eine bedeutende Rolle spielen.

Die Bestimmung des Molekulargewichts solcher Körper, welche nicht unzersetzt flüchtig sind, ist eine Errungenschaft der neuesten Zeit. Die Entdeckung der einfachen Beziehungen des Molekulargewichts chemischer Verbindungen im Zustand verdünnter Lösung zu dem osmotischen Druck, der Gefrierpunktserniedrigung und der Dampfdruckverminderung, welche, schon vorher empirisch erkannt, von J. H. van't Hoff[1]) theoretisch begründet wurden, ist ohne Zweifel die glänzendste Leistung der neueren Zeit, eine Leistung, welche man dem Avogadro'schen Gesetz von der gleichen Raumerfüllung der Körper im Gaszustande und dem Dulong-Petit'schen Gesetz der gleichen Atomwärmen an die Seite stellen kann. Das van't Hoff'sche Gesetz stellt sich dar als eine Erweiterung des Avogadro'schen Gesetzes, als eine Ausdehnung desselben auf die verdünnten Lösungen; es hat dieselbe Berechtigung, wie das Gesetz Avogadro's, seine Anwendbarkeit ist aber eine viel ausgedehntere, denn für die meisten organischen Verbindungen lässt sich ein geeignetes Lösungsmittel finden, während der unzersetzten Ueberführung in den Gaszustand sehr enge Grenzen gezogen sind.

Das van't Hoff'sche Gesetz und die sich daraus ergebenden Methoden zur Bestimmung des Molekulargewichts werden an geeigneter Stelle eine eingehende Besprechung finden; hier, in dem kurzen Ueberblick der geschichtlichen Entwicklung, können diese Verhältnisse nur angedeutet werden. Wie tief die in demselben ausgesprochenen Prinzipien in die modernen Anschauungen der Chemie eingreifen werden, lässt sich heute noch nicht absehen. Schon jetzt haben sie Hervorragendes geleistet: Aehnlich wie das Avogadro'sche Gesetz zur Entdeckung der Dissoziationserscheinungen im gasförmigen Zustand geführt hat, bestätigte das van't Hoff'sche Gesetz die Dissoziation anorganischer Salze in wässeriger Lösung, eine Thatsache, auf welche schon die Erscheinungen der Elektrolyse geführt hatten.

---

[1]) J. H. van't Hoff. Die Rolle des osmotischen Druckes in der Analogie zwischen Lösungen und Gasen. Zeitschr. physikal. Chemie 1887, *1*, 481.

Nothwendigkeit der Bestimmung des Molekulargewichts als Ergänzung der chemischen Analyse.

Liegt irgend eine chemische Verbindung vor, deren Natur erkannt werden soll, so ist es vor allem nothwendig, ihre quantitative Zusammensetzung festzustellen. Man unterwirft sie daher der chemischen Analyse, deren Resultat man in Prozenten anzugeben pflegt, d. h. man gibt an, wieviel Gewichtstheile der einzelnen Elemente in 100 Gewichtstheilen der Verbindung enthalten sind. Aus diesen Prozentzahlen wird dann die einfachste atomistische Formel des Körpers abgeleitet. Die Art und Weise, wie die einfachste Formel aus den Daten der Analyse gefunden wird, soll hier zunächst dargelegt werden, da sich aus ihr die Nothwendigkeit der Molekulargewichtsbestimmung ergibt. Dieselbe ist für alle Körper die gleiche, wie dieselben auch zusammengesetzt sein mögen; denn sie gehorchen alle der einen Bedingung, dass sie aus ganzen Atomen bestehen, dass Bruchtheile von Atomen ausgeschlossen sind. Auf dieser Bedingung, welche eine Consequenz des Gesetzes der multiplen Proportionen ist, beruht die Methode der Bestimmung der einfachsten atomistischen Formel.

Die Darlegung dieser Methode unter Anwendung ganz allgemeiner Symbole, wie sie z. B. Alex. Naumann[1]) durchgeführt hat, lässt die so überaus einfachen Rechnungen zu komplizirt erscheinen. Die anorganischen Verbindungen haben mit wenigen Ausnahmen eine sehr einfache Zusammensetzung und namentlich kommen bei denselben nur höchst selten Fälle von Polymerie vor, die gerade hier, bei dem Nachweis der Nothwendigkeit der Molekulargewichtsbestimmung, eine

[1]) Gmelin-Kraut, Handbuch der anorganischen Chemie. 6. Auflage. 1. Band, 1. Abtheilung: Allgemeine und physikalische Chemie, bearbeitet von Alex. Naumann. S. 66.

bedeutende Rolle spielen; ganz besonders sind aber hierzu die organischen Verbindungen geeignet, bei denen, wenigstens theoretisch, die Summe der Atome unbegrenzt ist, ein Umstand, der schon daraus erhellt, dass man ganze Körperklassen durch allgemeine Formeln, in denen die Atome allgemeine Zahlen als Koëffizienten tragen, darstellen kann. Wir werden aus diesem Grunde organische Verbindungen als Beispiele für die folgenden Darlegungen wählen.

Die Analyse einer Substanz habe das Resultat ergeben, dass dieselbe besteht aus:

a Prozent Kohlenstoff,
b Prozent Wasserstoff,
c Prozent Sauerstoff,
d Prozent Stickstoff.

Nun wissen wir, dass den Atomen der Elemente ein sehr verschiedenes Gewicht zukommt. Wird das Gewicht eines Atoms Wasserstoff = 1 gesetzt, so ist das Gewicht eines Atoms Kohlenstoff = 12, eines Atoms Sauerstoff = 16, eines Atoms Stickstoff = 14 u. s. f.[1]) Stellt umgekehrt 1 Gewichtstheil Wasserstoff ein Atom dar, so stellen auch 12 Gewichtstheile Kohlenstoff, 16 Gewichtstheile Sauerstoff und 14 Gewichtstheile Stickstoff je ein Atom Kohlenstoff, Sauerstoff und Stickstoff dar. Da also 12 Gewichtstheile Kohlenstoff, 1 Gewichtstheil Wasserstoff, 16 Gewichtstheile Sauerstoff und 14 Gewichtstheile Stickstoff je ein Atom des betreffenden Elementes darstellen, so werden, wie man durch einen einfachen Proportionsansatz findet, durch die a Gewichtstheile Kohlenstoff in unserer Substanz $\frac{a}{12}$ Atome Kohlenstoff, durch b Gewichtstheile Wasserstoff $\frac{b}{1} =$ b Atome Wasserstoff, durch c Gewichtstheile Sauerstoff $\frac{c}{16}$ Atome Sauerstoff und durch d Gewichtstheile Stickstoff $\frac{d}{14}$ Atome Stickstoff ausgedrückt. Der Körper hat demnach die Zusammensetzung: $\frac{a}{12}$ Atome Kohlenstoff + b Atome Wasserstoff + $\frac{c}{16}$ Atome Sauerstoff + $\frac{c}{14}$ Atome Stickstoff, d. h. er hat die einfachste, vorläufige Formel: $C_{\frac{a}{12}} H_b O_{\frac{c}{16}} N_{\frac{d}{14}}$.

[1]) Hier, wo nur das Verfahren der Aufstellung atomistischer Formeln vorgeführt werden soll, sind der Einfachheit und Uebersichtlichkeit wegen die abgerundeten Atomgewichte verwandt worden; bei den wirklichen Berechnungen in den späteren Theilen sind die von Lothar Meyer und K. Seubert berechneten auf H = 1 bezogenen Atomgewichte angewandt worden.

Die Koëffizienten in dieser Formel sind fast immer Brüche; nur durch einen Zufall könnten sie zu ganzen Zahlen werden. Nach der Atomtheorie dürfen aber Bruchtheile von Atomen in den Formeln nicht vorkommen; man muss dieselben daher aus der Formel beseitigen. Dies geschieht in der Weise, dass man zunächst alle Koëffizienten durch den kleinsten dividirt; man erhält dann mindestens einen Koëffizienten, der eine ganze Zahl ist, nämlich den kleinsten, der, durch sich selbst dividirt, gleich 1 wird. Werden die Koëffizienten an den übrigen Elementen wieder Brüche, so multiplizirt man alle Koëffizienten mit einer Zahl, die so beschaffen ist, dass sie sämmtliche Koëffizienten zu ganzen Zahlen macht. Dass es eine solche Zahl gibt, folgt aus der Atomtheorie, gemäss welcher sich die Elemente nach ganzen Atomgewichten vereinigen; sie muss ferner eine ganze Zahl sein, denn der eine Koëffizient ist 1 und ein Bruch kann, mit 1 multiplizirt, nie eine ganze Zahl geben. Weiter weiss man über die Zahl nichts, sie muss durch Probiren gefunden werden.

Die einfachste vorläufige Formel einer Substanz wird demnach folgendermaassen erhalten: Man dividirt die durch die Analyse der Substanz erhaltenen Prozentzahlen der einzelnen Elemente durch die zugehörigen Atomgewichte und setzt die Quotienten als Koëffizienten an die betreffenden Elemente; sodann dividirt man alle Koëffizienten durch den kleinsten und multiplizirt die erhaltenen Quotienten mit einer solchen Zahl, dass die entstehenden Produkte alle ganze Zahlen werden.

Die praktische Anwendung dieser Regel ist indess nicht ganz so einfach, wie es nach der theoretischen Ableitung scheinen möchte; selbst für den Fall, dass die durch die Analyse gefundenen Zahlen mit den theoretischen genau übereinstimmen, was übrigens nur durch einen Zufall stattfinden wird, bieten sich Schwierigkeiten dar. Die Prozentzahlen der einzelnen Elemente sind nämlich häufig irrationale Zahlen, d. h. wir können sie in unserem Zahlensystem nur angenähert, freilich bis zu jeder gewünschten endlichen Grenze, darstellen. Die Atomgewichte der Elemente sind für uns jedoch rationale Zahlen; die Quotienten aus den Prozentzahlen durch die Atomgewichte sind daher ebenfalls irrationale Zahlen. Werden diese durch den kleinsten Koëffizienten dividirt, so resultiren wieder irrationale Koëffizienten bis auf den einen, welcher gleich 1 wird. Eine Zahl, die so beschaffen wäre, dass sie, mit 1 und den irrationalen Koëffizienten multiplizirt, ganze Zahlen lieferte, gibt es nicht. Man muss daher den letzten Theil der Regel eigentlich in der Form aussprechen, dass man die betreffenden Quotienten mit einer Zahl multipliziren soll, welche alle möglichst angenähert zu ganzen Zahlen macht.

Das angegebene Verfahren möge an 2 Beispielen durchgeführt werden. Die Elementaranalyse habe für eine Substanz folgende Zusammensetzung ergeben:

32,00 Prozent Kohlenstoff,
6,67 Prozent Wasserstoff,
18,67 Prozent Stickstoff,
100 — (32,00 + 6,67 + 18,67) = 42,66 Prozent Sauerstoff.

Man dividire die einzelnen Prozentzahlen durch die zugehörigen Atomgewichte und setze die Quotienten als Koëffizienten an die Zeichen der Elemente. Man erhält mit den abgerundeten Atomgewichten die Formel:

$$C_{\frac{32}{12}} H_{\frac{6,67}{1}} N_{\frac{18,67}{14}} O_{\frac{42,66}{16}} = C_{2,67} H_{6,67} N_{1,33} O_{2,73}.$$

Der kleinste Koëffizient ist 1,33; man dividirt alle Koëffizienten durch diesen und erhält:

$$C_{\frac{2,67}{1,33}} H_{\frac{6,67}{1,33}} N_{\frac{1.33}{1,33}} O_{\frac{2,73}{1,33}} = C_{2,0075} H_{5,015} N_1 O_{2,053}.$$

Die Koëffizienten sind so nahe bei ganzen Zahlen, dass man letztere substituiren kann; dann wird die Formel: $C_2 H_5 NO_2$.

In diesem Beispiel sind die Quotienten des kleinsten Koëffizienten in die übrigen ganze Zahlen; es ist dies stets der Fall, wenn in der einfachsten atomistischen Formel irgend ein Element nur mit einem Atom vertreten ist; unter diesen Umständen ist man der Aufsuchung der Multiplikationszahl, welche alle Koëffizienten zu Ganzen macht, enthoben.

Bei dem Körper $C_2 H_5 NO_2$ gelangt man, lediglich durch den Zufall, zu Koëffizienten, welche genau ganze Zahlen sind. Man kann nämlich die Prozentzahlen als unechte Brüche darstellen. Die Substanz enthält 32,00 Prozent Kohlenstoff, $6^2/_3 = \frac{20}{3}$ Prozent Wasserstoff, $18^2/_3 = \frac{56}{3}$ Prozent Stickstoff und $42^2/_3 = \frac{128}{3}$ Prozent Sauerstoff. Man erhält demnach der Reihe nach folgende Formeln:

$$C_{\frac{32}{12}} H_{\left(\frac{20}{3}:1\right)} N_{\left(\frac{56}{3}:14\right)} O_{\left(\frac{128}{3}:16\right)} = C_{\frac{8}{3}} H_{\frac{20}{3}} N_{\frac{4}{3}} O_{\frac{8}{3}};$$

$$C_{\left(\frac{8}{3}:\frac{4}{3}\right)} H_{\left(\frac{20}{3}:\frac{4}{3}\right)} N_{\left(\frac{4}{3}:\frac{4}{3}\right)} O_{\left(\frac{8}{3}:\frac{4}{3}\right)} = C_2 H_5 N_1 O_2.$$

In einem zweiten Körper seien gefunden worden:

42,11 Prozent Kohlenstoff,
6,43 Prozent Wasserstoff,
51,46 Prozent Sauerstoff.

Gemäss der Regel erhält man folgende Formeln:

$$C_{\frac{42,11}{12}} H_{\frac{6,43}{1}} O_{\frac{51,46}{16}} = C_{3,51} H_{6,43} O_{3,22};$$

$$C_{\frac{3,51}{3,22}} H_{\frac{6,43}{3,22}} O_{\frac{3,22}{3,22}} = C_{1,091} H_{2,003} O_{1}.$$

Der Koëffizient am Wasserstoff ist nahezu = 2, welche Zahl substituirt werden kann: $C_{1,091} H_2 O_1$. In dem Körper sind demnach halb soviel Sauerstoffatome als Wasserstoffatome. Nunmehr ist diejenige Zahl zu suchen, welche den Koëffizienten am Kohlenstoff zu einer ganzen Zahl macht. Man sieht sofort, dass es eine Einerzahl nicht sein kann, denn eine solche kann $\frac{9}{100}$ nicht zu einer ganzen Zahl machen; auch 10 kann es nicht sein, denn 10 . 1,091 = 10,91, dagegen ist 11 der gesuchte Faktor, denn 11 . 1,091 = 12,001, welche Zahl 12 sehr nahe ist. Die atomistische Formel der Substanz ist daher $C_{12} H_{22} O_{11}$.

Nicht unwesentlich erschwert, manchmal sogar unmöglich gemacht wird die Aufstellung der atomistischen Formel durch die Fehler, welche allen Analysen anhaften. Dies tritt namentlich bei solchen Verbindungen ein, welche von allen Elementen mehrere Atome enthalten; bei den Elementaranalysen ist namentlich die Bestimmung des Wasserstoffs meist mit einem Fehler behaftet, der wegen des kleinen Atomgewichts dieses Elementes sich besonders bemerkbar macht. Ein geringer Fehler in der Wasserstoff- oder Kohlenstoffbestimmung des Körpers $C_{12} H_{22} O_{11}$ kann z. B. die Ableitung der einfachsten Formel unsicher machen.

Folgendes Beispiel[1]) möge diese Verhältnisse erläutern. Die Analyse einer Reihe von Paraffinsorten ergab die Zusammensetzung:

Kohlenstoff = 85,15 Prozent,
Wasserstoff = 14,85 Prozent.

Diesen Zahlen entsprechen gleich gut die Grenzkohlenwasserstoffe der 21. bis zur 27. Kohlenstoffreihe, $C_{21} H_{44}$ bis $C_{27} H_{56}$, wie folgende Zusammenstellung zeigt:

	$C_{21}H_{44}$	$C_{22}H_{46}$	$C_{23}H_{48}$	$C_{24}H_{50}$	$C_{25}H_{52}$	$C_{26}H_{54}$	$C_{27}H_{56}$
Prozente Kohlenstoff:	85,13	85,16	85,19	85,21	85,23	85,25	85,26
Prozente Wasserstoff:	14,87	14,84	14,81	14,79	14,77	14,75	14,74

[1]) F. Beilstein, Handbuch der organ. Chemie, 2. Aufl. S. 17.

Selbst die äussersten Formeln $C_{21}H_{44}$ und $C_{27}H_{56}$ weichen von den gefundenen Zahlen nur so wenig ab, dass ihre Unterschiede in die Grenzen der bei „guten" Elementaranalysen zulässigen Fehler fallen.

In solchen besonderen Fällen lässt uns die Elementaranalyse über die Formel der Substanz im Ungewissen. So kann man aus der Analyse vieler hochkonstituirter Verbindungen des thierischen Organismus nicht die empirische Formel derselben aufstellen. Häufig, z. B. bei den Glykosiden und anderen Substanzen, kann die Elementaranalyse durch das Studium der Zersetzungsprodukte kontrollirt werden. Die Acetylderivate der Zuckerarten, deren eine ganze Anzahl möglich ist, geben bei der Elementaranalyse Zahlen, welche eine sichere Entscheidung über die Anzahl der eingetretenen Acetylgruppen meist nicht zulassen. Man bestimmt die letzteren daher in der Weise, dass man das Produkt mit einer gemessenen, überschüssigen, titrirten Alkalilösung verseift und den Alkaliüberschuss zurücktitrirt, oder indem man die Acetylderivate durch Kochen mit Schwefelsäure zerlegt, die gebildete Essigsäure mit Wasserdämpfen überdestillirt und titrirt.

Im Allgemeinen kann man jedoch aus den Ergebnissen der Analyse die atomistische Formel der untersuchten Substanz aufstellen. Aus dieser kann man dann sehr leicht, durch einfache Proportionen, den Prozentgehalt des Körpers an den einzelnen Elementen zurückberechnen. Durch Nebeneinanderstellen und Vergleichen der durch die Analyse gefundenen und der aus der aufgestellten Formel berechneten Prozentzahlen bekommt man eine Kontrolle für die Genauigkeit der Analyse. Würde man dies Verfahren auf die oben gewählten Beispiele anwenden, so erhielte man aus der Formel genau die zu ihrer Berechnung angewandten Prozentzahlen; die letzteren sind aber auch nicht das Resultat einer Analyse, sondern sie sind, um das Verfahren der Aufstellung von Formeln recht einfach und anschaulich zu gestalten, vorher aus den Formeln berechnet worden. Bei den aus der Analyse erhaltenen Zahlen ergibt sich fast stets eine Differenz gegenüber den aus der Formel berechneten, welche je nach der Genauigkeit der Untersuchungsmethode und der Geschicklichkeit des Experimentators mehr oder weniger gross ist.

Die nach der angegebenen Regel aufgestellte Formel ist indess nur eine vorläufige, welche noch der Bestätigung bedarf. Schon aus der Ableitung derselben ergibt sich, dass dieselbe über die Molekulargrösse der Substanz, über die Anzahl der Atome in der Molekel nichts aussagt. Denn bei der Berechnung der Formel wird ja die Anzahl der Atome desjenigen Elementes, welches den kleinsten

Koëffizienten hat, a priori gleich 1 gesetzt, indem man alle Koëffizienten durch den kleinsten dividirt, wobei der letztere stets gleich 1 wird. Ist dies geschehen, so werden alle Koëffizienten mit einer Zahl multiplizirt, welche sie alle zu ganzen Zahlen macht. Wenn man diese Zahl sucht, wird man unwillkürlich die kleinste wählen, welche die gewünschte Beschaffenheit hat; es ist aber klar, dass jedes ganze Vielfache dieser kleinsten Zahl dieselbe Bedingung erfüllt, alle Koëffizienten zu ganzen Zahlen machen. Für den ersten oben als Beispiel gewählten Körper war die einfachste Formel $C_2H_5NO_2$ abgeleitet worden; es wurde aber dabei ohne jede Berechtigung vorausgesetzt, dass die Verbindung nur 1 Atom Stickstoff enthalte. Gerade so gut kann sie auch 2, 3 . . . . n Atome Stickstoff enthalten; dann würde ihre Formel $C_4H_{10}N_2O_4$, $C_6H_{15}N_3O_6$ . . . . . $C_{2n}H_{5n}N_nO_{2n}$ werden. Welche von diesen Formeln die Molekularformel der Substanz darstellt, kann durch die Analyse allein nicht gefunden werden; alle diese Formeln ergeben die gleichen Prozentzahlen der einzelnen Elemente.

Bei dem Körper $C_{12}H_{22}O_{11}$ wurden zuletzt alle Koëffizienten mit 11 multiplizirt; mit demselben Recht hätten sie mit 22, 33 . . . . 11 n multiplizirt werden können, denn alle durch 11 theilbaren Zahlen machen die Koëffizienten zu ganzen Zahlen und die mit Hülfe dieser Koëffizienten gefundenen Formeln stimmen mit der Analyse gleich gut überein.

Aus dem Gesagten ergibt sich, dass man durch die Analyse eines Körpers und die Berechnung der Formel nicht die Molekulargrösse, d. h. die kleinste Menge der Verbindung, welche in freiem Zustand existenzfähig ist, bestimmen kann; man erhält vielmehr nur das relative Verhältniss der Anzahl der Atome, welche in der Substanz enthalten sind. Aus der einfachsten atomistischen Formel $C_2H_5NO_2$, welche oben abgeleitet wurde, darf nicht geschlossen werden, dass die Molekel des Körpers 2 Atome Kohlenstoff, 5 Atome Wasserstoff, 1 Atom Stickstoff und 2 Atome Sauerstoff enthält und dass das Molekulargewicht (abgerundet) $= 2 . 12 + 5 . 1 + 1 . 14 + 2 . 16 = 75$ ist; man ist nur zu dem Schluss berechtigt, dass die Anzahl der Atome Kohlenstoff, Wasserstoff, Stickstoff und Sauerstoff in der Substanz sich verhält wie 2 : 5 : 1 : 2, dass also auf 2 Atome Kohlenstoff immer 5 Atome Wasserstoff, 1 Atom Stickstoff und 2 Atome Sauerstoff kommen und dass das Molekulargewicht der Verbindung gleich 75 oder einem ganzen Vielfachen von 75 ist.

Besonders klar zeigt sich die Unsicherheit, welche die Analyse über die Molekulargrösse lässt, an einer Reihe von Körpern, welche gemäss der Elementaranalyse folgende Zusammensetzung haben:

40,00 Prozent Kohlenstoff,
6,67 Prozent Wasserstoff,
53,33 Prozent Sauerstoff.

Aus den Prozentzahlen ergibt sich die einfachste Formel $C_1H_2O_1$; dieselbe besagt, dass die Formel eines solchen Körpers $C_n H_{2n} O_n$ und sein Molekulargewicht $= n (12 + 2 . 1 + 16) = 30 . n$ ist. In der That kann man n alle Werthe von 1 bis 6 und den Werth 12 beilegen und erhält stets Körper, welche existiren und dargestellt sind. Es sind dies die folgenden:

	Formel	Mol.-Gew.	
n = 1	CH_2O	30	Formaldehyd HCHO.
n = 2	$C_2H_4O_2$	60	1. Essigsäure CH_3COOH; 2. Methylformiat $HCOOCH_3$; 3. Glycolaldehyd $CH_2OH\,CHO$.
n = 3	$C_3H_6O_3$	90	1. Trioxymethylen; 2. Gewöhnliche Milchsäure (α-Oxypropionsäure $CH_3CH(OH)COOH$; 3. β-Oxypropionsäure $CH_2(OH)CH_2COOH$; 4. Glycolsäure-Methylester $CH_2(OH)COOCH_3$; 5. Methylglycolsäure $CH_2(OCH_3)COOH$.
n = 4	$C_4H_8O_4$	120	Vier verschiedene Dioxybuttersäuren.
n = 5	$C_5H_{10}O_5$	150	Die Pentaglykosen (Arabinose[1]), Xylose[2])).
n = 6	$C_6H_{12}O_6$	180	1. Alle Glykosen (Oxyaldehyde und Oxyketone); 2. Inosit (Hexahydrohexaoxybenzol $C_6H_6(OH)_6$ [3]); 3. die verschiedenen Saccharinsäuren (Gluko-, Malto- und Meta-Saccharinsäure).
n = 12	$C_{12}H_{24}O_{12}$	360	Die Hydrate der Maltose, Melizitose und des Milchzuckers.

Diese Reihe von Körpern, welche bei der Elementaranalyse alle dieselben Prozentzahlen der Bestandtheile ergeben, lässt klar erkennen, dass mit der quantitativen Analyse die Untersuchung chemischer Verbindungen noch nicht erschöpft ist; zur vollständigen Erkenntniss der Zusammensetzung eines Körpers gehört vielmehr die Bestimmung des Molekulargewichts desselben. Die Aufgabe, welche nach der Ausführung der Analyse an den Chemiker herantritt, ist die Bestimmung der oben eingeführten Zahl n, eine Bestimmung, welche in vielen Fällen möglich, in anderen unmöglich ist. Freilich ist auch hiermit die Frage nach der Natur des Körpers, nach seiner Stellung im wissenschaftlichen System noch nicht beantwortet: durch die quantitative Analyse und die Molekulargewichtsbestimmung erhält man nur die wahre Bruttoformel des Körpers; die gegenseitige Bindung der Atome

[1]) H. Kiliani, Ber. deutsch. chem. Gesellsch. 1887, *20*, 339.

[2]) Fr. Koch, Pharm. Zeitschr. Russland 1886, *25*, 620 u. f.

[3]) Maquenne, Compt. rend. 1887, *104*, 279.

in der bekannten Molekel, die rationelle Struktur kann jedoch auf diesem Weg nicht erkannt werden. Die Ermittelung der Constitution ist ein Beginnen, für das sich spezielle Vorschriften kaum geben lassen; die vorzunehmenden Operationen wechseln nach der Natur des Körpers, und es bleibt zumeist dem Scharfsinn des Forschers überlassen, sich den geeignetsten Weg zur Erreichung dieses Zieles selbst zu suchen. Für die Bestimmung des Molekulargewichts gibt es dagegen allgemeine Methoden, welche bei geeigneter Modifikation auf eine grosse Anzahl chemischer Verbindungen anwendbar sind. Unsere Aufgabe ist es, diese Methoden näher zu betrachten.

Die Methoden zur Bestimmung des Molekulargewichts.

Die Verfahren, welche zur Ermittelung des Molekulargewichts dienen, fallen unter zwei Gesichtspunkte: man kann entweder auf rein chemischem Wege vorgehen oder physikalische Eigenschaften zu Hülfe nehmen. Die Bestimmung des Molekulargewichts auf chemischem Wege ist von unbegrenzter Allgemeinheit, während die auf physikalischer Grundlage beruhenden Methoden nur eine beschränkte Anwendbarkeit besitzen. Diese zwei verschiedenen Bestimmungsarten sollen gesondert betrachtet werden.

Die Bestimmung des Molekulargewichts auf chemischem Wege.

Da die chemischen Eigenschaften der Körper ausserordentlich untereinander abweichen, so gibt es für die Bestimmung des Molekulargewichts auf rein chemischem Wege keine Methoden, die auf alle Körper anwendbar wären; dagegen haben die Glieder einer Körperklasse häufig so übereinstimmende Eigenschaften, dass man eine derselben zur Molekulargewichtsbestimmung benutzen kann. Dies gilt ganz besonders von den homologen Reihen organischer Verbindungen, und so hat man denn für zwei besonders ausgezeichnete Körperklassen der organischen Chemie Methoden ausgearbeitet, welche in diesen Körperklassen eine ausgedehntere Anwendbarkeit haben. Es sind dies die organischen Basen und Säuren, welche aus diesem Grunde zuerst Gegenstand der Betrachtung sein sollen.

1. Die Substanz ist eine organische Base.

Die organischen Basen sind sämmtlich Abkömmlinge des Ammoniaks, in dem 1, 2 oder 3 Atome Wasserstoff durch organische Reste vertreten sind. Gerade nun wie das Ammoniak mit Platinchlorid ein schön krystallisirendes Doppelsalz, den Platinsalmiak $(NH_4)_2 Pt Cl_6 = (NH_3)_2 . H_2 Pt Cl_6$ bildet, so bilden auch alle organischen Basen, welche durch Substitution einer Ammoniakmolekel entstanden gedacht werden können, Doppelsalze mit Platinchlorid, welche dem Platinsalmiak vollkommen analog sind. Die Base $\begin{matrix} R_1 \\ R_2 \\ R_3 \end{matrix} \!\!>\! N$, worin R_1, R_2 und R_3 einwerthige organische Reste bedeuten, bildet z. B. das Doppelsalz $[(R_1 R_2 R_3) NH]_2 Pt Cl_6 = [(R_1 R_2 R_3) N]_2 . H_2 Pt Cl_6$, und bezeichnet man allgemein die Molekel einer solchen Base mit X, so ist die Zusammensetzung ihres Doppelsalzes: $X_2 . H_2 Pt Cl_6$. Auf diesem allgemeinen Verhalten derartiger Basen beruht die Methode zur Bestimmung des Molekulargewichts derselben.

Man verfährt hierbei folgendermassen: Man wägt eine gewisse Menge des reinen, trocknen Doppelsalzes ab und glüht dasselbe im Platintiegel; die Verbindung wird hierbei vollkommen zersetzt, es verflüchtigt sich alles ausser dem Platin, welches in der Form von Platinmohr zurückbleibt und gewogen wird. Aus der Formel sieht man, dass auf 1 Atom Platin in dem Platindoppelsalz stets 2 Molekeln der Base kommen, und hierauf beruht die Berechnung des Molekulargewichts der letzteren.

Man habe aus a g des Platindoppelsalzes b g Platin erhalten. Dann sind die b g Platin mit (a — b) g der anderen Bestandtheile, also mit (a — b) g $X_2 . H_2 Cl_6$ verbunden gewesen. 194,3 g Platin sind demnach mit $\frac{a-b}{b} . 194,3$ g der anderen Bestandtheile vereinigt gewesen; diese 194,3 g Platin entsprechen aber einem Atom Platin, daher sind die $\frac{a-b}{b} . 194,3$ g der anderen Bestandtheile gleich der Summe ihrer Atomgewichte. Bezeichnen wir das Molekulargewicht der Base X mit M, so ist $\frac{a-b}{b} . 194,3 = 2\,M +$ dem Gewicht des Complexes $H_2 Cl_6$; letzteres ist aber $2 . 1 + 6 . 35,37 = 214,22$, daher

$$\frac{a-b}{b} \cdot 194,3 = 2\,M + 214,22,$$

$$M = \frac{\frac{a-b}{b} \cdot 194,3 - 214,22}{2},$$

$$M = \frac{97,15 \cdot a - 204,26 \cdot b}{b}$$

oder

$$M = 97,15 \cdot \frac{a}{b} - 204,26.$$

Hierzu sei ein Beispiel gegeben. Bei der Analyse einer organischen Base habe man gefunden: 53,26 Prozent Kohlenstoff, 15,58 Prozent

Wasserstoff und 31,16 Prozent Stickstoff; daraus ergibt sich die einfachste atomistische Formel C_2H_7N. Ferner habe man beim Glühen von 0,2173 g des Platindoppelsalzes 0,0847 g Platin erhalten. Dann ist das Molekulargewicht der Base:

$$M = 97{,}15 \cdot \frac{0{,}2173}{0{,}0847} - 204{,}26 = 249{,}24 - 204{,}26 = 44{,}98.$$

Der Formel C_2H_7N entspricht das Molekulargewicht 44,95, daher ist dies die Molekularformel.

Bei derartigen Molekulargewichtsbestimmungen ist indess mit grosser Vorsicht zu verfahren. Das oben angegebene Verhalten gilt nämlich blos für die einsäurigen Amine, d. h. allgemein nur für solche, welche sich von einer Ammoniakmolekel ableiten und daher nur ein Atom Stickstoff enthalten. Die zwei- und mehrsäurigen Amine verhalten sich aber anders. Dem Aethylendiamin z. B. kommt nach seiner Entstehung und nach seinem ganzen Verhalten die Formel $\begin{array}{l} CH_2 - NH_2 \\ | \\ CH_2 - NH_2 \end{array} = C_2H_8N_2$ zu; dasselbe bildet das salzsaure Salz $\begin{array}{l} CH_2 - NH_2 \cdot HCl \\ | \\ CH_2 - NH_2 \cdot HCl \end{array}$ und das Platindoppelsalz: $\begin{array}{l} CH_2 - NH_2 \cdot HCl \\ | \\ CH_2 - NH_2 \cdot HCl \end{array} > Pt\,Cl_4$. Liegt diese Base der Analyse vor, so erhält man als einfachste Formel CH_4N. Untersucht man dann das Doppelsalz mit Platinchlorid, so findet man, dass dieses in 100 Theilen 41,47 Theile Platin enthält. Setzt man diesen Werth in die Formel ein, so wird $M = 97{,}15 \cdot \frac{100}{41{,}47} - 204{,}26 = 30{,}01$. Der Formel CH_4N entspricht das Molekulargewicht 29,98, womit diese Formel bestätigt wäre. Trotzdem ist dieselbe falsch: das Aethylendiamin hat ein doppelt so grosses Molekül.

Das Diäthylentriamin $NH_2 - CH_2 - CH_2 - NH - CH_2 - CH_2 - NH_2 = C_4H_{13}N_3$ ist das Beispiel einer dreisäurigen Base; dieselbe bildet das Platindoppelsalz $[C_4H_{13}N_3 . 3\,HCl]_2 . 3\,Pt\,Cl_4$. Die Analyse führt hier zu der richtigen Formel, denn sie ist die kleinste mögliche. Würde man aber das Platindoppelsalz dieser Base untersuchen und die gefundenen Werthe in die Formel einsetzen, so erhielte man das Molekulargewicht 34,3 und die Molekularformel $C_{\frac{4}{3}}H_{\frac{13}{3}}N$, welche nicht möglich ist; sie muss vielmehr mindestens dreimal so gross sein.

Die Methode zur Bestimmung des Molekulargewichts von Basen mit Benutzung der abgeleiteten Formel ist demnach nur auf einsäurige Basen anwendbar. Ob aber eine Base ein- oder mehrsäurig ist, kann nur das Studium der Bildungs- und Zersetzungsweisen entscheiden.

Zur Feststellung der Molekulargrösse von Basen kann man sich auch des Sättigungsvermögens derselben gegenüber einer Säure, z. B.

Salzsäure, bedienen. Es kann dies in der Weise geschehen, dass man entweder bestimmt, wieviel Salzsäure das salzsaure Salz enthält, oder wieviel Salzsäure ein bestimmtes Gewicht der Base zur Bildung des Salzes braucht. Doch ist dieser Weg weniger bequem als der vorher beschriebene und mit denselben Schwierigkeiten behaftet.

2. Die Substanz ist eine organische Säure.

Das Molekulargewicht der Säuren pflegt man mit Hülfe ihrer Salze zu bestimmen. Die organischen Säuren sind charakterisirt durch die Carboxylgruppe $(COOH)^I$, deren Wasserstoff durch Metalle ersetzt werden kann. Liegt die reine Säure vor, so könnte man den Wasserstoff direkt durch metallisches Natrium ersetzen und den entwickelten Wasserstoff bestimmen, woraus man das Molekulargewicht der Säure bestimmen könnte. Gewöhnlich wählt man aber die Silbersalze, und zwar aus folgenden Gründen: sie sind zumeist schwer löslich und daher leicht rein zu erhalten, sie krystallisiren ferner meist gut und ohne Krystallwasser und sind leicht zu analysiren; man braucht sie blos zu glühen, so bleibt reines metallisches Silber zurück.

Man habe nun aus a g des Silbersalzes einer einbasischen Säure b g metallisches Silber erhalten. Dann gestaltet sich die Berechnung folgendermassen. Auf b g Silber in dem Silbersalz kommen (a — b) g der anderen Bestandtheile desselben. Auf 107,66 g, entsprechend einem Atom Silber, kommen also $\frac{a-b}{b} \cdot 107{,}66$ g der anderen Bestandtheile. Ein Atom Silber vertritt aber ein Atom Wasserstoff der Säure; um daher das Molekulargewicht der Säure zu erhalten, hat man zu dem Gewicht der mit 1 Atom Silber verbundenen Bestandtheile das Gewicht eines Atomes Wasserstoff = 1 zu addiren. Es ist also:

$$M = \frac{a-b}{b} \cdot 107{,}66 + 1$$

oder

$$M = 107{,}66 \cdot \frac{a}{b} - 106{,}66.$$

Die Elementaranalyse einer Säure habe z. B. 40,00 Prozent Kohlenstoff, 6,67 Prozent Wasserstoff und 53,33 Prozent Sauerstoff ergeben; aus diesen Daten berechnet sich die einfachste atomistische Formel CH_2O. Ferner enthielten 0,3412 g des Silbersalzes 0,2206 g Silber; daher ist das Molekulargewicht:

$$M = 107{,}66 \cdot \frac{0{,}3412}{0{,}2206} - 106{,}66 = 59{,}86.$$

Der Formel CH_2O entspricht das Molekulargewicht 11,97 + 2 + 15,96 = 29,93, der verdoppelten Formel $C_2H_4O_2$ das Molekulargewicht 59,86, welches mit dem gefundenen übereinstimmt. Die Molekularformel der Säure ist daher $C_2 H_4 O_2$, es ist die Essigsäure.

Die Milchsäure gibt bei der Elementaranalyse dieselbe Zusammensetzung wie die Essigsäure; ihr Silbersalz enthält aber in 100 Theilen 54,80 Theile Silber, woraus sich nach der obigen Formel das Molekulargewicht 89,80 berechnet; dieses entspricht der Molekularformel $C_3 H_6 O_3$, welcher das theoretische Molekulargewicht 89,79 zukommt.

Es ist indess zu bemerken, dass die Formel zur Bestimmung des Molekulargewichts nur für einbasische Säuren gültig ist; bei mehrbasischen Säuren liegen die Verhältnisse wesentlich anders. Die mehrbasischen Säuren enthalten mehrere Carboxylgruppen, es können in denselben daher mehrere Wasserstoffatome durch Metalle ersetzt werden, sie bilden saure und neutrale Salze. Bedient man sich auch hier der Silbersalze, so scheint es freilich, als ob die Mehrzahl der mehrbasischen Säuren mit Vorliebe neutrale Silbersalze bilde. Doch kennt man auch saure Silbersalze mehrbasischer Säuren; von zweibasischen seien (nach Beilstein's Handbuch der organischen Chemie) Maleïnsäure, von der man, wie es scheint, nur das saure Silbersalz kennt, Citrakonsäure, Mesakonsäure, α-Trimethylendikarbonsäure, Carbopyrotritarsäure und Komensäure, von dreibasischen die Citronensäure und die Mekonsäure erwähnt.

Je nachdem nun das saure oder das neutrale Silbersalz zur Analyse verwandt wird, erhält man nach der obigen Formel verschiedene Molekulargewichte, die allerdings in einfachem Verhältniss zu einander stehen. Die Komensäure z. B., der nach der Analyse die einfachste Formel $C_6 H_4 O_5$ zukommt, bildet ein saures Silbersalz von weisser Farbe $C_6 H_3 O_5 Ag$ und ein neutrales gelbes $C_6 H_2 O_5 Ag_2$. Das saure Salz enthält 41,05 Prozent Silber, woraus sich das Molekulargewicht 155,60 ergibt; das neutrale Salz enthält dagegen 58,36 Prozent Silber, entsprechend dem Molekulargewicht 77,82. Die einfachste Formel $C_6 H_4 O_5$ erfordert aber 155,62; daher ist das aus dem sauren Salz berechnete Molekulargewicht das richtige und das neutrale Salz führt zu einem unmöglichen Molekulargewicht, da halbe Atome in einer Formel nicht vorkommen dürfen.

Die Citronensäure hat die Formel $C_6 H_8 O_7$ und demgemäss das Molekulargewicht 191,54; man kennt von ihr das sekundäre Silbersalz $C_6 H_6 O_7 Ag_2$ und das tertiäre $C_6 H_5 O_7 Ag_3$. Würde man ersteres zur Molekulargewichtsbestimmung benutzen, so gelangte man zu dem halben Werthe des Molekulargewichts 95,77; das neutrale Salz führte zu der Zahl 63,85, welche nur ein Drittel des wahren Werthes ist. Beide Zahlen sind unmöglich, da die Formel $C_6 H_8 O_7$ schon die kleinstmögliche ist. Wäre hingegen das primäre Silbersalz $C_6 H_7 O_7 Ag$ bekannt und zur Molekulargewichtsbestimmung benutzt worden, so erhielte man den richtigen Werth 191,54.

Aus diesen Beispielen, sowie schon aus der Ableitung der Formel ergibt sich, dass die letztere nur dann anwendbar ist, wenn nur ein Wasserstoffatom gegen ein Silberatom ausgetauscht worden ist; sind mehrere Wasserstoffatome gegen Silber ausgetauscht worden, so führt sie zu falschen Werthen für das Molekulargewicht. Die Frage, ob ein oder mehrere Wasserstoffatome gleichzeitig durch Silber ersetzt worden sind, lässt sich aber aus dem Verhältniss des Wasserstoffgehalts der Säure und des Silbersalzes nicht immer entscheiden. Ein gutes Beispiel gibt hierzu die Bernsteinsäure ab. Dieselbe ergibt bei der Elementaranalyse die einfachste Formel $C_2 H_3 O_2$; die Untersuchung des Silbersalzes führt nach der oben abgeleiteten Gleichung zu dem Molekulargewicht 58,86. Demgemäss wäre die Molekularformel der Bernsteinsäure gleich der atomistischen Formel $C_2 H_3 O_2$ und das bernsteinsaure Silber wäre $C_2 H_2 O_2 Ag$. Demgegenüber ist nachgewiesen, dass die Bernsteinsäure das Molekulargewicht 117,72 und die Molekularformel $C_4 H_6 O_4$ und das bernsteinsaure Silber die Formel $C_4 H_4 O_4 Ag_2$ hat.

Das Resultat der Untersuchung lässt sich demnach folgendermassen zusammenfassen: Die oben abgeleitete Formel führt nur dann zum wahren Molekulargewicht, wenn das der Untersuchung unterliegende Silbersalz durch Substitution von einem Atom Wasserstoff durch Silber aus der Säure entstanden ist; dies trifft bei allen einbasischen Säuren zu, bei mehrbasischen nur dann, wenn das primäre Silbersalz untersucht wird. Werden die neutralen Silbersalze mehrbasischer Säuren benutzt, so führt die Formel zu einem falschen, aber nach der atomistischen Theorie möglichen Molekulargewicht, wenn die Koëffizienten der Molekularformel durch die Ziffer der Basizität theilbar sind. Dies ist z. B. der Fall bei der oben erwähnten Bernsteinsäure; sie ist zweibasisch und die Koëffizienten der Molekularformel sind durch 2 theilbar, weshalb man ein falsches, aber nach der Atomtheorie mögliches Molekulargewicht erhält. Von dreibasischen Säuren gehört die Akonitsäure $C_6 H_6 O_6$ und deren Isomere hierher. Sind die Koëffizienten der wahren Molekularformel nicht durch die Ziffer der Basizität theilbar, so führen die neutralen Salze mehrbasischer Säuren zu unmöglichen Molekulargewichten, indem die diesen entsprechenden Molekularformeln Bruchtheile von Atomen enthalten. Weiss man, wie viele Atome Wasserstoff gleichzeitig durch Silber ersetzt worden sind, so kann man das Molekulargewicht der Säure nach der Formel berechnen:

$$M = n \cdot \left(107{,}66 \cdot \frac{a}{b} - 106{,}66\right),$$

worin n die Anzahl der ersetzten Wasserstoffatome darstellt und a und b die frühere Bedeutung haben.

3. Die Substanz ist weder eine Base noch eine Säure.

Die Bestimmung der Molekulargrösse der organischen Basen und Säuren wurde nicht allein deshalb vorangestellt, weil ihre besondere Betrachtung allgemein üblich ist, sondern vornehmlich deshalb, weil sie ein einfaches und klares Bild des Verfahrens gibt, nach dem man auf rein chemischem Wege Molekulargewichte bestimmt. Die bei den Säuren und Basen üblichen Methoden beruhen auf dem gleichen Prinzip wie die bei den indifferenten Substanzen angewandten: sie stützen sich alle auf das Studium der Reaktionen der Körper.

Ist sonach die Bestimmung des Molekulargewichts auf chemischem Wege im Ganzen und Grossen eine Aufgabe, die mit dem gesonderten Studium der einzelnen Körper zusammenfällt, so gibt es doch allgemeine Gesichtspunkte, welche in manchen Fällen eine atomistische Formel als nicht mit der Molekularformel zusammenfallend erkennen lassen. Von den anorganischen Körpern kann man bei dieser Betrachtung fast ganz absehen, denn Polymeriefälle, die hier zunächst in Betracht kommen, finden sich bei diesen nur selten vor, sehr zahlreich aber bei den Kohlenstoffverbindungen.

Ein solcher allgemeiner Gesichtspunkt leitet sich von dem Begriff der Valenz der Atome her. Um n Atome zu einer Molekel zusammenzuhalten, sind mindestens n — 1 Bindungen, und da zu jeder Bindung mindestens zwei Valenzen gehören, zum wenigsten 2 (n — 1) Werthigkeitseinheiten erforderlich. Besteht nun die Molekel aus n_1 einwerthigen, n_2 zweiwerthigen, n_3 dreiwerthigen, n_4 vierwerthigen, n_5 fünfwerthigen und n_6 sechswerthigen Atomen und ist die Gesammtzahl der Atome gleich n, so ist:

$$n_1 + n_2 + n_3 + n_4 + n_5 + n_6 = n.$$

Zum Zusammenhalt des Moleküls sind zum Mindesten 2 (n — 1) Valenzen erforderlich, d. h. die Summe der Valenzen muss gleich oder grösser sein als 2 (n — 1). Nun ist die Summe der Valenzen von n_1 einwerthigen Elementen gleich n_1, von n_2 zweiwerthigen gleich $2\,n_2$, von n_3 dreiwerthigen gleich $3\,n_3$, von n_4 vierwerthigen gleich $4\,n_4$, von n_5 fünfwerthigen gleich $5\,n_5$ und von n_6 sechswerthigen gleich $6\,n_6$. Die Summe der Valenzen aller Atome ist daher: $n_1 + 2\,n_2 + 3\,n_3 + 4\,n_4 + 5\,n_5 + 6\,n_6$; dieselbe muss gleich oder grösser sein als 2 (n — 1) oder 2 n — 2, also

$$n_1 + 2\,n_2 + 3\,n_3 + 4\,n_4 + 5\,n_5 + 6\,n_6 \geqq 2\,n - 2.$$

Setzt man für n seinen Werth $n = n_1 + n_2 + n_3 + n_4 + n_5 + n_6$ ein, so wird:

$$n_1 + 2n_2 + 3n_3 + 4n_4 + 5n_5 + 6n_6 \geqq 2n_1 + 2n_2 + 2n_3 + 2n_4 + 2n_5 + 2n_6 - 2.$$

Hieraus ergibt sich:

$$n_1 \leqq n_3 + 2n_4 + 3n_5 + 3n_6 + 2.$$

Beschränken wir uns auf die Kohlenstoffverbindungen, so können wir von den 5- und 6werthigen Elementen absehen und wir erhalten:

$$n_1 \leqq n_3 + 2n_4 + 2$$

oder

$$n_1 - n_3 \leqq 2(n_4 + 1).$$

Das Gleichheitszeichen gilt für den Fall, dass keine mehrfachen Bindungen in der Molekel vorkommen, dass also je zwei Atome nur durch eine Bindung zusammengehalten werden. Für diesen Fall ist $n_1 - n_3 = 2(n_4 + 1)$, d. h. die Differenz der Anzahlen ein- und dreiwerthiger Atome ist stets eine gerade Zahl. Ist aber die Differenz zweier Zahlen eine gerade Zahl, so ist auch ihre Summe eine solche. Wir kommen also zu dem Resultat: Die Summe der Atome mit ungerader Werthigkeit ist stets eine gerade Zahl.

Diese Regelmässigkeit gilt indess nicht allein für den Spezialfall, dass die Ungleichung in eine Gleichung übergeht, dass also in der Molekel nur einfache Bindungen vorkommen, sondern ganz allgemein. Denn zu jeder Bindung gehören zwei Valenzen, sie verschwinden in der Molekel; für jede Doppelbindung verschwinden daher, im Vergleich zu dem Falle nur einfacher Bindungen, 2 Valenzen, für jede dreifache Bindung 4 Valenzen. Nach diesen Auseinandersetzungen kann man die oben abgeleitete Ungleichung in der Form einer Gleichung schreiben. Ist x die Anzahl der Doppelbindungen, y die Anzahl der dreifachen Bindungen, so ist:

$$n_1 - n_3 = 2n_4 + 2 - 2x - 4y$$
$$n_1 - n_3 = 2(n_4 - x - 2y + 1).$$

Die Summe der ein- und dreiwerthigen Atome ist also in allen Fällen eine gerade Zahl.

Für die Richtigkeit der abgeleiteten Gleichung lässt sich eine Reihe von Kohlenwasserstoffen anführen, welche, derselben Kohlenstoffreihe angehörig, die durch die Bindungsverhältnisse verursachten Zusammensetzungsänderungen sehr klar zeigen. Es sind dies:

Dipropargyl:	$CH \equiv C - CH_2 - CH_2 - C \equiv CH$	$= C_6H_6$
Diallylen:	$CH_2 = CH - CH_2 - CH_2 - C \equiv CH$	$= C_6H_8$
Diallyl:	$CH_2 = CH - CH_2 - CH_2 - CH = CH_2$	$= C_6H_{10}$
Butyläthylen:	$CH_3 - CH_2 - CH_2 - CH_2 - CH = CH_2$	$= C_6H_{12}$
Normal-Hexan:	$CH_3 - CH_2 - CH_2 - CH_2 - CH_2 = CH_3$	$= C_6H_{14}$.

Dreiwerthige Atome kommen in diesen Kohlenwasserstoffen nicht vor, es ist also $n_3 = 0$; sie enthalten alle 6 Atome des vierwerthigen Kohlenstoffs, daher ist $n_4 = 6$. Die Gleichung geht somit über in:

$$n_1 = 2(6 - x - 2y + 1).$$
$$n_1 = 2(7 - x - 2y).$$

Zunächst ergibt sich, dass n_1, die Anzahl der Wasserstoffatome, stets eine gerade Zahl ist. Im Dipropargyl sind 2 dreifache Bindungen und keine Doppelbindung, daher $x = 0$, $y = 2$ und $n_1 = 2(7 - 4) = 6$. Im Diallylen ist eine dreifache Bindung und eine Doppelbindung, daher $x = 1$, $y = 1$ und $n_1 = 2(7 - 1 - 2) = 8$. Im Diallyl sind zwei Doppelbindungen und keine dreifache Bindung, daher $x = 2$, $y = 0$ und $n_1 = 2(7 - 2) = 10$. Im Butylen ist nur noch eine Doppelbindung, daher $x = 1$, $y = 0$ und $n_1 = 2(7 - 1) = 12$; im Normal-Hexan sind schliesslich keine mehrfachen Bindungen mehr vorhanden, daher $x = 0$, $y = 0$ und $n_1 = 2 . 7 = 14$.

Die abgeleitete Regelmässigkeit, dass die Summe der ein- und dreiwerthigen Atome in den Molekülen stets eine gerade Zahl ist, ist als „Gesetz der paaren Atomzahl" bekannt. Schon vor der Einführung des Begriffes der Valenz oder Werthigkeit war dasselbe 1843 von Gerhardt[1]) für spezielle Fälle erkannt worden; Laurent[2]) machte 1846 allgemeinen Gebrauch von demselben und nannte die Elemente, welche später als ein- und dreiwerthig bezeichnet wurden, „Dyadides", weil ihre Summe stets eine gerade Zahl war. Im Jahre 1858 zeigte dann Kekulé[3]), dass das Gesetz der paaren Atomzahl eine Folge der Vierwerthigkeit des Kohlenstoffs ist.

Erhält man daher aus der Analyse eine Formel, in der die Summe der Atome von ungerader Werthigkeit eine ungerade Zahl ist, so ist die Molekularformel mindestens doppelt so gross. So ist z. B. hiermit dargethan, dass die auf S. 24 gefundene atomistische Formel der Bernsteinsäure $C_2H_3O_2$ nicht die Molekularformel derselben sein kann; denn es kommen in ihr drei einwerthige Wasserstoffatome, sonst aber keine ungeradwerthigen Atome vor. Die Molekularformel der Bernsteinsäure muss vom Standpunkt des Gesetzes der paaren Atomzahl mindestens doppelt so gross, also $C_4H_6O_4$ sein.

Das Gesetz der Atomverkettung, wie wir es oben in die Form einfacher Gleichungen gebracht haben, kann noch in anderer Weise zur Bestimmung des Molekulargewichts dienen. Für die Kohlenstoffverbindungen gilt die allgemeine Gleichung:

$$n_1 - n_3 = 2(n_4 - x - 2y + 1).$$

---

1) Annal. chim. phys. 1843 [3], 7, 129.

2) Annal. chim. phys. 1846 [3], *18*, 286.

3) Annal. Chem. Pharm. 1858, *106*, 129.

Sind in der Molekel keine dreiwerthigen Atome vorhanden, wird also $n_3 = 0$, so wird:

$$n_1 = 2(n_4 - x - 2y + 1).$$

Die Anzahl einwerthiger Atome in der Molekel organischer Verbindungen ist demnach durch die Anzahl der Kohlenstoffatome und die Anzahl zwei- und dreifacher Bindungen gegeben; sie erreicht ihr Maximum, wenn nur einfache Bindungen in der Molekel vorkommen. Für diesen Grenzfall wird $n_1 = 2n_4 + 2$. Die grösste Anzahl einwerthiger Atome, mit denen sich eine bestimmte Anzahl Kohlenstoffatome verbinden kann, ist demnach gleich der um 2 vermehrten doppelten Anzahl der Kohlenstoffatome. Das Gesetz der Atomverkettung kann daher für das Molekulargewicht mitunter eine Maximalgrenze feststellen. Dem Perchloräthen kommt z. B. nach der Analyse die einfachste Formel CCl_3 zu. Das Gesetz der paaren Atomzahl erklärt diese Formel für unrichtig; die verdoppelte Formel C_2Cl_6 entspricht diesem Gesetz, ferner aber auch dem Gesetz der Atomverkettung, denn für $n_4 = 2$ wird der Grenzwerth von $n_1 = 6$, d. h. 2 Kohlenstoffatome können höchstens mit 6 einwerthigen Atomen verbunden sein. Die Formel C_2Cl_6 steht indess nicht allein mit den beiden Gesetzen im Einklang, letztere sagen sogar aus, dass es die einzig mögliche ist. Denn alle höheren Multipla der Formel stehen im Widerspruch mit dem Gesetz der Atomverkettung. Die Formel C_3Cl_9 widerstrebt beiden Gesetzen; für $n_4 = 3$ ist n_1 im Maximum $= 8$, mit drei Kohlenstoffatomen können daher höchstens 8 einwerthige Atome verbunden sein. In diesem Falle ermöglichen also die beiden allgemeinen Gesetze die vollkommen sichere Bestimmung des Molekulargewichts.

Sieht man von diesen allgemeinen Gesichtspunkten ab, so fällt im Uebrigen die Bestimmung des Molekulargewichts auf chemischem Wege mit dem Studium der Entstehungsweisen, der Umsetzungen und der physikalischen Eigenschaften der Verbindung zusammen. In vielen Fällen kann man durch Substitution einen Einblick in die Molekulargrösse organischer Verbindungen gewinnen. In dem Aethan z. B., das die einfachste Formel CH_3 hat, kann man durch direkte Einwirkung von Chlor $^1/_6$ des Wasserstoffs durch Chlor ersetzen; es muss also mindestens 6 Wasserstoffatome und demgemäss die Molekularformel C_2H_6 haben. Dies wird dadurch bestätigt, dass man auch $^2/_6$, $^3/_6$, $^4/_6$, $^5/_6$ und $^6/_6$ des Wasserstoffs der Reihe nach durch Chlor substituiren kann. Aus dem Benzol, dem die einfachste Zusammensetzung CH zukommt, lässt sich leicht das Nitrobenzol darstellen; in dem letzteren ist $^1/_6$ des Benzolwasserstoffs durch die Nitrogruppe ersetzt, es hat die Zusammensetzung $C_6H_5NO_2$. Wenn daher eine Molekel Nitrobenzol aus einer Molekel Benzol entsteht, wenn also bei der Nitrirung nicht mehrere Molekeln Benzol zusammentreten, so muss letzteres mindestens 6 Wasserstoffatome und die Formel C_6H_6 haben. In der Essigsäure mit der einfachsten Formel CH_2O kann man $^1/_4$, $^2/_4$ und $^3/_4$ des Wasserstoffs durch Chlor ersetzen; die entstehenden gechlorten Essigsäuren haben die Zusammensetzung $C_2H_3ClO_2$, $C_2H_2Cl_2O_2$ und $C_2HCl_3O_2$. Daher müssen in der Essigsäure mindestens 4 Wasserstoffatome angenommen werden, was auf die Formel $C_2H_4O_2$ führt.

Die Schlüsse aus der Zusammensetzung von Substitutionsprodukten auf diejenige der Ausgangsverbindungen sind indess mit der grössten Vorsicht zu ziehen. Zunächst muss man sicher sein, dass der Vorgang bei der Substitution thatsächlich im Sinne einer bestimmten Gleichung erfolgt. Dazu wäre erforderlich, dass neben den durch die Gleichung ausgedrückten Produkten keine anderen entstehen und dass die Reaktion quantitativ im Sinne der Gleichung verläuft. Beide Ansprüche sind vielfach bei organischen Umsetzungen nicht erfüllt: es entstehen gewöhnlich Nebenprodukte und die Reaktion bleibt bei einem gewissen Punkte stehen, sie bleibt unvollendet; die quantitativen Verhältnisse der Umsetzungen organischer Verbindungen sind nur selten der Gegenstand des Studiums gewesen.

Ist der Vorgang der Reaktion festgestellt, so muss noch nachgewiesen werden, dass nur eine Molekel der Substanz in die Reaktion eingetreten ist, und dass diese eine Molekel bei der Substitution intakt geblieben ist. Es kommt nämlich vor, dass das Substitutionsprodukt unter Zusammentritt mehrerer Molekeln des ursprünglichen Körpers gebildet wird, und andererseits ist es möglich, dass bei der Reaktion die Molekel der Substanz gespalten wird.

Für den ersten Fall liefert die Geschichte der Chemie ein treffendes Beispiel. Gemäss der Liebig'schen Aethyltheorie schrieb man eine Zeit lang den Aethylalkohol $C_4H_{12}O_2$ ($C = 12$, $O = 16$); dem Aethyläther gab man die Formel $C_4H_{10}O$ und stellte seine Bildungsweise aus dem Alkohol unter dem Einfluss wasserentziehender Mittel durch die Gleichung dar:

$$C_4H_{12}O_2 - H_2O = C_4H_{10}O.$$

Hiergegen lässt sich an und für sich nichts einwenden; als aber Williamson[1]) die gemischten Aether darstellte und dadurch nachwies, dass die Aether unter dem Zusammentritt zweier Alkoholmolekeln entstehen, war die Unmöglichkeit der obigen Gleichung dargethan. Zur Erklärung der Möglichkeit des Bestehens gemischter Aether hatte man zwei Wege: entweder musste die Formel des Alkohols halbirt oder diejenige des Aethers verdoppelt werden. Welcher von beiden

[1]) Annal. Chem. Pharm. 1851, 77, 37; 1852, *81*, 73.

Wegen einzuschlagen ist, lässt sich rein chemisch nicht feststellen; beide erklären die Existenz gemischter Aether gleich gut. Andere Betrachtungen haben gezeigt, dass die Formel des Aethylalkohols halbirt werden muss, und dass ihm die Zusammensetzung C_2H_6O zukommt.

Ein Beispiel für den Fall, dass bei einer Reaktion die Molekel der Substanz gespalten wird, und dass aus einer Molekel der ursprünglichen Verbindung zwei Molekeln des Ursprungsprodukts entstehen, liefert die Zersetzung der Anhydride der Fettsäuren durch Wasser. Früher gab man der Essigsäure die Formel $C_4H_8O_4$ und dem Essigsäureanhydrid, der (noch nicht bekannten) „wasserfreien Essigsäure“, die Formel $C_4H_6O_3$. Mit diesen Formeln könnte die Bildung des Hydrats aus dem Anhydrid durch die Gleichung:

$$C_4H_6O_3 + H_2O = C_4H_8O_4$$

ausgedrückt werden, nach der aus einer Molekel des Anhydrids eine Molekel des Hydrats entstände. Als Gerhardt[1]) die Williamsonschen Untersuchungen über die Molekulargrösse der Alkohole und Aether auf die Fettsäuren übertrug, gelang es ihm, die Anhydride derselben darzustellen und nachzuweisen, dass eine Molekel des Anhydrids mit Wasser zwei Molekeln Hydrat liefert, gemäss der Gleichung:

$$C_4H_6O_3 + H_2O = 2\,C_2H_4O_2.$$

Von der grössten Bedeutung für die Molekulargewichtsbestimmung auf chemischem Wege sind die vielen Regelmässigkeiten und Analogien, die man in den homologen Reihen organischer Verbindungen erkannt hat. Alle Körper, deren Constitution erforscht ist, lassen sich derart in Reihen ordnen, dass auch neue, analoge Körper einen Platz in denselben finden; eine jede Körperklasse bildet eine solche Reihe, die so gesetzmässig beschaffen ist, dass man sämmtliche Glieder derselben durch eine allgemeine Formel ausdrücken kann. So ist z. B. die allgemeine Formel der gesättigten Alkohole $C_nH_{2n+2}O$, der Fettsäuren $C_nH_{2n}O_2$, der zweibasischen Säuren $C_nH_{2n-2}O_4$ u. s. f. Setzt man hierin für n alle ganzen Zahlen von 1 ab, so erhält man die auf einander folgenden Glieder der Reihe, deren Formeln sich bei benachbarten um CH_2 unterscheiden. Aehnlich wie die Molekulargewichte der Glieder einer homologen Reihe eine arithmetische Progression bilden, so ist dies, wenigstens angenähert, auch bei den physikalischen Eigenschaften der Fall. So nimmt in den homologen Reihen mit wachsendem Molekulargewicht die Löslichkeit in Wasser, das spezifische Gewicht und der Ausdehnungskoëffizient flüssiger Ver-

[1]) Annal. chim. phys. [3], 1853, *37*, 332.

bindungen ab, dagegen nehmen die Siedepunkte, die spezifischen Volumina, die Molekularcohäsion, die Transspirationszeit, die spezifische Zähigkeit, die Molekularwärme, die Verbrennungswärme, das Molekularbrechungsvermögen und andere physikalische Konstanten zu. Die Aenderungen dieser Eigenschaften sind (theils mehr, theils weniger) angenähert dem Molekulargewichtszuwachs proportional, d. h. die physikalischen Eigenschaften einer organischen Verbindung sind eine Funktion des Molekulargewichts oder der Stellung, den die Verbindung in der homologen Reihe der betreffenden Körperklasse einnimmt. Man kann daher umgekehrt aus der Gesammtheit der physikalischen Eigenschaften auf das Molekulargewicht schliessen, wenn mehrere Homologe der Verbindung bereits bekannt und studirt sind. Man vergleicht in dem Falle die verschiedenen möglichen Molekularformeln mit den allgemeinen Formeln der homologen Reihen und stellt fest, in welche die Substanz für ein bestimmtes Molekulargewicht gehören würde; ein Vergleich mit den übrigen Gliedern der homologen Reihen, besonders mit den beiden unmittelbar benachbarten, wird dann Aufschluss über die Richtigkeit des angenommenen Molekulargewichts geben. Geben wir z. B. der Essigsäure die Molekularformel $C_2 H_4 O_2$, so gehört sie in die Reihe der Fettsäuren mit der allgemeinen Formel $C_n H_{2n} O_2$, und zwar ist sie das zweite Glied dieser Reihe. Der Vergleich aller physikalischen Constanten mit denjenigen der übrigen Fettsäuren lehrt, dass dies in der That die wahre Molekularformel der Essigsäure sein muss, denn alle Eigenschaften derselben sind im besten Einklang mit dem Platz, den sie gemäss der Formel $C_2 H_4 O_2$ in der Reihe der Fettsäuren einnimmt. Wäre dieser Platz nicht durch die Essigsäure eingenommen, so müsste man annehmen, dass an dieser Stelle die Continuität der Progression der Molekulargewichte und der Eigenschaften eine Unterbrechung erlitte, wozu nirgends ein Anhaltspunkt gegeben ist.

Legt man der Essigsäure die doppelte Formel $C_4 H_8 O_4$ bei, so fragt es sich, welcher homologen Reihe sie angehört. Eine zweibasische Säure kann sie, wenn das Gesetz der Atomverkettung den chemischen Thatsachen entspricht, nicht sein. Denn die zweibasischen Säuren enthalten zwei Carboxylgruppen, es wäre also $C_4 H_8 O_4 = C_2 H_6 (COOH)_2$. Mit zwei Kohlenstoffatomen wären daher 6 Wasserstoffatome mit 6 Valenzen und 2 Carboxylgruppen mit 2 Valenzen verbunden; 2 Kohlenstoffatome würden daher 8 Valenzen sättigen, während nach dem Gesetz der Atomverkettung 2 Kohlenstoffatome höchstens 6 Valenzen zu sättigen vermögen (gemäss der Formel $n_1 = 2\, n_4 + 2$). In Uebereinstimmung mit unserer Anschauung über die gegenseitige Bindung der Atome kann die Verbindung nur als ein

Glied der Reihe der Dioxyfettsäuren $C_n H_{2n} O_4$, als Dioxybuttersäure angesehen werden. Mit dieser Reihe hat aber die Essigsäure durchaus keine Aehnlichkeit der Eigenschaften gemein, mit Ausnahme einer einzigen, die einer anderweitigen Erklärung bedarf. Die Essigsäure bildet nämlich neben den normalen Salzen $C_2 H_3 Me O_2$ auch Salze von der Zusammensetzung $C_4 H_7 Me O_4$ (Me = K oder Na), genau wie die Dioxyfettsäuren die Salze $C_n H_{2n-1} Me O_4$ geben. Trotz dieser einen scheinbaren Uebereinstimmung ist von der Formel $C_4 H_8 O_4$ für die Essigsäure Abstand genommen worden, weil das sonstige Verhalten derselben mit Nothwendigkeit die Molekel $C_2 H_4 O_2$ fordert.

Die Existenz dieser sauren Acetate steht im Widerspruch zum Gesetz der Atomverkettung. Um dieser Schwierigkeit zu entgehen, fasst man die sauren Salze als Molekularverbindungen von 1 Molekel des normalen Salzes mit 1 Molekel Säure auf und schreibt demgemäss: $C_4 H_7 Me O_4 = C_2 H_3 Me O_2 . C_2 H_4 O_2$. Hiermit steht in Einklang, dass man noch anders zusammengesetzte saure Alkalisalze der Essigsäure kennt; von Natriumsalzen sind neben dem normalen $C_2 H_3 Na O_2$ und dem sauren $C_4 H_7 Na O_4 = C_2 H_3 Na O_2 . C_2 H_4 O_2$ noch folgende saure Salze dargestellt worden: $C_6 H_{11} Na O_6 = C_2 H_3 Na O_2 . 2 C_2 H_4 O_2$[1]), sodann $C_{18} H_{31} Na_5 O_{18} + 6 H_2 O = 5 C_2 H_3 Na O_2 . 4 C_2 H_4 O_2 + 6 H_2 O$, ferner $C_{10} H_{16} Na_4 O_{10} + 11 H_2 O = 4 C_2 H_3 Na O_2 . C_2 H_4 O_2 + 11 H_2 O$ und $C_{14} H_{23} Na_5 O_{14} + 13 H_2 O = 5 C_2 H_3 Na O_2 . 2 C_2 H_4 O_2 + 13 H_2 O$[2]).

Unter „Molekularverbindungen" versteht man solche Verbindungen, in denen die Atome nicht wie bei den „atomistischen Verbindungen" ein einheitliches Ganzes bilden, deren Componenten vielmehr noch eine gewisse Selbstständigkeit besitzen. Dies ist eine Definition, die sehr dehnbar ist, aber keine Erklärung der Art und Weise, wie die Componenten zusammenhängen. Die Existenz der vielen Molekularverbindungen steht im Widerspruch zu dem Gesetz der Atomverkettung, und es ist noch nicht gelungen, denselben aus dem Wege zu räumen.

Nur der Vollständigkeit halber sei ein Verfahren erwähnt, das Carl Hell[3]) zur Ermittelung des Molekulargewichts gesättigter Alkohole der Fettreihe mit höherem Kohlenstoffgehalt angab. Dasselbe beruht auf der Thatsache, dass die höheren primären Fettalkohole beim Erhitzen mit Natronkalk 4 Atome Wasserstoff abgeben, während das Natronsalz einer Fettsäure mit gleichem Kohlenstoffgehalt zurückbleibt:

$$R-CH_2 OH + Na OH = R-COONa + 2 H_2.$$

---

[1]) Lescoeurs, Bull. soc. chim. 1874, *22*, 156.

[2]) Villiers, Bull. soc. chim. 1879, *30*, 153.

[3]) Annal. Chem. Pharm. 1885, *223*, 269; Zeitschr. anal. Chemie 1885, *24*, 605.

Man erhitzt den Alkohol in einer Glasröhre mit Natronkalk auf 260—280°, zuletzt auf 300—310° im Luftbad und fängt den sich entwickelnden Wasserstoff in einer Gasbürette über Quecksilber auf; aus dem Volum des letzteren lässt sich das Molekulargewicht des Alkohols berechnen.

Man habe a g Alkohol in Arbeit genommen und b ccm Wasserstoff, bei 0° und 760 mm Barometerstand gemessen, erhalten. Da 1 ccm Wasserstoff bei 0° und 760 mm Barometerstand 0,00008988 g wiegt, so wiegen die aus a g Substanz erhaltenen b ccm Wasserstoff 0,00008988 . b g. Ist nun M das Molekulargewicht des Alkohols, so geben M g Alkohol $\frac{0,00008988 \cdot b}{a} \cdot M$ g Wasserstoff; andererseits geben aber nach der Reaktionsgleichung M g Alkohol, d. h. ein Molekulargewicht des Alkohols, 4 g Wasserstoff. Daher ist

$$\frac{0,00008988 \cdot b}{a} \cdot M = 4$$

und

$$M = 44503,8 \cdot \frac{a}{b} \cdot$$

Die Anwendbarkeit des Verfahrens ist eine sehr beschränkte. Nur primäre Alkohole reagiren in dem Sinne der oben gegebenen Gleichung und auch bei diesen ist die Methode nur für die Glieder mit höherem Kohlenstoffgehalt geeignet, da die bei der Reaktion entstehenden Salze der Fettsäuren, sofern sie niedere Alkylradikale enthalten, sofort von dem Natronkalk unter Bildung von Kohlenwasserstoffen zersetzt werden:

$$C_n H_{2n+1} COONa + NaOH = C_nH_{2n+2} + Na_2 CO_3.$$

Ferner ist die Methode sehr ungenau; so wurden aus 0,6628 g Myricylalkohol 62,13 ccm Wasserstoff bei 0° und 760 mm Druck erhalten. Daraus berechnet sich nach der Formel das Molekulargewicht M = 474,8. Für den Alkohol $C_{32}H_{66}O$ ergibt sich das theoretische Molekulargewicht 465, für $C_{33}H_{68}O$ die Zahl 478,97; man würde daher nach dieser Bestimmung dem Myricylalkohol die Formel $C_{33}H_{68}O$ beilegen müssen. Sie ist aber $C_{30}H_{62}O$ und die 0,6628 hätten statt der gefundenen 62,13 ccm Wasserstoff 67,7 ccm liefern müssen. Trotzdem ist die Methode geeignet, die höheren Alkohole von den entsprechenden Aldehyden zu unterscheiden, deren Prozentzahlen sehr nahe bei einander liegen. Die Aldehyde reagiren nach der Gleichung:

$$C_n H_{2n+1} COH + NaOH = C_n H_{2n+1} COONa + H_2,$$

sie liefern also nur zwei Atome Wasserstoff, halb so viel wie die entsprechenden Alkohole. Diese Differenz ist aber weit grösser als die Versuchsfehler werden können.

Aus diesen Darlegungen ersieht man, dass es wohl möglich ist, auf rein chemischem Wege einen gewissen Einblick in die Molekularverhältnisse der Substanzen zu gewinnen. Zugleich ergibt sich aber auch, dass man auf diesem Wege das wahre Molekulargewicht der Verbindungen nicht mit Sicherheit ermitteln kann. Die folgenden Auseinandersetzungen werden dies bestätigen.

Zur Bestimmung des Molekulargewichts auf chemischem Wege haben wir uns zweier Hülfsmittel bedient: des Gesetzes der Atomverkettung und der bei Substitutionen obwaltenden Gesetzmässigkeiten. Das erstere leistet im Allgemeinen nur geringe Dienste; nur für den einfachsten Fall, dass die Kohlenstoffatome nur mit einwerthigen Atomen verbunden sind, stellt es unter besonderen Bedingungen, die z. B. beim Perchloräthan eintraten, die Molekel mit Bestimmtheit fest. Das Gesetz der paaren Atomzahl gibt nur einen Minimalwerth für das Molekulargewicht; jedes gerade Vielfache desselben befriedigt es gleich gut. Zieht man alle chemischen Verbindungen in Betracht, was nothwendig ist, da sich die Molekulargewichtsbestimmungen nicht allein mit den Kohlenstoffverbindungen befassen, so verliert das Gesetz der Atomverkettung beträchtlich an seiner Anwendbarkeit zur Feststellung der Molekulargrösse chemischer Verbindungen. Denn abgesehen davon, dass die Valenz vieler Elemente eine schwankende, variable ist, erleidet das Gesetz nachweisliche Ausnahmen in Gestalt der ungesättigten und der molekularen Verbindungen. Auf diese lässt sich das Gesetz überhaupt nicht anwenden; die Frage, ob eine solche Verbindung, namentlich der letzteren Art, über welche die Ansichten zur Zeit noch lebhaft auseinandergehen, vorliegt, ist oft nicht leicht zu beantworten. Auf dem Wege der Substitution erhält man stets nur einen Minimalwerth für das Molekulargewicht; das Molekulargewicht einer Verbindung kann nie ein Bruchtheil, sehr wohl aber ein ganzes Vielfaches des durch Substitution ermittelten Werthes sein. Wenn aus dem Benzol mit der einfachsten atomistischen Formel CH durch Chloriren der Körper C_6H_5Cl, das Chlorbenzol, gewonnen werden kann, so ist seine Molekularformel mindestens C_6H_6; sie kann aber auch $C_{12}H_{12}$ oder allgemein $C_{6n}H_{6n}$ sein. Denn für jedes Substitutionsprodukt entsteht wieder dieselbe Schwierigkeit, die für das Ausgangsprodukt bestanden hatte; die Analyse des Chlorbenzols sagt ja, wie früher gezeigt wurde, nur aus, dass demselben die Formel $C_{6n}H_{5n}Cl_n$ zukommt. Welches seine Molekularformel ist, kann chemisch nicht ermittelt werden.

Lässt sich in solchen Fällen das Molekulargewicht nicht nach den später zu beschreibenden Methoden bestimmen, so gilt es als Regel, dass das kleinste Molekulargewicht auch das wahrscheinlichste ist. Steht der Annahme des kleinsten chemisch möglichen Molekulargewichts vom chemischen Standpunkt nichts entgegen, so betrachtet man es als das der Verbindung wirklich zukommende; wird aber nur eine einzige Reaktion gefunden, welche ein anderes grösseres Molekulargewicht erfordert, so muss dieses dementsprechend geändert werden.

Trotzdem die chemische Methode theoretisch nicht mit Sicherheit, sondern nur mit höchster Wahrscheinlichkeit zu dem wahren Molekulargewicht führt, muss ihr der grösste Werth beigemessen werden. Denn abgesehen von der enormen Förderung, den dieselbe von Anbeginn der Erkenntniss chemischer Thatsachen gebracht hat, hat es sich gezeigt, dass das kleinste Molekulargewicht, welches chemisch möglich ist, in weitaus den meisten Fällen mit dem wahren Molekulargewicht zusammenfällt. Wäre die fast ausnahmslose Uebereinstimmung der Resultate der chemischen und der physikalischen Methoden nicht vorhanden, so hätten die letzteren sicher nicht das uneingeschränkte Ansehen erlangt, in dem sie heute bei fast allen Chemikern und Physikern stehen. Denn sie basiren alle auf einer Hypothese, allerdings auf einer solchen, welche die glänzendsten Beweise ihrer Berechtigung gegeben hat: Es ist dies die Hypothese über die Vertheilung der Masse im Zustande der Verdünnung.

Bestimmung des Molekulargewichts auf physikalischem Wege.

Bereits in der Einleitung wurde die Molekel einer chemischen Verbindung als die kleinste Menge derselben bezeichnet, welche im freien Zustande bestehen kann. In wie weit die Molekulartheorie, welche alle Substanzen als aus diesen kleinsten Atomkomplexen, den Molekeln, zusammengesetzt ansieht, mit den Thatsachen übereinstimmt, soll im folgenden Kapitel des Näheren untersucht werden; hier sei nur soviel gesagt, dass dieselbe aus allen Anfechtungen, welche sie seit ihrem Entstehen im Laufe fast eines Jahrhunderts zu bestehen hatte, siegreich hervorgegangen ist und dass sie mit unseren heutigen Anschauungen über die Constitution der Materie nicht allein im besten Einklang steht, sondern vielmehr eine zwingende Folgerung aus denselben ist.

Zur Erforschung dieser kleinsten selbstständigen Theilchen der Materie muss man die letztere in einem Zustand untersuchen, wo die kleinen selbstständigen Partikeln in ihrer Eigenschaft als Individuen hervortreten, wo also eine gegenseitige Beeinflussung ausgeschlossen ist. Dazu gehört vor allem, dass sie so weit von einander entfernt sind, dass ihre gegenseitige Anziehung gleich Null oder wenigstens möglichst klein wird. Eine genügende Entfernung der Molekeln unter einander ist im gasförmigen Zustand und in der Form sehr verdünnter Lösungen verwirklicht; Aussicht auf einen Einblick in die Molekulargrösse hat man daher vorläufig nur bei der Untersuchung der Stoffe in diesen beiden Formen. Sie sind denn auch die Grundlagen aller Molekulargewichtsbestimmungen.

Unter den Eigenschaften chemischer Verbindungen lassen sich zwei durchaus verschiedene Arten unterscheiden. Die einen erleiden bei chemischen Prozessen keine Aenderung; sie sind für jedes Element konstant und unabhängig von dem Zustand, in dem sich das Element befindet. Eine solche Konstante einer Verbindung ist gleich der Summe der Konstanten der sie zusammensetzenden Elemente. Solche Eigenschaften werden additive genannt. Zu denselben gehören alle mit der Atomtheorie in Zusammenhang stehenden Eigenschaften, die spezifische Wärme fester Körper, die Leitungsfähigkeit neutraler Salze und in verschleierter Form noch eine Reihe anderer Eigenschaften.

Einen ganz anderen Charakter zeigt eine Anzahl anderer Eigenschaften der Stoffe, welche W. Ostwald[1]) als kolligative bezeichnet. Dieselben sind ganz unabhängig von der chemischen Zusammensetzung und haben für die kleinsten selbstständigen Theilchen, die Molekeln, immer denselben Werth, gleichgültig, aus welchen und aus wieviel Atomen dieselben bestehen. Ostwald definirt die kolligativen Eigenschaften als solche, welche für äquimolekulare Mengen aller Stoffe denselben Werth haben.

Es ist klar, dass die additiven Eigenschaften der chemischen Verbindungen nicht zur Bestimmung des Molekulargewichts dienen können; denn dieselben sind für die verschiedenen Molekeln verschieden und lassen daher einen direkten Vergleich mit Rücksicht auf die letzteren nicht zu. So erklärt es sich auch, dass man auf rein chemischem Wege nicht zur Feststellung der Molekulargrösse gelangen kann, denn die analytische und synthetische Chemie beschäftigt sich nur mit rein additiven Eigenschaften, mit der Masse, deren Summe bei allen chemischen Prozessen konstant und unveränderlich bleibt. Daher konnten auch die Atomtheorie und die im Verfolg derselben ausgeführten Untersuchungen nicht zu dem Begriff der Molekel führen; wir finden es verständlich, dass die Anhänger der Atomtheorie zunächst die Annahme von Molekeln verwarfen, und dass die erste kolligative Eigenschaft, welche als solche erkannt wurde, die gleiche

---

[1]) Lehrbuch der allgemeinen Chemie 1890. 2. Aufl. Bd. 1, S. 672 und 1122.

Raumerfüllung aller Gase, elendlich Schiffbruch litt, als sie zur Bestimmung einer typischen additiven Eigenschaft, des Atomgewichts, verwandt wurde.

Die kolligativen Eigenschaften setzen uns allein in den Stand, die Grösse der Molekel zu bestimmen; es ergibt sich dies aus der Definition derselben, dass sie für äquimolekulare Mengen aller Stoffe denselben Werth haben. Die Bestimmung des Molekulargewichts eines Stoffes läuft daher auf die Aufgabe hinaus, diejenige Menge des Stoffes zu ermitteln, welche für irgend eine kolligative Eigenschaft denselben Werth liefert, wie eine bekannte Menge eines Stoffes von bekanntem Molekulargewicht; die beiden Mengen müssen dann im Verhältniss der Molekulargewichte der Stoffe stehen. Demnach hat die Bestimmung der Molekulargrösse nichts mit der wirklichen räumlichen Ausdehnung der Molekeln gemein; die Molekulargewichte des Chemikers sind nur relative Gewichte, bezogen auf ein beliebiges als Einheit. Da der Wasserstoff einerseits die Einheit der Atomgewichte ist und er andererseits das kleinste Molekulargewicht hat, so bezieht man alle Molekulargewichte auf dasjenige des Wasserstoffs.

Für die Grösse des Molekulargewichts ist daher eine Annahme erforderlich. Schon Avogadro, der Vater der Molekulartheorie, wusste und bewies, dass die Molekeln der Elementargase aus mehreren Atomen bestehen. Der einfachste Fall ist daher der, dass die Wasserstoffmolekel aus 2 Atomen besteht. Dies wurde denn auch von Avogadro angenommen; Ampère, welcher aus der räumlichen Lagerung der Atome in der Molekel die Krystallform der Körper erklären wollte, musste mindestens 4 Atome in der einfachsten Molekel annehmen, da das einfachste körperliche Gebilde, das Tetraëder, vier Ecken hat. Die Avogadro'sche Annahme von zwei Atomen in der Molekel des Wasserstoffs ist heute in der Wissenschaft allgemein angenommen; in einem späteren Theil sind wir sogar in der Lage, zu beweisen, dass die Elementargase Wasserstoff, Sauerstoff, Stickstoff u. s. w. nicht mehr und nicht weniger als zwei Atome haben.

Da das Atomgewicht des Wasserstoffs gleich 1 ist und die Molekel Wasserstoff aus 2 Atomen besteht, so ist die Molekularformel des Wasserstoffs $= H_2$ und sein Molekulargewicht $= 2$. Wir beziehen demnach alle Molekulargewichte auf dasjenige des Wasserstoffs $H_2 = 2$. (W. Ostwald bezieht die Molekulargewichte aller Körper auf dasjenige des Sauerstoffs $O_2 = 32$, da er das Atomgewicht des letzteren $O = 16$ auch den Atomgewichten der übrigen Elemente zu Grunde legt. Es geschieht dies von Seiten Ostwald's deshalb, weil das absolute Gewicht des Sauerstoffs, das zu dem Molekulargewicht in sehr naher Beziehung steht, genauer bestimmt werden kann als dasjenige des fast 16 mal leichteren Wasserstoffs und weil das Atomgewicht des Sauerstoffs mit weit grösserer Sicherheit bestimmt ist, als dasjenige des Wasserstoffs. Indess sind die Zahlenwerthe der auf diese beiden Einheiten bezogenen Molekulargewichte nur wenig von einander verschieden; für $H_2 = 2$ ist $O_2 = 2 . 15,96 = 31,92$, während Ostwald $O_2 = 32$ setzt. Aus didaktischen Gründen behalten wir, so schwerwiegend Ostwald's Einwendungen auch sind, das Molekulargewicht des Wasserstoffs $H_2 = 2$ im späteren als Einheit bei.)

Von den kolligativen Eigenschaften der Stoffe ist das Volum derselben im gasförmigen Zustand am längsten gekannt und im ausgedehntesten Maasse studirt; dasselbe wird uns daher zunächst zu beschäftigen haben. Erst der neuesten Zeit ist es vorbehalten gewesen, die kolligativen Eigenschaften verdünnter Lösungen zu erkennen und zur Molekulargewichtsbestimmung nutzbar zu machen; es sind dies der osmotische Druck, die Gefrierpunktserniedrigung und die Dampfdruckverminderung. Die auf diesen Eigenschaften sich aufbauenden Methoden der Molekulargewichtsbestimmung werden in einem späteren Kapitel Gegenstand der Betrachtung sein.

Bestimmung des Molekulargewichts mit Hülfe des Gasvolumgewichts.

Das Gasvolumgewicht einer Substanz, auch Dampfdichte oder spezifisches Gewicht im Gaszustande genannt, bezogen auf irgend ein Gas, ist die Zahl, welche angibt, wie vielmal schwerer irgend ein Volum der gasförmigen Substanz ist, als das gleiche Volum des als Einheit genommenen Gases bei gleichem Druck und gleicher Temperatur. Die Gasvolumgewichte geben also die Gewichte gleicher Volume der gasförmigen Substanzen an, sobald man das Gewicht des gleichen Volums des Vergleichungsgases als Einheit annimmt. Da nun nach dem Avogadro'schen Gesetz in gleichen Volumen aller Gase unter den gleichen Bedingungen des Drucks und der Temperatur eine gleiche Anzahl Molekeln ist, so sind die Gasvolumgewichte aller Substanzen die Gewichte einer gleichen Anzahl von Molekeln, d. h. sie sind den Molekulargewichten proportional. Sind daher $m_1, m_2 \ldots m_n$ die Molekulargewichte, $d_1, d_2 \ldots d_n$ die Gasvolumgewichte verschiedener Substanzen, so zwar, dass die Werthe mit gleichen Indices derselben Substanz angehören, so ist:

$$\frac{m_1}{d_1} = \frac{m_2}{d_2} = \ldots\ldots \frac{m_n}{d_n} = \text{Konstante.}$$

Der Quotient des Molekulargewichts durch das Gasvolumgewicht ist daher für alle Substanzen konstant. Werden dann sowohl für die Molekulargewichte als auch für die Gasvolumgewichte bestimmte Einheiten gewählt, so erhält die Konstante einen bestimmten Zahlenwerth.

Für die Molekulargewichte haben wir bereits die Einheit festgesetzt: es ist das Molekulargewicht des Wasserstoffs $H_2 = 2$. Um der Konstanten einen möglichst einfachen Werth zu geben und die einfache Beziehung zwischen den Molekulargewichten und den Gasvolumgewichten unmittelbar erkennen zu lassen, wählen wir als Einheit der Gasvolumgewichte das Gewicht des Wasserstoffs, welcher das kleinste aller Gasvolumgewichte besitzt. Wir bezeichnen also als Gasvolumgewicht einer Substanz die Zahl, welche angibt, wie vielmal schwerer ein bestimmtes Volum der gasförmigen Substanz ist als das gleiche Volum Wasserstoff unter den gleichen Bedingungen des Drucks und der Temperatur. Ist m das Molekulargewicht, d das Gasvolumgewicht einer Substanz, m_1 das Molekulargewicht und d_1 das Gasvolumgewicht des Wasserstoffs, so ist:

$$\frac{m}{d} = \frac{m_1}{d_1}.$$

Nun ist das Molekulargewicht m_1 des Wasserstoffs $= 2$, sein Gasvolumgewicht d_1 aber nach der Definition $= 1$, daher ist $\frac{m}{d} = 2$ oder $m = 2\,d$, d. h. das Molekulargewicht einer Substanz ist gleich dem doppelten Gasvolumgewicht, wenn letzteres auf Wasserstoff bezogen wird.

Das spezifische Gewicht im Allgemeinen und somit auch das Gasvolumgewicht ist nach unserer Definition nicht ein Gewicht, sondern eine Zahl, nämlich die Verhältnisszahl zweier Gewichte; es ist somit völlig unabhängig von dem Maass- und Gewichtssystem, in welchem die Volume und Gewichte ausgedrückt sind, wenn dieselben nur durch dasselbe System ausgedrückt sind. Man kann jedoch auch sehr leicht die spezifischen Gewichte in der Form absoluter Gewichte darstellen. Wählt man nämlich das Gewicht der Volumeinheit der Vergleichungssubstanz als Gewichtseinheit, so ist das spezifische Gewicht irgend einer Substanz gleich dem Gewicht der Volumeinheit, ausgedrückt in der angegebenen Einheit. Bei Flüssigkeiten bezieht man z. B. das spezifische Gewicht auf Wasser im Zustand der grössten Dichtigkeit, also von 4^0 C.; da nun das Gewicht eines Kubikzentimeters Wasser von 4^0 C. die Einheit unserer Gewichte, das Gramm, darstellt, so kann man das spezifische Gewicht einer Flüssigkeit bei einer bestimmten Temperatur, bezogen auf Wasser von 4^0 C., als das Gewicht eines Kubiccentimeters der Flüssigkeit bei dieser Temperatur bezeichnen.

Aehnlich kann man mit dem spezifischen Gewicht der Gase, dem

Gasvolumgewicht, verfahren. Da das absolute Gewicht eines Liters der Gase eine Zahl ist, die sehr häufig in der Chemie verwandt wird, so hat A. W. Hofmann[1]) für den Wasserstoff das Gewicht eines Liters mit einem besonderen Namen bezeichnet, der sich vielfach eingebürgert hat. A. W. Hofmann nennt das Gewicht eines Liters Wasserstoff bei 0^0 und 760 mm Druck ein Krith (von κοιθή = Gerstenkorn, dann kleines Gewicht, analog abgeleitet wie Gran von granum). Als Gasvolumgewicht einer Substanz kann man daher das Gewicht eines Liters des Gases bei 0^0 und 760 mm Druck, ausgedrückt in Krithen, bezeichnen. Dabei ist es gleichgültig, ob die Substanz bei 0^0 noch gasförmig ist, oder sich bereits verdichtet hat; denn da, solange das Gay-Lussac-Boyle'sche Gesetz Gültigkeit hat, alle Gase durch Druck- und Temperaturänderungen gleichmässig ihr Volum ändern, so wird das Gewichtsverhältniss gleicher Volume unter jedem Druck und bei jeder Temperatur konstant sein. Könnte man daher das Gas auf 0^0 abkühlen, ohne dass es sich kondensirt, so wäre sein Gasvolumgewicht gleich dem absoluten Gewicht eines Liters, ausgedrückt in Krithen; ist dies in Wirklichkeit nicht möglich, so kann man es sich doch theoretisch vorstellen und das Gay-Lussac-Boyle'sche Gesetz anwenden.

Diesen Ausführungen kann man mit Recht den Vorwurf machen, dass sie das Gasvolumgewicht abhängig von unserem Maasssystem erscheinen lassen. Es sei nochmals betont, dass dies nicht der Fall ist. Die Einführung des Wasserstoff-Litergewichts durch A. W. Hofmann ist aber deshalb von Wichtigkeit, weil es in einfachster Weise den Uebergang von den Gasvolumgewichten zu den absoluten Gewichten gestattet. Das Gewicht eines Liters irgend eines Gases ist nämlich gleich der durch das Volumgewicht gegebenen Anzahl Krithe. Da nach den neuesten Korrekturen, welche J. M. Crafts[2]) an den Regnault'schen Zahlen angebracht hat, ein Liter Wasserstoff bei 0^0 und 760 mm Druck 0,08988 g wiegt, so ist ein Krith = 0,08988 g; um das absolute Gewicht eines Liters eines Gases bei 0^0 und 760 mm Druck in Grammen zu finden, braucht man nur das Volumgewicht mit 0,08988 zu multipliziren. Da man, wie später gezeigt werden wird, aus der Formel einer jeden Substanz das Gasvolumgewicht ohne Weiteres ablesen kann, so kann man, wenn man sich diesen einen Faktor 0,08988 einprägt, das absolute Gewicht eines jeden Gases rasch und leicht berechnen, was für die Praxis von nicht zu unterschätzendem Vortheil ist.

---

[1]) Einleitung in die moderne Chemie, 5. Auflage. Braunschweig 1871 bei Vieweg. S. 103.

[2]) Compt. rend. 1888, *106*, 1662.

Die Einfachheit der Beziehung zwischen dem Molekulargewicht und dem Gasvolumgewicht, wenn man letzteres auf Wasserstoff bezieht, lehrt uns, wie zweckmässig diese Wahl der Volumgewichtseinheit ist. Obwohl diese Einheit so ausserordentlich naheliegend ist, ist sie von den Chemikern lange Zeit verlassen worden. Fast alle Gasvolumgewichte, welche in der Literatur zu finden sind, sind auf atmosphärische Luft als Einheit bezogen; sie geben also an, wie vielmal schwerer ein gewisses Volum eines Gases ist, als ein gleiches Volum Luft unter den gleichen Bedingungen des Drucks und der Temperatur. Auch für das auf Luft bezogene Gasvolumgewicht gilt die Gleichung:

$$\frac{m}{d} = \frac{m_1}{d_1}, \text{ oder } m = \frac{m_1}{d_1} \cdot d.$$

Um den Faktor $\frac{m_1}{d_1}$ zu finden, mit dem man das Gasvolumgewicht d multipliziren muss, um das Molekulargewicht m zu erhalten, muss das Molekulargewicht und das Gasvolumgewicht bezogen auf Luft irgend einer Substanz bekannt sein. Nun sind die Gewichte je eines Liters Luft, Wasserstoff, Sauerstoff und Stickstoff bei 0^0 und 760 mm Druck mit grosser Genauigkeit bestimmt worden; bezeichnet man daher das Gewicht eines Liters Luft bei 0^0 und 760 mm Druck mit g_l, das Gewicht eines Liters eines der drei genannten Gase unter denselben Bedingungen mit g_s, so ist das Gasvolumgewicht des Gases bezogen auf Luft $d_1 = \frac{g_s}{g_l}$. Ist m_1 das Molekulargewicht des Gases, das sich aus dem Atomgewicht ergibt, da die Molekel der genannten Gase aus 2 Atomen besteht, und führt man diese Werthe in die obere Gleichung ein, so wird:

$$m = m_1 \cdot \frac{g_l}{g_s} \cdot d.$$

J. M. Crafts[1]) gibt folgende Zahlen für das Gewicht eines Liters bei 0^0 und 760 mm Druck:

Luft = 1,29349 g, Wasserstoff = 0,08988 g, Sauerstoff = 1,43011 g, Stickstoff = 1,25647 g.

Die Molekulargewichte der drei letzten Gase sind nach den von Lothar Meyer und K. Seubert[2]) berechneten Atomgewichten:

$$H_2 = 2, \; O_2 = 31,92, \; N_2 = 28,02.$$

---

[1]) Compt. rend. 1888, *106*, 1662.

[2]) Lothar Meyer und K. Seubert, Die Atomgewichte der Elemente, Leipzig 1883.

Setzt man die entsprechenden Werthe in die Gleichung ein, so erhält man:

$$\text{für Wasserstoff: } m = 2 \cdot \frac{1,29349}{0,08988} \cdot d = 28,7826 \cdot d.$$

$$\text{für Sauerstoff: } m = 31,92 \cdot \frac{1,29349}{1,43011} = 28,8706 \cdot d.$$

$$\text{für Stickstoff: } m = 28,02 \cdot \frac{1,29349}{1,25647} = 28,8456 \cdot d.$$

Die Werthe der Konstanten, mit der das Gasvolumgewicht, bezogen auf Luft, multiplizirt werden muss, um das Molekulargewicht zu ergeben, differiren unter einander nicht unwesentlich; es rührt dies von Versuchsfehlern her, die bei der Bestimmung der Litergewichte der Gase trotz der grössten Sorgfalt nicht zu vermeiden waren. Am sichersten ist der mit Hülfe des Sauerstoffs ermittelte Werth und diesen werden wir in der Folge anwenden. Wir setzen also:

$$m = 28,87 \cdot d,$$

d. h. man erhält das Molekulargewicht einer Substanz, indem man das auf Luft bezogene Gasvolumgewicht mit 28,87 multiplizirt. Bezeichnet man das auf Wasserstoff bezogene Gasvolumgewicht mit d_h, das auf Luft bezogene derselben Substanz mit d_l, so ist:

$$m = 2 \cdot d_h$$

und

$$m = 28,87 \cdot d_l,$$

daher

$d_h = \frac{28,87}{2} \cdot d_l = 14,435 \cdot d_l$, d. h. man erhält das auf Wasserstoff bezogene Gasvolumgewicht einer Substanz, indem man das auf Luft bezogene mit 14,435 multiplizirt.

Wie bereits erwähnt wurde, sind die Gasvolumgewichtsangaben der Literatur fast durchweg auf Luft als Einheit bezogen. Wir werden diese Werthe in der Folge unter der Bezeichnung d_l anführen, da sie die von den Forschern direkt gefundenen Zahlen sind; daneben werden aber die durch Multiplikation mit 14,435 berechneten, auf Wasserstoff bezogenen Gasvolumgewichte unter der Bezeichnung d_h aufgeführt werden, um zugleich die Molekulargewichte überblicken zu können.

(Ostwald, welcher das Molekulargewicht des Sauerstoffs $O_2 = 32$ setzt, findet für den Faktor einen grösseren Werth; für $O_2 = 32$ wird $m = 32 \cdot \frac{1,29349}{1,43011} \cdot d = 28,96 \cdot d$ und $d_h = 14,48 \cdot d_l$).

G. Schmidt[1]) hat das Verhältniss des Molekulargewichts zum Gasvolumgewicht, oder den Faktor, mit dem letzteres multiplizirt werden muss, um ersteres zu ergeben, angenähert aus der Zusammensetzung der Luft berechnet. Bestehen 100 Raumtheile Luft aus a Raumtheilen Sauerstoff und (100—a) Raumtheilen Stickstoff und ist das Gasvolumgewicht des Sauerstoffs, bezogen auf Luft $= d_1$, dasjenige des Stickstoffs, ebenfalls auf Luft bezogen, gleich d_2, so gilt für die Zusammensetzung der Luft dem Gewicht nach, da das Volumgewicht der Luft $= 1$ ist:

$$a \cdot d_1 + (100 - a)\, d_2 = 100.$$

Ist m_1 das Molekulargewicht des Sauerstoffs, m_2 dasjenige des Stickstoffs und wird der Faktor, mit dem das auf Luft bezogene Gasvolumgewicht multiplizirt werden muss, um das Molekulargewicht zu ergeben, mit x bezeichnet, so ist $m_1 = x \,.\, d_1$ und $m_2 = x \,.\, d_2$, woraus $d_1 = \frac{m_1}{x}$ und $d_2 = \frac{m_2}{x}$. Werden diese Werthe oben eingeführt, so wird:

$$\frac{a \cdot m_1}{x} + \frac{(100 - a) \cdot m_2}{x} = 100$$

und

$$x = m_2 + \frac{m_1 \cdot m_2}{100} \cdot a.$$

Setzt man hierin für m_1 und m_2 die entsprechenden Werthe ein, also $m_1 = 31{,}92$ und $m_2 = 28{,}02$ und nimmt im Mittel den Sauerstoffgehalt der Luft zu 20,96 Volumprozenten an, so wird $x = 28{,}02 + 0{,}039 \,.\, 20{,}96 = 28{,}8374$. (Schmidt nahm $m_1 = 32$ und $m_2 = 28$ und fand $x = 28{,}8384$.)

Der auf diesem Weg gefundene Werth des Faktors ist sehr nahe gleich dem anderweitig berechneten 28,87; er kann indess nur angenähert auf diese Weise berechnet werden, da der Sauerstoffgehalt der Luft nicht konstant ist. Derselbe schwankte nach Versuchen von Jolly[2]) in München von 20,53 bis 28,01 Volumprozenten; aus diesen Grenzzahlen würde sich der Faktor zu 28,8207 und 28,8394 ergeben.

Bereits Alex. Naumann[3]) machte hierauf aufmerksam und berechnete den Faktor nach den von Regnault gefundenen Volumgewichten und Litergewichten.

---

[1]) Annal. Phys. Chem. 1879, [2], *6*, 612.

[2]) Annal. Phys. Chem. 1879, [2], *6*, 520.

[3]) Ber. deutsch. chem. Gesellschaft 1880, 13, 468.

Die Wahl der Luft als Einheit der Gasvolumgewichte ist vom chemischen Standpunkt sehr unzweckmässig; denn dieselbe ist kein einheitlicher Stoff, sondern ein Gemenge, und bei diesem können die einfachen Beziehungen des Molekulargewichts zum Gasvolumgewicht naturgemäss nicht unmittelbar vor Augen treten. Ausserdem ist auch die Zusammensetzung derselben eine wechselnde. Um das einfache Verhältniss des Molekulargewichts zum Gasvolumgewicht herzustellen, schlug C. Boedeker[1]) einen Weg ein, der uns heute als zu weit ausholend und zu komplizirt vorkommt: er gelangt auf einem Umweg zum Ziele. Boedeker bezieht die Molekulargewichte (bei ihm Aequivalente genannt) und die Gasvolumgewichte auf dieselbe Einheit, nämlich auf $H = 1$; seine Molekulargewichte sind also halb so gross wie die heute gebräuchlichen. Er nimmt aber nicht ein beliebiges Maass Wasserstoff als Einheit, sondern er setzt ein bestimmtes Normalmaass fest und drückt die Gewichte dieses konstanten Gasvolums in absolutem Gewicht aus. Das „Normalmaass" Boedeker's soll bei 0^0 und 760 mm Druck 1 dg Wasserstoff oder 14 dg Stickstoff oder 16 dg Sauerstoff fassen. Je nachdem man bei der Berechnung von Wasserstoff, Stickstoff oder Sauerstoff ausgeht, findet man etwas verschiedene Werthe für das Normalmaass. Er wählt den Sauerstoff zur Berechnung, da dessen Volumgewicht am genauesten bestimmt ist, und findet, unter Zugrundelegung des Volumgewichts 1,105643 (Luft $= 1$), dass 16 dg Sauerstoff bei 0^0 und 760 mm Druck 1119,05 ccm erfüllen. Dies ist das Normalmaass. Wird das Gewicht von einem Normalmaass eines Gases in Decigrammen ausgedrückt, so erhält man, nach der damaligen Anschauung Zahlen, welche entweder das Molekulargewicht (Aequivalent) selbst oder ein Multiplum oder ein Submultiplum desselben darstellen. Da 1 dg Luft bei 0^0 und 760 mm Druck einen Raum von 77,3283 ccm einnimmt, so ist das Gewicht m des Normalmaasses eines Gases, dessen Volumgewicht auf Luft bezogen $= d$ ist: $m = \frac{1119,05}{77,3282} . d = 14,471 . d$. Man sieht, dass das Gewicht eines Boedeker'schen Normalmaasses annähernd gleich dem halben Molekulargewicht ist; hätte er dieselbe Einheit für das Gewicht des Normalmaasses genommen, wie wir für das Molekulargewicht, so wären beide identisch geworden.

Die Boedeker'sche Ableitung ist umständlich und vor allem mit dem Mangel behaftet, dass sie das „Normalmaass" von be-

---

[1]) C. Boedeker, Die gesetzmässigen Beziehungen zwischen Zusammensetzung, Dichtigkeit und spezifischer Wärme der Gase. Göttingen 1857; auch Annal. Chem. Pharm. 1857, *104*, 205.

stimmten Einheiten des Maasses und des Gewichtes abhängig erscheinen lässt, während dies, wie vorher gezeigt wurde, nicht der Fall ist. Man erkennt jedoch aus dieser Entwicklung, dass schon 1857 die Unzweckmässigkeit der Luft als Maass der Gasvolumgewichte empfunden wurde.

Die Bestimmung des Gasvolumgewichts besteht in dem Messen und Wägen bestimmter Gasmengen, und da die Mehrzahl der Stoffe bei gewöhnlicher Temperatur flüssig oder fest ist, so müssen diese zunächst durch Wärmezufuhr in den gasförmigen Zustand übergeführt werden. Man ist daher vielfach gezwungen, Gasvolumina bei höheren Temperaturen und wechselndem Druck zu messen; da aber die letzteren von Temperatur und Druck abhängig sind, sind mehrfach Umrechnungen erforderlich, die, um später Wiederholungen zu vermeiden, hier kurz zusammengestellt werden mögen.

1. Das Boyle'sche oder Mariotte'sche und das Gay-Lussac'sche Gesetz.

Das Boyle'sche Gesetz lautet: Bei gleichbleibender Temperatur ist das Volumen einer gegebenen Gasmasse dem auf ihm lastenden Druck umgekehrt proportional. Nimmt also ein Gas bei irgend einer Temperatur unter dem Drucke p das Volumen v ein und bei derselben Temperatur unter dem Drucke p_1 das Volumen v_1, so ist der Ausdruck des Boyle'schen Gesetzes:

$$v : v_1 = p_1 : p.$$

Dasselbe kann auch in die Form gebracht werden: $v \cdot p = v_1 \cdot p_1 =$ Konst., d. h. das Produkt aus Volumen und Druck einer gegebenen Gasmasse ist bei gleichbleibender Temperatur unveränderlich.

Das Gay-Lussac'sche Gesetz regelt die Beziehungen zwischen dem Volumen und der Temperatur der Gase; es lautet: Alle Gase dehnen sich gleichmässig und für gleiche Temperaturerhöhung um gleich viel aus. Die Ausdehnung des Volumens 1 bei der Erhöhung der Temperatur um 1^0 C. bezeichnet man als den Ausdehnungskoëffizienten der Gase; er wird mit α bezeichnet und ist im Mittel zu 0,00367 gefunden worden. Wird die Temperatur von 0^0 auf t^0 erhöht, so wächst das bei 0^0 gemessene Volumen 1 auf $(1 + \alpha t)$ und das Volum V_0 auf $V_0 (1 + \alpha t)$; bezeichnet man das Volumen, welches V_0 bei t^0 einnimmt, mit V_t, so ist der Ausdruck des Gay-Lussac'schen Gesetzes:

$$V_t = V_0 (1 + \alpha t).$$

Das Volumen der Gase ist demnach abhängig von dem Druck und der Temperatur; um vergleichbare Werthe zu erhalten, muss man daher die Volumina der Gase unter demselben Druck und derselben Temperatur in Beziehung zu einander bringen. Man ist nun übereingekommen, als Normaltemperatur die Temperatur des schmelzenden Eises, 0^0 der hunderttheiligen Skala, und als Normaldruck den Druck einer Quecksilbersäule von der Temperatur 0^0 und 760 mm Höhe anzunehmen; letzteres ist der mittlere Druck der Atmosphäre unter dem 45. Breitegrade am Meeresniveau. Um daher verschiedene Gasvolumina vergleichen zu können, muss man dieselben entweder bei einer Temperatur von 0^0 und dem Druck einer Quecksilbersäule von 760 mm Höhe messen, oder man muss die Volumina auf diese Normalbedingungen umrechnen. Ersteres geschieht bei den im chemischen Interesse ausgeführten Gasvolumgewichtsbestimmungen schon deshalb selten, weil die meisten Stoffe erst bei erhöhter Temperatur in den gasförmigen Zustand übergehen; die Umrechnung, oder, wie es genannt wird, die Reduktion der Gasvolumina von beliebigem Druck und beliebiger Temperatur auf die Normalbedingungen (0^0 und 760 mm Druck) ist daher eine sehr häufig vorkommende Operation bei der Bestimmung der Gasvolumgewichte. Eine solche Reduktion möge hier vorgenommen werden.

Es sei ein Gasvolum $V_{(t,\ p)}$ bei der Temperatur t^0 und unter dem Druck p mm gemessen worden; es soll das Volum $V_{(o;\ 760)}$ bei 0^0 und 760 mm Druck berechnet werden. Ist $V_{(t,\ 760)}$ das Volum des Gases bei t^0 und 760 mm Druck, so ist bei gleichbleibender Temperatur nach dem Boyle'schen Gesetz:

$$V_{(t,\ p)} : V_{(t,\ 760)} = 760 : p,$$

daher:

$$V_{(t,\ 760)} = \frac{V_{(t,\ p)} \cdot p}{760}.$$

Ist ferner $V_{(o;\ 760)}$ das Volum des Gases bei 0^0 und 760 mm Druck, so ist bei dem gleichbleibenden Druck von 760 mm nach dem Gay-Lussac'schen Gesetz:

$$V_{(t,\ 760)} = V_{(o,\ 760)} \cdot (1 + \alpha t).$$

Setzt man für $V_{(t,\ 760)}$ den vorher gefundenen Werth ein, so wird:

$$\frac{V_{(t,\ p)} \cdot p}{760} = V_{(o;\ 760)} \cdot (1 + \alpha t)$$

und

$$V_{(o;\ 760)} = \frac{V_{(t,\ p)} \cdot p}{760\,(1 + \alpha t)}.$$

Von dieser Reduktion der Gasvolumina auf die Normalbedingungen wird in dem Folgenden vielfach Gebrauch gemacht werden.

Die Gesetze von Boyle und Gay-Lussac lassen sich in folgender Formel vereinigen:

$$v \cdot p = R \cdot T.$$

Darin bedeutet v das Volumen, p den Druck des Gases, T die absolute Temperatur und R eine Konstante. Danach ist das Produkt aus Druck und Volum eines Gases der absoluten Temperatur proportional.

Diese beiden Gesetze, welche unter dem Namen des Gay-Lussac-Boyle'schen Gesetzes zusammengefasst werden mögen, gelten selbst für die ihrem Condensationspunkt sehr fernen Gase nur angenähert; da die Abweichungen von denselben in enger Beziehung zu den Gasvolumgewichten stehen, werden uns dieselben später etwas ausführlicher beschäftigen. Bei den Drucken und Temperaturen, welche bei Gasvolumgewichtsbestimmungen in Frage kommen, können die beiden Gesetze indess, zumal absolut genaue Werthe des Gasvolumgewichts für die daraus von dem Chemiker zu ziehenden Schlüsse nicht erforderlich sind, in den allermeisten Fällen als hinreichend genau gelten.

2. Reduktion der Wägungen auf den luftleeren Raum.

Da sowohl der abzuwiegende Körper als auch die Gewichtstücke während des Wägens in Luft getaucht sind, so erscheinen beide nach dem Archimedischen Prinzip um so viel leichter, als das von ihnen verdrängte Volumen Luft wiegt. Ist schon bei dem genauen Abwägen von festen oder flüssigen Substanzen die Berücksichtigung dieses Umstandes erforderlich, um wie viel mehr beim Abwägen von Gasen, von denen man wegen ihres geringen Gewichts stets ein grosses Volumen in Arbeit nehmen muss; für diese ist die Reduktion der Wägungen auf den luftleeren Raum unbedingt nothwendig.

Es sei V_0 das Volumen des abzuwiegenden Körpers bei 0^0, v_0 dasjenige der Gewichtstücke bei 0^0, beide ausgedrückt in ccm, ferner λ das Gewicht eines Kubiccentimeters Luft in Grammen unter den Umständen, welche bei der Wägung vorliegen.

Ist letztere bei t^0 vorgenommen worden und ist β der kubische Ausdehnungskoëffizient des abzuwägenden Körpers, β_1 derjenige der Gewichtstücke, so ist das Volumen des Körpers bei der Wägung gleich $V_0 (1 + \beta \cdot t)$ und dasjenige der Gewichtstücke gleich $v_0 (1 + \beta_1 \cdot t)$. Daher erscheint der abzuwägende Körper um $\lambda \cdot V_0 \cdot (1 + \beta \cdot t)$, die Gewichtstücke um $\lambda \cdot v_0 \cdot (1 + \beta_1 \cdot t)$ Gramm leichter, als sie in Wirklichkeit sind. Ist das wahre Gewicht des Körpers gleich Q, dasjenige der Gewichtstücke, welche ihm das Gleichgewicht halten, gleich q, so ist

$$Q - \lambda \cdot V_0 (1 + \beta \cdot t) = q - \lambda \cdot v_0 \cdot (1 + \beta_1 \cdot t).$$

Ist ferner D das spezifische Gewicht des Körpers bei 0^0, d dasjenige des Materials der Gewichtstücke, so ist $D = \frac{Q}{V_0}$ und $d = \frac{q}{v_0}$ oder $V_0 = \frac{Q}{D}$ und $v_0 = \frac{q}{d}$, daher

$$Q - \lambda \cdot \frac{Q}{D} \cdot (1 + \beta \cdot t) = q - \lambda \cdot \frac{q}{d} \cdot (1 + \beta_1 \cdot t),$$

$$Q = q \cdot \frac{1 - \frac{\lambda}{d}(1 + \beta_1 \cdot t)}{1 - \frac{\lambda}{D}(1 + \beta \cdot t)}.$$

Das Gewicht λ eines Kubiccentimeters Luft ist abhängig von dem Druck p, der Temperatur t und dem Wasserdampfgehalt derselben. Wird das Gewicht eines Kubiccentimeters Luft bei 0^0 und 760 mm Druck mit δ bezeichnet, so ist sein Gewicht bei t^0 und p mm Druck gemäss dem Gay-Lussac-Boyle'schen Gesetz gleich $\frac{\delta \cdot p}{760\,(1 + \alpha\, t)}$. Enthält nun die Luft Wasserdampf, so wird der Druck p der Luft nicht direkt durch den Barometerstand b gegeben, denn letzterer umfasst auch den Druck f des Wasserdampfes; der Druck der trockenen Luft ist daher gleich (b—f) und das Gewicht eines ccm der trockenen Luft ist gleich $\frac{\delta (b - f)}{760\,(1 + \alpha\, t)}$. Hierzu ist noch das Gewicht eines ccm des Wasserdampfs vom Drucke f mm zu addiren. Es hat sich nun herausgestellt, dass das Gewicht eines Kubiccentimeters Wasserdampf vom Drucke f gleich $^5/_8$ des Gewichts eines Kubiccentimeters Luft ist, welche unter demselben Druck f steht, d. h. es ist gleich $\frac{5}{8} \cdot \frac{\delta \cdot f}{760\,(1 + \alpha\, t)}$. Das Gewicht λ eines Kubiccentimeters der verdrängten Luft ist demnach gleich der Summe der Gewichte eines Kubiccentimeters trockener Luft und eines Kubiccentimeters Wasserdampf, also

$$\lambda = \frac{\delta (b - f)}{760\,(1 + \alpha\, t)} + \frac{5}{8} \cdot \frac{\delta \cdot f}{760\,(1 + \alpha\, t)}$$

oder:

$$\lambda = \frac{\delta (b - {}^3/_8 \cdot f)}{760\,(1 + \alpha\, t)}.$$

Führt man diesen Werth oben ein, so wird:

$$Q = q \cdot \frac{1 - \frac{\delta}{d} \cdot \frac{(b - {}^3/_8 f)(1 + \beta_1 t)}{760 (1 + \alpha t)}}{1 - \frac{\delta}{D} \cdot \frac{(b - {}^3/_8 f)(1 + \beta t)}{760 (1 + \alpha t)}}.$$

Wird die Division ausgeführt, so erhält man mit genügend grosser Annäherung:

$$Q = q \cdot \left[1 + \left(\frac{1 + \beta \cdot t}{D} - \frac{1 + \beta_1 \cdot t}{d}\right) \cdot \frac{\delta \cdot (b - {}^3/_8 f)}{760 (1 + \alpha t)}\right].$$

Die Werthe von f werden mit dem Hygrometer bestimmt.

Diese alle Umstände in der sorgsamsten Weise berücksichtigende Formel für die Reduktion der Wägungen auf den luftleeren Raum kann für weniger genaue Bestimmungen vereinfacht werden. Vernachlässigt man die Ausdehnung des zu wiegenden festen Körpers und der Gewichtstücke, setzt also $\beta = \beta_1 = 0$, und nimmt als mittleres Gewicht von einem Kubiccentimeter Luft unter den bei Wägungen gewöhnlich stattfindenden Bedingungen $\lambda = 0{,}0012$ an, so wird:

$$Q = q \cdot \left[1 + 0{,}0012 \left(\frac{1}{D} + \frac{1}{d}\right)\right].$$

Werden bei der Wägung Messinggewichte verwandt, so ist $d = 8{,}4$ und $\frac{1}{d} = 0{,}12$ zu setzen; bei Anwendung von Quarzgewichten ist $d = 2{,}65$ und $\frac{1}{d} = 0{,}377$. Landolt und Börnstein[1]) haben eine Tabelle zusammengestellt, welche die Werthe von $0{,}0012 \left(\frac{1}{D} + \frac{1}{d}\right)$ sowohl in Bezug auf Messinggewichte als auch auf Quarzgewichte für alle Körper, deren spezifisches Gewicht D zwischen 0,70 und 22 liegt, enthält.

3. Reduktion des Barometerstands auf 0°.

Der Barometerstand soll in der Höhe einer Quecksilbersäule von 0° angegeben werden, welche dem Luftdruck durch ihre Schwere das Gleichgewicht hält. Ist b_t der bei t° abgelesene Barometerstand, β der Ausdehnungskoëffizient des Quecksilbers und b_0 der auf 0° reduzirte Druck, so ist $b_t = b_0 (1 + \beta \,.\, t)$, daher

$$b_0 = \frac{b_t}{1 + \beta \cdot t}.$$

Führt man die Division aus, so erhält man unter Vernachlässigung der nicht linearen Glieder mit hinreichender Genauigkeit:

$$b_0 = b_t (1 - \beta t).$$

[1]) Physikalisch-chemische Tabellen von H. Landolt und R. Börnstein, Berlin 1883 bei Jul. Springer. Tabelle 3, Seite 4.

Der Maassstab, an dem der Barometerstand abgelesen wird, dehnt sich mit zunehmender Temperatur ebenfalls aus. Ist β_1 der Ausdehnungskoëffizient des Materials des Maassstabes, so ist die Ausdehnung von b_0 bei einer Temperaturerhöhung von 0^0 auf t^0 gleich $b_0 . \beta_1 . t$; dieselbe ist von der korrigirten Barometerhöhe abzuziehen. Die Gesammtkorrektion wird daher:

$$b_t = b_0 (1 + \beta \cdot t) - b_0 \cdot \beta_1 t$$

oder:

$$b_t = b_0 \left[1 + (\beta - \beta_1) \cdot t\right]; \; b_0 = \frac{b_t}{1 + (\beta - \beta_1) t}.$$

Wird derselbe abgekürzte Ausdruck wie oben eingeführt, so ergibt sich:

$$b_0 = b_t \left[1 - (\beta - \beta_1) t\right].$$

Der Ausdehnungskoëffizient des Quecksilbers ist $\beta = 0{,}0001815$; für eine Glasskala ist $\beta_1 = 0{,}0000085$, für eine Messingskala ist $\beta_1 = 0{,}000019$. In Bezug auf beide Skalen sind Tabellen[1]) berechnet worden; diejenige für Glasskalen umfasst die Werthe für b_t von 10 mm bis 1000 mm und für t von 1^0 bis 30^0, diejenige für Messingskalen enthält die Barometerstände von 640 bis 780 mm und die Temperaturen von $1-35^0$.

Auch für die Korrektion der Kapillardepression des Quecksilbers in Glasröhren hat man Tabellen berechnet[2]).

4. Spannkraft von Flüssigkeitsdämpfen.

Wird ein Gas über einer Flüssigkeit aufgefangen, welche bei der Versuchstemperatur in merkbarer Weise verdampft, so ist die Spannkraft des Dampfes bei der Reduktion des Gasvolums zu berücksichtigen. Versuche haben ergeben, dass ein Dampf immer gesättigt ist, d. h. seine Maximalspannung erreicht, wenn er in Berührung mit einer Flüssigkeit ist, aus welcher er entstehen kann, und dass die Dämpfe der hier in Betracht kommenden Flüssigkeiten (Wasser und Quecksilber) in mit Gas gefüllten Räumen mit grosser Annäherung dieselbe Spannung besitzen als unter gleichen Umständen im luftleeren Raum. Die Spannkraft der Dämpfe wirkt dem auf dem Gas lastenden Druck

---

[1]) Landolt-Börnstein, Tabelle 10, Seite 26—31; Tabelle 11, Seite 32; Leitfaden der prakt. Physik von F. Kohlrausch, Leipzig 1877 bei B. G. Teubner, Seite 231.

[2]) Landolt-Börnstein's Tabellen, Nr. 7, Seite 21. Gasometrische Methoden von R. Bunsen, Braunschweig 1877 bei Fr. Vieweg und Sohn, Seite 38; Kohlrausch's Leitfaden, Seite 233.

entgegen und muss daher von dem beobachteten Druck abgezogen werden, wenn man den wahren Druck erhalten will, unter dem das Gas steht. Dieselbe ist nur abhängig von der Natur der Flüssigkeit und der Temperatur, und deshalb hat jede Flüssigkeit für jede bestimmte Temperatur nur eine bestimmte Spannkraft oder Tension.

Den ausgezeichneten Untersuchungen von Magnus[1]) und Regnault[2]), welche nach verschiedenen Methoden fast identische Werthe erhielten, verdanken wir Tabellen, aus denen für Temperaturen von — 32° bis 230° C. die Tension des Wasserdampfs direkt entnommen werden kann[3]).

Die Tension des Quecksilberdampfes ist bei niederen Temperaturen nur gering und wächst erst von etwa 200° C. an rasch: die von Regnault[4]), E. Hagen[5]), H. Hertz[6]), Mc. Leod[7]) und J. D. van der Plaats[8]) ermittelten Tensionen für niedere Temperaturen stimmen nur wenig überein. Umfassende Bestimmungen wurden neuerdings von William Ramsay und Sidney Young[9]) ausgeführt. Die Regnault-schen Werthe finden sich in Landolt-Börnstein's Tabellen[10]).

Ist b_1 der Druck, unter dem ein mit Dampf gesättigtes Gas bei t^0 zu stehen scheint, und f die Spannkraft des Dampfes bei der Temperatur t^0, so ist der wahre auf dem Gase lastende Druck

$$b = b_1 - f.$$

5. Ausdehnung von Gefässen.

Der Rauminhalt von Gefässen ist wegen der Ausdehnung der Gefässsubstanz durch die Wärme bei verschiedenen Temperaturen verschieden, und zwar vergrössert sich der innere Raum eines Gefässes

---

1) Annal. Phys. Chemie 1844, *61*, 225; Annal. Chem. Pharm. 1844, *52*, 146.

2) Mém. de l'Acad. 1847, *21*, 624; Annal. Chem. Pharm. 1844, *52*, 146; 1845, *56*, 163.

3) Landolt-Börnstein, Tabellen, S. 40, Tab. 18. Aus Regnault's Versuchen berechnet von O. J. Broch (Trav. et Mém. du Bur. internat. des Poids et Mes. 1881, S. 33).

4) Mém. de l'Acad. 1862, *26*, 520; Annal. Phys. Chemie 1860, *111*, 411.

5) Annal. Phys. Chemie 1882 [2], *16*, 610.

6) Verhandl. d. physikal. Gesellschaft zu Berlin 1882, No. 10; Zeitschr. Instrumentenkunde 1882, *2*, 404; Zeitschr. analyt. Chemie 1883, *22*, 538.

7) Chem. News 1883, *48*, 251.

8) Rec. des Trav. chim. des Pays. Bas 1886, *5*, 149; Journ. Chem. Soc. 1886, *50*, 963.

9) Journ. Chem. Soc. 1886, *49*, 37.

10) Landolt-Börnstein, Tabellen, S. 58, Tab. 27.

beim Erwärmen gerade so, als wenn er mit der starren Substanz erfüllt wäre, aus welcher die Wandung besteht. Ist daher v_t das Volumen eines Gefässes bei t^0, v_0 dasjenige bei 0^0 und β der kubische Ausdehnungskoëffizient der Gefässsubstanz, so ist:

$$v_0 = \frac{v_t}{1 + \beta t}$$

oder mit genügender Genauigkeit: $v_0 = v_t (1 - \beta t)$.

Für Glasgefässe ist $\beta = 0{,}000025$ zu setzen.

6. Auswiegen des Rauminhalts von Gefässen.

Der Rauminhalt der Gefässe wird meist mit Wasser oder Quecksilber ausgewogen. Man erhält das Volumen einer Flüssigkeit in Kubiccentimetern, wenn man sein in Grammen ausgedrücktes Gewicht mit dem spezifischen Gewicht, bezogen auf Wasser von 4^0 C., multiplizirt. Ist also p das Gewicht der Flüssigkeit, welche ein Gefäss bei t^0 erfüllt, nach S. 47 auf den luftleeren Raum reduzirt, und d gleich dem spezifischen Gewicht derselben bei t^0 gegen Wasser von 4^0, d. h. also das Gewicht eines Kubiccentimeters bei t^0 in Grammen, so ist das Volumen v der Flüssigkeit oder der Rauminhalt des Gefässes in Kubiccentimetern:

$$v = p \cdot d.$$

Für eine andere Temperatur t_1 ist dann der Rauminhalt des Gefässes:

$$v_1 = p \,.\, d\,[1 + \beta\,(t_1 - t)],$$

worin β den kubischen Ausdehnungskoëffizienten der Gefässsubstanz bedeutet; für Glas ist $\beta = 0{,}000025$. Die Werthe von d, die Gewichte eines Kubiccentimeters in Grammen, sind für Wasser von 0^0 bis 100^0 und für Quecksilber von 0^0 bis 360^0 bekannt. Ausserdem hat man Tabellen[1]), welche in Bezug auf Wasser und Quecksilber den Ausdruck $d \,.\, [1 + \beta\,(t_1 - t)]$ für t von 0^0—30^0 und für $t_1 = 0^0$, 15^0, $17{,}5^0$ und 20^0 direkt abzulesen gestatten.

Die Methoden zur Bestimmung des Gasvolumgewichts sind naturgemäss verschieden, je nachdem die zu untersuchende Substanz bei gewöhnlicher Temperatur und speziell bei der Normaltemperatur von 0^0 bereits gasförmig ist oder einen anderen Aggregatzustand hat. Denn während die erstere Klasse von Körpern bereits den zur Gasvolum-

[1]) Landolt-Börnstein, Tabellen, S. 38, Tab. 16 und S. 39, Tab. 17.

gewichtsbestimmung nothwendigen Zustand angenommen hat, müssen die letzteren erst in denselben übergeführt werden. Bei den Gasen kann die Bestimmung bei der Normaltemperatur vorgenommen werden, bei den flüssigen und festen Körpern nur bei höherer Temperatur; in diesem Falle tritt die Reduktion der Volumina auf die Normalbedingungen gemäss der gemachten Ableitung in Kraft. Die Gase sollen uns zunächst beschäftigen.

Bestimmung des Volumgewichts der Gase.

Das Volumgewicht der Gase kann nach verschiedenen Methoden bestimmt werden. Am genauesten ist die direkte Wägung gleicher Raumtheile des zu untersuchenden Gases und von Wasserstoff unter den gleichen Bedingungen des Drucks und der Temperatur, welch' letztere indess auch durch Rechnung mit Hülfe des Gay-Lussac-Boyleschen Gesetzes ausgeglichen werden können. Da das direkte Wägen von Gasen wegen des geringen spezifischen Gewichts derselben nur unter Einhaltung aller Vorsichtsmaassregeln zu genauen Resultaten führt, so verfährt man auch in der Weise, dass man ein gemessenes Volum des Gases durch ein anderes Gas in eine tarirte Röhre verdrängt, welche mit einer das Gas leicht absorbirenden Substanz gefüllt ist; die Gewichtszunahme der Absorptionsröhre gibt dann das Gewicht des bekannten Volumens Gas an. Das verdrängende Gas muss natürlich gegen das Absorptionsmittel sich indifferent verhalten. Ferner hat man das Volumgewicht der Gase auf indirektem Wege bestimmt, indem man solche Eigenschaften der Gase ermittelte, welche zu ihrem Volumgewicht in bestimmten gesetzmässigen Beziehungen stehen. Als solche sind das Archimedische Prinzip, das Gesetz der kommunizirenden Röhren, die Ausflussgeschwindigkeit und die Schallgeschwindigkeit zu nennen.

I. Bestimmung des Volumgewichts der Gase durch direktes Wägen.

Wären die Gesetze von Gay-Lussac und Boyle absolut genau, so müsste das Gasvolumgewicht eine von Druck und Temperatur vollkommen unabhängige Grösse sein, denn alle Gase würden unter wechselnden Bedingungen des Drucks und der Temperatur ihr Volumen ganz gleichmässig vermindern. Da aber die Erfahrung gelehrt hat, dass die beiden Gesetze selbst für die ihrem Kondensationspunkte sehr fernen, früher als „permanente" bezeichneten Gase nur eine allerdings sehr angenäherte Gültigkeit besitzen, so ist es zur genauen Bestimmung des Volumgewichts, sowie des absoluten Litergewichts der

Gase erforderlich, gleiche Volume derselben bei 0^0 und 760 mm Druck zu wiegen. Dies ist von Seiten Regnault's geschehen; die früheren Untersuchungen von Arago und Biot und Anderen sind bei den gerade herrschenden Drucken und Temperaturen ausgeführt und mit Hülfe des Gay-Lussac-Boyle'schen Gesetzes auf 0^0 und 760 mm Druck reduzirt.

Die ersten genaueren Bestimmungen des Gasvolumgewichts durch direktes Wägen wurden von Arago und Biot[1]) ausgeführt. Die von ihnen angewandte Methode ist folgende. Ein etwa 6 Liter fassender Ballon von dünnem Glase, dessen Hals mit einem Hahn versehen war, wurde bei dem Barometerstand H und der Temperatur t mit trockner Luft gefüllt und gewogen; das wahre, nach S. 47 auf den luftleeren Raum reduzirte Gewicht sei gleich P. Dann wurde der Ballon mit einer Luftpumpe ausgepumpt, bis die in ihm enthaltene Luft nur noch einen sehr kleinen Druck h ausübte, der Hahn wieder geschlossen und gewogen; die Temperatur sei dieselbe, gleich t^0, das wahre Gewicht gleich p. Das Gewicht der ausgepumpten Luft, welche den Ballon bei t^0 und (H — h) mm Druck ausfüllt, ist dann gleich (P — p). Ist das Volum des Ballons bei 0^0 gleich v, β der Ausdehnungskoëffizient des Glases und λ das Gewicht in Grammen eines Kubiccentimeters Luft bei t^0 und (H — h) mm Druck, so ist:

$$P - p = v(1 + \beta t) \cdot \lambda.$$

Ist ferner δ das Gewicht eines Kubikzentimeters Luft bei 0^0 und 760 mm Druck, so ist nach dem Gay-Lussac-Boyle'schen Gesetz das Gewicht λ eines Kubiccentimeters Luft von t^0 unter (H — h) mm Druck:

$$\lambda = \frac{\delta \cdot (H - h)}{760(1 + \alpha t)},$$

worin α den Ausdehnungskoëffizienten der Luft bedeutet. Daher ist:

$$P - p = v \cdot \delta \cdot \frac{1 + \beta t}{1 + \alpha t} \cdot \frac{H - h}{760},$$

und das Gewicht der Luft, welche bei 0^0 und 760 mm Druck den Ballon erfüllt, ist:

$$v \cdot \delta = (P - p) \cdot \frac{1 + \alpha t}{1 + \beta t} \cdot \frac{760}{H - h}.$$

Nunmehr wird der Ballon mit dem trockenen Gas gefüllt, dessen Volumgewicht bestimmt werden soll, mehrmals ausgepumpt und wieder gefüllt, bis alle Luft aus demselben verdrängt ist; man wendet hier-

[1]) Mémoires de l'Académie pour 1806.

bei einen den augenblicklichen Atmosphärendruck etwas übersteigenden Druck an und lässt vor dem Schliessen des Hahnes das Innere des Ballons mit der Atmosphäre eine kurze Zeit kommuniziren, damit sich der Druck im Innern mit dem äusseren Luftdruck ausgleicht. Der Barometerstand sei H_1, die Temperatur t_1 und das wahre Gewicht des mit dem Gase bei t^0_1 und H_1 mm Druck gefüllten Ballons gleich P_1. Nunmehr wird der Ballon soweit ausgepumpt, bis das Gas nur noch den kleinen Druck h_1 ausübt: die Temperatur sei die frühere t_1 geblieben, und das wahre Gewicht des entleerten Ballons sei p_1. Ist δ_1 das Gewicht eines Kubiccentimeters des Gases bei 0^0 und 760 mm Druck in Grammen und α_1 der Ausdehnungskoëffizient des Gases, so ist, genau wie vorher berechnet wurde, das Gewicht des den Ballon bei 0^0 und 760 mm Druck erfüllenden Gases:

$$v \cdot \delta_1 = (P_1 - p_1)\frac{1 + \alpha_1 t_1}{1 + \beta t_1} \cdot \frac{760}{H_1 - h_1}.$$

Dividirt man das Gewicht $v . \delta_1$ des den Ballon bei 0^0 und 760 mm Druck erfüllenden Gases durch das Gewicht $v . \delta$ der den Ballon unter denselben Bedingungen erfüllenden Luft, so erhält man das Volumgewicht des Gases d_l, bezogen auf Luft als Einheit. Demnach ist:

$$d_l = \frac{(P_1 - p_1)(H - h)(1 + \beta t)(1 + \alpha_1 t_1)}{(P - p)(H_1 - h_1)(1 + \beta t_1)(1 + \alpha t)}.$$

Ferner ist nach Seite 42 das auf Wasserstoff als Einheit bezogene Volumgewicht des Gases $d_h = 14{,}435 . d_l$, daher:

$$d_h = 14{,}435 \frac{(P_1 - p_1)(H - h)(1 + \beta t)(1 + \alpha_1 t_1)}{(P - p)(H_1 - h_1)(1 + \beta t_1)(1 + \alpha t)}.$$

Die von Arago und Biot bestimmten, auf Luft als Einheit bezogenen Gasvolumgewichte sind in der mit d_l überschriebenen Spalte der folgenden kleinen Tabelle zusammengestellt; daneben sind unter d_h die auf Wasserstoff als Einheit bezogenen Gasvolumgewichte aufgeführt. Dieselben wurden aus den auf Luft bezogenen durch Division durch das Volumgewicht des Wasserstoffs (Luft = 1) erhalten; die Konstante 14,435 kann hier nicht verwandt werden, weil zu ihrer Berechnung ein anderes (richtigeres) Volumgewicht des Wasserstoffs (Luft = 1) benutzt wurde. Wird das von Arago und Biot gefundene Volumgewicht des Wasserstoffs, bezogen auf Luft als Einheit, mit unserer Konstanten 14,435 multiplizirt, so erhält man nicht 1, sondern 1,05679; die durch Multiplikation mit 14,435 erhaltenen Volumgewichte wären daher nach den Bestimmungen von Arago und Biot nicht auf H = 1, sondern auf H = 1,05679 bezogen.

Gasvolumgewichte nach Arago und Biot.

Name des Gases	d_l (Luft = 1)	d_h (Wasserstoff = 1)	Gewicht von 1 ccm der Gase bei 0° und 760 mm g
Atmosphärische Luft .	1,00000	13,659	0,001299075
Sauerstoff	1,10359	15,074	0,001433646
Stickstoff	0,96913	13,238	0,001258973
Wasserstoff	0,07321	1,000	0,000095155
Kohlensäure	1,51961	20,757	0,001974087
Ammoniak	0,59669	8,150	0,000775145
Chlorwasserstoffsäure .	1,24740	17,039	0,001620471

Da der für den Wasserstoff gefundene Werth zu hoch ist, sind alle übrigen auf diesen als Einheit bezogenen Volumgewichte zu klein.

Arago und Biot bestimmten ausserdem das Gewicht eines Kubiccentimeters Luft bei 0° und 760 mm Druck. Wir hatten für das Gewicht der den Ballon bei 0° und 760 mm Druck erfüllenden Luft die Gleichung:

$$v \cdot \delta = (P - p) \frac{760 (1 + \alpha t)}{(H - h)(1 + \beta t)};$$

daher ist

$$\delta = \frac{760 (P - p)(1 + \alpha t)}{v (H - h)(1 + \beta t)}.$$

Es ist daher nur noch das Volumen v des Ballons bei 0° und 760 mm Druck zu bestimmen, um das Gewicht δ eines Kubikzentimeters Luft bei 0° und 760 mm Druck zu finden. Arago und Biot wogen den Ballon in der Seite 52 angegebenen Weise mit Wasser aus und fanden:

$$\delta = 0{,}001299075 \text{ Gramm.}$$

Daraus berechnen sich die in der dritten Spalte angegebenen Gewichte eines Kubiccentimeters der Gase bei 0° und 760 mm Druck.

Da Arago und Biot die Gase vor dem Einfüllen über Wasser aufgefangen hatten, so konnten wegen des Luftgehalts des Wassers, welchen letzteres bei vermindertem Druck abgibt, die untersuchten Gase mit Luft verunreinigt sein. Daher wurden die Bestimmungen von Berzelius und Dulong[1]) und später von Dumas und Boussingault[2]) wiederholt, wobei die Letzteren die möglichste Sorgfalt auf die Bestimmung der Temperatur, bei welcher die Gase in dem Ballon abgesperrt wurden, verwandten. Die folgende Tabelle enthält die von

[1]) Ann. chim. phys. [2] 1820, *15*, 386.

[2]) Ann. chim. phys. [3], 1841, *3*, 257; Annal. Chem. Pharm. 1841, *40*, 230.

diesen Forschern erhaltenen, auf Luft als Einheit bezogenen Gasvolumgewichte d_l und die aus diesen berechneten, auf Wasserstoff als Einheit bezogenen Volumgewichte d_h; letztere wurden wieder erhalten, indem man die auf Luft bezogenen Volumgewichte durch dasjenige des Wasserstoffs (Luft = 1), also bei den Werthen von Berzelius und Dulong durch 0,0687, von Dumas und Boussingault durch 0,0693 dividirte.

Name des Gases	Gasvolumgewichte nach			
	Berzelius u. Dulong		Dumas u. Boussingault	
	d_l (Luft = 1)	d_h (Wasserstoff = 1)	d_l (Luft = 1)	d_h (Wasserstoff = 1)
Atmosphärische Luft .	1,0000	14,556	1,0000	14,430
Sauerstoff	1,1026	16,049	1,1057	15,955
Stickstoff	0,976	14,207	0,972	14,026
Wasserstoff	0,0687	1,000	0,0693	1,000
Kohlensäure	1,5245	22,191	—	—

Die vorher beschriebene Methode ist an sich fehlerfrei, es ist jedoch sehr schwierig, das Gewicht des Ballons auf den luftleeren Raum zu reduziren, d. h. das Gewicht der verdrängten Luft genau zu bestimmen; namentlich der Wasserdampfgehalt derselben schwankt jederzeit, ebenso die Temperatur. Ferner aber — und dies ist die Hauptschwierigkeit, die durch Rechnung nicht eliminirt werden kann — verdichtet der Ballon auf seiner Oberfläche stets Wasserdampf, dessen Menge je nach dem Feuchtigkeitsgehalt und der Temperatur der Luft verschieden gross ist; demgemäss ist das Gewicht des Ballons zu verschiedenen Zeiten ein verschiedenes und die kleinen Differenzen können wegen des niedrigen Eigengewichts der Gase, welches noch dazu einen grossen Ballon erforderlich macht, von bedeutendem Einfluss auf das Resultat sein.

Alle diese Schwierigkeiten umging Regnault[1]) dadurch, dass er den zur Bestimmung des Gasvolumgewichts dienenden Ballon nicht durch Gewichte, sondern durch einen zweiten Ballon aus demselben Glase äquilibrirte, der genau denselben äusseren Umfang hatte und hermetisch verschlossen war. Beide Ballons wurden in gleicher Höhe an den Wagebalken befestigt; da nun alle Veränderungen der Zusammensetzung der Luft auf beiden Seiten der Waage ganz gleichmässig sich

[1]) Mémoires de l'Acad. Bd. *21*. Deuxième Mémoire; Annal. Chem. Pharm. 1845, *156*, 136.

bemerkbar machten, so blieb das einmal hergestellte Gleichgewicht bei allen Aenderungen der Luft bestehen.

Um die Raumerfüllung der Ballons ganz gleich zu machen, füllte Regnault sie mit Wasser, befestigte sie unter den Schalen einer Waage und stellte durch wenige Gewichte an der Waage Gleichgewicht her. Darauf wurden beide, während sie im Gleichgewicht waren, in Wasser getaucht; der kleinere Ballon verdrängte weniger Wasser als der grössere und das Gleichgewicht wurde gestört, da der kleinere Ballon weniger an Gewicht verlor. Wurde dann an dem kleineren Ballon eine beiderseits zugeschmolzene Glasröhre befestigt, welche so viel Kubiccentimeter Wasser fasste, als zu dem grösseren Ballon Gramme hatten zugefügt werden müssen, um während des Eintauchens in Wasser das Gleichgewicht herzustellen, so war die Raumerfüllung der Ballons vollkommen gleich. Stellte man nun durch Zulegen von Gewichten das Gleichgewicht in der Luft her, so blieb dies sowohl beim Eintauchen in Wasser als auch bei allen Veränderungen der Luft bestehen. Regnault trocknete beide Ballons, verschloss denjenigen, der nur als Gegengewicht dienen sollte, hermetisch, schloss den Hahn des anderen und brachte beide an der Waage in's Gleichgewicht; dasselbe blieb 14 Tage bestehen, obwohl der Barometerstand von 741 bis 771 mm und die Temperatur von 0^0 bis 17^0 schwankte. Im übrigen verfuhr Regnault genau wie die früheren Forscher, nur eliminirte er noch die Temperaturkorrektion, indem er die Temperatur der Gase durch Einsenken des Ballons in schmelzendes Eis auf 0^0 brachte; vor dem Wägen liess er dann den Ballon die Temperatur der Waage und des Gegengewichts annehmen. Die Formel auf S. 55 reduzirt sich unter Beibehaltung der gleichen Bezeichnungen, auf die einfachere Form:

$$d_l = \frac{(P_1 - p_1)(H - h)}{(P - p)(H_1 - h_1)}$$

und

$$d_h = 14{,}435 \cdot \frac{(P_1 - p_1)(H - h)}{(P - p)(H_1 - h_1)}.$$

Mit denselben Ballons bestimmte Regnault[1]) auch das Gewicht von einem Kubiccentimeter Luft bei 0^0 und 760 mm Druck und berechnete daraus die Gewichte von 1 ccm der übrigen Gase. Folgendes sind die von Regnault gefundenen Werthe.

---

[1]) a. a. O. Troisième Mémoire.

Name des Gases	d_l (Luft = 1)	d_h (Wasserstoff = 1)	Gewicht von 1 ccm des Gases bei 0° u. 760 mm g
Atmosphärische Luft .	1,00000	14,438	0,00129318
Stickstoff	0,97137	14,025	0,00125616
Wasserstoff	0,06926	1,000	0,00008957
Sauerstoff	1,10563	15,963	0,00142980
Kohlensäure	1,52901	22,076	0,00197741

Die Gewichte von einem Kubiccentimeter der Gase gelten für Paris, also für eine Breite von 48° 50′ 14″ und eine Höhe von 60 m über dem Meeresniveau.

Unter Benutzung desselben Prinzips wie Regnault hat Robert Bunsen[1]) eine Methode angegeben, nach der man das Volumgewicht von Gasen durch zwei Wägungen ohne jegliche Korrektion ermitteln kann. Bunsen verfertigt sich Gefässe, deren Substanz, Gewicht und Inhalt vollkommen gleich ist, wobei er folgendermassen verfährt: Glasröhren von 30 mm Durchmesser und 1,3 mm Wandstärke werden an einem Ende zu einer gleichförmigen Wölbung zugeschmolzen; das andere Ende wird zu einer etwa 1 mm weiten und 100 mm langen Spitze ausgezogen, so zwar, dass der Rauminhalt der Röhren möglichst annähernd derselbe ist. Das Volumen der Röhren, von denen vier erforderlich sind, wird nunmehr mit Wasser ausgewogen; das Volumen der kleinsten Röhre wird als Norm genommen und dasjenige der übrigen Röhren durch Einführen von feinen Glasstäbchen dem ersteren gleich gemacht. Ist das spezifische Gewicht des Glases bekannt, so kann man das Gewicht der Glasstäbe berechnen, welche zur Erzielung des gewünschten Volums eingebracht werden müssen. Nunmehr werden die Röhren gewogen und das Gewicht aller gleich demjenigen der schwersten gemacht; es geschieht dies ebenfalls durch Zufügen von Glasstäbchen, die man zuletzt, wenn sie das Gleichgewicht herstellen, an den Enden zu Knöpfen zusammenfallen lässt. Die Röhren haben nunmehr den gleichen Rauminhalt und gleiches Gewicht; letzteres wird durch Wägen kontrolirt. Bunsen liest die Schwingungen der Waage mit dem Fernrohr ab; kommt es nicht auf die höchste Genauigkeit an, so kann man das Fernrohr entbehren. Bei den Kontrolwägungen dient stets dieselbe Röhre als Gegengewicht.

Zum luftdichten Verschluss der Röhren dienen 50 mm lange, 5 mm weite, nach der Mitte sich allmählich verengende Glasröhrchen,

---

[1]) Gasometrische Methoden. 2. Aufl. Braunschweig 1877 bei Friedr. Vieweg und Sohn, S. 153; Annal. Chem. Pharm. 1867, *141*, 273; Zeitschr. analyt. Chemie 1867, *6*, 1.

deren innere Wandung mit nicht vulkanisirtem, dickwandigem Kautschuk gefüttert ist. Das eine Ende dieser Röhrchen wird über die ausgezogene Spitze der Röhren gezogen, das andere durch ein konisch verlaufendes Glasstöpselchen geschlossen. Auch die Verschlüsse werden genau gleich schwer gemacht, indem man das Glasstöpselchen zunächst in einen Faden auszieht und so lange Stückchen abbricht oder anschmilzt, bis alle Verschlüsse genau gleiches Gewicht haben; erst dann wird das Ende des Glasstöpselchen zu einem Knopf zusammengeschmolzen.

Die Röhre, welche gar keine Glasfäden enthält, — es ist dies diejenige, welche von Anfang das kleinste Volumen hatte, — dient zur Aufnahme des Gases; diejenige, welche die wenigsten Glasfäden enthält, dient zur Aufnahme der trockenen atmosphärischen Luft, mit der das Gas verglichen werden soll. Die Röhre mit den meisten Glasfäden wird vollkommen luftleer gepumpt und zugeschmolzen; dasselbe geschieht mit der vierten, welche als Tara benutzt wird.

Die Bestimmung des Gasvolumgewichts gestaltet sich demnach folgendermassen. Man füllt bei beliebiger Temperatur die eine Röhre mit dem Gas, die andere bei derselben Temperatur mit trockener Luft, verschliesst beide durch die Kautschukröhrchen, bringt sie auf die Waagschale, legt auf die andere Waagschaale die als Tara dienende leergepumpte Röhre nebst Verschlussstück und stellt mit Platingewichten Gleichgewicht her. Da nur höchstens 200 ccm Gas angewandt werden, braucht an dem Gewicht der Platingewichtstücke eine Korrektur nicht angebracht zu werden. Ist die Tara vollkommen luftleer, so stellen die zur Herstellung des Gleichgewichts erforderlichen Platingewichtstücke im ersten Falle das Gewicht des in der Röhre enthaltenen Gases, im zweiten Falle das Gewicht des gleichen Volumens Luft unter denselben Bedingungen des Drucks und der Temperatur dar. Durch Division beider erhält man das Volumgewicht des Gases bei der bestimmten Temperatur, bezogen auf Luft als Einheit. Ist das als Tara dienende Gefäss nicht vollkommen luftleer, so muss man die beim Zuschmelzen herrschende Temperatur und den Stand des Manometers beobachten, hieraus das Gewicht der zurückbleibenden Luft berechnen und von demjenigen des Gases und der Luft abziehen.

Wie man sieht, ist bei Anwendung einer luftleeren Tara das zweite luftleere Gefäss nicht nöthig; da Bunsen ursprünglich die mit Luft gefüllte zugeschmolzene Röhre als Gegengewicht nahm, war noch die Bestimmung des Gewichts der luftleeren Röhre nothwendig. Ferner ergibt sich, dass nur bei der mit dem Gas und der bei derselben Temperatur mit Luft gefüllten Röhre die Kautschukverschlüsse nothwendig sind; da letztere ihr Gewicht ändern können, ersetzt man sie bei der Tara und dem luftleeren Gefäss zweckmässig von vornherein durch Glasgewichte, die immer konstant bleiben.

Zur Erzielung konstanter Temperaturen bedient sich Bunsen eines Thermostaten, der aus zwei konzentrischen, durch eine Luftschicht getrennten kupfernen Cylindern mit ellipsoïdem Querschnitt besteht. Von denselben gehen dicke Kupferdrähte in gleich weiter Entfernung von einander aus, welche so durch die Schornsteine einer Reihe Bunsen'scher Brenner geführt sind, dass sie den nicht leuchtenden Flammenkegel rechtwinklig in einer Höhe durchsetzen, wo die Temperatur am höchsten und gleichförmigsten ist. Da in Folge dieser Anordnung dem Kupfergefäss nur durch Leitung Wärme zugeführt wird, ist die Intensität der letzteren bis zu einem gewissen Grade nur von der Entfernung der Flamme von dem Kupfergefäss, nicht aber von der Grösse der Flamme abhängig. Durch Verschieben der Flamme längs der Kupferdrähte können, wenn die Kupfergefässe noch mit einem eisernen Cylinder umgeben werden, Temperaturen bis über 300^0 C. beliebig lange konstant gehalten werden. Durch die Luftschicht zwischen den Cylindern wird die zugeführte Wärme sehr gleichmässig vertheilt; in dem innersten Cylinder liegen die Röhren, welche mit dem zu untersuchenden Gase und mit trockener Luft gefüllt werden sollen.

Die Bunsen'sche Methode der Gasvolumgewichtsbestimmung ist wegen des Fehlens jeglicher Korrektion sehr genau und hat daher vielfache Anwendung gefunden. Bunsen fand für Kohlensäure bei Temperaturen von 10 bis 15^0 C. folgende Werthe des Gasvolumgewichts:

d_l (Luft = 1):	1,525	1,525	1,528	1,529	1,528	1,529
d_h (Wasserstoff = 1):	22,013	22,013	22,057	22,071	22,057	22,071.

Im Mittel: $d_l = 1,5273$ und $d_h = 22,047$. Das Gewicht der angewandten Kohlensäure betrug in allen Fällen weniger als 0,35 g. Regnault erhielt mit mehr als 19 g Kohlensäure das Gasvolumgewicht $d_l = 1,52901$ und $d_h = 22,076$ bei 0^0 (s. S. 59).

Kommt es auf die höchste Genauigkeit nicht an und steht nur wenig Material zu Gebote, so bedient sich Bunsen[1]) eines anderen Verfahrens der Gasvolumgewichtsbestimmung. Ein dünnwandiges Kölbchen, dessen Hals von strohhalmdickem Lumen eine Millimetertheilung trägt und durch einen eingeschliffenen Glasstopfen luftdicht verschlossen werden kann, wird so kalibrirt, dass man seinen Rauminhalt bis zu jedem Theilstrich der Millimetertheilung kennt. An der Wand des Kölbchens lässt man ein Stückchen Chlorcalcium antrocknen,

[1]) Gasometrische Methoden S. 181.

füllt es ganz mit Quecksilber, stülpt es in der Wanne um und lässt das Gas feucht eintreten, bis das Quecksilber im Hals noch einige Millimeter höher als in der Wanne steht. Durch das Chlorcalciumstückchen wird das Gas getrocknet. Man liest nunmehr, wenn das Gas eine konstante Temperatur angenommen hat, an der Millimetertheilung das Volumen des Gases und die Höhe der in dem Kolbenhals über dem Niveau der Wanne stehenden Quecksilbersäule ab. Mit Hülfe einer an der Quecksilberwanne angebrachten Taste wird dann der Stopfen unter Quecksilber in den Kolbenhals gedrückt, das Kölbchen gereinigt und gewogen, nachdem es die Temperatur des Waagekastens angenommen hat. Darauf wird der Glasstopfen durch einen Schlauch mit einem Chlorcalciumrohr ersetzt, durch mehrmaliges Auspumpen und Zutretenlassen von Luft das Gas durch trockene Luft verdrängt und der mit Luft gefüllte Kolben gewogen. Werden die Gewichte der auf 0^0 und 760 mm Druck reduzirten Volume des Gases und der Luft, welche der Kolben fasst, auf den luftleeren Raum umgerechnet, so erhält man das Volumgewicht des Gases, bezogen auf Luft.

Die mögliche Genauigkeit ergibt sich aus dem von Bunsen angeführten Beispiel. Für Methylbromid erhielt er bei Anwendung von etwa 42 ccm $d_l = 3{,}253$ oder $d_h = 46{,}957$, während aus der Formel CH_3Br sich theoretisch $d_l = 3{,}281$ und $d_h = 47{,}365$ berechnet. Wesentlich ist bei diesem Verfahren, dass keine Spur des in dem Kölbchen zurückbleibenden Quecksilbers verloren geht, denn der geringste Verlust verändert wegen des hohen spezifischen Gewichts des Quecksilbers das Resultat ganz erheblich.

Die genaue Bunsen'sche Methode wurde von R. Blochmann[1]) gelegentlich seiner Untersuchung der Vorgänge im Innern der nichtleuchtenden Flamme des Bunsenbrenners geprüft. Er fand für Kohlensäure $d_l = 1{,}516$ oder $d_h = 21{,}883$ und für Wasserstoff $d_l = 0{,}0667$; für Kohlensäure ergibt sich der theoretische Werth $d_h = 21{,}995$, während Regnault für Wasserstoff $d_l = 0{,}06926$ fand. Nach Blochmann kann man mit Hülfe einer guten Waage das auf Luft bezogene Volumgewicht der Gase nach Bunsen's Methode bis zur zweiten Dezimale genau bestimmen.

C. Chancel[2]) bedient sich zur Bestimmung des Gasvolumgewichts eines Kolbens B von 200 bis 250 ccm Inhalt, in dessen Hals seitlich das Rohr f eingeschmolzen ist. Der Hals des Kolbens ist durch einen hohlen, sehr gut eingeschliffenen Glasstöpsel verschliessbar; derselbe trägt oben den Glashahn r, der zum Rohr e führt, und im Innern das bis fast zum Boden reichende Rohr d,

[1]) Annal. Chem. Pharm. 1873, *168*, 320.

[2]) Compt. rend. 1882, *94*, 626; Zeitschr. analyt. Chemie 1884, *23*, 187.

welches durch richtige Drehung des Stopfens so gestellt werden kann, dass es bei 0 mit der Röhre f kommunizirt. Für einen solchen Kolben wird ein für alle Mal der Inhalt und das Gewicht desselben mit Luft bestimmt, wobei ein gleicher Kolben von derselben Glassorte und derselben Grösse als Tara dient. Aus diesen Daten wird das Gewicht des Kolbens und dasjenige des in demselben bei der Temperatur und dem Barometerstand des Versuchs enthaltenen Luftvolums berechnet.

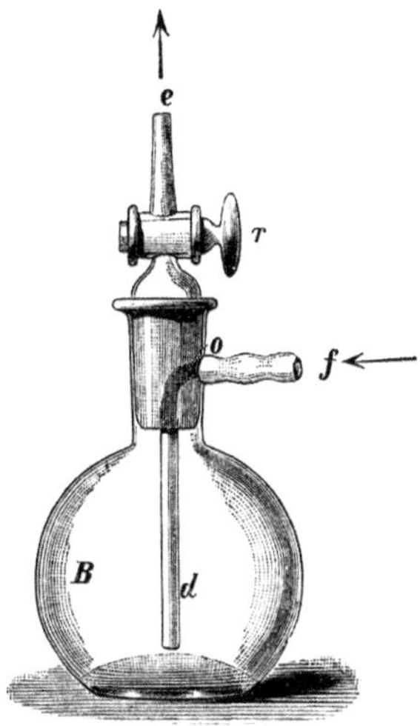

Fig. 1.

Zur Ausführung des Versuchs wird bei geöffnetem Hahn r durch f und d das zu untersuchende Gas eingeleitet, bis alle Luft durch e verdrängt ist; ist der Kolben ganz mit Gas gefüllt, so wird der Hahn r geschlossen, der Stopfen so gedreht, dass d und f nicht mehr korrespondiren und der Kolben mit Gas gewogen. Als Tara dient ein ganz gleicher Kolben und das Gleichgewicht wird durch wenige Platingewichte hergestellt, die je nach der Schwere des Gases zu der Tara oder dem Kolben gelegt werden. Beim Abschliessen des Kolbens wird zugleich die Temperatur und der Barometerstand beobachtet. Da man das Gewicht der den Kolben füllenden Luft vorher bestimmt hat, so hat man die Volume der in dem Kolben enthaltenen Luft bezw. des Gases auf 0^0 und 760 mm Druck zu reduziren und das derart korrigirte Gewicht des Gases durch das der Luft zu dividiren, um das auf Luft bezogene Volumgewicht des Gases zu erhalten. Natürlich kann man auch das Gewicht des den Kolben erfüllenden Volums Wasserstoff als Grundlage nehmen und die Gasvolumgewichte auf letzteren beziehen. Soll sogleich ein zweites Gas untersucht werden, so kann das noch in dem Kolben befindliche erste Gas direkt durch das zweite verdrängt werden.

Dies sind die Methoden, welche eine möglichst genaue Bestimmung des Volumgewichts der Gase durch direktes Wägen anstreben. Von den Resultaten, welche nach ihnen erhalten wurden, sind diejenigen von Regnault als klassische zu bezeichnen. Nichtsdestoweniger hat sich neuerdings herausgestellt, dass an den Regnault-schen Werthen noch eine Korrektion angebracht werden muss. Lord Rayleigh[1]) machte darauf aufmerksam, dass bei den Regnault'schen

[1]) Chem. News 1888, *57*, 73.

Bestimmungen Wägungen des leergepumpten Ballons ausgeführt wurden, welche fehlerhaft ausfallen, weil der äussere Druck das Volum des Ballons verkleinert. J. M. Crafts[1]) hat die Grösse dieser Korrektion experimentell ermittelt; der von Regnault benutzte Kolben war zwar nicht mehr vorhanden, wohl aber ein ganz ähnlicher, der von derselben Sendung der Glasfabrik von Choisy-le-Roy herstammte. Der Versuch ergab eine Zusammendrückung des leergepumpten Ballons im Vergleich zu dem mit Gas gefüllten von 0,000247 des Volums für eine Atmosphäre. Folgendes sind die von Crafts korrigirten Werthe für die Volumgewichte und die Litergewichte:

Name des Gases	d_l (Luft = 1)	d_h (Wasserstoff = 1)	Gewicht von 1 ccm des Gases bei 0° und 760 mm g
Atmosphärische Luft .	1,00000	14,391	1,29349
Stickstoff	0,97138	13,979	1,25647
Wasserstoff	0,06949	1,000	0,08988
Sauerstoff	1,10562	15,910	1,43011
Kohlensäure	1,52897	22,003	1,97772

Das Verhältniss der Volumgewichte des Sauerstoffs und des Wasserstoffs ist ganz besonders wichtig. Denn das auf Wasserstoff als Einheit bezogene Volumgewicht des Sauerstoffs stellt zugleich das Atomgewicht des Sauerstoffs dar; da nun das Atomgewicht der meisten Elemente, bezogen auf Sauerstoff, sehr genau bestimmt ist, nicht aber bezogen auf Wasserstoff, so ist man genöthigt, alle Atomgewichte mit Hülfe des Verhältnisses der Atomgewichte von Sauerstoff und Wasserstoff auf die Wasserstoffeinheit umzurechnen. Das letztere muss daher möglichst genau bekannt sein, da sonst alle übrigen Atomgewichte mit der Unsicherheit dieses Verhältnisses behaftet sind. Es findet sich daher in der Literatur eine ganze Reihe von Bestimmungen dieses Atomgewichtsverhältnisses.

Einige ältere sind bereits angeführt: Arago und Biot fanden O = 15,074, Berzelius und Dulong 16,049, Dumas und Boussingault 15,955 und Regnault 15,963. Berzelius[2]) erhielt O = 15,0, Dumas[3]) O — 15,96 und 15,98, Erdmann und Marchand[4]) fanden O = 15,93 und 16,00. Aus den auf Luft be-

[1]) Compt. rend. 1888, *106*, 1662.
[2]) Gilbert's Annal. 1811, *37*, 459.
[3]) Ann. chim. phys. [3], 1843, *8*, 189.
[4]) Journ. prakt. Chemie 1842, *26*, 461.

zogenen Volumgewichten des Sauerstoffs, welche von älteren Forschern[1]) bestimmt wurden, ergeben sich durch Multiplikation mit 14,435 die folgenden Werthe: Fourcroy, Vauquelin und Séguin O = 15,69, Allen und Pepys O = 15,705, Kirwan O = 15,922, Davy O = 16,283, Thomson 16,124 und Saussure O = 15,96. F. W. Clarke[2]) gibt als Mittelwerth O = 15,9633, Lothar Meyer und K. Seubert[3]) 15,96, Crafts ermittelte, wie oben mitgetheilt, O = 15,910 aus den korrigirten Regnault'schen Zahlen. Aus den berühmten Versuchen von Stas berechnet W. Ostwald für O = 16 H = 1,0101 oder für H = 1 O = 15,84. E. H. Keiser[4]) verbrannte Wasserstoff, der von Palladium absorbirt war, mittels Kupferoxyd und fand als Mittel von zehn Versuchen O = 15,9492 (die einzelnen Werthe schwankten zwischen 15,943 und 15,958); frühere Versuche[5]) hatten demselben O = 15,872 ergeben. J. P. Cooke und Th. W. Richards[6]) oxydirten gewogene Mengen Wasserstoff, der nach verschiedenen Methoden gewonnen war, durch Ueberleiten über glühendes Kupferoxyd; sie fanden im Mittel von sechzehn Versuchen O = 15,953 ± 0,0017. Nach Anbringung der von Lord Rayleigh angegebenen Korrektion für den äusseren Luftdruck ergab sich[7]) O = 15,869. Lord Rayleigh ermittelte durch direktes Wägen[8]) O = 15,912, durch Verpuffung gewogener Mengen Wasserstoff und Sauerstoff[9]) O = 15,87. Um die Wägung des luftleeren Ballons zu umgehen, füllt J. P. Cooke[10]) den Ballon mit Kohlensäure, wägt ihn, führt die Kohlensäure in geeignete Absorptionsgefässe und wägt dieselbe für sich; die Differenz der Gewichte ergibt die Tara des Ballons. Daneben bestimmte er auch die Zusammendrückung des Ballons und beobachtete, dass die auf beiden Wegen gefundenen Werthe sehr gut übereinstimmten. Er fand O = 15,882. W. A. Noyes[11]) fand durch Verbrennen von Wasserstoff mit Kupferoxyd im Mittel O = 15,886

---

[1]) Ostwald's Lehrbuch d. allgemeinen Chemie S. 180 entnommen.

[2]) Constants of nature V. Smithsonian Institution. Washington 1882. Auch Phil. Mag. 1881, [5], *12*, 101.

[3]) Die Atomgewichte der Elemente. Leipzig 1883.

[4]) Amer. Chem. Journ. 1888, *10*, 249; Zeitschr. physikal. Chemie 1888, *2*, 765.

[5]) Ber. deutsch. chem. Gesellschaft 1887, 20, 2323.

[6]) Amer. Chem. Journ. 1888, *10*, 81.

[7]) Chem. News 1888, *58*, 52.

[8]) Chem. News 1888, *57*, 73.

[9]) Chem. News 1889, *59*, 147.

[10]) Proceed. Amer. Acad. 1889, *24*, 202.

[11]) Amer. Chem. Journ. 1889, *11*, 155.

$\pm$ 0,0028; wie sich dann herausstellte[1]), war bei der Berechnung ein Rechenfehler untergelaufen. Der richtige Werth ist O = 15,896, welcher auch durch neue Versuche bestätigt wurde. Ganz neuerdings erhielten Dittmar und Hendersen[2]) O = 15,866 und E. W. Morley[3]) O = 15,88.

Weichen diese Werthe unter einander auch noch ab, so ergibt sich aus ihnen doch mit Sicherheit, dass das Volumgewicht und das Atomgewicht des Sauerstoffs, bezogen auf Wasserstoff als Einheit, jedenfalls kleiner ist als 16. Die Schwierigkeit der Bestimmung beruht darauf, dass es bis jetzt noch nicht möglich gewesen ist, reinen Wasserstoff darzustellen.

Es ist klar, dass die Gasvolumgewichte als Gewichtsverhältnisse überall konstant sein müssen; dagegen sind die absoluten Gewichte eines Liters der Gase abhängig von der Grösse der Schwerkraft. Letztere ändert sich mit der Höhe des Orts über dem Meeresniveau und mit der geographischen Breite. Ist g_{45} das Gewicht eines Liters eines Gases bei 0^0 und 760 mm Barometerstand im Meeresniveau unter dem 45. Breitengrade, g_x dasselbe für einen Ort, der h m über dem Meeresnieveau liegt und die geographische Breite φ hat, so ist:

$$g_x = g_{45}\,(1 - 0{,}00259 \cdot \cos 2\varphi)\ (1 - 0{,}000000196\ h).$$

Die Regnault'schen und die neueren Crafts'schen Werthe gelten für Paris, für das $\varphi = 48^0\,50'\,11{,}2''$ und h = 60 m ist. Für Berlin ist $\varphi = 52^0\,30'\,16{,}7''$ und h = 40 m. Ist das Gewicht eines Liters eines Gases unter der geographischen Breite φ und der Meereshöhe h gleich g_x, so ist das Gewicht g_y für die geographische Breite φ_1 und die Meereshöhe h_1:

$$g_y = g_x \cdot \frac{(1 - 0{,}00259 \cos 2\varphi)\ (1 - 0{,}000000196\ h)}{(1 - 0{,}00259 \cos 2\varphi_1)\ (1 - 0{,}000000196\ h_1)}.$$

O. J. Broch[4]) gibt das Gewicht eines Liters trockener Luft mit 0,04 Volumprozenten Kohlensäure bei 0^0 und 760 mm Druck am Meeresniveau unter dem 45. Breitegrade zu 1,293052 g an.

---

[1]) Amer. Chem. Journ. 1890, *12*, 441.

[2]) Zeitschr. physikal. Chemie 1891, 7, 521.

[3]) Sill. Amer. Journ. of Science [3], 1891, *41*, 220 und 276.

[4]) Trav. et Mém. du Bureau internat. des Poids et Mes. 1881, S. 55; Annal. Phys. Chemie Beiblätter [2], 1881, *5*, 553.

Neben diesen Methoden, welche die höchste Genauigkeit anstreben, existiren noch einige andere, welche ebenfalls auf dem Prinzip der direkten Wägung beruhen, aber auf grosse Genauigkeit keinen Anspruch machen; sie dienen zumeist technischen Zwecken.

Zur Demonstration der Gasvolumgewichte in Vorlesungen verfährt Friedrich C. G. Müller[1]) folgendermaassen: Er bestimmt zunächst das Gewicht eines bestimmten Volums Luft, indem er in einem $^1/_2$Literkolben, der mit einem Kautschukstopfen mit langem Glasrohr verschlossen ist, Wasser kocht, bis alle Luft verdrängt ist, das Rohr zuschmilzt, den Kolben abkühlt und wägt. Dann wird die Spitze des Rohres abgebrochen und der nunmehr mit Luft gefüllte Kolben gewogen; die Differenz der Wägungen ergibt das Gewicht der eingetretenen Luft, das mit Berücksichtigung der Temperatur, des Druckes und der Tension des Wasserdampfes zu korrigiren ist. Um in dem Kolben ein absolutes Vakuum zu erzeugen, erhitzt Müller in demselben verdünnte Schwefelsäure, bis Schwefelsäuredämpfe entweichen; die Schwefelsäure hat bei gewöhnlicher Temperatur keine Tension. Ist auf diese Weise das Gewicht der Luft ermittelt, so leitet Müller in eine Literflasche mit doppelt durchbohrtem Kork, welche eine bis zum Boden reichende und eine an der unteren Fläche des Korks abschneidende Glasröhre trägt, zuerst Luft, dann das zu untersuchende Gas und wiegt beide Male. Aus der Gewichtsdifferenz lässt sich das Volumgewicht des Gases, bezogen auf Luft, leicht berechnen.

A. Lipowitz[2]) benutzt zur technischen Bestimmung des Gasvolumgewichts einen Cylinder von dünnem Weissblech, dessen Inhalt durch Auswägen mit Kohlensäure bestimmt ist und der direkt an dem Waagebalken befestigt wird. Derselbe trägt oben und unten eine Zuleitungsröhre; ist das Gas leichter als Luft, so wird es unten eingeleitet, ist es schwerer, oben. Nach Verdrängung der Luft werden die Zuleitungsröhren durch Quetschhähne geschlossen und der mit Gas gefüllte Cylinder gewogen. Er fand z. B. das Volumgewicht des Wasserstoffs (Luft = 1) $d_l = 0,0688$.

Die Gaswaage von Friedrich Lux[3]) besteht aus einem Metallständer, der sich in zwei gabelförmige Enden theilt; dieselben sind mit konisch vertieften Stahlnäpfchen versehen, in welchen der Waagebalken mittels Stahlspitzen lagert. Am einen Ende des Waagebalkens

---

[1]) Ber. deutsch. chem. Gesellschaft 1876, *9*, 1626.

[2]) Dingl. polytechn. Journ. 1860, *156*, 188.

[3]) Zeitschr. analyt. Chemie 1887, *26*, 38; Zeitschr. physikal. Chemie 1888, *2*, 854.

befindet sich eine Hohlkugel aus Glas oder Metall, am anderen ein Zeiger mit Gegengewicht. In die Kugel ragt ein Glasrohr von dem Waagebalken aus tief, bis fast zur anderen Seite der Kugel, hinein, während ein zweites nur soeben in die Kugel ragt; beide Röhrchen sind ausserhalb der Kugel rechtwinklig gebogen und tauchen in mit Quecksilber gefüllte Näpfchen aus Knochen, wodurch ein gasdichter Verschluss erreicht wird. Vermittels feiner Röhrchen, welche an den Näpfchen angebracht sind, wird das Gas durch die grössere Röhre in die Kugel eingeleitet, während durch die kleine Röhre die Luft austritt. Durch die beiden Röhrchen gehen gasdicht zwei Stahlschrauben, deren Spitzen in den Stahlnäpfchen des Ständers ruhen und den Drehpunkt des ganzen Systems bilden. Durch Schrauben kann die Entfernung des Drehpunkts von dem Schwerpunkt und damit die Empfindlichkeit der Waage beliebig verändert werden. Der Zeiger der Waage spielt auf einer Skala, an der man das auf Luft bezogene Gasvolumgewicht direkt ablesen kann. Der Apparat wird in der Weise adjustirt, dass die Kugel mit Luft gefüllt und das Gegengewicht so lange verschoben wird, bis der Zeiger auf den Theilstrich 1 deutet; dann wird Wasserstoff eingeleitet und der Punkt, auf den nun der Zeiger hinweist, als 0,07 bezeichnet (das auf Luft bezogene Volumgewicht des Wasserstoffs ist annähernd so gross). Nach diesen beiden Kardinalpunkten wird die ganze Eintheilung der Skala, die einen Kreisbogen darstellt, bewirkt. Die Gradeintheilung ist natürlich nicht gleichmässig, sondern die Entfernungen der einzelnen Theilstriche entsprechen oberhalb und unterhalb der Horizontalen den Kosinuswerthen des betreffenden Winkels. Je nach der Entfernung des Schwerpunkts vom Drehungspunkt und Anbringung verschiedener Skalen lässt sich die Waage zur Bestimmung grösserer Gewichtsunterschiede mit geringerer Genauigkeit im Ablesen oder geringerer Gewichtsunterschiede mit grösserer Genauigkeit verwenden. Bei den Waagen, die für Volumgewichte von 0 bis 1 eingerichtet sind, lässt sich nach Angabe des Verfertigers das Volumgewicht bis auf 0,01 genau ablesen, auf 0,005 sicher schätzen; ist die Waage auf die Volumgewichte von 0,3 bis 0,5 beschränkt, so kann man bis auf 0,002 genau ablesen, auf 0,001 sicher schätzen. Es darf dabei aber nicht vergessen werden, dass eine solche Gasvolumgewichtsbestimmung mit allen überhaupt möglichen Fehlern und Mängeln behaftet ist.

2. Bestimmung des Volumgewichts von Gasen nach dem Verdrängungsverfahren.

Diese Methode wurde zuerst von R. F. Marchand[1]) angewandt. Ein Ballon von 3 bis 6 l Inhalt war mit einem Stopfen verschlossen, durch den zwei mit Hähnen versehene Gasröhren gingen. Eine dieser Röhren reichte bis zum Boden und hatte einen Zweiweghahn, die zweite reichte nur bis unter die Fassung des Halses. Die erstere wurde mit einem Quecksilbermanometer in Verbindung gesetzt, an dem man mit Hülfe eines Spiegels noch $^1/_{10}$ mm Druckunterschied abschätzen konnte. Mit der zweiten Röhre wurde eine Luftpumpe verbunden, die Luft ausgepumpt, Gas eingeführt und dies 4 bis 5 Mal wiederholt, dann die Hähne geschlossen und der Ballon mehrere Stunden in schmelzendes Eis getaucht. Um bei allen Versuchen einen konstanten Druck zu haben, wurde dann der Zweiweghahn mit dem Gasentwicklungsapparat verbunden und soviel Gas eingepresst, dass der Druck die gewünschte Grösse hatte. Fr. Marchand wählte als Normaldruck 765 mm (auf 0^0 reduzirt); er verfuhr so, dass er zunächst den Druck auf 770 mm steigerte und dann soviel Gas ausströmen liess, bis der Druck 765 mm erreicht war. Bei niedrigem Barometerstand wurde der fehlende Druck durch das Manometer hinzugefügt. Nunmehr wurde die kurze Hahnröhre mit dem gewogenen Condensationsrohr verbunden, das Manometer vermittels des Zweiweghahns abgeschlossen und durch das bis auf den Boden reichende Rohr ein indifferentes Gas geleitet, bis das zu untersuchende Gas vollkommen verdrängt war. Letzteres wurde in einem Condensationsrohr durch eine geeignete Substanz absorbirt und gewogen.

Ist v das Volum des absorbirten Gases, d. h. der Inhalt des Ballons bei 0^0, und g das Gewicht des Volums v des Gases, so ist $d = \frac{g}{v}$ das Volumgewicht des Gases bei 0^0 und dem angewandten Druck. Für ein anderes Gas ist ebenso $d_1 = \frac{g_1}{v}$, denn v ist immer gleich dem Inhalt des Ballons; daher ist $v = \frac{g}{d} = \frac{g_1}{d_1}$ und $d = d_1 . \frac{g}{g_1}$. Kennt man daher den Inhalt des Ballons nicht, so muss man das Volumgewicht irgend eines Gases als bekannt voraussetzen; Marchand wählte hierzu den Sauerstoff, dessen Volumgewicht er gleich 1 setzte.

Folgende Gase wurden von Marchand untersucht: Sauerstoff, aus Kaliumchlorat bereitet, wurde durch Kohlensäure verdrängt und von glühendem Kupfer absorbirt; Kohlensäure wurde durch Luft ver-

---

[1]) Annal. Chem. Pharm. 1848, *68*, 202.

drängt und in Kalilauge absorbirt; Kohlenoxyd, aus Oxalsäure und Schwefelsäure bereitet, wurde durch Luft verdrängt, durch Leiten über glühendes Kupferoxyd zu Kohlensäure oxydirt und letztere von Kalilauge absorbirt; schweflige Säure, durch Glühen von Schwefel mit Kupferoxyd bereitet, wurde durch Wasserstoff verdrängt und von Kalilauge absorbirt. Marchand fand folgende Volumgewichte, auf O = 1 bezogen, denen die darunter stehenden auf H = 1 oder O = 15,91 berechneten entsprechen:

Name:	Kohlensäure	Kohlenoxyd	Schweflige Säure
d (O = 1):	1,3825 1,3819	0,87563	2,04116
d (H = 1):	21,991	13,931	32,475.

Dasselbe Prinzip wandten Victor Meyer und Heinrich Goldschmidt zur Bestimmung des Volumgewichts der Gase bei hohen Temperaturen an. Nachdem der Erstere[1]) bereits 1880 das Verfahren mitgetheilt hatte, kamen Meyer und Goldschmidt[2]) später darauf zurück. Für Temperaturen bis zum Siedepunkt des Diphenylamins wenden sie den Apparat an, der bei der Beschreibung der Verdrängungsverfahren zur Gasvolumgewichtsbestimmung fester und flüssiger Körper mitgetheilt werden wird; derselbe ist nur in der Weise verändert, dass unten an das cylindrische Gefäss ein dünnes Rohr eingeschmolzen ist, das nach oben aus dem Heizmantel herausragt und das Durchleiten von Gasen durch den Apparat gestattet. Das Gefäss wird mit reiner trockener Luft gefüllt, durch eine konstant siedende Substanz zu einer bestimmten Temperatur erhitzt, die Luft durch einen Salzsäurestrom ausgetrieben und in einer Messröhre über Wasser aufgefangen und gemessen. Dann wird die Salzsäure wieder durch Luft verdrängt und diese durch das zu untersuchende Gas; letzteres wird durch ein passendes anderes Gas ausgetrieben und durch eine geeignete Substanz absorbirt und gewogen oder anderweitig bestimmt. Durch Division des Gewichts des Gases durch das Gewicht des gemessenen Luftvolums, zu dessen Berechnung alle Daten beobachtet werden müssen, erhält man das Volumgewicht des Gases bei der Versuchstemperatur. Bei höheren Temperaturen (Siedepunkt des Schwefels bis zu demjenigen des Phosphorpentasulfids) wird der cylindrische Apparat durch einen kugelförmigen ersetzt und der Heizmantel durch einen Tiegel, in dem die Heizsubstanz erhitzt wird.

---

1) Ber. deutsch. chem. Gesellschaft 1880, *13*, 2019.
2) Ber. deutsch. chem. Gesellschaft 1882, *15*, 137.

Bei noch höheren Temperaturen wenden V. Meyer und H. Goldschmidt[1]) eine glasirte Porzellanröhre von etwa 100 ccm Inhalt an, die beiderseits in Kapillaren ausläuft; das Rohr selbst ist 517 mm lang, hat eine Wandstärke von 2 mm, die Kapillaren sind 185 mm lang, haben eine Wandstärke von 4 mm und eine lichte Weite von 1 mm. Das Rohr wird in einem Ofen erhitzt, die in demselben bei der Versuchstemperatur enthaltene Luft durch das zu untersuchende Gas selbst verdrängt und über Kalilauge aufgefangen, sofern das Gas von letzterer absorbirt wird, und gemessen; dann wird das Gas wieder durch Luft in eine Absorptionsröhre getrieben und in dieser gewogen oder anderweitig bestimmt. Chlor wird z. B. in Jodkaliumlösung absorbirt und das ausgeschiedene Jod titrimetrisch bestimmt. Damit sind die Rechenelemente zur Bestimmung des Volumgewichts des Gases gegeben.

Wie aus dem Mitgetheilten ersichtlich ist, braucht man bei dem Verdrängungsverfahren nach V. Meyer weder den Inhalt des Gefässes noch die Temperatur und den Druck bei Ausführung des Versuchs zu kennen, sofern dieselben nur der einen Bedingung unterliegen, dass sie bei dem Versuch mit dem Gas und demjenigen mit Luft konstant bleiben. Da zwei zusammengehörige Versuche stets rasch hinter einander ausgeführt werden, trifft dies zu. Es ist jedoch vielfach von Interesse, die Versuchstemperatur kennen zu lernen; bei Gelegenheit der Beschreibung des Verdrängungsverfahrens für flüssige und feste Körper werden wir sehen, wie der Meyer'sche Apparat zugleich als Luftthermometer dienen kann.

3. Bestimmung des Gasvolumgewichts auf Grund des Archimedischen Prinzips.

Ein auf dem Archimedischen Prinzip beruhendes Verfahren zur kontinuirlichen Bestimmung des Volumgewichts von Leuchtgas haben zuerst Bosscha und Ledoir[2]) angegeben. In einer mit Quecksilber abgesperrten Glasglocke, in welche das Leuchtgas durch Tubulaturen ein- und austreten kann, ist an einer empfindlichen Zeigerwaage eine grosse, leichte, geschlossene Glaskugel angebracht. Je nach dem Volumgewicht des die Kugel umgebenden Gases ist das Gewicht der Kugel gemäss dem Archimedischen Prinzip verschieden und dieser Unterschied gibt sich durch die Anzeige des Zeigers der Waage zu erkennen; die Skala, auf welcher der Zeiger der Waage spielt, lässt das Volumgewicht des Gases direkt ablesen. Dabei ist jedoch nicht Rücksicht darauf genommen, dass sich auf der Kugel

---

[1]) Ber. deutsch. chem. Gesellschaft 1882, *15*, 1161.

[2]) Chem. News 1860, *1*, 111.

Substanzen aus dem Leuchtgas condensiren und die Angabe der Waage beeinflussen.

Dasselbe Prinzip liegt der aërostatischen Waage von E. Lommel[1]) zu Grunde, die der hydrostatischen Waage ganz gleich eingerichtet ist. Dieselbe besteht aus einer Waage, an deren einem Balken eine hohle Glaskugel von bekanntem Volum an einem feinen Draht aufgehängt ist. Letzterer geht durch eine feine Oeffnung in den Deckel eines Glascylinders, in dem sich die Glaskugel befindet; durch seitliche Tubulaturen kann der Cylinder mit verschiedenen Gasen gefüllt werden, deren Volumgewicht sich dann aus dem an der Waage zu ermittelnden Auftrieb ergibt.

Das Baraeometer von Friedrich Lux[2]) besteht aus einem 12 cm weiten, 70 cm hohen Glascylinder, der durch einen Glasstopfen verschlossen ist und am oberen Theil zwei mit Hähnen versehene Ansätze zum Ein- und Austritt von Gasen trägt. Der Cylinder ist bis zur Hälfte mit Wasser, bezw., wenn das zu untersuchende Gas von Wasser absorbirt wird, mit einer anderen Flüssigkeit von bekanntem spezifischem Gewicht gefüllt und die Gaseinleitungsröhre reicht, dicht an der Wand herlaufend, bis zum Niveau der Flüssigkeit. In letzterer befindet sich ein Schwimmer, der unten eine Schwimmerkugel und oben eine hohle Glaskugel von etwa 300 ccm Inhalt trägt. Beide sind verbunden durch einen prismatischen Steg von 4 mm Breite, 1 mm Dicke und 0,04 qcm Querschnitt. Der Punkt, bis zu dem der Steg in das Wasser eintaucht, wenn der Cylinder mit Luft gefüllt ist, wird bezeichnet; dann wird der Cylinder leergepumpt, wodurch der Steg so weit einsinkt, bis durch denselben soviel Gramme Wasser verdrängt sind, als der Luftinhalt der Kugel wiegt. Dieser Punkt, dem das Volumgewicht Null entspricht, wird mit Null bezeichnet und die Entfernung bis zu dem das Volumgewicht der Luft angebenden Punkte in 100 Theile getheilt. Da 1 Liter Luft rund 1,3 g wiegt, so ist der Gewichtsunterschied der 300 ccm fassenden Hohlkugel in Luft und im Vakuum annähernd gleich 0,4 g; der Schwimmer sinkt also so lange, bis durch ihn etwa 0,4 g = 0,4 ccm Wasser verdrängt sind, und da sein Querschnitt 0,04 qcm ist, so wird er etwa 10 cm tief einsinken. Die Entfernung der Theilstriche Null und 100 ist daher etwa gleich 10 cm und je zwei Theilstriche sind etwa 1 mm von einander entfernt. Statt den Nullpunkt im Vakuum zu bestimmen, kann man einen zweiten Kardinalpunkt auch mit Hülfe eines andern

[1]) Annal. Phys. Chem. 1886, [2], *27*, 144; Zeitschr. analyt. Chemie 1886, *25*, 397.

[2]) Zeitschr. analyt. Chemie 1886, *25*, 3.

Gases von bekanntem Volumgewicht ermitteln. Da der Wasserstoff z. B. annähernd das Volumgewicht 0,07 hat, kann man den Punkt, bis zu welchem der Schwimmer in einer Wasserstoffatmosphäre einsinkt, mit 7 bezeichnen und die Entfernung dieses Punktes bis zu dem für Luft bestimmten Punkte in 93 Theile theilen. Man trägt dann nach unten noch 7 Theilstriche ab; durch Erweiterung der Theilung über 100 hinaus wird der Apparat auch zur Bestimmung des Volumgewichts für Gase, welche schwerer sind als Luft, geeignet. Man erhält das Volumgewicht eines Gases, bezogen auf Luft, durch Division der Skalenangabe des Punktes, bis zu dem der Schwimmer in der Gasatmosphäre einsinkt, durch 100. Zur Berücksichtigung der Temperatur bei den Bestimmungen ist sowohl in der Flüssigkeit als auch in dem Gase ein Thermometer angebracht.

4. Manometrische Methode zur Bestimmung des Volumgewichts von Gasen.

Die von G. Recknagel[1]) angegebene Methode beruht auf dem Gesetz der kommunizirenden Röhren. Sind zwei gleichhohe Gassäulen unten durch eine Sperrflüssigkeit von einander getrennt, während oben auf beide der gleiche Druck der atmosphärischen Luft wirkt, so steht im Falle des Gleichgewichts die Sperrflüssigkeit in beiden Schenkeln nicht gleich hoch; sie steht vielmehr auf der Seite des leichteren Gases um so viel höher, dass der Druckunterschied der beiden Gassäulen durch den Druck der gehobenen Flüssigkeitssäule ausgeglichen wird. Der Unterschied der Flüssigkeitsstände ist nur gering, wenn beide Schenkel senkrecht stehen; sobald aber der eine Schenkel zur Horizontalebene geneigt ist, wird der Unterschied viel grösser und genauer messbar. Bei Recknagel's Apparat steht der eine, 2 m lange Schenkel senkrecht, während der andere nur um einen sehr kleinen Winkel über die Horizontalebene emporsteigt. Als Sperrflüssigkeit dient Petroleum. Man liest den Stand des Petroleums in dem geneigten Schenkel ab, während der senkrechte Schenkel mit Luft gefüllt ist, füllt dann den letzteren mit dem zu untersuchenden Gase und liest wieder den Stand des Petroleums ab. Aus beiden Ablesungen kann dann mit Hülfe beigegebener Tabellen das Volumgewicht des Gases berechnet werden.

M. Th. Edelmann[2]) misst den Druck, den gleiche Säulen verschiedener Gase auf eine dünne Metallmembran ausüben und der sich in der Durchbiegung der letzteren zu erkennen gibt. Man füllt dasselbe

---

[1]) Annal. Phys. Chem. 1877, [2], *2*, 291; Dingl. polytechn. Journ. 1878, *227*, 82.

[2]) Carl's Repert. d. Experimentalphysik 1881, *17*, 261; Zeitschr. analyt. Chem. 1882, *21*, 243.

oben offene Glasrohr mit den verschiedenen Gasen und setzt das untere Ende des Rohrs in Verbindung mit einer breiten und niedrigen Manometerbüchse, die ganz nach dem Prinzip des Aneroïdbarometers eingerichtet ist. Die gewellte Blechmembran derselben wird je nach der Schwere der Gassäule etwas nach oben oder unten gebogen und diese Ausbiegung lässt sich mittels eines Fernrohrs und eines auf einem Fühlhebel befestigten, total reflektirenden Prismas mit ausserordentlicher Schärfe messen, so dass man noch Druckunterschiede von weniger als ein Millionstel Atmosphäre bestimmen kann.

5. Bestimmung des Gasvolumgewichts mit Hülfe der Ausflussgeschwindigkeit der Gase.

Die Methoden zur Bestimmung des Gasvolumgewichts mit Hülfe der Ausflussgeschwindigkeit der Gase gründen sich auf die Thatsache, dass die Volumgewichte zweier Gase, von denen gleiche Volumina bei beliebigen aber gleichen Drucken und Temperaturen aus engen Oeffnungen in dünnen Platten strömen, sich nahezu umgekehrt verhalten wie die Quadrate ihrer Ausflussgeschwindigkeiten; da die Ausflussgeschwindigkeiten den Ausflusszeiten umgekehrt proportional sind, so sind auch die Gasvolumgewichte den Quadraten der Ausflusszeiten direkt proportional. Gebraucht ein bestimmtes Volum eines Gases mit dem Volumgewicht d die Ausströmungszeit t und dasselbe Volum eines zweiten Gases vom Volumgewicht d_1 die Ausströmungszeit t_1, so ist

$$d : d_1 = t^2 : t_1^2.$$

Wird das Gasvolumgewicht d_1 des einen Gases gleich 1 gesetzt, so ist dasjenige des anderen $d = \frac{t^2}{t_1^2}$.

Die grundlegenden Versuche bezüglich des Prinzips dieser Methode, die vielfache Anwendung gefunden hat, rühren von Th. Graham[1]) her. Graham, der den Ausfluss von Gasen aus Oeffnungen in dünnen Platten als Effusion bezeichnete, im Gegensatz zur Transfusion, dem Ausströmen aus Röhren, liess gleiche Volume der Gase bei derselben Temperatur durch Oeffnungen in Glas- und Messingplatten in ein Vakuum strömen, indem er die in die luftleere Glasglocke eingeströmten Gase immer wegpumpte. Die Resultate der Graham'schen Versuche sind in der folgenden Tabelle niedergelegt; hinzugefügt wurden die theoretischen Ausflussgeschwindigkeiten der Gase nach den neuesten Zahlenwerthen von Regnault-Crafts bezw. nach den aus

[1]) Annal. Chem. Pharm. 1850, *76*, 138.

Atomgewichten berechneten Gasvolumgewichten, ferner die aus den Graham'schen Zahlen sich ergebenden, auf Luft bezogenen Gasvolumgewichte, daneben die theoretischen, auf Luft bezogenen Gasvolumgewichte und schliesslich die Werthe der beiden letzten Spalten, auf Wasserstoff als Einheit berechnet. Dieselben wurden durch Multiplikation der auf Luft bezogenen Werthe mit der Konstanten 14,435 erhalten. Dadurch wird allerdings der Graham'sche Werth für Wasserstoff nicht gleich 1, sondern gleich 1,105721; da aber die Ausflusszeit des Wasserstoffs mit einem sehr merkbaren Fehler behaftet ist, der bei manchen der Gase viel kleiner ist, zog man es vor, die Gasvolumgewichte der Gase nicht auf den Werth Graham's für Wasserstoff zu beziehen, sondern auf den theoretischen, um den Fehler nicht auf alle übrigen Gase zu übertragen.

(Tabelle siehe nebenstehend.)

E. Baudrimont[1]) zeigte dann, dass beim Ausströmen von Wasserstoff, Stickstoff, Sauerstoff, Grubengas, Aethylen, Kohlensäure, Stickoxyd, Stickoxydul und Luft durch dieselbe Kapillarröhre unter gleichem Druck aus derselben Glasglocke die Ausflusszeiten den Quadratwurzeln aus den Gasvolumgewichten proportional sind.

Versuche, bei denen die Gase nicht immer weggepumpt wurden, wo sie sich vielmehr unter der Glasglocke ansammelten, ergaben Graham, dass auch beim Einströmen in andere Gase das gleiche Gesetz gilt, dass nämlich die Effusionszeiten für gleiche Volume der Gase im Verhältniss der Quadratwurzeln der Gasvolumgewichte stehen. Graham studirte ferner den Einfluss des Druckes und der Temperatur auf die Effusionszeit mit folgendem Ergebniss: Durch mässige Aenderung des Drucks ändern sich die Effusionszeiten nur wenig und zwar wird bei vermindertem Druck die Effusion etwas verzögert, bei erhöhtem Druck beschleunigt. Bei der Aenderung des Druckes von 0,25 bis 2 Atmosphären, also von 1 : 8, änderten sich die Effusionszeiten für gleiche Volume der Gase nur im Verhältniss 1 : 1,1868. Bezüglich der Temperatur fand Graham, dass die Effusionszeiten der Luft von verschiedenen Temperaturen proportional der Quadratwurzel aus den Volumgewichten bei diesen Temperaturen sind. Alle diese Gesetze gelten sowohl für einheitliche Gase als auch für Gemische.

F. Exner[2]) studirte den Durchgang der Gase durch Flüssigkeitslamellen, indem er sie in einer Diffusionsröhre durch Lamellen aus Seifenlösung treten liess. Er fand, dass die Ueberführung der Gase theils durch Absorption und Wiederabgabe durch die Flüssigkeit,

---

1) Journ. pharm. [3], 1856, *29*, 266.

2) Annal. Phys. Chemie 1875, *155*, 321 und 443.

Temperatur Grad C	Name des Gases	Effusionszeit der Luft Sekunden	Effusionszeit des Gases Sekunden	Effusionsgeschwindigkeit des Gases (Luft = 1)	Theor. Effus.-geschwindigkeit des Gases nach Graham $\sqrt{1:d_1}$	Theor. Effus.-geschwindigkeit nach den neuesten Daten $\sqrt{1:d_1}$	Gasvolumgewichte aus Graham's Versuchen (Luft = 1)	Theoret. Gasvolumgewichte (Luft = 1)	Gasvolumgewichte aus Graham's Versuchen (Wasserstoff = 1)	Theoret. Gasvolumgewicht (Wasserstoff = 1)
				Effusion durch eine Oeffnung in einer gläsernen Wand in's Vakuum.						
15,5	Sauerstoff	494	520	0,9500	0,9510	0,9510	1,1108	1,1056	15,994	15,910
15,5	Stickstoff	494	486	1,0164	1,0146	1,0147	0,9680	0,9714	14,974	13,979
15,0	Wasserstoff	495	137	3,613	3,7994	3,7935	0,0766	0,0695	1,106	1,000
15,7	Kohlenoxyd	494	488	1,0123	1,0165	1,0176	0,9758	0,9757	14,080	13,940
15,2	Methan	493	373	1,322	1,3424	1,3617	0,5722	0,5393	8,260	7,985
14,7	Kohlensäure	495	603	0,821	0,8087	0,8087	1,4836	1,5290	21,416	22,003
17,7	Stickoxydul	488	585	0,834	0,8087	0,8099	1,4376	1,5242	20,852	21,984
				Effusion durch eine Oeffnung in einer Messingplatte in's Vakuum.						
—	Sauerstoff	2852	3001	0,9503	0,9510	0,9510	1,1083	1,1056	15,998	15,910
—	Stickstoff	2852	2807	1,0160	1,0146	1,0147	0,9688	0,9714	13,985	13,979
—	Wasserstoff	2852	788	3,607	3,7994	3,7935	0,0769	0,0695	1,110	1,000
—	Kohlensäure	2852	3413	0,8354	0,8087	0,8087	1,4329	1,5290	20,684	22,003

theils durch Diffusion durch die poröse flüssige Scheidewand geschah. Die Diffusionsgeschwindigkeit (α) war direkt proportional dem Absorptionskoëffizienten (C) des Gases für Wasser und umgekehrt proportional der Quadratwurzel aus dem Volumgewicht des Gases (d). Folgendes sind die von ihm gefundenen Resultate; die Diffusionsgeschwindigkeit der Luft ist dabei gleich 1 gesetzt.

Name des Gases	Absorptions-koëffizient C	Gasvolum-gewicht d_1	$\frac{C}{\sqrt{d}}$	Diffusionsgeschwindigkeit α	
				beobachtet	berechnet
Luft	0,017	1,00	0,017	—	1,00
Stickstoff	0,015	0,97	0,0153	0,86	0,85
Sauerstoff.	0,030	1,106	0,0285	1,95	1,60
Wasserstoff.	0,019	0,070	0,072	3,77	3,89
Leuchtgas	0,025	0,480	0,036	2,27	2,12
Kohlensäure	1,002	1,52	0,812	47,1	45,1
Schwefelwasserstoff	3,165	1,17	2,94	165,0	163,3
Ammoniak	700	0,59	903,0	46 000	54 450

Später dehnte Exner[1]) diese Gesetzmässigkeit auch auf Dämpfe aus. Th. Graham[2]) beobachtete ferner, dass dieses Gesetz auch für die Diffusion durch poröse Körper gelte; doch hat sich dies nach Versuchen von R. Bunsen[3]) und Anderen nicht bestätigt. Es hat sich vielmehr gezeigt, dass nur für den Fall des Ausströmens von Gasen aus einer feinen Oeffnung in dünner Wand das Gesetz Gültigkeit hat, dass die Ausflusszeiten den Quadratwurzeln aus den Gasvolumgewichten proportional sind.

Auf dieses Prinzip hat Robert Bunsen[4]) eine Methode zur Bestimmung des Volumgewichts von Gasen gegründet. Der Apparat besteht aus einem Glascylinder, der an der einen Seite offen, an der anderen verengt ist und an dem engeren Theil einen Glashahn trägt. Der verengte Theil trägt einen Röhrenaufsatz, dessen oberes Ende durch ein sehr dünnes Platinplättchen mit einer feinen Ausströmungs-

---

[1]) Ber. Wien. Akad. 1877 *75*, [2. Abtheilg.], 263.

[2]) Proceed. Roy. Soc. London 1863, *12*, 612; Zeitschr. analyt. Chemie 1863, *2*, 350. Man vergl. auch Daniel Bernoulli, Hydrodynamica. Argentorati 1738, Sect. 10, § 34, pag. 224; ferner Th. Graham, Transact. Roy. Soc. Edinb. 1834, *12*, 222; Phil. Mag. 1833, [3], *2*, 175; Philos. Transact. Roy. Soc. London 1846, *136*, 573; 1863, *153*, 385.

[3]) Gasometr. Method. 1877, S. 267.

[4]) Ebendaselbst S. 184.

öffnung verschlossen ist. Das Platinplättchen wird in der Weise erhalten, dass man ein Platinblech mit einer feinen Nähnadel durchsticht und so lange mit einem polirten Hammer auf einem polirten Ambos hämmert, bis die Oeffnung nur noch soeben sichtbar ist, wenn man das Platinblech zwischen das Auge und eine helle Lichtflamme hält. Dasselbe wird dann rund ausgeschnitten und oben auf den Röhrenaufsatz aufgeschmolzen. In der Glocke befindet sich ein aus leichten Glasröhren gefertigter Schwimmer, der unten einen hohlen Kegel und oben einen beiderseits durch Kegel begrenzten Cylinder trägt. Die Spitze des Endkegels trägt einen schwarzen Knopf, aus dem sich noch ein weisser Glasfaden erhebt. Um das untere Stielende sind ferner in einiger Entfernung von einander zwei schwarze Glasfäden geschmolzen.

Die Glasglocke sammt Schwimmer wird bei geöffnetem Hahn bis zu letzterem in eine tiefe Quecksilberwanne, welche an zwei gegenüberliegenden Seiten mit Spiegelscheiben versehen ist, eingetaucht. Nach Abschluss des Hahnes wird die nunmehr ganz mit Quecksilber gefüllte Glasglocke in die Höhe gehoben und durch Einleiten mit Gas gefüllt, welches das Quecksilber verdrängt. Ist sie soweit gefüllt, dass der Schwimmer unter eine an der Glasglocke angebrachte Marke zu stehen kommt, so wird die Glocke bis zu der Marke in die Quecksilberwanne eingetaucht und das Fadenkreuz eines Fernrohrs auf die Oberfläche des Quecksilbers eingestellt. Zunächst ist von dem Schwimmer nichts zu sehen; wird aber jetzt der obere Hahn geöffnet, so strömt das Gas aus der Oeffnung des Platinplättchens und der Schwimmer wird durch das eintretende Quecksilber in die Höhe gehoben. Zuerst erscheint der weisse Glasfaden, der aus dem schwarzen Knopf ragt; wird er durch das Fernrohr beobachtet, so ist dies ein Zeichen, dass der schwarze Knopf bald erscheinen wird. In demselben Moment, wo dieser in das Gesichtsfeld tritt, beginnt die Beobachtung der Zeit mit Hülfe eines halbe Sekunden schlagenden Pendels. Nach geraumer Zeit tritt der obere schwarze Glasfaden am unteren Stielende in das Gesichtsfeld und benachrichtigt den Beobachter, dass der zweite schwarze Glasfaden alsbald folgen wird; sobald dies eingetreten ist, wird die Zeitbeobachtung beendet. Man erhält auf diese Weise die Ausflusszeit gleicher Volume der verschiedenen Gase unter einer bei allen Versuchen gleichbleibenden Summe von Druckdifferenzen.

Folgendes sind die Resultate, welche Bunsen mit dieser Methode erzielte. Neben dieselben stellen wir die Regnault-Crafts'schen, bezw. die theoretischen Werthe und rechnen beide auf Wasserstoff als Einheit um.

Name	Gasvolumgewichte			
	bezogen auf Luft (d_l)		bezogen auf Wasserstoff (d_h)	
	nach Bunsen	theoretisch	nach Bunsen	theoretisch
Luft	1,000	1,000	14,435	14,391
Kohlensäure	1,535	1,529	22,158	22,003
Sauerstoff	1,118	1,106	16,138	15,910
Wasserstoff	0,079	0,0695	1,140	1,000
Elektrolytisches Knallgas	0,414	0,415	5,976	5,970
1 Vol. Kohlenoxyd + 1 Vol. Kohlensäure	1,203	1,247	17,365	18,045

Die Effusionszeit der Luft betrug bei diesen Versuchen 102,5 bis 117,9 Sekunden.

An Bunsen's Apparat zur Bestimmung des Gasvolumgewichts aus der Ausströmungszeit ist von A. De-Negri[1]) eine Modifikation angebracht worden, welche den Zweck hat, die Ausflusszeit genauer bestimmen zu können und den Grad der Genauigkeit von der Geschicklichkeit des Experimentators unabhängig zu machen. Die Quecksilbersäule der Bunsen'schen cylindrischen Glasröhre ist mit einer schwachen elektrischen Säule leitend verbunden; die beiden Marken werden durch die frei liegenden Spitzen zweier Platindrähte gebildet, welche ausser an den Spitzen in ihrer ganzen Ausdehnung durch Einschmelzen in Glasröhren von dem Quecksilber isolirt sind, und andererseits mit zwei kleinen Elektromagneten in Verbindung stehen, welche ihrerseits mit der Säule leitend verbunden sind. Dem mit der unteren Marke verbundenen Elektromagneten steht ein Anker gegenüber, der den Gang eines Uhrwerks verhindert, dagegen dem mit der oberen Marke verbundenen ein Stift, der für gewöhnlich in das Uhrwerk nicht eingreift. Wird der obere Hahn der Röhre geöffnet, so strömt das Gas aus und das Quecksilber steigt; sobald es an die untere Marke gelangt, wird der Strom geschlossen, der erste Elektromagnet zieht den Anker an und das Uhrwerk wird in Bewegung gesetzt. Die Uhr geht so lange, bis das Quecksilber die obere Marke erreicht; in diesem Moment wird der zweite Elektromagnet durch den Stromschluss in Thätigkeit gesetzt und der Stift bringt die Uhr zum Stehen.

In Folge der scharfen Zeitbestimmung sind die Resultate sehr genau; für den Wasserstoff fand De-Negri $d_l = 0{,}070$ statt 0,0695.

[1]) Ber. deutsch. chem. Gesellschaft 1870, *3*, 913; Zeitschr. analyt. Chemie 1871, *10*, 332.

Ferner hat T. C. Mendenhall[1]) Verbesserungen an Bunsen's Methode angebracht.

Wie man sieht, gibt die Bunsen'sche Methode recht genaue Werthe; sie eignet sich aber nicht zu technischen Bestimmungen, wie sie namentlich bei der Untersuchung des Leuchtgases häufig ausgeführt werden müssen. Zu technischen Untersuchungen hat Plettner[2]) einen Apparat konstruirt, der folgende Einrichtung hat: Eine Glasröhre, die einen Dreiwegehahn und am oberen Ende eine fein durchlochte Platinplatte trägt, ist an einem vertikalen Stativ mit Millimeterskala befestigt und trägt zwei verschiebbare Marken. Dieselbe ist durch einen Gummischlauch mit einer erhöht stehenden Flasche mit Sperrwasser verbunden. Das Wasserniveau wird dann in der Röhre so regulirt, dass es an der unteren Marke steht. Ist der übrige Theil der Röhre mit Luft gefüllt, so lässt man genau 20 Sekunden aus der oberen Flasche Wasser zutreten und Luft durch die feine Oeffnung ausströmen; der Punkt, an dem das Wasserniveau nunmehr steht, wird mit der Marke bezeichnet. Dann füllt man das ganze Rohr mit Wasser und verdrängt dieses vermittels des Dreiwegehahns durch Gas, bis das Wasserniveau wieder an der unteren Marke steht. Nunmehr lässt man ebenfalls genau 20 Sekunden das Gas austreten und notirt den Stand des Wasserniveaus. Die Volume der in gleichen Zeiten ausgeströmten Gase sind den Zeiten, welche gleiche Volume der Gase zum Ausströmen gebrauchen, proportional, daher sind die mit Hilfe des Wasserstandes beobachteten Volume der Gase den Quadratwurzeln aus den Volumgewichten proportional.

Der Apparat von N. H. Schilling[3]) zur Bestimmung des Volumgewichts von Leuchtgas besteht aus einer cylindrischen Glasröhre von 4 cm innerem Durchmesser und 47 cm Länge, die oben durch einen eingekitteten Messingdeckel verschlossen ist. Durch letzteren reicht ein Gaszuleitungsrohr mit Hahn, ein Thermometer und eine kurze Röhre von 1,3 cm Durchmesser, welche einen Dreiwegehahn trägt und durch ein Platinblättchen mit feiner Oeffnung verschlossen ist. Der Dreiwegehahn ist so eingerichtet, dass der Cylinder abgeschlossen oder eine Verbindung zwischen Cylinder und Ausflussöffnung oder eine solche zwischen Cylinder und atmosphärischer Luft hergestellt werden kann. Der Glascylinder ist unten offen und trägt zwei Marken, die

[1]) The American Chemist, edited by Chas. F. Chandler and W. H. Chandler. New-York 1875, *6*, 91.

[2]) Dingl. Polytechn. Journ. 1878, *229*, 537; Wochenschr. d. Ver. deutsch. Ingen. 1878, 217.

[3]) Dingl. Polytechn. Journ. 1860, *155*, 194.

etwa 30 cm von einander entfernt sind; die untere Marke ist 6,5 cm von dem Ende der Röhre entfernt.

Die mit Luft gefüllte Röhre wird in einen weiten Cylinder getaucht, der bis zu einer bestimmten Höhe mit Wasser gefüllt ist, auf den Boden gestellt und dort festgehalten. Dann wird der Hahn geöffnet und die Luft zum Ausströmen gebracht; sobald das Wasserniveau die untere Marke erreicht hat, beginnt die Zeitbeobachtung, welche fortgesetzt wird, bis das Wasser an der oberen Marke steht. Zum Ausströmen von Luft werden etwa 5 Minuten gebraucht. Nunmehr wird durch das Gasleitungsrohr Gas eingeleitet, bis alle Luft verdrängt ist, und die gleiche Beobachtung vorgenommen. Bei beiden Versuchen wird zugleich die Temperatur beobachtet. Hat das Gas bei dem Ausströmen eine andere Temperatur als die Luft, so muss die Ausströmungszeit desselben korrigirt werden. Weicht die Temperatur des Gases um a^0 C. von derjenigen der Luft ab und ist t die beobachtete Ausströmungszeit, so ist die korrigirte gleich $\frac{t}{1 \pm 0{,}00367 \cdot a}$; ist das Gas kälter als die Luft, so gilt das Pluszeichen, ist es wärmer, das Minuszeichen.

Die Modifikation des Schilling'schen Apparates von A. Wagner[1]) besteht in einer U-Röhre, deren einer 1 m langer, oben offener Schenkel nahe der Krümmung einen Rohransatz mit Gummischlauch trägt, während auf dem anderen nur $^1/_2$ m hohen Schenkel ein Messingaufsatz mit Zweiweghahn und feiner Ausflussöffnung aufgekittet ist. Der ganze Apparat wird mit Wasser gefüllt, durch den Zweiwegehahn mit Gas gefüllt, wobei das verdrängte Wasser, welches aus der Ansatzröhre des grossen Schenkels fliesst, wieder oben in den offenen Schenkel eingegossen wird. Dann lässt man durch geeignete Drehung des Zweiwegehahns das Gas ausströmen und beobachtet die Zeit, die ein durch zwei Marken abgegrenztes Volum zum Ausströmen gebraucht. Für Gase, welche von Wasser absorbirt werden, wird Quecksilber als Sperrflüssigkeit genommen; für diesen Fall wird der Messingaufsatz mit Zweiwegehahn durch einen Glashahn mit einfacher Bohrung und der Gummischlauch an der Ansatzröhre des hohen Schenkels durch eine Hahnröhre ersetzt.

Nach diesem Verfahren erhielt Wagner für ein Leuchtgas das Volumgewicht $d_l = 0{,}5303$ (Luft = 1), während die direkte Wägung 0,5328 ergeben hatte. Ferner fand er folgende Volumgewichte d_l (Luft = 1):

---

[1]) Zeitschr. analyt. Chemie 1877, *16*, 76.

	mit Wasser als Sperrflüssigkeit	mit Quecksilber als Sperrflüssigkeit
Sauerstoff	1,108	1,127 (theoretisch = 1,106)
Wasserstoff	0,083	0,095 (theoretisch = 0,0695)
Kohlensäure	1,546	1,530 (theoretisch = 1,529).

6. Bestimmung des Gasvolumgewichts aus der Schallgeschwindigkeit.

Die Fortpflanzungsgeschwindigkeit einer longitudinalen Wellenbewegung ist gegeben durch die Formel:

$$u = \sqrt{\frac{e}{d}},$$

worin e die elastische Kraft und d die Dichtigkeit des Mediums bedeutet. Für die Fortpflanzungsgeschwindigkeit einer longitudinalen Wellenbewegung in Gasen, als welche sich der Schall darstellt, ist die elastische Kraft e durch den Druck p zu ersetzen, unter dem das Gas steht, und d ist das Gasvolumgewicht. In Folge der an den verdichteten Stellen des Gases auftretenden Temperaturerhöhung und der an den verdünnten entstehenden Temperaturerniedrigung ist der Ausdruck der rechten Seite noch mit dem Faktor $\sqrt{k}$ zu multipliziren, in dem k das Verhältniss der spezifischen Wärme des Gases bei konstantem Druck c_p zu derjenigen bei konstantem Volum c_v bedeutet. Es wird also für Gase die Fortpflanzungsgeschwindigkeit:

$$u = \sqrt{\frac{p}{d} \cdot k}\,.$$

Für gleichen Druck und gleiche Temperatur ist die Schallgeschwindigkeit in einem anderen Gase:

$$u_1 = \sqrt{\frac{p}{d_1} \cdot k_1}\,.$$

Daher ist:

$$u : u_1 = \sqrt{\frac{k}{d}} : \sqrt{\frac{k_1}{d_1}}.$$

Ist nun das zweite Gas Luft bezw. Wasserstoff, daher $d_1 = 1$, so wird:

$$u : u_1 = \sqrt{\frac{k}{d}} : \sqrt{\frac{k_1}{1}}$$

oder

$$d = \frac{u_1^2}{u^2} \cdot \frac{k}{k_1}.$$

Dieser Zusammenhang zwischen dem Gasvolumgewicht und der Schallgeschwindigkeit ist von Heinrich Goldschmidt, F. J. Yeatman und C. Bender zur Bestimmung des ersteren aus der letzteren verwandt worden. Dieselben setzen voraus, dass die Faktoren k für alle Gase gleich seien; in dem Falle wird die Formel einfach:

$$u : u_1 = \sqrt{\frac{1}{d}} : \sqrt{\frac{1}{d_1}}$$

oder

$$u : u_1 = \sqrt{d_1} : \sqrt{d}\,,$$

d. h. bei gleichem Druck und gleicher Temperatur ist die Schallgeschwindigkeit in verschiedenen Gasen umgekehrt proportional den Quadratwurzeln aus den Gasvolumgewichten. Ist das zweite Gas Luft bezw. Wasserstoff, also $d_1 = 1$, so wird:

$$d = \frac{u_1^2}{u^2}.$$

Heinrich Goldschmidt[1]) gründete sein Verfahren auf die Thatsache, dass die Schwingungszahl eines Tones der Fortpflanzungsgeschwindigkeit proportional ist. Für zwei Gase, welche, nach einander bei derselben Temperatur in derselben Röhre schwingend, Töne mit den Schwingungszahlen n und n_1 liefern, hat man daher, wenn ihre Volumgewichte d und d_1 sind, die Gleichung:

$$n : n_1 = \sqrt{d_1} : \sqrt{d}$$

oder für $d_1 = 1$:

$$d = \frac{n_1^2}{n^2},$$

d. h. das Gasvolumgewicht, bezogen auf Luft, ist gleich dem Quotient der Quadrate der Schwingungszahlen des Lufttons und des Gastons.

Die Ausführung ist die folgende: Goldschmidt füllte ein Reagirglas mit den verschiedenen Gasen, verstopfte dasselbe mit einem Gummistopfen und suchte den Ton, der bei dem Oeffnen des Stopfens entstand, auf einer Violine auf; die Schwingungszahl der Töne wird aus den Lehrbüchern entnommen bezw. aus derjenigen des Kammer-a und den bekannten Verhältnissen der Schwingungszahlen berechnet. Die Bestimmungen müssen bei derselben Temperatur aus-

[1]) Ber. deutsch. chem. Gesellschaft 1880, *13*, 768.

geführt werden, andernfalls ist eine Korrektur anzubringen; ist n_t die Schwingungszahl bei der Temperatur t, n_0 bei 0^0, so ist:

$$n_t = n_0 \sqrt{1 + \alpha t},$$

worin $\alpha = 0{,}00367$ ist.

Luft gab bei Goldschmidt's Versuchen den Ton $\bar{\bar{c}}$, Kohlensäure $\overline{gis}$, Sauerstoff $\bar{b}$, Schwefelwasserstoff $\bar{b}$ und Unterchlorsalpetersäure (NOCl) $\bar{f}$; er berechnet daraus für Kohlensäure $d_l = 1{,}56$ (theoretisch $= 1{,}53$), für Sauerstoff $d_l = 1{,}14$ (theoretisch $= 1{,}11$), für Schwefelwasserstoff $d_l = 1{,}14$ (theoretisch $= 1{,}18$) und für Unterchlorsalpetersäure $d_l = 2{,}25$ (theoretisch $= 2{,}26$). Bei der Nachrechnung fand man indess für Kohlensäure, Sauerstoff und Schwefelwasserstoff wesentlich andere Werthe. Unter Zugrundelegung der Schwingungszahl 435 für das Kammer-a ergeben sich folgende Schwingungszahlen: $\bar{\bar{c}} = 517{,}30$, $\overline{gis} = 404{,}14$, $\bar{b} = 465{,}39$ und $\bar{f} = 344{,}87$; daraus berechnet man für Kohlensäure $d_l = 1{,}6384$, für Sauerstoff und Schwefelwasserstoff $d_l = 1{,}2345$ und für Chloruntersalpetersäure in Uebereinstimmung mit Goldschmidt's Angabe $d_l = 2{,}25$.

F. J. Yeatman[1]) modifizirte das Verfahren so, dass ein musikalisches Instrument nicht mehr erforderlich ist; er bestimmt das Verhältniss der Längen einer Luftsäule und einer Gassäule, welche einer bestimmten Tonhöhe entsprechen. Die Länge des mit Gas gefüllten Probirrohres ist konstant; das mit Luft gefüllte Probirrohr ist dagegen mit einem Stempel versehen, welcher die Länge der Luftsäule zu verlängern oder zu verkürzen gestattet, bis beim Oeffnen oder Anklopfen in beiden Säulen derselbe Ton erschallt. Ist l die Länge der Gassäule, l_1 diejenige der Luftsäule, welche beide den gleichen Ton geben, so ist das auf Luft bezogene Volumgewicht des Gases:

$$d_l = \frac{l^2}{l_1^2},$$

wenn in beiden Röhren die gleiche Temperatur herrscht.

C. Bender[2]) schlug vor, die Schallgeschwindigkeit direkt nach der Methode von Kundt[3]) aus der Anzahl der Staubfiguren zu ermitteln. Das Prinzip dieser Methode ist folgendes: Versetzt man eine mit Gas gefüllte, beiderseits zugeschmolzene Glasröhre in longitudinale Schwingungen, so schwingt die eingeschlossene Gasmasse isochron mit der Röhre mit. Da diese Schwingungen von beiden Enden der Röhre

---

1) Pharm. Journ. Trans. 1885, [3], *15*, 1069.

2) Ber. deutsch. chem. Gesellschaft 1873, *6*, 665.

3) Annal. Phys. Chemie 1866, *127*, 497; 1868, *135*, 337 und 525.

sich gegeneinander fortpflanzen, so bilden sich stehende Wellen; hat man nun vor dem Zuschmelzen Lykopodium oder Kieselsäure in die Röhre gebracht, so sammeln sich diese an den Knotenpunkten der stehenden Wellen an, und man kann die Länge und die Anzahl der stehenden Wellen aus der Anzahl dieser Staubfiguren ermitteln. Lässt man der Reihe nach verschiedene Gase in derselben Röhre in gleicher Weise schwingen, so ist die Fortpflanzungsgeschwindigkeit des Schalles der Länge der stehenden Wellen direkt und der Anzahl derselben, d. h. der Anzahl der Staubfiguren, umgekehrt proportional. Da ferner angenommen wird, dass die Schallgeschwindigkeiten den Quadratwurzeln aus den Gasvolumgewichten umgekehrt proportional sind, so steht die Anzahl der Staubfiguren im direkten Verhältniss zu den Quadratwurzeln aus den Gasvolumgewichten.

Kundt verwandte Röhren von 1 m Länge, die er in der Mitte einspannte und mit einem nassen Tuch von der Mitte aus nach den Enden zu rieb.

Auch die anderen Methoden zur Bestimmung der Fortpflanzungsgeschwindigkeit des Schalls in den Gasen, die direkte und die mit Hülfe von Pfeifen, können zur Bestimmung des Gasvolumgewichts dienen. Sie leiden aber alle an erheblichen Mängeln; denn abgesehen von einer Anzahl anderer Einwände hat sich die Konstanz des Faktors k, des Verhältnisses der beiden spezifischen Wärmen, für alle Gase nicht bewährt. Eine grosse Anzahl von Untersuchungen über den Zahlenwerth dieses Verhältnisses liegen in der Literatur vor; erwähnt seien: Dulong[1]), Clément und Désormes[2]), Gay-Lussac und Welter[3]), Masson[4]), Weisbach[5]), Hirn[6]), Cazin[7]), Röntgen[8]), Fr. Kohlrausch[9]), Regnault[10]), Wüllner[11]) und Strecker[12]). Nach A. Wüllner[13]) sind folgendes die Werthe von k für die einzelnen Gase bei 0^0:

---

1) Annal. chim. phys. [2]. 1829, *41*, 113.
2) Journ. phys. 1819, *89*, 321 u. 428.
3) Laplace, Mécanique céleste 1825, *5*, 125.
4) Annal. chim. phys. [3]. 1858, *53*, 257.
5) Civil-Ingenieur [N. F.] 1859, *5*, 46.
6) Hirn, Théorie mécan. de la chaleur 1862, *1*, 69.
7) Annal. chim. phys. [3]. 1862, *66*, 206.
8) Annal. Phys. Chemie 1873, *148*, 580.
9) Annal. Phys. Chemie 1869, *136*, 618.
10) Mém. de l'Acad. de Paris 1868, *37*, 1.
11) Fortschritte d. Physik 1869, *25*, 577; Annal. Phys. Chem. [2] 1878, *4*, 321.
12) Annal. Phys. Chemie [2] 1881, *13*, 28.
13) Wüllner, Lehrbuch d. Experimentalphysik 1885, 4. Aufl. Bd. *3*, 523.

Name des Gases	Werth von k	Name des Gases	Werth von k
Atmosphär. Luft . .	1,4053	Ammoniak	1,299
Sauerstoff	1,3970	Aethylen	1,264
Stickstoff	1,407	Stickoxyd	1,403
Wasserstoff	1,407	Grubengas	1,266
Kohlenoxyd	1,410	Schweflige Säure . .	1,256
Kohlensäure	1,309	Chlorwasserstoff . .	1,422
Stickoxydul	1,295	Schwefelwasserstoff	1,312

Die Werthe von k differiren nach dieser Zusammenstellung ganz beträchtlich unter einander; wir kehren daher zu der Relation:

$$u : u_1 = \sqrt{\frac{k}{d}} : \sqrt{\frac{k_1}{d_1}}$$

zurück, aus welcher sich die Gleichung ergab:

$$d = \frac{u_1^2}{u^2} \cdot \frac{k}{k_1},$$

worin die mit Index bezeichneten Werthe für das Vergleichsgas (Wasserstoff bezw. Luft) und die Werthe ohne Index für das betreffende Gas gelten.

Da die Anzahlen der Staubfiguren n und n_1 den Fortpflanzungsgeschwindigkeiten u und u_1 umgekehrt proportional sind, so ist auch:

$$d = \frac{n^2}{n_1^2} \cdot \frac{k}{k_1}.$$

Kundt hat unter Anderem die Anzahl der Staubfiguren für Luft, Wasserstoff und Kohlensäure bestimmt; in der folgenden Tabelle sind die aus diesen Zahlen nach der vorstehenden Formel mit Benutzung der oben aufgeführten Werthe von k sich ergebenden Gasvolumgewichte zusammengestellt. Daneben sind die Regnault-Crafts'schen Werthe zur Vergleichung beigefügt.

Name des Gases	Anzahl der Staubfiguren	d_l (Luft = 1)		d_h (Wasserstoff = 1)	
		nach Kundt	nach Regnault-Crafts	nach Kundt	nach Regnault-Crafts
Luft	32	1,0000	1,0000	12,627	14,391
Wasserstoff .	9	0,0792	0,0695	1,000	1,000
Kohlensäure	40	1,4554	1,5290	18,377	22,003

Die Genauigkeit der Werthe ist nur wenig befriedigend.

In der folgenden Tabelle sind die Schallgeschwindigkeiten in verschiedenen Gasen bei 0° nach Wüllner[1]) enthalten; der Werth für Sauerstoff ist nach Dulong, derjenige für Wasserstoff nach Regnault berechnet, die übrigen sind von Wüllner bestimmt. Die Schallgeschwindigkeiten sind in Metern ausgedrückt; aus denselben sind nach der Formel:

$$d = \frac{u_1^2}{u^2} \cdot \frac{k}{k_1}$$

die Gasvolumgewichte unter Benutzung der Werthe für k aus der oberen Tabelle sowohl für Luft = 1, als auch für Wasserstoff = 1 berechnet. Auch hier sind die Regnault-Crafts'schen Werthe beigesetzt.

Name des Gases	Schall-geschwindigkeit bei 0° Meter	d_l (Luft = 1)		d_h (Wasserstoff = 1)	
		aus der Schall-geschwindigkeit	nach Regnault-Crafts	aus der Schall-geschwindigkeit	nach Regnault-Crafts
Luft	331,898	1,0000	1,0000	14,430	14,391
Sauerstoff . .	316,100	1,0960	1,1056	15,815	15,910
Wasserstoff .	1261,544	0,0693	0,0695	1,000	1,000
Kohlenoxyd .	337,129	0,9725	0,9674	14,033	13,965
Kohlensäure	259,383	1,5252	1,5290	22,008	22,003
Stickoxydul .	259,636	1,5060	1,5234	21,730	21,990
Ammoniak .	415,990	0,5884	0,5892	8,491	8,505
Aethylen . .	315,900	0,9888	0,9678	14,327	13,970

Diese Zahlen stimmen sehr befriedigend überein. Doch hat die Methode der Gasvolumgewichtsbestimmung aus der Schallgeschwindigkeit kaum eine Anwendung gefunden. Man hat vielmehr die vorher abgeleitete Gleichung zur Bestimmung des Faktors k benutzt, indem man das Gasvolumgewicht als bekannt voraussetzte. Wir werden später, bei der Besprechung des Avogadro'schen Gesetzes, noch eine interessante Anwendung der Methode kennen lernen.

Bestimmung des Gasvolumgewichts fester und flüssiger Substanzen.

Wie bei der Bestimmung des Volumgewichts der Gase hat man auch hier direkte und indirekte Methoden zu unterscheiden; letztere,

[1]) Wüllner, Lehrbuch d. Experimentalphysik 1882, 4. Aufl. Bd. *1*, 804.

die zum Theil auf denselben Prinzipien beruhen, wie die bei den Gasen in Vorschlag gebrachten Methoden, haben nur geringe praktische Bedeutung. Die direkten Methoden werden in der Weise ausgeführt, dass man das Gewicht und das Dampfvolum einer gewissen Menge der festen oder flüssigen Substanz bestimmt; da man das Volumen, welches die gleiche Gewichtsmenge Wasserstoff bezw. Luft bei den Bedingungen, unter denen das Volumen des Dampfes der Substanz gemessen wurde, berechnen oder aus Tabellen entnehmen kann, so sind damit alle Daten zur Berechnung des Gasvolumgewichts der Substanz gegeben.

Der Berechnung der Gasvolumgewichte liegt bei allen direkten Methoden dieselbe Formel zu Grunde. Es sei:

p das Gewicht der angewandten Substanz in g,
v das Volumen des Dampfes in ccm,
t die Temperatur,
b der Druck (in mm Quecksilber) des Dampfes.

Wenn der Dampf von p g Stoff bei t^0 und b mm Druck v ccm einnimmt, so nimmt er bei 0^0 und 760 mm Druck nach dem Gay-Lussac-Boyle'schen Gesetz (S. 45) $\frac{v\,b}{760\,(1+\alpha\,t)}$ ccm ein, und diese wiegen p g. Da 1 ccm Wasserstoff bei 0^0 und 760 mm Druck 0,00008988 g wiegt, so wiegen $\frac{v\,b}{760\,(1+\alpha\,t)}$ g unter denselben Bedingungen $0{,}00008988 \cdot \frac{v\,b}{760\,(1+\alpha\,t)}$ g. Während also das Dampfvolum bei 0^0 und 760 mm Druck p g wiegt, wiegt dasselbe Volum Wasserstoff unter denselben Bedingungen $0{,}00008988 \cdot \frac{v\,b}{760\,(1+\alpha\,t)}$ g. Demnach ist gemäss der Definition das auf Wasserstoff als Einheit bezogene Gasvolumgewicht der Substanz:

$$d_h = \frac{p}{0{,}00008988 \cdot \frac{v\,b}{760\,(1+\alpha\,t)}}$$

oder

$$d_h = \frac{760\,p\,(1+\alpha\,t)}{0{,}00008988\,v\,b}.$$

In derselben Weise ergibt sich, da 1 ccm Luft bei 0^0 und 760 mm Druck 0,00129349 g wiegt, das auf Luft bezogene Gasvolumgewicht

$$d_l = \frac{760\,p\,(1+\alpha\,t)}{0{,}00129349\,v\,b}.$$

Von dieser Formel wird im Folgenden sehr häufig Gebrauch gemacht werden.

Das Prinzip der direkten Gasvolumgewichtsbestimmung bei festen und flüssigen Körpern ist demnach dasselbe wie bei den Gasen, nur geschieht die Wägung der Substanz bei den ersteren natürlich im flüssigen bezw. festen Zustand. Die Bestimmung kann in zwei, einander gerade entgegengesetzten Weisen ausgeführt werden. Nach der einen ermittelt man das Gewicht eines bekannten bezw. eines während des Versuches bekannt werdenden Dampfvolums; diese Methode ist von Dumas angegeben worden. Das Gewicht der Substanz wird zumeist durch direktes Wägen ermittelt; doch haben Einzelne es vorgezogen, die Menge der angewandten Substanz durch chemische Analyse zu bestimmen. Bei der zweiten Art der Ausführung wird das Volum ermittelt, welches ein bekanntes Gewicht der Substanz unter bekannten Bedingungen des Drucks und der Temperatur einnimmt. Das Nächstliegende ist das direkte Ablesen des Volums: Methode von Gay-Lussac und A. W. Hofmann. Ferner kann man das Volum ermitteln, indem man die Druckvermehrung bestimmt, welche durch das entstehende Dampfvolum bei bekannter Temperatur in einem allseitig geschlossenen Raum hervorgerufen wird. Drittens kann man durch den entstehenden Dampf eine Flüssigkeit (Quecksilber oder geschmolzenes Wood'sches Metall) oder ein Gas (Luft, Stickstoff u. s. w.) verdrängen und die verdrängte Flüssigkeit wiegen, bezw. das verdrängte Gas messen. Letztere Methode, das Gasverdrängungsverfahren wird heute wegen ihrer ausserordentlich bequemen Ausführbarkeit am häufigsten angewandt.

Wir werden zunächst die Dumas'sche Methode betrachten, obwohl sie nicht die älteste ist: sie ist im Jahre 1826 veröffentlicht, während Gay-Lussac's Methode vom Jahre 1816 datirt. Aber die Methode von Dumas hat ihrer Natur nach nur wenige Modifikationen erfahren, während die Modifikationen der Gay-Lussac'schen Methode ausserordentlich zahlreich sind und sich bis in die neueste Zeit erstrecken. Den Schluss werden die übrigen Methoden zur Bestimmung des Gasvolumgewichts bilden.

Bestimmung des Gasvolumgewichts durch Ermittelung des Gewichtes eines bekannten Dampfvolums. (Verfahren von Dumas[1]).

Ein Glasballon mit Hals von 250 bis 500 ccm Inhalt wird ausgetrocknet, indem man den Hals mit einem Chlorcalciumrohr und dieses mit einer Luftpumpe verbindet und mehrmals die Luft auspumpt und wieder zulässt. Der Hals wird zu einer Röhre mit Spitze ausgezogen, umgebogen, an der Spitze abgeschnitten und der Rand

[1]) Annal. chim. phys. 1826, [2], *33*, 341.

rund geschmolzen. Der so vorbereitete Ballon wird gewogen und Temperatur und Barometerstand bei der Wägung notirt. Dann wird in den Ballon die zu untersuchende Substanz eingefüllt. Bei Flüssigkeiten wird zu dem Zwecke die Spitze des erwärmten Ballons in dieselben getaucht; beim Abkühlen tritt dann die Flüssigkeit in den Ballon. Feste Körper werden zunächst durch Schmelzen in den flüssigen Zustand übergeführt. Man lässt einen grossen Ueberschuss der Substanz in den Ballon treten, so dass das bei der Versuchstemperatur entstehende Dampfvolum den Rauminhalt des Ballons weit übersteigt. Der Ballon wird nunmehr, je nach dem Siedepunkte der Substanz, in ein Wasser-, Oel-, Paraffin- oder Metallbad getaucht und mittels eines Halters so gehalten, dass die Spitze aus der Badflüssigkeit herausragt. Sobald die Temperatur des Heizbades den Siedepunkt der Substanz erreicht hat, beginnt der sich entwickelnde Dampf zunächst die Luft aus dem Ballon zu verdrängen und dann selbst aus der Spitze zu strömen. Hat man die gewünschte Temperatur des Heizbades, welche, wie die Erfahrung gelehrt hat, den Siedepunkt der Substanz beträchtlich übersteigen muss, erreicht, so wird die Wärmezufuhr so geregelt, dass die Temperatur sich möglichst wenig ändert. Zur Erzielung einer gleichmässigen Temperatur ist ein beständiges Umrühren der Badflüssigkeit erforderlich. Ist bei der nunmehr konstanten Temperatur alle Flüssigkeit vergast und der Dampfüberschuss ausgeströmt, — die Luft ist von dem Dampf verdrängt worden —, so hört der Dampfstrom auf, wovon man sich durch eine vor die Spitze gehaltene Flamme, welche nicht mehr bewegt wird, überzeugt. Nachdem man die an der Spitze condensirte Flüssigkeit durch Erwärmen entfernt hat, schmilzt man die Spitze mit einer Löthrohrflamme zu und notirt gleichzeitig die Temperatur des Bades und den Barometerstand im Moment des Zuschmelzens. Nunmehr wird der Apparat aus dem Bad genommen, gereinigt und bei gewöhnlicher Temperatur gewogen, wobei wiederum Temperatur und Barometerstand beobachtet werden. Schliesslich hält man die Spitze des Ballons in ausgekochtes Wasser, feilt sie an und bricht unter Wasser ab. Da der Dampf sich bei gewöhnlicher Temperatur vollkommen condensirt hat, so ist in dem Ballon ein Vakuum entstanden und das Wasser erfüllt denselben. Der mit Wasser gefüllte Ballon wird nebst der abgebrochenen Spitze gewogen. Damit sind alle Daten zur Berechnung des Gasvolumgewichts gegeben.

Zur Berechnung des Gasvolumgewichts ist das Volumen des Dampfes und sein Gewicht zu ermitteln und letzteres durch das Gewicht eines gleichen Volums Wasserstoff bei denselben Bedingungen des Drucks und der Temperatur zu dividiren.

Es sei:

p das Gewicht des mit Luft gefüllten Ballons
p_1 das Gewicht des mit Dampf gefüllten Ballons
p_2 das Gewicht des mit Wasser gefüllten Ballons
} in Grammen bei der Temperatur t (Temperatur in dem Waagenkasten) und dem Barometerstand b mm, welche für alle drei Wägungen als gleich angenommen werden,

t_1 die Temperatur des Dampfes oder des Heizbades im Augenblick des Zuschmelzens,

b_1 der Barometerstand im Augenblick des Zuschmelzens,

q das spezifische Gewicht des den Ballon erfüllenden Wassers, d. h. das Gewicht eines Kubiccentimeters Wasser von t^0,

γ der kubische Ausdehnungskoëffizient des Glases.

Das Volumen v in ccm des Ballons bei t^0 und b mm Druck ergibt sich aus dem Gewicht des den Ballon erfüllenden Wassers. Das wahre Gewicht desselben ist gleich dem Gewicht des mit Wasser gefüllten Ballons (p_2), vermindert um das Gewicht des mit Luft gefüllten Ballons (p), vermehrt um das Gewicht der in dem Ballon enthaltenen Luft. Setzen wir das Gewicht eines Kubiccentimeters Luft von t^0 und b mm Druck gleich λ, so wird das Gewicht der in dem Ballon vom Volumen v ccm enthaltenen Luft gleich $v \cdot \lambda$ und das Gewicht des in dem Ballon enthaltenen Wassers gleich $p_2 - p + v \cdot \lambda$. Da das spezifische Gewicht, d. h. das Gewicht eines Kubiccentimeters des den Ballon füllenden Wassers gleich q ist, so ist das Volum des Wassers und damit das Volum v des Ballons bei t^0 und b mm Druck: $v = \frac{p_2 - p + v \cdot \lambda}{q}$, woraus sich ergibt: $v = \frac{p_2 - p}{q - \lambda}$. Das Volum v_1 des Ballons im Moment des Zuschmelzens, also bei der Temperatur t_1 ergibt sich nach S. 51 No. 5 zu: $v_1 = v\,[1 + \gamma\,(t_1 - t)]$ oder $v_1 = \frac{p_2 - p}{q - \lambda}\left[1 + \gamma\,(t_1 - t)\right]$. Dies ist der Raum, den der Dampf der Substanz im Augenblick des Zuschmelzens, also bei $t_1{}^0$ und b_1 mm Druck einnimmt. (Der minimale Unterschied des Rauminhalts des Ballons, den die Differenz der Barometerstände b und b_1 verursacht, ist verschwindend klein; b und b_1 sind meist ganz gleich.)

Das wahre Gewicht P des in dem Ballon enthaltenen Dampfes ist gleich dem Gewicht des mit Dampf gefüllten Ballons (p_1), vermindert um das Gewicht des mit Luft gefüllten Ballons (p), vermehrt um das Gewicht der den Ballon füllenden Luft ($v \cdot \lambda$), also $P = p_1 - p + v \cdot \lambda$ oder nach Einsetzung des oben gefundenen Werthes für v:

$$P = p_1 - p + \frac{p_2 - p}{q - \lambda} \cdot \lambda.$$

Dies Gewicht P des Dampfes ist zu dividiren durch das Gewicht P_1 eines gleichen Volums Wassersoff unter denselben Bedingungen des Drucks und der Temperatur, d. h. durch das Gewicht von $v_1 = \frac{p_2 - p}{q - \lambda} [1 + \gamma (t_1 - t)]$ ccm Wasserstoff vom Druck b_1 und der Temperatur t_1. Ein Kubiccentimeter Wasserstoff wiegt bei 0^0 und 760 mm Druck nach Crafts (S. 64) 0,00008988 g, daher wiegen $\frac{p_2 - p}{q - \lambda} [1 + \gamma (t_1 - t)]$ ccm bei t_1^0 und b_1 mm Druck nach dem Gay-Lussac-Boyle'schen Gesetz (S. 45):

$$P_1 = \frac{p_2 - p}{q - \lambda} [1 + \gamma (t_1 - t)] \cdot \frac{0{,}00008988}{1 + \alpha t_1} \cdot \frac{b_1}{760}.$$

Das Gasvolumgewicht d_h der Substanz bei der Temperatur t_1 und dem Drucke b_1 ist gleich dem Quotienten von P und P_1, also:

$$d_h = \frac{p_1 - p + \frac{p_2 - p}{q - \lambda} \cdot \lambda}{\frac{p_2 - p}{q - \lambda} [1 + \gamma (t_1 - t)] \cdot \frac{0{,}00008988}{1 + \alpha t_1} \cdot \frac{b_1}{760}},$$

oder:

$$d_h = \frac{760 (1 + \alpha t_1) \cdot [(p_1 - p)(q - \lambda) + (p_2 - p) \lambda]}{0{,}00008988\, b_1 (p_2 - p) \cdot [1 + \gamma (t_1 - t)]}.$$

λ ist hierin das Gewicht eines Kubiccentimeters Luft von der Temperatur t^0 und dem Druck b; da 1 ccm Luft bei 0^0 und 760 mm Druck 0,00129349 g wiegt, so wiegt er bei t^0 und b mm Druck $\frac{0{,}00129349 \cdot b}{760 (1 + \alpha t)}$ g. Setzt man diesen Werth für λ oben ein, ebenso die Zahlenwerthe für $\alpha = 0{,}00367$ und $\gamma = 0{,}000025$, so wird nach einigen Umformungen:

$$d_h = \frac{(1 + 0{,}00367\, t_1) [760 \cdot q (p_1 - p)(1 + 0{,}00367\, t) + 0{,}00129349 \cdot b\, (p_2 - p_1)]}{0{,}00008988 \cdot b_1 (p_2 - p)(1 + 0{,}00367\, t) [1 + 0{,}000025 (t_1 - t)]}.$$

Es wird später noch des Näheren ausgeführt werden, dass es dem Chemiker bei seinen gewöhnlichen Gasvolumgewichtsbestimmungen vielfach garnicht darauf ankommt, ein absolut genaues Resultat zu erzielen; selbst bei Fehlern bis zu 10 Prozent kann man aus dem Gasvolumgewicht noch mit Sicherheit auf das Molekulargewicht schliessen. Bei der Ableitung der vorstehenden Formel sind noch nicht alle möglichen Korrekturen angebracht, die man anbringen könnte; so ist z. B. nicht berücksichtigt, dass die im Ballon condensirte Substanz ein anderes spezifisches Gewicht hat, als das den Ballon erfüllende

Wasser. Indess schon diese Formel enthält Korrekturen, die vielfach von geringerer Ordnung sind als die sonstigen Fehlerquellen. Wo es sich daher nicht um fundamentale Untersuchungen, nicht um solche handelt, welche eine theoretische Streitfrage zum Austrag bringen sollen, kann man auf einige der Korrekturen verzichten und zur Berechnung eine einfachere Formel anwenden.

Die Ausdehnung des Ballons beim Erwärmen kann sehr häufig vernachlässigt und $\gamma = 0$ gesetzt werden. Denn selbst für $t_1 - t = 100^0$, also einen Temperaturunterschied von 100^0, wird $1 + \gamma (t_1 - t) = 1{,}0025$, also von 1 nur um $^1/_{400}$ verschieden. Ferner kann das spezifische Gewicht q des den Ballon füllenden Wassers gleich 1 gesetzt werden; bei 15^0 C. ist $q = 0{,}999154$, bei 20^0 $q = 0{,}998272$, also von 1 nur sehr wenig verschieden; man kann aber zum Ueberfluss Wasser von annähernd 4^0 C. anwenden, um $q = 1$ setzen zu können. Werden diese Vereinfachungen $q = 0$ und $q = 1$ in die Formel eingeführt, so geht dieselbe in folgende über:

$$d_h = \frac{760 (1 + \alpha t_1) [\lambda (p_2 - p) - \lambda (p_1 - p)]}{0{,}00008988\, b_1 (p_2 - p)}.$$

Setzt man hierin wieder $\lambda = \frac{0{,}00129349 \cdot b}{760 (1 + \alpha t)}$, so wird nach geeigneter Umformung:

$$d_h = \frac{0{,}00129349 \cdot b (p_2 - p_1) (1 + 0{,}00367 \cdot t_1)}{0{,}00008988 \cdot b_1 (p_2 - p) (1 + 0{,}00367\, t)}.$$

Bei dem auf Luft bezogenen Gasvolumgewicht d_l steht im Nenner an Stelle des Gewichtes eines Kubiccentimeters Wasserstoff dasjenige eines Kubiccentimeters Luft, während sonst die Ableitung und Form der Gleichung dieselbe bleibt. Daher ist:

$$d_l = \frac{b (p_2 - p_1) (1 + 0{,}00367\, t_1)}{b_1 (p_2 - p) (1 + 0{,}00367\, t)}.$$

Wie früher gezeigt wurde, ist $d_h = 14{,}435 \,.\, d_l$.

Diese Formel ist elegant, der logarithmischen Berechnung leicht zugänglich, zumal da man die Werthe von $1 + 0{,}00367 \,.\, t$ aus Tabellen[1]) entnehmen kann, und zeigt eine unverkennbare Analogie mit der Formel, welche wir für das Volumgewicht der Gase (S. 55) abgeleitet haben. Diese Analogie kann uns nicht wundern, denn das Prinzip und die Ausführung der Dumas'schen Methode stimmt mit dem direkten Wägen der Gase vollkommen überein.

---

[1]) Landolt-Börnstein, Tabellen S. 16, Tab. 6.

Bis jetzt wurde angenommen, dass der sich entwickelnde Dampf der Substanz alle Luft aus dem Ballon verdrängt habe; dies ist indess gewöhnlich nicht der Fall, sondern es bleibt fast immer eine Luftblase zurück, welche mehrere Kubiccentimeter einnehmen kann. Bei der Condensation des Dampfes entsteht daher kein absolutes Vakuum und bei der Oeffnung des Ballons unter Wasser füllt sich derselbe nicht ganz mit dem letzteren, es bleibt vielmehr eine gewisse Luftmenge zurück, welche bei der Berechnung des Gasvolumgewichts berücksichtigt werden muss.

Zu dem Zwecke taucht man den Ballon so weit in Wasser, dass das letztere im Innern des Ballons so hoch steht wie aussen, dass also das Luftvolum dem Druck der Atmosphäre ausgesetzt ist, verschliesst ihn und wiegt den theilweise gefüllten Ballon. Dann wird derselbe vollständig mit Wasser gefüllt und von neuem gewogen.

Das Gewicht des theilweise mit Wasser gefüllten Ballons sei p_3; alle übrigen Buchstaben sollen die frühere Bedeutung behalten. Genau wie dies vorher für den ganzen Ballon abgeleitet wurde, ergibt sich das Volumen der zurückgebliebenen Luft bei der Temperatur t und dem Druck b zu $\frac{p_2 - p_3}{q - \lambda}$ ccm. Im Moment des Zuschmelzens (bei der Temperatur t_1 und dem Druck b_1) hatte dieses Volumen nach dem Gay-Lussac-Boyle'schen Gesetz die Grösse $v_2 = \frac{(p_2 - p_3)(1 + \alpha t_1) b}{(q - \lambda)(1 + \alpha t) b_1}$ ccm. Bezeichnen wir das Gewicht eines Kubiccentimeters Luft bei t_1^0 und b_1 mm Druck mit λ_1, so ist das Gewicht des Volums v_2 Luft gleich $v_2 . \lambda_1$. Das Gewicht des in dem Ballon enthaltenen Dampfes ist demnach um $v_2 \lambda_1$ Gramm kleiner, als wenn der Ballon ganz damit angefüllt wäre. Wir hatten das Gewicht des den Ballon ganz erfüllenden Gases mit P bezeichnet; das Gewicht P_2 des den Ballon theilweise erfüllenden Dampfes ist daher $P_2 = P - v_2 . \lambda_1$. Dieses Gewicht P_2 ist durch das Gewicht P_3 eines gleichen Volums Wasserstoff unter den gleichen Bedingungen des Drucks und der Temperatur zu dividiren. Das Volumen des Dampfes ist gleich dem früheren, den Ballon vollkommen erfüllenden Volum v_1, vermindert um das Volumen der Luft v_2, also gleich $v_1 - v_2$; dasselbe hat die Temperatur t_1^0 und den Druck b_1 mm, die beim Zuschmelzen herrschen. $v_1 - v_2$ ccm Wasserstoff von t_1^0 und b_1 mm Druck wiegen aber $P_3 = \frac{0{,}00008988 \cdot b_1}{760 (1 + \alpha t_1)} (v_1 - v_2)$ Gramm. Das Gasvolumgewicht ist daher:

$$d_{hc} = \frac{P_2}{P_3}.$$

Setzt man für P_2 und P_3 die oben abgeleiteten Werthe ein, nämlich $P_2 = P - v_2 . \lambda_1$, worin $P = p_1 - p + \frac{p_2 - p}{q - \lambda} . \lambda$, ferner $\lambda = \frac{0{,}00129349 \cdot b}{760\,(1 + 0{,}00367 \,.\, t)}$, $v_2 = \frac{b\,(p_2 - p_3)\,(1 + \alpha\, t_1)}{b_1\,(q - \lambda)\,(1 + \alpha\, t)}$ und $\lambda_1 = \frac{0{,}00129349 \cdot b_1}{760\,(1 + 0{,}00367\, t_1)}$ ist und $P_3 = \frac{0{,}00008988 \cdot b_1\,(v_1 - v_2)}{760\,(1 + \alpha\, t_1)}$, so erhält man nach geringen Umformungen für das bezüglich der zurückbleibenden Luftblase korrigirte Gasvolumgewicht d_{hc} die Formel:

$$d_{hc} = \frac{[760 \cdot q\,(1 + 0{,}00367\, t)\,(p_1 - p) + 0{,}00129349\, b\,(p_3 - p_1)] \cdot (1 + 0{,}00367 \cdot t_1)}{0{,}00008988 \left\{b_1\,(1 + 0{,}00367\, t)\,(p_2 - p) - b\,(1 + 0{,}00367\, t_1)\,(p_2 - p_3)\right\}}$$

Die Vergrösserung des Rauminhalts des Ballons durch die Erwärmung ist dabei nicht berücksichtigt. Dieses korrigirte Gasvolumgewicht d_{hc} lässt sich in einer Form darstellen, in der seine Beziehung zu dem nicht korrigirten sehr klar zu Tage tritt[1]). Es war $d_{hc} = \frac{P_2}{P_3}$. Darin ist $P_2 = P - v_2 . \lambda_1$; P_3 ist das Gewicht von $(v_1 - v_2)$ ccm Wasserstoff von t_1^0 und b_1 mm Druck. Wir haben (S. 42) gesehen, dass das Gewicht eines bestimmten Volums Wasserstoff 14,435 mal kleiner ist, als dasjenige des gleichen Volums Luft unter denselben Bedingungen des Drucks und der Temperatur. Das Gewicht von 1 ccm Luft bei t_1^0 und b_1 mm Druck war mit λ_1 bezeichnet worden; $(v_1 - v_2)$ ccm Luft wiegen daher $(v_1 - v_2)\,\lambda_1$ Gramm und dasselbe Volum Wasserstoff wiegt $\frac{(v_1 - v_2)\,\lambda_1}{14{,}435}$ Gramm, d. h. es ist $P_3 = \frac{(v_1 - v_2)\,\lambda_1}{14{,}435}$ und

$$d_{hc} = \frac{P_2}{P_3} = \frac{P - v_2 \cdot \lambda_1}{\frac{(v_1 - v_2)\,\lambda_1}{14{,}435}} = 14{,}435 \cdot \frac{P - v_2 \cdot \lambda_1}{v_1\,\lambda_1 - v_2\,\lambda_1}.$$

$v_1 . \lambda_1$ ist das Gewicht von v_1 ccm Luft bei t_1^0 und b_1 mm Druck; da wir das Gewicht desselben Volums Wasserstoff gleich P_1 gesetzt haben (S. 92), so ist offenbar $v_1 . \lambda_1 = 14{,}435 . P_1$ und $d_{hc} = 14{,}435 . \frac{P - v_2 \cdot \lambda_1}{14{,}435 \cdot P_1 - v_2 \cdot \lambda_1}$. Dividiren wir Zähler und Nenner durch $14{,}435 . P_1$, so wird $d_{hc} = \frac{\frac{P}{P_1} - v_2 \cdot \frac{\lambda_1}{P_1}}{1 - \frac{v_2}{14{,}435} \cdot \frac{\lambda_1}{P_1}}$. Aus der Gleichung $v_1 . \lambda_1 = 14{,}435 . P_1$ ergibt sich $\frac{\lambda_1}{P_1} = \frac{14{,}435}{v_1}$, daher wird

[1]) F. Kohlrausch, Leitfaden der praktischen Physik, S. 46.

$d_{hc} = \frac{\frac{P}{P_1} - 14{,}435 \frac{v_2}{v_1}}{1 - \frac{v_2}{v_1}}$. Ferner ist nach S. 92 $\frac{P}{P_1} = d_h$, gleich dem nicht korrigirten Gasvolumgewichte, daher $d_{hc} = \frac{d_h - 14{,}435 \frac{v_2}{v_1}}{1 - \frac{v_2}{v_1}}$. Für das auf Luft als Einheit bezogene Gasvolumgewicht ist $d_l = 14{,}435 \cdot d_h$ und $d_{lc} = 14{,}435 \cdot d_{hc}$ zu setzen, daher $d_{lc} = \frac{d_l - \frac{v_2}{v_1}}{1 - \frac{v_2}{v_1}}$. Man ersieht aus dieser Gleichung, dass $d_{hc} = d_h$ und $d_{lc} = d_l$ wird, sobald $v_2 = v_1$ ist, d. h. sobald keine Luftblase in dem Ballon zurückgeblieben ist. Will man diese Formel zur Berechnung des berichtigten Gasvolumgewichts benutzen, so ist zu setzen:

$$\frac{v_2}{v_1} = \frac{b\,(p_2 - p_3)\,(1 + \alpha\, t_1)}{b_1\,(p_2 - p)\,(1 + \alpha\, t)}.$$

Die Dumas'sche Methode der Gasvolumgewichtsbestimmung ist vielfach mit bestem Erfolge angewandt worden und hat, je nach den gerade vorliegenden Verhältnissen, mancherlei theilweise sehr wesentliche Veränderungen erfahren. Eine solche wurde von Regnault[1]) zur Bestimmung des Gasvolumgewichts des Wassers bei vermindertem Druck angegeben. Regnault setzte einen Ballon von bekanntem Rauminhalt, dessen Hals mit einem Hahn versehen war, mit einer in einem grossen Kasten voll Wasser stehenden Flasche in Verbindung, welche andererseits mit einem Manometer verbunden war. Der Ballon wurde mit Wasser beschickt, mit einer Luftpumpe verbunden, das Wasser zum Sieden gebracht und das Auspumpen eine Stunde lang fortgesetzt; mit dem Wasserdampf wird hierbei zugleich alle Luft entfernt. Mit geschlossenem Hahn wird der Ballon dann in den Dampf eines Wasserbades gesenkt, die damit verbundene Flasche theilweise evakuirt und das Wasser im Ballon zum Sieden gebracht. Nach dem Oeffnen des Hahns destillirt das Wasser aus dem Ballon in die Flasche über und zuletzt ist der erstere nur mehr mit Wasserdampf von der Temperatur des Bades und dem Druck angefüllt, den das mit der Flasche verbundene Manometer angibt. Man schliesst den Hahn und wägt mit allen Vorsichtsmassregeln. Da das Volumen des Ballons bekannt ist, sind alle Daten zur Berechnung des Gasvolumgewichts

[1]) Compt. rend. 1845, *20*, 1127 und 1220; Annal. Phys. Chem. 1845, *65*, 141.

gegeben. Zur Erzielung eines möglichst genauen Resultats setzte indess Regnault nach dem Wägen den Ballon wieder in das Wasserbad, verband ihn mit der Flasche, pumpte letztere nach Möglichkeit aus, erhitzte das Wasserbad von Neuem und öffnete den Hahn. Es verbleibt dann nur noch soviel Wasserdampf in dem Ballon, als derselbe bei der Temperatur des Wasserbades und dem kleinen, in der Flasche herrschenden und von dem Manometer angezeigten Druck enthalten kann. Man schliesst den Hahn und wägt den Ballon. Die Differenz der Wägungen gibt das Gewicht des Dampfes an, welches den Ballon, dessen Rauminhalt bei 100^0 bekannt ist, bei der Temperatur des Bades und einem Druck erfüllt, der gleich der Differenz der beiden Manometerstände ist.

Vornehmlich zwei Schwierigkeiten stellten sich der Anwendung der Dumas'schen Methode entgegen, welche sich namentlich bei Anwendung höherer Temperaturen bemerkbar machten; es war dies die Art des Heizbades und das Material des Ballons. Da die Anwendbarkeit der Dumas'schen Methode für höhere Temperaturen gerade ihr Hauptvorzug vor der älteren Gay-Lussac'schen war, so suchte man diese Uebelstände zu beseitigen. E. Mitscherlich[1]) verwandte für Temperaturen bis 100^0 ein Wasserbad, von 100^0 bis 300^0 ein Zinkchloridbad und für höhere Temperaturen ein Luftbad, dessen Temperatur durch ein Luftthermometer gemessen wurde; von Metalllegirungen als Heizsubstanz nahm Mitscherlich Abstand. Die Schwierigkeit der richtigen Temperaturbestimmung beruht bei Anwendung derartiger Heizbäder auf dem Umstand, dass die Temperatur sich beständig ändert und kaum genügend lange konstant gehalten werden kann; der Dampf in dem Ballon hat daher stets eine niedrigere Temperatur als das Bad. Zur dauernden Konstanterhaltung von Temperaturen bedient man sich mit grossem Vortheil der allgemeinen Eigenschaft aller reinen Substanzen, bei einer konstanten Temperatur zu sieden; ist einmal der Siedepunkt der Substanz erreicht, so wird alle ferner zugeführte Wärme dazu verwandt, die Substanz in den gasförmigen Zustand überzuführen, und die Temperatur wird nicht geändert, bis die letzte Menge Substanz vergast ist. Dass Regnault den Dampf siedenden Wassers zur Herstellung einer konstanten Temperatur benutzte, wurde bereits (S. 96) erwähnt. H. Sainte-Claire Deville und L. Troost[2]) schlugen zur Herstellung konstanter hoher Temperaturen vor, das Gasvolumgewicht im Dampf des siedenden Quecksilbers (350^0), Schwefels (440^0), Cadmiums (860^0) und Zinks (1040^0)

---

[1]) Annal. Phys. Chemie 1833, *29*, 493; Annal. Chem. Pharm. 1834, *12*, 137.

[2]) Compt. rend. 1857, *45*, 821; Annal. Chem. Pharm. 1858, *105*, 213.

zu bestimmen. Sie bedienten sich als Bad eines eisernen Cylinders, in welchem der Ballon festgehalten wurde; der Cylinder hatte oben ein seitliches Eisenrohr zur Aufnahme und Ableitung der Dämpfe und war mit einem eisernen Deckel verschlossen, durch welchen der Hals des Ballons und ein Luftthermometer reichten. Letzteres ist indess nicht nöthig, da die Temperatur ja gleich dem bekannten Siedepunkt der Heizsubstanz ist. Bei Substanzen, welche so hoch sieden, condensirt sich stets ein Theil in der kalten, herausragenden Spitze des Ballons und würden diese verstopfen; daher muss dieselbe durch eine Flamme heiss gehalten werden.

Naturgemäss kann bei so hohen Temperaturen ein Glasballon nicht mehr verwandt werden, theils weil das Glas von den Substanzen angegriffen wird, theils weil es schmilzt und deformirt wird. Nach Mitscherlich's[1]) Erfahrung wirken namentlich Chloride und Sulfide stark zersetzend auf Glas ein; er konnte die Gasvolumgewichte von Chlorammonium, Selen, Arsentrisulfid, Kalium, Natrium und Zink in Glasballons nicht bestimmen. Zur Vermeidung dieser Uebelstände benutzten H. Sainte-Claire Deville und L. Troost[2]) Ballons aus Porzellan. Dieselben fassten 280 ccm und hatten einen engen Hals, welcher während des Versuches mit einem 1 bis 2 mm dicken Porzellancylinderchen unvollkommen verschlossen war; am Schlusse des Versuches wurde das Porzellancylinderchen mittels eines Knallgasgebläses angeschmolzen.

Noch eine andere kleine Modifikation brachten Deville und Troost an der Dumas'schen Methode an. Sie wogen nämlich nicht den Ballon gefüllt mit Luft, sondern den bei der Versuchstemperatur mit Joddampf gefüllten Ballon; sie bestimmten also auf diese Weise das Verhältniss der Gasvolumgewichte der zu untersuchenden Substanz und des Jods, und da dasjenige des Jods bekannt ist, kann man das der anderen Substanz leicht berechnen. In Folge des fast neunmal grösseren Gasvolumgewichts des Jods gegenüber der Luft ist der Wägefehler bedeutend geringer. Diese Art der Bestimmung ist aber nur so lange zulässig, als das Gasvolumgewicht der Vergleichssubstanz konstant und unabhängig von der Temperatur ist; wie später gezeigt werden wird, ist dies gerade bei den Halogenen nicht der Fall und ändert sich speziell das Gasvolumgewicht des Jods mit der Temperatur sehr erheblich, indem es bei steigender Temperatur immer kleiner wird und zuletzt bis fast zur Hälfte des normalen Werthes herabsinkt. Bis zu der höchsten von Deville und Troost angewandten

[1]) Annal. Phys. Chemie 1833, *29*, 493; Annal. Chem. Pharm. 1834, *12*, 137.
[2]) Compt. rend. 1858, *46*, 239; Annal. Chem. Pharm. 1860, *113*, 42.

Temperatur (1040°, Siedepunkt des Zinks) ist die Abweichung des Gasvolumgewichts des Jods von dem normalen Werth allerdings nur sehr gering und werden hierdurch die von diesen Forschern ermittelten Gasvolumgewichte nicht hinfällig.

Regnault[1]) erhitzte in einer eisernen Flasche von genau bekanntem Rauminhalt, deren Hals durch eine lose einliegende eiserne Kugel nicht luftdicht verschlossen war, die Substanz bis zur völligen Umwandlung in Gas; nach dem Erkalten, wenn die ganze Menge des Dampfes sich kondensirt hat, wird die in der Flasche sich findende Substanzmenge analytisch bestimmt. Dann wird dasselbe Verfahren anstatt mit der Substanz mit Quecksilber ausgeführt und das den Ballon unter den gleichen Bedingungen des Drucks und der Temperatur erfüllende Gewicht Quecksilber ebenfalls analytisch ermittelt. Da das Gasvolumgewicht des Quecksilbers bekannt ist, kann dasjenige der Substanz leicht berechnet werden. In anderen Fällen verfuhr Regnault auch in der Weise, dass er auf chemischem Wege das Gewicht der Substanz bestimmte, welches in Dampfform eine eiserne Röhre von bekanntem Rauminhalt bei dem gerade herrschenden Atmosphärendruck und derjenigen Temperatur erfüllt, welche durch ein daneben in demselben Luftbad liegendes, aus einer gleichen Röhre bestehendes Luftthermometer angegeben wird.

In ähnlicher Weise verfuhr H. E. Roscoe[2]) bei der Bestimmung des Gasvolumgewichts von Metallchloriden. Glasirte Porzellanballons von bekanntem Inhalt (etwa 300 ccm) mit langem Hals wurden mit 3 bis 4 g Substanz beschickt, durch Stopfen aus gebranntem Thon lose verschlossen und allmählich in eine hellrothglühende Muffel eingeführt. Wenn keine Dämpfe mehr entwichen und die Temperatur konstant war, wurde der Ballon rasch herausgezogen und die Temperatur durch schwere, in die Muffel eingeführte Platingewichte kalorimetrisch bestimmt. Daneben wurde das Ergebniss des Versuchs durch einen gleichzeitig mit dem ersten Ballon eingeführten Ballon mit Quecksilber wie bei Regnault berichtigt. Die in dem Ballon zurückgebliebene Substanzmenge wurde analytisch bestimmt.

Die ursprüngliche Form der Dumas'schen Methode erfordert zu ihrer Ausführung eine grosse Menge Substanz, da zur Verdrängung der in dem Ballon enthaltenen Luft durch den entstehenden Dampf ein beträchtlicher Ueberschuss der Substanz angewandt werden muss. Man suchte daher nach einer Aenderung des Verfahrens, welche nur wenig

---

[1]) Annal. chim. phys. [3], 1861, *63*, 45.

[2]) Proceed. Royal Soc. London 1878, *27*, 426; Ber. deutsch. chem. Gesellschaft 1878, *11*, 1196.

Substanz erforderte und es gestattete, die Hauptmenge derselben wiederzugewinnen. Diesen Ansprüchen genügt die von R. Bunsen[1]) angegebene Methode. Wir haben dieselbe bei der Besprechung der Bestimmung des Volumgewichts der Gase bereits kennen gelernt (S. 59). Sie besteht in dem Wägen zweier vollkommen gleicher, mit dem Dampf der zu untersuchenden Substanz bezw. mit Luft gefüllter Röhren; die Ausführung fällt ganz mit der bei den Gasen beschriebenen zusammen, nur die Füllung der Substanzröhre ist eine andere. Man beschickt dieselbe mit Hülfe eines Trichters mit kapillarem Stiel mit der Substanz und bringt sie nebst der mit trockner Luft gefüllten Röhre in den früher (S. 61) beschriebenen Thermostaten und erhitzt beide Röhren bis zu der gewünschten Temperatur. Durch eine sehr einfache Vorrichtung, deren Einzelheiten im Original einzusehen sind, wird dafür Sorge getragen, dass das kapillare Ende der Röhre stets mit einem kleinen Faden der kondensirten Flüssigkeit gefüllt ist, wodurch das Eintreten von Luft in die mit Dampf gefüllte Röhre unmöglich wird, und dass der Flüssigkeitsfaden nicht in die Röhre zurücktreten kann; die Vorrichtung gestattet zugleich das Wiedergewinnen der verdampften Substanz. Am Schluss des Versuches wird der Flüssigkeitsfaden durch eine Flamme entfernt und beide Röhren durch die Kautschukkappen verschlossen. Durch zwei Wägungen wird auch hier ohne Anbringung irgendwelcher Korrektur das Gasvolumgewicht erhalten.

Beobachtet man den bei dem Schliessen der Röhren herrschenden Barometerstand, so kann die mit Luft gefüllte Röhre zugleich als Luftthermometer dienen. Die Röhre ist kalibrirt und man kennt daher ihren Rauminhalt bei 0^0. Es sei nun v der Rauminhalt der Röhre bei 0^0, b der Barometerstand beim Verschliessen der Röhren, t die gesuchte Temperatur des Thermostaten, α der Ausdehnungskoëffizient der Luft, γ der kubische Ausdehnungskoëffizient des Glases und p das Gewicht der die Röhre bei t^0 und b mm Druck erfüllenden Substanz. 1 ccm Luft, der bei 0^0 und 760 mm Druck 0,00129349 g wiegt, wiegt bei t^0 und b mm Druck $\frac{0{,}00129349 \cdot b}{760\,(1+\alpha t)}$. Der Rauminhalt v des Ballons bei 0^0 ist bei t^0 C. nach S. 51 gleich $v\,(1+\gamma t)$; diese $v\,(1+\gamma t)$ ccm Luft wiegen demnach $\frac{0{,}00129349 \cdot b \cdot v\,(1+\gamma t)}{760\,(1+\alpha t)}$ g. Andererseits wurde ihr Gewicht zu p Gramm ermittelt, daher ist:

$$p = \frac{0{,}00129349 \cdot b \cdot v\,(1+\gamma t)}{760\,(1+\alpha t)},$$

[1]) Annal. Chem. Pharm. 1867, *141*, 273; Zeitschr. analyt. Chemie 1867, *6*, 1; Gasometr. Methoden, 2. Aufl. S. 171.

woraus sich ergibt:

$$t = \frac{0{,}00129349 \cdot b \cdot v - 760 \cdot p}{760 \cdot p \cdot \alpha - 0{,}00129349 \cdot b \cdot v \cdot \gamma}.$$

Wegen des Fehlens jeglicher Korrektur ist die Bunsen'sche Modifikation des Dumas'schen Verfahrens ungemein genau. Zwei von Bunsen angeführte Beispiele lassen dies erkennen. Für Aether fand er in drei Versuchen bei 143° d_l = 2,569, 2,563 und 2,565, woraus sich berechnet d_h = 37,08, 37,00 und 37,03; theoretisch berechnet man aus der Formel $C_4H_{10}O$ d_l = 2,558 und d_h = 36,92. Für Wasser fand Bunsen bei 143° d_l = 0,629 und 0,622, woraus sich d_h zu 9,08 und 8,98 ergibt; für die Formel H_2O berechnet man theoretisch d_l = 0,622 und d_h = 8,98. Das sind Resultate, wie sie so genau kaum mit einer anderen Methode erzielt werden können. Die Bunsen'sche Methode eignet sich aus diesem Grunde ganz besonders zu solchen Versuchen, welche zur Entscheidung theoretischer Streitfragen dienen sollen; wir werden den Anwendungen derselben denn auch später noch mehrfach begegnen.

J. Habermann[1]) hat eine Modifikation des Dumas'schen Verfahrens angegeben, bei welcher weniger als 1 g Substanz gebraucht wird, die ausserdem fast ganz wiedergewonnen wird; da die Modifikation bei erheblich vermindertem Druck zu arbeiten gestattet, kann die Gasvolumgewichtsbestimmung bei viel niedrigerer Temperatur ausgeführt werden, als dies bei dem Atmosphärendruck möglich ist. Es wird später noch näher ausgeführt und begründet werden, dass man das Gasvolumgewicht bei Temperaturen bestimmen muss, welche erheblich über dem Siedepunkt liegen; da nun bei vermindertem Druck alle Substanzen bei niedrigerer Temperatur sieden als unter Atmosphärendruck, so genügt bei ersterem eine geringere Temperaturerhöhung, um den Dampf in den zur Gasvolumgewichtsbestimmung geeigneten Zustand überzuführen.

Habermann verwendet einen Ballon von 250—300 ccm Inhalt, dessen Hals zu einer dickwandigen Kapillaren ausgezogen und zweimal in demselben Sinne gebogen ist: unmittelbar am Hals und dann gegen das Ende hin. Der Ballon wird mit Luft gefüllt gewogen, wobei Temperatur und Barometerstand zu beobachten sind, mit 1 g Substanz beschickt und so in ein Heizbad gesenkt, dass die zweite Umbiegungsstelle noch über das Bad zu liegen kommt. Das offene Ende des kapillaren Halses, welches über den Rand des Badgefässes hinausragt,

---

[1]) Annal. Chem. Pharm. 1877, *187*, 341; Zeitschr. analyt. Chemie 1878, *17*, 376.

wird mit dem erweiterten Ende eines Kugelrohres mit zwei Kugeln luftdicht verbunden, welches seinerseits zu einer Wasserstrahlpumpe führt. Der Ballon wird bis zu dem gewünschten Grade, im Allgemeinen bis zu 500—600 mm Manometeranzeige, ausgepumpt, die Pumpe abgestellt und das Heizbad bis zum Sieden der Substanz rasch erhitzt; ist letzteres erreicht, so wird die Flamme unter dem Heizbad so geregelt, dass die Temperatur in 1 bis 2 Minuten um 1^0 C. steigt. Ist eine Temperatur, welche 10 bis 20^0 unter dem Siedepunkt der Substanz bei Atmosphärendruck liegt, erreicht, so wird wieder evakuirt, bis das Manometer wieder den früheren Druck anzeigt; denn die Quecksilbersäule des letzteren ist in Folge der durch die Dampfentwicklung verursachten Druckerhöhung gesunken. Gleichzeitig wird der aus der Badflüssigkeit herausragende Theil des kapillaren Halses bis zu der zweiten Umbiegung ununterbrochen mit der heissen Badflüssigkeit begossen. Ist der Siedepunkt der Substanz erreicht, so wird der Hals des Ballons an der zweiten Umbiegung abgeschmolzen, die Temperatur des Bades, der Barometer- und Manometerstand abgelesen. Der Druck, unter dem der Dampf im Moment des Zuschmelzens stand, ist gleich der Differenz des Barometer- und Manometerstands. Im Uebrigen wird wie bei der ursprünglichen Methode verfahren; auch die Berechnung des Resultats ist genau dieselbe. Die aus dem Ballon destillirende überschüssige Substanz sammelt sich in den Kugeln der Kugelröhre und kann wiedergewonnen werden.

Eines ganz ähnlichen Verfahrens bediente sich Erwin von Sommaruga[1]) gelegentlich der Bestimmung des Molekulargewichts des Indigos. An einen Ballon von 100—150 ccm Inhalt ist unter einem Winkel von 120^0 eine 180 mm lange Glasröhre angeschmolzen, welche 100 mm vom Ballon entfernt in eine Kugel von 20 mm Durchmesser aufgeblasen ist, in der sich der überschüssige Dampf kondensirt. Der Ballon wird mit 0,15 bis 0,3 g Substanz beschickt und in einem eisernen Tiegel so festgehalten, dass die Röhre horizontal zu liegen kommt; letztere wird durch ein Bleirohr mit der Glocke einer gewöhnlichen Luftpumpe verbunden, in welche zugleich ein zu einem Manometer führendes Rohr durch einen zweiten Tubus eingeführt ist. Der Tiegel ist mit Schwefel beschickt und durch einen mit Schlitz versehenen Deckel verschlossen, durch welchen der Hals des Ballons führt. Im Uebrigen wird wie bei Habermann verfahren.

Ausser durch Druckerniedrigung kann der zu der Gasvolumgewichtsbestimmung geeignete Zustand des Dampfes auch durch Verdünnung desselben mit einem indifferenten Gas herbeigeführt werden.

[1]) Annal. Chem. Pharm. 1879, *195*, 306.

Diese Thatsache haben L. Playfair und J. A. Wanklyn[1]) bei ihrer Modifikation des Verfahrens von Dumas sich zu Nutze gemacht. Sie bedienten sich des beigezeichneten Apparats. Derselbe wird in trockner Luft gewogen, dann in ein Bad gesenkt und zwischen den beiden Kugeln festgehalten. Das Bad ist soweit mit der Heizflüssigkeit gefüllt, dass a a in dieselbe untertauchen, D aber ausserhalb derselben ist. Das Ende der Röhre A wird mit einem Wasserstoffentwicklungsapparat verbunden und durch den ganzen Apparat Wasserstoff geleitet. Dann wird die Verbindung mit dem Wasserstoffapparat unterbrochen und durch A eine geringe Menge Substanz in die Kugel b gebracht; dieselbe verdampft theilweise und der Dampf kommt in die Kugeln C C, welche etwa 300 ccm fassen. Ist die Temperatur des Bades, welche man durch stetiges Rühren langsam und gleichförmig steigend erhält, noch einige Grade unter der gewünschten Temperatur, so wird der Wasserstoffstrom fast unterbrochen, so dass die Kugeln C C weniger Dampf

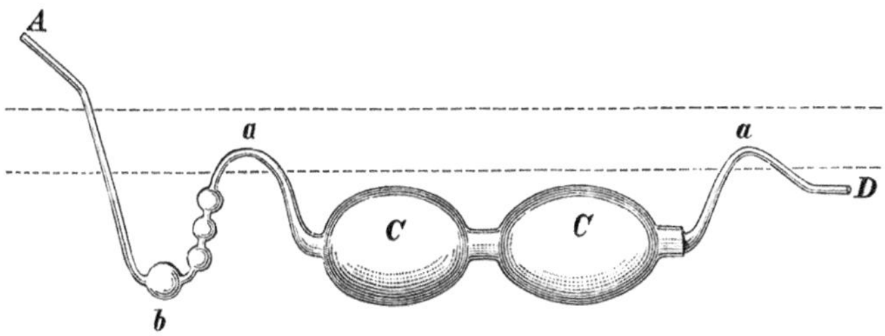

Fig. 2.

enthalten, als bei der Zuschmelztemperatur das Gasvolum vollständig sättigen würde. Nunmehr lässt man die Heizflüssigkeit so weit abfliessen, dass die Umbiegungsstellen a a herausragen, die Kugeln C C aber noch bedeckt sind, unterbricht den Wasserstoffstrom, schmilzt bei a a ab, notirt die Temperatur des Bades und den Barometerstand und wiegt die drei Theile des Apparates nach dem Reinigen und Trocknen.

Von den zur Berechnung des Gasvolumgewichts nothwendigen Daten: Gewicht, Volum, Druck und Temperatur des Dampfes kennt man zunächst nur die letztere; sie ist gleich der Temperatur des Heizbades. Die übrigen ermittelt man in folgender Weise. Der zugeschmolzene Theil c c des Apparates enthielt im Augenblick des Zuschmelzens Wasserstoff und den Dampf der Substanz. Die Wägung ergibt also das Gewicht dieser beiden und der Glasmasse der Kugeln.

[1]) Proceed. Royal Soc. Edinb. 1862, *4*, 395; Annal. Chem. Pharm. 1862, *121*, 101; Zeitschr. analyt. Chemie 1862, *1*, 204.

Nach dem Erkalten hat sich der Dampf der Substanz kondensirt; bricht man nun das Ende des zugeschmolzenen Theils unter Wasser ab, so steigt so viel Wasser in die Kugeln ein, als dem Volum des kondensirten Dampfs bei dieser Temperatur entspricht; hätte der Dampf sich nicht kondensirt, so würde er ein dem Wasser gleiches Volum einnehmen. Bringt man das Wasser in dem Kugelapparat und ausserhalb in dasselbe Niveau, schliesst den letzteren mit dem Finger, nimmt ihn ohne Temperaturänderung heraus und wägt ihn, so kann aus dem Gewicht des eingetretenen Wassers das Volum des Dampfes bei dem Barometerstand, der gerade herrscht, und der Temperatur des Wassers nach No. 6 Seite 52 berechnet werden. Zur Bestimmung des Gewichtes des Dampfes muss dasjenige des in dem Apparat enthaltenen Wasserstoffs ermittelt werden, und letzteres geschieht aus dem Volumen des Wasserstoffgases. Füllt man den Kugelapparat ganz mit Wasser, so ist das Volumen des Wasserstoffs gleich dem Volum Wasser, welches zu dem in dem Apparat bereits befindlichen Wasser bis zur vollständigen Erfüllung zugesetzt werden musste. Letzteres wird durch Wägen bestimmt. Die Temperatur des Wasserstoffvolums ist diejenige des Wassers und der Druck, unter dem dasselbe gestanden hatte, ist gleich dem Barometerstand, vermindert um die Höhe der in die Kugelröhre eingetretenen Wassersäule, welche mit einem Millimetermaassstab gemessen wird. Da man so das Volumen, den Druck und die Temperatur des Wasserstoffs in dem Kugelapparat kennt, kann man das Gewicht desselben aus den Regnault-Crafts'schen Zahlen leicht berechnen. Zieht man dieses Gewicht, sowie dasjenige der Glasmasse des Kugelapparats von dem Gewicht des zugeschmolzenen Apparats ab, so erhält man das Gewicht der in demselben enthaltenen Substanz. Man hat somit das Volumen des Dampfes eines bekannten Gewichts der Substanz bei bekannten Bedingungen des Drucks und der Temperatur ermittelt und damit alle Daten zur Berechnung des Gasvolumgewichts. Playfair und Wanklyn haben mehrfache Anwendungen ihrer Modifikation gemacht, von denen später die Rede sein wird.

Otto Pettersson und Gerhard Ekstrand[1]) haben ein dem Bunsen'schen Verfahren sehr ähnliches angegeben; auch sie wiegen gleiche Volume des Dampfes und von Luft unter denselben Bedingungen des Drucks und der Temperatur. Eine am einen Ende rund zugeschmolzene, aus dünnem Glase gefertigte Röhre mit engem Hals von 125 bis 150 ccm Inhalt wird bis zu einer Marke am Hals mit Wasser ausgewogen. Dann wird der Hals oberhalb der Marke kapillar ausgezogen und die Röhre mit trockener Luft gewogen, wobei eine

[1]) Ber. deutsch. chem. Gesellschaft 1880, *13*, 1191.

ganz gleiche Röhre als Tara dient; aus beiden Wägungen ergibt sich leicht das Gewicht der luftleeren Röhre. Die letztere wird, mit trockner Luft gefüllt, in einen weiten Glascylinder getaucht, in dessen kugelig erweiterten Bauch eine konstant siedende Flüssigkeit zum Kochen gebracht wird. Wenn der Dampf der Heizflüssigkeit über die Marke an dem Röhrenhals steigt und die Röhre die konstante Temperatur des Dampfes angenommen hat, wird die Spitze des Röhrenhalses abgeschmolzen und die Röhre gewogen. Sodann wird die Spitze abgebrochen und aufbewahrt, die zu untersuchende Substanz in die Röhre aufgesaugt und letztere wieder in den Dampf der Heizflüssigkeit gesenkt. Nach Erzielung einer konstanten Temperatur in der Röhre wird diese zugeschmolzen und nebst der vorher abgebrochenen Spitze gewogen. Durch Division des Gewichts des Dampfes durch das der Luft erhält man das auf letztere bezogene Gasvolumgewicht der Substanz.

Fast noch mehr gleicht das Verfahren von Br. Pawlewski[1]) dem Bunsen'schen. Pawlewski verwendet eine dickwandige, unten rund abgeschmolzene Röhre von 20 bis 30 ccm Inhalt, welche einen dickwandigen kapillaren Hals trägt; dieser ist in stumpfem Winkel gebogen und an dem oberen Ende konisch verdickt. Dieser Apparat wird zuerst mit Luft, dann mit der Substanz in den Dampf einer konstant siedenden Flüssigkeit getaucht; nachdem die konstante Temperatur erreicht ist, wird der Hals des Gefässes wie bei Bunsen durch ein mit Kautschuk gefüttertes Glashütchen geschlossen. Die Ausführung ist genau die früher beschriebene. Zur besseren Reinigung und Trocknung des Apparates kann noch eine zweite, mit einem Kautschukhütchen verschliessbare Röhre von $1^1/_2$ bis 2 mm lichter Weite angebracht werden.

Eine Modifikation des Dumas'schen Verfahrens, welche nur 20 Minuten Zeit erfordern soll, rührt von C. Schall[2]) her. Derselbe fertigt sich aus Reagensröhrchen Fläschchen von 4 bis 5 ccm Inhalt, die mit der Substanz gefüllt in den Dampf einer konstant siedenden Flüssigkeit gesenkt werden, so dass nur der kapillare Hals herausragt. Ist die konstante Temperatur in dem Fläschchen erreicht, so wird der in dem Hals desselben befindliche Flüssigkeitsfaden durch eine kleine Flamme entfernt und die Kapillare abgeschmolzen. Nach dem Erkalten wird das Fläschchen mit der Substanz, welche es dampfförmig erfüllt hatte, gewogen und sein Volum in einem Volumenometer gemessen. Sodann wird das Fläschchen ohne Volumänderung an zwei

---

[1]) Ber. deutsch. chem. Gesellschaft 1883, *16*, 1293.

[2]) Ber. deutsch. chem. Gesellschaft 1885, *18*, 2068.

Stellen geöffnet, indem man die Spitze der Kapillaren abbricht und den Boden ein wenig aufbläst, gereinigt, gewogen und das Volum der Glasmasse ebenfalls im Volumenometer bestimmt. Hat man bei den Wägungen die zur Reduktion derselben auf den luftleeren Raum erforderlichen Beobachtungen gemacht, so sind alle Daten zur Bestimmung des Gasvolumgewichts der Substanz gegeben.

Dies sind die Veränderungen, welche das Dumas'sche Verfahren im Verlauf der 65 Jahre seines Bestehens erfahren hat. Die wesentlichen Verbesserungen bestehen in der Abänderung des Heizbades und für höhere Temperaturen des Ballonmaterials, der Verringerung der erforderlichen Substanzmenge und der Möglichkeit, die Gasvolumgewichte im luftverdünnten oder mit einem indifferenten Gas gefüllten Raum zu bestimmen.

Bestimmung des Gasvolumgewichts durch Ermittelung des Dampfvolums eines bekannten Gewichts der Substanz.

Wie schon vorher erwähnt, ist die Ausführung dieser, der Dumas'schen Methode gerade entgegengesetzten Methode eine verschiedenartige, insofern als es verschiedene Weisen gibt, Dampf- oder Gasvolum zu bestimmen. Wir beginnen mit der am nächsten liegenden und ältesten Bestimmungsweise, welche in dem direkten Ablesen des Dampfvolums besteht; es ist dies die Methode von Gay-Lussac und zugleich die älteste aller Methoden der Bestimmung der Gasvolumgewichte und damit der Molekulargewichte.

Ermittelung des Dampfvolums durch direktes Messen desselben (Methode Gay-Lussac).

Zur Ausführung der Gay-Lussac'schen Methode[1]) dient folgender Apparat. Eine etwa 400 mm lange, ziemlich weite, in Kubiccentimeter und deren Bruchtheile getheilte Messröhre wird mit Quecksilber gefüllt und in einem eisernen cylindrischen Gefäss, das zur Hälfte mit Quecksilber gefüllt ist, umgestülpt; da die Messröhre kürzer ist als der normale Barometerstand, so bleibt dieselbe auch nach dem Umstülpen vollständig mit Quecksilber gefüllt. In die Röhre wird sodann von unten eine gewogene Menge Substanz eingeführt. Es geschieht dies in der Weise, dass man ein kleines, mit einer engen Spitze versehenes, gewogenes Glaskügelchen mit der Substanz füllt, indem man das Kügelchen erwärmt und die Spitze in die zur Untersuchung dienende flüssige Substanz taucht; beim Erkalten tritt dann die Flüssigkeit in das Kügelchen und wiederholt man dies

[1]) Annal. chim. 1811, *80*, 218; Biot, Traité de Physique, *1*, 291.

mehrmals, so ist es zuletzt ganz von der Flüssigkeit gefüllt. Man schmilzt das offene Ende des Kügelchens zu, wiegt das letztere und lässt es in der graduirten, mit Quecksilber gefüllten Röhre aufsteigen. Feste Körper werden zuvor durch Schmelzen in den flüssigen Zustand übergeführt; das Glaskügelchen muss vollständig mit der Substanz erfüllt sein und darf keine Luft enthalten.

Ueber die Messröhre stülpt man einen beiderseits offenen weiten Glascylinder, befestigt sowohl diesen wie die Messröhre durch Halter, sodass sie nicht umfallen können, füllt den Zwischenraum zwischen beiden mit Wasser, Oel, Paraffin oder Glycerin, je nach der Temperatur, welche man erzielen will, und setzt unter die eiserne Quecksilberwanne eine Gasflamme. Durch stetes Umrühren der Heizflüssigkeit sorgt man dafür, dass die Temperatur derselben möglichst gleichmässig wird und beobachtet letztere mit Hülfe eines eingesenkten Thermometers. Ist der Siedepunkt der Substanz erreicht, so beginnt dieselbe zu vergasen und die Quecksilbersäule in der Röhre herabzudrücken. Man steigert die Temperatur noch so weit, dass dieselbe den Siedepunkt der Substanz um 20 bis 30^0 übersteigt und sorgt zuletzt durch Regulirung der Flamme dafür, dass die Temperatur nur ganz langsam wächst. Darauf liest man die Höhe des Quecksilberstands in der Röhre und in der Wanne, wozu geeignete Vorrichtungen an dem Apparat angebracht sind, und die Temperatur ab und notirt den Barometerstand. Aus diesen Daten lässt sich das Gasvolumgewicht berechnen.

Es sei:

p das Gewicht der eingeführten Substanz in Grammen,

v das direkt abgelesene Volum des Dampfes in Kubiccentimetern,

h die direkt abgelesene Höhe der Quecksilbersäule in der Messröhre, vom Niveau der Wanne an gerechnet,

b der Barometerstand in Millimetern bei der Zimmertemperatur t_1,

t die Temperatur des Dampfes oder der Heizflüssigkeit,

f die Tension des Quecksilberdampfes bei der Temperatur t.

Der Druck, unter dem der Dampf in der Röhre steht, ist gleich dem auf 0^0 reduzirten Barometerstand, vermindert um die Summe der in der Röhre stehenden, auf 0^0 reduzirten Quecksilbersäule und der Tension des Quecksilberdampfs bei der Temperatur t. Der Barometerstand ist b mm bei t_1^0, daher ist er auf 0^0 reduzirt nach No. 3 S. 49 $b_0 = \frac{b}{1 + \beta t_1}$; die Höhe der Quecksilbersäule in der Röhre ist bei der Temperatur t des Heizbades zu h beobachtet worden, daher ist sie auf 0^0 reduzirt $h_0 = \frac{h}{1+\beta t}$, worin β den Ausdehnungskoëffizienten des Quecksilbers bezeichnet. Der Druck, unter dem der Dampf steht, ist daher $b_0 - (h_0 + f) = \frac{b}{1+\beta t_1} - \left(\frac{h}{1+\beta t} + f\right)$, oder bei Einführung der S. 49 abgeleiteten Annäherungsformel mit genügender Genauigkeit gleich $b(1-\beta t_1) - [h(1-\beta t) + f]$. Die Temperatur des Dampfes ist gleich t^0.

Um das Gasvolumgewicht d der Substanz zu erhalten, ist das Gewicht p der angewandten Substanz durch das Gewicht eines gleichen Volums v Wasserstoff von demselben Druck $b(1-\beta t_1) - [h(1-\beta t) + f]$ und derselben Temperatur t zu dividiren. Da bei 0^0 und 760 mm Druck 1 ccm Wasserstoff nach Regnault-Crafts 0,00008988 g wiegt, so wiegen v ccm bei den vorliegenden Bedingungen nach dem Gay-Lussac-Boyle'schen Gesetz:

$$\frac{0{,}00008988 \cdot v\,[b(1-\beta t_1) - h(1-\beta t) - f]}{760(1+\alpha t)}.$$

Das Gasvolumgewicht d_h ist daher gleich p dividirt durch diesen Ausdruck oder:

$$d_h = \frac{760\,p\,(1+\alpha t)}{0{,}00008988 \cdot v\,[b(1-\beta t_1) - h(1-\beta t) - f]}.$$

Hierin ist α der Ausdehnungskoëffizient der Gase = 0,00367, β der mittlere Ausdehnungskoëffizient des Quecksilbers = 0,000181. Der Ausdruck für das auf Luft bezogene Gasvolumgewicht d_l ist derselbe wie für d_h, nur steht an Stelle des Gewichts von 1 ccm Wasserstoff 0,00008988 dasjenige von 1 ccm Luft 0,00129349.

Die Hauptschwierigkeit des Gay-Lussac'schen Verfahrens beruht in der Art des Erhitzens. Da das Messrohr sich ganz in der Heizflüssigkeit befindet, kann nur so lange der Stand des Quecksilbers abgelesen werden, als die Heizflüssigkeit noch vollkommen klar ist. Nahm man nun z. B. Oel, so fing dies bald an, sich zu trüben und die Ablesung unmöglich zu machen. Man blieb daher zumeist auf die Anwendung des Wassers zum Erwärmen und auf Temperaturen bis zu 100^0 beschränkt. Um die Methode auch für höhere Temperaturen anwendbar zu machen, umgab J. Natanson[1]) den oberen Theil der Messröhre mit drei konzentrischen Blechcylindern. Er verwandte eine Röhre von 40 mm Durchmesser und 500 mm Länge, welche mit Quecksilber gefüllt umgestülpt wurde. Der erste Blechcylinder umschloss die Messröhre sehr eng, der zweite hatte einen 80 mm grösseren Durchmesser und war oben geschlossen, der dritte Cylinder hatte einen

[1]) Annal. Chem. Pharm. 1856, *98*, 301.

Durchmesser von 200 mm, war unten geschlossen und oben offen. Zur Erhitzung wurde der Zwischenraum zwischen dem zweiten und dritten Cylinder mit glühenden Kohlen gefüllt; der zweite Cylinder diente dabei als Luftbad, und der eng anliegende Blechcylinder vertheilte die Wärme gleichmässig auf die ganze Röhre. Durch den Deckel des Luftbads reichten zwei Thermometer verschieden tief in dasselbe, welche dicht an der Messröhre hingen. Alle Blechcylinder hatten einander diametral gegenüberliegende, 20 mm breite, die ganze Länge hinablaufende senkrechte Einschnitte, welche das Ablesen des Quecksilberstands und der Thermometer gestatteten.

Bei der hohen Temperatur, welche hier angewandt werden sollte, war die Tension des Quecksilberdampfs eine Grösse von wesentlicher Bedeutung; bei den niederigen Temperaturen, die bei der ursprünglichen Methode in Betracht kamen, war dieselbe nur sehr gering. Denn während nach den neuesten Bestimmungen von W. Ramsay und S. Young[1]) die Tension des Quecksilberdampfs bei 100^0 nur 0,270 mm beträgt, wächst sie bis 160^0 auf 4,013 mm und bis 200^0 auf 17,015 mm; von 200^0 ab nimmt sie sehr rasch zu. Da zur Zeit der Natanson'schen Versuche (1856) noch keine genauen Bestimmungen der Tension des Quecksilbers vorlagen — die Regnault'schen Tabellen[2]) datiren von 1860 und 1862 und Avogadro[3]) hatte nur wenige Beobachtungen gemacht —, so eliminirte Natanson die aus der Tension der Quecksilberdämpfe entspringende Korrektion durch unmittelbare Beobachtung. Er brachte in die Messröhre über Quecksilber ein bestimmtes Volum Luft, erhitzte, las bei verschiedenen Temperaturen die Höhe der Quecksilbersäule in der Röhre ab und verglich die gefundene Ausdehnung der Luft mit der aus dem Gay-Lussac-Boyle'schen Gesetze berechneten; aus den bei verschiedenen Temperaturen angestellten Versuchen entwarf er dann eine Tabelle für den Apparat.

Eine nur schwer zu ermittelnde Korrektion war bei der Natanson-schen Anordnung des Apparats die Reduktion der Quecksilbersäule auf 0^0. Denn während bei dem Gay-Lussac'schen Apparat die ganze Säule eine einheitliche Temperatur, nämlich diejenige der Heizflüssigkeit, hat, ist dies bei dem Natanson'schen Apparat deshalb nicht der Fall, weil nur der obere Theil der Quecksilbersäule sich in dem Luftbad befindet; der untere Theil hat keine einheitliche Temperatur, sondern oben noch diejenige des Luftbades, die nach unten allmählich

---

[1]) Journ. Chem. Soc. 1886, *49*, 37.

[2]) Annal. Phys. Chem. 1860, *11*, 411; Mém. de l'Acad. 1862, *26*, 520.

[3]) Annal. chim. phys. [2], 1830, *44*, 369.

in die Zimmertemperatur übergeht. Die genaue Reduktion dieses unteren Theils der Säule auf 0^0 ist daher nicht möglich. Bei genauen Versuchen muss dann auch die Ausdehnung des Glases berücksichtigt werden.

Hugo Schiff[1]) bedient sich zur Ausführung der Gasvolumgewichtsbestimmung nach Gay-Lussac eines 40 cm hohen stehenden Glascylinders, dessen innere Höhe in Millimetern genau bekannt ist. Derselbe wird bis zu 15 mm Höhe mit Quecksilber gefüllt und in eine weite Glaswanne gestellt. Die 20 mm weite und 300 bis 350 mm lange Messröhre, welche in Millimeter getheilt und in Kubiccentimeter kalibrirt ist, wird mit Quecksilber gefüllt, mit der in einem Glaskügelchen enthaltenen Substanz beschickt, unter Quecksilber umgedreht und mit Hülfe eines eisernen Löffels mit langem Stiel umgekehrt und mit Quecksilber gefüllt in den stehenden Cylinder gebracht. Auf die Kuppe der Messröhre wird ein mit Blei ausgegossener Handgriff von $^1/_8$ Kilogramm Gewicht gesetzt, der mittels vier Federn das geschlossene Ende der Messröhre umfasst und die Stellung derselben sichert, wenn sie später mit Dampf gefüllt ist; an dem Handgriff ist ein Häkchen zur Aufnahme des Thermometers angebracht. Sodann wird der Cylinder mit einer heissen Flüssigkeit gefüllt, mit siedendem Wasser, einer Salzlösung, verdünntem Glycerin oder einer Lösung von Chlorcalcium in verdünntem Glycerin; auch die Wanne, in der der Cylinder steht, wird bis zum Niveau des Quecksilbers mit der heissen Flüssigkeit gefüllt, damit auch das Quecksilber die Temperatur der Heizflüssigkeit hat. Die Substanz verdampft, und die Abkühlung der heissen Flüssigkeit wird bald so verlangsamt, dass das Dampfvolum konstant wird. Man liest den Stand des Quecksilbers in der Messröhre und im Cylinder, die Temperatur des Dampfes und den Barometerstand ab. Die Berechnung des Gasvolumgewichts bleibt dieselbe wie bei der ursprünglichen Methode, nur der Druck, unter dem der Dampf steht, ist ein anderer. Bei Gay-Lussac ist der Cylinder, welcher die Heizflüssigkeit enthält, unten offen; die letztere kommunizirt daher mit dem äusseren Quecksilberniveau und der Druck, den sie ausübt, gleicht sich mit dem Atmosphärendruck aus. Bei Schiff ist der Cylinder dagegen unten geschlossen und die Flüssigkeitssäule drückt auf den Dampf in der Messröhre; der Druck derselben muss daher in Millimeter Quecksilberdruck umgerechnet und zum Barometerstand addirt werden. Sorgt man dafür, dass der Cylinder stets bis zum Ueberlaufen mit der Heizflüssigkeit gefüllt ist, so ist die Höhe der Flüssigkeitssäule gleich

[1]) Zeitschr. analyt. Chemie 1862, *1*, 320.

der Höhe des ganzen Cylinders, vermindert um die Quecksilbersäule im Cylinder. Zur Umrechnung des Drucks der Flüssigkeitssäule in Millimeter Quecksilberdruck muss man das spezifische Gewicht der Flüssigkeit kennen; dasselbe wird bei der Versuchstemperatur aräometrisch bestimmt. Da die Drucke gleich hoher Säulen von Flüssigkeiten sich verhalten wie die spezifischen Gewichte, so erhält man den Druck, den die Flüssigkeit auf den Dampf ausübt, in Millimetern Quecksilber, indem man die Höhe der Säule in Millimetern mit dem Quotienten der spezifischen Gewichte der Flüssigkeit und des Quecksilbers multiplizirt. Der sich ergebende Quecksilberdruck, sowie die Höhe des Quecksilbers im Cylinder, werden zum Barometerstand addirt und die in der Messröhre stehende Quecksilbersäule von demselben abgezogen; man erhält so den Druck in Millimetern Quecksilber, unter dem der Dampf steht, der dann nach No. 3 S. 49 auf 0^0 reduzirt wird. Wie man sieht, hat Schiff die bei der Natanson'schen Anordnung zu Tage tretende Schwierigkeit, welche in der ungleichmässigen Temperatur bestand, umgangen; doch haben beide Modifikationen nur noch geschichtliches Interesse.

Bineau[1]) bediente sich zur Bestimmung des Gasvolumgewichts bei niederer Temperatur und vermindertem Druck eines Ballons, der in eine Röhre von 800 mm Länge endigte. Das Gefäss wurde in senkrechter Stellung, der Ballon nach oben, aufgestellt, und das offene Ende der Röhre durch einen Kork in die Glocke einer Luftpumpe geführt; die Luft wurde nach Möglichkeit ausgepumpt, die Oeffnung der Röhre in ein, ebenfalls unter der Glocke der Luftpumpe stehendes tiefes Gefäss mit Quecksilber getaucht und Luft in die Glasglocke gelassen. Das Quecksilber stieg dann sofort in der Röhre bis zu einer Höhe, welche dem herrschenden Barometerstand um so näher kam, je verdünnter die Luft in der Röhre war. Sodann wurde das Gefäss, während die Röhrenmündung unter Quecksilber tauchte, aus der Luftpumpenglocke herausgenommen und die Höhe der Quecksilbersäule mit derjenigen eines Gefässbarometers verglichen, welches in dieselbe Quecksilberwanne tauchte. Die Differenz der Quecksilbersäulen in dem Barometer und der Röhre ergab die Spannkraft der in der letzteren noch enthaltenen Luft. In dem Quecksilber der Versuchsröhre liess Bineau dann eine abgewogene Menge Substanz, welche in einem Glaskügelchen eingeschlossen war, bis zu dem Ballon emporsteigen und erwärmte den ganzen Apparat auf die gewünschte Temperatur. Die Menge der angewandten Substanz wurde stets so gewählt, dass sie nicht hinreichte, den Ballon mit Dampf zu

---

[1]) Annal. Chem. Pharm. 1846, *60*, 157.

sättigen. Nach dem Erwärmen wurde der Quecksilberstand, die Temperatur und das Volum bestimmt, welches das Gemisch von Luft und Dampf einnahm. Daraus lässt sich in bekannter Weise das Gasvolumgewicht berechnen. Auf die Resultate, welche Bineau nach diesem Verfahren erhielt, wird später zurückgekommen werden.

Bineau erreichte mit seiner Modifikation zweierlei: er konnte das Gasvolumgewicht bei geringem Druck und, durch mehr oder weniger tiefes Eintauchen der Röhre in die Quecksilberwanne, bei verschiedenen Spannungen des Dampfes bestimmen. Dasselbe hätte er viel einfacher erreichen können, wie es seitens Croullebois'[1]) geschehen ist, der sich desselben Verfahrens bei der Bestimmung des Gasvolumgewichts des flüssigen Phosphorwasserstoffs bediente. Derselbe füllte einen Ballon von $1^1/_2$ Liter Inhalt, der in eine Röhre von 120 cm Länge und 2 cm Durchmesser auslief, mit Quecksilber und drehte den Apparat in einem tiefen, mit Quecksilber gefüllten Napf um. Da die Röhre viel grösser war als der Barometerstand, entstand in dem Ballon und einem Theil der Röhre ganz von selbst ein luftleerer Raum, den Bineau mit Hülfe der Luftpumpe hergestellt hatte. Freilich gehörten zum Füllen des Apparates etwa 25 Kilogramm Quecksilber, mit denen zu arbeiten wenig bequem ist; H. Sainte-Claire Deville[2]) meinte denn auch, dass das Verfahren vor dem Gay-Lussac'schen, mit dem es im Prinzip übereinstimme, keinen Vorzug habe, wogegen sich Croullebois[3]) aber verwahrte.

Die Gay-Lussac'sche Methode wird in ihrer ursprünglichen Form heute wohl nirgends mehr ausgeführt; an ihre Stelle ist voll und ganz die überaus fruchtbringende Modifikation von A. W. Hofmann[4]) getreten. Nach zwei Gesichtspunkten hat A. W. Hofmann die Methode von Gay-Lussac verändert und beide Veränderungen sind von wesentlicher Bedeutung gewesen. Während Gay-Lussac eine Messröhre von 400 mm verwandte, nimmt Hofmann eine solche von 1 Meter Länge. Wird dieses Rohr vollständig mit Quecksilber gefüllt und unter Quecksilber umgestülpt, so bleibt sie nicht, wie dies bei einem kurzen Rohr der Fall ist, bis zum oberen Ende mit Quecksilber gefüllt; die Röhre stellt vielmehr jetzt ein Gefässbarometer dar, in welchem das Quecksilber nur bis zu der dem augenblicklich herrschenden Luftdruck entsprechenden Höhe steht. Es entsteht daher über dem Quecksilber eine Barometerleere, deren Länge

---

[1]) Compt. rend. 1874, *78*, 496.
[2]) Compt. rend. 1874, *78*, 534.
[3]) Compt. rend. 1874, *78*, 805.
[4]) Ber. deutsch. chem. Gesellschaft 1868, *1*, 198.

gleich der Differenz der Röhrenlänge und des augenblicklichen Barometerstandes ist. Die Röhre ist 15 bis 20 mm weit und mit einer Theilung in Kubiccentimeter und deren Bruchtheile versehen.

In Folge der Länge der Röhre kann dieselbe nicht mehr durch ein darunter gestelltes Feuer in ihrer ganzen Ausdehnung auf dieselbe Temperatur erhitzt werden; die Erwärmung wird daher nach A. W. Hofmann's Vorgang in folgender Weise bewerkstelligt. Die graduirte Röhre wird mit einer 40 mm weiten, 90 cm langen Glashülle umgeben, welche oben zu einem rechtwinklig gebogenen Zuleitungsrohr verengt ist, das mit einem Kochkolben verbunden wird. Unten wird die Hülle durch einen um die Barometerröhre gelegten Korkstopfen geschlossen, durch welchen eine als Abzugsröhre dienende Glasröhre in den Raum zwischen Hülle und Messröhre führt; dieselbe ist auch vielfach oberhalb des Stopfens an die Hülle angeschmolzen. Soll die Röhre erhitzt werden, so bringt man in den Kochkolben eine je nach der Temperatur, welche man erzielen will, auszuwählende Flüssigkeit in lebhaftes Kochen. Der Dampf erfüllt alsbald den Zwischenraum zwischen Glashülle und Messröhre. umspült letztere und erwärmt sie auf die konstante Temperatur der siedenden Flüssigkeit. An dem unteren Abzugsrohr treten die Dämpfe aus und können dort, wenn nöthig, durch Vorlage eines Kühlers kondensirt und wiedergewonnen werden.

An Stelle der Glaskügelchen mit kapillarem Halse verwendet A. W. Hofmann zum Abwiegen der flüssigen Substanzen kleine Glasfläschchen mit eingeschliffenem Glasstöpsel, welche 0,02 bis 0,1 ccm fassen. Der Stöpsel springt entweder schon heraus, sobald das Fläschchen in die Barometerleere kommt, oder doch beim Erwärmen des Rohres. Ein solches Fläschchen kann immer wieder benutzt werden.

Zur Ausführung des Verfahrens füllt man die Messröhre mit Quecksilber, dreht sie unter Quecksilber in einer Wanne um, stülpt den Glasmantel darüber, lässt das Fläschchen mit einer gewogenen Menge Substanz in der Röhre emporsteigen, liest den Stand des Quecksilbers in der Röhre ab und bringt die Heizflüssigkeit in's Sieden. Hat die Röhre die Temperatur des Dampfes der Heizflüssigkeit angenommen und ist das Volumen des Substanzdampfes konstant geworden, so liest man wieder den Stand der Quecksilbersäule in der Röhre ab; gleichzeitig notirt man die Höhe der Quecksilbersäule von dem Niveau der Wanne bis zu der unteren Fläche des Korkes und von dieser Fläche bis zum Niveau in der Röhre und bestimmt die mittlere Temperatur des unteren Theils der Quecksilbersäule, indem man an die Mitte derselben ein Thermometer hält.

Die Berechnung des Gasvolumgewichts ist dieselbe wie bei Gay-Lussac. Bezeichnen wir den Druck, unter dem das Dampfvolum steht, mit H und behalten die übrigen Buchstaben, welche bei der Berechnung des Resultats nach der ursprünglichen Gay-Lussac'schen Methode angewandt wurden, bei, so ergibt sich für das Gasvolumgewicht der Werth:

$$d_h = \frac{760 \cdot p\,(1 + \alpha t)}{0{,}00008988 \cdot v \cdot H}.$$

Der Druck H, unter dem das Dampfvolum steht, ist gleich dem auf 0^0 reduzirten Barometerstand, vermindert um die auf 0^0 reduzirte Quecksilbersäule in der Röhre und um die Tension der Quecksilberdämpfe bei der Versuchstemperatur. Ist der Barometerstand b bei t_1^0 abgelesen worden, so ist er bei 0^0 gleich $\frac{b}{1 + \beta \cdot t_1}$ oder gleich $b\,(1 - \beta t_1)$; die Tension f der Quecksilberdämpfe für die Temperatur t^0 ist den Tabellen zu entnehmen. Die Reduktion der Quecksilbersäule ist dagegen weniger einfach. Bei der ursprünglichen Gay-Lussac'schen Methode hatte die ganze Säule die Temperatur der Heizflüssigkeit, bei der Hofmann'schen Modifikation ist dies aber nicht mehr der Fall. Der obere Theil der Barometerröhre bis zur unteren Fläche des Stopfens hat die Temperatur des Dampfes der Heizflüssigkeit, denn die letztere umspült ihn vollständig; der untere Theil der Quecksilbersäule vom Kork bis zum Niveau der Wanne hat dagegen keine gleichmässige Temperatur: er wird von oben nach unten immer kälter und hat unten Zimmertemperatur.

Die Höhe der beiden Theile der Quecksilbersäule wird daher gesondert auf 0^0 reduzirt. Zu dem Zwecke sei die Höhe der Quecksilbersäule von der Kuppe bis zu der unteren Korkfläche gleich h_1, von der Korkfläche bis zum Niveau der Wanne gleich h_2. Die Säule h_1 hat die Temperatur t des Heizdampfes, daher ist sie auf 0^0 reduzirt gleich $\frac{h_1}{1 + \beta t}$ oder $h_1\,(1 - \beta t)$. Die mittlere Temperatur der Säule h_2 wird durch Anlegen eines Thermometers an ihre Mitte bestimmt; sie sei t_2^0. Dann ist die Höhe der Quecksilbersäule bei 0^0 gleich $\frac{h_2}{1 + \beta t_2}$ oder $h_2\,(1 - \beta t_2)$. Der Druck, unter dem das Dampfvolum steht, wird daher nach Einführung aller Werthe:

$$H = \frac{b}{1 + \beta t_1} - \left(\frac{h_1}{1 + \beta t} + \frac{h_2}{1 + \beta t_2} + f\right)$$

oder, wenn wir uns mit den Annäherungswerthen begnügen:

$$H = b\,(1 - \beta t_1) - h_1\,(1 - \beta t) - h_2\,(1 - \beta t_2) - f.$$

Sodann wird das Gasvolumgewicht:

$$d_h = \frac{760 \cdot p\,(1 + \alpha t)}{0{,}00008988 \cdot v \cdot [b\,(1-\beta t_1) - h_1\,(1-\beta t) - h_2\,(1-\beta t_2) - f]}\,.$$

Hierin ist:

p das Gewicht der angewandten Substanz in Grammen,
t die Temperatur des Heizdampfes oder der Siedepunkt der Heizflüssigkeit,
v das Volum des Substanzdampfes in Kubiccentimetern bei t_0,
b der Barometerstand in Millimetern, bei t_1^0 abgelesen,
h_1 die Höhe der Quecksilbersäule in der Röhre von der Kuppe bis zur unteren Fläche des Korkes in Millimetern,
h_2 die Höhe der Quecksilbersäule in der Röhre vom Kork bis zum Niveau der Wanne in Millimetern,
t_2 die mittlere Temperatur der Säule h_2,
α der Ausdehnungskoëffizient der Gase $= 0{,}00367$,
β der Ausdehnungskoëffizient des Quecksilbers $= 0{,}000181$.

Die oben für die Ausdrücke $\frac{h}{1 + \beta t}$ eingeführten Annäherungswerthe $h\,(1-\beta t)$ differiren nur so wenig von ersteren, dass sie unbedenklich an deren Stelle gesetzt werden können. So ergibt sich z. B. für $b = 760$ mm, $h_1 = 400$ mm, $h_2 = 100$ mm, $f = 0{,}3$ mm, $t = 100^0$, $t_1 = 10^0$ und $t_2 = 30^0$: $\frac{b}{1+\beta t_1} - \frac{h_1}{1+\beta t} - \frac{h_2}{1+\beta t_2} - f = 265{,}9$ mm, während $b\,(1-\beta t_1) - h_1\,(1-\beta t) - h_2\,(1-\beta t_2) - f = 266{,}0$ mm wird.

Nach der beschriebenen Art der Ausführung des Hofmann'schen Verfahrens ist die genaue Reduktion der Quecksilbersäule auf 0^0 nicht möglich, da ihre Temperatur nicht gleichmässig ist. Man suchte daher diese Schwierigkeit zu umgehen, und hat A. W. Hofmann[1]) selbst zwei Wege vorgeschlagen, welche dies Ziel erreichen. Man stülpt einfach den Glasmantel so über die Barometerleere, dass der untere Rand derselben in das Quecksilber der Wanne taucht und das Dampfabflussrohr nur wenige Centimeter über dem Quecksilberniveau sich befindet; dann hat die ganze Barometerröhre die Temperatur des Heizdampfes. Oder man legt auf den Boden der Quecksilberwanne eine Kautschukplatte, welche auf eine mit einem aus dem Quecksilber herausragenden Griff versehene eiserne Platte aufgekittet ist. In der Platte ist eine Rinne, so dass, wenn man die mit Quecksilber gefüllte Röhre mit dem offenen Ende daraufstellt und die Substanz vergast, das von dem Dampf verdrängte Quecksilber durch die Rinne in die Wanne fliessen kann. Ist die Quecksilbersäule stationär geworden, so schiebt man mit Hülfe des herausragenden Griffes die Kautschukplatte so, dass

[1]) Ber. deutsch. chem. Gesellschaft 1876. *9.* 1304.

die Rinne mit dem Inneren der Barometerröhre nicht mehr kommunizirt und das Quecksilber in der Barometerröhre vollkommen abgeschlossen ist. Man liest das Dampfvolum ab und lässt den Apparat bis zur Zimmertemperatur sich abkühlen; nunmehr hat die ganze Quecksilbersäule die gleiche Temperatur und die Reduktion auf 0^0 ist genau ausführbar.

J. W. Brühl[1]) erreicht dasselbe in folgender Weise. Er füllt nach dem Umstülpen der Messröhre die Quecksilberwanne bis zum Ueberlaufen und erhitzt die Röhre, ohne Substanz einzuführen. Sobald der Stand des Quecksilbers konstant geworden ist, liest er die Höhe derselben ab, lässt etwas erkalten, führt die Substanz ein, erhitzt von Neuem auf die Versuchstemperatur und liest den nunmehrigen Stand der Quecksilbersäule ab, wobei die Wanne wieder bis zum Ueberlaufen gefüllt ist. Zugleich wird das Volumen des Dampfes notirt. Zur Berechnung des Druckes, unter dem das Dampfvolum steht, sei:

b die Höhe der Quecksilbersäule h der Barometerstand t die Temperatur des Dampfes ϑ die Temperatur des Zimmers s die Tension des Quecksilberdampfes	bei der Ablesung des Quecksilberstandes ohne Einführung von Substanz in die Barometerleere,

b_1, h_1, t_1, ϑ_1, s_1 die entsprechenden Werthe nach Einführung der Substanz.

Der Druck der Quecksilbersäule b hält, zusammen mit der Tension des Quecksilbers s, dem Luftdruck h das Gleichgewicht; es ist daher $b_0 + s = h_0$, wenn b_0 und h_0 die auf 0^0 reduzirten Grössen b und h bedeuten. Der Barometerstand h_0 ist, wenn er bei ϑ^0 zu h gefunden wurde, $h_0 = \frac{h}{1 + \beta . \vartheta}$, wenn β der Ausdehnungskoëffizient des Quecksilbers ist. Die Säule b setzt sich aus zwei Theilen zusammen: der obere Theil b_w besitzt in seiner ganzen Ausdehnung die Temperatur t des Heizdampfes, der untere Theil b_k hat dagegen keine gleichmässige Temperatur; er beginnt an der Grenze (der unteren Korkfläche) mit der Temperatur t des Dampfes und gleicht sich nach unten mit der Zimmertemperatur ϑ aus. Der Druck, den die Quecksilbersäule b_w ausübt, ist daher in Millimetern Quecksilber von 0^0 gegeben durch den Ausdruck: $\frac{b_w}{1 + \beta . t}$. Der durch die Säule b_k ausgeübte Druck lässt sich wegen der Ungleichmässigkeit der Temperatur nicht genau bei 0^0 angeben; er sei gleich x. Dann wird das Gleichgewicht des Druckes gegeben durch die Gleichung:

---

[1]) Ber. deutsch. chem. Gesellschaft 1876, *9*, 1368.

$$\frac{b_w}{1+\beta . t} + x + s = \frac{h}{1+\beta . \vartheta}.$$

In derselben Weise ist bei der zweiten Messung, nach Einführung der Substanz, die Quecksilbersäule b_1 aus zwei Theilen zusammengesetzt: $b_1 = b_{w_1} + b_{k_1}$ und es ist $b_{k_1} = b_k$, denn die Entfernung des erhitzten Theils der Quecksilbersäule von dem Niveau der Wanne bleibt dieselbe wie vorher. Bleibt nun die Lufttemperatur und die Temperatur des Heizdampfes, welch' letztere nur von dem Barometerstand abhängt, bei beiden Ablesungen gleich, so ist der durch $b_{k_1} = b_k$ ausgeübte Druck auch bei der zweiten Ablesung gleich x. Variiren Zimmertemperatur und Barometerstand während der zwei Ablesungen, so kann dies doch nur in so engen Grenzen stattfinden, dass man die Unterschiede ohne Bedenken vernachlässigen kann; denn die durch geringe Temperaturschwankungen verursachten Druckänderungen sind wegen der geringen Ausdehnung des Quecksilbers nur verschwindend klein. Mit grösster Annäherung kann daher der durch die Quecksilbersäule b_{k_1} erzeugte Druck ebenfalls gleich x gesetzt werden. Für das Druckgleichgewicht bei der zweiten Ablesung ergibt sich wie vorher die Gleichung:

$$\frac{b_{w_1}}{1+\beta . t_1} + x + s_1 + B = \frac{h_1}{1+\beta . \vartheta_1},$$

worin B den Druck bedeutet, den der Dampf der Substanz auf die Quecksilbersäule ausübt; denn auch dieser wirkt dem Luftdruck entgegen und ist den übrigen, im gleichen Sinne thätigen Grössen zuzuzählen. Durch Subtraktion der beiden Gleichungen ergibt sich:

$$B = \frac{b_w}{1+\beta . t} - \frac{b_{w_1}}{1+\beta . t_1} + (s - s_1) - \left(\frac{h}{1+\beta . \vartheta} - \frac{h_1}{1+\beta . \vartheta_1}\right).$$

Da die Gasvolumgewichtsbestimmungen nach Hofmann in kurzer Zeit ausführbar sind und die beiden Ablesungen nur durch einen kurzen Zeitraum von einander getrennt sind, so sind die Temperaturen t und t_1 und andererseits ϑ und ϑ_1 nur sehr wenig von einander verschieden; denn die Zimmertemperatur ändert sich gewöhnlich nur langsam und die Temperatur des Heizdampfes ist nur von dem Barometerstand abhängig, der ebenfalls in geringen Zeitintervallen nur geringe Schwankungen erfährt. Man kann daher für die Temperatur t und t_1 bezw. ϑ und ϑ_1 Mitteltemperaturen einsetzen; arbeitet man ferner mit Wasser als Heizflüssigkeit, so ist, da die Tension des Quecksilbers bei 100^0 nur sehr klein ist (sie beträgt nach W. Ramsay und S. Young[1]) 0,270 mm), selbst für grosse Temperaturdifferenzen ein

[1]) Journ. Chem. Soc. 1886, *49*, 37.

Unterschied der Tension des Quecksilberdampfes in der Barometerleere nicht mehr nachweisbar. Es kann daher $s = s_1$ und $s - s_1 = 0$ gesetzt werden. Führt man beide Umformungen in die Gleichung für B ein, so wird

$$B = \frac{b_w - b_{w_1}}{1 + \beta \cdot \frac{t + t_1}{2}} - \frac{h - h_1}{1 + \beta \cdot \frac{\vartheta + \vartheta_1}{2}}.$$

Ferner ist $b_k + b_w = b$, $b_{k_1} + b_{w_1} = b_1$ und $b_k = b_{k_1}$, daher $b_w - b_{w_1} = b - b_1$ und:

$$B = \frac{b - b_1}{1 + \beta \cdot \frac{t + t_1}{2}} - \frac{h - h_1}{1 + \beta \cdot \frac{\vartheta + \vartheta_1}{2}}.$$

Dies ist der angenäherte Druck, unter dem das Dampfvolum steht, wenn Zimmertemperatur und Barometerstand sich während des Versuchs geändert haben. Bleiben diese konstant, wird also $t = t_1$ und $\vartheta = \vartheta_1$, ein Fall, der zumeist eintreten wird, so ist:

$$B = \frac{b - b_1}{1 + \beta \cdot t}.$$

H. Wichelhaus[1]) erzielte dadurch eine gleichmässige Erwärmung der ganzen Quecksilbersäule, dass er das Gefässbarometer des Hofmannschen Apparats in ein Heberbarometer verwandelte; es geschah dies durch den Ansatz eines angeschliffenen U-Rohres an das untere, ebenfalls geschliffene offene Ende der Messröhre. Danach füllt man die Röhre mit Quecksilber, stülpt sie in der Wanne um, lässt das Fläschchen mit Substanz emporsteigen und schiebt den einen Schenkel des U-Rohres unter Quecksilber auf das untere Ende der Messröhre. Nimmt man das Rohr aus der Wanne, so bleibt das U-Rohr an demselben hängen, so dass das Ganze ein Heberbarometer darstellt; man kann bei weiterem Arbeiten die Wanne ganz entbehren, und daher ist es leicht möglich, die ganze Röhre in den Heizmantel zu bringen. Der letztere hat die Gestalt eines Lampencylinders, d. h. er erweitert sich unten, wo die U-Röhre sitzt, während der weitaus grössere obere Theil desselben enger ist, damit nicht zu viel Heizdampf erforderlich ist. Die Glashülle hat oben die Beschaffenheit der von Hofmann angegebenen Form, unten ist sie durch einen Stopfen geschlossen, auf dem das Heberbarometer ruht und durch welchen das Dampfabflussrohr reicht. Beim Erhitzen des Apparates tritt das Quecksilber aus dem freien Schenkel des angesetzten U-Rohres aus und geht durch

[1]) Ber. deutsch. chem. Gesellschaft 1870, *3*, 166; Zeitschr. analyt. Chemie 1870, *9*, 496.

das Dampfabflussrohr in die Vorlage. Die Ablesung der Quecksilbersäule nach Erzielung eines konstanten Volums ist der Ablesung des Heberbarometers analog: man muss den Abstand der Quecksilberniveaux in den beiden Schenkeln bestimmen; da der eine Schenkel, das freie Ende des angesetzten U-Rohres, stets ganz gefüllt ist, so wird der Theilstrich der Messröhre, der mit dem Ende des kleinen Schenkels in einer Horizontalen liegt, ein für alle Mal bestimmt.

D. S. Macnair[1]) verwendet zur Bestimmung des Gasvolumgewichts nach A. W. Hofmann direkt ein Heberbarometer, dessen geschlossenes Ende erweitert ist; auch das offene Ende ist unmittelbar über der Umbiegung erweitert. Man füllt das Heberbarometer mit Quecksilber, bringt das Fläschchen mit Substanz in das offene Ende, drückt es mit einem gebogenen Glasstab durch die Umbiegung und lässt es im geschlossenen Schenkel aufsteigen. Dann hängt man das ganze Barometer in einen Kolben, in dem eine konstant siedende Flüssigkeit kocht; der Hals des Kolbens ist so lang, dass das Barometer vollkommen von dem Dampf der Heizflüssigkeit umspült wird. Ist der Quecksilberstand stationär geworden, so liest man die Niveaudifferenz des Quecksilbers in den beiden Schenkeln ab und verfährt im Uebrigen wie früher.

A. W. Hofmann[2]) äusserte sich über die Anwendung des Heberbarometers, wie es Wichelhaus vorgeschlagen hatte, wenig günstig; diese Modifikation hatte verschiedene Uebelstände im Gefolge. So ist die Barometerleere um die Länge der Sperrsäule im Heber kürzer; von besonderer Bedeutung ist aber der Umstand, dass man mit einem solchen Heberbarometer immer nur einen Versuch machen kann; denn beim Erkalten tritt Luft in die Röhre ein, wodurch ein direkt sich anschliessender zweiter Versuch mit derselben Substanz bei anderer Temperatur unmöglich gemacht wird. Bei der Hofmann'schen Arbeitsweise mit dem Gefässbarometer kann man dagegen das Gasvolumgewicht derselben Menge einer Substanz so oft man will und bei den verschiedensten Temperaturen bestimmen; denn beim Erkalten tritt nur Quecksilber in die Röhre und die Substanz ist in der Barometerleere vollkommen abgesperrt. Dies ist ohne Zweifel ein grosser Vorzug der ursprünglichen Methode.

Mancherlei kleine Veränderungen wurden im Laufe der Zeit an dem Hofmann'schen Apparat angebracht. Da die mit einer Theilung versehene Messröhre mitunter beim Erhitzen springt, schlug A. W. Hofmann[2]) vor, zu den Gasvolumgewichtsbestimmungen ein

[1]) Chem. News 1887, *55*, 289.

[2]) Ber. deutsch. chem. Gesellschaft 1876, *9*, 1304; Zeitschr. analyt. Chemie 1877, *16*, 479.

nicht graduirtes Rohr zu nehmen; man bezeichnet in dem Falle den Stand der Quecksilbersäule in der Messröhre durch eine Papiermarke und wiegt den Raum, den der Dampf eingenommen hatte, mit Quecksilber aus. Weitere Veränderungen von M. M. Muir und S. Suguira[1]), sowie von W. A. Tilden[2]) sind nur unwesentlicher Natur.

Der Hofmann'sche Apparat ist in der vorher beschriebenen Form ausreichend, um Gasvolumgewichtsbestimmungen im Wasserdampf auszuführen; für höhere Temperaturen geschieht die Erwärmung zweckmässig in einer etwas veränderten Weise. A. W. Hofmann[3]) gab für höhere Temperaturen eine Vorrichtung an, welche das Zurückfliessen der kondensirten Heizdämpfe in den Siedekolben gestattet. Er brachte den letzteren unten an und verschloss ihn durch einen zweifach durchbohrten Kork; durch die beiden Bohrungen führten zwei Glasröhren, welche durch den den Heizmantel unten abschliessenden Kork in die Heizhülle reichten und als Dampfzuleitungs- und Abflussrohr dienten. Das Glasrohr für die Zufuhr des Dampfes beginnt unmittelbar unter dem Kork des Siedekolbens und endigt 4 bis 5 cm über dem Kork des Heizmantels; das Glasrohr für den Rückfluss der Dämpfe beginnt unmittelbar über dem Kork des Heizmantels und reicht bis auf den Boden des Siedekolbens herab. Der Heizmantel ist oben geschlossen und überragt die Kuppe der Messröhre um 40 cm. Kocht man in dem Siedekolben 100 bis 150 ccm Flüssigkeit, so kondensiren sich die Dämpfe erst oberhalb der Kuppe der Messröhre und letztere erhält in ihrer ganzen Ausdehnung die Temperatur der sie umspielenden Dämpfe. Zweckmässig verwendet man Siedekolben und Heizmantel aus Kupfer.

C. Engler[4]) umgab, als er Naphtalin als Heizsubstanz anwandte, den gläsernen Heizmantel mit einem weiteren von Kupfer, der unten nach Art der Heisswassertrichter eingerichtet war; den Zwischenraum zwischen beiden Mänteln füllte er mit Paraffin und wärmte auf 200° vor. Dadurch wurde das Springen des Glases und die Verstopfung des unteren Abflussrohrs durch kondensirtes Naphtalin vermieden.

Zur Bestimmung des Gasvolumgewichts hochsiedender Körper nach Hofmann's Methode kann man auf zwei verschiedene Weisen vorgehen: entweder wendet man eine hochsiedende Heizsubstanz an oder man verringert den Druck in der Messröhre durch Vergrösserung des Vakuums und Anwendung einer sehr kleinen Menge Substanz; letztere Verfahrungsweise basirt auf der Thatsache, dass die Substanzen

[1]) Chem. News 1877, *35*, 215.

[2]) Chem. News 1878, *37*, 219.

[3]) Ber. deutsch. chem. Gesellschaft 1876, *9*, 1304; Zeitschr. analyt. Chemie 1877, *16*, 479.

[4]) Ber. deutsch. chem. Gesellschaft 1875, *8*, 1419.

bei um so niedrigerer Temperatur sieden, je geringer der Druck ist. Die erstere Art ist deshalb wenig vortheilhaft, weil die hochsiedenden Substanzen nur einen geringen Wärmeinhalt haben. Als Heizsubstanzen wurden von A. W. Hofmann und Anderen neben Wasser in Vorschlag gebracht: Anilin (183°), Naphtalin (218°), Aethylbenzoat (213°) und Amylbenzoat (261°). J. W. Brühl[1]) zieht es vor, den zweiten Weg einzuschlagen; er geht über den Siedepunkt des Anilins (183°) oder höchstens des Naphtalins (218°) nicht hinaus, bestimmt vielmehr die Gasvolumgewichte, wenn irgend möglich, im Wasserdampf und sorgt durch Vergrösserung des Vakuums für sehr geringen Druck in der Röhre. Er bedient sich einer kalibrirten Messröhre von $1^1/_2$ Meter Länge, 18 mm lichter Weite und 1,5 mm Wandstärke, welche 5 kg Quecksilber fasst; wird dieselbe, mit Quecksilber gefüllt, unter Quecksilber umgestülpt, so entsteht eine Toricelli'sche Leere von 190 ccm. Der Heizmantel ist 95 cm lang und 30 mm weit; die Temperatur des Wasserdampfs bestimmt Brühl nicht durch Ablesen eines Thermometers, sondern er beobachtet den Barometerstand und entnimmt aus Regnault's Tabellen[2]) den zugehörigen Siedepunkt des Wassers. Zur Erzielung eines möglichst geringen Drucks verwendet er nur sehr wenig Substanz, jedoch mindestens 10 mg, da sonst die Fehler der Bestimmung zu gross werden. Im Uebrigen verfährt er in der S. 97 beschriebenen Weise.

Bestimmt man das Gasvolumgewicht einer hochsiedenden Substanz im Wasserdampf, so muss dafür gesorgt werden, dass der Druck in der Röhre so klein ist, dass die Substanz vollständig verdampft und in den gasförmigen Zustand übergeführt wird. Bei gegebener Rohrlänge wird dies durch Anwendung einer sehr kleinen Menge Substanz erreicht; denn je weniger Substanz da ist, desto geringer ist die Tension des Dampfes in dem Vakuum. Andererseits muss man aber auch danach trachten, ein möglichst grosses Dampfvolum, eine möglichst starke Depression des Quecksilbers zu erzielen; denn je grösser ein abzulesendes Volum ist, um so geringer sind die Fehler der Ablesung. Am zweckmässigsten ist daher die Anwendung der grössten Menge Substanz, welche noch vollständig vergast. Dieselbe lässt sich durch einen Vorversuch bestimmen. Man bringt eine nicht gewogene Menge Substanz in die Röhre, erhitzt durch Wasserdampf und bestimmt alle Grössen, welche bei der Gasvolumgewichtsbestimmung ermittelt werden, das Dampfvolum v, den Druck H, unter dem dasselbe steht und die Temperatur des Wasserdampfs t. Für das Gasvolumgewicht d_h hatten wir die Formel abgeleitet:

---

1) Ber. deutsch. chem. Gesellschaft 1876, *9*, 1368; 1879, *12*, 197.

2) Mém. de l'Acad. 1847, *21*, 624.

$$d_h = \frac{760 \cdot p (1 + \alpha t)}{0{,}00008988 \cdot v \cdot H},$$

worin p das Gewicht der angewandten Substanz bedeutet. Aus der Formel ergibt sich:

$$p = \frac{0{,}00008988 \cdot v \cdot H \cdot d_h}{760 (1 + \alpha t)}.$$

v, h und t sind bestimmt worden, d_h kann man vermuthen. Denn es wurde S. 39 ausgeführt, dass d_h gleich dem halben Molekulargewicht ist und letzteres kann aus der Analyse vermuthet werden. Setzt man alle Werthe in die Gleichung ein, so ergibt, wenn das vermuthete Molekulargewicht der Substanz das wahre ist, p die grösste Menge Substanz, welche in der Röhre bei der Temperatur des Wasserdampfes noch vollkommen vergast. Man nimmt einige Milligramm weniger von der Substanz und ist sicher, eine vollkommene Vergasung und zugleich den zur möglichsten Genauigkeit wünschenswerthen Maximalwerth des Dampfvolums zu erreichen. Ist die Vermuthung über das Gasvolumgewicht falsch gewesen, so gibt sich dies beim eigentlichen Versuch zu erkennen, woraus man dann die anzuwendende Menge Substanz berechnen kann.

Will man die Toricelli'sche Leere in der Röhre noch mehr vergrössern, so kann man dieselbe oben kolbenartig erweitern. Derartige Röhren sind, wie bereits mitgetheilt wurde, von Croullebois[1]) und auch von Brühl angewandt worden; doch bedarf man zu ihrer Füllung ein solches Gewicht Quecksilber, dass besondere Vorrichtungen, Metallfassungen u. s. w. an derselben angebracht werden müssen. Je grösser naturgemäss die Toricelli'sche Leere ist und je weniger Substanz man anwendet, desto grösser darf die Siedepunktsdifferenz des heizenden und des erhitzten Dampfes sein. In der 1 m langen Röhre konnte A. W. Hofmann das Gasvolumgewicht von Substanzen, die bei 150° sieden, im Wasserdampf bestimmen; dasjenige von Toluidin (Sdp. 198°) und Naphtalin (Sdp. 218°) bestimmte er im Anilindampf (Siedepunkt 183°), von Benzoësäure (Siedepunkt 250°) im Dampf von Aethylbenzoat (213°). Dabei betrug der Druck, der auf dem Dampf lastete, noch 100 bis 200 mm. A. Schroeder[2]), welcher den Hofmann'schen Apparat zur Bestimmung des Krystallwassers benutzte, konnte das Gasvolumgewicht von Körpern, die bis 182° sieden, im Wasserdampf bestimmen; im Anilindampf (183°) konnte der Siedepunkt der zu untersuchenden Substanz bis zu 270° steigen. Brühl konnte in einem Rohr von 1½ Meter Länge das Gasvolumgewicht von Körpern im Wasserdampf bestimmen, welche bei 250° sieden.

[1]) Compt. rend. 1874, *78*, 496.

[2]) Zeitschr. analyt. Chemie 1878, *16*, 322.

Da bei der Hofmann'schen Methode Quecksilber als Absperrflüssigkeit dient, so ist ihre Anwendbarkeit nicht ohne Grenzen; denn das Quecksilber ist selbst flüchtig, und zwar schon bei gewöhnlicher Temperatur. Es wurde schon mehrfach erwähnt und ein Blick auf die Tabelle zeigt dies sehr deutlich, dass die Tension des Quecksilberdampfes bis 100° sehr klein ist, dass sie aber über 200° sehr rasch wächst. Je höher man die Barometerröhre des Hofmann'schen Apparates erhitzt, um so mehr Quecksilber verdampft, erfüllt in Gasform die Barometerleere und übt einen Druck auf den Substanzdampf aus; der Hauptvorzug der Hofmann'schen Methode, die Bestimmung unter geringem Druck, wird daher bei hoher Temperatur aufgehoben, bezw. herabgemindert. Bei 300° ist z. B. nach W. Ramsay und S. Young[1]) die Tension des Quecksilberdampfes gleich 246,81 mm; wird daher die Barometerröhre des Hofmann'schen Apparates auf 300° erhitzt, so ist das Vakuum von einer solchen Menge Quecksilberdampf erfüllt, dass derselbe einen Druck von 246,81 mm ausübt. Hierzu kommt noch der Druck, welchen die vergaste Substanz erzeugt, sodass in der Röhre im Ganzen ein recht erheblicher Druck herrscht. Mit steigender Temperatur werden diese Verhältnisse immer ungünstiger, denn über 300° wächst die Dampfspannung des Quecksilbers ausserordentlich rasch.

Dieses vorauszusehende Resultat fand J. W. Brühl[2]) durch den Versuch bestätigt. Er verwandte eine Röhre von 3 cm innerem Durchmesser und 1,5 m Länge; als Heizsubstanz diente Methyldiphenylamin, das bei 290—295° siedet. Er kam zu dem Schluss, dass es nicht zweckmässig ist, die Temperatur des Heizdampfes über 290° C. zu steigern, da von dieser Temperatur ab durch die sehr rasch wachsende Tension des Quecksilberdampfes der Vortheil, welchen man zum Zweck der Vergasung durch Temperaturerhöhung zu erreichen sucht, durch die gleichzeitige, in viel beschleunigterem Maasse zunehmende Erhöhung des Drucks vollständig aufgehoben wird.

Einige Verfahren erreichen das Ziel der Versuche, die Bestimmung des Dampfvolums einer gewogenen Menge Substanz, in ausserordentlich einfacher Weise.

Zur Bestimmung des Gasvolumgewichts der Salpetersäure verfuhr L. Carius[3]) in folgender Weise. Die in einem zugeschmolzenen Kügelchen abgewogene Substanz wurde in ein weites offenes Glasrohr

---

[1]) Journ. Chem. Soc. 1886, *49*, 37.

[2]) Ber. deutsch. chem. Gesellschaft 1879, *12*, 197.

[3]) Ber. deutsch. chem. Gesellschaft 1871, *4*, 828; Ann. Chem. Pharm. 1873, *169*, 299.

gebracht, welches am einen Ende zu einer langen kapillaren Spitze ausgezogen wurde. Das Glasrohr wurde dann beiderseits zugeschmolzen und gleichzeitig die Temperatur und der Barometerstand beobachtet. Hierauf wurde das Kügelchen mit Substanz zerschlagen, die Glasröhre mit einem weiten Glasmantel umgeben und in horizontaler Lage durch den Dampf einer konstant siedenden Substanz oder in einem Heizbad auf eine konstante Temperatur erhitzt. Durch häufiges Drehen sorgte man für möglichst vollkommene Mischung des entstehenden Dampfes mit der in der Röhre enthaltenen Luft. Nachdem die konstante Erwärmung hinreichend lange fortgesetzt war, wurde das kapillare Ende der Röhre ein wenig aus dem Heizmantel herausgezogen und durch eine Flamme erweicht; da in der Röhre ein erheblicher Ueberdruck war, wurde das erweichte Ende aufgeblasen und ein Theil des Dampf- und Luftgemisches aus der Röhre getrieben. Nachdem sich der Druck ausgeglichen hatte, wurde die Röhre wieder zugeschmolzen und gleichzeitig die Temperatur des Heizdampfes und der Barometerstand notirt. Nach dem Erkalten, wenn sich die Substanz wieder kondensirt hatte, wurde die Spitze des Rohres unter Wasser geöffnet und in bekannter Weise das Volumen der rückständigen Luft und das Gesammtvolum der Röhre durch Auswiegen mit Wasser bestimmt.

Zur Berechnung sei

p das Gewicht der angewandten Substanz in g,

v das Volumen der in der Röhre enthaltenen Luft, d. h. das Volumen der Röhre, vermindert um den von dem Kügelchen eingenommenen Raum,

v_1 das Volumen des beim zweiten Zuschmelzen in der Röhre enthaltenen Dampf- und Luftgemisches,

v_2 das in dem Volumen v_1 enthaltene Luftvolumen,

} in ccm, auf 0^0 und 760 mm Druck reduzirt.

Das in dem Volumen v_1 enthaltene Dampfvolum ist bei 0^0 und 760 mm Druck gleich $v_1 - v_2$ ccm; mit demselben sind v_2 ccm Luft von denselben Bedingungen des Drucks und der Temperatur gemischt. Da Sorge getragen wurde, dass während des ganzen Versuchs das Gemisch von Dampf und Gas durchaus gleichmässig blieb, so war das Verhältniss von Luft und Substanzdampf vor dem Oeffnen der Röhre dasselbe wie in dem rückständigen Gemisch, d. h. gleich $v_2 : (v_1 - v_2)$. Vor dem Oeffnen der Röhre waren nun v ccm Luft, auf 0^0 und 760 mm Druck reduzirt, in derselben enthalten; bezeichnen wir das mit den v ccm Luft gemischte Dampfvolum, auf 0^0 und 760 mm Druck reduzirt, mit x, so ist $v : x = v_2 : (v_1 - v_2)$ und

$$x = \frac{v(v_1 - v_2)}{v_2} \text{ ccm von } 0^0 \text{ und } 760 \text{ mm Druck.}$$

p g Substanz nehmen also bei 0° und 760 mm Druck $\frac{v(v_1-v_2)}{v_2}$ ccm ein oder 1 ccm Substanzdampf wiegt $\frac{p \cdot v_2}{v(v_1-v_2)}$ g. 1 ccm Wasserstoff von 0° und 760 mm Druck wiegt 0,00008988 g; daher ist das Gasvolumgewicht:

$$d_h = \frac{p\, v_2}{0{,}00008988\, v\,(v_1 - v_2)}.$$

Ein zweites rührt von A. W. Hofmann[1]) her. Eine Einschmelzröhre wird am einen Ende zu einer dünnen Spitze ausgezogen und zugeschmolzen. Durch die zweite Oeffnung der Röhre bringt man eine abgewogene, kleine Menge der Substanz, verengt die Röhre, pumpt luftleer und schmilzt auch die zweite Oeffnung zu. Die beiderseits zugeschmolzene Röhre wird in ein horizontal liegendes Eisenrohr gelegt, welches sich wieder in einem mit den Dämpfen siedenden Quecksilbers oder Schwefels erfüllten Rohr befindet. Nach kurzer Zeit ist die Substanz vollkommen vergast. Da nur sehr wenig Substanz angewendet wird, hat der Dampf derselben in der Röhre eine geringere Spannung als die atmosphärische Luft; zieht man daher die ausgezogene Spitze der Glasröhre aus dem Eisenrohr heraus und bricht dieselbe ab, so dringt soviel Luft in die Röhre, bis der Druck im Innern gleich dem der Atmosphäre geworden ist. Man schmilzt nunmehr die Röhre wieder zu, nimmt dieselbe aus dem Ofen heraus und bricht nach dem Erkalten die Spitze unter Quecksilber ab. Die eingedrungene Quecksilbermenge entspricht dem Volum, das der Dampf bei der Temperatur des siedenden Quecksilbers bezw. Schwefels und dem zur Zeit des Versuches herrschenden Barometerstand eingenommen hatte, vermehrt um die Volumabnahme der eingedrungenen Luft in Folge der Temperaturabnahme vom Siedepunkt der Heizsubstanz bis zu gewöhnlicher Temperatur. Das von dem eingetretenen Quecksilber eingenommene Volum ergibt sich durch Wägung desselben; zieht man dies Volum von demjenigen der ganzen Röhre, das ebenfalls durch Auswägen mit Quecksilber bestimmt wird, ab, so erhält man das Volum der eingedrungenen Luft bei gewöhnlicher Temperatur. Mit Hülfe des Gay-Lussac'schen Gesetzes ergibt sich hieraus das Volum der Luft bei der Versuchstemperatur; zieht man dies Volum von dem der ganzen Röhre, das mit Hülfe des Ausdehnungskoëffizienten des Glases für die Versuchstemperatur berechnet wird, ab, so erhält man

---

[1]) Ber. deutsch. chem. Gesellschaft 1878, *11*, 1684.

das Volumen des Dampfes der gewogenen Menge Substanz bei der Versuchstemperatur und dem zur Zeit herrschenden Barometerstand.

Zwei einander sehr ähnliche Verfahren, welche die Bestimmung des Gasvolumgewichts durch Vergleichung zweier Gasvolumina ermöglichen, sind von Graf A. Grabowski und H. Landolt angegeben worden. Dem Verfahren von Grabowski[1]) liegt folgende Ueberlegung zu Grunde. Kennt man das Gewicht p eines Volums Luft v unter dem Druck h und das Gewicht p_1 eines Körpers, dessen Dampf bei derselben Temperatur, aber unter dem Druck h_1 das Volumen v_1 einnimmt, so ist offenbar das auf Luft als Einheit bezogene Gasvolumgewicht des Körpers $d_1 = \frac{v \cdot h \cdot p_1}{v_1 \cdot h_1 \cdot p}$. Es ergibt sich dies aus der Definition des Gasvolumgewichts in Verbindung mit dem Boyle'schen Gesetz. Ist noch das Volum des Dampfes und der Luft und der Druck, unter dem beide stehen, gleich, also $v = v_1$ und $h = h_1$, so wird einfach: $d_1 = \frac{p_1}{p}$, das Gasvolumgewicht ist gleich dem Quotient der Gewichte der gleichen Volume des Dampfes und der Luft.

Die Ausführung ist folgende. Zwei Röhren mit genau demselben Durchmesser (etwa 1,8 cm), welche eine Kubiccentimeter- und Millimetertheilung tragen, und von denen die eine 49 cm, die andere 50 cm lang ist, dienen zur Aufnahme der zu untersuchenden Substanz und des Luftvolums. Die längere, für die Aufnahme der Luft bestimmte Röhre wird mit Quecksilber gefüllt und in einer Quecksilberwanne umgestülpt. Die kürzere Röhre wird bis nahe an den Rand mit Quecksilber gefüllt, ein mit der Substanz gefülltes Kügelchen darauf gelegt und ein durchbohrter Kautschukstopfen aufgesetzt, der gerade soweit aus der Glasröhre herausragt, dass beim Umstülpen und Aufstellen in derselben Wanne die Röhre so gross ist wie die erste. Beide Röhren haben somit jetzt gleiche Länge, ferner haben sie gleichen Durchmesser und stehen in derselben Wanne. Dieselben werden mit einem mit Beobachtungsspalten versehenen, durch Gas geheizten Luftbad umgeben, welches den grösseren oberen Theil der Röhren umfasst, aber die Wanne und das untere Ende der Röhren frei lässt. Hat das Luftbad eine konstante Temperatur angenommen und der Dampf der Substanz ein konstantes Volum, so lässt man in die dazu bestimmte Röhre vermittelst einer Ventilquetschpipette so viel Luft treten, dass ihr Volum möglichst genau gleich dem Dampfvolum wird, und liest die Höhe der Quecksilbersäulen in beiden Röhren ab; zugleich wird der Barometerstand und die Temperatur des Luftbades notirt. Dann lässt man erkalten und

[1]) Annal. Chem. Pharm. 1866, *138*, 174; Zeitschr. analyt. Chemie 1866, *5*, 338.

liest den Stand der Quecksilbersäule in der Luftröhre und die Temperatur ab.

Hat man die Volume von Luft und Dampf genau gleich gemacht, so ist $d_l = \frac{p_l}{p}$. p_l ist das Gewicht der angewandten Substanz, daher bekannt; das Gewicht p der Luft ergibt sich aus ihrem nach dem Erkalten abgelesenen Volum bei bekannten Bedingungen der Temperatur und des Drucks. Der Druck, unter dem das Luftvolum steht, ist gleich dem auf 0^0 reduzirten Barometerstand, vermindert um die auf 0^0 reduzirte Quecksilbersäule in der Luftröhre, und die Temperatur ist die des Zimmers; man kann daher aus den Regnault-Crafts'schen Werthen mit Hülfe des Gay-Lussac-Boyle'schen Gesetzes das Gewicht des Luftvolums berechnen.

Manchmal wird es nicht gelingen, Luft- und Dampfvolum genau gleich zu machen; für diesen Fall ist $d_l = \frac{p_l \cdot v \cdot h}{p \cdot v_1 \cdot h_1}$. Die Volume v und v_1 werden direkt abgelesen; die Drucke h und h_1 sind gleich dem auf 0^0 reduzirten Barometerstand, vermindert um die auf 0^0 reduzirten Quecksilbersäulen in den Röhren. Die Volume v und v_1 und die Drucke h und h_1 sind stets nur wenig von einander verschieden. Sollte in die Dampfröhre Luft gekommen sein, so gibt sich dies nach dem Erkalten zu erkennen; ist nur das Kügelchen mit Substanz in der Röhre, so hat sich erstere vollkommen kondensirt und die Röhre ist vollkommen mit Quecksilber erfüllt. Die anderenfalls zurückbleibende Luftblase kann gemessen und in Abzug gebracht werden.

Die Methode von Grabowski hat den Vorzug, dass man in einer Operation das Gasvolumgewicht bei verschiedenen Temperaturen bestimmen kann; man braucht nur die Temperatur des Luftbades zu erhöhen oder zu erniedrigen und die Quecksilberstände abzulesen. Dies ist für das Studium der Abhängigkeit der Gasvolumgewichte von der Temperatur von höchster Wichtigkeit. Die Luftröhre kann sehr bequem als Luftthermometer dienen. Die Grabowski'sche Modifikation der Gay-Lussac'schen Methode entspricht genau der von Bunsen an der Dumas'schen Methode angebrachten: in beiden Fällen wird das Gasvolumgewicht durch einfache Vergleichung der Gewichte gleicher Volume des Dampfes und der Luft ohne jede Korrektur erhalten.

Zwei Schwierigkeiten waren es namentlich, welche der Grabowski'schen Methode anhafteten: die Art des Heizsystems und die successive Einführung der Luft. Beide Uebelstände wurden von L. Pfaundler[1]) überwunden. Derselbe umgibt die beiden Röhren

[1]) Ber. deutsch. chem. Gesellschaft 1872, *5*, 753; Zeitschr. analyt. Chemie 1873, *12*, 100.

mit einer Glashülle, welche von dem Dampfe einer konstant siedenden Flüssigkeit durchströmt ist, wie bei dem Hofmann'schen Apparat. Die Luftröhre endet oben in eine Kapillare, welche ausserhalb des Heizdampfes mit einem Hahn verschlossen ist; hierdurch kann man beliebig kleine Luftmengen in die Röhre bringen.

Das von H. Landolt[1]) vorgeschlagene Verfahren bezweckt nicht die genaue Bestimmung des Gasvolumgewichts, sondern die experimentelle Bestätigung eines vermutheten Molekulargewichts. Die chemische Analyse führt, wie früher gezeigt wurde, zu einer einfachsten atomistischen Formel, welche entweder die Molekularformel oder ein Submultiplum derselben ist. Die Molekulargewichte sind, da sie den Gasvolumgewichten proportional sind, wie diese ausgedrückt durch die Gewichte gleicher Volume Dampf; wenn daher eine Anzahl Substanzen im Verhältniss der Molekulargewichte abgewogen, in gleich lange und weite, mit Quecksilber gefüllte Glasröhren gebracht und auf die gleiche Temperatur erhitzt wird, so wird sich in allen der gleiche Stand der Quecksilbersäulen einstellen; ist dagegen von einer Substanz das doppelte oder halbe Molekulargewicht abgewogen worden, so wird sich eine starke Abweichung des Quecksilberstandes bemerkbar machen. Zur Ausführung der Methode dienen zwei gleich lange und gleich weite Glasröhren ohne jegliche Theilung; die eine wird mit einem Glaskügelchen beschickt, das genau eine Milligramm-Molekel (ein Molekulargewicht in Milligrammen) oder 119,08 mg Chloroform enthält, die andere mit einem ähnlichen Glaskügelchen, das mit dem vermutheten Molekulargewicht der Substanz in Milligrammen gefüllt ist. Die genaue Abwägung einer Milligrammmolekel ist nichts weniger als einfach; denn das Glaskügelchen muss ganz von der Substanz erfüllt sein, da eine darin enthaltene Luftblase sich bei dem Erhitzen ausdehnen und das Dampfvolum vergrössern würde. Man verfährt in der Weise, dass man in die kleinen, in eine feine Spitze endigenden Kügelchen von passender Grösse zuerst etwas zu viel Substanz eintreten und durch Erhitzen in der Flamme so viel wieder herausfliessen lässt, bis das gewünschte Molekulargewicht erreicht ist. Man füllt beide Röhren mit Quecksilber, taucht sie in derselben Wanne um und umgibt sie, wie bei dem Hofmann'schen Apparat, mit einem Glasmantel, der von den Dämpfen einer konstant siedenden Substanz durchströmt wird. Ist das Molekulargewicht der Substanz das vermuthete, so werden sich die Quecksilbersäulen in beiden Röhren gleich hoch stellen; ist es doppelt oder

---

[1]) Ber. deutsch. chem. Gesellschaft 1872, *5*, 497; Zeitschr. analyt. Chemie 1872, *11*, 322.

dreifach so gross, so wird die Quecksilbersäule in dem Substanzrohr viel tiefer herabgedrückt als in dem Chloroformrohr. Doch stellt sich im letzteren Falle wegen des verschiedenen Drucks der Dämpfe das Volum des Substanzdampfes nicht genau auf das zweifache bezw. dreifache des Chloroformdampfes ein. Für Bestimmungen bei Temperaturen unter 100° verwandte Landolt Röhren von 11,5 mm Weite und 750 mm Länge; bei 100° wird durch eine Milligramm-Molekel das Quecksilber um etwa 440 mm herabgedrückt, und das Dampfvolum beträgt etwa 45 ccm. Für höhere Temperaturen dienten Röhren von 1 m Länge, in welchen bei 100° das Quecksilber um etwa 590 mm sinkt und das Dampfvolum etwa 60 ccm beträgt. Die mit einer Milligramm-Molekel Chloroform beschickte „Normalröhre“ wird aufbewahrt.

Wie man sieht, ist die Landolt'sche Methode der Grabowskischen sehr ähnlich. Man kann sie sogar leicht ganz gleich machen, da man das einer Milligramm-Molekel entsprechende Volum Luft ja auch aufbewahren und die andere Röhre mit der vermutheten Milligramm-Molekel der Substanz beschicken kann. Die Luft, welche zweckmässiger vielleicht noch durch Stickstoff oder Wasserstoff ersetzt würde, hat sogar noch Vorzüge vor dem Chloroform, da nicht ausgeschlossen ist, dass sich letzteres bei langem Aufbewahren zersetzt. Man wird das Grabowski'sche Verfahren aber nicht in der Weise ändern, denn das genaue Abwägen einer Milligramm-Molekel ist eine sehr zeitraubende Arbeit, während die Regulirung des Luftvolums nach der Pfaundler'schen Modifikation sich sehr leicht und einfach ausführen lässt. Ferner ist zu berücksichtigen, dass man nach Landolt nur erfährt, ob die Substanz das vermuthete Gasvolumgewicht hat oder nicht; eine eigentliche Bestimmung desselben findet nicht statt. Für Körper mit anormalen Gasvolumgewichten, welche von dem regelmässigen Gesetz abweichen, ist das Verfahren nicht anwendbar, wohl aber das Grabowski'sche, da man das Luftvolum dem Dampfvolum stets anpassen kann. Dem letzteren gebührt daher unzweifelhaft der Vorzug.

Ermittlung des Dampfvolums aus dem Druck, den der Dampf in einem geschlossenen Raum ausübt.

Diese Modifikation des Gay-Lussac'schen Verfahrens wurde von Ch. A. Bell und F. L. Teed[1]) angewandt, welche sich des folgenden Apparates bedienten. Das zur Aufnahme des Dampfes bestimmte cylindrische Glasgefäss A ist 38 cm lang, 3,3 cm weit und oben ge-

[1]) Journ. Chem. Soc. 1880, *1*, 576; Zeitschr. analyt. Chemie 1882, *21*, 127.

schlossen; das untere Ende geht in die 8 mm weite, 83 cm lange Röhre B über. An der letzteren sind zwei gebogene Röhren C und D angeschmolzen; C ist oben zugeschmolzen und mit einer Millimetertheilung versehen, deren Nullpunkt in gleicher Höhe mit einer Marke m auf der Röhre B liegt. Die angeschmolzene Röhre D ist unten offen und durch den Glashahn h verschliessbar. Das untere Ende der Röhre B ist ebenfalls offen, kann aber durch den Stopfen S verschlossen werden. Das cylindrische Gefäss A, die obere seitliche Röhre C und ein Theil von B sind mit einem Glascylinder E umgeben, der als Heizmantel dient; zum Zweck der Erhitzung lässt man durch a Dampf einströmen, der bei b wieder abfliesst. Für jeden Apparat wird das Volumen von A bis zur Marke m bestimmt; hieraus wird unter Berücksichtigung der Ausdehnung des Gases berechnet, welches Gewicht dieses Volum Wasserstoff oder Luft bei der Versuchstemperatur und einem Druck von 100 mm Quecksilber von dieser Temperatur haben würde; diese Grösse wird die „Konstante" des Apparats genannt.

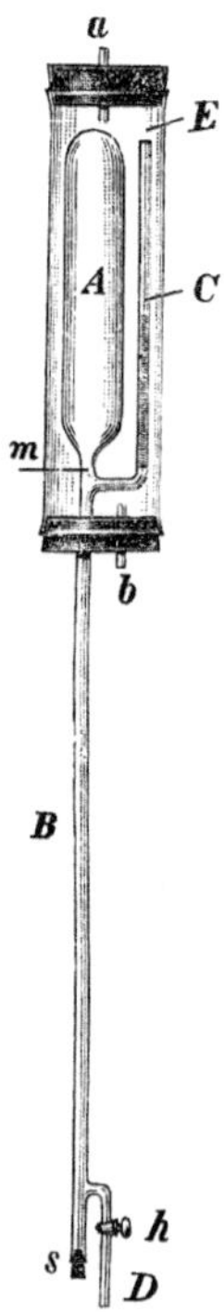

Fig. 3.

Die Ausführung des Verfahrens ist folgende. Man dreht den Apparat um, so dass A nach unten kommt und füllt denselben durch die Röhre B ganz mit Quecksilber, so zwar, dass aus A und C alle Luft verdrängt wird. Die zu untersuchende, abgewogene Substanz wird, in ein Glaskügelchen eingeschlossen, auf das Quecksilber in der Röhre B gelegt, bei geöffnetem Hahn h ein Stopfen auf B gesetzt, der Hahn h geschlossen und der Apparat herumgedreht, wodurch das Glaskügelchen mit der Substanz nach A steigt. Damit die geringe Menge Luft, welche in dem oberen Theil des Apparates etwa noch zurückgeblieben ist, in dem cylindrischen Theil A und der Röhre C gleichmässig vertheilt wird, öffnet man den Hahn h und lässt soviel Quecksilber ausfliessen, dass A und C kommuniziren; dann hält man die Oeffnung der Röhre D unter Quecksilber und lässt durch Schiefhalten des Apparates so lange Quecksilber wieder aufsteigen, bis A zu $^1/_6$ mit demselben gefüllt ist. Nachdem der Hahn h geschlossen und der Apparat vertikal gestellt ist, lässt man den Heizdampf bei a in den Mantel eintreten. Wenn die Substanz verdampft und die Temperatur konstant geworden ist, öffnet man den Hahn h und lässt soviel Quecksilber ausfliessen, bis die Oberfläche desselben bei der Marke m steht. Der Druck, unter dem das Dampfvolum in A steht, ist, ausgedrückt in Millimetern Quecksilber von der Versuchstemperatur, gleich der Höhe der Quecksilbersäule in der Röhre C über der Marke m. Diese wird bei der Versuchstemperatur abgelesen.

Die Berechnung des Resultats ist sehr einfach. Das Gasvolumgewicht ist, so lange das Gay-Lussac-Boyle'sche Gesetz gilt, gleich dem Verhältniss der Gewichte gleicher Volume Dampf und Wasserstoff von demselben Druck und derselben Temperatur. Die „Konstante" des Apparates ist das Gewicht des Volums Wasserstoff in dem cylindrischen Gefäss A bis zur Marke m bei der Versuchstemperatur und dem Druck einer Quecksilbersäule von 100 mm und von der Temperatur des Heizdampfes. Man muss daher das Gewicht des gleichen Volums Dampf unter denselben Umständen ermitteln. Es sei:

C die „Konstante" des Apparates,

p das Gewicht der angewandten Substanz in g,

h die Länge der Quecksilbersäule in der Röhre C über der Marke m in mm.

Das Gewicht p der angewandten Substanz nimmt unter dem Druck h mm Quecksilber das cylindrische Gefäss A bis zur Marke ein. Da die Gewichte desselben Volumens Dampf bei derselben Temperatur, aber verschiedenen Drucken sich wie die Drucke verhalten, so ist, wenn mit p_1 das Gewicht des Dampfes bezeichnet wird, der bei der Versuchstemperatur und 100 mm Druck (ausgedrückt in Millimetern Quecksilber von der Versuchstemperatur) das cylindrische Gefäss A einnimmt:

$$p : p_1 = h : 100 \text{ und } p_1 = \frac{100 \, . \, p}{h}.$$

Dies ist das Gewicht des Dampfes, der in Bezug auf Druck, Temperatur und Volum genau der „Konstanten" des Apparats entspricht. Das Gasvolumgewicht d der Substanz ist daher gleich dem Quotient dieser beiden: $d = \frac{100 \, . \, p}{h \, . \, C}$.

Die Vorzüge des Verfahrens bestehen darin, dass, wenn die „Konstante" des Apparates einmal bestimmt ist, nur eine Ablesung (die des Druckes) nothwendig ist; ferner kann man bei sehr vermindertem Drucke arbeiten und die Berechnung ist sehr einfach. Eine Fehlerquelle des Apparates besteht darin, dass die in der Röhre C befindliche Luft weniger verdünnt ist als in dem Gefäss A, weil in C das Quecksilber höher steht. Der Fehler ist indess von nur geringer Bedeutung; erheblich kann er noch vermindert werden, wenn an das Ende der Röhre C eine Kugel angeblasen wird. Hat man eine 60 cm tiefe Quecksilberwanne zur Verfügung, so kann man die Hahnröhre D fehlen lassen; in diesem Falle regulirt man den Quecksilberstand in A und C durch mehr oder weniger tiefes Eintauchen der Röhre in die Wanne.

Das Verfahren von Hans Malfatti und Paul Schoop[1]), welches auf demselben Prinzip beruht, weicht in der Ausführung sehr wesentlich von dem vorhergehenden ab. Eine Glasröhre von 60 bis 100 ccm Inhalt wird an der einen Seite zugeschmolzen; durch das offene Ende wird eine abgewogene Menge Substanz und ein abgekürztes Manometer in die Röhre gebracht und das offene Ende zu einer Kapillaren ausgezogen. Letztere wird mit einer Wasserluftpumpe verbunden und die Röhre möglichst ausgepumpt. Aendert sich der Quecksilberstand im Manometer nicht mehr, so wird die Kapillare abgeschmolzen und die Niveaudifferenz des Quecksilbers in den Manometerschenkeln abgelesen; die Ablesung geschieht mittels eines angelegten Millimetermaassstabes. Sodann wird die ganze Röhre in ein Heizbad gesenkt und durch die Dämpfe einer konstant siedenden Flüssigkeit auf die gewünschte Temperatur erhitzt. Die Substanz verdampft und das Quecksilber steigt im offenen Schenkel des Manometers. Ist der Quecksilberstand stationär geworden, so wird wieder die Niveaudifferenz des Quecksilbers in den Manometerschenkeln abgelesen. Nach dem Erkalten wird die Kapillare der Röhre unter ausgekochtem Wasser abgebrochen und die mit Wasser gefüllte Röhre gewogen; ist die leere Röhre vorher ebenfalls gewogen worden, so ist damit das Volumen derselben bestimmt.

Zur Berechnung des Gasvolumgewichts muss das Gewicht p, das Volum v, der Druck h und die Temperatur t des Dampfes der Substanz bekannt sein. Das Gewicht p ist gleich dem Gewicht der angewandten Substanz, das Volumen v des Dampfes ergibt sich aus dem Gewicht des Wasserinhaltes der Röhre nach S. 52; hiervon ist noch das Volum des Vakuums abzuziehen, welches in dem geschlossenen Schenkel des Manometers bei der Verdampfung der Substanz entstanden ist. Der Druck h ist gleich der Differenz der beiden Niveaudifferenzen des Quecksilbers im Manometer bei gewöhnlicher Temperatur vor dem Erhitzen und bei der Versuchstemperatur, beide nach S. 49 auf 0^0 reduzirt. Die Temperatur t ist die Temperatur des Heizbades. Sind diese vier Grössen berechnet, so wird das auf Wasserstoff bezogene Gasvolumgewicht in der schon mehrfach dargestellten Weise gefunden. Sie ist:

$$d_h = \frac{760 \,.\, p \,.\, (1 + 0{,}003665\, t)}{0{,}00008988 \,.\, v \,.\, h}.$$

Da bei diesem Verfahren Quecksilber als Manometerflüssigkeit dient, ist es wegen der Tension des Quecksilbers bei hohen Temperaturen nicht anwendbar. Um es allgemein anwendbar zu machen, be-

[1]) Zeitschr. physikal. Chemie 1887, *1*, 159.

darf es eines Metalls, das bei hohen Temperaturen keine merkliche Tension hat. Als solches eignet sich nach Malfatti und Schoop eine Legirung von 3 Theilen Blei und 1 Theil Zinn, welche bei 180° C. schmilzt, beim Erkalten die Glasröhre nicht sprengt und sich den Glaswänden glatt anlegt.

Verdrängungsverfahren.

Die Verdrängungsverfahren sind dadurch charakterisirt, dass bei ihnen das Volumen des Dampfes indirekt bestimmt wird, indem man durch denselben eine (metallische) Flüssigkeit oder ein Gas verdrängt und das Volumen der verdrängten Substanz in irgend einer Weise bestimmt. Wir wenden uns zunächst zu den Verfahren, bei welchen durch den Substanzdampf eine Flüssigkeit verdrängt wird; da die verdrängte Flüssigkeit in allen Fällen ein Metall oder eine Metalllegirung ist, fassen wir diese Methoden unter dem Namen der Metallverdrängungsverfahren zusammen.

Metallverdrängungsverfahren.

Bei den Metallverdrängungsverfahren wird das Volumen des Dampfes aus dem Gewicht des verdrängten Metalls berechnet. Für niedere Temperaturen wird Quecksilber als Sperrflüssigkeit angewandt; bei höheren Temperaturen, wo Quecksilber wegen seiner Flüchtigkeit ausgeschlossen ist, wird Wood'sches Metall verwandt.

Das Metallverdrängungsverfahren wurde zuerst von A. W. Hofmann[1]) im Jahre 1861 angewandt. Gelegentlich der Untersuchung des Aethylphosphinoxyds kam es Hofmann darauf an, das Gasvolumgewicht dieser Substanz zu bestimmen. Da zur Ausführung der Dumas'schen Methode zu viel Substanz erforderlich war, für die Gay-Lussac'sche Methode aber der Siedepunkt zu hoch lag, — beide Verfahren waren zu dieser Zeit nur in ihrer ursprünglichen Ausführungsweise bekannt —, entschloss sich Hofmann zu einem Quecksilberverdrängungsverfahren. Er erzeugte den Dampf in dem geschlossenen Schenkel eines mit Quecksilber gefüllten U-Rohres, welches in einem Paraffinbad erhitzt wurde, und bestimmte das Volumen des Dampfes aus dem Gewicht des aus dem offenen Schenkel ausgetriebenen Quecksilbers. Eine genauere Beschreibung der Ausführung und des Apparates gab Hofmann nicht; er schrieb vielmehr: „Da ich diese Methode, welche für gewisse Fälle ganz nützlich zu werden verspricht, später ausführlich zu beschreiben gedenke, so soll hier nur kurz das Resultat eines Versuchs angeführt werden". Das Gasvolumgewicht

[1]) Annal. Chem. Pharm. 1861, Supplementband. *1*, 10.

des Aethylphosphinoxyds ergab sich zu 66,30, während es theoretisch zu 66,87 berechnet wird.

Die eingehende Beschreibung des Verfahrens folgte indessen nicht; erst 16 Jahre später, im Jahre 1877, machte Hofmann[1]) im Anschluss an die Arbeit von Goldschmiedt und Ciamician[2]) seine Prioritätsansprüche auf das „Deplacirungsverfahren" geltend.

Freilich war Hofmann's Anregung von den Fachgenossen nicht unbeachtet gelassen worden. P. W. Hofmann[3]) bestimmte nach derselben Methode das Gasvolumgewicht des Azobenzols, und Theodor Wertheim[4]) legte in drei ausführlichen Abhandlungen ein Verfahren dar, das dem Hofmann'schen Verdrängungsverfahren sich anschloss. Wertheim wog nicht das verdrängte Quecksilber, sondern das in der Röhre zurückgebliebene. Sein Verfahren war kurz das folgende. Von zwei Röhren aus demselben Glase und von gleichen Dimensionen, die am einen Ende ausgezogen und zugeschmolzen waren, wurde die eine mit Quecksilber gefüllt, die andere mit der Substanz beschickt und ebenfalls mit Quecksilber vollgefüllt. Die offenen Enden wurden dann zu Kapillaren ausgezogen, umgebogen und die Substanzröhre mit einer Millimeterskala versehen. Beide Röhren wurden nach dem Wägen in einem Bad erhitzt. Das Ausfliessen des Quecksilbers aus der Substanzröhre war durch zwei Umstände bedingt: durch die Dampfbildung aus der zu untersuchenden Substanz und durch die Ausdehnung des Quecksilbers beim Erhitzen. Die aus der nur Quecksilber enthaltenden Röhre ausfliessende Quecksilbermenge lehrte ohne Weiteres, wie viel der aus der Substanzröhre ausfliessenden Quecksilbermenge auf Rechnung der Ausdehnung des Metalls zu setzen war. Nachdem die Röhren auf die gewünschte Temperatur erhitzt waren, wurden sie von Neuem gewogen.

Das Verfahren von Wertheim war nichts weniger als einfach und die Formeln zur Berechnung ganz ungewöhnlich komplizirt; es war daher nicht dazu angethan, dem neuen Prinzipe Freunde zu erwerben. Die Bestimmung des Druckes, unter dem der gebildete Dampf stand, war nicht leicht; ferner musste die Ausdehnung, die Tension und die Kapillardepression des Quecksilbers berücksichtigt werden. Späterhin modifizirte Wertheim sein Verfahren in verschiedener Hinsicht; z. B. schlug er vor, dem Substanzdampf ein indifferentes Gas beizumischen. Da indess die Methode heute nicht mehr Aussicht auf Anwendung hat, so mögen diese kurzen Angaben hier genügen.

---

[1]) Ber. deutsch. chem. Gesellschaft 1877, *10*, 962.

[2]) Ber. deutsch. chem. Gesellschaft 1877, *10*, 899.

[3]) Annal. Chem. Pharm. 1860, *115*, 364.

[4]) Annal. Chem. Pharm. 1862, *123*, 173; 1863, *127*, 81; 1864, *130*, 269.

Weit eher empfahl sich das Verfahren von W. M. Watts[1]) zur Ausführung. Der einfache Apparat bestand aus einer Glaskugel von 150 bis 200 ccm Inhalt; in den Hals derselben war ein aus einem Glasrohre verfertigter hohler Stopfen eingeschliffen, der einerseits fast bis zu dem Boden der Kugel reichte und andererseits den Hals um 40 mm überragte. Die Kugel wird bis zu einer Marke am Hals mit Quecksilber gefüllt und gewogen; darauf wird die in einem Fläschchen abgewogene Substanz durch den Stopfen in der Kugel niedergedrückt und letztere in einem Bade erhitzt. Zum Festhalten des Apparates in dem Bad ruht die Kugel auf einem Ring, während der Stopfen durch einen verschiebbaren Arm niedergedrückt wird. Durch den sich entwickelnden Dampf wird Quecksilber aus dem hohlen Stopfen herausgedrängt; dasselbe wird in einem tarirten Gläschen aufgesammelt und gewogen.

Zur Berechnung des Resultates sind noch zwei Grössen zu ermitteln. Zunächst ist der Rauminhalt der Kugel nebst Stopfen bei 0^0 zu bestimmen. Es geschieht dies durch Auswägen mit Quecksilber bei beliebiger Temperatur nach S. 52. Ferner muss der Druck bestimmt werden, unter dem das Dampfvolum steht. Derselbe ist gleich dem Atmosphärendruck, vermehrt um den Druck der Quecksilbersäule, welche über dem Dampfvolum steht. Zur Ermittelung dieser Druckkorrektion werden successive bestimmte Gewichtsmengen Quecksilber in die Kugel gebracht und der Abstand der Quecksilberoberfläche von dem Ende des Stopfens in jedem Falle direkt gemessen. Man erhält auf diese Weise die Elemente zur Aufstellung einer Tabelle, welche die „Korrektion“ des Druckes für verschiedene Gewichte des in der Kugel zurückbleibenden Quecksilbers angibt.

Es sei:

p = Gewicht der angewandten Substanz,
p_1 = Gewicht des Quecksilbers in der Kugel bis zur Marke,
p_2 = Gewicht des ausgeflossenen Quecksilbers,
v = Inhalt der Kugel nebst Stopfen bei 0^0,
t = Temperatur des Heizbades,
b = Barometerstand,
h = „Korrektion“ des Drucks (in Millimetern Quecksilber),
f = Tension des Quecksilberdampfes bei t^0,
β = kub. Ausdehnungskoëffizient des Glases,
γ = Ausdehnungskoëffizient des Quecksilbers,
α = Ausdehnungskoëffizient der Gase.

---

[1]) Laboratory 1867, 225; Zeitschr. f. Chemie [2]. 1867. 3, 481; Zeitschr. analyt. Chemie 1868, 7, 82.

Von den vier zu berechnenden Grössen, dem Gewicht, dem Volum, dem Druck und der Temperatur des Dampfes, sind das Gewicht p und die Temperatur t sofort bekannt. Das Volumen des Dampfes ist gleich dem Volumen, welches die ausgeflossene Menge Quecksilber bei der Versuchstemperatur einnahm, vermehrt um das Volumen des Quecksilbers, welches über der Marke in dem Hals der Kugel und dem Stopfen steht. Letzteres Volumen ist aber gleich dem Rauminhalt des ganzen Apparates bei t^0, vermindert um den Rauminhalt bei t^0 der Quecksilbermenge, welche bei gewöhnlicher Temperatur die Kugel bis zur Marke füllt. Das Volum des Dampfes bei t^0 ist daher gleich dem Rauminhalt des Apparates bei t^0, vermindert um das Volumen des Gewichts p_1 Quecksilber bei t^0, vermehrt um das Volumen des Gewichts p_2 Quecksilber bei t^0. Der Rauminhalt des ganzen Apparates ist bei 0^0 gleich v, bei t^0 daher $v(1 + \beta t)$; da das spezifische Gewicht des Quecksilbers bei 0^0 gleich 13,59 ist, sind p_1 g Quecksilber von 0^0 gleich $\frac{p_1}{13,59}$ ccm und bei t^0 gleich $\frac{p_1(1+\gamma t)}{13,59}$ ccm. Ebenso ergibt sich, dass p_2 g Quecksilber bei t^0 gleich $\frac{p_2(1+\gamma t)}{13,59}$ ccm sind. Das Volumen des Dampfes ist daher bei t_0 gleich $v(1+\beta t) - \frac{p_1(1+\gamma t)}{13,59} + \frac{p_2(1+\gamma t)}{13,59}$ oder gleich

$$v(1+\beta t) - \frac{p_1 - p_2}{13,59}(1+\gamma t).$$

Der Druck, unter dem das Dampfvolum steht, ist gleich dem auf 0^0 reduzirten Barometerstand b, vermehrt um die auf 0^0 reduzirte „Korrektion" des Drucks, vermindert um die Tension des Quecksilbers f bei t^0. Beträgt die „Korrektion" bei der Versuchstemperatur h mm, so ist sie auf 0^0 reduzirt gleich $\frac{h}{1+\gamma t}$ und der Druck, unter dem das Dampfvolum steht, ist gleich $\left(b + \frac{h}{1+\gamma t} - f\right)$ mm.

Da nunmehr Gewicht, Volum, Druck und Temperatur des Substanzdampfes bekannt sind, ergibt sich das Gasvolumgewicht in der gewöhnlichen Weise durch Division des Gewichtes p des Dampfes durch das Gewicht eines gleichen Volums Wasserstoff von denselben Bedingungen des Drucks und der Temperatur. Das Gasvolumgewicht d_h wird:

$$d_h = \frac{760\,p\,(1+\alpha t)}{0,00008988\left[v(1+\beta t) - \frac{p_1 - p_2}{13,59}(1+\gamma t)\right]\left[b + \frac{h}{1+\gamma t} - f\right]}$$

Bei weniger genauen Bestimmungen kann die Ausdehnung des Glases und diejenige der als „Korrektion" des Drucks bezeichneten

Quecksilbersäule vernachlässigt werden; für diesen Fall wird die Formel etwas einfacher:

$$d = \frac{760\, p\, (1 + \alpha t)}{0{,}00008988 \left[v - \frac{p_1 - p_2}{13{,}59} (1 + \gamma t)\right] \left[b + h - f\right]}.$$

Ein allgemeineres Interesse für die Metallverdrängungsverfahren wurde erst durch die Methode von Victor Meyer[1]) wachgerufen. Derselbe gab ein Verfahren an, das bei hohen Temperaturen (Siedepunkt des Schwefels) anwendbar war und nur wenig Substanz erforderte. Als Apparat dient ein U-Rohr, dessen einer Schenkel in eine mit einer offenen Spitze versehene Kugel von 25 ccm Inhalt ausgeblasen ist; der zweite Schenkel überragt die Kugel, ist etwa 67 mm lang und hat 6 bis 7 mm lichte Weite. Die Substanz wird in der geschlossenen Kugel vergast, wobei als Sperrflüssigkeit Wood'sches Metall dient; letzteres, eine Legirung von 15 Theilen Wismuth, 8 Theilen Blei, 4 Theilen Zinn und 3 Theilen Kadmium, schmilzt bei 70° C. und hat bei der Temperatur des siedenden Schwefels keine merkbare Tension. Nachdem die Substanz in die Kugel eingebracht ist, wird der ganze Apparat bei 100° C. mit der Metalllegirung angefüllt und in den Dampf siedenden Schwefels gesenkt. Die Menge des bei dem offenen Ende des U-Rohres ausfliessenden Metalls ist bedingt durch das Volumen des entstandenen Substanzdampfes und durch die Ausdehnung des Metalls von der Temperatur des siedenden Wassers bis zu derjenigen des siedenden Schwefels. Da aus dem Gewicht des verdrängten Metalls das Volumen des Dampfes berechnet wird, muss die auf Rechnung der Ausdehnung des Metalls zu setzende Gewichtsmenge des verdrängten Metalls bestimmt werden und ferner muss das spezifische Gewicht der Legirung beim Siedepunkt des Schwefels bekannt sein.

Meyer ermittelte beide Grössen experimentell. Er füllte einen Apparat bei dem Siedepunkt des Wassers ganz mit der Legirung, brachte ihn dann in ein Schwefelbad und berechnete aus der Gewichtsdifferenz den Gewichtsverlust, den 1 g des Metalls bei dem Erhitzen vom Siedepunkt des Wassers bis zu dem des Schwefels durch Ausfliessen erleidet. Es ergab sich, dass 1 g Legirung unter diesen Umständen 0,036 g durch Ausfliessen an Gewicht verliert. Das spezifische Gewicht der Legirung wurde bei der Temperatur des siedenden Schwefels zu 9,158 gefunden; 1 g derselben nimmt demnach bei dieser Temperatur 0,1092 ccm ein.

---

[1]) Ber. deutsch. chem. Gesellschaft 1876, *9*, 1216.

Nachdem die Konstanten des Wood'schen Metalls ermittelt waren, gestaltete sich die Gasvolumgewichtsbestimmung folgendermaassen. Man wägt die Substanz in einem Glaseimerchen ab, führt letzteres in die Kugelröhre ein, wobei die Spitze, in welche die Kugel ausläuft, offen bleibt, und wägt den Apparat mit Substanz und Eimerchen. Inzwischen hat man die Legirung gereinigt und getrocknet, indem man sie schmilzt, die schaumige Decke durch Auswaschen mit Benzol, Alkohol und Wasser entfernt und die Legirung behufs Trocknung auf 150 bis 180^0 erhitzt. Ist sie auf etwa 100^0 abgekühlt, so füllt man mit derselben den ganzen Apparat, schmilzt die Spitze der Kugel zu und taucht das Ganze in ein kochendes Wasserbad. Man streicht die Metallkuppe ab und wiegt den mit Metall bei 100^0 gefüllten Apparat auf der Tarirwaage bis auf Dezigramme genau; dabei darf das Metall nicht erstarren, da sonst das Glasgefäss berstet. Als Heizbad dient ein eiserner Tiegel mit 120 bis 130 g Schwefel, welch' letzteren man zur Erzeugung einer horizontalen Oberfläche zuvor schmilzt. In dieses Schwefelbad wird der beschickte Apparat eingesenkt, der Schwefel zum Sieden gebracht und vier Minuten sieden gelassen. Darauf hebt man den Apparat heraus, markirt den Stand der Legirung in der Kugel mit Siegellack und wägt den Apparat nach dem Reinigen. Damit sind alle Daten zur Berechnung des Gasvolumgewichts gegeben; für sehr genaue Bestimmungen muss noch das Gewicht Quecksilber bekannt sein, welches das Eimerchen fasst.

Zur Berechnung des Resultats bedeute:

p das Gewicht der angewandten Substanz,

p_1 das Gewicht der bei 100^0 in dem Apparat befindlichen Legirung,

p_2 das Gewicht der Legirung, welche am Ende des Versuchs in dem Apparat bleibt,

p_3 das Gewicht Quecksilber, welche das Eimerchen fasst,

b den auf 0^0 reduzirten Barometerstand,

h die wirksame Metallsäule, d. h. den Abstand der Metalloberfläche in der Kugel von der Ausflussöffnung an dem anderen Schenkel des U-Rohres,

9,608 das spezifische Gewicht der Legirung bei dem Siedepunkt des Wassers t^0,

9,158 das spezifische Gewicht der Legirung bei dem Siedepunkt des Schwefels t_1^0,

t die Temperatur des siedenden Wassers,

t_1 die Temperatur des siedenden Schwefels.

Von den vier zu ermittelnden Grössen sind das Gewicht p und die Temperatur t_1 des Dampfes ohne Weiteres gegeben. Der Druck, unter dem das Dampfvolum steht, ist gleich dem auf 0^0 reduzirten Barometerstand b, vermehrt um den Druck der wirksamen Metallsäule h, welch' letzterer ebenfalls in Millimetern Quecksilber auszudrücken ist. Da die spezifischen Gewichte der Metalllegirung und des Quecksilbers sich sehr nahe wie 2 : 3 verhalten, so ist der von einer h mm hohen Metallsäule ausgeübte Druck, ausgedrückt in Quecksilberdruck, gleich $^2/_3$ h; der Gesammtdruck ist daher gleich $(b + {}^2/_3 h)$.

Das Volumen des Dampfes ist gleich dem Volumen der ursprünglichen Metallmenge p_1 in dem Apparate, vermehrt um das Volumen des Eimerchens, vermindert um das Volumen des. nach dem Versuch noch in dem Apparat befindlichen Metalls p_2, alle drei Volumina bei der Temperatur t_1 gemessen. Das den Apparat bei t^0 füllende Metall wog p_1 Gramm, und da das spezifische Gewicht der Legirung bei t^0 gleich 9,608 ist, so sind die p_1 Gramm gleich $\frac{p_1}{9{,}608}$ ccm von t^0. Der Quecksilberinhalt des Eimerchens bei gewöhnlicher Temperatur ist gleich p_3 g; wegen der Kleinheit des Volumens des Eimerchens kann man dasselbe rund gleich $\frac{p_3}{13{,}35}$ bei t^0 setzen. Das Volumen der Legirung, vermehrt um dasjenige des Eimerchens, ist demnach bei t^0 gleich $\left(\frac{p_1}{9{,}608} + \frac{p_3}{13{,}35}\right)$ ccm; bei t_1^0 ist dasselbe daher, wenn der Ausdehnungskoëffizient des Glases gleich 0,0000303 ist, gleich $\left(\frac{p_1}{9{,}608} + \frac{p_3}{13{,}35}\right)[1 + (t_1 - t)\, 0{,}0000303]$. Das nach dem Versuch noch in dem Apparat enthaltene Metall wiegt p_2 g; da bei der Temperatur t_1 das spezifische Gewicht der Legirung gleich 9,158 ist, so sind die p_2 g gleich $\frac{p_2}{9{,}158}$ ccm von t_1^0. Das Volumen des Dampfes bei t_1^0 ist daher gleich

$$\left\{\left(\frac{p_1}{9{,}608} + \frac{p_3}{13{,}35}\right)[1 + 0{,}0000303\,(t_1 - t)] - \frac{p_2}{9{,}158}\right\} \text{ ccm}$$

oder gleich

$$\{(0{,}1041\, p_1 + 0{,}075\, p_3)\,[1 + 0{,}0000303\,(t_1 - t)] - 0{,}1092 \,.\, p_2\} \text{ ccm.}$$

Daher ist das auf Wasserstoff als Einheit bezogene Gasvolumgewicht d_h:

$$d_h = \frac{760 \cdot p\,(1 + 0{,}00367\, t_1)}{0{,}00008988\,(b + {}^2/_3 h)\,\{(0{,}1041\, p_1 + 0{,}075\, p_3)\,[1 + 0{,}0000303\,(t_1 - t)] - 0{,}1092\, p_2\}}$$

Wenn das Eimerchen sehr klein ist, kann sein Volum vernachlässigt werden.

Der Siedepunkt des Wassers t und des Schwefels t_1 wechseln mit dem Barometerstand. Die Höhenlage der Orte hat daher einen beträchtlichen Einfluss auf diese Grössen.

V. Meyer arbeitete die Methode in Zürich aus, welches eine nördliche Breite von 47° 22′ 42,1″, eine Meereshöhe von 420 bis 500 m und einen mittleren Luftdruck von 722 mm bei 10° hat. V. Meyer nimmt daher als Siedepunkt des Wassers 98°, als denjenigen des Schwefels 444,2° an. Für andere Orte ändern sich beide Grössen. Den Siedepunkt des Wassers kann man für jeden Barometerstand den Tabellen von Magnus und Regnault[1]) entnehmen. Die Siedepunkte des Schwefels ergeben sich aus der folgenden, von Weinhold[2]) aus Versuchen von Regnault[3]) berechneten Tabelle.[4])

Siedepunkt Grad	Druck mm	Siedepunkt Grad	Druck mm
444,0	708,0	447,5	749,3
444,5	713,8	448,0	755,3
445,0	719,6	448,5	761,4
445,5	725,4	449,0	767,5
446,0	731,3	449,5	773,6
446,5	737,3	450,0	779,7
447,0	743,2		

P. Perrenoud[5]) veränderte die V. Meyer'sche Methode mit Anwendung von Wood'schem Metall in der Weise, dass er das Schwefelbad durch ein Oelbad ersetzte, welches mit Hülfe eines Rührwerks auf der konstanten Temperatur von 260° erhalten wurde. Für diese Modifikation mussten die Konstanten des Wood'schen Metalls neu ermittelt werden. Ein Gramm der Legirung verlor beim Erhitzen von 98° bis 260° 0,0169 g durch Ausfliessen; ferner nahm 1 g Legirung bei 260° 0,1064 ccm ein und war das Verhältniss der spezifischen Gewichte von Quecksilber und Wood's Metall bei 98° gleich 1,392 : 1 oder gleich 1 : 0,7248. Die Berechnung des Gasvolumgewichts ist dieselbe wie bei dem ursprünglichen Meyer'schen Verfahren.

---

1) Landolt-Börnstein, S. 47 Tab. 20; die Tabellen sind von Broch (Trav. et Mém. du Bureau internat. des Poids et Mes. 1881, I. A. 46) aus Regnault's Messungen berechnet.

2) Annal. Chem. Phys. 1873, *149*, 231.

3) Mém. de l'Acad. 1862, *26*, 526.

4) Landolt-Börnstein S. 86. Tab. 42.

5) Annal. Chem. Pharm. 1877, *187*, 77.

Das Jahr 1877 brachte noch mehrere Modifikationen der Metallverdrängungsverfahren. G. Goldschmiedt und G. Ciamician[1]) gaben ein Verfahren an, das sich nur unwesentlich von dem Watts'-schen unterscheidet. Dieselben bedienen sich einer U-röhre mit einem längeren und einem kürzeren Schenkel. Letzterer ist oben zu einer Kugel aufgeblasen und endigt in eine zugeschmolzene Spitze; der längere Schenkel ist oben offen und trägt ein seitliches Abflussrohr. Sie bringen die gewogene Substanz durch den offenen Schenkel in die Kugel und füllen den ganzen Apparat so weit mit Quecksilber, dass es bei vertikaler Stellung aus dem Abflussrohr abläuft. Die zur Füllung nöthige Quecksilbermenge wird in der Weise gewogen, dass der Apparat aus einem tarirten, mit Quecksilber gefüllten Glase beschickt und das übrigbleibende Quecksilber zurückgewogen wird. Der beschickte Apparat wird so in ein Wasser- oder Paraffinbad gesenkt, dass das seitliche Abflussrohr aus dem Bad herausragt. Sobald die Substanz vergast, wird eine dem Dampf entsprechende Menge Quecksilber ausgetrieben und in einem tarirten Gefäss gesammelt. Das Quecksilber wird gewogen, die Temperatur des Bades und der Barometerstand abgelesen, der Apparat herausgenommen und der Stand des Quecksilbers in der Kugel schnell durch einen Papierstreifen markirt.

Zur Berechnung des Gasvolumgewichts sei

p das Gewicht der angewandten Substanz,
p_1 das Gewicht des den Apparat füllenden Quecksilbers,
p_2 das Gewicht des ausgeflossenen Quecksilbers,
t die Temperatur des Quecksilbers beim Einfüllen in den Apparat,
t_1 die Temperatur des Heizbades,
h die direkt abgemessene Höhe der wirksamen Metallsäule in dem Apparat,
b der auf 0^0 reduzirte Barometerstand,
f die Tension des Quecksilberdampfes bei t_1^0,
s das spezifische Gewicht des Quecksilbers bei t^0,
s_1 das spezifische Gewicht des Quecksilbers bei t_1^0,
α der Ausdehnungskoëffizient der Gase,
β der Ausdehnungskoëffizient des Quecksilbers,
β_1 der Ausdehnungskoëffizient des Glases.

Von den zur Berechnung des Gasvolumgewichts erforderlichen Grössen: Gewicht, Temperatur, Volumen und Druck des Dampfes sind die beiden ersten gegeben; das Gewicht des Dampfes ist gleich p, die Temperatur gleich t_1. Der Druck ist gleich dem auf 0^0 reduzirten

[1]) Ber. deutsch. chem. Gesellschaft 1877, *10*, 641.

Barometerstand b, vermehrt um den Druck der wirksamen Quecksilbersäule, vermindert um die Tension f des Quecksilberdampfes. Die Höhe der wirksamen Quecksilbersäule ist bei $t_1{}^0 = h$, daher ist sie bei 0^0 gleich $\frac{h}{1+\beta t_1}$ oder sehr angenähert gleich $h(1-\beta t_1)$. Der auf dem Dampf lastende Druck ist daher gleich $b + h(1-\beta t_1) - f$.

Das Volumen des Dampfes bei der Temperatur t_1 ist gleich dem Volumen des ausgeflossenen Quecksilbers bei $t_1{}^0$, vermindert um das Volumen des Quecksilbers, das durch Erwärmen des Apparates von t^0 auf $t_1{}^0$ ausgetreten ist. Das Volumen des ausgeflossenen Quecksilbers ist gleich $\frac{p_2}{s_1}$; das durch Erwärmen allein ausgetriebene Quecksilber wird in folgender Weise gefunden. Bei t^0 enthielt der Apparat p_1 g oder $\frac{p_1}{s}$ ccm Quecksilber. Beim Erwärmen von t^0 auf $t_1{}^0$ dehnt sich das Quecksilber und das Glas des Apparates aus, und zwar ist nach S. 51 das Volumen des Quecksilbers bei $t_1{}^0$ gleich $\frac{p_1}{s}[1+(\beta-\beta_1)(t_1-t)]$. Die Zunahme des Quecksilbervolums ist demnach gleich $\frac{p_1}{s}(\beta-\beta_1)(t_1-t)$ und dieses Volum ist, da der Apparat ganz gefüllt war, in Folge der Erwärmung ausgetreten. Das Dampfvolum bei der Temperatur $t_1{}^0$ ist daher gleich $\frac{p_2}{s_1} - \frac{p_1}{s}(\beta-\beta_1)(t_1-t)$.

Das Gasvolumgewicht ergibt sich aus diesen Grössen zu

$$d_h = \frac{760 \cdot p(1+\alpha \cdot t_1)}{0{,}00008988\,[b+h(1-\beta \cdot t_1)-f] \cdot \left[\frac{p_2}{s_1} - \frac{p_1}{s}(\beta-\beta_1)(t_1-t)\right]}.$$

In einfacher Weise machten H. Malfatti und P. Schoop[1]) das Verfahren von Goldschmiedt und Ciamician für Bestimmungen des Gasvolumgewichts bei vermindertem Druck geeignet. Sie verschlossen den längeren Schenkel des U-Rohrs und verbanden das seitliche Abflussrohr des Apparates luftdicht mit dem Fläschchen, in dem das ausfliessende Quecksilber aufgefangen wurde. Das Fläschchen war anderseits mit einer Luftpumpe verbunden, so dass der ganze Apparat evakuirt werden konnte.

F. Frerichs[2]) bediente sich zur Ausführung des Quecksilberverdrängungsverfahrens einer Flasche, in deren Hals ein Rohr eingeschliffen war. In dieses Rohr war eine zweite U-förmige Röhre eingeschmolzen. Vermittels Hülse und Schraube konnte das Glasrohr

---

[1]) Zeitschr. physikal. Chemie. 1887, *1*, 164.

[2]) Annal. Chem. Pharm. 1877, *185*, 199.

mit der Flasche fest verbunden werden. Zur Ausführung des Verfahrens wird die ganze Flasche mit einer gewogenen Menge Quecksilber gefüllt, die in ein Glasfläschchen oder Kügelchen eingeschlossene Substanz daraufgelegt und die eingeschliffene Glasröhre fest in den Hals der Flasche gedrückt, wobei das U-Rohr sich mit Quecksilber füllt. Sodann werden Flasche und Aufsatz durch die Hülse fest verbunden und das Ganze umgedreht; durch den Luftdruck wird das Austreten des Quecksilbers aus der offenen U-Röhre verhindert. Der Apparat wird in der umgekehrten Stellung in einem eisernen Bad, welches in der Mitte des Bodens ein Loch trägt, so befestigt, dass der Hals der Flasche unten aus dem Boden herausragt und die Flasche selbst sich in dem Bad befindet. Die Hülse um den Hals der Flasche wird in dem Boden des Bades festgekittet. Sodann wird das Bad mit der Heizflüssigkeit gefüllt und letztere erhitzt. Eine dem aus der Substanz entwickelten Dampf entsprechende Menge Quecksilber tritt aus dem U-Rohr aus und wird in einem tarirten Glas aufgefangen.

Zur Berechnung des Drucks, unter dem der Dampf steht, muss die Höhe der in der Flasche sich befindenden Quecksilbersäule von der Ausflussöffnung bis zum Niveau bekannt sein. Da dieselbe während des Versuches nicht ermittelt werden kann, bestimmte Frerichs durch Vorversuche, welche Quecksilberhöhen in der Flasche verschiedenen ausgeflossenen Quecksilbermengen entsprechen, und stellte hierüber eine Tabelle auf.

Es sei:

p das Gewicht der angewandten Substanz,
p_1 das Gewicht des den Apparat bei 0^0 füllenden Quecksilbers,
p_2 das Gewicht des ausgeflossenen Quecksilbers,
J der kubische Inhalt des ganzen Apparates bei 0^0 in ccm,
t die Temperatur des Apparates vor dem Erhitzen,
t_1 die Temperatur des Heizbades,
b der auf 0^0 reduzirte Barometerstand,
h die auf 0^0 reduzirte Höhe der Quecksilbersäule in der Flasche (der selbst aufgestellten Tabelle entnommen),
s das spezifische Gewicht des Quecksilbers bei 0^0,
f die Tension des Quecksilberdampfes bei t_1^0,
c die Kapillardepression des Quecksilbers in der U-Röhre,
β der Ausdehnungskoëffizient des Quecksilbers,
β_1 der Ausdehnungskoëffizient des Glases.

Der Druck, unter dem der Dampf steht, ist gleich dem Barometerstand b, vermehrt um die Kapillardepression c des Quecksilbers in der U-Röhre, vermindert um die Quecksilbersäule h in der Flasche, vermindert um die Tension f der Quecksilberdämpfe bei t_1^0; der Druck ist also gleich $b + c - h - f$.

Das Volumen v des Dampfes bei t_1^0 ist gleich dem Volumen des ausgeflossenen Quecksilbers bei t_1^0, vermindert um das Volumen des durch die Ausdehnung des Quecksilbers bei der Erwärmung von t^0 auf t_1^0 ausgetriebenen Quecksilbers, vermehrt um die kubische Ausdehnung des ganzen Gefässes bei der Erwärmung von t^0 auf t_1^0.

Das Volumen des ausgeflossenen Quecksilbers ist bei 0^0 gleich $\frac{p_2}{s}$, bei $t_1^0 = \frac{p_2}{s}(1 + \beta t_1)$. Ferner sind in dem vollkommen gefüllten Apparat bei 0^0 p_1 g oder $\frac{p_1}{s}$ ccm Quecksilber enthalten, bei t^0 daher $\frac{p_1}{s}(1 + \beta t)$ und bei t_1^0 $\frac{p_1}{s}(1 + \beta t_1)$ ccm; die Volumvermehrung des Quecksilbers durch die Erwärmung von t^0 auf t_1^0 ist daher gleich $\frac{p_1}{s}(1+\beta \cdot t_1) - \frac{p_1}{s}(1+\beta \cdot t) = \frac{p_1}{s} \cdot \beta (t_1 - t)$. Dieses Volumen, gemessen in ccm von 0^0, ist, da der Apparat vollkommen mit Quecksilber gefüllt war, durch die U-Röhre ausgeflossen; bei t_1^0 beträgt das Volumen $\frac{p_1}{s} \cdot \beta (t_1 - t)(1 + \beta t_1)$.

Die kubische Ausdehnung des Glasgefässes beim Erhitzen von t^0 auf t_1^0 ergibt sich in folgender Weise. Der Rauminhalt des Gefässes ist bei 0^0 gleich J, bei t^0 daher gleich $J(1 + \beta_1 t)$. Bei t_1^0 ist der Rauminhalt gleich $J(1 + \beta_1 t_1)$, und die Ausdehnung des Rauminhaltes für die Temperaturerhöhung von t^0 bis t_1^0 ist gleich $J(1 + \beta_1 t_1) - J(1 + \beta_1 t)$ oder gleich $J \beta_1 (t_1 - t)$. Das Volumen des Dampfes im Augenblick der Beendigung des Versuches ist demnach

$$v = \frac{p_2}{s}(1+\beta t_1) - \frac{p_1}{s} \cdot \beta \cdot (t_1 - t)(1 + \beta t_1) + J \cdot \beta_1 \cdot (t_1 - t)$$

oder

$$v = \frac{1 + \beta t}{s}[p_2 - p_1 \cdot \beta (t_1 - t)] + J \cdot \beta_1 (t_1 - t).$$

Das Gasvolumgewicht ist dann:

$$d_h = \frac{760 \cdot p (1 + \alpha t_1)}{0{,}00008988 \cdot v \cdot (b + c - h - f)}.$$

Darin hat v den eben abgeleiteten Werth. Das spezifische Gewicht s des Quecksilbers bei 0^0 ist gleich 13,5953 (Volkmann[1]); die Kapillardepression c ist meist sehr gering und kann aus Tabellen[2]) entnommen werden.

---

[1]) Annal. Phys. Chemie 1881, [2], *13*, 209.

[2]) Nach Versuchen von Mendelejeff und Gutkowski (Journ. physikal. Gesellschaft Petersburg, 1877, *8*, 212) interpolirt von F. Kohlrausch (Leitfaden prakt. Phys. 1880, S. 290); ferner R. Bunsen (Gasometr. Meth. 1877, S. 38).

In demselben Jahre (1877) änderte Viktor Meyer[1]) sein Metallverdrängungsverfahren derart ab, dass es auch für leichter flüchtige Substanzen anwendbar wurde. An Stelle des Wood'schen Metalls tritt Quecksilber und als Heizsubstanz dienen Wasser, Amylalkohol, Anilin, Aethyl- und Amylbenzoat, Diphenylamin oder andere Substanzen, welche in genügender Menge beschafft werden können. Das Heizbad ist ein Kolben, dessen Kugel 80 ccm fasst; der Hals ist 75 cm lang und hat 4,2 cm Durchmesser. Der Apparat selbst besteht in einem U-Rohr, das einen grösseren engen und einen kleineren weiten Schenkel hat. Der enge Schenkel hat etwa 6 mm Durchmesser und ist oben offen; der weite Schenkel ist oben zu einer kleinen Kugel erweitert und läuft in eine zunächst offene Kappilare aus. Der ganze Apparat fasst etwa 35 ccm. Zur Ausführung des Versuches wird die Substanz in einem Fläschchen abgewogen, in den Glasapparat gebracht, das Ganze gewogen, der Apparat mit Quecksilber gefüllt, die Kapillare zugeschmolzen, gewogen und mit Hülfe eines Drahthalters vertikal in den Heizkolben getaucht. Beim Erwärmen der Heizflüssigkeit beginnt die Substanz zu vergasen. Ist der Siedepunkt der Heizflüssigkeit erreicht, so bleibt die Temperatur konstant; der Hals des Kolbens ist so lang, dass die Dämpfe der Heizsubstanz sich am oberen Theile kondensiren und zurückfliessen, während der Schenkelapparat ganz von den Dämpfen umgeben ist. Nachdem die Heizsubstanz einige Zeit im Sieden erhalten worden ist, hat der entstandene Substanzdampf ein konstantes Volumen erreicht und es fliesst kein Quecksilber mehr heraus. Alsdann nimmt man den Apparat aus dem Bad und wiegt ihn auf einer Tarirwaage auf Dezigramme; zugleich liest man die Zimmertemperatur und den Barometerstand ab. Die wirksame Quecksilbersäule, d. h. der Abstand des Quecksilberniveaus in dem weiteren Schenkel des U-Rohres von der Oeffnung des dünnen Schenkels wird in folgender Weise ermittelt. Man öffnet die Kapillare, neigt den Apparat so, dass das dünne, mit dem Finger verschlossene Schenkelrohr sich ganz mit Quecksilber füllt, und markirt den Stand des Quecksilbers in dem weiten Schenkelrohr. Der Höhenunterschied von diesem Punkt bis zum Ende des engeren Schenkelrohrs wird bei Zimmertemperatur gemessen, auf 0^0 reduzirt und zu dem auf 0^0 reduzirten Barometerstand addirt.

Es sei:

p das Gewicht der angewandten Substanz,

p_1 das Gewicht des den Apparat füllenden Quecksilbers,

p_2 das Gewicht des nach dem Versuch im Apparat verbliebenen Quecksilbers,

[1]) Ber. deutsch. chem. Gesellschaft 1877, *10*, 2068.

p_3 das Gewicht des Quecksilbers, welches das Glasfläschchen fasst,
b der auf 0^0 reduzirte Barometerstand,
h die auf 0^0 reduzirte wirksame Quecksilbersäule,
f die Tension des Quecksilberdampfs bei der Versuchstemperatur t_1,
t die Zimmertemperatur,
t_1 die Versuchstemperatur, d. h. der Siedepunkt der Heizsubstanz,
s das spezifische Gewicht des Quecksilbers bei 0^0,
β der Ausdehnungskoëffizient des Quecksilbers,
β_1 der Ausdehnungskoëffizient des Glases.

Der Druck, unter dem der Dampf steht, ist gleich dem Barometerstand b, vermehrt um die wirksame Quecksilbersäule h (beide auf 0^0 reduzirt), vermindert um die Tension f des Quecksilberdampfes bei t_1^0, also gleich $b + h - f$.

Das Volumen des Dampfes wird aus dem Volumen des ausgeflossenen Quecksilbers berechnet.

Der Apparat fasste bei 0^0 p_1 Gramm Quecksilber oder $\frac{p_1}{s}$ ccm, bei t^0 daher $\frac{p_1}{s}(1 + \beta t)$ ccm. Bei dem Erhitzen des Apparates von t^0 auf t_1^0 dehnte sich der Rauminhalt des Gefässes aus und zwar beträgt er bei t_1^0 nach S. 51 $\frac{p_1}{s}(1+\beta t)[1+\beta_1(t_1-t)]$ ccm. Dasselbe gilt von dem Fläschchen, das die Substanz enthält; es fasst bei 0^0 $\frac{p_3}{s}$ ccm und bei t_1^0 $\frac{p_3}{s}(1 + \beta t)[1 + \beta_1(t_1 - t)]$ ccm. Zusammen fassen demnach der Apparat und das Fläschchen

$$\frac{p_1 + p_3}{s}(1 + \beta t)[1 + \beta_1(t_1 - t)] \text{ ccm bei } t_1^0.$$

Das Gewicht des in dem Apparat zurückgebliebenen Quecksilbers beträgt bei 0^0 p_2 Gramm, sein Volum aber $\frac{p_2}{s}$ ccm, und bei t^0 ist nach S. 51 sein Volum gleich $\frac{p_2}{s}(1 + \beta t)$ ccm; bei t_1^0 betrug daher das Volumen des in dem Apparat zurückgebliebenen Quecksilbers $\frac{p_2}{s}(1 + \beta t)[1 + \beta(t_1 - t)]$ ccm. Zieht man dieses Volumen von dem Volumen des Apparates bei t_1^0 ab, so erhält man das Dampfvolumen bei t_1^0. Dasselbe ist demnach

$$v = \frac{p_1 + p_3}{s} \cdot (1 + \beta t)[1 + \beta_1(t_1 - t)] - \frac{p_2}{s}(1 + \beta t)[1 + \beta(t_1 - t)]$$

oder

$$v = \frac{1 + \beta t}{s}\left\{(p_1 + p_3)[1 + \beta_1(t_1 - t)] - p_2[1 + \beta(t_1 - t)]\right\}$$

Das Gasvolumgewicht ergibt sich daraus zu:

$$d_h = \frac{760 \cdot p \cdot s\,(1 + \alpha\, t_1)}{0{,}00008988\,(b + h - f)\,(1 + \beta\, t)\left\{(p_1 + p_3)\,[1 + \beta_1\,(t_1 - t)] - p_2\,[1 + \beta(t_1 - t)]\right\}}.$$

Auf demselben Prinzip beruht auch das „Dampfdichtedilatometer“ von N. von Klobukow[1]), das sich nur durch die Ausführungsweise von den übrigen unterscheidet. Ein aufrechtstehendes, oben geschlossenes cylindrisches Gefäss ist unten verengt und zu einer horizontal laufenden Röhre gebogen. An das Ende derselben wird eine rechtwinklig gebogene Kapillarröhre angeschraubt, deren nach oben führender Schenkel am Ende rund gebogen und abgeschliffen ist.

Der Apparat stellt demnach ein U-rohr mit einem weiten und einem kapillaren Schenkel vor. Man bestimmt zunächst das Gewicht Quecksilber, das der vollkommen damit angefüllte Apparat bei den verschiedenen zur Anwendung gelangenden Temperaturen fasst; die Erhitzung geschieht durch die Dämpfe konstant siedender Stoffe. Dann bringt man in den weiten Schenkel das Fläschchen mit Substanz, stellt unter das gebogene Ende des zweiten kapillaren Schenkels ein gewogenes Glas und sammelt das Quecksilber, das durch den beim Erhitzen entstehenden Dampf der Substanz zum Ausfliessen gebracht wird. Soweit unterscheidet sich der Apparat nicht von den anderen; neu ist dagegen bei dem Klobukow'schen Verfahren die Reduction des Drucks auf den herrschenden Barometerstand. Zu dem Zwecke ist die Kapillare um die Axe der Verschraubung drehbar; wenn kein Quecksilber mehr ausfliesst, dreht man die Kapillare um die Axe, bis das Quecksilber in dem kapillaren und in dem weiten Schenkel gleich hoch steht. Addirt man dann die Kapillardepression des Quecksilbers in der Kapillarröhre, welche vorher bestimmt werden muss, zu dem Barometerstand, so erhält man den auf dem Substanzdampf lastenden Druck.

H. Malfatti und P. Schoop[2]) haben ein Verfahren angegeben, um Gasvolumgewichte nach dem Metallverdrängungsverfahren bei vermindertem Druck zu bestimmen. Der Apparat ist der von Goldschmiedt und Ciamician angegebene, also ein U-Rohr mit einem weiten kurzen und einem längeren engen Schenkel; an letzterem ist ein seitliches Abflussrohr. Während aber bei Goldschmidt und Ciamician das verdrängte Quecksilber einfach in ein untergestelltes Glas fliesst, verschliessen Malfatti und Schoop das letztere mit einem dreifach durchbohrten Pfropfen; durch eine Bohrung führt das Abflussrohr,

---

[1]) Annal. Phys. Chemie [2], 1884, *22*, 465.
[2]) Zeitschr. physikal. Chemie, 1887, *1*, 163.

durch die zweite ein abgekürzter Barometer und durch die dritte ein zu einer Luftpumpe führendes Rohr. Mit Hülfe der Luftpumpe kann man dann den Druck beliebig vermindern.

Gasverdrängungsverfahren.

Das Prinzip der Gasverdrängungsverfahren ist das folgende. Die Substanz wird in einem mit Luft oder einem andern Gase gefüllten Raum verdampft, dessen Volumen das zu erwartende Dampfvolum bedeutend überschreitet. Der Apparat ist so eingerichtet, dass der Dampf in dem Gefäss bleibt, während ein dem Dampfvolum entsprechendes Volum Gas aus dem Gefäss verdrängt wird. Dieses Gasvolum wird nun entweder aufgefangen und gemessen, oder es wird die Druckzunahme bestimmt, welche durch den entstehenden Dampf bezw. das durch den Dampf verdrängte Gasvolum hervorgerufen wird. Wir wenden uns zunächst dem Verfahren zu, bei welchem das verdrängte Gasvolum direkt gemessen wird.

Bestimmung des Dampfvolums durch direktes Messen des verdrängten Gases.

Viktor Meyer[1]), der das Gasverdrängungsverfahren in dieser Form zuerst beschrieben hat, bediente sich hierzu des folgenden Apparates. Ein cylindrisches Gefäss von 200 mm Länge und 100 ccm Inhalt, welches unten sphärisch abgeschmolzen ist, läuft in eine Glasröhre von 600 mm Länge und 6 mm lichter Weite aus, welche sich oben erweitert, so dass sie mit einem Stopfen verschlossen werden kann. 100 mm unter dem oberen Ende der Glasröhre ist ein Gasentbindungsrohr von 1 mm lichter Weite angeschmolzen. Als Heizbad dient ein Glaskolben, dessen untere Kugel 80 ccm fasst; der Hals ist 52 cm lang und 4 cm weit. Als Heizsubstanz dient ein konstant siedender Körper.

Die Ausführung der Bestimmung gestaltet sich folgendermaassen. Der Apparat, der oben mit einem Stopfen verschlossen ist, wird in den mit der Heizsubstanz beschickten Glasmantel gesenkt und die Heizsubstanz zum Sieden erhitzt; dabei taucht das Gasentbindungsrohr unter Wasser. Durch das Erhitzen wird ein Theil der Luft aus dem Apparat ausgetrieben und entweicht durch das Gasentbindungsrohr; ist die Temperatur konstant geworden, so hört das Entweichen von Luftblasen auf. Alsdann stülpt man über die Oeffnung des Gasentbindungsrohrs eine mit Wasser gefüllte Messröhre, öffnet den Stopfen, wirft die in einem Fläschchen abgewogene Substanz hinein und setzt den

[1]) Ber. deutsch. chem. Gesellschaft 1878, *11*, 2253.

Stopfen wieder genau so tief ein, wie er vorher gewesen war. Die Substanz vergast nunmehr im unteren Theile des Apparates und ein dem Dampfvolum entsprechendes Volum Luft wird verdrängt und steigt durch das Entbindungsrohr in der Messröhre auf. Ist die Substanz ganz vergast und hat der Dampf die konstante Temperatur des Heizbades erreicht, so hört das Entweichen von Luftblasen auf. Man taucht dann die Messröhre in einen mit Wasser gefüllten Cylinder, bringt nach dem Ausgleich der Temperatur die Oberflächen innerhalb der Messröhre und in dem Cylinder in dieselbe Ebene und liest das Luftvolum, die Temperatur des Wassers und den Barometerstand ab.

Die Berechnung des Gasvolumgewichts ist sehr einfach. Die allgemeine Formel für das Gasvolumgewicht lautet: $d_h = \frac{760 . P (1 + \alpha T)}{0,00008988 . V . H}$, worin das Gewicht P, der Druck H, die Temperatur T und das Volumen V des Dampfes zusammengehörige Werthe sind. Alle vier Grössen sind für die untersuchte Substanz bekannt. Das Gewicht des Dampfes ist gleich dem Gewicht p der angewandten Substanz. Die anderen Grössen sind ebenfalls bekannt, sie sind aber nicht an dem Dampf selbst, sondern an dem diesem Dampfvolum entsprechenden Luftvolum beobachtet. Jeder Kubiccentimeter Dampf hat einen Kubiccentimeter Luft in die Messröhre gedrängt; dieser Kubiccentimeter kommt aber nicht als solcher zur Erscheinung, sondern er hat sein Volum vermindert, weil er auf Zimmertemperatur abgekühlt wurde. Würde man aber das Luftvolum auf die Bedingungen des Substanzdampfes bringen, so würde er genau das Volumen des letzteren einnehmen, und umgekehrt, könnte man den Substanzdampf auf Zimmertemperatur abkühlen und über Wasser auffangen, so würde er genau das Volumen der verdrängten Luft einnehmen. Denn für jede Substanz, deren Gasvolumgewicht bestimmt werden soll, ist es in erster Linie nothwendig, dass ihr Dampf bei der Versuchstemperatur wenigstens sehr annähernd dem Gay-Lussac-Boyle'schen Gesetze folgt, gemäss dem die Gase unter den gleichen Veränderungen des Drucks und der Temperatur ihr Volumen gleichmässig ändern. Die Werthe, die für das verdrängte Luftvolum ermittelt wurden, sind demnach identisch mit denjenigen für den Substanzdampf: wir können die ersteren für letztere substituiren. Demnach ist die Temperatur des Dampfes gleich derjenigen des Wassers in dem Cylinder t und der Druck desselben gleich dem des Luftvolums zu setzen; letzterer ist gleich der Differenz des auf 0^0 reduzirten Barometerstands und der Tension des Wasserdampfs bei t^0, also gleich $b - f$. Das Gasvolumgewicht ist daher:

$$d_h = \frac{760 \,.\, p\,(1 + \alpha\, t)}{0{,}00008988 \,.\, v\,(b - f)}.$$

Dasselbe Resultat, das hier durch Ueberlegung gefunden wurde, wird auch durch Rechnung erhalten. Es sei

p das Gewicht der angewandten Substanz (g),

t die Temperatur des Luftvolums beim Ablesen,

v das abgelesene Luftvolum (ccm),

b der auf 0^0 reduzirte Barometerstand (mm),

f die Tension des Wasserdampfs bei t^0,

t_1 die Temperatur des Heizbades,

h die Höhe der kleinen Wassersäule von der Mündung des Gasentbindungsrohres bis an das Wasserniveau in der Wanne (mm),

s das spezifische Gewicht des Quecksilbers bei Zimmertemperatur.

Das Gewicht des Dampfes ist gleich p, seine Temperatur gleich t_1 Der Druck ist gleich dem Barometerstand b, vermehrt um den Druck der kleinen Wassersäule h; letzterer ist in Millimetern Quecksilber gleich $\frac{h}{s}$, der Druck ist daher gleich $b + \frac{h}{s}$. Das Volumen des Dampfes bei t^0 ergibt sich aus demjenigen des verdrängten Luftvolums; man hat letzteres nur auf den Druck $b + \frac{h}{s}$ und die Temperatur t_1 zu bringen. Das Luftvolum beträgt bei dem Druck $(b - f)$ und der Temperatur t^0 v ccm; bei dem Druck $b + \frac{h}{s}$ und der Temperatur t_1 beträgt es daher nach dem Gay-Lussac-Boyle'schen Gesetz (S. 45):

$$\frac{v\,(b - f)\,(1 + \alpha\, t_1)}{\left(b + \frac{h}{s}\right)\left(1 + \alpha\, t\right)}$$

und dies ist zugleich das Volumen des Dampfes. Daher wird das Gasvolumgewicht:

$$d_h = \frac{760 \,.\, p\,(1 + \alpha\, t_1)}{0{,}00008988 \cdot \frac{v\,(b - f)\,(1 + \alpha\, t_1)}{\left(b + \frac{h}{s}\right)\left(1 + \alpha\, t\right)} \cdot \left(b + \frac{h}{s}\right)}$$

oder

$$d_h = \frac{760 \,.\, p\,(1 + \alpha\, t)}{0{,}00008988 \,.\, v\,(b - f)}.$$

Bemerkenswerth ist in dieser Formel, dass in ihr die Temperatur des Heizbades nicht vorkommt; letztere braucht gar nicht bekannt zu sein, wenn sie nur während des ganzen Versuches konstant bleibt. Hierin liegt ein bedeutender Vorzug des Verfahrens gegenüber den übrigen, welche die genaue Kenntniss der Versuchstemperatur voraussetzen.

Die Ausführung des Viktor Meyer'schen Gasverdrängungsverfahrens und die Berechnung des Resultats sind so einfach, dass sich dasselbe alsbald in der chemischen Wissenschaft einbürgerte und vielfache Anwendung fand. Die Folge hiervon war, dass eine ganze Anzahl von Aenderungen an dem Apparat und an dem Verfahren vorgenommen wurden, die theils nur für bestimmte Zwecke geeignet waren, zum Theil aber auch allgemein Anklang fanden.

Der Verschluss des Apparates durch einen gewöhnlichen Stopfen, wie ihn V. Meyer in der Originalarbeit beschrieb, hat nicht wegzuleugnende Bedenken. Derselbe muss entfernt und, nachdem die Substanz hineingeworfen ist, wieder aufgesetzt werden. Wird er rasch eingedrückt, so ist die Gefahr vorhanden, dass Luft in den Apparat gepresst wird, wodurch das Gasvolumgewicht zu klein gefunden würde; wird er aber langsam aufgesetzt, so kann die Substanz inzwischen schon mit dem Vergasen begonnen haben und die verdrängte Luft durch die Oeffnung entwichen sein, wodurch das Gasvolumgewicht zu gross gefunden würde. Durch verschiedene Vorrichtungen kann nun dieser Uebelstand umgangen werden.

Am häufigsten angewandt wird der von Lothar Meyer[1]) angegebene Verschlussstopfen. In einem durchbohrten Gummistopfen steckt ein oben zugeschmolzenes Glasrohr von genau derselben Weite wie der lange Hals des Apparates. Neben der Glasröhre läuft durch den Stopfen ein Eisendraht, welcher unten so gebogen ist, dass er die Oeffnung der kleinen Glasröhre lose verschliesst. Durch den aus dem Stopfen oben herausragenden Theil des Eisendrahts kann dieser so gedreht werden, dass er die Oeffnung des Glasrohrs frei lässt. In die durch das Glasrohr gebildete kleine Kammer wird bei Beginn des Versuchs die in einem Fläschchen oder Eimerchen befindliche Substanz gebracht und durch den Eisendraht festgehalten. Ist die Temperatur im Innern des Apparates konstant geworden, so wird durch Drehen des Eisendrahts die Oeffnung der Kammer frei gemacht und die Substanz fällt an den Boden des Apparates.

Einen sehr einfachen Verschluss beschreiben gelegentlich anderer Versuche V. Meyer und G. G. Pond[2]). An dem Hals des Apparates ist einige Centimeter vom oberen Ende ein Glashahn angebracht, dessen Bohrung so weit ist, dass das Fläschchen mit Substanz durch-

[1]) Ber. deutsch. chem. Gesellschaft 1880, *13*, 991.
[2]) Ber. deutsch. chem. Gesellschaft 1885, *18*, 1623.

fallen kann. Beim Beginn des Versuchs wird der Hahn geschlossen, die Substanz in den Hals gebracht und das obere Ende des Apparats durch einen Stopfen verschlossen. Nach dem Eintritt der konstanten Temperatur wird der Glashahn geöffnet und die Substanz fällt durch die Bohrung in den weiten Theil des Apparates.

Aehnlich ist das Verschlussstück von L. Valente[1]). Derselbe erweitert den Hals des Apparates oben nicht, sondern setzt an denselben einen Gummischlauch, welcher nahe an dem Glashals durch einen federnden Quetschhahn geschlossen ist. In den einerseits geschlossenen Schlauch wird die Substanz gebracht und das freie Ende des Schlauchs durch einen Schraubenquetschhahn fest verschlossen. Im geeigneten Moment wird die Substanz durch Oeffnen des federnden Quetschhahns zum Herabfallen gebracht.

J. Piccard[2]) setzt an den oberen, nicht erweiterten Theil des Halses durch einen Gummischlauch eine Glasröhre, die durch einen in einem kleinen Schlauch verschiebbaren Glasstab verschlossen ist. In die horizontal liegende Röhre wird bei Beginn des Versuchs das Substanzfläschchen eingeführt, die Röhre verschlossen und durch ein untergelegtes Stück Pappe die Wärme abgehalten. Nach dem Eintritt der Temperaturkonstanz wird die horizontale Röhre leicht geneigt, wodurch das Substanzfläschchen hinabgleitet.

V. Meyer und W. Grünewald[3]) benutzten folgende Fallvorrichtung. Am oberen Theil des Halses des Apparates war ein seitliches Rohr angeschmolzen, über das ein Gummischlauch gezogen war. In dem Gummischlauch konnte ein eingefetteter Glasstab luftdicht auf- und abbewegt werden. Zu Beginn des Versuchs wurde der Glasstab bis zur gegenüberliegenden Wandung des Halses eingedrückt, so dass er dem von oben eingeführten Fläschchen mit Substanz den Weg versperrte. Man hatte dann nur nöthig, den Glasstab zurückzuziehen, um dem Fläschchen den Weg nach dem erhitzten Theil des Apparates zu öffnen.

Fr. Meyer und J. M. Crafts[4]) setzen an den Hals des Apparates mittels Gummischlauch ein Glasrohr von der Weite des Halses. Dasselbe bildet aber nicht die genaue Fortsetzung des Halses, sondern wird durch eine Art Schlüssel seitlich verschoben gehalten. Hierdurch wird eine Ecke gebildet, in welcher das Röhrchen stehen kann, wenn man es mit dem anderen Ende an die gegenüberliegende

---

[1]) Gazz. chim. ital. 1881, *11*, 193; Zeitschr. analyt. Chemie 1883, *22*, 71.

[2]) Ber. deutsch. chem. Gesellschaft 1880, *13*, 1079.

[3]) Ber. deutsch. chem. Gesellschaft 1888, *21*, 687.

[4]) Ber. deutsch. chem. Gesellschaft 1880, *13*, 851.

Wand anlehnt. Durch Lockern des Schlüssels wird das obere Ansatzrohr in die Verlängerung des Halses des Apparates gebracht, das Substanzröhrchen verliert seinen Halt und stürzt in den weiten Theil des Apparates.

Eine von C. Schall[1]) benutzte Vorrichtung zur Einführung der Substanz ähnelt der von Piccard beschriebenen. Schall führt durch den Verschlussstopfen eine um 90^0 gebogene Röhre mit kreisförmiger Biegung, deren äusseres Ende horizontal liegt. In dieselbe wird das Substanzfläschchen eingebracht und durch Erschütterungen zum Hinabgleiten gebracht. Eine zweite von C. Schall[2]) angegebene Fallvorrichtung ist so komplizirt, dass sie anderwärts keine Anwendung gefunden hat.

Das Verschlussstück des Meyer'schen Apparates von W. La Coste[3]) ist dem von Lothar Meyer beschriebenen nachgebildet. In einem durchbohrten Stopfen steckt ein kurzes Glasröhrchen, das oben durch einen eingeschliffenen Glasstopfen verschlossen ist; der Glasstopfen trägt oben einen Griff, mit Hülfe dessen er gedreht werden kann, und läuft unten in einen Glasfaden aus, der in eine Glasplatte endigt. Das in das Glasrohr gebrachte Substanzfläschchen wird durch die Glasplatte des Stopfens gehalten und fällt beim Drehen des Stopfens in den Apparat hinab. Dasselbe Verschlussstück wurde von Richard Anschütz und Norman P. Evans[4]) benutzt.

Bei der Modifikation des Meyer'schen Verfahrens von J. F. Eykmann[5]) ist an dem oberen erweiterten Halse des Apparates ein horizontaler Glashahn angebracht, welcher in zwei Arme ausläuft, so dass durch diese eine Art Klammer gebildet wird. Das Substanzröhrchen, welches an der einen Seite in einen Glasfaden mit einem Wulst ausgezogen ist, wird zwischen den beiden Armen des Stopfens aufgehängt, so dass es genau über dem engen Halse des Apparates in vertikaler Richtung hängt. Beim Drehen des Hahnes wird das Fläschchen an den Wandungen des Apparates zerbrochen und fällt hinab.

Eine ganz eigenartige Fallvorrichtung haben W. Bott und D. S. Macnair[6]) angewandt. Durch den Stopfen, mit dem der Apparat oben verschlossen wird, geht ein Eisendraht, der zunächst eine Schleife bildet und dann horizontal gebogen ist. In der Schleife hängt vermittels eines Platindrahts eine kleine Platte aus weichem

[1]) Ber. deutsch. chem. Gesellschaft 1887, *20*, 2127.

[2]) Ber. deutsch. chem. Gesellschaft 1887, *20*, 1759.

[3]) Ber. deutsch. chem. Gesellschaft 1885, *18*, 2122.

[4]) Annal. Chem. Pharm. 1889, *253*, 95.

[5]) Ber. deutsch. chem. Gesellschaft 1889, *22*, 2754.

[6]) Ber. deutsch. chem. Gesellschaft 1887, *20*, 916.

Eisen; das Röhrchen oder Fläschchen mit Substanz wird mit Hülfe eines Platindrahts an dem horizontalen Ende des Eisendrahts hakenförmig aufgehängt. Ist die Temperatur konstant geworden, so wird dem Kopf des Apparates in der Weise ein Magnet genähert, dass zwischen den Magnet und die weiche Eisenplatte das Substanzfläschchen zu liegen kommt. Alsdann nähert sich die Eisenplatte dem Magneten und wirft das Substanzfläschchen herunter.

Mit dem V. Meyer'schen Apparate lässt sich das Gasvolumgewicht bei den verschiedensten Temperaturen bestimmen, ein Vorzug, den das Verfahren mit dem Dumas'schen theilt. Für niedere Temperaturen genügt der beschriebene Glasapparat; als Heizflüssigkeiten dienen Wasser, Amylalkohol, Anilin, Xylol, Aethyl- und Amylbenzoat, Diphenylamin und andere in genügender Menge erhältliche Substanzen. Da der Glasmantel, der zur Aufnahme der Heizflüssigkeit bestimmt ist, leicht platzt, schlug V. Meyer[1]) folgenden Ersatz für denselben vor. Ein gusseiserner Tiegel von 9 cm Länge mit einem rinnenförmigen Rand dient zur Aufnahme der Heizflüssigkeit; der Rand des Tiegels wird mit Quecksilber gefüllt und in letzteres ein beiderseits offener Glascylinder von entsprechendem Durchmesser getaucht. In den Glascylinder, der unten durch das Quecksilber abgesperrt ist, wird der Vergasungsapparat gesenkt, der beim Erhitzen von dem Dampf der Heizsubstanz umspült wird.

Für höhere Temperaturen sind nur wenige Substanzen von konstantem Siedepunkte als Heizflüssigkeiten anwendbar. Ausser dem Quecksilber[2]), dessen Siedepunkt bei 357,25^0 bei 760 mm liegt, sind noch anzuführen der Schwefel[3]) (Sdp. 448,4^0 bei 760 mm), ferner Phosphorpentasulfid[4]) (Sdp. 518^0) und Zinnchlorür[5]) (Sdp. 606^0). Zur Bestimmung des Gasvolumgewichts bei noch höherer Temperatur muss ein Kohlen- oder Gasofen als Heizquelle benutzt werden. In solchen Fällen reicht der Glasapparat natürlich nicht aus: er würde deformirt und sein Volumen ändern. An seine Stelle treten dann Porzellan- oder Platinapparate. In einigen Fällen wandte V. Meyer bei nicht zu hohen Temperaturen auch lehmbeschlagene Kaliglasapparate an[6]).

Da viele Substanzen, besonders anorganische, beim Verdampfen an der Luft in Folge der Einwirkung des atmosphärischen Sauerstoffs

---

[1]) Ber. deutsch. chem. Gesellschaft 1886, *19*, 1861.

[2]) Regnault, Mém. de l'Acad. 1862, *26*, 522.

[3]) Aus Versuchen von Regnault (Mém. de l'Acad. 1862, *26*, 526) berechnet. von Weinhold (Annal. Phys. Chemie 1873, *149*, 23).

[4]) Ber. deutsch. chem. Gesellschaft 1882, *15*, 303.

[5]) H. Biltz und V. Meyer, Zeitschr. physikal. Chemie 1888, *2*, 188.

[6]) V. Meyer und C. Meyer, Ber. deutsch. chem. Gesellschaft 1879, *12*, 2204.

zersetzt werden, so ist es häufig nothwendig, die Vergasung solcher Substanzen in einem indifferenten Gas vorzunehmen. Die Apparate zur Gasverdrängungsmethode wurden daher so eingerichtet, dass sie vollständig mit einem indifferenten Gas gefüllt werden konnten. Es geschah dies zuerst in der Weise, dass durch den Hals des Apparates eine dünne, bis auf den Boden reichende Glasröhre gesteckt wurde, durch welche der Apparat mit Gas gefüllt wurde. Späterhin wurde das Gaszuleitungsrohr unten an den cylindrischen Theil des Apparates angeschmolzen und an dem Apparat entlang soweit nach oben geführt, dass das Ende aus dem Heizmantel herausragte. Wenn der ganze Apparat mit dem indifferenten Gase gefüllt ist, wird das Zuleitungsrohr durch einen Quetschhahn verschlossen.

Wie sich aus der Ableitung der Formel für die Berechnung des Gasvolumgewichts nach dem V. Meyer'schen Gasverdrängungsverfahren ergeben hatte, ist die Kenntniss der Temperatur des Substanzdampfes nicht erforderlich. Da aber, wie im nächsten Kapitel gezeigt werden wird, das Gasvolumgewicht vieler, bis zu einem gewissen Grade sogar aller Substanzen mit der Temperatur veränderlich ist, so ist es häufig sehr erwünscht, zu wissen, bei welcher Temperatur die Gasvolumgewichtsbestimmung ausgeführt wurde. So lange die Erhitzung durch eine konstant siedende Substanz stattfindet, ist die Temperatur des Dampfes ohne weiteres bekannt: sie ist gleich dem Siedepunkt der Heizsubstanz. Mit dem Zinnchlorür (Sdp. 606°) hören aber die Substanzen auf, welche als konstant siedende Heizbäder Verwendung finden können; für höhere Temperaturen muss man sich eines Gas- oder Kohlenofens bedienen, und gerade die Kenntniss der höchsten Temperaturen ist für das Studium der Veränderlichkeit des Gasvolumgewichts vieler Elemente und Verbindungen vom grössten Interesse.

Im Anfang seiner Untersuchungen über die Molekulargrösse anorganischer Substanzen bestimmte V. Meyer[1]) mit seinen Schülern die Temperatur, bei welcher das Gasvolumgewicht ermittelt wurde, auf kalorimetrischem Wege, indem er einen schweren Platinblock in dem Gasofen erhitzte und in einem Kalorimeter die Temperaturerhöhung des Wassers durch Einbringen des heissen Platins ermittelte. Die Temperaturbestimmung musste aber zu einer anderen Zeit als die Gasvolumgewichtsbestimmung ausgeführt werden; um nun beiden Bestimmungen die gleiche Temperatur zu Grunde zu legen, liess er den Gashahn in einen Zeiger enden, welcher auf einer Skala spielte, und

---

[1]) Viktor Meyer und Carl Meyer, Ber. deutsch. chem. Gesellschaft 1879, *12*, 2204.

öffnete bei beiden Bestimmungen den Gashahn so weit, dass der Zeiger in jedem Falle auf demselben Theilstrich der Skala stand.

Später überzeugte sich V. Meyer[1]), dass die Temperaturen, welche durch gleiches Oeffnen des Gashahnes erzielt werden, nicht immer gleich sind, dass also zuweilen Gasvolumgewichtsbestimmungen und Temperaturmessungen als zusammengehörig angesehen wurden, welche in Wirklichkeit sich auf ganz verschiedene Erhitzungsgrade bezogen. Er verliess daher das kalorimetrische Verfahren der Temperaturbestimmung und wandte sich, ebenso wie Andere, dem luftthermometrischen Verfahren zu.

Nachdem V. Meyer schon früher sich eines derartigen Apparates bedient hatte, beschrieb er in Gemeinschaft mit Justus Mensching[2]) ein Pyrometer, welches gleichzeitig Gasvolumgewichts- und Temperaturbestimmungen ermöglichte und bei bequemer Handhabung gute Resultate lieferte.

Der ganz aus Platin angefertigte Apparat besteht aus einem Cylinder von 200 mm Höhe und 36 mm Durchmesser, der beiderseits durch angelöthete Platindeckel verschlossen ist. An dem oberen Deckel des Gefässes ist ein beiderseits offenes Platinrohr von 350 mm Länge und 4 mm lichter Weite angesetzt, welches mit dem Inneren des Gefässes kommunizirt. Neben diesem Rohr läuft eine starkwandige Platinkapillare von 1 mm lichter Weite, welche durch den Deckel bis 3 mm über den unteren Boden geht und deren oberes Ende in einer Länge von 40 mm umgebogen ist. Der Platinapparat entspricht ganz dem gewöhnlichen gläsernen: der Cylinder ist das Erhitzungsgefäss, die Platinröhre der Hals und die Kapillare eine Gaszuleitungsröhre. An den Hals des Platinapparats wird mit Gummischlauch das Verschlussstück aus Glas mit Fallvorrichtung und Gasentbindungsrohr angesetzt.

Die Verwendung dieses Apparates als Luftthermometer erfordert noch einen Nebenapparat. Die Bestimmung der Temperatur mit dem Luftthermometer geschieht in der Weise, dass ermittelt wird, wieviel Luft (oder wieviel eines anderen Gases) ein Gefäss bei gewöhnlicher Temperatur und bei der zu bestimmenden Temperatur fasst; da diese Gasvolumina durch das Gay-Lussac'sche Gesetz in Beziehung zur Temperatur gebracht worden sind, so lässt sich letztere aus den ersteren berechnen. Bei dem Meyer'schen Gasverdrängungsverfahren wird nun nicht der ganze Apparat auf die Versuchstemperatur erhitzt, sondern nur das cylindrische Gefäss und ein Theil des Halses und

[1]) Ber. deutsch. chem. Gesellschaft 1880, *13*, 407.
[2]) Zeitschr. physikal. Chemie 1887, *1*, 145.

des Gaszuleitungsrohres; ein grosser Theil der letzteren und das ganze Verschlussstück haben eine niedrigere Temperatur. Zum Ausgleich der kälteren Theile des Apparates dient der Kompensator. Derselbe besteht aus einem Platinrohr und einer Kapillaren, welche unten kommuniziren; dieselben besitzen genau die Dimensionen der Röhre und der Kapillaren bis zum Deckel, welche an dem Hauptapparat angebracht sind, sind also von dem gleichen Inhalt wie die nicht zur Birne gehörenden Theile des Apparates. Der Kompensator wird mit Platindraht so an dem Hals des Apparates befestigt, dass er auf dem Deckel der Birne steht; das Verschlussstück, welches an den Kompensator angesetzt wird, hat genau die Dimensionen des Verschlussstücks des Hauptapparates.

Durch diesen Hilfsapparat wird die Bestimmung der Temperatur auf gasthermometrischem Wege ermöglicht. Man bestimmt nämlich das Volumen des in dem ganzen Apparat befindlichen Gases bei gewöhnlicher Temperatur und bei der Versuchstemperatur; zugleich bestimmt man auch das Volumen des den Kompensator füllenden Gases bei diesen Temperaturen. Zieht man dann von den Volumen des den ganzen Apparat füllenden Gases die Volume des Gases in dem Kompensator ab, so erhält man die Volume des den birnenförmigen Theil des Apparats erfüllenden Gases bei diesen Temperaturen. Dieser Theil ist aber vollständig auf die Versuchstemperatur erhitzt, man kann daher aus den Gasvolumen die Temperatur berechnen.

Die Gasvolume wurden von Meyer und Mensching durch Verdrängung ermittelt. Da die gasthermometrische Methode der Temperaturbestimmung auf dem Gay-Lussac'schen Gesetze beruht, so kann nur ein solches Gas zur Füllung des Apparates benutzt werden, dessen Ausdehnungskoëffizient bei der Versuchstemperatur konstant derselbe ist wie bei gewöhnlicher Temperatur. Dies ist bei dem Stickstoff bis zu 1700^0 hinreichend genau der Fall, wie V. Meyer und C. Langer[1]) gezeigt haben. Dasselbe gilt auch von dem Gase, welches zur Verdrängung des ersteren aus dem Apparat verwendet wird; als solches wurde Salzsäuregas verwandt, welches nach Versuchen von J. M. Crafts[2]) bei 1500^0 noch den normalen Ausdehnungskoëffizienten hat.

Die Erhitzung des Platinapparates erfolgte sowohl durch einen Perrot'schen Gasofen mit Wiesnegg'scher Muffel als auch durch einen Schmelzofen, der durch ein Gemisch von Holzkohle und Kokes geheizt wurde. Ersterer gab Temperaturen bis 1200^0, letzterer bis zu 1300^0 und mit Hülfe eines Windflügelgebläses etwa 1500^0. In

---

[1]) Pyrochemische Untersuchungen. Braunschweig, 1885, bei Vieweg u. Sohn.
[2]) Compt. rend. 1880, *90*, 309.

beiden Oefen ist der Platinapparat mit den Flammengasen direkt in Berührung; da nun nach Versuchen von H. St. Claire-Deville und L. Troost[1]) glühendes Platin für Wasserstoff und Flammengase durchlässig ist, nicht aber für die Gase der Luft (Sauerstoff und Stickstoff), so musste das Platin von den Flammengasen vollkommen getrennt werden. Es geschah dies in der Weise[2]), dass der Apparat nicht direkt in die Flammen, sondern in einen innen und aussen glasirten Porzellancylinder gesenkt wurde, welcher in dem Ofen vertikal angebracht war und von den Flammen umspült wurde. Diese glasirten Porzellanröhren sind für alle Gase undurchdringlich[3]) wie nochmals durch Versuche festgestellt wurde.

Das Prinzip der Temperaturbestimmung ist folgendes. Der vollständige, vertikal gestellte Apparat, an dem der Kompensator befestigt ist, wird bei Zimmertemperatur mit Stickstoff gefüllt, letzterer durch Salzsäure verdrängt und über Wasser aufgefangen. Dasselbe geschieht mit dem Kompensator; die Differenz der Stickstoffvolume ergibt das Volumen des birnenförmigen Theiles des Apparates. Werden dieselben Bestimmungen mit dem erhitzten Apparat ausgeführt, so erhält man den Stickstoffinhalt der Birne bei der Versuchstemperatur. Aus diesen Daten lässt sich die Versuchstemperatur berechnen.

Der zu den Versuchen nothwendige Stickstoff wurde durch Kochen einer Lösung von 1 Theil Natriumnitrit, 1 Theil Salmiak und 1 Theil Kaliumbichromat mit 3 Theilen Wasser dargestellt; zur Entfernung jeglicher Spur von Sauerstoff wurde der Stickstoff wiederholt über glühendes Kupfer und durch Chromchlorür- und alkalische Pyrogallussäure geleitet. Die Salzsäure wurde aus einem Gemisch von 500 g Kochsalz mit 900 g konzentrirter Schwefelsäure und 200 g Wasser entwickelt und durch Schwefelsäure getrocknet.

Die Ausführung gestaltet sich folgendermaassen. Durch die Platinkapillare leitet man so lange Stickstoff, bis alle Luft verdrängt ist, und schliesst die Kapillare durch einen Quetschhahn. Da das Gasentbindungsrohr des Apparates unter Wasser taucht, ist der Stickstoff in dem Apparat luftdicht abgesperrt. Nachdem die Temperatur konstant geworden ist, wird über das Gasentbindungsrohr eine Messröhre gestülpt und der Stickstoff durch trockene Salzsäure verdrängt; die Salzsäure wird von dem Absperrwasser absorbirt und der Stickstoff sammelt sich in der Messröhre, in welcher sein Volumen ab-

---

[1]) Compt. rend. 1863, *56*, 977; Annal. Chem. Pharm. 1862/63. Supplementband *2*, 387.

[2]) V. Meyer und H. Züblin, Ber. deutsch. chem. Gesellschaft 1879, *12*, 2204.

[3]) V. Meyer und H. Züblin, Ber. deutsch. chem. Gesellschaft 1880, *13*, 2021.

gelesen wird. Derselbe Versuch wird dann alsbald mit dem Kompensator angestellt. Sodann wird die Salzsäure aus dem Apparat durch Stickstoff verdrängt und der mit Stickstoff gefüllte Apparat auf die Versuchstemperatur erhitzt. Da der nach dem Stickstoffgasometer führende Schlauch durch einen Quetschhahn verschlossen ist, so entweichen die durch die Wärme ausgetriebenen Stickstoffblasen durch das Sperrwasser des Gasentbindungsrohres; nachdem die Temperatur konstant geworden ist und das Entweichen von Stickstoff aufgehört hat, wird letzterer wieder durch Salzsäure verdrängt und in einer Messröhre gesammelt. Nachdem derselbe Versuch mit dem Kompensator bei der Versuchstemperatur angestellt worden ist, sind alle Daten zur Berechnung der Temperatur gegeben.

Es sei:

T die gesuchte Versuchstemperatur,

V_n der Rauminhalt des unteren cylindrischen Theiles des Platinapparats bei 0^0 und 760 mm,

v_n das Volumen des bei der Versuchstemperatur in demselben Theile des Apparates enthaltenen Stickstoffs, bei 0^0 und 760 mm gedacht,

a der Stickstoffinhalt des ganzen Apparates bei der Zimmertemperatur t^0, feucht gemessen bei dem Barometerstand b_1 und der Temperatur des Wassers t_1,

a_1 der Stickstoffinhalt des Kompensators unter den gleichen Bedingungen,

r der Stickstoffinhalt des ganzen Apparates bei der Versuchstemperatur, feucht gemessen bei dem Barometerstand b_2 und der Temperatur des Wassers t_2,

r_1 der Stickstoffinhalt des Kompensators unter denselben Bedingungen,

α der Ausdehnungskoëffizient der Gase,

γ der kubische Ausdehnungskoëffizient des Platins,

f_1 und f_2 die Tensionen des Wasserdampfes bei den Temperaturen t_1 und t_2.

Zunächst sind die Grössen V_n und v_n zu berechnen. Der Rauminhalt des unteren cylindrischen Theiles des Platinapparats ergibt sich aus der Differenz der Stickstoffinhalte des ganzen Apparates und des Kompensators $(a - a_1)$. Die letzteren sind bei t_1^0 und $(b_1 - f_1)$ mm Druck gemessen; auf 0^0 und 760 mm Druck reduzirt, wird die Differenz daher: $\frac{(a - a_1)(b_1 - f_1)}{760 \cdot (1 + \alpha t_1)}$. Bei der Zimmertemperatur t ist demnach dasselbe Stickstoffvolum gleich $\frac{(a - a_1)(b_1 - f_1)(1 + \alpha t)}{760 \cdot (1 + \alpha t_1)}$. Dieses

Stickstoffvolum ist gleich dem Rauminhalt des unteren cylindrischen Theils bei der Zimmertemperatur t; der Rauminhalt desselben V_n bei 0^0 ist daher:

$$V_n = \frac{(a - a_1)(b_1 - f_1)(1 + \alpha t)}{760 (1 + \gamma t)(1 + \alpha t_1)}.$$

Der in demselben Theile des Apparates bei der Versuchstemperatur T enthaltene Stickstoff v_n ergibt sich aus den Stickstoffinhalten des ganzen Apparates und des Kompensators bei der Versuchstemperatur. Die Differenz der Stickstoffinhalte des ganzen Apparates und des Kompensators ist bei der Temperatur t_2 und dem Druck $(b_2 - f_2)$ gleich $r - r_1$, bei 0^0 und 760 mm Druck daher gleich $\frac{(r - r_1)(b_2 - f_2)}{760 (1 + \alpha t_2)}$ und dies ist der Stickstoffinhalt des erhitzten unteren cylindrischen Gefässes, gedacht bei 0^0 und 760 mm Druck, also

$$v_n = \frac{(r - r_1)(b_2 - f_2)}{760 (1 + \alpha t_2)}.$$

Dieses auf Normalbedingungen reduzirte Stickstoffvolumen v_n nahm bei der Temperatur T des Versuchs den Raum des unteren cylindrischen Gefässes ein. Das Stickstoffvolumen v_n ist daher bei der Temperatur T gleich dem Rauminhalt V_n bei derselben Temperatur T. Ersteres ist nun bei T^0 gleich $v_n (1 + \alpha T)$, letzteres gleich $V_n (1 + \gamma T)$; es ist daher:

$$v_n (1 + \alpha T) = V_n \,.\, (1 + \gamma \,.\, T),$$

woraus sich ergibt:

$$T = \frac{V_n - v_n}{v \,.\, \alpha - V \,.\, \gamma}.$$

Versuche bewiesen, dass derartige Temperaturbestimmungen gute Resultate liefern; so wurde der Siedepunkt des Wassers bei 734 mm Barometerstand zu $99{,}4^0$ gefunden, während sich für diesen Barometerstand aus den Magnus-Regnault'schen Tabellen der Siedepunkt $99{,}0^0$ ergibt.

An die Temperaturbestimmung schliesst sich sofort die Bestimmung des Gasvolumgewichts. Man verdrängt die Salzsäure wieder durch Stickstoff (während der Apparat erhitzt bleibt) und verfährt genau so, wie früher beschrieben wurde.

Dieses Verfahren der Temperaturbestimmung wurde im Jahre 1880 fast gleichzeitig von V. Meyer und H. Züblin[1]), sowie von Fr. Meyer und J. M. Crafts[2]) beschrieben. Für Gasvolumgewichtsbestimmungen bei hohen Temperaturen brachten die letzteren einige

[1]) Ber. deutsch. chem. Gesellschaft 1880, *13*, 405 und 811.

[2]) Ber. deutsch. chem. Gesellschaft 1880, *13*, 851.

Aenderungen an dem Apparat an. Das Verschlussstück wurde bereits S. 151 beschrieben; das Gasentbindungsrohr war an dem oberen, verschobenen Glasröhrchen angeschmolzen. Als Messröhre benutzten dieselben ein mit einem Wassermantel umgebenes U-Rohr und liessen das Gasentbindungsrohr oben in den einen Schenkel der U-Röhre gehen, um den Druck der Wassersäule in der Messröhre zu vermeiden.

L. F. Nilson und Otto Pettersson[1]) führten die Temperaturbestimmung in anderer Weise aus. Sie benutzten für hohe Temperaturen ebenfalls einen Platinapparat. Derselbe war oben durch Kautschukschlauch mit einer Glaskappe verbunden, welche zur Aufnahme der abgewogenen Substanz diente. Aus der Glaskappe führte das kapillare Gasentbindungsrohr zur Messröhre, welche mit einem zweiten, mit Quecksilber gefüllten Gefäss kommunizirte und durch einen Wassermantel auf konstanter Temperatur gehalten wurde. Ein dicht an dem Halse des Platinapparates befestigtes Kompensatorrohr aus Platin, welches dem Hals des Apparates genau gleich war, führte zu einer ganz gleichen Glaskappe und von dort durch eine gleiche Kapillare zu einem in Eis befindlichen Gefäss, welches genau gleich dem Platingefäss des Apparates war. Von beiden Kapillaren zweigten Verbindungsröhren nach Differentialmanometern ab. Nach dem Beginn des Erhitzens des Apparates wurde durch Heben und Senken des mit der Messröhre kommunizirenden Gefässes dafür Sorge getragen, dass in dem Erhitzungsgefäss und dem von Eis umgebenen Gefäss stets gleicher Druck herrschte.

Aus dem unter diesen Umständen nach dem Messrohre gelangenden Gasvolum kann die Temperatur in dem erhitzten Platinapparat berechnet werden. Man misst nämlich so nur die Volumvermehrung des in dem unteren cylindrischen Theil des Platinapparates befindlichen Gases gegenüber dem gleichen Volumen im Eisgefäss, während die Ausdehnung des im Halse des Apparates vorhandenen Gases durch die gleiche, aber entgegengesetzt wirkende Aenderung des im Kompensator enthaltenen Gasvolums ausgeglichen wird.

Auch hier kann der Temperaturbestimmung die Gasvolumgewichtsbestimmung direkt folgen. Man stellt in allen Theilen des Apparates atmosphärischen Druck her und lässt das Röhrchen mit Substanz in den erhitzten Theil des Apparates fallen; nach der Verdrängung des Gases in die Messröhre wird in letzterer, zuerst durch das kommunizirende Gefäss, dann durch das Differentialmanometer atmosphärischer Druck hergestellt und das Gasvolumen abgelesen.

---

[1]) Journ. prakt. Chemie [2]. 1886, *33*, 1; Zeitschr. analyt. Chemie 1888, *27*, 197.

Die Modifikationen des V. Meyer'schen Gasverdrängungsverfahrens von W. Smith[1]) und J. A. Harker[2]) sind nur unwesentlich. Ersterer beschreibt ein Bleibad, das in einem eisernen Cylinder besteht; letzterer bedient sich statt des Dampfes konstant siedender Stoffe eines Luftbades und befestigt den ganzen Apparat an einem starken Stativ.

R. Demuth und V. Meyer[3]) gelang es, mittels der Gasverdrängungsverfahrens das Gasvolumgewicht von Substanzen unterhalb ihrer Siedetemperatur zu bestimmen, ohne den Druck zu vermindern. Sie erreichten dies in einfachster Weise dadurch, dass sie für eine möglichst schnelle Verbreitung des Dampfes in dem Erhitzungsgefäss sorgten. Zu dem Zwecke wurde der Apparat mit Wasserstoff gefüllt, weil in diesem Gas die Diffusion des Dampfes am raschesten stattfindet. Feste Substanzen wurden in Stäbchenform ohne jede Hülle eingeführt; flüssige Stoffe wurden in kleinen Gefässen aus Wood'schem Metall abgewogen, oder, wo das Metall nicht zulässig war, in weithalsigen Glasfläschchen, wennmöglich ohne Stopfen. Eine Lage von Sand oder Asbest am Boden des Erhitzungsgefässes ist nicht zulässig. Die mitgetheilten Versuche zeigen, dass man auf diese Weise das Gasvolumgewicht bei Temperaturen bis zu 40^0 unter dem Siedepunkt der Stoffe bestimmen kann.

Da bei manchen Stoffen, z. B. Schwefel und Jod in höherer Temperatur, eine Wasserstoffatmosphäre unzulässig ist, prüften A. Krause und V. Meyer[4]), ob nicht auch in anderen Gasen die Verdampfung und Ausbreitung des Dampfes rasch genug bewirkt werden kann, dass eine Gasvolumgewichtsbestimmung unterhalb des Siedepunktes möglich ist. Die Versuche ergaben, dass dies auch in Atmosphären von Luft, Stickstoff und sogar von Kohlensäure gelingt.

Weiter sind mehrere Veränderungen des Luftverdrängungsverfahrens anzuführen, welche bei vermindertem Druck zu arbeiten gestatten.

In einfachster Weise erreichen G. Lunge und O. Neuberg[5]) dies dadurch, dass sie das Gasentbindungsrohr des V. Meyer'schen Apparats mit dem Gasvolumeter von G. Lunge[6]) verbinden. Letzteres hat folgende Einrichtung. Das Gasmessrohr ist durch ein T-Rohr mit zwei anderen Röhren, dem „Druckrohr“ und dem „Reduktionsrohr“

[1]) Chem. News 1880, *41*, 224.

[2]) Chem. News 1890, *62*, 180.

[3]) Ber. deutsch. chem. Gesellschaft 1890, *23*, 311.

[4]) Zeitschr. physikal. Chemie 1890, *6*, 5.

[5]) Ber. deutsch. chem. Gesellschaft 1891, *24*, 729.

[6]) Ber. deutsch. chem. Gesellschaft 1890, *23*, 440.

verbunden. In dem „Reduktionsrohr" ist ein Volum Luft abgesperrt, welches so berechnet ist, dass es, auf einen bestimmten Theilstrich zusammengedrückt, genau einem bestimmten Volum trockener Luft (z. B. 50 oder 100 ccm) bei 0^0 und 760 mm Druck entspricht. Als Sperrflüssigkeit dient Quecksilber. Das Reduktionsrohr und das Druckrohr werden so eingestellt, dass das Quecksilber in dem ersteren auf dem bestimmten Theilstrich und das Quecksilber im Messrohr mit demjenigen im Reduktionsrohr im Niveau steht. Dann stehen das zu messende Gas und die im Reduktionsrohr eingeschlossene Luft unter dem gleichen Druck und das Volumen des Gases entspricht bei 0^0 und 760 mm dem bekannten Volum der abgesperrten Luft.

Wird ein solches Gasvolumeter mit dem Gasentbindungsrohr eines V. Meyer'schen Apparats verbunden und in ihm das Volum des verdrängten Gases gemessen, so kann man durch Verschieben der mit Quecksilber gefüllten Röhren den Druck beliebig vermindern und das Volum der verdrängten Luft in der angegebenen Weise korrigirt, d. h. auf 0^0 und 760 mm Druck reduzirt ablesen. Ist daher p das Gewicht des angewandten Stoffes in Grammen und v das korrigirt abgelesene Volum der verdrängten Luft, so ist das Gasvolumgewicht:

$$d_h = \frac{p}{0{,}00008988\, v}.$$

Ein weiteres derartiges Verfahren rührt von W. La Coste[1]) her. Das Erhitzungsgefäss des Apparates machte La Coste grösser als Meyer; die Fallvorrichtung, welche er anwandte, ist bereits S. 152 beschrieben. Im Uebrigen war der Apparat dem ursprünglich beschriebenen Meyer'schen ganz gleich. Das Gasentbindungsrohr ragte von unten in die Messröhre, welche unten eine Kugel von 300 ccm Inhalt bildete und oben durch einen Glashahn verschlossen war. Dieselbe kommunizirte mit einer zweiten Kugel von 500 ccm Inhalt, welche durch einen Dreiwegehahn verschlossen war; mit Hilfe des letzteren konnte die Kugel mit der Luftpumpe, dem Manometer und der äusseren Luft verbunden werden.

Die Ausführung des Versuches gestaltet sich folgendermaassen. Man schliesst den Apparat durch einen Quetschhahn von der Messröhre ab, füllt letztere und einen Theil des kommunizirenden Gefässes mit ausgekochtem Wasser und stellt das Niveau des Wassers in dem Gefäss mit einer an einem Stativ beweglichen Metallspitze ein. Nachdem die Verbindung zwischen Apparat und Messröhre hergestellt und der Apparat auf die Versuchstemperatur erhitzt ist, wird so lange evakuirt, bis das Manometer seinen höchsten Stand erreicht

[1]) Ber. deutsch. chem. Gesellschaft 1885, *18*, 2122.

hat. Alsdann wird der Apparat wieder abgeschlossen, Luft in das kommunizirende Gefäss gelassen, die Luftblasen aus dem Messrohr entfernt und wieder so lange evakuirt, bis keine Luftblasen mehr in die Messröhre steigen. Nunmehr wirft man durch Drehen des Glashahnes am Kopf des Apparates die Substanz in das Verdampfungsgefäss und hält während des Verdampfens das durch die Metallspitze eingestellte Niveau des Sperrwassers in dem kommunizirenden Gefässe durch Senken des letzteren auf gleicher Höhe. Wenn die Verdampfung zu Ende ist, schliesst man den Apparat wieder ab und misst das verdrängte Gasvolumen unter gewöhnlichem Druck.

Die La Coste'sche Modifikation des Gasverdrängungsverfahrens wurde, mit geringen Veränderungen, von Richard Anschütz und und Norman P. Evans[1]) zur Bestimmung des Gasvolumgewichts des Antimonpentachlorids angewandt. Sie liessen das verdrängte Gas von oben in die Messröhre treten, wodurch die Sperrflüssigkeit sank; ausserdem war der eigentliche Apparat direkt evakuirbar, während bei La Coste nur der Apparat zusammen mit dem Messrohr und dem kommunizirenden Gefäss evakuirt werden konnte.

Ein von C. Schall[2]) beschriebenes Verfahren stimmt mit dem La Coste'schen in Prinzip und Ausführung fast genau überein.

J. Meunier[3]) bediente sich als Messröhre eines U-Rohres, dessen beide Schenkel oben durch Hähne verschlossen werden konnten. Dieselben kommunizirten untereinander und mit der Glocke einer Luftpumpe. Mit Hilfe der letzteren wurde der Apparat bis zu dem gewünschten Grad ausgepumpt.

Ein von Th. W. Richards[4]) angegebenes Verfahren kommt den beschriebenen gleich, ohne wesentlich Neues zu bringen.

H. Schwarz[5]) schlug vor, sich zur Ausführung der Gasvolumgewichtsbestimmung nach dem Gasverdrängungsverfahren bei hoher Temperatur eines gewöhnlichen Verbrennungsofens zu bedienen. Er setzte auf den Verbrennungsofen einen eisernen Trog und legte in letzteren eine 180 ccm fassende Verbrennungsröhre, welche etwa 10 cm aus dem Ofen herausragte. Nachdem die Röhre auf konstante Temperatur erhitzt war, wurde die in einem Schiffchen abgewogene Substanz in den kalten Theil der Röhre gebracht und die Röhre durch einen durchbohrten Stopfen, welcher ein Gasentbindungsrohr trug, verschlossen. Das Gasentbindungsrohr wurde mit einem Schwarz'schen

1) Annal. Chem. Pharm. 1889, *253*, 95.

2) Ber. deutsch. chem. Gesellschaft 1887, *20*, 2127; 1888, *21*, 100.

3) Compt. rend. 1884, *98*, 1268.

4) Chem. News 1889, *59*, 39.

5) Ber. deutsch. chem. Gesellschaft 1883, *16*, 1051.

Gasauffangapparat[1]) verbunden und durch Heben des vorderen Theils des Ofens die Substanz in den erhitzten Theil der Röhre geschafft. Die Substanz verdampfte und das verdrängte Luftvolum wurde gemessen.

Gegen diese Ausführungsweise lassen sich indessen, wie V. Meyer[2]) alsbald bemerkte, gewisse Bedenken geltend machen. Der Dampf der Substanz muss nämlich ganz im erhitzten Theile des Apparates bleiben; denn sobald er in die kälteren Theile gelangt, wird er sich kondensiren und das verdrängte Luftvolum wird dem entstandenen Dampfvolum nicht mehr gleich sein. Bei dem Meyer'schen Apparat ist das cylindrische Erhitzungsgefäss vertikal aufgestellt und da fast alle Dämpfe spezifisch schwerer sind als Luft, lässt es sich bei Anwendung hinreichend kleiner Mengen Substanz stets erreichen, dass der erzeugte Dampf ganz auf die Versuchstemperatur erhitzt bleibt. Bei dem Schwarz'schen Apparat hingegen, welcher horizontal liegt, ist es sehr leicht möglich, dass ein Theil des Substanzdampfes in den kälteren Theil der Röhre gelangt.

L. F. Nilson und Otto Pettersson[3]) bedienten sich bei der Bestimmung des Gasvolumgewichts des Chlorberylliums eines schräg aufgestellten Glaser'schen Verbrennungsofens. Sie ordneten in demselben zwei Gasleitungsröhren symmetrisch an, so dass beide von allen Flammen umspült wurden. In die eine Röhre legten sie das Erhitzungsrohr, in das zweite ein Luftthermometer und bestimmten so Gasvolumgewicht und Temperatur neben einander.

H. Biltz[4]) änderte das Gasverdrängungsverfahren so ab, dass die Bestimmung des Gasvolumgewichts flüchtiger Metallchloride genauer als nach dem gewöhnlichen Verfahren geschehen kann. Da das Abwiegen derartiger Metallchloride wegen ihrer hygroskopischen Beschaffenheit sehr schwierig ist, wiegt Biltz die Metalle selbst ab und verbrennt sie in dem zur Bestimmung des Gasvolumgewichts dienenden Apparat in einer Chloratmosphäre zu Chloriden.

Der zu diesen Versuchen dienende Apparat ist dem ursprünglichen V. Meyer'schen ähnlich. Das Erhitzungsgefäss ist sehr weit, fast kugelförmig; unten ist ein Gaszuleitungsrohr angeschmolzen, welches längs des Erhitzungsgefässes herläuft und oben rechtwinklig gebogen ist. Der Hals des Apparates ist oben geschlossen und nicht erweitert; das Metall findet seinen Platz in einem oben am Halse

[1]) Ber. deutsch. chem. Gesellschaft 1880, *13*, 772.
[2]) Ber. deutsch. chem. Gesellschaft 1884, *17*, 1334.
[3]) Ber. deutsch. chem. Gesellschaft 1884, *17*, 987.
[4]) Ber. deutsch. chem. Gesellschaft 1888, *21*, 2766.

angeschmolzenen Seitenrohr. Oberhalb dieses Warteraums zweigt das Gasentbindungsrohr ab, welches zunächst einen Zweiwegehahn trägt und dann mit dem oberen Ende des einen graduirten Schenkels eines U-Rohres verbunden ist; der zweite Schenkel des U-Rohres ist oben offen und beide Schenkel kommuniziren mit einem Gefäss, welches behufs Herstellung des Gleichgewichts in dem U-Rohre mit einer Druckpumpe und einer Saugepumpe verbunden werden kann. Man liest so das verdrängte Gasvolum stets unter atmosphärischem Druck ab; das U-Rohr ist zur Konstanthaltung der Temperatur noch mit einem Wassermantel umgeben.

Bei der Verbrennung des Metalls in der Chloratmosphäre wird die zur Bildung des Chlorids nöthige Menge Chlor verbraucht, sie verschwindet als solche, und eine entsprechende Menge des Metallchloriddampfes wird gebildet. Je nach den Verhältnissen tritt hierbei eine verschiedenartige Aenderung des Volumens des in dem Apparat abgeschlossenen Chlorgases ein. Ist nämlich zur Bildung von zwei Molekeln des Metallchlorids nur eine Molekel Chlor erforderlich, so tritt eine Volumvermehrung des Chlorgases ein; denn an Stelle von einer Molekel Chlorgas treten zwei Molekeln Chlorid, welche im Dampfzustand nach der Avogadro'schen Hypothese den doppelten Raum einnehmen wie eine Chlormolekel. Sind zur Bildung von zwei Molekeln des Metallchlorids zwei Molekeln Chlorgas erforderlich, so bleibt das Volumen unverändert und sind drei oder mehr Chlormolekeln nothwendig, so tritt eine Volumverminderung des Gases ein.

Die Ausführung der Bestimmung gestaltet sich folgendermaassen. Man stellt aus Braunstein und ausgekochter Salzsäure Chlor dar, wäscht es mit Wasser, trocknet es mit Schwefelsäure und Phosphorsäureanhydrid und leitet es durch das Gaszuleitungsrohr in den Apparat; durch den Hahn des Gasentbindungsrohres entweicht das Chlorgas, das in Natronlauge absorbirt wird. Auch das Messrohr wird mit Chlor gefüllt, indem man durch Heben und Senken des kommunizirenden Gefässes die Sperrflüssigkeit im Messrohr steigen und sinken lässt. Auf diese Weise wird der ganze abgeschlossene Theil des Apparates mit Chlor gefüllt. Das Metall wird erst unmittelbar vor Beginn des Versuches in den Warteraum gebracht, der erforderlichen Falles mit Kohlensäure gefüllt ist. Im Uebrigen verfährt man in der gewöhnlichen Weise.

Die Berechnung des Gasvolumgewichts geschieht in folgender Weise. Es sei:

p die abgewogene Menge des festen Bestandtheils des flüchtigen Chlorids,

a die in der Molekel vorkommende Menge des festen Bestandtheils, c die in der Molekel vorkommende Menge des gasförmigen Bestandtheils,

t die Temperatur der Messröhre,

b der Barometerstand (auf 0^0 reduzirt),

r das Gewicht von 1 ccm des verbrauchten Gases bei 0^0 und 760 mm Druck,

v die Volumvermehrung bezw. Volumverminderung, welche am Schluss des Versuchs in der Messröhre direkt abgelesen wird, also bei t^0 und b mm Druck, in ccm.

Da in der Molekel des Chlorids a Theile des festen und c Theile des gasförmigen Bestandtheils vorkommen, so sind mit p g des festen Bestandtheils $\frac{p \cdot c}{a}$ g des gasförmigen verbunden, d. h. es sind bei der Verbindung von p g des festen Theils $\frac{p \cdot c}{a}$ g des gasförmigen verbraucht worden; $\frac{p \cdot c}{a}$ g des verbrauchten Gases sind aber, bei der oben angegebenen Bedeutung von r, gleich $\frac{p \cdot c}{a \cdot r}$ ccm von 0^0 und 760 mm Druck. Bei den Bedingungen, wie sie beim Ablesen der Messröhre vorliegen, also bei t^0 und b mm Druck, würde das verbrauchte Gasvolum nach dem Gay-Lussac-Boyle'schen Gesetze $v_1 = \frac{760 \cdot c \cdot p(1 + \alpha t)}{a \cdot b \cdot r}$ ccm einnehmen.

Statt dieses verbrauchten Gasvolums hat sich eine Menge Dampf der Chlorverbindung gebildet, dessen Volumen bei t^0 und b mm Druck mit v_2 bezeichnet werden möge. Nun ist offenbar $v_2 - v_1 = v$, d. h. die Differenz der Volume des gebildeten Chloriddampfs und des verbrauchten Gases ist gleich der in der Messröhre abgelesenen Volumänderung, wenn alle drei Volume bei t^0 und b mm Druck gemessen werden. Daher ist das Volumen des aus p g Metall entstehenden Chloriddampfes bei t^0 und b mm Druck: $v_2 = v + v_1$,
oder

$$v_2 = v + \frac{760 \cdot c \cdot p(1 + \alpha t)}{a \cdot b \cdot r} \text{ ccm.}$$

Das Gewicht der entstandenen Chlorverbindung ergibt sich in folgender Weise: a g des festen Bestandtheils geben (a + c) g der Chlorverbindung, p g des festen Bestandtheils daher $\frac{(a + c) p}{a}$ g Chlorid und dies ist das Gewicht der bei dem Versuch angewandten Substanz.

Die vier zur Berechnung des Gasvolumgewichts erforderlichen Grössen: das Gewicht $\frac{p(a + c)}{a}$, das Volumen v_2, der Druck b und die Temperatur t des Dampfes sind nunmehr bekannt; das Gasvolumgewicht wird daher:

$$d_h = \frac{760 \cdot p\,(a + c)\,(1 + \alpha t)}{0,00008988 \cdot a \cdot b \cdot v_2}.$$

Für v_2 ist der aus der oben gegebenen Formel berechnete Werth einzusetzen; das Gewicht von 1 ccm Chlor bei 0^0 und 760 mm Druck ist $r = 0,003167$ g.

Bestimmung des Dampfvolums durch Messen des Druckes, den das verdrängte Gasvolum ausübt.

Da nach Versuchen von Regnault und Anderen die Spannkräfte der Dämpfe im leeren Raume und im gasgefüllten Raume sehr nahe gleich sind, so kann man den Druck, den ein Dampfvolum ausübt, indirekt messen, indem man den Druck bestimmt, den ein mit dem Dampfvolum in Verbindung stehendes Gas im geschlossenen Raume ausübt; dass man aber das Volumen eines Dampfes aus dem Druck, den derselbe im geschlossenen Raume bei konstantem Volum ausübt, bestimmen kann, wurde bereits bei den Abänderungen des Gay-Lussac-schen Verfahrens zur Bestimmung des Gasvolumgewichts gezeigt. Die Methoden, welche auf der Messung des Druckes des verdrängten Gases bei konstantem Volum beruhen, stehen naturgemäss in engster Beziehung zu dem V. Meyer'schen Verfahren, bei welchem das Volumen des verdrängten Gases bei konstantem Druck direkt gemessen wird; die beiden Verfahren stehen in demselben Verhältniss, wie die Messung des Spannungskoëffizienten zu derjenigen des Ausdehnungskoëffizienten, welche letzteren der Theorie nach denselben Werth ergeben müssen.

Nach einer Mittheilung von Dumas[1]) wandte schon Dulong ein Verfahren zur Bestimmung des Gasvolumgewichts an, das auf dem Messen des Druckes eines durch den Dampf verdrängten Gasvolums (Luft) beruhte; er benutzte dasselbe bei Substanzen, welche Quecksilber angriffen, z. B. Jod, und für solche mit höherem Siedepunkte. Ein Ballon von bekanntem Rauminhalt, welcher eine gewogene kleine Menge der zu untersuchenden Substanz enthielt, stand vermittelst einer sehr engen Kapillarröhre mit einer in Quecksilber getauchten Barometerröhre in Verbindung. Der Ballon wurde in ein Bad von bekannter Temperatur gesenkt und nach der Vergasung der Substanz der durch das entstandene Dampfvolum erzeugte Druck in der Barometerröhre abgelesen. Eine Diffusion der Dämpfe in die Kapillarröhre oder gar in das Barometer fand nicht statt.

Bald nach dem Erscheinen der V. Meyer'schen Abhandlung machte L. Pfaundler[2]) darauf aufmerksam, dass man das Gasvolum-

---

[1]) Compt. rend. 1874, *78*, 536.

[2]) Ber. deutsch. chem. Gesellschaft 1879, *12*, 165.

gewicht auch durch Messen des Druckes des verdrängten Gases bestimmen könne. Sein Apparat bestand im wesentlichen aus einem cylindrischen Gefäss, das zur Aufnahme der gewogenen Substanz bestimmt war; dasselbe war zunächst mit einem zweiten ähnlichen Gefäss verbunden, welches durch ein zweimal rechtwinklig gebogenes Glasrohr mit angeschmolzenem Seitenrohr mit einem gewöhnlichen Quecksilbermanometer in Verbindung stand. Der ganze Apparat wurde mit trockener Luft oder einem anderen Gase gefüllt, die Substanz eingebracht, die zwei Oeffnungen des Apparates zugeschmolzen und das Quecksilber in dem Manometer in beiden Schenkeln gleich hoch bis zu einer Marke eingestellt. Beim Erhitzen verdampfte dann die Substanz und verdrängte ein entsprechendes Volum Luft, welches das Quecksilber in dem einen Manometerschenkel herabdrückte; sobald dies zu bemerken war, wurde durch Heben des Quecksilbers in dem Manometerschenkel die Luft aus dem Manometer wieder in das Erhitzungsgefäss zurückgetrieben, so dass dem Substanzdampf ein kontinuirlicher Luftstrom entgegenströmte. Nachdem die Temperatur des Heizbades konstant geworden war, wurde das Quecksilber in dem einen Schenkel wieder genau auf die Marke eingestellt und der Stand des Quecksilbers in dem freien Schenkel des Manometers abgelesen; die Differenz der Quecksilberstände in den beiden Schenkeln des Manometers ist gleich dem Druck des Substanzdampfes, vermehrt um den Druck, den der Luftinhalt des Apparates in Folge der Ausdehnung ausübt. Der letztere wird in der Weise ermittelt, dass derselbe Versuch mit einem genau gleichen Apparat, welcher nicht mit Substanz beschickt ist, angestellt wird; die Differenz der Drucke in dem Substanz enthaltenden Apparat und demjenigen ohne Substanz ergibt den Druck des Dampfes der Substanz. Der zweite Versuch kann gleichzeitig zur Bestimmung der Temperatur dienen, da der mit Luft gefüllte Apparat ein Luftthermometer darstellt. Wenn dann noch die Rauminhalte der Gefässe und der Kapillaren bekannt sind, kann man das Gasvolumgewicht der Substanz berechnen.

Im Jahre 1887 wurde von mehreren Seiten auf diese Art der Gasvolumgewichtsbestimmung zurückgegriffen. Der von W. Bott und D. S. Macnair[1]) beschriebene Apparat ist dem V. Meyer'schen sehr ähnlich. Das Verdampfungsgefäss ist 50 cm lang, 3,5 cm weit und fasst etwa 500 ccm; der Hals ist 5 mm weit und trägt einen Stopfen mit so weiter Bohrung, dass das Substanzfläschchen durchfallen kann. Oben ist der Hals erweitert und aus der Erweiterung führt ein Verbindungsrohr direkt in den einen Schenkel eines Quecksilbermano-

[1]) Ber. deutsch. chem. Gesellschaft 1887, *20*, 916.

meters; der Verschluss des Halses wird durch einen Gummistopfen bewirkt, durch welchen eine Hahnröhre führt. Die Erhitzung des Apparates geschieht wie bei dem Hofmann'schen, indem man von oben Dampf durch einen Heizmantel leitet; Versuche ergaben, dass Eintauchen in ein Bad oder Erhitzen im offenen Mantel nicht genügt. Der ganze Apparat ist auf einem Holzgestell befestigt; das Ablesen des Manometers geschieht entweder an einer Spiegelglas-Millimeterskala oder, was vorzuziehen ist, man verwendet ein auf der Röhre graduirtes Manometer und liest mit dem Kathetometer ab.

Die Ausführung des Versuches gestaltet sich folgendermaassen. Man bringt die Substanz in einem Fläschchen in den erweiterten Theil des Halses und öffnet den Glashahn am Halse soweit, dass die Substanz nicht hindurchfallen kann. Nachdem das Innere des Apparates durch die Hahnröhre im Stopfen des Halses mit der Luft in Verbindung gebracht ist, wird mit dem Erhitzen begonnen; wenn die Temperatur konstant geworden ist, wird die Verbindung mit der Luft aufgehoben und der Manometerstand abgelesen. Sodann wird der Hahn ganz geöffnet, die Substanz fällt in den erhitzten Theil des Apparates und vergast. Der Druck nimmt in dem Apparat sehr rasch zu; um die Diffusion des Substanzdampfes in die kälteren Theile des Apparates zu verhindern, wird das Maximum des Druckes möglichst rasch abgelesen.

Zur Berechnung sei:

p das Gewicht der angewandten Substanz,

v der Rauminhalt des Apparates (vorher durch Auswiegen mit Quecksilber zu bestimmen),

b der Stand des Quecksilbers in dem Manometer vor dem Verdampfen der Substanz,

b_1 der Stand des Quecksilbers in dem Manometer nach dem Verdampfen der Substanz und

t die Versuchstemperatur (Siedepunkt der Heizsubstanz).

Die zu berechnende Grösse ist das Volumen des Dampfes von p g Substanz bei bekannten Bedingungen des Druckes und der Temperatur. Der Rauminhalt des Apparates ist bei dem Drucke b, d. h. dem gewöhnlichen atmosphärischen Druck, gleich v; da das Volumen der Gase dem auf ihnen lastenden Druck umgekehrt proportional ist, so wird der Gasinhalt des Apparates bei dem Druck b_1 gleich $\frac{v \cdot b}{b_1}$ sein. Zieht man das letzte Volumen von dem ersten ab, so erhält man die Volumvermehrung des Gasinhaltes des Apparates, welche durch die Vergasung der Substanz verursacht wurde, d. h. man erhält das Volumen des Substanzdampfes; letzteres ist daher gleich

$v - \frac{v \cdot b}{b_1} = \frac{v(b_1 - b)}{b_1}$. Dieses Dampfvolumen ist aber bei der Versuchstemperatur t und dem Druck b_1 gemessen; bei 0^0 und 760 mm Druck ist daher das Dampfvolum gleich $\frac{v(b_1 - b)}{b_1} \cdot \frac{b_1}{760(1 + \alpha t)}$ oder gleich $\frac{v(b_1 - b)}{760(1 + \alpha t)}$. Daraus ergibt sich in bekannter Weise das Gasvolumgewicht:

$$d_h = \frac{p}{0{,}00008988 \, \frac{v(b_1 - b)}{760(1 + \alpha t)}} \quad \text{oder}$$

$$d_h = \frac{760 \, p (1 + \alpha t)}{0{,}00008988 \, v (b_1 - b)}.$$

Bei Bestimmungen des Gasvolumgewichts unter vermindertem Druck wird das U-förmige Manometer durch ein 760 mm langes Rohr ersetzt, das in eine Quecksilberwanne mit geraden Glaswänden taucht. Man pumpt die Luft durch das mit Hahn versehene Glasrohr in dem Stopfen aus und regulirt den Druck, bis er die gewünschte Höhe erreicht hat.

Was die Genauigkeit des Verfahrens betrifft, so ist dieselbe bei gewöhnlichem Atmosphärendruck als Anfangsdruck ziemlich gross; beim Arbeiten unter vermindertem Druck ist sie dagegen geringer, weil die durch die Vergasung der Substanz hervorgerufene Volumvermehrung dem Druck direkt proportional ist und das Quecksilbermanometer wenig empfindlich ist. Man muss daher sehr genau ablesen und möglichst viel Substanz nehmen.

Ein auf demselben Prinzip beruhender Apparat, der mit dem soeben beschriebenen identisch ist, wurde fast zur gleichen Zeit mit diesem von Gibson Dyson[1]) mitgetheilt. Auch das Verfahren von Th. W. Richards[2]), sowie dasjenige von C. Schall[3]) in seiner ersten Ausführung stimmt hinsichtlich des Prinzips und des Apparats mit dem vorhergehenden überein; die Beschreibung der eigenartigen Vorrichtung des letzteren zum Erhitzen der Substanz behufs Herbeiführung der Vergasung würde zu weit führen und möge daher der Hinweis auf das Original genügen. Später[4]) hat Schall sein Verfahren abgeändert und zuletzt[5]) zu einem ganz eigenartigen umgestaltet. Auch das auf demselben Prinzip beruhende Verfahren von L. F. Eykmann[6]) soll hier nur erwähnt werden.

---

1) Chem. News 1887, *55*, 88.

2) Chem. News 1889, *59*, 87.

3) Ber. deutsch. chem. Gesellschaft 1887, *20*, 1435 und 1759.

4) Ber. deutsch. chem. Gesellshcaft 1889, *22*, 140.

5) Ber. deutsch. chem. Gesellschaft 1890, *23*, 919 und 1701.

6) Ber. deutsch. chem. Gesellschaft 1889, *22*, 2754.

Der Boden des Erhitzungsgefässes des Meyer'schen Apparates wird, wie früher mitgetheilt wurde, mit Asbest oder Sand bedeckt, um das Zerschlagen desselben durch das herabfallende Eimerchen oder Fläschchen zu verhindern. N. Mentschutkin und D. Konowalow[1]) machten nun darauf aufmerksam, dass Asbest stark dissoziirend (zersetzend) auf die vergasten Substanzen einwirkt und nahmen daher für niedere Temperaturen an Stelle des Asbestes Quecksilber; auch der Schliff der Fläschchen sollte eine derartige Wirkung haben. Indessen wies Wladimir Alexeew[2]) nach, dass die Zersetzung durch die Glassorte verursacht wird; Propylbromid wurde z. B. durch Petersburger Glas stark zersetzt.

Zur Entscheidung der Frage, ob rauhe Körper einen Einfluss auf die Bestimmung des Gasvolumgewichts ausüben, stellten V. Meyer und G. G. Pond[3]) einige Versuche an. Sie liessen die in einem glatten Eimerchen abgewogene Substanz in dem Apparat vergasen und führten, nachdem das verdrängte Luftvolum konstant geworden war, eine gewogene Menge frisch geglühten Quarzsandes ein; ein Einfluss auf das Luftvolum konnte nicht beobachtet werden. Ferner gaben tertiäres Amylacetat und Amylchlorid dasselbe Gasvolumgewicht, gleichgültig ob dasselbe ohne Unterlage oder in Gegenwart von Asbest, Sand, Glaswolle oder eines geschliffenen Fläschchens bestimmt wurde.

Andere Methoden zur Bestimmung des Gasvolumgewichts.

Die übrigen Methoden zur Bestimmung des Gasvolumgewichts von Substanzen, welche bei gewöhnlicher Temperatur nicht gasförmig sind, schliessen sich zum Theil an diejenigen Verfahren an, die bei der Besprechung der Gase mitgetheilt wurden; theilweise sind dieselben auch auf andere Prinzipien gegründet. Irgend welche praktische Bedeutung haben dieselben nicht erlangt; sie sind aber insofern von hohem theoretischen Interesse, als sie einfache Beziehungen des Gasvolumgewichts zu anderen physikalischen Eigenschaften der Körper darthun.

1. Bestimmung des Gasvolumgewichts auf Grund des Archimedischen Prinzips.

Das „Dampfdichtearäometer“ von N. von Klobukow[4]) besteht aus einem unten offenen Aräometergefäss mit Stiel, das oben eine Marke trägt; an dem Stiele ist ein Stahlrahmen angebracht, welcher unten eine Waagschale trägt. Man taucht den Apparat in ein Gefäss

[1]) Ber. deutsch. chem. Gesellschaft 1884, *17*, 1361.
[2]) Ber. deutsch. chem. Gesellschaft 1885, *18*, 2898.
[3]) Ber. deutsch. chem. Gesellschaft 1885, *18*, 1623.
[4]) Annal. Phys. Chemie [2]. 1884, *22*, 493.

mit Quecksilber, erhitzt das Ganze in einem Bade auf die Versuchstemperatur und bestimmt die Belastung, welche auf die Waagschale gelegt werden muss, damit das Aräometer bei der Versuchstemperatur bis zur Marke einsinkt. Nach dem Erkalten führt man die in einem kleinen Fläschchen eingeschlossene Substanz ein, erhitzt und bestimmt wieder die Belastung, welche erforderlich ist, damit das Aräometer bis zur Marke eintaucht. Die genaue Ausführung des Verfahrens und die Berechnung des Resultats sind in der umfangreichen, mit vielen Figuren erläuterten Originalabhandlung nachzulesen.

2. *Manometrische Methode zur Bestimmung des Gasvolumgewichts.*

F. G. C. Müller[1]) hat ein Verfahren angegeben, bei welchem der Druck, den der Dampf des zu untersuchenden Stoffes ausübt, direkt durch ein sehr empfindliches Aethermanometer bestimmt wird; der Druck wird mit demjenigen einer gleich hohen Luftsäule verglichen. Das Manometer wird unter Anwendung von Kohlensäure in der Weise kalibrirt, dass man gleich die den einzelnen Drucken entsprechenden Gasvolumgewichte ablesen kann. Zur Vermeidung von Korrekturen geht dem eigentlichen Versuch ein solcher mit Kohlensäure voran, bei welchem das Manometer auf einen bestimmten Punkt eingestellt wird; die Skala des Manometers gilt dann für die gerade vorhandenen Bedingungen des Drucks und der Temperatur.

3. *Bestimmung des Gasvolumgewichts mit Hülfe der Ausflussgeschwindigkeit der Dämpfe.*

Da die Dämpfe in dem Zustande, in dem sie zur Gasvolumgewichtsbestimmung geeignet sind, physikalisch mit den Gasen übereinstimmen, so gilt auch für sie die Regel, dass die Gasvolumgewichte den Quadraten der Ausflussgeschwindigkeiten annähernd umgekehrt proportional sind, wenn gleiche Volumina der Dämpfe bei gleichem Druck und gleicher Temperatur aus engen Oeffnungen in dünnen Platten ausströmen.

Auch für den Durchgang von Dämpfen durch Flüssigkeitslamellen gilt nach Versuchen von F. Exner[2]) das für die Gase beobachtete Gesetz, dass die Diffusionsgeschwindigkeit (α) dem Absorptionskoëffizienten (C) des Dampfes für Wasser direkt und der Quadratwurzel aus dem Gasvolumgewicht (d_l) umgekehrt proportional ist. Exner erhielt die folgenden auf Luft als Einheit bezogenen Werthe.

---

1) Zeitschr. angewandte Chemie 1890, 513.

2) Ber. Wien. Akad. 1877, *75*, (2. Abth.) 263.

Namen der Substanzen	Absorptionskoëffizient C	Gasvolumgewicht d_1	$\frac{C}{\sqrt{d_1}}$	Diffusionsgeschwindigkeit α beobachtet	berechnet
Luft	0,017	1,00	0,017	—	1,0
Schwefelkohlenstoff . .	0,110	2,645	0,067	3,8	3,9
Chloroform	0,110	4,14	0,054	3,5	3,3
Alkohol	0,021	1,61	0,0166	1,0	0,98
Benzol	0,0038	2,77	0,0022	0,11	0,13
Terpentinöl	0,000125	4,76	0,00006	< 1	0,003

Zur praktischen Bestimmung des Gasvolumgewichts ist diese Methode indess nicht geeignet.

4. Bestimmung des Gasvolumgewichts aus der Schallgeschwindigkeit.

Wie für Gase, so gilt auch für Dämpfe die Beziehung, dass die Schallgeschwindigkeit in den Dämpfen den Quadratwurzeln aus dem Quotient der Grösse k durch das Gasvolum ewicht direkt proportional ist; k ist hierbei das Verhältnis der spezifischen Wärme des Dampfes bei konstantem Druck c_p zu derjenigen bei konstantem Volum c_v. In Formeln ausgedrückt ist:

$$u : u_1 = \sqrt{\frac{k}{d}} : \sqrt{\frac{k_1}{d_1}}, \text{ oder}$$

$$d : d_1 = \frac{u_1^2}{u^2} \cdot \frac{k}{k_1}.$$

Ist das Gas mit den Werthen d_1, u_1, k_1 Luft, so wird das auf Luft bezogene Gasvolumgewicht des zweiten Körpers:

$$d = \frac{u_1^2}{u^2} \cdot \frac{k}{k_1} = \frac{u_1^2}{k_1} \cdot \frac{k}{u^2},$$

worin $\frac{u_1^2}{k_1}$ eine Konstante ist. Da die Schallgeschwindigkeiten sich mit den Temperaturen ändern, so müssen dieselben für die Dämpfe auf 0^0 reduzirt werden. Ist u_t die Schallgeschwindigkeit bei t^0, u_0 bei 0^0, so ist $u_t = u_0 \sqrt{1 + \alpha t}$, worin α der Ausdehnungskoëffizient der Gase ist. Ist daher u_1 die Schallgeschwindigkeit in der Luft bei 0^0 und u diejenige in dem betr. Dampf bei t^0, so wird das Gasvolumgewicht der Substanz:

$$d = \frac{k}{u^2} \cdot \frac{u_1^2}{k_1} (1 + \alpha t).$$

Diese Formel ist nicht genau richtig, weil bei ihrer Ableitung vorausgesetzt wurde, dass der Faktor k von der Temperatur unabhängig sei; dies ist indess nicht der Fall, vielmehr nimmt er bei steigender Temperatur etwas ab.

Anwendung fand diese Methode der Gasvolumgewichtsbestimmung von Seiten Goldschmidt's und Yeatman's. Beide setzten den Faktor k für alle Dämpfe und Gase gleich. Heinrich Goldschmidt[1]) bestimmte die Schwingungszahlen gleich langer Säulen des Dampfes und der Luft und berechnete das auf Luft bezogene Gasvolumgewicht d_l aus der Formel:

$$d_l = \frac{n_l^2}{n^2}(1 + \alpha t).$$

Da er auch die Schwingungszahl der Luft bei der Temperatur (100°) bestimmte, welche bei den Dämpfen zur Anwendung kam, so reduzirt sich die Formel auf: $d_l = \frac{n_l^2}{n^2}$.

Die Ausführung der Methode geschah in folgender Weise: Ein Reagirglas wurde mit 0,2 bis 0,5 g Substanz beschickt und mit einem Kautschukstopfen geschlossen, durch welchen ein Kapillarrohr gesteckt war. Das Reagirrohr wurde dann in ein Wasserbad gesetzt, so dass es allseitig von Dampf umspült war, und geschlossen gehalten, bis kein Dampf mehr aus der Kapillaren entwich. Sodann wurde der Stopfen gelüftet und der dabei entstehende Ton mit Hülfe der Violine bestimmt.

Die Resultate Goldschmidt's sind in der folgenden Tabelle aufgeführt:

Substanz	Ton (bei 100°)	Schwingungszahl	Gasvolumgewicht d_l gefunden	Gasvolumgewicht d_l berechnet
Atmosphärische Luft	$\bar{\bar{d}}$	581,96	1,000	1,000
Aether	$\overline{\text{fis}}$	359,24	2,622	2,558
Schwefelkohlenstoff	$\overline{\text{fis}}$	359,24	2,622	2,630
Aceton	$\overline{\text{gis}}$	404,14	2,071	2,004
Chloroform	$\bar{d}$	290,98	3,996	4,125
Kohlenstofftetrachlorid	$\bar{c}$	258,65	5,057	5,315
Aethyljodid	$\bar{c}$	258,65	5,057	5,385

Das von F. J. Yeatman[2]) angewandte Verfahren wurde bei Gelegenheit der Bestimmung des Volumgewichts der Gase (S. 84) beschrieben. Nach seinen Erfahrungen wird das Gasvolumgewicht zu niedrig gefunden, wenn man die Temperaturkorrektion der Formel

[1]) Ber. deutsch. chem. Gesellschaft 1880, *13*, 768.

[2]) Pharm. Journ. Trans. [3]. 1885, *15*, 1069.

ausführt, da die Elastizität des erhitzten Dampfes durch innere Strahlung etwas verringert wird. Yeatman kommt zu dem Schlusse, dass die physikalischen Differenzen zwischen den Dämpfen zu gross sind, als dass die akustischen Methoden zur Bestimmung des Gasvolumgewichts wissenschaftlich genaue Resultate geben könnten; wenn aber nur das Molekulargewicht einer Substanz, deren prozentische Zusammensetzung man kennt, bestimmt werden soll, so ist die Genauigkeit der Methoden genügend gross, um eine Entscheidung zwischen zwei Molekulargewichten treffen zu können.

5. Destillationsmethode zur Bestimmung des Gasvolumgewichts.

Unterwirft man ein Gemenge zweier Flüssigkeiten, die in jedem Verhältniss mit einander mischbar sind, der Destillation, so sind die relativen übergehenden Mengen der beiden Substanzen nach Versuchen von M. Berthelot[1]) und J. A. Wanklyn[2]) abhängig von ihrem Gewichtsverhältniss in der Mischung, von der Adhäsion der Flüssigkeiten zu einander, von der Spannkraft ihres Dampfes bei dem Siedepunkt der Mischung, sowie von dem Gasvolumgewicht der beiden Bestandtheile. Werden gleiche Gewichtsmengen zweier Substanzen destillirt, so wird die relative übergehende Menge für jeden Bestandtheil durch das Produkt der Dampfspannung bei der Siedetemperatur der Mischung in das Gasvolumgewicht gegeben, d. h. die überdestillirenden Gewichtsmengen der Bestandtheile stehen im Verhältniss dieses Produkts.

Daher kann es vorkommen, dass bei der gemeinsamen Destillation zweier verschieden flüchtiger Substanzen die höher siedende rascher überdestillirt als die flüchtigere. Hierfür sind mehrere Beispiele bekannt geworden. Nach Wanklyn wird aus einem Gemisch gleicher Gewichtstheile Holzgeist (Sdp. 66^0) und Aethyljodid (Sdp. 72^0) ein Destillat erhalten, in welchem anderthalbmal mehr Aethyljodid als Holzgeist enthalten ist. Ein Gemisch von 91 Theilen Schwefelkohlenstoff (Sdp. 48^0) und 9 Theilen Alkohol (Sdp. 78^0) verhält sich wie ein homogener Körper: es siedet konstant bei 43 bis 44^0 und das Destillat hat die gleiche Zusammensetzung wie das Gemisch. Aus nahezu absolutem Alkohol geht nach Soubeiran[3]) zunächst ein Theil des weniger flüchtigen Wassers über; aus einem Gemisch von Mono-, Di- und Triäthylamin geht zuerst das letztere, am schwersten flüchtige über, wenn es nicht zu sehr vorwiegt.

---

[1]) Compt. rend. 1863, *57*, 430; Annal. Chem. Pharm. 1863, *128*, 321.

[2]) Proceed. Roy. Soc. London 1863, *12*, 534; Annal. Chem. Pharm. 1863, *128*, 328.

[3]) Annal. Chem. Pharm. 1839, *30*, 360.

Ein Gemenge zweier nicht mischbarer Substanzen, welche zwei getrennte Schichten bilden, zeigt bei der gemeinsamen Destillation meist einen konstanten Siedepunkt, der niedriger liegt, als derjenige der flüchtigeren Substanz; ist der Siedepunkt konstant, so stehen die Bestandtheile des Destillats in einem konstanten Verhältniss. So siedet nach Kundt[1]) ein Gemisch von Schwefelkohlenstoff (Sdp. 48^0) und Wasser konstant bei 43^0. Ein Gemenge von Wasser und Gährungsamylalkohol (Sdp. 131^0) siedet konstant bei 96^0 und geht dabei im konstanten Verhältniss von 2 Volumen Wasser auf 3 Volume Amylalkohol über (Pierre und Puchot[2])); ein Gemenge von Wasser und Isobutyljodid (Sdp. $122{,}5^0$) siedet bei 96^0 und im Destillat befinden sich stets auf 21 Volume Wasser 79 Volume Isobutyljodid (Pierre[3])); Wasser und Isobutylalkohol (Sdp. $106{,}7^0$) sieden bei $90{,}5^0$ und liefern ein Destillat von 1 Volum Wasser und 5 Volumen Isobutylalkohol. Ein Gemenge von Wasser und Normalbutylalkohol (Sdp. 116^0) endlich siedet nach Fitz[4]) bei 93^0 und liefert ein Destillat, in dem auf 1 Volum Wasser immer 2 Volume Butylalkohol kommen.

Das Verhältniss, in dem die Gewichte der beiden überdestillirten Bestandtheile des Gemenges stehen, war bereits von Wanklyn[5]) und namentlich von Berthelot[6]) erkannt worden. Letzterer sagte: Wenn zwei sich nicht mischende Substanzen gemeinsam zur Verflüchtigung gebracht werden, wobei der Siedepunkt die Temperatur ist, bei der die Summe der Dampfspannungen dem Luftdruck das Gleichgewicht hält, so stehen die verdampfenden Mengen der beiden Substanzen, ohne dass das ursprüngliche Gewichtsverhältniss derselben einen Einfluss ausübt, im Verhältniss der Produkte aus den Dampfspannungen und den Gasvolumgewichten der beiden Substanzen. Ist daher p das Gewicht des einen Bestandtheils des Destillates, d sein Gasvolumgewicht und f seine Dampfspannung bei der Siedetemperatur des Gemenges und dem bei der Destillation herrschenden Barometerstand, ferner p_1, d_1 und f_1 die entsprechenden Werthe für den zweiten Bestandtheil, so ist:

$$\frac{p}{p_1} = \frac{d \cdot f}{d_1 \cdot f_1}.$$

Dieses Prinzip wurde zuerst von A. Horstmann[7]) zur Bestimmung des Gasvolumgewichts der Essigsäure bei niederen Temperaturen

---

1) Annal. Phys. Chemie 1870, *140*, 489.

2) Compt. rend. 1871, *73*, 599 und 778.

3) Compt. rend. 1872, *74*, 224.

4) Ber. deutsch. chem Gesellschaft 1878, *11*, 42.

5) Proceed. Roy. Soc. London 1863, *12*, 534; Annal. Chem. Pharm. 1863, *128*, 321.

6) Compt. rend. 1863, *57*, 430; Annal. Chem. Pharm. 1863, *128*, 328.

7) Ber. deutsch. chem. Gesellschaft 1870, *3*, 78.

und Drucken angewandt. Er leitete ein gemessenes Luftvolum bei konstanter Temperatur durch Essigsäure, indem er dafür sorgte, dass die Luft stets mit Essigsäure gesättigt war, absorbirte die Essigsäure in Kalilauge und bestimmte ihre Menge durch die Gewichtszunahme des Absorptionsgefässes.

Ist v das Volumen der durchgeleiteten Luft bei den Versuchsbedingungen,
v_0 dasselbe bei 0^0 und 760 mm Druck,
t die Versuchstemperatur,
b der Barometerstand,
p die Spannkraft des Essigsäuredampfes bei t^0,

so steht das Luftvolum v, nachdem es sich mit dem Essigsäuredampf von der Spannung p mm gesättigt hat, unter dem Druck b — p und es ist:

$$v = \frac{760\, v_0 (1 + \alpha t)}{b - p}.$$

v ist gleichzeitig das Volumen des Essigsäuredampfes bei t^0 und dem Partialdruck p mm. Ist daher
g das Gewicht der in Kali absorbirten Essigsäure,
d das auf Wasserstoff bezogene Gasvolumgewicht der Essigsäure,

so ist:

$$g = 0{,}00008988\, d \frac{v p}{760 (1 + \alpha t)},$$

denn die rechte Seite der Gleichung stellt das Gewicht von v ccm Essigsäuredampf bei t^0 und p mm Druck und die linke Seite dieselbe, durch Absorption und Wägung ermittelte Grösse dar. Setzt man für v den oben abgeleiteten Werth ein, so wird

$$g = 0{,}00008988\, v_0 \frac{p}{b - p} d$$

und

$$d = \frac{g (b - p)}{0{,}00008988\, v_0 p}.$$

Die Werthe der Spannkraft p der Essigsäure entnahm Horstmann den Bestimmungen von H. Landolt[1]).

Zu demselben Resultat gelangte Alex. Naumann[2]) bei seinen Versuchen über die Destillation von mit Wasser nicht mischbaren Substanzen durch eingeleiteten Wasserdampf. Er führte indess statt der Gasvolumgewichte d und d_1 die Molekulargewichte m und m_1 ein und sprach sein Resultat in folgender Weise aus: Die in Molekular-

---

1) Annal. Chem. Pharm. 1868, Supplementband *6*, 157.
2) Ber. deutsch. chem. Gesellschaft 1877, *10*, 1421, 1819, 2014 und 2099.

gewichten ausgedrückten Mengen der beiden überdestillirenden Bestandtheile stehen im Verhältniss der Dampfspannungen der zwei Gemengtheile bei der in dem Dampfgemenge gemessenen Siedetemperatur. In Formeln ausgedrückt, lautet das Resultat: $\frac{p}{m} : \frac{p_1}{m_1} = f : f_1$, woraus sich ergibt: $\frac{p}{p_1} = \frac{m \cdot f}{m_1 \cdot f_1}$. Da nun, wie früher gezeigt wurde, die Molekulargewichte im Verhältniss der Gasvolumgewichte stehen, also $\frac{d}{d_1} = \frac{m}{m_1}$ ist, so stimmen die Formeln von Berthelot und Naumann überein, soweit spezielle Zahlenwerthe in Betracht kommen. A. Horstmann[1]) und H. Kopp[2]) bemerkten, dass in der Naumann'schen Formel an Stelle der Molekulargewichte die Gasvolumgewichte stehen müssten, während Naumann[3]) bei seiner Form des Ausdrucks beharren zu müssen glaubte. Nach Naumann's Ansicht ist also die Anzahl der überdestillirenden Molekeln der beiden Substanzen den Dampfspannungen bei dem Siedepunkt des Gemenges proportional.

Naumann's Versuche bezogen sich auf die Destillation verschiedener Substanzen durch eingeleiteten Wasserdampf. Folgendes sind die von ihm erhaltenen Resultate.

Substanz	Molekularformel	Siedetemperatur der Substanz für sich (unkorrigirt)	Siedetemperatur des Flüssigkeitsgemenges	Siedetemperatur des Dampfgemenges	Barometerstand (unkorrigirt)	Mengenverhältniss in Molekulargewichten des Wassers zur Substanz im Destillat $\frac{p}{m} : \frac{p_1}{m_1}$	Verhältniss der Dampfspannung des Wassers zu derjenigen der Substanz bei der Temperatur des Dampfgemenges $f : f_1$
Benzol	C_6H_6	79,5	68,5	69,1	742	0,41	0,42
Toluol	C_7H_8	108,5	82,4	84	752	1,27	1,26
Terpentinöl	$C_{10}H_{16}$	160	93,2	94,8	745,5	6,6	5,83
Kohlenstofftetrachlorid	CCl_4	76,1	65,7	66,7	747	0,36	0,36
Nitrobenzol	$C_6H_5NO_2$	208	98,6	99	753	38,5	33,3
Aethylbromid. . . .	C_2H_5Br	72	37	37	741	0,064	0,065
Aethylbenzoat . . .	$C_7H_5O_2C_2H_5$	213	98,7	99,1	751	49,91	45,99
Naphtalin	$C_{10}H_8$	218	97,4	98,8	750	38,98	36,4

Diese Beziehungen benutzte Naumann zur Bestimmung der

1) Ber. deutsch. chem. Gesellschaft 1878, *11*, 204.

2) Ber. deutsch. chem. Gesellschaft 1878, *11*, 689.

3) Ebendaselbst 1878, *11*, 429; Jahresber. Fortschr. Chemie f. 1878, 52.

Molekulargewichte durch eine einfache Destillation mit Wasserdampf. Aus der Formel ergibt sich:

$$m = \frac{p \cdot m_1 \cdot f_1}{p_1 \cdot f}.$$

Darin bedeutet m_1 das Molekulargewicht des Wassers = 17,96, f_1 die Spannkraft des Wasserdampfes bei der Siedetemperatur des Gemenges, p_1 das Gewicht des überdestillirten Wassers, f die Spannkraft des Substanzdampfes bei der Siedetemperatur des Gemenges, p das Gewicht der überdestillirten Substanz und m das gesuchte Molekulargewicht der letzteren. Die Grössen p und p_1 werden direkt bestimmt; die Spannkraft f_1 des Wasserdampfes bei der beobachteten Siedetemperatur des Gemenges wird aus den Tabellen von Regnault[1]) entnommen. Die Spannkraft des Substanzdampfes bei der Siedetemperatur des Gemenges ergibt sich in folgender Weise: Der Siedepunkt ist bekanntlich diejenige Temperatur, bei welcher die Spannkraft der Dämpfe dem atmosphärischen Drucke das Gleichgewicht hält; in unserem Falle muss also die Summe der Spannkräfte des Wasserdampfs und des Substanzdampfs gleich dem Atmosphärendruck sein. Ist daher der korrigirte Barometerstand während des Versuches gleich b, so ist $f + f_1 = b$ und $f = b - f_1$. Setzen wir in der Formel $m_1 = 17{,}96$ und $f = b - f_1$, so wird

$$m = \frac{17{,}96 \cdot p \cdot f_1}{p_1 (b - f_1)}.$$

Bei der Destillation von Naphtalin mit Wasserdämpfen gingen z. B. bei 98,2^0 (korrigirt) und bei einem auf 0^0 reduzirten Barometerstand von 733 mm 49,4 g Wasser und 8,9 g Naphtalin über. Der Temperatur 98,2^0 entspricht nach Regnault's Tabellen eine Dampfspannung des Wassers von 712,4 mm; daher ist die Dampfspannung des Naphtalins bei 98,2^0 gleich 733 — 712,4 = 20,6 mm. Daher wird:

$$m = \frac{17{,}96 \cdot 8{,}9 \cdot 712{,}4}{49{,}4 \cdot 20{,}6} = 111{,}9 \text{ (theoretisch 127,7).}$$

Von Anwendungen der Destillationsmethode von Naumann ist dem Verfasser nur eine bekannt geworden, die Bestimmung des Molekulargewichts eines zähflüssigen Polymeren des Isobutylaldehyds durch F. Urech[2]). Die Destillationsmethode ergab für diese Substanz das Molekulargewicht m = 211; danach wäre dieselbe als ein dem Paraldehyd entsprechender Aldehyd mit dem dreifachen Molekulargewicht des gewöhnlichen Isobutylaldehyds $(C_4H_8O)_3$ anzusehen, welchem das theoretische Molekulargewicht 215,52 zukommt. Hofmann's Methode ergab indessen das Molekulargewicht m = 177,76.

---

[1]) Mem. de l'Acad. 1847, *21*, 624.

[2]) Ber. deutsch. chem. Gesellschaft 1880, *13*, 590.

6. Bestimmung des Gasvolumgewichts aus den Verdampfungszeiten und Verdampfungswärmen.

C. Schall[1]) fand, dass die Verdampfungszeiten gleicher Gewichte vieler Flüssigkeiten den Molekulargewichten proportional sind. Im Verhältniss der Molekulargewichte stehende Gewichtsmengen verschiedener Substanzen verdampfen daher gleich schnell und aus gleichen Gewichten verschiedener im eigenen Dampf erhitzter Flüssigkeiten entwickeln sich in gleichen Zeiten Dampfmengen, welche, genügend erhitzt, nach dem Avogadro'schen Gesetze denselben Raum einnehmen. Ferner beobachtete derselbe, dass auch die Verdampfungswärmen vieler Flüssigkeiten den Molekulargewichten umgekehrt proportional sind. Sind daher m und m_1 die Molekulargewichte, t und t_1 die Verdampfungszeiten, l und l_1 die Verdampfungswärmen zweier Flüssigkeiten, so ist:

$$m : m_1 = t_1 : t = l_1 : l.$$

Aus der folgenden Tabelle ergibt sich der Zusammenhang zwischen Molekulargewicht und Verdampfungswärme für eine Reihe von Verbindungen. Die „berechneten" Molekulargewichte wurden durch Vergleich der Verdampfungswärmen der Substanzen mit derjenigen des Wassers nach der Gleichung: $x : 17,96 = 532,0 : l$ oder $x = \frac{17,96 \cdot 532}{l} = \frac{9554,72}{l}$ gefunden, worin x das zu suchende Molekulargewicht der Substanz, 17,96 dasjenige des Wassers, 532,0 die Verdampfungswärme

Substanz	Siedepunkt. Grad	Verdampfungswärme. Calorien	Molekulargewicht	
			gefunden	theoretisch
Wasser	100	532,0	—	17,96
Methylalkohol	66,5	261,7	36,5	31,93
Aethylalkohol	78	206,4	46,3	45,90
Gährungsamylalkohol	131	120,0	79,6*	87,81
Aethylacetat	74	105,0	91,0	87,80
Aethylbutyrat	93	86,0	111,1	115,74
Citronenöl	165	69,5	137,5	135,70
Terpentinöl	156	68,5	139,5	135,70
Buttersäure	164	114,0	83,8	87,80
Aethylvalerianat	113,5	68,4	139,7	129,71

(* In der Originalabhandlung steht in Folge eines Rechen- oder Druckfehlers 89,0. Die Zahlen der Tabelle sind vom Verfasser neu berechnet worden unter Anwendung der genauen Atomgewichte.)

[1]) Ber. deutsch. chem. Gesellschaft 1883, *16*, 3011; 1884, *17*, 1044 und 2199.

des Wassers und l diejenige der Substanz ist. Daneben ist in der Tabelle noch der Siedepunkt der Substanzen aufgeführt.

Eine Anwendung hat diese Gesetzmässigkeit scheinbar nicht gefunden.

Boyle's, Gay-Lussac's und Avogadro's Gesetz.

Die Methoden zur Bestimmung des Molekulargewichts, welche wir bisher kennen gelernt haben, beruhen sämmtlich auf der zuerst von Avogadro ausgesprochenen Ansicht, dass alle Gase und die diesen entsprechenden Dämpfe unter denselben Bedingungen des Drucks und der Temperatur eine gleiche Anzahl Molekeln enthalten, dass also die Gasvolumgewichte den Molekulargewichten proportional sind. Ferner wurde von den Gesetzen von Boyle und Gay-Lussac, welche die Beziehungen des Volums der Gase zu Druck und Temperatur regeln, der ausgiebigste Gebrauch gemacht. Die Gültigkeit dieser beiden Gesetze und vor allem des Avogadro'schen Gesetzes, der Grundlage für alle Methoden der Molekulargewichtsbestimmung, welche auf der Ermittelung des Gasvolumgewichts beruhen, soll der Gegenstand der Betrachtungen des nächsten Kapitels sein. Die drei Gesetze, welche zuerst rein empirisch gefunden wurden, finden ihre Erklärung durch die kinetische Theorie der Gase und letztere muss uns daher hier in erster Linie beschäftigen.

Die kinetische Gastheorie.

Die Grundlage der kinetischen Theorie der Gase bildet der Satz, dass die Wärmebewegung der Molekeln eines Gases in einer gradlinig mit gleichförmiger Geschwindigkeit fortschreitenden Bewegung besteht. Bei der Ableitung dieses Satzes wird angenommen, dass das Gas der Einwirkung äusserer Kräfte, z. B. der Schwerkraft entzogen, dass ferner die Cohäsion der Gase gleich Null und endlich, dass der von den Molekeln eingenommene Raum gegenüber dem Gesammtvolum des Gases verschwindend klein sei. Die Bewegung bleibt solange eine gradlinige, bis die Molekel auf ein Hinderniss, eine starre Wand oder eine andere Molekel, trifft; sobald dies eintrifft, tritt eine Aenderung der Bewegungsrichtung ein, indem die Molekel zurückprallt und in anderer Richtung sich gradlinig weiterbewegt.

Diese Ansicht über das Wesen des Gaszustandes ist schon vor langer Zeit und sehr häufig ausgesprochen worden, sie gerieth aber immer wieder in Vergessenheit. Als der erste Urheber des Grundgedankens der kinetischen Theorie muss nach O. E. Meyer[1]) Daniel

[1]) O. E. Meyer. Kinetische Theorie der Gase. Breslau 1877, bei Maruschke und Berendt. S. 9.

Bernoulli[1]) angesehen werden; der Begründer einer von diesem Gedanken ausgehenden mathematischen Theorie ist Clausius[2]), dessen fast gleichzeitig mit Krönig[3]) veröffentlichte erste Abhandlung die Grundlage des ganzen Systems bildet.

Nach der kinetischen Ansicht besteht der Druck, den ein Gas ausübt, in der Summe der Stösse, welche die Gasmolekeln bei ihrer fortschreitenden Bewegung gegen die Wände des umschliessenden Gefässes ausüben. Denkt man sich nun eine Gasmasse in einem Gefäss abgeschlossen und vermindert man durch Zusammenpressen ihr Volumen, so vermehrt sich die Zahl der Stösse, welche die Gasmolekeln auf ein unverändertes Stück der Wand ausüben, weil die Zahl der Molekeln in der unmittelbar an der Wandung liegenden Gasschicht grösser geworden ist und weil die dichter gedrängten Molekeln häufiger an die Wand geschleudert werden. Wie Daniel Bernoulli[4]) gezeigt hat, nimmt die Summe der einen beliebigen Theil der Wand in einer bestimmten Zeit treffenden Stösse, d. h. der von dem Gase ausgeübte Druck in demselben Verhältniss zu, in welchem das Volumen abnimmt. Dies ist aber nichts Anderes als das Boyle'sche Gesetz, welches besagt, dass das Volumen einer gegebenen Gasmasse bei gleichbleibender Temperatur dem auf ihr lastenden Druck umgekehrt proportional ist.

Da nach der mechanischen Wärmetheorie die Wärme eine Art von Bewegung ist, so besteht die Vermehrung der Wärme eines Gases in der Steigerung der molekularen Bewegung desselben. Durch die Vergrösserung der Geschwindigkeit der Molekeln vermehrt sich die Zahl der Stösse gegen die Wand und die Stärke derselben; danach wächst der Druck im quadratischen Verhältniss der Molekulargeschwindigkeit oder, was dasselbe ist, im Verhältniss der lebendigen Kraft der Molekularbewegung. Die Rechnung, welche mit Hilfe der höheren Analysis ausgeführt wird, ergibt folgenden Zusammenhang zwischen dem Druck p und der Molekulargeschwindigkeit g:

$$p = {}^1/_3\, n\, m\, g^2,$$

worin m die Masse einer Molekel und n die Anzahl der Molekeln in der Raumeinheit bedeutet. Das Produkt m . n stellt die Masse in

---

[1]) Hydrodynamica. Argentorati 1738. Sectio decima.

[2]) Annal. Phys. Chemie 1857, *100*, 353; Abhandlungen über die mechanische Wärmetheorie 2. Abth. Braunschweig 1867. S. 229.

[3]) Annal. Phys. Chemie 1856, *99*, 315; Grundzüge einer Theorie der Gase. Berlin bei A. W. Hayn.

[4]) Hydrodynamica. Sectio decima pag. 200; deutsch abgedruckt in Annal. Phys. Chemie 1859, *107*, 490 (übersetzt von P. du Bois-Reymond).

der Raumeinheit dar; es ist also gleich der Dichtigkeit ϱ des Gases, wenn wir die letztere auf Wasser von 4° C. als Einheit beziehen. Es kann daher auch gesetzt werden:

$$p = \frac{1}{3} \varrho g^2.$$

Unter der lebendigen Kraft oder kinetischen Energie versteht man bekanntlich das halbe Produkt aus der Masse und dem Quadrat der Geschwindigkeit. Da die Dichtigkeit ϱ gleich der in der Volumeneinheit enthaltenen Gasmasse ist, so ist die lebendige Kraft k der in der Volumeneinheit enthaltenen Gasmolekeln:

$$k = \frac{1}{2} \varrho g^2.$$

Da ferner $p = \frac{1}{3} \varrho g^2$ ist, so ergibt sich $k = \frac{3}{2} p$, d. h. Druck und lebendige Kraft eines Gases stehen in einem konstanten, von der Temperatur unabhängigen Verhältniss.

Wenn wir den Molekeln eines Gases eine gradlinig fortschreitende Bewegung beigelegt haben, so darf daraus nicht geschlossen werden, dass alle Molekeln des Gases dieselbe Geschwindigkeit besitzen. Im Gegentheil verlangt die Theorie, dass der Gleichgewichtszustand einer grossen Summe von Gasmolekeln nicht in Gleichheit der Geschwindigkeiten aller Theilchen besteht; vielmehr wird auch dann, wenn Gleichgewicht herrscht, ein steter Austausch von Geschwindigkeit zwischen den zusammenstossenden Molekeln stattfinden, indem die Geschwindigkeit jedes Theilchens bald wächst und bald abnimmt. Die Molekulargeschwindigkeit g, die vorher eingeführt wurde, ist keine allen Molekeln zugleich zukommende Grösse, sondern ein Theil der Molekeln wird eine grössere, ein Theil eine kleinere Geschwindigkeit haben. g ist die mittlere Geschwindigkeit der Molekeln, d. h. sie ist so ausgewählt, dass, wenn wir allen Molekeln statt der wirklich vorhandenen ungleichen Geschwindigkeiten denselben Werth g beilegen, die lebendige Kraft des Gases ungeändert bleibt.

Ueber die Vertheilung der verschiedenen Geschwindigkeiten auf die einzelnen Molekeln gibt das Maxwell'sche Gesetz Auskunft. J. Cl. Maxwell[1]) kam unter Anwendung der Wahrscheinlichkeitsrechnung zu dem Ergebniss, dass die möglichen Werthe, welche die Componenten der molekularen Geschwindigkeiten annehmen können, auf die vorhandene Zahl von Molekeln nach derselben Regel vertheilt sind, nach welcher die Methode der kleinsten Quadrate die möglichen Beobachtungsfehler auf die angestellten Beobachtungen zu vertheilen vorschreibt, und dass es unter den Geschwindigkeiten eine solche

[1]) Phil. mag. [4], 1860, *19*, 22; 1868, *35*, 185; vergl. auch L. Boltzmann, Ber. Wiener Akad. (2. Abtheil.) 1868, *58*, 517; 1871, *63*, 397 und 679; 1872, *66*, 275; 1875, *72*, 427.

grösster Wahrscheinlichkeit gibt, die häufiger eintritt als jede andere. Andere Werthe der Geschwindigkeit, grössere und kleinere, haben eine um so grössere Wahrscheinlichkeit, je näher ihr Werth dem des Maximums der Wahrscheinlichkeit liegt. Unendlich grosse Geschwindigkeiten und der Werth Null besitzen eine unendlich kleine Wahrscheinlichkeit; ruhende Molekeln werden daher unendlich selten sein. Der Werth grösster Wahrscheinlichkeit für die Geschwindigkeit ist nicht zugleich das arithmetische Mittel der verschiedenen vorkommenden Geschwindigkeiten; der wahrscheinlichste Werth ist vielmehr kleiner als der Mittelwerth, da die Rechnung ergeben hat, dass die Zahl der Molekeln, deren Geschwindigkeit grösser als der wahrscheinlichste Werth ist, die Anzahl derjenigen überwiegt, deren Geschwindigkeit kleiner als der wahrscheinlichste Werth ist.

In Uebereinstimmung mit den allgemeinen Grundsätzen der mechanischen Wärmetheorie hat sich aus den Annahmen der kinetischen Gastheorie ergeben, dass die lebendige Kraft der Molekularbewegung das mechanische Maass der Temperatur und der Wärme bildet. Ferner hat Clausius den Satz bewiesen, dass in einer Mischung zweier oder mehrerer Gase, welche nicht auf einander chemisch einwirken, die Molekeln jeder Art im Mittel gleiche lebendige Kraft besitzen. Da nun zwei gemischte Gase genau gleiche Temperatur besitzen, so darf man schliessen, dass die Gleichheit der Temperatur eines Gasgemisches in der Gleichheit der mittleren Energie der fortschreitenden Bewegung der Molekeln besteht.

Diese Schlussweise lässt sich von gemischten Gasen auf getrennte übertragen. Denn werden zwei Gase, deren Molekeln gleiche mittlere Energie der fortschreitenden Bewegung besitzen, mit einander gemischt, so bleibt die mittlere Energie beider Arten von Molekeln unverändert; werden andererseits zwei Gase von gleicher Temperatur gemischt, so bleibt die Temperatur ungeändert. Es ist daraus zu schliessen, dass zwei Gase gleiche Temperatur besitzen, wenn die mittlere Energie der gradlinigen Bewegung der Molekeln in beiden Gasen einander gleich ist. Sind m und m_1 die Molekulargewichte, g und g_1 die mittleren Geschwindigkeiten der Molekeln zweier Gase, so sind die mittleren kinetischen Energien je einer Molekel $\frac{1}{2} m g^2$ und $\frac{1}{2} m_1 g_1^2$; haben die beiden Gase gleiche Temperatur, so muss daher

$$\frac{1}{2} m g^2 = \frac{1}{2} m_1 g_1^2$$

sein. Dieser Satz wurde zuerst von Clausius[1]) aufgestellt.

Vorher war abgeleitet worden, dass Druck und kinetische Energie der Gase in einem stets gleichen, von der Temperatur unabhängigen

---

[1]) Annal. Phys. Chemie 1857, *100*, 370; Abhandlungen, 2. Abth. 1867, 247.

Verhältniss stehen; zwei Gase werden daher gleichen Druck ausüben, wenn die in der Raumeinheit beider Gase enthaltenen Beträge an kinetischer Energie gleich sind, also in Formeln, wenn $\frac{1}{2}\varrho g^2 = \frac{1}{2}\varrho_1 g_1^2$ ist. Darin bedeutet ϱ die Masse in der Raumeinheit oder die auf Wasser als Einheit bezogene Dichtigkeit und g die mittlere Geschwindigkeit der Molekeln. Wir haben also nunmehr folgendes: Haben zwei Gase gleiche Temperatur, so ist:

$$1)\quad \tfrac{1}{2} m g^2 = \tfrac{1}{2} m_1 g_1^2,$$

üben sie den gleichen Druck aus, so ist:

$$2)\quad \tfrac{1}{2}\varrho g^2 = \tfrac{1}{2}\varrho_1 g_1^2.$$

Haben daher zwei Gase gleiche Temperatur und stehen sie unter demselben Druck, so gelten beide Gleichungen zusammen. Durch Division ergibt sich aus ihnen die Proportion:

$$\varrho : \varrho_1 = m : m_1.$$

In Worten lautet das Ergebniss: Haben zwei Gase die gleiche Temperatur und stehen sie unter gleichem Druck, so sind ihre Dichtigkeiten den Molekulargewichten proportional. Die Dichtigkeiten ϱ waren auf Wasser als Einheit bezogen; die auf eine andere Einheit bezogenen Dichtigkeiten stehen natürlich in demselben Verhältniss. Wir setzen daher an ihre Stelle die auf Wasserstoff bezogenen Dichtigkeiten, die wir als Gasvolumgewichte bezeichnet haben, und finden, dass die Gasvolumgewichte den Molekulargewichten proportional sind.

ϱ und ϱ_1 stellten die Masse der Molekeln in der Raumeinheit oder das Produkt aus der Anzahl der Molekeln in der Raumeinheit und der Masse einer Molekel dar; bezeichnen wir die Anzahl der Molekeln in der Raumeinheit der beiden Gase mit n und n_1 und die Masse je einer Molekel mit m und m_1, so wird $\varrho = n \cdot m$ und $\varrho_1 = n_1 \cdot m_1$. Setzen wir dies in die Formel $\varrho : \varrho_1 = m : m_1$ ein, so wird $n \cdot m : n_1 \cdot m_1 = m : m_1$ oder

$$n = n_1.$$

In Worten lautet dieses Ergebniss: In gleichen Raumtheilen aller Gase ist bei gleichem Druck und gleicher Temperatur eine gleiche Anzahl Molekeln enthalten. Dies ist das Avogadro'sche Gesetz, auf dem die Methoden der Molekulargewichtsbestimmung aus dem Gasvolumgewicht beruhen. Dasselbe ist damit aus der kinetischen Gastheorie abgeleitet worden.

Auch das Gay-Lussac'sche Gesetz über die Wärmeausdehnung der Gase ergibt sich als Folgerung der kinetischen Theorie. Zwei Gase besitzen gleiche Temperatur, wenn ihre Molekeln gleiche kinetische Energie besitzen. Haben die beiden Gase mit den Molekulargewichten m und m_1 die mittleren Molekulargeschwindigkeiten g und g_1 und die gleiche Temperatur t, so ist

$$1)\quad {}^1/_2 m g^2 = {}^1/_2 m g_1^2.$$

Haben dieselben Gase bei 0^0 die mittleren Molekulargeschwindigkeiten G und G_1, so ist auch

$$2)\quad {}^1/_2 m G^2 = {}^1/_2 m_1 \cdot G_1^2.$$

Bedeuten α und α_1 die thermischen Ausdehnungskoëffizienten der beiden Gase, so hat die kinetische Gastheorie folgenden Zusammenhang zwischen den Molekulargeschwindigkeiten bei 0^0 und bei t^0 ergeben:

$$3)\quad g^2 = G^2 (1 + \alpha t) \text{ und}$$

$$4)\quad g_1^2 = G_1^2 (1 + \alpha_1 t).$$

Aus diesen vier Gleichungen folgt:

$$\alpha = \alpha_1,$$

d. h. alle Gase dehnen sich bei gleicher Erwärmung um gleiche Beträge aus.

Durch Uebertragung des einfachen Verhältnisses zwischen dem Druck und der kinetischen Energie auf ein Gemisch mehrerer Gase gelangt man auf Grund der kinetischen Theorie auch zu dem Daltonschen Gesetz, welches lautet: Der von einem Gasgemische ausgeübte Druck ist gleich der Summe der Drucke, welche jeder Bestandtheil für sich allein ausübt. Von diesem Gesetze wird bei den Gasvolumgewichtsbestimmungen der ausgedehnteste Gebrauch gemacht.

Wir haben im Vorstehenden die Ergebnisse der kinetischen Gastheorie, soweit sie für die Gasvolumgewichtsbestimmung zunächst in Betracht kommen, kennen gelernt und gesehen, dass dieselbe zu Gesetzen führt, welche bereits vorher auf empirischem Wege gefunden worden waren. Indess schon früher war bekannt, dass die abgeleiteten Gesetze, namentlich diejenigen von Boyle und Gay-Lussac, nur sehr angenähert, aber nicht ganz genau giltig sind. Aeltere Versuche hatten bereits mit Sicherheit dargethan, dass die Differenzen grösser waren, als die möglichen Versuchsfehler, und die umfassenden neueren Versuche konnten dies bestätigen.

Da die Folgerungen aus der kinetischen Theorie zu nur annäherungsweise richtigen Gesetzen führen, so muss die der Theorie zu Grunde liegende Hypothese an irgend einem Mangel oder auch an mehreren leiden, welche allerdings von nur geringerer Bedeutung sind. Derartige Mängel der Hypothese sind denn auch erkannt worden.

Die Hypothese, dass die Gasmolekeln sich mit gleichförmiger Geschwindigkeit gradlinig fortbewegen, setzt mehrere unbewiesene und unbeweisbare Annahmen voraus. Zunächst wurde von der Einwirkung äusserer Kräfte abgesehen. Es ist indess kein Zweifel, dass die Molekeln einer solchen Kraft unterliegen, nämlich der an jedem Orte konstant wirkenden Schwerkraft. Unter dem Einfluss dieser Kraft werden die Bahnen der Molekeln nicht mehr gradlinig, sondern parabolisch gekrümmt sein. Die Geschwindigkeit der Gasmolekeln ist jedoch im Verhältniss zur Fallbeschleunigung, welche etwa 9,8 m beträgt, sehr gross; die mittlere Geschwindigkeit g der Gasmolekeln beträgt nach Clausius[1]) bei 0° für:

Luft:	g = 485 m
Sauerstoff:	g = 461
Stickstoff:	g = 492 m
Wasserstoff	g = 1844 m.

Die Krümmung der Bahn wird daher eine so geringe sein, dass sie hier vernachlässigt werden kann. Anders verhält es sich mit der zweiten Annahme, dass die räumliche Ausdehnung der Molekeln verschwindend klein sei. Für diejenigen Gase, welche von ihrem Condensationspunkt noch weit entfernt sind, ist zwar bei geringem Drucke der Raum, den die Molekeln selbst einnehmen, im Vergleich zu dem Volumen des Gases sehr klein; je stärker aber das Gas zusammengedrückt wird, einen desto grösseren Theil des Gasvolumens nehmen die Massen der Molekeln ein. Der Raum, in dem sich die Molekeln bewegen, ist daher nicht gleich dem Volumen des Gases, sondern gleich dem letzteren, vermindert um den von den Molekeln eingenommenen Raum, er ist also kleiner als der von der Theorie vorausgesetzte.

Die dritte bei der kinetischen Theorie gemachte Voraussetzung dass die Cohäsion der Gase verschwindend klein sei, wurde durch den Versuch widerlegt. Wenn die lebendige Kraft der Molekularbewegung das mechanische Maass der Wärme ist, so darf sich die Temperatur eines Gases beim Ausströmen in den luftleeren Raum nicht ändern, da hierbei eine äussere Arbeit nicht geleistet wird.

Dem gegenüber wurde aber bei der Ausströmung der Gase in den luftleeren Raum eine zwar geringe, aber doch deutliche Temperaturabnahme beobachtet; als Joule und Thomson[2]) Luft von 14,5° durch einen Baumwollenpflock pressten, wurde die Temperatur der Luft um $^1/_3{}^0$ erniedrigt. Diese im Widerspruch mit der kinetischen

---

[1]) Annal. Phys. Chemie 1857, *100*, 375; Abhandl. über Wärmetheorie, 2. Abth. S. 254.

[2]) Phil. mag. [3], 1845, *26*, 369; [4], 1852, *4*, 481; 1853, *6*, 230; 1854, 7, 59; *8*, 321; Phil. Transact. 1853, *143*, 357; 1854, *144*, 321.

Theorie stehende Thatsache beweist, dass bei der letzteren ein nebensächlicher Umstand unbeachtet geblieben ist. Als Ursache der Abweichung ist die Cohäsion der Gase anzusehen; dieselbe haben wir als eine Kraft aufzufassen, welche zwischen den Molekeln in der Richtung der Verbindungslinie wirkt, und deren Stärke mit wachsender Entfernung sehr rasch abnimmt. Beim Ausströmen der Gase in den luftleeren Raum wird das Volumen derselben vergrössert, hierbei muss die Cohäsion überwunden werden und es wird eine der geleisteten Arbeit entsprechende Temperaturerniedrigung eintreten.

Im Folgenden sollen uns die drei für den Zweck der Gasvolumgewichtsbestimmungen besonders wichtigen Gesetze, das Boyle'sche, das Gay-Lussac'sche und namentlich das Avogadro'sche, etwas näher beschäftigen.

Das Boyle'sche Gesetz.

Das Boyle'sche Gesetz lautet: Bei gleichbleibender Temperatur ist das Volumen einer gegebenen Gasmasse dem auf ihr lastenden Drucke umgekehrt proportional; es kann auch in folgender Form ausgesprochen worden: Das Produkt aus Druck und Volum einer gegebenen Gasmasse bleibt bei konstanter Temperatur unveränderlich. Bedeuten v und p bezw. v_1 und p_1 zusammengehörige Werthe von Druck und Volumen des Gases, so lautet das Boyle'sche Gesetz in Formeln:

$$v : v_1 = p_1 : p$$

oder

$$v \cdot p = v_1 \cdot p_1 = \text{Konst.}$$

Dieses Gesetz wurde im Jahre 1662 zuerst von dem englischen Physiker Robert Boyle[1]) ausgesprochen; da sich dasselbe Gesetz auch in einem von dem französischen Physiker Mariotte[2]) im Jahre 1679 veröffentlichten Werke findet, wird es auch häufig als Mariotte'sches Gesetz bezeichnet.

Schon dem Entdecker des Gesetzes, Boyle, war es bekannt, dass dasselbe nicht vollkommen genau giltig sei, sondern nur mit einer allerdings ausgezeichneten Annäherung. Seitdem ist das Boyle'sche Gesetz sehr vielfach Gegenstand der Untersuchung gewesen; von den Forschern, welche sich mit diesem Gesetze beschäftigten und es experimentell prüften, seien Musschenbroek[3]), Sulzer[4]), Robison[5]),

---

1) Nova experimenta physico-mechanica de vi aëris elastica. London 1662.

2) De la nature de l'air. Paris 1679.

3) Cours de physique. Paris 1759, Tome 3.

4) Mémoires de Berlin 1753.

5) System of mech. Philos. Bd. 3.

Oerstedt und Schwendsen[1]), Despretz[2]), Arago und Dulong[3]), Pouillet[4]), Regnault[5]), D. Mendelejeff[6]), Siljeström[7]), Mendelejeff und Kirpitscheff[8]), E. H. Amagat[9]), Natterer[10]), L. Cailletet[11]), Winkelmann[12]), F. Roth[13]), Avogadro[14]), Blaserna[15]), Recknagel[16]) und Fuchs[17]) genannt. Die Aufführung der von diesen Forschern erhaltenen Ergebnisse würde zu weit führen; sie findet sich z. B. in Wüllner's Lehrbuch der Experimentalphysik, 4. Aufl. Bd. 1, S. 418—432. Erwähnt sei, dass die angegebenen Physiker das Verhalten der Gase sowohl bei vermindertem, als auch bei sehr hohem Druck prüften.

Das Ergebniss der Versuche lässt sich in folgenden Sätzen zusammenfassen: Kein Gas genügt bei irgend einem Drucke dem Boyleschen Gesetze vollkommen genau. Bei sehr geringen Drucken ist bei allen Gasen die Abweichung nur ausserordentlich klein; bei Drucken von 1 bis 2 Atmosphären sind die Abweichungen noch so gering, dass sie vernachlässigt werden können. Bei Drucken von dieser Grösse kann daher bei Gasmessungen das Boyle'sche Gesetz anstandslos angewandt werden. Bei hohem Druck weichen alle Gase sehr beträchtlich von dem Boyle'schen Gesetze ab.

---

1) Edinb. Journal of Science 1826, *4*, 224.

2) Annal. chim. phys. [2], 1827, *34*, 335.

3) Annal. chim. phys. [2], 1830, *43*, 74.

4) Eléments de Physique, 4. édition, Tome *1*, 327.

5) Mém. de l'Acad. 1847, *21*, 329; 1862, *26*, 260.

6) Ber. deutsch. chem. Gesellsch. 1872, *5*, 332; 1875, *8*, 1312 und 1341. Bull. de l'Acad. de St. Pétersbourg 1874, *19*, 469.

7) Annal. Phys. Chemie 1874, *151*, 580; Ber. deutsch. chem. Gesellschaft 1875, 7, 576.

8) Ber. deutsch. chem. Gesellschaft 1874, 7, 486 und 1339. Journ. russ. chem. Gesellschaft 1874, *1*, 124; *2*, 72.

9) Compt. rend. 1869, *68*, 1170; 1870, *71*, 67; 1872, *75*, 479; 1876, *82*, 914; 1878, *87*, 452; 1879, *88*, 336; 1879, *89*, 437; 1880, *90*, 995; 1881, *93*, 306; 1882, *95*, 281 und 638; 1888, *107*, 522. N. Arch. phys. nat. 1871, *40*, 320. Annal. chim. phys. [4], 1873, *28*, 274, *29*, 246; [5], 1876, *8*, 270; 1880, *19*, 435; 1883, *28*, 456.

10) Ber. Wiener Akad. (2. Abth.) 1851, 5, 351; *6*, 557; 1854, *12*, 199. Annal. Phys. Chemie 1847, *72*, 94.

11) Compt. rend. 1870, *70*, 1131; 1877, *83*, 1211; *84*, 83; 1879, *88*, 61 und 411.

12) Annal. Phys. Chemie [2], 1877, *5*, 92.

13) Annal. Phys. Chemie [2], 1880, *11*, 1.

14) Archives des sciences phys. et naturelles (Genève) 1852, *20*, 126.

15) Giornale di Scienze naturali ed economiche (Palermo) 1865, Bd. *1*; Annal. Phys. Chemie 1865, *126*, 594.

16) Annal. Phys. Chemie 1871, Ergänzungsband *5*, 563; 1872, *145*, 469.

17) Annal. Phys. Chemie [2], 1888, *35*, 430.

Hierfür seien einige Beispiele angeführt. Nach Boyle's Gesetz muss der Quotient $\frac{p\,v}{p_1\,v_1} = 1$ sein. Als Amagat Luft von den in folgender Tabelle angegebenen Anfangsdrucken auf das doppelte Volumen ausdehnte, fand er folgende Werthe für die Quotienten $\frac{p\,v}{p_1\,v_1}$.

Anfangsdruck mm	$\frac{p\,v}{p_1\,v_1}$	Anfangsdruck mm	$\frac{p\,v}{p_1\,v_1}$
6,541	1,0018	10,552	1,0022
6,546	1,0035	6,538	1,0011
10,499	1,0000	6,536	1,0018
10,516	0,9998		

Die Abweichungen sind kleiner als die möglichen Beobachtungsfehler.

Als Beispiele für die Abweichungen der Gase vom Boyle'schen Gesetze bei Drucken von 1 bis 2 Atmosphären mögen die folgenden Zahlen von Regnault gelten. Als derselbe den Druck der nachstehenden Gase bei 7,9° von 1 Atmosphäre auf 2 erhöhte, erhielt er nachstehende Werthe für den Quotienten $\frac{p\,v}{p_1\,v_1}$, welcher nach dem Boyleschen Gesetze gleich 1 sein sollte.

Name des Gases	$\frac{p\,v}{p_1\,v_1}$	Name des Gases	$\frac{p\,v}{p_1\,v_1}$
Luft	1,00215	Chlorwasserstoffsäure	1,00925
Stickoxyd	1,00285	Schwefelwasserstoff	1,01083
Kohlenoxyd	1,00293	Ammoniak	1,01881
Grubengas	1,00634	Schweflige Säure	1,02088
Stickoxydul	1,00651	Cyangas	1,02353
Kohlensäure	1,00722		

Hierin bedeutet p den Anfangsdruck von 1 Atmosphäre, p_1 den Enddruck von 2 Atmosphären. Da der Quotient $\frac{p\,v}{p_1\,v_1}$ grösser als 1 ist, so folgt daraus, dass $p\,v > p_1\,v_1$ d. h. bei diesen Gasen und den angegebenen Druckgrenzen nimmt das Produkt aus Druck und Volumen mit wachsendem Drucke ab.

Eine bemerkenswerthe Ausnahmestellung gegenüber allen übrigen untersuchten Gasen nimmt in Bezug auf das Verhalten gegen Druck der Wasserstoff ein. Beim Wasserstoff nimmt nämlich bei wachsendem Drucke das Produkt aus Druck und Volumen zu und zwar sowohl bei geringen als auch sehr hohen Drucken. Die folgenden von Regnault erhaltenen Werthe zeigen dies deutlich. Die erste Spalte enthält den Anfangsdruck p in mm Quecksilber, die zweite den Quotienten $\frac{p\,v}{p_1\,v_1}$, worin v_1 stets fast genau gleich $^1/_2 v$ war und p_1 der dem Volumen v_1 entsprechende Druck ist.

p mm	$\frac{p\,v}{p_1\,v_1}$	p mm	$\frac{p\,v}{p_1\,v_1}$
2211,18	0,998584	7074,96	0,994697
3989,47	0,996961	9175,25	0,993126
5845,18	0,996121	10361,78	0,992327

Aus den folgenden, von E. H. Amagat gefundenen Werthen ergibt sich, dass beim Wasserstoff auch unter den höchsten Drucken das Produkt aus Druck und Volumen stetig zunimmt. Die erste Spalte enthält den Druck p, die zweite das Produkt dieses Druckes und des zugehörigen Volums p v.

p m Quecksilber	p v	p m Quecksilber	p v
24,1	27381	84,2	28533
34,9	27618	133,9	29804
45,2	27652	177,6	30755
55,5	27960	214,5	31625
64,0	28129	250,2	32426
72,2	28323	304,0	33887

Die übrigen Gase verhalten sich ganz anders. Bei diesen nimmt bei wachsendem Druck das Produkt aus Druck und Volumen zunächst ab, erreicht bei einem gewissen, für alle Gase verschiedenen Druck ein Minimum und nimmt von da ab mit weiter wachsendem Drucke zu; von dem dem Minimum entsprechenden Druck ab verhalten sich diese Gase also wie der Wasserstoff von Anfang an. Die folgenden Versuchsergebnisse, welche Regnault beim Stickstoff gewann, zeigen das Abnehmen des Produktes aus Druck und Volumen oder, was dasselbe ist, das Wachsen des Quotienten $\frac{p\,v}{p_1\,v_1}$ bei mässig hohen Drucken. p ist der Anfangsdruck; v_1 war stets annähernd gleich $^1/_2$ v.

p mm Quecksilber	$\frac{p\,v}{p_1\,v_1}$	p mm Quecksilber	$\frac{p\,v}{p_1\,v_1}$
753,62	1,000788	5957,96	1,003271
1159,26	1,000996	7297,06	1,003924
2159,60	1,001381	8628,54	1,004768
3030,22	1,001955	9775,38	1,004881
4953,92	1,002860	10981,42	1,006456

Für höhere Drucke seien die Untersuchungsergebnisse von Amagat über den Stickstoff hier angeführt.

p m Quecksilber	p v	p m Quecksilber	p v
20,740	50989	128,296	52860
35,337	50897	158,563	54214
47,176	50811	190,855	55850
55,481	50857	221,103	57796
61,241	50895	252,353	59921
69,140	50987	283,710	62192
82,970	51226	327,388	65428
96,441	51602		

Aus dieser Tabelle ist ersichtlich, dass das Produkt aus Druck und Volum stetig abnimmt, bis es bei etwa 47 m Quecksilberdruck sein Minimum erreicht; von hier ab nimmt es dann zu. Amagat[1]) stellte fest, dass das Minimum des Druckes für verschiedene Gase bei folgenden Drucken liegt: für Stickstoff und Kohlenoxyd bei etwa 50 m, für Luft und Aethylen bei etwa 65 m, für Grubengas bei etwa 85 m und für Sauerstoff bei etwa 100 m Quecksilberdruck.

Diese Abweichungen der Gase von dem Boyle'schen Gesetze finden in der verbesserten kinetischen Theorie ihre Erklärung. Schon Regnault, Amagat und Andere hatten ausgesprochen, dass nicht $p\,v =$ Konst. sei, sondern dass die rechte Seite der Gleichung eine bis jetzt unbekannte, sehr verwickelte Funktion von Druck und Temperatur sei. E. Budde[2]) gibt dementsprechend dem Boyle'schen Gesetze die Form $p\,v = \text{Konst.} + \varphi(p)$, worin $\varphi(p)$ eine noch nicht bekannte Funktion des Druckes ist. Man kann annehmen, dass die Funktion $\varphi(p)$ in zwei Summanden zerfällt, in einen positiven und einen negativen. Als erste Ursache der Abweichungen wurde bereits vorher der Umstand angeführt, dass die räumliche Ausdehnung der Molekeln, oder wie Andere sich ausdrücken, die Radien der Wirkungssphären der Molekeln, nicht verschwindend klein seien im Vergleich zu dem von dem Gas eingenommenen Volumen. Ist dies der Fall, so trifft die durch Druck hervorgerufene Volumverminderung nicht das ganze Gasvolumen, sondern nur die leeren Räume zwischen den Molekeln oder den Elasticitätssphären. Die Molekeln erfüllen einen konstanten Raum k, der durch den Druck kaum verändert wird. Bedeutet v das Volumen des Gases beim Drucke p, v_1 beim Drucke 1, so ist

$$v = k + \frac{v_1 - k}{p},$$

denn von dem Volumen v_1 ist nur der Theil $v_1 - k$ dem Drucke umgekehrt proportional. Setzt man $v_1 - k = a$, so wird $v\,p = a + k\,p$.

[1]) Compt. rend. 1879, *88*, 336; *89*, 437.

[2]) Journ. prakt. Chemie [2], 1874, *9*, 30.

Das Produkt k p stellt die Differenz der beiden Summanden der Funktion φ (p) dar, welche letzteren nach verschiedenen Gesetzen wachsen.

Auf die untersuchten Gase angewandt haben wir folgende Kombinationen des positiven Theiles $\varphi(+)$ und des negativen Theiles $\varphi(-)$ der Funktion φ (p).

1) p ist sehr klein. Dann ist $\varphi(+) = \varphi(-) = 0$. Dies gilt für alle Gase nahezu vollkommen.
2) p ist mässig gross. a) $\varphi(+) > \varphi(-)$: Fall des Wasserstoffs. b) $\varphi(-) > \varphi(+)$: Fall der übrigen Gase.
3) p ist sehr gross. Dann ist $\varphi(+) > \varphi(-)$ und dies trifft bei allen Gasen ein.

Das Verhalten der Gase bei wachsendem Druck lässt sich durch die folgende Ueberlegung leicht mit Hülfe der verbesserten kinetischen Theorie erklären. Wir haben gesehen, dass bei geringen Drucken das Boyle'sche Gesetz von allen Gasen fast vollkommen erfüllt wird. Durch wachsenden Druck werden die Gasmolekeln immer näher aneinandergebracht und zuletzt so nahe, dass sich ihre gegenseitige Anziehung, die Cohäsion, geltend macht. In Folge dessen nimmt das Volumen stärker ab als der Druck zunimmt, weil zu der Druckwirkung noch die Wirkung der bei abnehmender Entfernung rasch wachsenden Cohäsion kommt. Die Produkte aus Druck und Volumen werden daher mit wachsendem Druck zunächst immer kleiner. Mit der fortwährenden Abnahme des Volumens wird aber der mittlere Abstand der Molekeln von einander immer geringer; der von der Masse der Molekeln erfüllte Raum darf dann nicht mehr als verschwindend gegenüber dem Gesammtvolumen des Gases angenommen werden, er wird vielmehr einen merkbaren Theil des Gesammtvolumens ausmachen. Da der von den Molekeln erfüllte Raum durch Druck kaum verringert wird, so erstreckt sich die durch den wachsenden Druck hervorgerufene Volumverminderung nur auf den nicht von Molekeln erfüllten Raum. Daher muss von einer gewissen Grenze ab bei weiterer Zunahme des Drucks die vorherige stärkere Volumverminderung allmählich wieder abnehmen. Nachdem daher die Produkte aus Druck und Volumen ein Minimum erreicht haben, wachsen sie von hier ab wieder, erreichen den für geringen Druck geltenden Werth zum zweiten Male und überschreiten denselben bei noch höherem Druck immer mehr. Die Abweichung von dem Boyle'schen Gesetze ist daher mit steigendem Druck gerade umgekehrt worden.

Dieser Gang der Veränderungen der Produkte aus Druck und Volumen ist an den vorher aufgeführten Versuchsergebnissen des Stickstoffs deutlich zu erkennen. Ebenso verhalten sich alle übrigen Gase mit Ausnahme des Wasserstoffs, bei dem von Anfang an die Produkte p v wachsen; der Wasserstoff verhält sich daher von Anfang an so, wie die übrigen Gase erst von einem bestimmten hohen Druck ab.

Man hat auch versucht, das Boyle'sche Gesetz in eine Form zu bringen, welche die Abweichungen der Gase von demselben zur Anschauung bringt. Das ist von Seiten G. Recknagel's[1]) geschehen. Unter Berücksichtigung der Cohäsion der Gase gelangte er zu folgendem Ersatz für das Boyle'sche Gesetz:

$$p\,v = A\left(1 - \frac{B}{v}\right).$$

Darin bedeutet p den Druck, v das Volumen und A und B sind nur von der Temperatur abhängige Grössen. Wie Recknagel mittheilt[2]), lassen sich die Beobachtungen von Andrews über die Zusammendrückbarkeit der Kohlensäure sehr genau durch die obige Formel darstellen.

Eine andere Berichtigung des Boyle'schen Gesetzes rührt von J. D. van der Waals[3]) her. Derselbe berücksichtigte nicht allein die Cohäsion der Gase, sondern auch die räumliche Ausdehnung der Molekeln und gelangte zu folgender Formel:

$$\left(p + \frac{a}{v^2}\right)(v - b) = R.$$

Hierin bedeutet p den Druck, v das Volumen; R ist eine Konstante und a und b sind ebenfalls konstant und unabhängig von Druck und Volumen.

Die theoretische van der Waals'sche Form für das Boyle'sche Gesetz stimmt mit den Interpolationsformeln, durch welche Regnault seine Beobachtungen dargestellt hat, fast genau überein. Die Regnault'sche Formel nimmt folgende Gestalt an:

$$p\,v = 1 - A\,\frac{1 - v}{v} + B\left(\frac{1 - v}{v}\right)^2$$

oder

$$p\,v + \frac{A + 2B}{v} - \frac{B}{v^2} = 1 + A + B.$$

Die van der Waals'sche Formel dagegen lautet:

$$p\,v + \frac{a}{v} - b\,p - \frac{a\,b}{v^2} = R.$$

---

[1]) Annal. Phys. Chemie 1871, Ergänzungsband *5*, 563.

[2]) Annal. Phys. Chemie 1872, *145*, 469.

[3]) Over de continuiteit van den gas- en vloeistof-toestand. Academisch proefschrift, Leiden 1873. In das Deutsche übersetzt von Friedrich Roth: Die Continuität des gasförmigen und flüssigen Zustandes. Leipzig 1881, bei Johann. Ambr. Barth.

Nach dem angenähert richtigen Boyle'schen Gesetze ist $p\,v = 1$ oder $p = \frac{1}{v}$; setzt man in dem Correktionsglied $b\,p$ für p den angenäherten Werth $\frac{1}{v}$, so wird die van der Waals'sche Formel:

$$p\,v + \frac{a-b}{v} - \frac{ab}{v^2} = R.$$

Sie stimmt mit der Regnault'schen Interpolationsformel überein, wenn die entsprechenden Konstanten einander gleich sind, also wenn

$$a - b = A + 2B$$
$$ab = B$$
$$R = 1 + A + B \quad \text{ist.}$$

Kehren wir zu den bei der Bestimmung des Gasvolumgewichts obwaltenden Verhältnissen zurück, so ist zu bemerken, dass hier nur selten Drucke über 1 Atmosphäre vorkommen und dann ist die Ueberschreitung nur sehr gering. Meist stehen die Gase unter Atmosphärendruck oder noch niedrigerem Druck. Für diese kann aber, wie aus der Tabelle S. 191 ersichtlich ist, die strenge Gültigkeit des Boyle'schen Gesetzes, wenigstens bei den ihrem Condensationspunkt sehr fernen, früher „permanent" genannten Gasen angenommen werden, ohne dass hierdurch ein merkbarer Fehler verursacht wird.

Für diejenigen Gase, welche ihrem Condensationspunkt nahe sind, sind die Differenzen schon erheblicher. Die Untersuchungen über diese Gase haben ergeben, dass das Boyle'sche Gesetz um so genauer erfüllt ist, je geringer der Druck ist; für sehr geringe Drucke folgen dieselben fast vollkommen dem theoretischen Gesetze. Ein weiteres sehr wichtiges Ergebniss der Untersuchungen liegt in dem Umstande, dass die Abweichungen der leicht kondensirbaren Gase von dem Boyle'schen Gesetze mit steigender Temperatur abnehmen. Als Beispiele hierfür mögen die von E. H. Amagat über die Zusammendrückbarkeit der Kohlensäure und der schwefligen Säure gegebenen Zahlen angeführt werden. Bei diesen Versuchen wurden die Gase vom Atmosphärendruck auf einen halb so grossen Druck gebracht; die Zahlen der Tabelle geben wieder den Quotienten $\frac{p\,v}{p_1\,v_1}$ an, welcher theoretisch den Werth 1 haben sollte.

Temperatur	Schweflige Säure	Kohlensäure
8°	—	1,0065
15°	1,0185	—
50°	1,0110	1,0036
100°	1,0054	1,0023
150°	1,0032	1,0014
200°	1,0021	1,0008
250°	1,0016	1,0006

Das von den leicht kondensirbaren Gasen Gesagte gilt noch in viel höherem Maasse von den Dämpfen, welche durch Temperaturerhöhung aus den bei gewöhnlicher Temperatur flüssigen oder festen Substanzen entwickelt werden. In der Nähe ihres Siedepunktes folgen sie dem Boyle'schen Gesetze unter dem Atmosphärendruck nicht. Der Zustand, in dem sie dem theoretischen Gesetze hinreichend folgen, kann, wie bei den leicht kondensirbaren Gasen, auf zwei Wegen erzielt werden: entweder durch Druckverminderung oder durch Temperaturerhöhung. Die Bedeutung dieses Umstandes wird uns später noch näher beschäftigen.

Das Gay-Lussac'sche Gesetz.

Während das Boyle'sche Gesetz den Zusammenhang zwischen Volumen und Druck der Gase bei gleichbleibender Temperatur regelt, stellt das Gay-Lussac'sche Gesetz die Beziehungen des Volumens der Gase zu der Temperatur bei gleich bleibendem Druck fest. Dasselbe lautet: Alle Gase dehnen sich gleichmässig und für gleiche Temperaturunterschiede um gleichviel aus. In Formeln lautet das Gay-Lussac-sche Gesetz:

$$v_t = v_{t_1}\left[1 + \alpha(t - t_1)\right].$$

Darin bedeutet v_t das Volumen des Gases bei t^0, v_{t_1} dasselbe bei t_1^0 und α den Ausdehnungskoëffizient des Gases. Nach dem Gesetz muss α für alle Gase gleich sein; ferner muss α unabhängig von der Temperatur und dem Drucke sein, sofern der letztere nur während des Versuches konstant bleibt.

Diese Gesetzmässigkeit wurde fast gleichzeitig von Gay-Lussac[1]) und Dalton[2]), und nach Angabe des ersteren noch vor diesen von Charles entdeckt; man bezeichnet es gewöhnlich nach dem ersteren als Gay-Lussac'sches Gesetz.

Die Untersuchung der Ausdehnung der Luft ist von einer grossen Anzahl von Physikern zum Gegenstand ihres Studiums gemacht worden. Schon vor Gay-Lussac war dies von verschiedenen Seiten geschehen[3]); doch waren die Resultate stets ungenau, weil der Feuchtigkeitsgehalt der Luft nicht berücksichtigt wurde. Die besten Resultate erhielten Lambert, de Luc und T. Mayer; die ersteren fanden $\alpha = 0{,}00375$ bezw. 0,00372, letzterer nach zwei Methoden $\alpha = 0{,}003775$ und 0,003656.

---

1) Annal. chim. phys. 1802, *43*, 137; Gilbert's Annalen 1802, *12*, 257.

2) Mem. of the Manchester Lit. and Phil. Society 1802, *5*, 595; Gilbert's Annalen 1802, *12*, 310.

3) Vergl. Gehler's Physikal. Wörterbuch, 2. Aufl. Bd. 1, Artikel Ausdehnung, und Gilbert's Annalen 1806, *22*, 257.

Erst Gay-Lussac[1]) wusste diesen Fehler zu vermeiden; er dehnte seine Versuche auf eine Anzahl anderer Gase aus und kam zu dem Ergebniss, dass sich alle Gase von 0^0 bis 100^0 gleichmässig um 0,375 ihres anfänglichen Volumens ausdehnen. Dieser Werth des Ausdehnungskoëffizienten $\alpha = 0{,}00375$ wurde von Dulong und Petit bestätigt. Spätere Versuche zeigten indess, dass dieser Werth des Ausdehnungskoëffizienten zu gross ist. Für Luft fand Rudberg[2]) $\alpha = 0{,}0036457$, Regnault[3]) $\alpha = 0{,}0036706$, Magnus[4]) $\alpha = 0{,}0036678$, Regnault[3]) nach einer anderen Methode $\alpha = 0{,}0036679$, 0,0036623, 0,0036633 und 0,003665, Jolly[5]) $\alpha = 0{,}0036695$ und Recknagel[6]) $\alpha = 0{,}0036682$.

Die Verfahren, nach denen diese Werthe gewonnen wurden, sind unter einander zum Theil im Prinzip verschieden. Ist v_t das Volumen eines Gases bei t^0, v_0 dasselbe bei 0^0, so ist nach Gay-Lussac's Gesetz $v_t = v_0\ (1 + \alpha t)$. Danach lässt sich der Ausdehnungskoëffizient als der Betrag definiren, um welchen das Gasvolum bei der Erhöhung der Temperatur um 1^0 C. sich ausdehnt, wenn der Druck konstant bleibt. Bleibt letzterer während des Versuches nicht unverändert, so tritt auch das Boyle'sche Gesetz in Kraft und die Beziehungen zwischen Druck, Volumen und Temperatur werden durch das Gay-Lussac'sche und Boyle'sche Gesetz gleichzeitig geregelt. Die Combination dieser Gesetze lässt sich durch die Formel ausdrücken:

$$p_t\, v_t = p_0\, v_0\ (1 + \alpha t).$$

Bleibt der Druck konstant, ist also $p_t = p_0$, so wird $v_t = v_0 (1 + \alpha t)$: das Gay-Lussac'sche Gesetz. Lässt man aber das Volumen konstant bleiben und den Druck durch die Temperatursteigerung wachsen, also $v_t = v_0$ sein, so wird:

$$p_t = p_0\ (1 + \alpha t).$$

Man kann daher auch α aus der Druckzunahme bestimmen, welche ein konstantes Gasvolum durch Temperaturerhöhung erfährt; in diesem Falle wird α als der Spannungskoëffizient bezeichnet. Einige der oben aufgeführten Werthe sind durch Druckmessung bei konstantem Volum bestimmt. Der Ausdehnungskoëffizient und der Spannungs-

---

[1]) Annal. chim. phys. 1802, *43*, 137; Gilbert's Annalen 1802, *12*, 257; Biot, Traité de Physique. Paris 1816, *1*, 182.

[2]) Annal. Phys. Chemie 1837, *41*, 271; 1838, *44*, 119.

[3]) Mém. de l'Acad. 1847, *21*, 91,

[4]) Annal. Phys. Chemie 1842, *55*, 1.

[5]) Annal. Phys. Chemie 1874, Jubelband S. 82.

[6]) Annal. Phys. Chemie 1864, *123*, 127.

koëffizient sind naturgemäss gleich, so lange das Boyle'sche und das Gay-Lussac'sche Gesetz Gültigkeit haben.

Folgendes sind die von den Forschern erhaltenen Werthe für den Ausdehnungs- bezw. Spannungskoëffizient der Luft.

1) Bei konstant erhaltenem Druck

Regnault: $\alpha = 0{,}0036708$.

2) Bei konstant erhaltenem Volum

Magnus: $\alpha = 0{,}0036678$.
Regnault (1. Reihe): $\alpha = 0{,}0036679$.
Regnault (2. Reihe): $\alpha = 0{,}0036650$.
Recknagel $\alpha = 0{,}0036682$.
Jolly $\alpha = 0{,}0036695$.

3) Bei gleichzeitiger Aenderung von Druck und Volum

Regnault $\alpha = 0{,}0036628$.

Für andere Gase wurden von Magnus, Regnault und Jolly folgende Werthe gefunden.

	Ausdehnungskoëffizienten bei konstantem Volum			bei konst. Druck
	Magnus	Jolly	Regnault	Regnault
Wasserstoff	0,00365937	0,0036562	0,0036678	0,0036613
Atmosph. Luft	0,0036678	0,0036695	0,0036669	0,0036708
Stickstoff	—	0,0036677	0,0036682	—
Sauerstoff	—	0,0036743	—	—
Stickoxydul	—	0,0037067	0,0036759	0,0037195
Kohlenoxyd	—	—	0,0036667	0,0036688
Kohlensäure	0,00369367	0,0037060	0,0036871	0,0037099
Cyan	—	—	0,0038290	0,0038767
Schweflige Säure	0,00385911	—	0,0038453	0,0039028

Die experimentellen Untersuchungen über das Gay-Lussac'sche Gesetz haben ergeben, dass dasselbe, ähnlich wie das Boyle'sche, nur sehr angenähert gültig ist. Da die Gase dem Boyle'schen Gesetze nicht genau folgen, ist der Spannungskoëffizient dem Ausdehnungskoëffizienten nicht gleich. Ferner ist der Ausdehnungskoëffizient abhängig von dem Druck und der Temperatur des Gases. Mit wachsendem Druck nimmt der Ausdehnungskoëffizient zunächst zu, wie folgende Zahlenreihe von Regnault zeigt; dieselbe enthält die Spannungskoëffizienten der atmosphärischen Luft bei verschiedenen Drucken.

Anfangsdruck mm	Spannungskoëffizient	Anfangsdruck mm	Spannungskoëffizient
109,72	0,0036482	760,00	0,0036650
174,36	0,0036513	1678,40	0,0036760
266,06	0,0036542	1692,53	0,0036800
374,67	0,0036587	2144,18	0,0036894
375,23	0,0036572	3655,56	0,0037091

Die Zunahme des Ausdehnungskoëffizienten mit wachsendem Drucke ist jedoch keine unbegrenzte; er wächst vielmehr bis zu einem Maximum und beginnt von da an wieder kleiner zu werden. Der Werth dieses Maximums wird um so kleiner, je höher die Temperaturen wachsen, und gleichzeitig rückt das Maximum mit steigender Temperatur zu höheren Drucken hinauf; nur für Wasserstoff scheint der Ausdehnungskoëffizient mit wachsendem Drucke immer kleiner zu werden. Dieser eigenthümliche Gang der Ausdehnungskoëffizienten zeigt sich nur bei den leichter kondensirbaren Gasen deutlich; bei den schwierig kondensirbaren Gasen ist derselbe nur angedeutet.

J. D. van der Waals[1]) hat eine Formel abgeleitet, welche diesen Abweichungen Rechnung trägt; dieselbe umfasst das Boyle'sche und das Gay-Lussac'sche Gesetz. Soweit sie das Boyle'sche Gesetz berührt, haben wir sie bereits vorher kennen gelernt. Sie lautet:

$$\left(p + \frac{a}{v^2}\right)(v - b) = (1 + a)(1 - b)(1 + \alpha t)$$

oder

$$\left(p + \frac{a}{v^2}\right)(v - b) = R(1 + \alpha t).$$

Darin bedeutet p den Druck, v das Volumen, t die Temperatur; a, b und R sind Konstante. Die Formel ist unter Berücksichtigung der Cohäsion der Gase und der Raumerfüllung der Molekeln abgeleitet.

Da die Van der Waal'sche Zustandsgleichung der Gase den Beobachtungen nicht genau genügte, wurde dieselbe von R. Clausius[2]) modifizirt. Die Clausius'sche Zustandsgleichung der Gase hat die Form:

$$p = \frac{RT}{v - b} - \frac{\alpha}{T(v + c^2)},$$

worin p den Druck, v das Volumen und T die absolute (von — 273° C. an gezählte) Temperatur bedeutet; b, c, α und R sind Konstante.

Betrachten wir die Ergebnisse der Untersuchungen über das Gay-Lussac'sche Gesetz vom Standpunkte der Gasvolumgewichtsbestimmungen, so ergibt sich Folgendes: Die ihrem Condensationspunkte sehr fernen Gase folgen bei den hier obwaltenden Bedingungen des Drucks und der Temperatur dem Gay-Lussac'schen Gesetze hinlänglich genau. Die ihrem Condensationspunkt nahen Gase folgen ihm bei Atmosphärendruck weit weniger genau; sie haben einen zu grossen Ausdehnungskoëffizient. Mit steigender Temperatur und abnehmendem Druck wird

[1]) Over de continuiteit van den gas- en vloeistof-toestand. Deutsch von Friedr. Roth. Leipzig 1881.

[2]) Annal. Phys. Chemie [2], 1880, 9, 337.

derselbe aber kleiner. Die Abnahme des Ausdehnungskoëffizienten mit steigender Temperatur ergibt sich aus folgender Tabelle, welche die Ausdehnungskoëffizienten der schwefligen Säure und der Kohlensäure bei verschiedenen Temperaturen enthält.

Temperatur	Schweflige Säure	Kohlensäure
0°	—	0,003724
zwischen 0 und 10°	0,004233	—
zwischen 10 und 20°	0,004005	—
50°	0,003846	0,003704
100°	0,003757	0,003695
150°	0,003718	0,003690
200°	0,003695	0,003687
250°	0,003685	0,003682

Mit steigender Temperatur und abnehmendem Druck wird der Ausdehnungskoëffizient kleiner, bis er gleich demjenigen der ihrem Condensationspunkte sehr fernen Gase geworden ist. Dasselbe gilt in noch höheren Maasse von den Dämpfen. In der Nähe des Siedepunkts ist bei Atmosphärendruck der Ausdehnungskoëffizient der Dämpfe bedeutend grösser als derjenige der Gase. Durch Steigerung der Temperatur und durch Verminderung des Drucks wird derselbe kleiner und schliesslich gleich dem der Gase. Dies tritt zu demselben Zeitpunkt ein, wo der Dampf auch dem Boyle'schen Gesetze hinlänglich zu gehorchen anfängt. Das Verhalten der Dämpfe wird uns im nächsten Kapitel noch eingehender beschäftigen.

Das Avogadro'sche Gesetz.

Wir haben dieses Gesetz bereits in der Einleitung kennen gelernt und gesehen, welche ausserordentliche Bedeutung dasselbe für die theoretische Chemie gewonnen hat. Unsere Aufgabe ist es nunmehr zu zeigen, dass alle physikalischen und chemischen Thatsachen mit demselben in Einklang stehen, ja dass viele ohne dieses Gesetz ganz unerklärlich blieben.

Die Molekeln der Elemente.

Bei der Anwendung des Avogadro'schen Gesetzes auf alle flüchtigen Körper, Elemente und Verbindungen, sahen wir uns zu der Annahme genöthigt, dass die Molekeln der gasförmigen Elemente, die kleinsten im freien Zustande möglichen Theilchen derselben, aus mehreren Atomen bestehen, dass also die kleinsten, in Verbindungen eintretenden Theilchen dieser Elemente mit den kleinsten im freien Zustande bestehenden Theilchen nicht identisch sind. Dies ergibt sich aus Folgendem. 1 Volum Chlor und 1 Volum Wasserstoff geben 2 Volume Chlorwasserstoffgas, wenn alle drei Gase unter demselben Druck und derselben Temperatur gemessen werden. Sind in dem Volum Wasserstoff n Molekeln, so enthält das gleiche Volum Chlor ebenfalls n Molekeln und das doppelte Volum Chlorwasserstoff enthält 2n Molekeln. Wenn 2n Molekeln Chlorwasserstoff aus n Molekeln Chlor und n Molekeln Wasserstoff entstehen, so entstehen 2 Molekeln Chlorwasserstoff aus 1 Molekel Chlor und 1 Molekel Wasserstoff und 1 Molekel Chlorwasserstoff aus $^1/_2$ Molekel Chlor und $^1/_2$ Molekel Wasserstoff. 1 Molekel Chlorwasserstoff ist aber eine wirklich bestehende Menge, nämlich die kleinste, im freien Zustand existirende, und zu ihrer Bildung sind nur die Hälften der Molekeln von Chlor und Wasserstoff nothwendig. Wir müssen daher annehmen, dass die Molekeln von Chlor und Wasserstoff mindestens aus 2 Atomen bestehen.

Diese Konsequenz zu ziehen scheuten sich viele Chemiker. Sie nahmen an, dass die Molekel der Gase mit dem Atom identisch sei, obwohl hierzu gar keine Veranlassung vorliegt. Indem sie nur ein kleinstes Theilchen, das Atom, annahmen, kamen sie bei der Anwendung des Avogadro'schen Gesetzes auf die Elementargase zu widersinnigen Resultaten; z. B. bestände dann 1 Atom Chlorwasserstoff aus $^1/_2$ Atom Wasserstoff und $^1/_2$ Atom Chlor, während Bruchtheile der *ἄτομα* nicht denkbar sind. In Folge dieser irrthümlichen Annahme wandte sich Dalton[1]) ausdrücklich gegen die Volumgesetze der Gase, und nur so ist es erklärlich, dass Berzelius[2]) die Folgerungen des Avogadro'schen Gesetzes als absurd bezeichnen konnte. Avogadro selbst hat die Unterscheidung zwischen Atom und Molekel scharf ausgesprochen und den prinzipiellen Gegensatz zwischen Element und Verbindung beseitigt; die ersteren mussten ebenfalls als Verbindungen, aber von einerlei Stoff, angesehen werden.

Die Konsequenz des Avogadro'schen Gesetzes, dass die Molekeln der gasförmigen Elemente aus mehreren Atomen bestehen, macht sich naturgemäss bei den verschiedensten chemischen und physikalischen Vorgängen bemerkbar; aus diesen kann man dann wieder einen Rückschluss auf die Richtigkeit der Annahme von zusammengesetzten Elementarmolekeln machen. Von den hier besonders interessirenden chemischen Prozessen haben wir bereits zwei kennen gelernt, die ohne diese Annahme nicht erklärt werden können: es waren dies die Wirkungsweise des status nascendi und die Verbrennungswärme von Kohlenstoff in Sauerstoff und Stickoxydul. Es ist eine häufig beobachtete

---

[1]) Dalton, New System of Chemical Philosophy 1810. *2*. 556.

[2]) Berzelius, Lehrbuch der Chemie. 3. Aufl. Bd. *5*. 82.

Erscheinung, dass Elemente, welche im freien Zustande vollkommen indifferent gegen einander sind, sich sofort verbinden, wenn sie im Entstehungszustand sich befinden. Stickstoff und Wasserstoff verbinden sich z. B. im freien Zustande nur sehr schwierig; sehr leicht entsteht aber die Verbindung dieser Elemente, das Ammoniak, wenn nascirender Wasserstoff auf die Sauerstoffverbindungen des Stickstoffs einwirkt. Dieses Verhalten lässt sich nur durch die Annahme erklären, dass die Molekeln der Elemente aus mehreren Atomen bestehen, und dass die Affinität der gleichartigen Atome in den Molekeln zu einander grösser ist, als diejenige, welche zwischen den Atomen der verschiedenartigen Elemente herrscht. Im Augenblick des Entstehens sind dagegen die Atome der Elemente noch nicht zu Molekeln verbunden und die freien Atome der verschiedenen Elemente können sich mit einander verbinden. In Uebereinstimmung hiermit befindet sich auch der fördernde Einfluss, den die Wärme auf chemische Reaktionen ausübt. Wir werden später noch näher erfahren, dass die Wärme, welche in einer Bewegung der kleinsten Theilchen besteht, die Bindung der Atome in den Molekeln lockert. Viele Elemente verbinden sich bei gewöhnlicher Temperatur nicht, weil die Affinität der gleichartigen Atome der Elementarmolekeln grösser ist als diejenige der verschiedenartigen Molekeln. Die Wärme verringert die Affinität der gleichartigen Atome und schliesslich wird dieselbe kleiner als diejenige der verschiedenartigen Atome und letztere können sich verbinden.

Dass die Annahme mehrerer Atome in der Molekel der Elementargase den Unterschied zwischen Element und Verbindung verwischt, wurde bereits oben angeführt. Noch in anderer Weise hebt dieselbe gewisse Gegensätze auf. Wenn die Molekeln der Elementargase mit den Atomen identisch sind, so kann man die Bildung der Chlorwasserstoffsäure aus gleichen Volumen freien Chlors und Wasserstoffs als Aneinanderlagerung der Elemente betrachten: $H + Cl = HCl$; der Vorgang wäre also eine Addition von Atomen. Sind dagegen in den Molekeln von Chlor und Wasserstoff mehrere Atome, z. B. zwei, so muss der Vorgang als Substitution aufgefasst werden:

$$\begin{matrix} H \\ | \\ H \end{matrix} + \begin{matrix} Cl \\ | \\ Cl \end{matrix} = \begin{matrix} H-Cl \\ H-Cl \end{matrix}.$$

Die Bindung der Wasserstoffatome unter sich und der Chloratome unter sich wird gelöst und je ein Chlor- und Wasserstoffatom tauschen sich gegenseitig um.

Die Untersuchung der Bildungswärmen hat gelehrt, dass nur die molekulare Konstitution der Elemente mit den Thatsachen im Einklang steht. Es gibt nämlich Verbindungen, welche unter Wärmeabsorption aus ihren Elementen entstehen[1]). Zu diesen Verbindungen gehört die Jodwasserstoffsäure, deren Bildung aus Jod und Wasserstoff nach J. Thomsen[2]) von einer negativen Wärmetönung gleich — 6036 cal. begleitet ist. Wenn die Jodwasserstoffsäure aus ihren Elementen nach der Formel $H + J = HJ$ entstände, dann müsste in der Schreibweise der Thermochemie sein:

$$(H, J) = -6036 \text{ cal.}$$

Dies würde aber besagen, dass Jod und Wasserstoff nicht nur keine Verwandtschaft hätten, sondern sich sogar gegenseitig abstiessen. Dann wäre es unbegreiflich, warum sie sich überhaupt verbinden können, ohne dass die Verbindung sofort wieder in die Elemente zerfällt.

Der scheinbare Widerspruch löst sich sofort, wenn die Bildung der Jodwasserstoffsäure aus den Elementen durch die molekulare Gleichung dargestellt wird:

$$HH + JJ = HJ + HJ.$$

Dann wird die thermochemische Gleichung:

$$(H, J) - \frac{1}{2}(H, H) - \frac{1}{2}(J, J) = -6036 \text{ cal.}$$

Diese Gleichung ist erfüllbar, wenn alle drei Glieder positiv sind. Schreibt man sie in der Form:

$$(H, J) = \frac{1}{2}(H, H) + \frac{1}{2}(J, J) - 6036 \text{ cal.},$$

so ist die Entstehung der negativen Wärmetönung bei der Bildung der Jodwasserstoffsäure aus den Elementen leicht verständlich. Die Gleichung sagt aus, dass die Verwandtschaft des Jods zum Wasserstoff um 6036 cal. kleiner ist als die Summe der Verwandtschaften der Jodatome unter sich und der Wasserstoffatome unter sich. Verlässt man die molekulare Anschauungsweise, so fallen die Kräfte, welche die gleichartigen Elementaratome zusammenhalten, weg und die negative Wärmetönung bleibt unerklärt.

Auch für die Explosivität vieler Verbindungen ist kein Grund einzusehen, wenn die Elementarmolekeln einfach sind. Der Chlorstickstoff NCl_3 zerfällt z. B. bei der geringsten Erschütterung unter Explosion in seine Elemente. Nimmt man an, dass der Zufall nach der Formel: $NCl_3 = N + 3Cl$ stattfindet, so ist man nicht im Stande,

[1]) Lothar Meyer, Die modernen Theorien der Chemie und ihre Bedeutung für die chemische Mechanik. 4. Auflage. Breslau 1883 bei Maruschke und Berendt. S. 424.

[2]) Ber. deutsch. chem. Gesellschaft 1872. 5. 770.

eine Kraft anzugeben, welche diese Umsetzung, welche mit beträchtlicher Wärmeentwickelung vor sich geht, hervorgerufen hat. Ganz anders gestaltet sich diese Reaktion bei der Annahme, dass dabei nicht freie Atome, sondern zusammengesetzte Molekeln entstehen, dass die Umsetzung also nach der Formel: $\begin{matrix} N \equiv Cl_3 \\ N \equiv Cl_3 \end{matrix} = N \equiv N + 3 Cl - Cl$ stattfindet. Wir können dieselbe dann durch die Anziehung erklären, welche die Atome eines und desselben Elementes auf einander ausüben. Die Affinitäten der Stickstoffatome unter sich und der Chloratome unter sich sind zusammen grösser als diejenigen der Chloratome zu den Stickstoffatomen; aus einer Verbindung entstehen zwei andere, in denen die Atome fester gebunden sind.

Zu demselben Ergebniss führen gewisse Beobachtungen, welche man bei der Bestimmung der Gasvolumgewichte der Elemente gemacht hat. Wie bei Besprechung der Dissociationserscheinungen des Näheren mitgetheilt wird, ergibt sich bis zu 600^0 das auf Wasserstoff bezogene Gasvolumgewicht des Jodes nach Versuchen von Fr. Meyer und J. M. Crafts[1]) zu $d_h = 126{,}8$. Mit wachsender Temperatur nimmt das Gasvolumgewicht immer mehr ab und bei 1350^0 sowie einem Druck von 0,1 Atmosphäre wurde $d_h = 63{,}4$ gefunden (Fr. Meyer und J. M. Crafts[2])). Diese Abnahme des Gasvolumgewichts bis zur Hälfte des bei niederer Temperatur gefundenen Werthes kann, wie bei der Betrachtung der Dissociationserscheinungen dargelegt werden wird, nur dadurch erklärt werden, dass sich die Molekeln des Joddampfes bei hoher Temperatur spalten, und zwar dass jede Molekel in 2 Theile zerfällt. Die unter 600^0 bestehenden Molekeln des Joddampfes können daher mit den Atomen nicht identisch sein, da ja die Atome untheilbar sind; dieselben müssen vielmehr mindestens 2 Atome enthalten, in welche die Molekel bei bestimmten Hitzegraden zerfällt.

Der Schwefel zeigt ebenfalls ein mit der Temperatur abnehmendes Gasvolumgewicht; über 800^0 ist dasselbe nur noch $^1/_3$ des Werthes, den es bis zu 500^0 hat. Daher müssen die Schwefelmolekeln bei Temperaturen unter 500^0 mindestens 3 Atome enthalten. Dasselbe Ergebniss liefern alle Elemente mit veränderlichem Gasvolumgewicht: sie alle müssen eine noch weiter theilbare Molekel haben.

Eine sehr wesentliche Stütze findet die Molekulartheorie in der Existenz der allotropen Modifikationen verschiedener Elemente. Es gibt nämlich eine Reihe von Elementen, welche in mehreren verschiedenen Formen auftreten, welche in ihrem Verhalten stark von einander

---

1) Ber. deutsch. chem. Gesellschaft 1880, *13*, 851.

2) Compt. rend. 1881, *92*, 39; Ber. deutsch. chem. Gesellschaft 1881, *14*, 356.

abweichen. Es seien hier die beiden Formen des Phosphors, der rothe und der gewöhnliche Phosphor, und die drei Formen des Kohlenstoffs, Diamant, Graphit und gewöhnliche Kohle erwähnt. Ohne die Annahme der Zusammengesetztheit der Elementarmolekeln bleiben diese so verschiedenen Formen eines und desselben Elementes, welches nur eine Art Stoff enthält, vollkommen räthselhaft. Ueber die Grösse der Molekeln im festen und flüssigen Zustande wissen wir indess noch sehr wenig; es ist daher von höchstem Interesse, dass wir auch ein gasförmiges Element kennen, das in zwei allotropen Modifikationen existirt. Es sind das der Sauerstoff und das Ozon. Das letztere äusserst merkwürdige Gas ist seit seiner Entdeckung sehr häufig Gegenstand der Untersuchung gewesen. Obwohl es bis heute noch nicht gelungen ist, dasselbe im reinen Zustande zu gewinnen — man erhält es stets im Gemisch mit Sauerstoff, in dem es nur zu wenigen Prozenten enthalten ist —, hat man doch seine Zusammensetzung und seine Volumverhältnisse, welche Aufschluss geben über die molekulare Constitution desselben, zu ermitteln gewusst. Dass das Ozon stofflich mit dem Sauerstoff identisch sei, war das erste Ergebniss der Untersuchungen; die Beziehungen, welche zwischen dem gewöhnlichen Sauerstoff und dem aktiven Sauerstoff oder Ozon bestehen, wurden von Andrews und Tait[1]) und namentlich von J. L. Soret[2]) festgestellt. Diese Forscher beobachteten, dass der Sauerstoff bei der Umwandlung in Ozon eine Volumverminderung erfährt und dass umgekehrt bei der Rückverwandlung des Ozons in Sauerstoff durch Erhitzen eine Volumvermehrung eintritt. Bei der Einwirkung von Ozon auf oxydirbare Körper wird sein Volumen nicht verändert; wird z. B. ein ozonhaltiger Sauerstoff mit Jodkalium behandelt, so wird Jod abgeschieden, das Gasvolumen aber nicht geändert. Die Ausdehnung, welche ein ozonhaltiges Sauerstoffvolum durch Erhitzen, also durch Ueberführung des Ozons in gewöhnlichen Sauerstoff erfährt, war gleich dem Volumen der Sauerstoffmenge, welche das Gasvolum zur Oxydation des Jodkaliums abgeben konnte. Ferner wies Soret nach, dass die Volumverminderung, welche ein ozonhaltiges Sauerstoffvolumen bei der Absorption des Ozons durch Terpentinöl oder Zimmetöl erfährt, das Doppelte von dem Volum ist, welches der durch das Jodkalium absorbirte Sauerstoff einnehmen würde; sodann fand er, dass das von den ätherischen Oelen absorbirte Ozonvolum halb so gross ist, wie die Volumvermehrung, welche durch Erhitzen, also durch Umwandlung des

[1]) Philos. Transact. 1860, *150*, 113.

[2]) Compt. rend. 1863, *57*, 604; 1865, *61*, 941; 1867, *64*, 904; Annal. Chem. Pharm. 1864, *130*, 95; 1866, *138*, 45; 1867, Supplementband 5, 148.

Ozons in gewöhnlichen Sauerstoff, hervorgerufen wird. Schliesslich gelang es Soret, durch sinnreich angestellte Diffusions-Versuche das Gasvolumgewicht des Ozons zu ermitteln; er fand das Verhältniss der Quadratwurzeln der Gasvolumgewichte von Ozon und Chlor gleich 0,8382, woraus sich für das Gasvolumgewicht des Ozons $d_h = 24{,}79$ berechnet. Das Gasvolumgewicht des Sauerstoffs ist gleich 15,96.

In dem Sauerstoff und dem Ozon liegen demnach zwei Gase vor, welche aus demselben Stoff bestehen, aber ein verschiedenes Volumgewicht besitzen, und zwar ist dasjenige des Ozons etwa das $1^1/_2$fache desjenigen des Sauerstoffs. Theoretisch ist $1{,}5 \, . \, 15{,}96 = 23{,}94$ das anderthalbfache Gasvolumgewicht des Sauerstoffs; in Anbetracht der Schwierigkeit der Versuche ist die Differenz der gefundenen und der berechneten Zahl Versuchsfehlern zur Last zu legen. Nimmt man nun an, die Sauerstoffmolekel bestehe aus 1 Atom, so muss die Ozonmolekel $1^1/_2$ Atome Sauerstoff enthalten; da halbe Atome undenkbar sind, ist als geringste in der Sauerstoffmolekel mögliche Atomzahl 2 zu betrachten, und in der Ozonmolekel sind 3 Atome anzunehmen.

Mit diesem Ergebniss stimmt das Avogadro'sche Gesetz trefflich überein und mit Hülfe der Folgerungen aus demselben lassen sich alle Volumverhältnisse des Ozons leicht erklären. Enthält die Sauerstoffmolekel 2 Atome und die Ozonmolekel 3 Atome, so ist die Molekularformel des freien Sauerstoffs O_2, diejenige des Ozons O_3; die durch diese Formeln ausgedrückten Mengen Sauerstoff und Ozon nehmen unter denselben Bedingungen des Drucks und der Temperatur einen gleichen Raum ein. Die Ozonisirung des Sauerstoffs verläuft nach der Gleichung

$$\underset{3\,\text{Vol.}}{3\,O_2} = \underset{2\,\text{Vol.}}{2\,O_3},$$

d. h. aus 3 Volumen Sauerstoff entstehen 2 Volume Ozon, es tritt Volumverminderung ein. Umgekehrt entstehen beim Erhitzen aus 2 Volumen Ozon 3 Volume Sauerstoff, es tritt eine Volumvermehrung um die Hälfte ein. Wirkt Ozon auf oxydirbare Substanzen, so entsteht gewöhnlicher zweiatomiger Sauerstoff und das dritte Atom wird zur Oxydation verwandt:

$$\underset{1\,\text{Vol.}}{O_3} = \underset{1\,\text{Vol.}}{O_2} + O.$$

Da das zur Oxydation verwandte Sauerstoffatom als Gas verschwindet, so tritt hierbei keine Volumenänderung ein, wie es auch der Versuch ergibt. Kurz alle Versuchsergebnisse sind mit dem Avogadro'schen Gesetze im schönsten Einklang.

Es lassen sich noch viele chemische Thatsachen aufführen, welche Gründe für die Gültigkeit des Avogadro'schen Gesetzes liefern; doch muss man bei der Aufführung derselben mit der nöthigen Vorsicht verfahren. Gar manchesmal sind Vorgänge herangezogen worden, welche für die Nothwendigkeit oder Zweckmässigkeit der Annahme dieses Gesetzes nichts beweisen. So glaubte man aus dem Umstande, dass bei der Einwirkung von Chlor auf verdünnte Alkalien gleichzeitig Chlorid und Hypochlorit entsteht, zu der Annahme berechtigt zu sein, die Chlormolekel bestehe aus 2 Atomen. Dieser Schluss ist indess durchaus unzulässig. Mit demselben Rechte könnte man aus der Thatsache, dass bei der Einwirkung der Salpetersäure auf viele Metalle gleichzeitig Nitrat und Stickoxyd entstehen, schliessen, die Salpetersäure enthalte mehr als 1 Atom Stickstoff in der Molekel, was nachweislich nicht der Fall ist. Derartige Reaktionen beweisen gar nichts, da man nicht wissen kann, wie viele Molekeln an denselben sich betheiligen.

Vom physikalischen Standpunkte erscheint das Avogadro'sche Gesetz zur Erklärung der Gasgesetze durchaus nothwendig, welche Ansicht man auch vom Gaszustand haben möge. Das Boyle'sche und das Gay-Lussac'sche Gesetz über die Beziehungen zwischen Volumen, Druck und Temperatur der Gase erscheinen nur dann verständlich, wenn man annimmt, dass in gleichen Raumtheilen aller Gase bei gleichem Druck und gleicher Temperatur eine gleiche Anzahl Molekeln enthalten sei. Diese Thatsache führte schon Avogadro[1]) in seiner grundlegenden Abhandlung an; da er noch an die Substanzialität der Wärme glaubte und die Ausdehnung der Gase aus der zwischen den Wärmehüllen der einzelnen Molekeln wirkenden Abstossung erklärte, ist ersichtlich, dass die Gasgesetze ganz unabhängig von irgend einer Hypothese über den Gaszustand zu dem Avogadro'schen Gesetze führen.

Die Lehre von der Substanzialität der Wärme ist heute allseitig verlassen; die mechanische Wärmetheorie hat es ausser Zweifel gestellt, dass die Wärme eine Art von Bewegung, und zwar diejenige der kleinsten Theilchen der Körper ist. Versuche haben gelehrt, dass zwischen den Gasmolekeln keine repulsive Kraft wirkt, sondern im Gegentheil eine wenn auch sehr kleine anziehende Kraft. Wir haben am Anfange dieses Kapitels die Theorie in ihren Grundzügen kennen gelernt, welche alle Gasgesetze, welche seit langer Zeit empirisch festgestellt waren, als Folgerungen einer einzigen Hypothese über den Gaszustand darstellt. Es ist dies die kinetische Gastheorie, deren Grundlage die Hypothese ist, dass sich die Molekeln der Gase mit

---

[1]) Journ. de phys. par Dalamétherie 1811, *73*, 58; in Ostwald's Uebersetzung (Klassiker No. 8) S. 1.

gleichförmiger Geschwindigkeit in gerader Linie fortbewegen. Das Avogadro'sche Gesetz ergibt sich, wie S. 186 abgeleitet wurde, als Folgerung aus dieser Theorie, so dass dem Gesetze dieselbe hohe Wahrscheinlichkeit zukommt, wie der Gastheorie. Es ist sehr bemerkenswerth, dass man also auf rein physikalischem Wege zu derselben Anschauung über die kleinsten freien Theilchen der Gase gelangt, die auch die chemische Forschung als die einzig mögliche erkannt hat. Gerade zu der Zeit, als der Streit zwischen den Chemikern über das Avogadro'sche Gesetz auf's Heftigste entbrannt war, gelangte R. Clausius[1]), ohne von diesem Streit etwas zu wissen[2]), zu demselben Gesetze.

Nichtsdestoweniger entschlossen sich noch lange nicht alle Chemiker zur Annahme dieses Gesetzes, welches für die theoretische Chemie von so ausserordentlicher Wichtigkeit geworden ist. Als Alex. Naumann[3]) im Jahre 1869 in derselben Weise, wie es zu Anfang dieses Kapitels geschehen ist, das Avogadro'sche Gesetz aus den Grundvorstellungen der mechanischen Gastheorie ableitete, knüpfte sich an diese Abhandlung eine lebhafte Diskussion, bei der sich mehrere Forscher betheiligten. Von diesen erwies sich Fr. Mohr[4]) als entschiedener Gegner des Avogadro'schen Gesetzes; auch Julius Thomsen[5]) glaubte, dass dasselbe mit der Erfahrung im Widerspruch sei, während die mechanische Wärmetheorie die Frage offen lasse. Dagegen sprachen sich Lothar Meyer[6]), Blaserna[7]) und R. A. Mees[8]) für das Avogadro'sche Gesetz aus. Sie verkannten nicht, dass die Avogadro'sche Anschauung nur eine Hypothese sei, aber eine solche von höchster Wahrscheinlichkeit, die auf den einfachsten Voraussetzungen beruhte; davon abweichende Voraussetzungen führten zu komplizirten und theilweise unannehmbaren Consequenzen. Lothar Meyer nannte dieses Gesetz den „Leitstern der theoretischen Chemie".

Auch auf rein physikalischem Wege lässt es sich zeigen, dass in den Molekeln der Elementargase mehrere Atome enthalten sind. Wir haben auf S. 184 abgeleitet, dass die in der Raumeinheit eines Gases

---

1) Annal. Phys. Chemie 1857, *100*, 369.

2) Annal. Phys. Chemie 1858, *103*, 645.

3) Ber. deutsch. chem. Gesellschaft 1869, *2*, 690; 1870, *3*, 862; 1871, *4*, 22 und 270.

4) Ber. deutsch. chem. Gesellschaft 1871, *4*, 78 und 491.

5) Ber. deutsch. chem. Gesellschaft 1870, *3*, 824 und 949; 1871, *4*, 183.

6) Ber. deutsch. chem. Gesellschaft 1871, *4*, 25.

7) Ber. deutsch. chem. Gesellschaft 1871, *4*, 413; Gazz. chim. ital. 1871, *1*, 64.

8) Ber. deutsch. chem. Gesellschaft 1871, *4*, 196 und 842.

enthaltene kinetische Energie oder lebendige Kraft K der Molekularbewegung dem Druck proportional ist; es war $K = \frac{3}{2} p$. Andererseits lässt sich der Werth der in dem Gase enthaltenen Energie aus seiner Temperatur berechnen, da die Energie dem Wärmeinhalt des Gases äquivalent ist. Für das Verhältniss der kinetischen Energie der Molekularbewegung K und des gesammten Energievorraths des Gases, welch' letzterer aus der Temperatur berechnet wurde, fand Clausius[1]) folgenden Werth:

$$\frac{K}{H} = \frac{3}{2} \frac{C_p - C_v}{C_v}.$$

Darin bedeutet C_p die spezifische Wärme des Gases bei konstantem Druck, C_v dieselbe bei konstantem Volum. Bestehen nun die Molekeln der Gase aus nur 1 Atom, so verhalten sie sich wie materielle Punkte, die Energie der Molekularbewegung muss gleich der Gesammtenergie des Gases sein, es ist $K = H$. Daher wird $\frac{2}{3} \cdot \frac{C_p - C_v}{C_v} = 1$ oder

$$\frac{C_p}{C_v} = \frac{5}{2} = 1{,}67.$$

Besteht dagegen die Molekel des Gases aus mehreren Atomen, so stellt dieselbe nicht mehr einen materiellen Punkt vor, sondern ein System von Punkten. Die Atome in der Molekel sind nun nicht in Ruhe, sondern ebenfalls in Bewegung, über deren Natur man freilich noch im Unklaren ist. Während also die Molekel sich in grader Linie fortbewegt, bewegen sich auch die Atome in den durch die gegenseitige Anziehung beschränkten Grenzen. Die Gesammtenergie des Gases setzt sich also zusammen aus der Energie der Molekularbewegung und der Energie der Atombewegung. Die Molekularenergie muss daher kleiner sein als die Gesammtenergie, es ist $K < H$. Wenn nun auch das Verhältniss der Molekularenergie zur gesammten Energie nicht unmittelbar bekannt ist, so lassen sich doch gewisse Schlüsse auf die Zusammensetzung der Molekeln ziehen. Schreiben wir nämlich die Formel für $\frac{K}{H}$ in der Gestalt:

$$\frac{K}{H} = \frac{3}{2}\left(\frac{C_p}{C_v} - 1\right),$$ so ergibt sich aus derselben:

$$\frac{C_p}{C_v} = 1 + \frac{2}{3} \cdot \frac{K}{H}.$$

Da K als Theil von H nicht grösser als H, sondern höchstens gleich H sein kann, so bestimmt die letzte Formel Grenzen für die

[1]) Annal. Phys. Chemie 1857, *100*, 377.

Werthe, welche das Verhältniss der beiden spezifischen Wärmen bei den Gasen, welche mehrere Atome in der Molekel haben, annehmen kann. Es ergibt sich die Ungleichung

$$1 < \frac{C_p}{C_v} < 1 + \frac{2}{3},$$

d. h. bei allen Gasen, welche mehrere Atome in der Molekel enthalten, muss der Werth des Verhältnisses der beiden spezifischen Wärmen zwischen 1 und $\frac{5}{3}$ oder 1,67 liegen und darf diese Grenzwerthe nicht erreichen.

Wir haben das Verhältniss der beiden spezifischen Wärmen der Gase $\frac{C_p}{C_v}$ bereits bei der Bestimmung des Volumgewichts der Gase aus der Schallgeschwindigkeit in Rechnung gezogen. In der folgenden Tabelle sind die Werthe dieses Verhältnisses für eine Anzahl von Elementargasen zusammengestellt; bezüglich der Verbindungen, die ja mehrere Atome in der Molekel enthalten müssen, möge die Bemerkung genügen, dass für alle untersuchten Substanzen der Werth des Verhältnisses grösser als 1 und kleiner als 1,67 war und damit der Forderung der obigen Ungleichung genügt wurde.

Name des Gases	$\frac{C_p}{C_v}$	Name des Gases	$\frac{C_p}{C_v}$
Wasserstoff . . .	1,407	Chlor	1,323
Sauerstoff	1,397	Brom	1,293
Stickstoff	1,407	Jod	1,294

Diese sechs Elemente enthalten daher in ihren Gasmolekeln mehrere Atome.

Im Vorhergehenden wurde einer der schwerwiegendsten Einwände gegen das Avogadro'sche Gesetz, die Nothwendigkeit der Annahme zusammengesetzter Molekeln vieler Elementargase, behandelt und gezeigt, dass dieselbe mit vielen physikalischen und chemischen Thatsachen im vollsten Einklang steht, dass sie nirgends auf Widerspruch stösst, ja dass sogar unter der Voraussetzung untheilbarer Molekeln viele Erscheinungen unerklärlich bleiben. Wir wenden uns nunmehr der Frage zu, wie viele Atome in der Molekel gas- oder dampfförmiger Elemente enthalten sind.

Die einfachste Annahme wäre die, die Elemente enthielten in ihrer Gasmolekel 2 Atome. Auf S. 202 wurde gezeigt, dass 1 Molekel Chlorwasserstoff aus $^1/_2$ Molekel Chlor und $^1/_2$ Molekel Wasserstoff besteht; daher muss sowohl die Chlormolekel als auch die Wasserstoffmolekel mindestens aus je 2 Atomen bestehen. Für diesen einfachsten Fall verläuft die Bildung der Chlorwasserstoffsäure aus ihren Elementen nach der Formel:

$$\begin{array}{ccc} Cl_2 + & H_2 = & 2HCl \\ 1\,Vol. & 1\,Vol. & 2\,Vol. \end{array}$$

Da alle Molekulargewichte auf dasjenige des Wasserstoffs als Einheit bezogen werden, weil dieser das kleinste Molekulargewicht aller Elemente hat, muss man über die Zahl der Atome in der Wasserstoffmolekel schlüssig werden, bevor man an die Beurtheilung der Atomenzahl in den anderen Gas- und Dampfmolekeln herantritt. Es liegt in der Natur der Atomtheorie, dass die Anzahl der Atome in der Molekel nicht allzugross ist; hierfür sprechen auch noch andere Gründe, so dass wir die Verhältnisse von vornherein als wenig komplizirt ansehen müssen. Avogadro nahm an, dass in der Wasserstoffmolekel 2 Atome seien, Ampère dagegen musste in der einfachsten Molekel mindestens 4 Atome annehmen, da er aus der Atomenzahl zugleich die Krystallgestalt herleiten wollte. Wir sind S. 37 bei der Ableitung der Beziehungen zwischen Gasvolumgewicht und Molekulargewicht von der Annahme ausgegangen, dass die Wasserstoffmolekel 2 Atome enthalte; nunmehr soll gezeigt werden, dass diese einfachste Annahme zugleich die einzig richtige ist und dass alle aus dieser Zahl hergeleiteten anderen Molekulargewichte die wahren Molekulargewichte sind.

Zu diesem Zwecke müssen wir uns über die Bedeutung der Atomgewichte der Elemente klar werden. Unter einem Atom verstehen wir die kleinste Menge eines Elementes, welche sich in den Molekeln der Verbindungen findet; das Atomgewicht ist das Gewicht dieser kleinsten Menge, bezogen auf eine konventionelle Einheit. Auf die Bestimmung der Atomgewichte näher einzugehen, ist hier nicht der Ort; es möge nur kurz die Art und Weise des Vorgehens angedeutet werden. Zunächst bestimmt man das Mischungsgewicht des Elementes, d. h. die Gewichtsmenge desselben, welche sich mit einem oder mehreren Atomgewichten anderer Elemente verbindet. Die Mischungsgewichte eines jeden Elementes stehen in einem einfachen Verhältniss zu einander; sie sind ganze Vielfache des kleinsten Mischungsgewichtes. Eins dieser Mischungsgewichte oder ein rationaler Theil eines solchen ist das Atomgewicht. Für die Auswahl des Atomgewichtes aus den verschiedenen Mischungsgewichten sind nun verschiedene Gesichtspunkte maassgebend. Sind viele Verbindungen desselben Elementes mit den verschiedensten anderen Elementen bekannt, so ist das kleinste Mischungsgewicht mit grosser Wahrscheinlichkeit das Atomgewicht. Für die festen Elemente ist in hervorragendem Maasse das Gesetz von Dulong und Petit von der Gleichheit der Atomwärmen der festen Elemente maassgebend für die Auswahl des Atomgewichts. Weitere Anhaltspunkte erhält man aus dem Isomorphismus der Verbindungen, den Plätzen der Elemente im periodischen System und aus vielen anderen physikalischen und chemischen Eigenschaften; unter letzteren spielen namentlich die zahlreichen Analogien eine bedeutende Rolle. Auch die Raumerfüllung im Gaszustande kann zur Bestimmung des Atomgewichtes herangezogen werden. Aus dem Gasvolumgewicht der Elemente kann man freilich direkt nicht das relative Gewicht der Atome ermitteln, da ja die kleinsten Theilchen der Gase nicht mit den Atomen identisch sind; wohl aber kann man aus den Gasvolumgewichten der Verbindungen insofern einen Rückschluss auf das Atomgewicht der Elemente machen, als man einen Maximalwerth für das Atomgewicht festzustellen im Stande ist.

Die Mannigfaltigkeit der Mittel, welche bei der Bestimmung des Atomgewichts zur Verfügung stehen und eine gegenseitige Controlle der gefundenen Werthe mit sich führen, machen es erklärlich, dass die Atomgewichte der bekannteren Elemente mit ausserordentlicher Sicherheit bekannt sind. Dies gilt namentlich von denjenigen Elementen, welche eine grosse Anzahl von Verbindungen eingehen. Dazu gehören aber gerade diejenigen Elemente, welche uns hier vorzugsweise interessiren; es sind das die gasförmigen und die leicht in den Gaszustand überführbaren Elemente. Wir können somit feststellen, dass das Atomgewicht dieser Elemente mit Sicherheit ermittelt werden kann.

Zur Lösung der Frage nach der Anzahl der Atome in der Molekel verfahren wir nunmehr in folgender Weise. Wir machen für die Zusammensetzung der Molekel des Gases, dessen Molekulargewicht die Einheit der übrigen Molekulargewichte abgibt, des Wasserstoffs, eine Annahme, berechnen aus dieser Annahme die Molekulargewichte aller übrigen verdampfbaren Elemente und sehen zu, ob sich das Molekulargewicht irgend eines dieser Elemente auf andere Weise als richtig erweisen lässt; ist dies der Fall, so ist damit der Beweis erbracht, dass auch die Molekulargewichte aller übrigen Elemente und sodann auch aller Verbindungen die wahren Werthe angeben.

Zu diesem Zwecke nehmen wir an, die Wasserstoffmolekel bestehe aus 2 Atomen. Das Atomgewicht des Wasserstoffs ist die Einheit der Atomgewichte, es ist gleich 1; das Molekulargewicht desselben ist daher gleich 2. Nach Avogadro's Gesetz sind in gleichen Volumen aller Gase bei denselben Bedingungen des Drucks und der Temperatur gleich viele Molekeln enthalten; die Gasvolumgewichte, die ja die Gewichte gleicher Volume der Gase von gleichem Druck und gleicher Temperatur, d. h. also die Gewichte einer gleichen Anzahl Molekeln, darstellen, stehen daher im Verhältniss der Molekulargewichte. Bezeichnet d das Gasvolumgewicht eines Elementargases, bezogen auf Wasserstoff als Einheit, m das Molekulargewicht desselben, d_1 und m_1 dasselbe für ein zweites Elementargas, so ist:

$$\frac{d}{d_1} = \frac{m}{m_1},$$

woraus sich ergibt:

$$m = \frac{m_1}{d_1} \cdot d.$$

Nun sei das Gas, dessen Gasvolumgewicht gleich d_1 und dessen Molekulargewicht gleich m_1 ist, der Wasserstoff. Das Gasvolumgewicht d_1 desselben ist gleich 1, denn es ist die Einheit der Gasvolumgewichte; sein Molekulargewicht m_1 ist gemäss der Annahme, dass seine Molekel aus zwei Atomen bestehe, gleich 2, denn sein Atomgewicht ist gleich 1. Da demnach $m_1 = 2$ und $d_1 = 1$ ist, so wird:

$$m = 2\,d,$$

d. h. unter der Voraussetzung, dass die Wasserstoffmolekel aus 2 Atomen besteht, erhält man das Molekulargewicht der übrigen Gase, indem man ihre auf Wasserstoff als Einheit bezogenen Volumgewichte mit 2 multiplizirt.

In nachstehender Tabelle sind diejenigen Elemente aufgeführt, deren Gasvolumgewicht mit Sicherheit bestimmt ist. Die erste Spalte enthält den Namen der Elemente, die zweite das Gasvolumgewicht d, die dritte das daraus unter der Annahme der Zweiatomigkeit des Wasserstoffs berechnete Molekulargewicht $m = 2\,d$, die vierte das Atomgewicht a der Elemente und die fünfte die hieraus sich ergebende Anzahl der Atome in der Molekel der Elemente $n = \frac{m}{a}$.

Element	Gasvolumgewicht d	Molekulargewicht m	Atomgewicht a	Anzahl der Atome in der Molekel n
Wasserstoff	1	2	1	2
Sauerstoff	15,96	31,92	15,96	2
Stickstoff	14,01	28,02	14,01	2
Chlor	35,37	70,74	35,37	2
Brom	79,75	159,50	79,75	2
Jod	126,53	253,06	126,53	2
Phosphor	61,88	123,76	30,94	4
Arsen	149,8	299,6	74,9	4
Schwefel	31,98	63,96	31,98	2
Selen	78,9	157,8	78,9	2
Tellur	126,3	252,6	126,3	2
Quecksilber	99,9	199,8	199,8	1
Kadmium	55,8	111,6	111,6	1

Aus dieser Zusammenstellung ist ersichtlich, das unter der Voraussetzung zweier Atome in der Wasserstoffmolekel die meisten der aufgeführten Elemente ebenfalls 2 Atome in der Molekel enthalten; dagegen müssen wir in der Phosphor- und in der Arsenmolekel 4 Atome und in der Molekel des Quecksilbers und des Kadmiums nur 1 Atom annehmen. Letztere beiden sind also einatomig, wenn der Wasserstoff zweiatomig ist.

Wie auf S. 210 gezeigt wurde, zeichnen sich einatomige Molekeln durch besondere Eigenschaften aus; in ihnen ist die gesammte kinetische Energie identisch mit der Energie der Molekularbewegung, sie verhalten sich wie materielle Punkte oder vollkommen elastische Kugeln. Daselbst wurde abgeleitet, dass für ein Gas, dessen Molekel aus 1 Atom besteht, das Verhältniss der beiden spezifischen Wärmen $\frac{C_p}{C_v} = k = 1{,}67$ sein muss. Hat man daher für eins der beiden einatomigen Gase, Quecksilber oder Kadmium, den Werth von k so gross gefunden, so ist damit die Richtigkeit aller Molekulargewichte der obigen Tabelle bewiesen.

Dies ist denn auch in der That geschehen. Von der Wichtigkeit der Entscheidung dieser Frage für die theoretische Chemie durchdrungen, bestimmten A. Kundt und E. Warburg[1]) den Werth von k für den Quecksilberdampf aus der Schallgeschwindigkeit in diesem Dampf. Bereits früher, bei der Behandlung der Bestimmung des Gasvolumgewichts aus der Schallgeschwindigkeit sahen wir, dass in der Formel für die letztere der Faktor k eine Rolle spielt; auch wurde dort bereits erwähnt, dass man vielfach den Faktor k auf diesem Wege ermittelt hat. Kundt und Warburg bedienten sich bei ihren Versuchen der Kundt'schen Methode der Staubfiguren, die wir ebenfalls bei derselben Gelegenheit bereits kennen gelernt haben. Sie brachten in ein Glasrohr eine gewogene Menge Quecksilber und etwas Kieselsäure, machten sie luftleer und schmolzen sie beiderseits zu. An dieses Rohr A wurde ein engeres Rohr B angeschmolzen. Das Rohr A mit dem Quecksilber wurde in einem Kasten erhitzt, dessen Temperatur durch ein Luftthermometer gemessen wurde. Das aus den Kasten ragende Ende der Röhre B war zugeschmolzen und über dasselbe ein langes, weites, einerseits zugeschmolzenes Glasrohr geschoben, das ein wenig Lycopodium (Bärlappsamen) enthielt. Nachdem das Quecksilber hinreichend hoch erhitzt war, wurde das aus A und B zusammengesetzte Rohr auf seinen dritten Longitudinalton angerieben;

---

[1]) Ber. deutsch. chem. Gesellschaft 1875, *8*, 945; Annal. Phys. Chem. 1876, *157*, 353.

gleichzeitig wurde die Temperatur des Kastens und in der übergeschobenen Glasröhre bestimmt. Die eingestreuten sehr leichten Pulver verzeichneten in den Röhren die Wellen des Quecksilbergases und der Luft bei den gemessenen Temperaturen, deren Längen scharf abgelesen werden konnten. Die Berechnung des Quotienten k der beiden spezifischen Wärmen des Quecksilbergases geschah nach der Formel:

$$k = k_1 \left(\frac{l}{l_1}\right)^2 \cdot \frac{T}{T_1} \cdot d.$$

Darin bedeutet:

k_1 das Verhältniss der beiden spezifischen Wärmen für Luft,

l die Länge der Quecksilberwelle,

l_1 die Länge der Luftwelle,

T die absolute Temperatur des Quecksilbergases in der Röhre A,

T_1 die absolute Temperatur der Luft in der übergeschobenen Röhre,

d das Gasvolumgewicht des Quecksilbers, bezogen auf Luft.

Bei 7 Messungen, welche bei verschiedenen Sättigungsgraden des Quecksilberdampfes ausgeführt wurden, ergab sich $k = 1,666$.

Damit ist nachgewiesen, dass die Molekel des Quecksilbergases in der That nur aus 1 Atom besteht; hieraus ergibt sich dann wieder, dass die Wasserstoffmolekel wirklich 2 Atome enthält und dass die doppelten, auf Wasserstoff bezogenen Gasvolumgewichte die wahren Molekulargewichte darstellen.

Im vorstehenden haben wir einen der Einwände behandelt, welche lange Zeit der Annahme der allgemeinen Gültigkeit des Avogadro'schen Gesetzes und überhaupt der Molekulartheorie hinderlich im Wege standen; es war dies die Nothwendigkeit, welche aus dem Avogadroschen Gesetze sich ergab, in den gasförmigen Elementen mehrere Atome in der Molekel und bei verschiedenen Elementen eine verschiedene Anzahl von Atomen in der Molekel anzunehmen. Eine derartige Annahme wurde aber vielfach als willkürlich angesehen. Allerdings fehlte es auch in der Zeit des vollständigen Darniederliegens der Molekulartheorie nicht an Männern, welche die Nothwendigkeit derselben erkannten und für dieselbe eintraten. So erklärte z. B. E. B. Hunt[1]), die Thatsache, dass der Schwefel ein dreifaches, der Stickstoff aber nur ein halb so grosses Gasvolumgewicht haben, als sie haben sollten, wenn „äquivalente" Gewichtsmengen Schwefel, Stickstoff und Sauerstoff ($O = 8$) im Gaszustande gleiche Volume einnehmen, in der Weise, dass er annahm, der uns bekannte Schwefel

[1]) Silliman's Amer. Journ. [2], 1847, *6*, 170.

sei eine Verbindung von drei Schwefelatomen S_3, entsprechend dem Ozon O_3 und der schwefligen Säure SO_2; der elementare Stickstoff N sei nicht bekannt und das, was man aus der Luft durch Wegnahme des Sauerstoffs erhalte, sei N_2, ein Nitryl. Die molekulare Struktur der Gase, Flüssigkeiten und starren Körper glaubte Hunt[1]) aus den Abweichungen von dem Boyle'schen Gesetze herleiten zu können; nach ihm muss in jeder homogenen Masse das Boyle'sche Gesetz gelten, da, welche Kräfte auch thätig sein mögen, diese immer an die Masse gebunden sind und dieser proportional an Intensität zunehmen müssen, ohne Rücksicht darauf, nach welchem Gesetze diese Kräfte mit dem Abstand zu- oder abnehmen. Umgekehrt schliesst er aus den Abweichungen von dem Boyle'schen Gesetze auf das Nichtvorhandensein der vollkommenen Homogenität; daher müssen die Körper molekulare Struktur haben, da ohne Annahme von Molekeln eine Dishomogenität nicht denkbar ist.

Eine interessante Bestätigung der nach dem Avogadro'schen Gesetze gefundenen Atomenzahl in den Molekeln von Phosphor und Quecksilber hat C. A. Seyler[2]) beigebracht. Nach dessen Untersuchungen erhält man die Anzahl Atome in der Molekel, wenn man die Differenz der „Dichte“ des betreffenden Körpers unmittelbar vor und nach dem Schmelzen durch die latente Schmelzwärme des Körpers dividirt. Unter der „Dichte“ ist hierbei nicht das spezifische Gewicht, sondern die intramolekulare Distanz verstanden; je grösser dieselbe ist, um so geringer ist das spezifische Gewicht und umgekehrt. Er berechnet diese Dichten, indem er das auf Wasserstoff als Einheit bezogene spezifische Gewicht der Substanz im festen und im flüssigen Zustand durch das Molekulargewicht dividirt. Die Differenz der Dichten derselben Substanz im flüssigen und festen Zustande ist der latenten Schmelzwärme proportional. Seyler fand bei dem Phosphor die Differenz dieser Dichten gleich 20,2, welche, durch die latente Schmelzwärme des Phosphors gleich 5,034 dividirt, 4,01 ergibt. Für Quecksilber ergab sich die Differenz gleich 2,7, die latente Schmelzwärme gleich 2,8; ihr Quotient ist gleich 0,964 oder annähernd gleich 1.

Nachdem die Gründe, welche vom chemischen und physikalischen Standpunkte zur Annahme von zusammengesetzten Molekeln vieler Elemente geführt haben, und die hohe Wahrscheinlichkeit des Avogadro'schen Gesetzes dargelegt worden sind, soll nunmehr noch gezeigt werden, wie das Avogadro'sche Gesetz unter der Voraussetzung der Identität des Atoms und der Gasmolekel zu unsinnigen Resul-

---

[1]) Silliman's Amer. Journ. [2], 1850, *9*, 412; Phil. Mag. [3], 1850, *37*, 76.

[2]) Chem. News 1884, *49*, 31.

taten führt. Nach dem Avogadro'schen Gesetze ist die Anzahl der Molekeln in gleichen Volumen aller Gase unter denselben Bedingungen des Drucks und der Temperatur gleich; sind nun die Molekeln mit den Atomen identisch, so muss die Anzahl der Atome in gleichen Volumen aller Gase gleich sein, die Gasvolumgewichte müssen den Atomgewichten proportional sein. Man ist daher unter dieser Voraussetzung im Stande, aus dem Gasvolumgewichte die Atomgewichte zu bestimmen.

Dies ist denn auch in Folge des Ausserachtlassens der Avogadro'schen Ansichten über die Natur der Gasmolekeln eine Zeitlang geschehen. Die Anhänger dieser Anschauung wählten die Atomgewichte so, dass in gleichen Räumen der Elementargase eine gleiche Anzahl Atome enthalten war. Zu den hervorragendsten Vertretern dieser Richtung gehörte Dumas. Derselbe berechnete auch aus dem Gasvolumgewicht einer Verbindung und eines Bestandtheiles derselben dasjenige des anderen und erhielt mehrfach eine vollkommene Uebereinstimmung. In anderen Fällen dagegen stimmten die aus den Verbindungen berechneten Gasvolumgewichte nicht mit denen überein, welche er später nach seiner eigenen Methode direkt bestimmte. So berechnete er das Gasvolumgewicht des Phosphors aus demjenigen des Phosphorwasserstoffs und des Wasserstoffs, des Quecksilbers aus demjenigen des Quecksilberchlorids und des Chlors und dasjenige des Schwefels aus dem des Schwefelwasserstoffs und des Wasserstoffs. Es ergab sich aber, dass das Gasvolumgewicht des Quecksilbers, wie es durch direkte Bestimmung gefunden wurde, halb so gross, das des Schwefels dreimal und das des Phosphors doppelt so gross war, wie das aus den Verbindungen berechnete.

Die Berechnung des Gasvolumgewichts eines Bestandtheils gasförmiger Verbindungen geschah in folgender Weise. Es sei z. B. das Volumgewicht des Sauerstoffs aus demjenigen des Wassergases zu berechnen. Nach Versuchen von Gay-Lussac liefern 2 Volume Wasserstoff und 1 Volum Sauerstoff 2 Volume Wassergas. Da vorausgesetzt ist, dass die Volume mit den Atomen identisch sind, so liefern 2 Atome Wasserstoff und 1 Atom Sauerstoff 2 „Atome" Wassergas oder in Formeln:

$$\underset{2\text{ Vol.}}{H_2} + \underset{1\text{ Vol.}}{O} = \underset{2\text{ Vol.}}{H_2O}$$

1 Volum Wasserstoff wiegt 1, 2 Volume daher 2; ferner ist das Gasvolumgewicht des Wassers oder das Gewicht von 1 Volum Wasserdampf gleich 8,98 und 2 Volume Wassergas wiegen 17,96. Daher ist das Gewicht von 1 Volum Sauerstoff, d. h. sein Volumgewicht gleich 15,96. Genau so gross wird es auch gefunden. Ebenso verhält sich

das Chlor in der Chlorwasserstoffsäure. Die Bildung der letzteren wird unter der Voraussetzung einatomiger Molekeln durch die Formel ausgedrückt:

$$\underset{1\text{ Vol.}}{H} + \underset{1\text{ Vol.}}{Cl} = \underset{2\text{ Vol.}}{HCl}$$

2 Volume Chlorwasserstoff wiegen 36,37, 1 Volum Wasserstoff wiegt 1, daher ist das Volumgewicht des Chlorgases gleich 35,37, wie es auch gefunden wurde.

Auch das Gasvolumgewicht des Stickstoffs lässt sich unter derselben Voraussetzung aus demjenigen des Ammoniaks ermitteln. Die Bildung des Ammoniaks aus Stickstoff und Wasserstoff liesse sich durch die Formel ausdrücken:

$$\underset{3\text{ Vol.}}{H_3} + \underset{1\text{ Vol.}}{N} = \underset{2\text{ Vol.}}{H_3N}$$

2 Volume Ammoniak wiegen 17,01, drei Volume Wasserstoff 3, daher ist das Volumgewicht des Stickstoffs gleich 14,01.

Dagegen führt die Bestimmung des Gasvolumgewichts des Phosphors aus demjenigen des Phosphorwasserstoffs unter der Annahme, die Elementarmolekeln seien identisch mit den Atomen, zu einem falschen Werth. Gemäss dieser Annahme würde die Bildung des Phosphorwasserstoffs aus seinen Elementen nach der Formel stattfinden:

$$\underset{3\text{ Vol.}}{H_3} + \underset{1\text{ Vol.}}{P} = \underset{2\text{ Vol.}}{H_3P}$$

Das Gasvolumgewicht des Phosphorwasserstoffs ist gleich 16,97, 2 Volume wiegen daher 33,94; 3 Volume Wasserstoff wiegen 3; das Gewicht von 1 Volum Phosphorgas oder sein Gasvolumgewicht wäre daher gleich 30,94. Der Versuch ergibt aber den Werth 61,88, also doppelt so gross, als es aus dem Phosphorwasserstoff berechnet wird.

Zu dem entgegengesetzten Ergebniss führt die Bestimmung des Gasvolumgewichtes des Quecksilbers aus demjenigen irgend einer seiner Verbindungen, z. B. des Quecksilberchlorids. Nach der Formel:

$$\underset{1\text{ Vol.}}{Hg} + \underset{2\text{ Vol.}}{Cl_2} = \underset{2\text{ Vol.}}{HgCl_2}$$

wäre das Gasvolumgewicht des Quecksilbers gleich der doppelten Differenz der Gasvolumgewichte des Quecksilberchlorids und des Chlors, gleich $2(135{,}27 - 35{,}37) = 199{,}8$, während es in Wirklichkeit zu 99,9 gefunden wird, also halb so gross, wie die Rechnung ergibt.

Dieser Widerspruch löst sich nur durch die Annahme, dass die Elementarmolekeln eine wechselnde Anzahl von Atomen enthalten. Da Dumas sich scheute, diese Annahme zu machen, so blieb ihm nur übrig, das ganze Gesetz zu verwerfen. Haben dagegen die Molekeln der Elemente zum Theil mehrere Atome, so werden die berechneten Gasvolumgewichte mit den beobachteten vollkommen in Einklang gebracht. Wir wissen, dass die Molekeln von Wasserstoff, Chlor, Sauerstoff und Stickstoff 2, von Phosphor 4 und von Quecksilber 1 Atom enthalten. Das Gasvolumgewicht des Wasserstoffs oder das Gewicht eines Volums ist gleich 1, sein Molekulargewicht gleich 2; die Molekel des Wasserstoffs nimmt also 2 Volume ein und dasselbe gilt von allen Elementen und Verbindungen im Gaszustand, da ja gleiche Volume aller Gase eine gleiche Anzahl Molekeln enthalten. Stellen wir daher die Bildung einer Verbindung aus ihren Elementen durch Formeln dar, so müssen alle Glieder dieser Formel Molekeln darstellen, da diese die kleinsten, im freien Zustande existirenden Theilchen sind: wir müssen Molekularformeln schreiben. Gleiche Raumtheile Chlor und Wasserstoff liefern z. B. ein doppeltes Volum Chlorwasserstoff; durch Molekeln ausgedrückt liefern also a Molekeln Chlor und a Molekeln Wasserstoff 2 a Molekeln Chlorwasserstoff, oder 1 Molekel Chlor und 1 Molekel Wasserstoff geben 2 Molekeln Chlorwasserstoff. Die Molekel des Wasserstoffs ist H_2, des Chlors Cl_2 und des Chlorwasserstoffs HCl; da ferner jede Molekel im Gaszustande 2 Volume einnimmt, so lässt sich die Bildung des Chlorwasserstoffs durch die Molekulargleichung ausdrücken:

$$\underset{2\text{ Vol.}}{H_2} + \underset{2\text{ Vol.}}{Cl_2} = \underset{4\text{ Vol.}}{2\,HCl}.$$

In derselben Weise ergeben sich die Molekulargleichungen für die Bildung des Wassers und des Ammoniaks. 1 Volum Sauerstoff und 2 Volume Wasserstoff geben 2 Volume Wassergas. Nun nimmt die kleinste Menge freien Sauerstoffs, die Molekel, 2 Volume ein; bei der Bildung des Wassers müssen sich daher mindestens 2 Volume oder 1 Molekel betheiligen. Mit dieser Menge Sauerstoff verbinden sich 4 Volume gleich 2 Molekeln Wasserstoff zu 4 Volumen oder 2 Molekeln Wasser:

$$\underset{2\text{ Vol.}}{O_2} + \underset{4\text{ Vol.}}{2\,H_2} = \underset{4\text{ Vol.}}{2\,H_2O}.$$

Für die Bildung des Ammoniaks findet man durch dieselbe Ueberlegung die Molekulargleichung:

$$\underset{2\text{ Vol.}}{N_2} + \underset{6\text{ Vol.}}{3\,H_2} = \underset{4\text{ Vol.}}{2\,NH_3}.$$

Bei der Bildung von 2 Raumtheilen des dem Ammoniak analogen Phosphorwasserstoffs PH_3 betheiligen sich dagegen 1 Volum Phosphorgas und 6 Volume Wasserstoff. Die kleinste Menge Phosphordampf, welche bestehen kann, die Molekel, enthält 4 Atome, welche 2 Volume einnehmen; mit diesen verbinden sich 12 Atome oder 6 Molekeln gleich 12 Volumen Wasserstoff und bilden 4 Molekeln gleich 8 Volumen Phosphorwasserstoff. Wir erhalten daher die Molekulargleichung:

$$\underset{2\ \text{Vol.}}{P_4} + \underset{12\ \text{Vol.}}{6H_2} = \underset{8\ \text{Vol.}}{4PH_3}.$$

Berechnet man aus dieser Gleichung das Gasvolumgewicht des Phosphors, so erhält man den richtigen Werth. Dasselbe ist $= \frac{8 \,.\, 16{,}97 - 12 \,.\, 1}{2} = 61{,}88$.

Da das Quecksilber nur 1 Atom in der Molekel enthält, so ist folgendes die Molekulargleichung für die Bildung des Quecksilberchlorids aus Chlor und Quecksilbergas:

$$\underset{2\ \text{Vol.}}{Hg} + \underset{2\ \text{Vol.}}{Cl_2} = \underset{2\ \text{Vol.}}{HgCl_2}.$$

Nach dieser Gleichung ist das Gasvolumgewicht des Quecksilbers $= \frac{2 \,.\, 135{,}27 - 2 \,.\, 35{,}37}{2} = 99{,}9$, wie auch die direkte Bestimmung ergibt.

Dass die Berechnung der Volumgewichte des Sauerstoffs, Chlors und Stickstoffs aus denjenigen ihrer Verbindungen zu dem richtigen Werth führt, beruht auf dem Umstande, dass diese Gase soviel Atome in der Molekel enthalten wie der Wasserstoff. Wie viele Atome in der Molekel dieser Gase sind, ist hierbei gleichgiltig, wenn nur ihre Anzahl gleich ist. Deshalb wurden auch die richtigen Werthe gefunden, als diese Gasmolekeln einatomig angenommen wurden. Sobald jedoch ein Element in Frage trat, dessen Molekel eine andere Zahl von Atomen enthielt als der Wasserstoff, wurde für das Gasvolumgewicht bei derartigen Berechnungen ein unrichtiger Werth gefunden. Da die bei gewöhnlicher Temperatur gasförmigen Elemente eine gleiche Anzahl Molekeln enthalten, stimmten die Folgerungen des missverstandenen Avogadro'schen Gesetzes mit den Beobachtungen überein, so lange man das Gasvolumgewicht anderer Elemente nicht ermitteln konnte; als man durch die Entdeckung der Dumas'schen Methode hierzu im Stande war, und das Gasvolumgewicht des Phosphors, Schwefels und Quecksilbers ermittelte, war die Unhaltbarkeit des Avogadro'schen Gesetzes in der angegebenen Form (Molekel identisch mit Atom) klar bewiesen.

Im Vorstehenden haben wir das erste Bedenken gegen das Avogadro'sche Gesetz, die Annahme zusammengesetzter Elementarmolekeln, besprochen; wir konnten dasselbe nicht nur zerstreuen, wir haben sogar gesehen, dass gerade der Einwand gegen das Gesetz uns neues Material zum Beweise desselben gegeben hat. Es zeigte sich, dass man bei anderen Annahmen, welche dem Gesetze widerstrebten, zu komplizirten und theilweise zu unmöglichen Folgerungen gelangte, während das Avogadro'sche Gesetz mit allen Thatsachen im schönsten Einklang stand und auf viele sonst räthselhafte Erscheinungen helles Licht warf.

Abnorme Gasvolumgewichte.

Weit schwerwiegender als der vorher besprochene Einwand gegen die Giltigkeit des Avogadro'schen Gesetzes sind diejenigen, welche nunmehr Gegenstand der Betrachtung werden sollen; es sind dies die abnormen Gasvolumgewichte und die Dissociationserscheinungen. Vielfach hat man die Beobachtung gemacht, dass es Stoffe gibt, deren Gasvolumgewicht zu ihrem Molekulargewicht nicht in dem Verhältniss steht, welches das Avogadro'sche Gesetz verlangt. Diese Stoffe haben, wenigstens scheinbar, in Dampfform nicht gleich viele Molekeln wie das gleiche Volum Wasserstoff unter denselben Bedingungen des Drucks und der Temperatur. Unsere Aufgabe ist es, diese Abweichungen von dem Avogadro'schen Gesetz zu erklären; auch dieses Kapitel wird uns nur eine weitere Bestätigung des Gesetzes liefern.

Abweichungen infolge unvollständigen Gaszustands.

Wie die anderen Gesetze, welche den Gaszustand beherrschen, ist auch das Avogadro'sche nicht vollkommen genau richtig. Dasselbe sollte nach seiner Fassung von Druck und Temperatur unabhängig sein, insofern als in gleichen Raumtheilen aller Gase bei gleichem, aber beliebig grossem Druck und bei gleicher, aber beliebig hoher Temperatur eine gleiche Anzahl von Molekeln enthalten sein soll. Nehmen wir nun an, in gleichen Volumen zweier Gase seien bei 0^0 und 760 mm Druck gleich viele Molekeln, so kann die Gleichheit der Molekelzahl bei anderen Temperaturen und Drucken nur dann bestehen bleiben, wenn beide Gase genau den Gesetzen von Boyle und Gay-Lussac folgen; denn nur für solche Gase ändert sich das Volumen in ganz gleicher Weise mit dem Druck und der Temperatur. Bei Besprechung der beiden Gasgesetze haben wir aber gesehen, dass es kein Gas gibt, welches denselben scharf gehorchte. Wenn daher auch bei einer bestimmten Temperatur und einem bestimmten Druck in zwei Gasen die Molekelzahl genau gleich ist, so braucht sie es bei anderen Temperaturen und Drucken nicht zu sein und wird es in den meisten Fällen nicht sein.

Nehmen wir z. B. an, in gleichen Raumtheilen Wasserstoff und

Sauerstoff seien bei 0^0 und 760 mm Druck gleich viele Molekeln, etwa in 1 ccm n Molekeln. Werden beide Gase bei gleich bleibendem Druck auf 100^0 erhitzt, so beträgt das Volumen des Wasserstoffs, dessen Ausdehnungskoëffizient nach Jolly 0,0036562 ist, bei 100^0 1,36562 ccm, dasjenige des Sauerstoffs ($\alpha = 0{,}0036743$ nach Jolly) 1,36743 ccm. Bei 100^0 sind dann in 1 ccm Wasserstoff $\frac{n}{1{,}36562} =$ 0,732268 n Molekeln, in 1 ccm Sauerstoff dagegen 0,7313 n Molekeln. Da nun n sehr gross ist, so ist die Differenz der Molekelzahlen eine ganz ausserordentliche. Nach Methoden, welche hier nicht besprochen werden können, hat man berechnet, dass die Anzahl der Molekeln in 1 ccm eines Gases bei 0^0 und 760 mm Druck, also n etwa gleich $21 . 10^{18}$ oder 21 Trillionen ist.

Zu demselben Ergebniss führt die Anwendung des Boyle'schen Gesetzes auf die beiden genannten Gase. Es möge z. B. 1 ccm Wasserstoff unter dem Drucke einer Atmosphäre so viele Molekeln enthalten wie 1 ccm Sauerstoff unter demselben Druck, nämlich n. Werden dann beide Gase zusammengedrückt, bis der Druck auf 2 Atmosphären gestiegen ist, so sollte nach dem Boyle'schen Gesetz das Volumen der beiden Gase gleich sein und $^1/_2$ ccm betragen. Regnault[1]) stellte aber fest, dass der Quotient $\frac{p_1 v_1}{p_2 v_2}$, wo p_1 und v_1 Druck und Volum bei 1 Atmosphäre, p_2 und v_2 dieselben Werthe bei 2 Atmosphären Druck darstellen, bei Wasserstoff gleich 0,999 und bei Sauerstoff 1,002 ist. Daraus berechnet man, dass 1 ccm Wasserstoff von 1 Atmosphäre Druck unter einem Druck von 2 Atmosphären 0,5005 ccm und 1 ccm Sauerstoff von 1 Atmosphäre unter 2 Atmosphären Druck 0,4990 ccm einnimmt. 1 ccm Wasserstoff von 2 Atmosphären Druck enthält daher 1,998 n Molekeln, 1 ccm Sauerstoff von demselben Druck enthält 2,004 n Molekeln; 1 ccm Sauerstoff von 2 Atmosphären enthält daher 0,006 n Molekeln mehr als das gleiche Volum Wasserstoff bei demselben Druck. Wegen der ausserordentlichen Grösse von n ist auch diese Differenz eine ganz gewaltige.

Die Abweichungen der ihrem Condensationspunkte sehr fernen Gase von dem Gay-Lussac-Boyle'schen Gesetz sind indess nur sehr klein; erheblich grösser werden sie bei den leicht kondensirbaren Gasen, wie schweflige Säure, Cyan u. s. w. Führt man die oben am Wasserstoff und Sauerstoff gemachten Rechnungen für die schweflige Säure, deren Verhalten zu dem Gay-Lussac-Boyle'schen Gesetze früher (S. 196 und 201) mitgetheilt wurde, durch und vergleicht die

---

[1]) Mém. de l'Acad. 1847, *21*, 329.

Ergebnisse mit den bei einem schwierig kondensirbaren Gase, z. B. dem Wasserstoff erhaltenen, so wird man Differenzen in den Molekelzahlen finden, welche bedeutend grösser sind als beim Vergleich der ihrem Condensationspunkte fernen Gase unter sich.

Die Erfahrung hat gelehrt, dass alle Dämpfe, welche durch Wärmezufuhr aus Substanzen entwickelt werden, welche bei gewöhnlicher Temperatur flüssig oder fest sind, in der Nähe des Siedepunktes sehr stark von dem Gay-Lussac-Boyle'schen Gesetze abweichen. Dieses Verhalten erscheint nach den Beobachtungen, welche man an den bei gewöhnlicher Temperatur gasförmigen Substanzen gemacht hat, sehr erklärlich. Die Gase gehorchen den Gesetzen nur dann, wenn die Temperatur während der Bestimmung den Condensationspunkt derselben beträchtlich übersteigt. Da der Condensationspunkt der früher als „permanent“ bezeichneten Gase sehr tief unter 0° C. liegt, so gehorchen diese Gase den Gesetzen schon bei gewöhnlicher Temperatur mit hinreichender Genauigkeit. Die ihrem Condensationspunkt weniger fernen Gase, welche sich schon wenige Grade unter dem Nullpunkt zu Flüssigkeiten verdichten, müssen erst auf höhere Temperatur erhitzt werden, ehe sie den Gesetzen so genau wie die „permanenten“ Gase folgen. Da der Siedepunkt einer Substanz gleichzeitig der Condensationspunkt seines Dampfes ist, so sind die Dämpfe wenige Grade oberhalb des Siedepunktes ihrem Condensationspunkt sehr nahe; sie folgen daher dem Gay-Lussac-Boyle'schen Gesetze nicht. Da in der Praxis der Molekulargewichtsbestimmungen meist Dämpfe in Frage kommen, welche erst bei höherer Temperatur entstehen, so müssen wir uns mit dem Verhalten derselben etwas eingehender befassen.

Das Verhalten der Dämpfe zu den Gesetzen von Boyle und Gay-Lussac ist für sich nur selten der Gegenstand der Untersuchung gewesen. Aus Versuchen von Hirn[1]) lassen sich die Ausdehnungskoëffizienten des Wasserdampfes zwischen verschiedenen Temperaturen berechnen; man erhält folgende Werthe für die Ausdehnungskoëffizienten des Wasserdampfes:

von 0° bis 118,5°: $\alpha = 0{,}004187$
von 0° bis 141° : $\alpha = 0{,}004189$
von 0° bis 162° : $\alpha = 0{,}004071$
von 0° bis 200° : $\alpha = 0{,}003938$
von 0° bis 246,5°: $\alpha = 0{,}003799$

Für die Ausdehnungskoëffizienten einiger Chloride fanden L. Troost und P. Hautefeuille[2]) folgende Werthe:

[1]) Théorie mécanique de la chaleur. Paris 1862. (1. Aufl.)
[2]) Compt. rend. 1876, *83*, 220 und 975.

	von 100—125°	von 125—180°
Chlorsilicium	0,00449	0,00399
Chlorkohlenstoff . . .	0,00470	0,00414
Phosphortrichlorid . .	0,00489	0,00417

Von anderen Forschern beschäftigten sich noch H. Herwig[1]), W. Fairbairn und Th. Tate[2]), A. Wüllner und O. Grotrian[3]) sowie P. Schoop[4]) mit dem Verhalten der Dämpfe zu dem Gay-Lussac-Boyle'schen Gesetz. Den Bemühungen dieser Physiker gelang es nicht, das Gesetz der Ausdehnung und der Zusammendrückbarkeit der Dämpfe zu finden. Die Versuche ergaben übereinstimmend, dass die Dämpfe wenige Grade über dem Siedepunkte der untersuchten Substanzen den Gasgesetzen nicht folgen. Mit zunehmender Temperatur und abnehmendem Druck werden die Abweichungen geringer; der Ausdehnungskoëffizient, der zuerst zu gross ist, wird immer kleiner und zuletzt gleich demjenigen der Gase. Ist dieser Werth des Ausdehnungskoëffizienten erreicht, so wird er bei steigender Temperatur nicht mehr verändert. Herwig wies nach, dass die beiden Gesetze immer gleichzeitig in Kraft treten; wenn also ein Dampf so weit erhitzt oder verdünnt ist, dass er dem einen Gesetz folgt, so gehorcht er auch dem anderen. Das Temperaturintervall vom Siedepunkt bis zu dem Temperaturgrad, bei welchem die Gültigkeit der Gesetze eintritt, ist bei verschiedenen Substanzen sehr ungleich; bei einigen ist es klein, bei anderen ungewöhnlich gross.

Die Abweichungen der Dämpfe von dem Gay-Lussac-Mariotte'schen Gesetze machen sich bei der Bestimmung des Gasvolumgewichts geltend; man hat dieselben sogar in Folge der verschiedenen Werthe, welche das Gasvolumgewicht bei verschiedenen Temperaturen hatte, zuerst erkannt. Die allgemeine Formel für die Berechnung des Gasvolumgewichts (vergl. S. 88) lautet:

$$d_h = \frac{760\, p\, (1 + \alpha t)}{0{,}00008988\, v\, b}.$$

Darin bedeutet p das Gewicht, v das Volumen, b den Druck und t die Temperatur des Dampfes, α den Ausdehnungskoëffizienten der Gase und 0,00008988 ist das Gewicht von 1 ccm Wasserstoff bei 0° und 760 mm Druck. Da das Gasvolumgewicht das Verhältniss der

[1]) Annal. Phys. Chemie 1869, *137*, 19 und 593; 1870, *141*, 83; 1872, *147*, 161.

[2]) Proceed. Royal Soc. London 1860, *10*, 469; Phil. Mag. [4], 1861, *21*, 230; Dingler's polytechn. Journ. 1860, *155*, 1; *157*, 406. Vergl. hierzu die Bemerkungen von R. Clausius (Compt. rend. 1861, *52*, 706).

[3]) Annal. Phys. Chemie [2], 1880, *11*, 545.

[4]) Annal. Phys. Chemie [2], 1880, *12*, 550.

Gewichte gleicher Volume Dampf und Wasserstoff bei demselben Druck und derselben Temperatur ist, so stellt der Ausdruck $\frac{760\ p\ (1 + \alpha t)}{v\ b}$ das Gewicht von 1 ccm des Dampfes bei 0^0 und 760 mm Druck dar. Dieser Werth ist aus dem Gewicht p von v ccm Dampf bei t^0 und b mm Druck unter Anwendung der Gesetze von Boyle und Gay-Lussac berechnet. Während bei dieser Anschauungsweise das Volumen des Dampfes auf 0^0 und 760 mm reduzirt und mit einem gleichen Volum Wasserstoff von 0^0 und 760 mm Druck verglichen wurde, kann man auch das Gewicht von v ccm Dampf bei t^0 und b mm Druck mit dem Gewicht des gleichen Volums Wasserstoff unter denselben Bedingungen vergleichen. In diesem Falle stellt der Ausdruck $\frac{0{,}00008988\ v\ b}{760\ (1 + \alpha t)}$ das Gewicht von v ccm Wasserstoff bei t^0 und b mm Druck dar; beide Anschauungsweisen führen zu demselben Resultat, sobald der Dampf so genau wie der Wasserstoff den Gasgesetzen folgt. Bei genügender Befolgung der Gasgesetze muss das Gasvolumgewicht aller Substanzen eine konstante, von Druck und Temperaturänderungen unabhängige Grösse sein. Denn unter dieser Voraussetzung verändert sich das Dampfvolum bei Temperatur- und Druckwechseln genau in demselben Verhältniss wie das Volumen des Wasserstoffs; das Verhältniss der Volume des Dampfes und des Wasserstoffs ist daher bei allen Drucken und Temperaturen gleich und somit das Gasvolumgewicht von diesen Grössen unabhängig.

Anders liegen dagegen die Verhältnisse, wenn der Dampf den Gasgesetzen nicht folgt. In diesem Falle ändert sich das Dampfvolum nach anderen Regeln als das Volum des als Vergleich dienenden Wasserstoffgases; der Quotient der Gewichte gleicher Volume muss daher bei verschiedenen Drucken und Temperaturen einen verschiedenen Werth annehmen, das Gasvolumgewicht ist abhängig von dem Druck und der Temperatur, bei denen es bestimmt wird.

Der Gang der Gasvolumgewichte bei Erhöhung der Temperatur ergibt sich aus den im Anfange dieses Kapitels mitgetheilten Beobachtungen über das Verhalten der Dämpfe zu den Gasgesetzen. In der Nähe des Siedepunkts ist die Ausdehnung der Dämpfe grösser als diejenige der Gase und das Volumen nimmt mit wachsendem Druck rascher ab, als dies nach dem Boyle'schen Gesetze der Fall sein sollte, die Zusammendrückbarkeit der Dämpfe ist grösser als diejenige der Gase. In der Formel für das Gasvolumgewicht:

$$d_h = \frac{760\ p\ (1 + \alpha t)}{0{,}00008988\ v\ b}$$

wird demnach α grösser und v kleiner, als sie bei der Geltung der

Gasgesetze sein sollten. Da also der Zähler zu gross und der Nenner zu klein wird, so wird der Werth des Bruches zu gross. Wir kommen also zu dem Schluss, dass die Dämpfe in der Nähe ihres Condensationspunktes ein zu grosses Gasvolumgewicht ergeben müssen, weil sie dort den Gasgesetzen nicht hinreichend folgen. Mit steigender Temperatur und abnehmendem Druck werden, wie wir gesehen haben, der Ausdehnungskoëffizient und die Zusammendrückbarkeit geringer; das Gasvolumgewicht wird daher unter diesen Bedingungen immer kleiner gefunden. Ausdehnungskoëffizient und Zusammendrückbarkeit der Dämpfe werden kleiner, bis sie die für die Gase geltenden Werthe erreicht haben; dieselben treten gleichzeitig ein. Sobald dieser Punkt erreicht ist, erhält das Gasvolumgewicht seinen normalen Werth und behält denselben für weitere Temperaturerhöhung und Druckverminderung.

Dieses Verhalten der Dämpfe wird ganz allgemein durch den Versuch bestätigt. Es scheint, dass alle Dämpfe in der Nähe ihres Condensationspunktes anormale Gasvolumgewichte geben. Eine grosse Reihe von Beispielen hierfür findet sich in der Literatur; später werden wir mehrere derselben kennen lernen.

Sind die abnormen Gasvolumgewichte vieler Dämpfe in der Nähe des Siedepunkts der Substanzen nur durch das anormale Verhalten der Dämpfe zu dem Gay-Lussac-Boyle'schen Gesetze veranlasst, so kann man umgekehrt aus den abnormen Gasvolumgewichten auf das Verhalten der Dämpfe gegen Druck- und Temperaturänderungen zurückschliessen. Bestimmt man z. B. die Gasvolumgewichte einer Substanz bei gleicher Temperatur unter verschiedenen Drucken, so sind die Differenzen der Gasvolumgewichte unter einander nur durch die Abweichung vom Boyle'schen Gesetze verursacht und man kann die Grösse der Abweichung daraus berechnen. Lässt man dagegen den Druck konstant und ändert die Temperatur, so kann man aus den Differenzen der Gasvolumgewichte auf den Ausdehnungskoëffizienten schliessen. Indess ist in dem Studium der Gesetze, nach denen sich die Dämpfe ausdehnen und zusammendrücken lassen, nur selten der Zweck der Gasvolumgewichtsbestimmungen zu suchen. Letztere wurden meist von Chemikern ausgeführt, welche auf diesem Wege das Molekulargewicht der chemischen Substanzen ermitteln wollten. Dem Chemiker sind aber gewöhnlich die bei den Dämpfen obwaltenden physikalischen Gesetzmässigkeiten nur von sekundärem Interesse; er begnügt sich meist damit, die Grenzen von Druck und Temperatur zu erforschen, bei denen der Dampf den Gasgesetzen folgt und das Gasvolumgewicht einen Werth annimmt, der einen Rückschluss auf das Molekulargewicht zulässt.

Die Frage, ob die abnormen zu grossen Volumgewichte der Dämpfe in der Nähe des Condensationspunktes durch die Abweichungen von den Gasgesetzen allein verursacht sind, oder ob hier noch andere Ursachen in Betracht kommen, ist noch nicht völlig klargestellt. Dass sie hierbei eine wichtige Rolle spielen, steht ausser allem Zweifel; A. Horstmann[1]) hält sie für die einzige Ursache der abnorm vergrösserten Gasvolumgewichte. Derselbe zieht mit dieser Erklärung die genaue Gültigkeit des Avogadro'schen Gesetzes unter diesen Verhältnissen in Zweifel. Nach seiner Anschauung enthalten die Dämpfe nur bei den Temperaturen und Drucken, bei welchen sie ein normales Gasvolumgewicht zeigen, dieselbe Anzahl Molekeln, wie ein gleicher Raumtheil Wasserstoff unter denselben Bedingungen des Drucks und der Temperatur; bei allen niederen Temperaturen, wo die Dämpfe ein zu grosses Gasvolumgewicht zeigen, haben sie eine grössere Anzahl Molekeln.

Vom Standpunkte der kinetischen Gastheorie sagt die Horstmann'sche Erklärung der abnormen Gasvolumgewichte aus, dass Druck und Temperatur der Dämpfe nicht durch gradlinige Bewegung der Molekeln verursacht werden, dass vielmehr die hin- und hergehenden gradlinigen Bahnen der Molekeln in Folge der gegenseitigen Anziehung der letzteren durch gekrümmte Stücke verbunden sind. Unter diesen Umständen wird die Kraft der Stösse der Molekeln gegen die Wand kleiner sein, als wenn dieselben gradlinig darauf stossen und nicht durch andere Molekeln abgelenkt werden; je häufiger sich die Molekeln auf gekrümmten Bahnen bewegen, um so niedriger ist der Druck, den dieselben ausüben. Wird nun die Dichtigkeit des Dampfes vergrössert, also die Molekeln einander näher gebracht, so wird der Druck stärker zunehmen als in den von ihrem Condensationspunkt weit entfernten Gasen, weil die Cohäsion der Molekeln dadurch wächst und die krummen Stücke der Bahnen grösser werden. Wenn dagegen durch Temperaturerhöhung die kinetische Energie der Molekeln erhöht wird, so werden die gekrümmten Stücke der Bahnen immer kleiner und an Zahl geringer und der Druck wird rascher wachsen, als bei den Gasen.

Wie man sieht, reicht die Horstmann'sche Ansicht aus, das abnorm vergrösserte Volumgewicht der Dämpfe in der Nähe des Siedepunkts der Substanzen zu erklären. Wir werden am Schlusse des nächsten Kapitels eine andere Erklärung kennen lernen, welche zum mindesten dieselbe Berechtigung wie die Horstmann'sche hat. Für die am besten studirte Verbindung, welche dieses Verhalten in be-

---

[1]) Annal. Chem. Pharm. 1868, Supplementband *6*, 53.

sonders hohem Maasse zeigt, die Essigsäure, scheint die im nächsten Kapitel zu gebende Erklärung sogar unabweislich zu sein.

Es ist selbstverständlich, dass nicht jedem Gasvolumgewicht, wenn dasselbe veränderlich ist, ein Molekulargewicht entsprechen kann; denn das Molekulargewicht muss ein ganzes Vielfaches der einfachsten atomistischen Formel sein. Die Essigsäure z. B. ergibt nach Versuchen von A. Cahours[1]) unter Atmosphärendruck bei 125^0 das auf Luft bezogene Gasvolumgewicht $d_l = 3,20$ oder, auf Wasserstoff bezogen, $d_h = 46,19$. Mit steigender Temperatur nimmt das Gasvolumgewicht allmählich ab, erreicht bei 250^0 den Werth $d_l = 2,08$ oder $d_h = 30,02$ und behält bei höherer Temperatur diesen Werth. Bei dazwischen liegenden Temperaturen ergab sich eine ganze Reihe von Werthen, welche zwischen 46,19 und 30,02 lagen. Nun ist die einfachste atomistische Formel der Essigsäure nach der Analyse CH_2O; ihr Molekulargewicht muss entweder mit dieser Formel übereinstimmen oder ein ganzes Vielfaches davon sein, also $CH_2O = 29,93$ oder $C_2H_4O_2 = 59,86$ oder $C_3H_6O_3 = 89,79$ oder $C_4H_8O_4 = 119,72$ u. s. w. Demnach muss nach dem Avogadro'schen Gesetze ihr Gasvolumgewicht $d_h = 14,965$ oder $= 29,93$ oder $= 44,895$ oder $= 59,86$ u. s. w. sein. Das bei 125^0 gefundene Gasvolumgewicht $d_h = 46,19$ würde sehr befriedigend zur Formel $C_3H_6O_3$ stimmen (theoretisch $d_h = 44,895$). Man würde daher für die Essigsäure nach dem Avogadro'schen Gesetze diese Formel annehmen müssen, wenn das Gasvolumgewicht von der Temperatur und dem Druck unabhängig konstant diesen Werth behielte. Dies ist aber nicht der Fall; schon eine geringe Druckverminderung oder Temperaturerhöhung genügt, um dasselbe kleiner werden zu lassen. Dieses Verhalten ist das Zeichen, dass der Dampf den Gasgesetzen noch nicht hinlänglich gehorcht und dass aus diesem Gasvolumgewicht ein Schluss auf das Molekulargewicht nicht zulässig ist. Letzteres tritt erst ein bei dem Werth $d_h = 30,02$, welcher bei 250^0 gefunden wird, denn er bleibt bei beträchtlich höherer Temperatur konstant. Derselbe führt zu dem Molekulargewicht 60,04, welchem die Molekularformel $C_2H_4O_2 = 59,86$ mit grosser Genauigkeit entspricht. Mit dieser Formel steht das chemische Verhalten der Essigsäure im besten Einklang, ja letzteres lässt überhaupt keine andere Formel zu.

Aus dem Gesagten ist ersichtlich, dass eine einzelne Gasvolumgewichtsbestimmung vielfach einen Schluss auf das Molekulargewicht nicht zulässt. Um letzteres aus dem Gasvolumgewicht abzuleiten,

[1]) Compt. rend. 1845, *19*, 771; Ann. Chem. Pharm. 1845, *56*, 176.

muss man sich davon überzeugen, dass dasselbe innerhalb erheblicher Temperatur- und Druckgrenzen konstant bleibt. Je höher bei dem Versuch die Temperatur und je niedriger der Druck ist, mit um so grösserer Wahrscheinlichkeit wird der Werth des Gasvolumgewichts normal gefunden. Dieser Umstand erklärt die Vorzüge, welche die Methoden zur Bestimmung des Gasvolumgewichts bei vermindertem Druck vor den übrigen voraus haben. Viele Substanzen, welche bei Atmosphärendruck nicht unzersetzt in den Gaszustand übergeführt werden können, vergasen bei vermindertem Druck unzersetzt und ermöglichen dann eine Gasvolumgewichtsbestimmung. Bei allen Substanzen wird durch Verminderung des Drucks der Siedepunkt herabgedrückt, denn letzterer ist diejenige Temperatur, bei welcher die Spannkraft der Dämpfe dem auf der Substanz lastenden äusseren Druck das Gleichgewicht hält. Die Vortheile der Druckerniedrigung bei den Gasvolumgewichtsbestimmungen sind daher zweifach: Zunächst wird dadurch der Dampf dem Gaszustand näher gebracht und dann kann man in Folge des Herabdrückens des Siedepunktes bei viel niedrigeren Temperaturen arbeiten als unter Atmosphärendruck. Bei Besprechung der Hofmann'schen Modifikation des Gay-Lussac-schen Apparates haben wir bereits die enorme Wirksamkeit der Druckverminderung kennen gelernt.

Die Resultate der Gasvolumgewichtsbestimmungen sind im Allgemeinen nicht sehr genau; mit den stöchiometrischen Bestimmungen der Verbindungsgewichte können sie sich in Bezug auf Genauigkeit nicht messen. Es rührt dies daher, dass die Gasgesetze nur angenähert richtig sind, während die stöchiometrischen Gesetze mit absoluter Genauigkeit gelten, wie namentlich die bekannten Versuche von J. S. Stas[1]) dargethan haben. Ferner aber sind die Gasvolumgewichtsbestimmungen mit einer grossen Anzahl von Fehlerquellen behaftet, deren Einfluss auf das Ergebniss viel beträchtlicher ist als bei den gewichts- und maassanalytischen Arbeiten mit Flüssigkeiten. Die aus dem Gasvolumgewicht hergeleiteten Molekulargewichte sind daher durchweg nur angenähert richtig. Für die Zwecke des Chemikers ist aber auch eine absolute Genauigkeit gar nicht erforderlich. Denn jeder Molekulargewichtsbestimmung geht eine chemische Analyse vorauf, welche zu der einfachsten atomistischen Formel führt; das Molekulargewicht muss nun mit dieser einfachsten Formel entweder übereinstimmen oder ein ganzes Vielfaches davon sein. Die möglichen Werthe des Molekulargewichts liegen daher meist so weit auseinander, dass ziemlich be-

---

[1]) J. S. Stas, Untersuchungen über die Gesetze der chemischen Proportionen. Deutsch von Aronstein. Leipzig 1867.

trächtliche Fehler in der Gasvolumgewichtsbestimmung doch noch eine Entscheidung über das Molekulargewicht zulassen. In einzelnen Fällen kann indess die Differenz der stöchiometrisch möglichen Molekulargewichte im Vergleich zu den Fehlern der Gasvolumgewichtsbestimmung so klein sein, dass das Molekulargewicht unentschieden bleibt.

Das Gasvolumgewicht des Retens z. B., dessen einfachste Formel nach der Analyse CH ist, wurde von W. Knecht[1]), auf Luft bezogen, gleich 8,28 gefunden, auf Wasserstoff bezogen daher gleich 119,52; das entsprechende Molekulargewicht ist 239. Diese Zahl stimmt gleich gut mit den Formeln $C_{18}H_{18} = 233,46$ und $C_{19}H_{19} = 246,43$. Der Unterschied der Gewichte der Molekeln $C_{19}H_{19}$ und $C_{18}H_{18}$ ist nicht grösser, als die Fehler der Gasvolumgewichtsbestimmung bei einer so hochsiedenden Substanz wie das Reten sehr wohl sein können. Auf diesem Wege lässt sich daher eine Entscheidung über die Molekulargrösse des Retens nicht treffen; andere Gründe chemischer Natur stellten die Molekularformel $C_{18}H_{18}$ fest.

Die Dissociationserscheinungen.

Wir haben im Vorhergehenden eine Reihe von abnormen Gasvolumgewichten kennen gelernt, welche alle darin übereinstimmten, dass sie grösser als die normalen waren. Als Ursache derselben wurde der Umstand erkannt, dass die Dämpfe in der Nähe ihres Condensationspunktes den Gasgesetzen nicht mit hinreichender Genauigkeit folgten; eine zweite Erklärung für dieses Verhalten wurde für dieses Kapitel vorbehalten und wird am Schlusse desselben gegeben werden.

Neben den Substanzen, welche ein zu grosses Gasvolumgewicht zeigen, gibt es eine Anzahl anderer, welche ein kleineres Gasvolumgewicht haben, als sie nach dem Avogadro'schen Gesetze haben sollten. Die Zahl dieser eine Ausnahmestellung einnehmenden Substanzen ist zwar lange nicht so gross, wie diejenigen, welche ein zu grosses Gasvolumgewicht zeigen — letzteres Verhalten kommt vielleicht allen Substanzen zu —, sie sind aber für die Molekulartheorie von der höchsten Wichtigkeit geworden.

Das Verhalten der Dämpfe der hierhergehörigen Substanzen stellt sich folgendermaassen dar. In den Fällen, wo sich die Erscheinung der abnormen Gasvolumgewichte am reinsten darbietet, zeigt die Substanz bei den niedrigsten Temperaturen, bei denen eine Gasvolumgewichtsbestimmung möglich ist, das normale Gasvolumgewicht; dasselbe bleibt bis zu einem bestimmten Temperaturgrade konstant. Bei weiterer Temperatursteigerung beginnt das Gasvolumgewicht kleiner zu

[1]) Ber. deutsch. chem. Gesellschaft 1877, *10*, 2074.

werden, erst langsam, dann rascher, dann wieder langsamer, bis es einen Werth erreicht hat, der genau einen rationalen Theil ($^1/_2$ oder $^1/_3$ u. s. w.) des normalen ausmacht; bei noch höherer Temperatur bleibt dieser letzte Werth konstant.

Nicht immer ist indess der ganze Verlauf der Aenderungen der Gasvolumgewichte der Beobachtung zugänglich. Die meisten derartigen Substanzen lassen vielmehr unter gewöhnlichen Umständen den anfänglichen normalen Werth des Gasvolumgewichts nicht erkennen; der grösste beobachtete Werth ist für diese Substanzen bereits kleiner als der normale. Auch hier wird das Gasvolumgewicht mit steigender Temperatur kleiner, bis es einen konstanten Werth erreicht, der einen rationalen Theil des normalen darstellt. Bei einer dritten Reihe von Substanzen kann man eine Veränderlichkeit der Gasvolumgewichte nicht erkennen; dieselben ergeben vielmehr bei allen Temperaturen, bei denen eine Gasvolumgewichtsbestimmung möglich ist, einen konstanten Werth des Gasvolumgewichts, welcher aber nicht mit dem Avogadro'schen Gesetze in Einklang steht, sondern ein rationaler Theil des diesem Gesetze entsprechenden Werthes ist.

Die Substanzen, welche dieses eigenthümliche Verhalten der Gasvolumgewichte zeigen, sind vorzugsweise folgende: Viele Ammoniumsalze, Chlorammonium, Bromammonium, Jodammonium, Cyanammonium, Ammoniumsulfhydrat, Ammoniumsulfid, essigsaures Ammonium, benzoësaures Ammonium, carbaminsaures Ammonium u. s. w., ferner die Phosphoniumverbindungen, die Fünffach-Halogen-Phosphor- und Antimonverbindungen, Schwefelsäurehydrat, eine Reihe von Alkylhalogenen, Chloralhydrat, die Chloralalkoholate, die entsprechenden Butylchloralverbindungen, ferner mehrere Elemente (Jod, Schwefel) und manche andere.

Alle diese Substanzen zeigen ein kleineres Gasvolumgewicht, als ihnen nach dem Avogadro'schen Gesetze zukommen sollte. Dies ist insofern ein Widerspruch, als wir in früheren Kapiteln ausgeführt haben, dass das Avogadro'sche Gesetz und die Raumerfüllung im Gaszustande allein im Stande seien, die wahre Molekularformel einer Substanz zu bestimmen. Wenn demnach der Substanz nach diesem Gesetze ein bestimmtes Molekulargewicht zukommt, so müssten wir dieses als das einzig zulässige betrachten. Dieser Gesichtspunkt musste in der That so lange allein ausschlaggebend sein, als die Atomgewichte noch nicht feststanden und unsere Kenntniss des chemischen Systems noch sehr lückenhaft war. Heute hingegen, wo die Atomgewichte nach bestimmten Regeln festgestellt sind, wo der stolze Bau der Chemie eine ausgedehnte Systematik ermöglicht hat, ist das Molekulargewicht der bekannteren Verbindungen mit ganz ausserordentlicher Sicherheit aus rein chemischen Thatsachen bestimmbar. Ein Beispiel hierzu wurde schon in der Einleitung mitgetheilt; es ist dies der Salmiak. Aus chemischen Gründen kann ihm nur die Molekularformel NH_4Cl zukommen, das Avogadro'sche Gesetz führt dagegen zu der Molekularformel $N_{\frac{1}{2}}H_2Cl_{\frac{1}{2}}$. Da die Annahme der aus dem Avogadro'schen Gesetze abgeleiteten Molekularformel zu ganz unannehmbaren Consequenzen führt, ist man gezwungen, die aus chemischen Thatsachen sich ergebende Formel zu wählen. Damit ist aber eine Ausnahme von dem Avogadro'schen Gesetz festgestellt; das Gasvolumgewicht des Salmiaks ist nicht normal, es ist abnorm, da es nicht das halbe Molekulargewicht darstellt, wie es nach dem Avogadro'schen Gesetze sein sollte.

Nehmen wir an, eine Substanz, deren Molekulargewicht auf chemischem Wege mit Sicherheit festgestellt ist, gebe ein Gasvolumgewicht, welches halb so gross ist, als dasjenige, welches man aus dem Molekulargewicht nach dem Avogadro'schen Gesetz berechnet, so heisst dies nichts Anderes, als der Substanzdampf wiegt halb so viel als er, verglichen mit einem gleichen Volum Wasserstoff, unter normalen Verhältnissen wiegen würde. Die durch ein Molekulargewicht der Substanz und ein Molekulargewicht Wasserstoff im Gaszustande eingenommenen Räume sind dann nicht mehr gleich, sondern der von dem Molekulargewicht Substanzdampf eingenommene Raum ist doppelt so gross als der von dem Molekulargewicht Wasserstoff erfüllte; nimmt die Wasserstoffmolekel 2 Volume ein, so erfüllt die Gasmolekel der Substanz 4 Volume.

Hier liegt ein offenbarer Widerspruch vor, der zwei Auswege zulässt. Man könnte nämlich die Gültigkeit des Avogadro'schen Gesetzes als oberstes Prinzip aufstellen und die Molekularformel aus dem Gasvolumgewicht ermitteln. Dies würde aber zu den weittragendsten Folgerungen führen, welche ganz unannehmbar sind. So ergibt sich für den Salmiak nach dem Avogadro'schen Gesetze die Formel $N_{\frac{1}{2}}H_2Cl_{\frac{1}{2}}$ und für das carbaminsaure Ammonium die Formel $C_{\frac{1}{3}}O_{\frac{2}{3}}N_{\frac{2}{3}}H_2$, während diesen Substanzen aus chemischen Gründen mit Sicherheit die Formeln NH_4Cl und $CO_2N_2H_6$ zukommen. Wollte man trotzdem die aus dem Gasvolumgewicht hergeleitete Formel annehmen, so müsste man das Atomgewicht des Chlors nur $^1/_2$, des Kohlenstoffs und des Sauerstoffs nur $^1/_3$ und des Stickstoffs nur $^1/_6$ so gross annehmen, als es gegenwärtig geschieht, da in den Molekularformeln Bruchtheile von Atomen nicht vorkommen können. Derartige ganz willkürliche Annahmen für die Atomgewichte sind aber natürlich nicht zulässig. In der That ist auch der Versuch, in dieser Weise das Avogadro'sche Gesetz zu retten, nicht gemacht worden.

So lange daher für die Anomalien der Gasvolumgewichte der genannten Substanzen eine andere einwandfreie Erklärung nicht gefunden wird, bleibt nur noch der Ausweg übrig, das Avogadro'sche Gesetz zu beanstanden. Dies ist denn auch von allen Forschern, welche auf solche abnorme Gasvolumgewichte stiessen, geschehen und mit vollem Recht, denn so lange die Anomalien nicht beseitigt waren, stand das Avogadro'sche Gesetz mit der Erfahrung im Widerspruch. Damit war aber das Gay-Lussac'sche Volumgesetz wieder des Gewandes entkleidet, welches es von Avogadro erhalten hatte, und die theoretische Chemie verlor eine ihrer fruchtbarsten Hypothesen.

Wenn nunmehr auch das Avogadro'sche Gesetz beseitigt war, so blieb doch die Raumerfüllung der Gase und Dämpfe für die Chemiker von hohem Interesse. Um die Raumerfüllung der Dämpfe mit den Formelgewichten zu vergleichen, dividirte man die letzteren durch das Gasvolumgewicht. Unsere heutigen Formeln sind Molekularformeln, sie sind also so gewählt, dass die Molekulargewichte aller unzersetzt verdampfbaren Substanzen im Gaszustande gleiche Räume einnehmen, der Quotient des Molekulargewichts durch das Gasvolumgewicht ist aus diesem Grunde bei den heutigen Formeln stets konstant; er beträgt 2, wenn Wasserstoff, und 28,87, wenn Luft als Vergleichsgas für die Gasvolumgewichte dient. Bei den früheren Formeln war der Quotient des Formelgewichts durch das Gasvolumgewicht für verschiedene Substanzen verschieden. Das Wasser hatte z. B. früher die Formel $HO = 9$ ($H = 1$, $O = 8$); der Quotient dieses Formelgewichts durch das Gasvolumgewicht des Wassers beträgt sehr nahe 14,435, also nur die Hälfte des bei den Molekularformeln konstanten Werthes. Für die Elemente und deren „Aequivalentgewichte“, z. B. $O = 8$, ergab sich der Quotient nur nahe zu 7,2175, oder $^1/_4$ des Werthes 28,87. Die Quotienten geben offenbar die Räume an, welche die Formelgewichte einnehmen. Um die Unterschiede in der Raumerfüllung der Formelgewichte der verschiedenen Substanzen auszudrücken, setzte man das Volum von 1 Aequivalentgewicht $O = 8$ gleich 1 und sagte, ein Formelgewicht Wasser $HO = 9$ oder ein Aequivalentgewicht Wasserstoff $H = 1$ entspreche 2 Volumen und ein Formelgewicht Chlorwasserstoff $HCl = 36{,}5$ entspreche 4 Volumen. Man drückte dies auch wohl so aus, es habe eine Condensation auf 1, 2 oder 4 Volume stattgefunden. Man konnte demnach die Körper in Gruppen eintheilen, welche 1, 2, 4, 8 und 12 Volume einnahmen; alle Substanzen, deren Formeln zugleich Molekulargewichte darstellten, daher bei der Neugestaltung der Formulatur nach den Grundsätzen der Molekulartheorie beibehalten wurden, nahmen 4 Volume ein, so lange als ihre Gasvolumgewichte mit dem Avogadro'schen Gesetze in Einklang standen. Für die Essigsäure wurde von J. Dumas und für die Ameisensäure von A. Bineau eine Condensation auf 3 Volume angenommen; als dann A. Cahours[1]) die Veränderlichkeit des Gasvolumgewichts der Essigsäure mit der Temperatur beobachtete, liess man diese Annahme fallen. Lange Zeit stand daher fest, dass die Formelgewichte der chemischen Substanzen 1, 2, 4, 8 oder 12 Volume einnehmen.

Das Avogadro'sche Gesetz wurde erst wieder zur Geltung gebracht durch eine Reihe von Erscheinungen, welche im Stande waren, die „abnormen" Gasvolumgewichte befriedigend zu erklären. Bereits im Jahre 1847 beobachtete Grove[2]), dass geschmolzenes Platin aus Wasser Wasserstoff und Sauerstoff frei machen kann und dass manche andere Verbindungen unter dem Einfluss sehr hoher Hitzegrade in ihre Bestandtheile zerlegt werden. Später (seit 1857) wurden diese Untersuchungen in umfassender Weise von H. Sainte-Claire Deville[3]) wieder aufgenommen. Deville bezeichnete den Vorgang des Zerfallens chemischer Verbindungen unter dem Einfluss der Wärme, sofern sich die Zersetzungsprodukte bei erfolgter Abkühlung wieder vereinigen und der ursprüngliche Zustand wieder hergestellt wird, als Dissociation.

Gerade die Thatsache, welche das Charakteristische für die Dissociationserscheinungen ist, die Wiedervereinigung der Zersetzungsprodukte bei der Abkühlung, machte den Nachweis der Dissociation schwierig. Durch ausserordentlich sinnreich angestellte Versuche konnte Deville feststellen, dass eine ganze Reihe von sonst sehr beständigen Verbindungen, welche zum Theil durch direkte Vereinigung der Elemente unter starker Wärmeentwickelung gebildet werden, unter dem Einfluss der Hitze dissociirt werden. Leitet man Wasserdampf durch eine glühende Röhre, so wird man kaum eine Zersetzung beobachten, da der freiwerdende Wasserstoff sich beim Austreten aus der Röhre, also beim Abkühlen, wieder mit dem Sauerstoff zu Wasser verbindet. Auf verschiedene Weisen gelang es nun Deville, die Wiedervereinigung der dissociirten Bestandtheile zu verhindern.

Metallisches Silber sowie Bleioxyd nehmen beim Erhitzen an der Luft Sauerstoff auf. Leitet man nun über schmelzendes Silber oder Bleioxyd Wasserdampf, so absorbiren dieselben ebenfalls Sauerstoff. Man muss daher annehmen, dass der Wasserdampf hierbei durch die Hitze theilweise in seine Bestandtheile zerlegt war. Doch ist dieser

---

[1]) Annal. Phys. Chemie 1845, *65*, 420; Annal. Chem. Pharm. 1845, *56*, 175.

[2]) Phil. Mag. [3], 1847, *31*, 20, 91 und 96; Annal. chim. phys. [3], 1847, *19*, 253: *21*, 129; Annal. Phys. Chemie 1847, *70*, 447; Annal. Chem. Pharm. 1847, *63*, 1.

[3]) H. Sainte-Claire Deville, Leçons sur la dissociation professées à la société chimique de Paris 1864—1865. Paris 1866.

Schluss nicht unanfechtbar, da auch an eine chemische Zersetzung des Wassers durch die schmelzenden Substanzen gedacht werden kann.

Doch lässt sich die Dissociation vieler Substanzen in anderer Weise mit Sicherheit darthun. Deville[1]) benutzte hierzu die verschiedene Diffusionsgeschwindigkeit der Gase. Er ordnete zu dem Zwecke zwei irdene Röhren konzentrisch an, indem er die innere durch Stopfen in der äusseren möglichst dicht befestigte. Die innere Röhre war unglasirt, daher für Gase durchlässig, die äussere glasirt und für Gase undurchlässig. Das Röhrensystem erhitzte er in einem Ofen auf 1100 bis 1300^0 und leitete durch die innere Röhre Wasserdampf, durch den Zwischenraum der Röhren aber Kohlensäure. Durch die Hitze wurde ein Theil des Wasserdampfs dissociirt, in Wasserstoff und Sauerstoff zerlegt, von welchen beiden Gasen der leichtere Wasserstoff mit viermal grösserer Geschwindigkeit in die Kohlensäureatmosphäre diffundirte als der Sauerstoff. Auf diesem Wege wurde eine theilweise Scheidung der Zersetzungsprodukte erzielt, die sich daher nicht mehr vereinigen konnten. Die aus der Innenröhre und aus dem Zwischenraum der Röhren entweichenden Gase wurden gemeinsam in Kalilauge geleitet; dort wurde der Wasserdampf kondensirt, die Kohlensäure gebunden und das Zersetzungsprodukt des Wassers, Knallgas, sammelte sich in der Messröhre. Je 1 g Wasser gab im Durchschnitt 1 ccm Knallgas.

Der Vorgang verläuft bei dieser Versuchsanordnung indess nicht glatt. Ein Theil des freien Wasserstoffs wirkt reduzirend auf die Kohlensäure, es entsteht Kohlenoxyd und Wasser. Ferner diffundirt ein weiterer Theil des Wasserstoffs in die atmosphärische Luft, während diese in das dissociirte Gasgemenge eindringt. Zwei Analysen der bei der Zersetzung des Wassers gewonnenen Gase hatten folgendes Ergebniss:

	Volumprozente. I.	II.
Sauerstoff	55,7	48,6
Wasserstoff . . .	24,3	13,1
Kohlenoxyd . . .	0,0	25,3
Stickstoff	20,0	13,0

Die Wiedervereinigung der dissociirten Gase lässt sich auch dadurch verhindern, dass man den Dampf in raschem Strome mit einem grossen Ueberschuss eines indifferenten Gases gemischt durch eine glühende Röhre leitet. Durch die Beimischung wird die Wiedervereinigung der getrennten Bestandtheile verlangsamt, bis sie nach der

[1]) Compt. rend. 1863, *56*, 195; Annal. Chem. Pharm. 1863, *126*, 184.

wegen des raschen Strömens rasch erfolgenden Abkühlung nicht mehr möglich ist. So erhielt Deville[1]) Knallgas, als er feuchte Kohlensäure über stark glühende Porzellanstücke leitete.

Deville[2]) gelang es endlich dadurch die Wiedervereinigung der zersetzten Bestandtheile zu verhindern, dass er dieselben rasch unter die Temperatur abkühlte, bei welcher sie sich noch vereinigen können. Er leitete die Gase durch den Zwischenraum zweier konzentrisch angeordneter Röhren, von denen die äussere aus glasirtem Porzellan, die innere, dünnere aus Messing bestand. Während nun die Porzellanröhre auf hohe Temperaturen erhitzt wurde, leitete er durch die Messingröhre eiskaltes Wasser in sehr raschem Strom; dasselbe hatte bei den höchsten Hitzegraden, welchen die Porzellanröhre ausgesetzt wurde, beim Austritt nur eine Temperatur von 10^0. Nach dieser Methode konnte Deville die Dissociation einer ganzen Anzahl von Gasen nachweisen. Kohlenoxyd wird in Kohlenstoff und Sauerstoff zerlegt; der Kohlenstoff setzte sich als Russschicht an der Metallröhre ab, während der Sauerstoff einen Theil des unzersetzten Kohlenoxyds zu Kohlensäure oxydirt. Bei der Zersetzung der schwefligen Säure leitete er das kalte Wasser durch ein versilbertes Kupferrohr. Die schweflige Säure zerfiel in Schwefel und Schwefelsäureanhydrid; an dem versilberten Rohr konnte Schwefelsilber und Schwefelsäure nachgewiesen werden. Chlorwasserstoff wird in geringem Maasse in seine Bestandtheile zerlegt; der entstandene Wasserstoff wurde aufgefangen und das Chlor bildete auf einem amalgamirten Silberrohr Calomel und Chlorsilber. Kohlensäure wird zum Theil in Kohlenoxyd und Sauerstoff, Ammoniak in Stickstoff und Wasserstoff zerlegt.

Als die bis dahin unbekannten Dissociationserscheinungen bekannt wurden, sprachen im Jahre 1858 fast gleichzeitig drei hervorragende Forscher unabhängig von einander den Gedanken aus, dass die sogenannten „ungewöhnlichen Condensationen", d. h. die früher beobachteten Ausnahmen von dem Avogadro'schen Gesetze durch Dissociationen hervorgerufen seien, denen die Substanzen bei den Temperaturen, bei denen die Gasvolumgewichte bestimmt worden waren, unterlagen. Die drei Forscher waren H. Kopp, A. Kekulé und S. Cannizzaro. H. Kopp[3]) sprach sich in seiner Abhandlung „Zur Erklärung ungewöhnlicher Condensationen von Dämpfen" folgendermaassen aus. Aus den Versuchen von Deville geht hervor, dass eine Substanz, die in höherer Temperatur zerfällt, sich bei niederer Temperatur wieder aus ihren Bestandtheilen bilden

[1]) Compt. rend. 1863, *56*, 322; Annal. Chem. Pharm. 1863, *126*, 311.

[2]) Compt. rend. 1864, *59*, 873; Annal. Chem. Pharm. 1865, *134*, 122.

[3]) Annal. Chem. Pharm. 1858, *105*, 390.

kann. Wenn daher nur das Anfangs- und das Endresultat des Prozesses beobachtet wird, so scheint beim Erhitzen keine Zersetzung eingetreten zu sein, während in Wirklichkeit vorübergehend eine solche stattfand. Darin, dass dies möglich ist und häufiger vorkommt, liegt vielleicht die Erklärung der ungewöhnlichen Condensationen von Dämpfen. Setzt man den von $O = 8$ Gewichtstheilen erfüllten Raum gleich 1 Volum, so erfüllen die durch die Formeln bezw. Zeichen der anderen Substanzen ausgedrückten Mengen bei den bisher gebräuchlichen Aequivalentgewichten im Gas- oder Dampfzustande 1, 2 oder 4 Volume, es hat eine Condensation auf 1, 2 oder 4 Volume stattgefunden. Bezieht man die Elemente und Verbindungen dagegen auf die Typen HH, HHO_2 $(O = 8)$ und NH_3 oder auf Vielfache von denselben, so entspricht den durch die Formel ausgedrückten Mengen normal eine Condensation auf 4 Volume. Nun zeigen manche Verbindungen ungewöhnliche Condensationen, die aber so beschaffen sind, als wenn die Verbindungen bei den Temperaturen, für welche die Gasvolumgewichte ermittelt wurden, in Substanzen zerfallen wären, aus denen sie sich bei niederen Temperaturen wieder bilden können. Wenn sich z. B. das Wasser bei der Bestimmung des Gasvolumgewichts zersetzte, würde man nicht eine Condensation auf 2 Volume finden, sondern auf 3 Volume, nämlich 2 Volume für den Wasserstoff und 1 Volum für den Sauerstoff; was aber bei Nichtbeachtung der Zersetzung als Gasvolumgewicht des Wassers angesehen wird, ist in Wirklichkeit das Volumgewicht des Knallgases. Ganz entsprechende Verhältnisse zeigen die Substanzen mit ungewöhnlicher Condensation im Dampfzustand. Salzsäure und Ammoniak zeigen die normale Condensation auf 4 Volume; ihre Verbindung, das Chlorammonium, zeigt eine Condensation auf 8 Volume. Dies wird erklärt, wenn man eine Zersetzung des Chlorammoniums in Salzsäure und Ammoniak annimmt, von denen jedes 4 Volume einnimmt, was einer scheinbaren Condensation auf 8 Volume gleichkommt. Gerade so verhält sich das Chlorphosphonium und ähnliche Verbindungen. Die Condensation des Schwefelammoniums NH_4S (alte Formel) auf 6 Volume erklärt Kopp durch eine Zersetzung in Schwefelwasserstoff und Ammoniak:

$$\underset{4\,\text{Vol.}}{NH_4S} = \underset{4\,\text{Vol.}}{NH_3} + \underset{2\,\text{Vol.}}{HS}$$

diejenige des Schwefelwasserstoff-Schwefelammoniums auf 8 Volume durch ein Zerfallen nach der Gleichung:

$$\underset{4\,\text{Vol.}}{NH_4S \cdot HS} = \underset{4\,\text{Vol.}}{NH_3} + \underset{2\,\text{Vol.}}{HS} + \underset{2\,\text{Vol.}}{HS}$$

Die scheinbare Condensation des Phosphorpentachlorids auf 8 Volume wird durch die Zersetzung in Phosphortrichlorid und Chlor verursacht:

$$\underset{4\text{ Vol.}}{PCl_5} = \underset{4\text{ Vol.}}{PCl_3} + \underset{4\text{ Vol.}}{Cl_2}$$

diejenige des carbaminsauren Ammoniums auf 12 Volume durch eine Zersetzung nach der Gleichung:

$$\underset{4\text{ Vol.}}{NH_4O \cdot NH_2C_2O_3} = \underset{4\text{ Vol.}}{NH_3} + \underset{4\text{ Vol.}}{NH_3} + \underset{4\text{ Vol.}}{C_2O_4}$$

In gleicher Weise erklärt Kopp auch die anderen „ungewöhnlichen Condensationen".

Aehnlich sprachen sich auch A. Kekulé[1]) und S. Cannizzaro[2]), aus, von denen sich namentlich der letztere um die Anerkennung des Avogadro'schen Gesetzes sehr hohe Verdienste erworben hat. Kekulé erinnerte gleichzeitig an das Verhalten des Tetra-Aethylammoniumjodids, das beim Erhitzen in Triäthylamin und Jodäthyl zerfällt, welche im Destillat gesonderte Schichten bilden, sich aber bald wieder verbinden, so dass es den Anschein haben kann, als ob diese Verbindung ohne Zersetzung flüchtig sei.

Diese Erklärung der abnormen Gasvolumgewichte durch Zerfallen der Verbindungen fand indess zunächst nicht allseitige Anerkennung; es entspann sich alsbald ein äusserst hartnäckiger, für die theoretische Chemie aber ungemein fruchtbarer Kampf um die Gültigkeit und Annehmbarkeit des Avogadro'schen Gesetzes. An demselben betheiligten sich viele der hervorragendsten Chemiker der Zeit, die theils für, theils gegen dasselbe Stellung nahmen; zu den Gegnern gehörten in erster Linie der Entdecker der Dissociationserscheinungen Deville, ferner Troost und Berthelot. Der ebenso geistvolle wie bedeutungsvolle Streit der Anschauungen, welcher heute erloschen ist, da die Zahl der Gegner des Gesetzes sehr gering geworden ist, wird uns noch näher beschäftigen. Ehe wir jedoch darauf eingehen, wollen wir uns mit den Erscheinungen der Dissociation etwas eingehender befassen; wir haben die qualitative Seite derselben bei den Deville-schen Versuchen bereits kennen gelernt und wenden uns nunmehr den quantitativen Verhältnissen zu.

Die Dissociationstheorie.

Gemäss der kinetischen Gastheorie haben wir uns irgend eine Gasmasse als eine ausserordentlich grosse Summe von Molekeln vorzustellen, welche sich in gradlinig fortschreitender, gleichförmiger

---

[1]) Annal. Chem. Pharm. 1858, *106*, 143.

[2]) Nuovo Cimento 1857, *6*, 428.

Bewegung befinden. Die Molekeln der Verbindungen sind naturgemäss zusammengesetzt, da sie aus mehreren Arten Stoff bestehen; aber auch die Molekeln der Mehrzahl der gasförmigen Elemente sind nicht einfach, sondern aus mehreren Atomen desselben Stoffes zusammengesetzt. Die Gründe, welche diese Annahme nothwendig machen, sind früher auseinandergesetzt worden. Wir haben uns daher die weitaus grösste Mehrzahl der Gasmolekeln nicht als einfache Massenpunkte, sondern als Systeme von Massenpunkten vorzustellen. Diese Systeme bewegen sich nach der kinetischen Theorie auf gradlinigen Bahnen gleichförmig fort und die Geschwindigkeit ihrer Bewegung ist der absoluten Temperatur proportional.

Neben dieser fortschreitenden Bewegung der Molekeln muss auch noch eine Bewegung der Atome innerhalb der Molekel angenommen werden. R. Clausius[1]) hat gezeigt, dass die Bewegung der Molekeln eine solche der Atome und die Bewegung der Atome eine solche der Molekeln nothwendig erzeugen müsste, wenn nur eine der Bewegungen vorhanden wäre. Die Molekularbewegung und die Atombewegung bedingen sich also gegenseitig und erst wenn alle Bewegungen, welche überhaupt entstehen können, ein bestimmtes, von der Beschaffenheit der Molekeln abhängiges Verhältniss zu einander haben, werden sie sich nicht mehr ändern. Auch die kinetische Energie der Atombewegung ist der absoluten Temperatur proportional. Die gesammte kinetische Energie eines Gases ist daher die Summe der kinetischen Energien der Molekularbewegung und der Atombewegung.

Da die kinetische Energie der Molekularbewegung der absoluten Temperatur proportional ist, so ist dieselbe bei gleichbleibender Temperatur konstant. Es wurde aber bereits früher auseinandergesetzt, dass dies nur von dem Mittelwerth der kinetischen Energie gilt; die einzelnen Molekeln haben eine im Allgemeinen verschiedene, mannigfachen Schwankungen unterworfene Energie und nur die Summe derselben bleibt bei gleicher Temperatur konstant. Dasselbe gilt auch von der kinetischen Energie der Atombewegung. Auch die Bewegung der Bestandtheile verschiedener Molekeln ist bei derselben Temperatur nicht gleich gross, sondern nur die Summe der Energien ist konstant und steht zu der mittleren Energie der Molekularbewegung in einem konstanten Verhältniss.

Die Energie verschiedener Molekeln und der Bestandtheile verschiedener Molekeln desselben Gases ist also bei gleicher Temperatur im Allgemeinen verschieden, die mittlere Energie ist dagegen konstant. Letztere ist daher ein Maass für die Temperatur des Gases. Da nun

---

[1]) Annal. Phys. Chemie 1857, *100*, 355;

die einzelnen Molekeln und die Bestandtheile verschiedener Molekeln verschiedene kinetische Energie besitzen, so kann man, im Gegensatz zu der obigen Mitteltemperatur, auch von der Temperatur der einzelnen Molekeln und derjenigen der Atome in verschiedenen Molekeln reden. Sie mögen nach Alex. Naumann[1]) Molekeltemperatur und Atomtemperatur heissen. Wären die Molekeln und Atome eines Gases bei konstanter Temperatur alle in demselben Bewegungszustande, so wären die Molekel- und Atomtemperaturen gleich der Mitteltemperatur; da dies nicht der Fall ist, schwanken die einzelnen Molekel- und Atomtemperaturen um die Mitteltemperatur.

Wird ein Gas erwärmt, so wächst proportional der absoluten Temperatur sowohl die kinetische Energie der fortschreitenden Bewegung der Molekeln, also die Molekeltemperatur, als auch diejenige der Bewegung der Atome oder die Atomtemperatur. Letztere wirkt der gegenseitigen Anziehung der Atome, welche dieselben in der Molekel verbunden hält, entgegen; sobald die Atomtemperatur die Anziehung überwunden hat, tritt Zersetzung der Molekel ein. Die Zersetzungstemperatur einer Molekel ist daher gleich derjenigen Atomtemperatur, bei welcher die Bewegung der Atome in der Molekel der Anziehung, welche zwischen den Bestandtheilen der Molekel herrscht, gerade das Gleichgewicht hält. Unterhalb dieser Atomtemperatur bleibt die Molekel bestehen; sobald sie überschritten wird, zerfällt die Molekel.

Da die Atomtemperatur der einzelnen Molekeln bei derselben Mitteltemperatur sehr verschieden ist, so kann die Zersetzung aller Molekeln nicht gleichzeitig bei derselben Mitteltemperatur erfolgen. Bei Steigerung der Temperatur wird die Zersetzung zuerst bei denjenigen Molekeln eintreten, bei denen die innere Bewegung, die Atomtemperatur, am grössten ist. Die getrennten Bestandtheile, welche nun selbst Molekeln sind, bewegen sich wie die anderen unzersetzten Molekeln gradlinig fort. Mit wachsender Temperatur vermehrt sich die Zahl der zersetzten Molekeln und die getrennten Bestandtheile werden sich natürlich auf ihren gradlinigen Bahnen begegnen; befinden sich die getrennten Bestandtheile nun in solchen Bewegungszuständen, dass aus den letzteren bei der Vereinigung der Bestandtheile zu der ursprünglichen Verbindung eine Atomtemperatur resultirt, welche niedriger als die Zersetzungstemperatur ist, so werden sich dieselben verbinden. Bei konstanter Temperatur schreitet daher die Zersetzung der Molekeln so lange fort, bis in gleichen Zeiten ebenso viele Molekeln wieder gebildet, als zersetzt werden; von diesem Zeitpunkt

[1]) Annal. Chem. Pharm. 1867, Supplementband *5*, 354.

ab tritt Gleichgewicht zwischen den Zersetzungen und Verbindungen ein, so lange die Temperatur gleich bleibt. Mit steigender Temperatur nimmt die Anzahl der zersetzten Molekeln immer mehr zu, während sich immer weniger von den zersetzten Bestandtheilen wieder vereinigen können, und zuletzt kommt ein Zeitpunkt, wo alle Molekeln zersetzt sind und eine Wiedervereinigung der Bestandtheile nicht mehr möglich ist.

Aus dieser Dissociationstheorie, welche von L. Pfaundler[1]) herrührt, ist ersichtlich, dass die Zersetzung eines Gases unter dem Einfluss der Wärme nicht bei einer bestimmten Mitteltemperatur beginnt und endigt, sondern dass die Zersetzung sich auf ein gewisses Temperaturintervall vertheilt. Es fragt sich daher, welche Mitteltemperatur als die Zersetzungstemperatur eines Gases zu bezeichnen ist. Bei der Besprechung der kinetischen Gastheorie wurde mitgetheilt, dass die wahren Geschwindigkeiten der fortschreitenden Bewegungen der Molekeln sich in der Weise um den mittleren Werth der Geschwindigkeit gruppiren, dass sie theils kleiner und theils grösser sind als der Mittelwerth, und dass kleinere Abweichungen häufiger sind als grosse. Das Gleiche gilt auch von der Bewegung der Atome in den einzelnen Molekeln; die wahrscheinlichste Annahme ist die, dass bei jeder Mitteltemperatur gleiche Abweichungen der Atomtemperaturen nach oben und nach unten für eine gleiche Anzahl von Molekeln statthaben. Die Zersetzungstemperatur eines Gases ist daher die Mitteltemperatur der halbvollendeten Zersetzung, d. h. diejenige Temperatur, bei welcher gerade die Hälfte der Molekeln zersetzt und die Hälfte unverändert ist. Denn bei dieser Mitteltemperatur würden alle Molekeln zersetzt sein, wenn sie alle die gleiche mittlere Atomtemperatur besässen.

Der Verlauf der Zersetzung innerhalb der Temperaturgrenzen der Dissociation lässt sich theoretisch noch näher präcisiren. Bezüglich der Geschwindigkeit der Atombewegungen in den einzelnen Molekeln ergibt sich, ganz wie bei der Geschwindigkeit der fortschreitenden Bewegung der Molekeln, die wahrscheinlichste Annahme, dass bei einer bestimmten Temperatur gerade soviele Molekeln eine die mittlere Geschwindigkeit der Atombewegung übertreffende Atomengeschwindigkeit besitzen, als die Zahl derjenigen ist, welche eine kleinere Geschwindigkeit der Atomenbewegung haben; ferner ergibt die Wahrscheinlichkeitsrechnung, dass geringere Abweichungen von der mittleren Geschwindigkeit der Atomenbewegung einer grösseren Anzahl von Molekeln und grössere Abweichungen einer kleineren Anzahl von Molekeln

[1]) Annal. Phys. Chemie 1860, *131*, 60.

zukommen. Denken wir uns nun ein Gas so hoch erwärmt, dass es soeben beginnt zu dissociiren, so werden zunächst nur wenige Molekeln eine so grosse Geschwindigkeit der Atomenbewegung haben, dass sie zerfallen. Steigt nun die Temperatur des Gases um n^0, so wachsen alle Atomgeschwindigkeiten und eine gewisse Anzahl von Molekeln wird zerfallen; wird die Temperatur dann wieder um n^0 erhöht, so zerfällt wieder eine Anzahl von Molekeln. Die Anzahl der bei den zwei Erhöhungen der Temperatur um n^0 zersetzten Molekeln ist aber nicht gleich, sondern bei der zweiten Temperaturerhöhung zerfallen mehr Molekeln als bei der ersten. Denn das zweite Temperaturintervall von n^0 liegt der Zersetzungstemperatur des Gases, d. h. der Temperatur der halbvollendeten Zersetzung, näher als das erste; da nun kleinere Abweichungen in der Geschwindigkeit der Atomenbewegung von der mittleren einer grösseren Anzahl von Molekeln zukommen, so überschreiten bei der zweiten Temperaturerhöhung mehr Molekeln die Zersetzungstemperatur als bei der ersten. Für gleiche Temperaturerhöhung nehmen daher die Zuwachse der Zersetzung zu, bis die Mitteltemperatur des Gases die Zersetzungstemperatur erreicht hat und gerade die Hälfte der Molekeln zerfallen ist. Von da ab entfernt sich bei weiterer Wärmezufuhr die mittlere Temperatur des Gases von der Zersetzungstemperatur und für gleiche Temperaturerhöhungen zerfallen immer weniger Molekeln; hat dann die Temperatur des Gases die Endtemperatur der Dissociation erreicht, so sind alle Molekeln zerfallen. Der Dissociationsgang ist daher folgender: Für gleiche Temperaturerhöhungen nehmen die Zersetzungszuwachse von der Temperatur des Beginns der Dissociation an bis zur Zersetzungstemperatur, d. h. bis zur halbvollendeten Zersetzung, fortwährend zu und von der Zersetzungstemperatur an bis zur Temperatur der Vollendung der Dissociation fortwährend ab.

Sehr anschaulich wird dieser Gang der Dissociation, der zuerst von Alex. Naumann[1]) entwickelt wurde, durch eine graphische Darstellung. Die Mitteltemperatur eines Gases sei gleich t; dann kommen den einzelnen Molekeln die verschiedensten grösseren und kleineren Temperaturen $t+1$, $t+2$, $t+3$ u. s. w. und $t-1$, $t-2$, $t-3$ u. s. w. zu. Trägt man nun die einzelnen Temperaturen als Abscissen in ein rechtwinkliges Coordinatensystem, und die Anzahl der Molekeln, welche diese Temperaturen haben, als Ordinaten auf und verbindet die dadurch festgelegten Punkte, so erhält man eine kontinuirliche Kurve, welche mit der Wahrscheinlichkeitskurve identisch ist. Dieselbe hat die in Figur 4 gezeichnete Gestalt (siehe folgende Seite); sie nähert sich nach beiden

[1]) Annal. Chem. Pharm. 1867, Supplementband, 5, 366.

Seiten asymptotisch der Abscissenaxe. Die ganze, einerseits von der Abscissenaxe, andererseits von der Kurve begrenzte Fläche stellt die Gesammtzahl aller Molekeln dar; dieselbe wird durch die grösste Ordinate bei t, welche die Mitteltemperatur darstellt, in zwei gleiche Theile zerlegt. Die symmetrische Gestalt der Kurve zeigt, dass die Temperatur der einen Hälfte der Molekeln grösser, der anderen Hälfte kleiner als die Mitteltemperatur ist. Die Anzahl der Molekeln, welche eine zwischen zwei Grenzen liegende Temperatur haben, wird durch das Flächenstück gegeben, das von den in den Temperaturpunkten errichteten Ordinaten aus der ganzen Fläche ausgeschnitten wird; z. B. die Anzahl der Molekeln, deren Temperatur zwischen t_1 und t_2 liegt, wird durch das Flächenstück $t_1 t_2$ A B gegeben. Daraus ergibt sich, dass die Temperatur der meisten Molekeln von der Mittel-

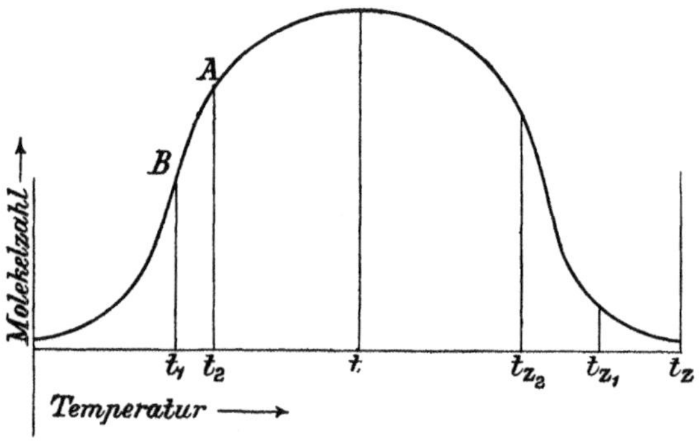

Fig. 4.

temperatur nur wenig abweicht; je kleiner die Abweichung ist, desto grösser ist die Anzahl der Molekeln und je grösser die Abweichung, desto kleiner die Zahl der Molekeln. Die Voraussetzungen, welche wir über die Vertheilung der Temperaturen auf die einzelnen Molekeln gemacht haben, werden demnach gut durch die Kurve ausgedrückt.

Nehmen wir nun an, die nebengezeichnete Kurve stelle das Gas in dem Augenblick dar, wo soeben die Dissociation beginnt, so liegt, wenn t die Mitteltemperatur des Gases ist, die Zersetzungstemperatur bei t_z, und die in diesem Punkte errichtete Ordinate schneidet die Kurve da, wo dieselbe asymptotisch zur Abscissenaxe wird. Wächst nun die Mitteltemperatur das Gases um τ^0, so wird die ganze Kurve um diesen Betrag τ längs der Abscissenaxe nach rechts verschoben, während t_z fest liegen bleibt; die neue Lage von t_z sei durch t_{z_1} ausgedrückt. Die im Punkte t_{z_1} errichtete Ordinate theilt nunmehr die Fläche in zwei Theile: alle links davon liegenden Molekeln haben die Zersetzungstemperatur noch nicht erreicht, alle rechts liegenden haben dieselbe überschritten; letztere sind daher zersetzt. Steigt nunmehr die Temperatur wieder um τ^0, so rückt die ganze Kurve wieder um τ nach rechts, so dass die Zersetzungstemperatur nun bei t_{z_2} liegt. Die Anzahl der bei dieser Temperaturerhöhung zersetzten Molekeln ist aber grösser als bei der ersten gleichen Temperaturerhöhung, weil jetzt die Mitteltemperatur der Zersetzungstemperatur näher liegt und weil nach der Mitte zu das gleichen Abscissen entsprechende Flächenstück grösser ist als nach den Seiten hin. Ist die Mitteltemperatur gleich der Zersetzungstemperatur, so fällt t_z mit t zusammen und die in diesem Punkt errichtete Ordinate theilt die Fläche in zwei gleiche Theile: die Hälfte der Molekeln ist zersetzt. Wird die Mitteltemperatur des Gases grösser als die Zersetzungstemperatur, so rückt t_z über t hinaus und die gleichen Verschiebungen der Kurve nach rechts entsprechenden Flächenstücke werden immer kleiner, d. h. die gleichen Temperaturzuwachsen entsprechenden Zersetzungszuwachse werden nach dem Ueberschreiten der Zersetzungstemperatur immer kleiner. Bei weiterer Temperaturerhöhung, welche durch weitere Verschiebung der Kurve nach rechts ausgedrückt wird, schneidet zuletzt die in t_z errichtete Ordinate die Kurve erst in dem asymptotischen Theil; hierdurch wird die Vollendung der Dissociation angezeigt.

Berechnung des Dissociationsgrades.

Es ist nunmehr unsere Aufgabe, die aus der Theorie der Dissociationserscheinungen gefolgerten Thatsachen durch Versuchsergebnisse zu bestätigen; wir müssen daher die quantitativen Verhältnisse der Dissociation verfolgen. Die Deville'schen Versuche können nur zum qualitativen Nachweis der Dissociation dienen, da nur ein Theil der dissociirten Gase an der Wiedervereinigung verhindert werden kann. Dagegen kann man aus der Verbrennungstemperatur von Gasen oder Gasgemischen unter Umständen einen Schluss auf den Zersetzungsgrad machen. Betrachten wir z. B. die Zersetzung des Wassers in Wasserstoff und Sauerstoff, welche von Deville bei 1200^0 nachgewiesen wurde. Da man durch Verbrennen von Wasserstoff in Sauerstoff Temperaturen von mehr als 2000^0 erzeugen kann, so folgt ohne Weiteres, dass bei 1200^0 die Zersetzung des Wassers nicht vollständig sein kann, da sonst höhere Temperaturen als 1200^0 durch Verbrennen des Wasserstoffs nicht zu erreichen wären. Ferner aber ergibt sich, dass man bei der Verbrennung des Wasserstoffs in Sauerstoff selbst unter den günstigsten Verhältnissen niemals die Temperatur erreicht, welche theoretisch durch die vollständige Verbrennung des Wasserstoffs erzielt werden müsste. Der Grund dieses Verhaltens liegt darin, dass der Wasserdampf bei der hohen Temperatur nur theilweise unzersetzt bestehen und sich deshalb auch nur theilweise bilden kann. Ein Theil des Wasserstoffs und Sauerstoffs bleibt zunächst unverändert und verbrennt erst nachher während der Abkühlung oder in den kälteren Theilen der Flamme.

Aus der Differenz zwischen der theoretischen und der beobachteten Verbrennungstemperatur kann man nun auf den Dissociationsgrad bei der beobachteten Temperatur schliessen. Z. B. die theoretische Verbrennungstemperatur des Knallgases im geschlossenen Gefäss beträgt im Maximum 7850^0; damit sind die beobachteten Verbrennungstemperaturen zu vergleichen. Die Messung der hohen Verbrennungstemperaturen ist äusserst schwierig; man hat dieselben angenähert aus dem Druck der Gase im Momente der Verbrennung ermittelt. Die Versuche ergaben, dass die Verbrennungstemperatur des Knallgases in einem geschlossenen Gefässe etwa 2700^0 beträgt, woraus sich weiter berechnet, dass nur etwa $^1/_3$ des Wasserstoffs (34,5 Prozent) momentan verbrennt. Bei einem anderen Versuch, bei welchem dem Knallgas auf je 1 Volum 1,89 Volume Stickstoff beigemischt waren, betrug die Verbrennungstemperatur etwa 1925^0, während sie theoretisch gleich 3485^0 ist; daraus ergibt sich, dass nur etwas über die Hälfte des Wasserstoffs (54,5 Prozent) momentan verbrannte. Umgekehrt folgt aus diesen Versuchsergebnissen, dass bei 1925^0 fast die Hälfte und bei 2700^0 etwa $^2/_3$ des Wasserdampfes in Wasserstoff und Sauerstoff dissociirt sind. Ganz entsprechende Beobachtungen sind bei der Bestimmung der Verbrennungstemperatur des Kohlenoxyds im Sauerstoff gemacht worden. Kohlenoxyd und Sauerstoff verbinden sich bei Temperaturen zwischen 1000^0 und 3000^0 nur theilweise zu Kohlensäure und zwar um so weniger, je höher die Verbrennungstemperatur ist.

Wie man sieht, gibt die Messung der Verbrennungstemperatur Auskunft über den Grad der Dissociation bei dieser Temperatur. Weit einfacher und in viel grösserem Umfange lässt sich der Gang der Dissociation aus dem Einflusse erkennen, den dieselbe auf das Volumgewicht der gasförmigen Substanz ausübt. Wir gelangen somit hier zu den Verhältnissen, welche die Dissociationserscheinungen für die theoretische Chemie so ausserordentlich wichtig gemacht haben. Haben wir ein Gasvolum von irgend welcher Grösse, so sind in demselben so viele Molekeln enthalten, wie in einem gleichen Volum Wasserstoff von dem gleichen Druck und der gleichen Temperatur. Das Gas sei nun dissociirbar und werde bis zum Beginne der Dissociation erhitzt; dann beginnt bei weiterer Erwärmung ein Theil der Molekeln zu zerfallen und aus einer Molekel entstehen mehrere Theilmolekeln. Da nun in gleichen Raumtheilen aller Gase eine gleiche Anzahl Molekeln enthalten ist, so wird das theilweise dissociirte Gas einen grösseren Raum einnehmen, als ein nicht dissociirtes, z. B. Wasserstoff, denn die Zahl seiner Molekeln ist grösser. Nun ist das Gasvolumgewicht einer Substanz das Gewicht eines Volums des Gases, verglichen mit demjenigen eines gleichen Volums Luft oder Wasserstoff. Nach dem Beginn der Dissociation wird aber das Gewicht eines Volumens des Gases kleiner als vorher, weil das Gesammtgewicht unverändert geblieben, das Volumen aber grösser geworden ist; das Gasvolumgewicht wird also mit Beginn der Dissociation kleiner werden und mit zunehmender Temperatur immer mehr abnehmen, bis die Dissociation vollendet ist. In diesem Augenblick sind alle Molekeln zerfallen; entstehen nun aus 1 Molekel des ursprünglichen Gases durch Zersetzung n neue Theilmolekeln, so ist der von dem Gase eingenommene Raum n mal grösser, als er ohne Eintritt der Dissociation wäre, und das Gasvolumgewicht beträgt nur noch den nten Theil des normalen; ist das normale Gasvolumgewicht der Substanz gleich d, so beträgt es nach der Vollendung der Dissociation nur noch $\frac{d}{n}$.

Wir haben somit ein Mittel an der Hand, den Dissociationsgang aller derjenigen dissociirbaren Substanzen zu verfolgen, bei welchen die allmähliche Zersetzung bei so niederen Temperaturen erfolgt, dass Gasvolumgewichtsbestimmungen bei denselben ausführbar sind. Für diejenigen Verbindungen, deren Dissociation zuerst beobachtet wurde, z. B. Wasser, Kohlenoxyd u. s. w., lässt sich der Dissociationsgang auf diesem Wege nicht ermitteln, weil das Temperaturintervall der Dissociation zu hoch liegt, um innerhalb desselben Gasvolumgewichtsbestimmungen auszuführen; Wasser zeigt z. B. nach H. Sainte-Claire Deville[1]) bei 1000° noch das normale Gasvolumgewicht. Den Chemiker interessiren aber diese erst bei sehr hoher Temperatur dissociirten Verbindungen viel weniger, als die bei niederer Temperatur zersetzbaren, bei denen die Dissociation erst durch die Veränderlichkeit oder den abnormen Werth des Gasvolumgewichts sich bemerkbar machte.

Die Beziehung zwischen dem Grad der Zersetzung und dem Gasvolumgewicht der dissociirbaren Substanzen lässt sich leicht durch eine Formel ausdrücken. Das normale Gasvolumgewicht einer Substanz sei gleich d, und bei der vollkommenen Dissociation zerfalle jede Molekel derselben in n Theilmolekeln. Hat man dann bei einer innerhalb des Dissociationsintervalls gelegenen Temperatur das Gasvolumgewicht d_1 ermittelt, so soll der Dissociationsgrad berechnet werden;

[1]) Compt. rend. 1863, *56*, 195; Annal. Chem. Pharm. 1863, *126*, 184.

zweckmässig berechnet man die Prozente der dissociirten Molekeln, d. h. die Anzahl Molekeln, welche von 100 ursprünglich vorhandenen zersetzt sind. Sie sei gleich x. Da 1 Molekel in n Theile zerfällt, so liefern die x zersetzten Molekeln n . x Theilmolekeln; die Gesammtzahl aller Molekeln beträgt demnach 100 — x unzersetzte und n . x durch Dissociation entstandene, also $100 - x + nx = 100 + (n - 1)x$. Vor der Zersetzung, als 100 Molekeln vorhanden waren, war das Gasvolumgewicht gleich d, nach Beginn der Zersetzung, wo $100 + (n - 1)x$ Molekeln vorhanden sind, wurde dasselbe zu d_1 gefunden; da nun nach dem Avogadro'schen Gesetze die Gasvolumgewichte der Anzahl der Molekeln umgekehrt proportional sind, so ist:

$$[100 + (n - 1)x] : 100 = d : d_1,$$

woraus sich ergibt:

$$x = \frac{100 \cdot (d - d_1)}{(n - 1) \cdot d_1}.$$

August Horstmann[1]) stellt den Zusammenhang zwischen dem Dissociationsgrad einer Substanz und ihrem Gasvolumgewicht bei verschiedenen Temperaturen in einer anderen Form dar. Da, wie vorher auseinandergesetzt wurde, die Vertheilung der Temperaturen der einzelnen Molekeln bei gegebener Mitteltemperatur durch die Wahrscheinlichkeitskurve graphisch dargestellt wird, so werden die Beziehungen der zersetzten Molekeln zu den unzersetzten durch die Gleichung dieser Kurve dargestellt. Horstmann stellt für die Anzahl der zersetzten (y) sowie der unzersetzten (x) Molekeln mit Hülfe der höheren Mathematik zwei Formeln auf, die neben Grössen, welche für jede Substanz Konstanten darstellen, nur Temperaturen enthalten. Ist das normale Gasvolumgewicht der Substanz gleich d und sind x Molekeln noch unzersetzt, y aber in n . y Theilmolekeln zerfallen, so ist das Gasvolumgewicht d_1 unter diesen Umständen $d_1 = \frac{d}{x + ny}$. Indem er für x und y die Werthe aus den oben erwähnten Gleichungen einsetzt, gelangt er nach einigen Transformationen zu der Formel:

$$d_1 = \frac{2d}{(n + 1) - \int_0^{\tau_1^n} d\tau \cdot \frac{2(n - 1) e^{-\tau^2}}{\sqrt{\pi}}}.$$

Darin ist $\tau = h(T - T_0)$ und $\tau_1 = h(t - T_0)$. Die Buchstaben haben folgende Bedeutung: d ist das normale Gasvolumgewicht der

[1]) Ber. deutsch. chem. Gesellschaft 1868, *1*, 210.

Substanz, d_1 das bei der Temperatur T_0 beobachtete; n ist die Anzahl Theilmolekeln, in welche eine Molekel bei der Dissociation zerfällt. T_0 ist die Mitteltemperatur des Gases, t die Zersetzungstemperatur, d. h. die Temperatur der halbvollendeten Zersetzung, und T ist die variable Temperatur der einzelnen Molekeln. h ist eine von der Natur der Substanz abhängige Grösse, welche für jede Substanz konstant ist und deren Abhängigkeit von anderen Eigenschaften nicht bekannt ist. Es ist augenscheinlich, dass unendlich viele Kurven von ähnlicher Form wie die Wahrscheinlichkeitskurve existiren, welche bald flacher, bald steiler sind, und die Erfahrung hat gelehrt, dass die Temperaturkurven für verschiedene Körper sehr verschieden sind; durch diese Unterschiede wird die Grösse von h bestimmt. e ist die Basis der natürlichen Logarithmen und π die bekannte Kreiszahl. Kennt man nun für eine Substanz die Grössen t und h, so kann man d_1 für beliebige Mitteltemperaturen T_0 berechnen und mit den beobachteten Gasvolumgewichten vergleichen. Die Uebereinstimmung der beobachteten und berechneten Werthe zeigt die Richtigkeit der Theorie.

Zur numerischen Berechnung müssen t und h bekannt sein. t ist die Zersetzungstemperatur, oder die Temperatur der halbvollendeten Zersetzung. Wenn also die Mitteltemperatur T_0 die Zersetzungstemperatur t erreicht hat, ist die Anzahl der zersetzten Molekeln y gleich derjenigen der unzersetzten x, beide sind gleich $^1/_2$, es ist $x = y = {}^1/_2$. Dann wird $d_1 = \frac{d}{{}^1/_2 + {}^1/_2 n} = \frac{2\,d}{n+1}$, d. h. t ist diejenige Temperatur, bei welcher das Gasvolumgewicht gleich $\frac{2\,d}{n+1}$ gefunden wird; dieselbe muss aus den Beobachtungen entnommen werden. Ist t bekannt, so wird h bestimmt, indem man für irgend einen beobachteten Werth von d_1 den Werth des Integrals berechnet und aus Tafeln, welche sich in dem Berliner Astronomischen Jahrbuch von 1834 finden, die diesem Werth des Integrals entsprechende Grösse von τ_1 entnimmt; aus der Formel $\tau_1 = h\,(t - T_0)$ ergibt sich dann die Grösse von $h = \frac{\tau_1}{t - T_0}$. Nachdem diese konstanten Grössen h und t ermittelt sind, kann man auf dem umgekehrten Wege für beliebige Mitteltemperaturen T_0 die zugehörigen Gasvolumgewichte d_1 aus der Formel berechnen. Wir werden sehen, dass die berechneten Werthe mit den beobachteten ausgezeichnet übereinstimmen.

Im Vorhergehenden wurden die Dissociationsvorgänge vom Standpunkte der kinetischen Gastheorie betrachtet und eine Dissociationstheorie besprochen, welche uns in den Stand setzt, die abnormen Gasvolumgewichte mit dem Avogadro'schen Gesetze in Einklang zu bringen.

Dem Chlorammonium kommt z. B. unzweifelhaft die Molekularformel $NH_4\,Cl = 53{,}39$ zu; demgemäss sollte sein Gasvolumgewicht nach dem Avogadro'schen Gesetze $d_h = \frac{53{,}39}{2} = 26{,}695$ oder $d_l = 1{,}8493$ sein. In Wirklichkeit wurde aber das Gasvolumgewicht nur halb so gross gefunden, nämlich $d_h = 13{,}35$ oder $d_l = 0{,}925$. Das diesem Gasvolumgewicht entsprechende Molekulargewicht 26,70 würde zur Formel $N_{\frac{1}{2}}\,H_2\,Cl_{\frac{1}{2}}$ führen, welche nicht möglich ist. Diese Abweichung findet darin eine befriedigende Erklärung, dass man die Zersetzung des Salmiaks beim Uebergang in den Gaszustand in Salzsäure und Ammoniak nachgewiesen hat. Es wurde überzeugend dargethan, dass das, was als Salmiakdampf erscheint, in Wirklichkeit ein mechanisches Gemenge von äquimolekularen Gewichtsmengen Salzsäure und Ammoniak ist. Der Zerfall geht nach der Gleichung vor sich:

$$\underset{2\,\text{Vol.}}{NH_4\,Cl} = \underset{2\,\text{Vol.}}{NH_3} + \underset{2\,\text{Vol.}}{H\,Cl.}$$

Aus 2 Volumen Salmiakdampf entstehen 2 Volume Salzsäuregas und 2 Volume Ammoniak, das Volumen wird also doppelt so gross, als es wäre, wenn der Salmiak unzersetzt verdampfte. Da das Gewicht des Dampfes bei der Zersetzung nicht verändert wird, so muss das Gasvolumgewicht des Salmiaks, das Gewicht der Volumeneinheit, gleich der Hälfte des normalen gefunden werden. Das aus dem Gasvolumgewicht berechnete Molekulargewicht des Salmiaks ist in Wirklichkeit das arithmetische Mittel der Molekulargewichte des Ammoniaks und der Salzsäure:

$$N^{1}/_{2}\,H_2\,Cl^{1}/_{2} = \frac{NH_3 + HCl}{2} = \frac{17{,}02 + 36{,}37}{2} = 26{,}695.$$

In dieser Weise sollen im Folgenden die Versuchsergebnisse der wichtigsten dissociirbaren Substanzen besprochen werden.

Die Erklärung der abnormen Gasvolumgewichte durch Dissociation der diese Ausnahmestellung einnehmenden Substanzen wurde indess nicht allseitig anerkannt; eine Anzahl Chemiker wies diese Erklärung mit grosser Hartnäckigkeit zurück und namentlich bei einigen Substanzen entbrannte der Streit auf's Heftigste. Die Erörterungen zwischen den Anhängern und Gegnern der Dissociationstheorie und die experimentellen Thatsachen, welche dieselben im Gefolge hatten, werden uns alsbald beschäftigen.

Fassen wir noch einmal das Ergebniss der Spekulation über die Dissociation der Gase kurz zusammen, so haben wir folgenden allgemeinen Gang der Gasvolumgewichte dissociirbarer Substanzen mit zunehmender Temperatur zu erwarten. Das Gasvolumgewicht bleibt bis zu einer bestimmten Temperatur unverändert gleich dem normalen, dem Avogadro'schen Gesetze entsprechenden; dann beginnt es kleiner zu werden, erst langsam, dann rascher, später wieder langsamer und wird zuletzt oberhalb einer bestimmten Temperatur wieder konstant und gleich einem rationalen Bruchtheil des normalen Werthes. Trägt man die Gasvolumgewichte einer dissociirbaren Substanz als Ordinaten, die zugehörigen Temperaturen als Abscissen in ein rechtwinkliges Coordinatensystem, so erhält man durch Verbindung der so festgelegten Punkte eine Kurve von der untengezeichneten Form. Von a bis b ist die Linie grade und läuft der Abscissenaxe parallel; bei b geht sie in eine Kurve über, welche sich der Abscissenaxe nähert und ihr zuerst die konkave Seite zukehrt; nachdem sie bei c einen Wende-

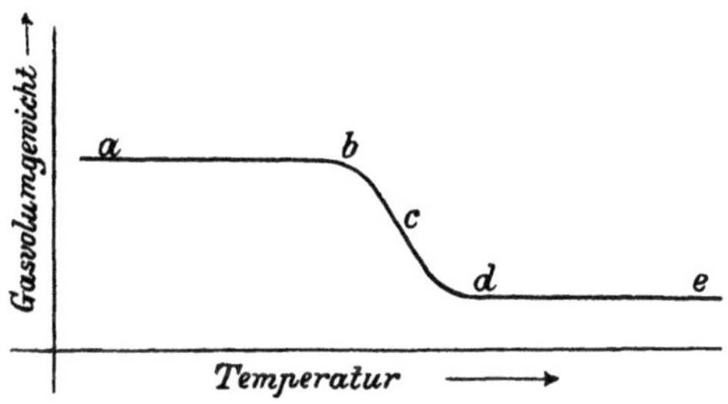

Fig. 5.

punkt gehabt hat, kehrt sie der Abscissenaxe ihre konvexe Seite zu und geht schliesslich bei d wieder in eine der Abscissenaxe parallele Grade über.

Diesen Verlauf zeigt die Dissociation aller Substanzen, welche bis jetzt geprüft worden sind. Allerdings ist es bei den meisten dissociationsfähigen Körpern nicht möglich, die ganze Kurve experimentell zu bestimmen. Meist fehlt der erste gradlinige Theil a b der Kurve, d. h. also, die Substanz ist bereits bei den niedrigsten Temperaturen, die eine Gasvolumgewichtsbestimmung zulassen, theilweise dissociirt. Bei anderen Körpern lässt sich nur der letzte gradlinige Theil d e der Kurve bestimmen; derartige Substanzen sind nicht unzersetzt verdampfbar, sie zerfallen beim Vergasen sogleich vollkommen in ihre Bestandtheile. Sodann ist nur bei einer beschränkten Anzahl von dissociirbaren Körpern die eingehende Verfolgung des Zersetzungsgangs möglich, weil nicht für alle genügend viele und genügend genaue Gasvolumgewichtsbestimmungen ausgeführt worden sind.

Ergebnisse der Gasvolumgewichtsbestimmungen dissociirbarer Substanzen.

Im Folgenden werden die Stoffe, an welchen Dissociationserscheinungen beobachtet worden sind, im Allgemeinen nach dem chemischen System geordnet aufgeführt. Da indess der Grad der Genauigkeit, mit welchem die einzelnen Stoffe untersucht worden sind, ein sehr wechselnder ist, schien es zweckmässig, zunächst die vier Stoffe zu besprechen, deren Dissociationsgang vollkommen erforscht ist: es sind dies das Bromwasserstoff-Amylen, das Chlorwasserstoff-Amylen, das Jod und der Schwefel. Hieran möge sich als fünfter Stoff die Untersalpetersäure schliessen, welche unter allen dissociationsfähigen Körpern am besten studirt ist. Dann folgen die übrigen Elemente und Verbindungen.

Bromwasserstoff-Amylen. Von allen hierher gehörigen Substanzen ist nur von dem früher sogenannten Bromwasserstoff-Amylen der Dissociationsgang durch eine unter gleichen Bedingungen ausgeführte Versuchsreihe so genau ermittelt, dass die ganze Dissociationskurve bekannt ist. Die Verbindung wird jetzt Methyl-Isopropylcarbinolbromid genannt $\left(\begin{matrix}(CH_3)_2=CH \\ CH_3\end{matrix}\!\!>\!CH\,Br\right)$.

Das Bromwasserstoffamylen (Methyl-Isopropylcarbinolbromid) siedet bei 113°. Aus der Zusammensetzung $C_5H_{11}Br$ ergibt sich nach dem Avogadro'schen Gesetze das normale Gasvolumgewicht, auf Wasserstoff bezogen, $d_h = 75,3$ und auf Luft bezogen $d_l = 5,2165$ oder abgerundet 5,22. Die Veränderlichkeit des Gasvolumgewichts dieser Verbindung wurde von Ad. Wurtz[1]) nachgewiesen. Er beobachtete, dass dieselbe bei Temperaturen, welche 40 bis 60° über dem Siedepunkt liegen, nach dem Dumas'schen Verfahren das normale Gasvolumgewicht liefert; bei höheren Temperaturen wird letzteres immer kleiner, bis es genau die Hälfte des normalen beträgt, nämlich $d_l = 2,608$ oder abgerundet 2,61. Wir erklären diese Abnahme des Gasvolumgewichts durch die allmähliche Zersetzung des Bromwasserstoff-Amylens in Amylen und Bromwasserstoff:

$$\underbrace{C_5H_{11}Br}_{2\ \text{Vol.}} = \underbrace{\underset{2\ \text{Vol.}}{C_5H_{10}} + \underset{2\ \text{Vol.}}{HBr}}_{4\ \text{Vol.}}.$$

Bei niederen Temperaturen nimmt der unzersetzte Dampf 2 Volume ein, sein Gasvolumgewicht ist daher normal, gleich dem halben Molekulargewicht. In höherer Temperatur zersetzt sich der Dampf in Amylen und Bromwasserstoff und nimmt dann 4 Volume ein; sein

[1]) Compt. rend. 1865, *60*, 728; Annal. Chem. Pharm. 1865, *135*, 314.

Gasvolumgewicht, d. h. das Gewicht von 1 Volum Dampf, ist dann gleich $^1/_4$ des Molekulargewichts.

Im Folgenden sind die von Wurtz erhaltenen Zahlenwerthe aufgeführt; daneben sind die Prozente der Zersetzung gestellt, welche nach S. 248 von A. Naumann[1]) berechnet sind. Da jede Molekel in 2 Theilmolekeln zerfällt, so ist in der Formel (S. 248) n = 2 zu setzen, so dass $x = \frac{100\,(d - d_1)}{d_1}$ wird; x sind die Prozente zersetzter Molekeln, d ist das normale Gasvolumgewicht und d_1 das bei der betreffenden Temperatur beobachtete Gasvolumgewicht. In den folgenden Tabellen sind durchweg die auf Luft bezogenen Gasvolumgewichte aufgeführt, da alle Autoren sich dieser bedient haben; in obiger Formel ist daher d = 5,22 zu setzen. In der letzten Spalte findet sich der prozentische Zuwachs der Zersetzung für je 10^0 Temperaturerhöhung.

Temperatur °C.	Gasvolumgewicht d_1	Prozente der Zersetzung x	Mittl. proz. Zuwachs der Zersetzung für 10^0 Temperaturerhöhung	Temperatur °C.	Gasvolumgewicht d_1	Prozente der Zersetzung x	Mittl. proz. Zuwachs der Zersetzung für 10^0 Temperaturerhöhung
152,0	5,37			225,0	{4,69		4,5
155,8	5,18				3,68}		
160,5	5,32			236,5	3,83	36,3	19,0
165,0	5,14			248,0	3,30	58,2	7,4
171,2	5,16			262,5	3,09	68,9	
173,1	5,18			272,0	3,11		
183,3	5,15	1,4		295,0	3,19		1,2
185,5	5,12	2	7,7	305,3	3,19		
193,2	4,84	7,9		314,0	2,98	75,1	11,7
195,5	4,66	12,0	9,2	319,2	2,88	81,2	4,6
205,2	4,39	18,9	8,0	360,0	2,61	100,0	
215,0	4,12	26,7					

Prüfen wir nun, wie weit sich die Versuchsergebnisse mit der Theorie decken, so ist zunächst die nicht gering anzuschlagende Unzuverlässigkeit der Gasvolumgewichtsbestimmungen zu berücksichtigen. Die grösste Schwierigkeit verursachen hier die Temperaturverhältnisse. Die Gasvolumgewichte des Bromwasserstoff-Amylens wurden nach der Dumas'schen Methode bestimmt. Lässt man bei diesem Verfahren den Ballon beim Erhitzen längere Zeit offen, so entspringt, wenn die zu untersuchende Substanz dissociirt ist, eine Fehlerquelle aus der verschiedenen Diffusionsgeschwindigkeit der Bestandtheile, indem derjenige

[1]) A. Naumann, Thermochemie. Braunschweig 1882, bei Fr. Vieweg und Sohn. S. 122.

mit dem kleineren Molekulargewicht rascher ausströmt als der andere. Wird der Ballon aber nur kurze Zeit der Temperatur des Bades ausgesetzt, so hat sein Inhalt die Badtemperatur noch nicht erreicht, die Zersetzung ist noch nicht so weit vorgeschritten, wie es der Badtemperatur entsprechen sollte, und das Gasvolumgewicht wird zu hoch gefunden. Diese Einflüsse lassen sich bei den auf das Bromwasserstoff-Amylen bezüglichen Zahlenwerthen sehr gut erkennen. Während bei wachsender Temperatur die ganze Tendenz der Gasvolumgewichte eine abnehmende ist, finden sich mehrmals Zunahmen des Gasvolumgewichts bei steigender Temperatur; z. B. bei 262,5^0 ist $d_1 = 3{,}09$, bei 305,3 $d_1 = 3{,}19$. Besonders charakteristisch sind hierfür die beiden Werthe 4,69 und 3,68 bei der Temperatur 225^0; der erstere zu hohe Werth wurde bei raschem Erhitzen des Ballons auf 225^0 erhalten, der zweite nach 10 Minuten dauernder Einwirkung dieser Temperatur. Sieht man von diesen Abweichungen der Einzelheiten ab, so lässt sich bei Betrachtung der letzten, die Zuwachse der Zersetzung enthaltenden Spalte das Eintreten der von der Theorie geforderten Gesetzmässigkeit im Allgemeinen nicht verkennen. Die Abnahme des Gasvolumgewichts geht zuerst langsam vor sich, dann rascher, bis die Hälfte der Molekeln zersetzt ist, sodann wieder langsamer, bis der Werth auf die Hälfte des normalen gesunken ist.

Die im Allgemeinen stattfindende Uebereinstimmung der Versuchsergebnisse mit der Theorie gibt sich deutlich an der graphischen Darstellung des Zersetzungsgangs des Bromwasserstoff-Amylens zu erkennen. Trägt man die Gasvolumgewichte als Ordinaten und die zugehörigen Temperaturen als Abscissen in ein Coordinatensystem ein, so hat die durch die Punkte festgelegte Kurve die von der Theorie geforderte liegende S-Form; die aus den Versuchen erhaltenen Punkte liegen zum grossen Theil auf der Kurve, zum Theil auch ausserhalb derselben, jedoch so, dass im Ganzen die Gestalt der Kurve durch die Punkte sehr deutlich gekennzeichnet wird.

Der Temperaturumfang der Dissociation des Bromwasserstoff-Amylens beträgt nach diesen Untersuchungen etwa 175^0; die Dissociation beginnt bei ungefähr 185^0 und ist bei 360^0 vollendet. Die Zersetzungstemperatur, d. h. die Temperatur der halbvollendeten Zersetzung, ist ungefähr 242^0.

Neuerdings wurden von G. Lemoine[1]) Untersuchungen über die Dissociation des Bromwasserstoff-Amylens bei verschiedenem Druck angestellt. Die Ergebnisse sind in der folgenden Tabelle enthalten.

---

[1]) Compt. rend. 1891, *112*, 855.

Temperatur	Gasvolumgewicht bei 1 Atm. Druck	Procente der Zersetzung	Gasvolumgewicht bei 0,1 Atm. Druck	Procente der Zersetzung
100°	—	—	5,0	5
150°	5,2	0	4,6	14
175°	5,0	5	4,1	28
185°	4,1	28	3,4	54
200°	3,5	50	3,1	69
225°	3,0	75	2,8?	87?
300°	2,6	100	2,6	100

Die bei Atmosphärendruck ermittelten Zahlen weichen sehr erheblich von den Wurtz'schen ab. Nach den ersteren beginnt die Dissociation bei etwa 165° und ist schon unter 300° vollendet; die Zersetzungstemperatur liegt bei 200°.

Chlorwasserstoff-Amylen. Das Chlorwasserstoff-Amylen ist identisch mit dem bei 90° siedenden Methyl-Isopropylcarbinolchlorid $(CH_3)_2{=}CH\atop CH_3$ $>CH\,Cl = C_5\,H_{11}\,Cl$. Sein Molekulargewicht ist gleich 106,22, sein normales Gasvolumgewicht $d_h = 53{,}11$ und $d_l = 3{,}679$. Das Gasvolumgewicht dieser Verbindung wurde von A. Cahours[1]) bei 141° zu $d_l = 3{,}75$ gefunden. A. Wurtz[2]) zeigte dann, dass das Gasvolumgewicht während eines Temperaturintervalls von fast 100° normal bleibt, dass es aber dann abnimmt und schliesslich gleich der Hälfte des normalen wird. Er fand bei 100° $d_l = 3{,}66$, bei 193° $d_l = 3{,}58$, bei 291° aber $d_l = 1{,}81$. Der letzte Werth deutet auf vollständige Zersetzung der Verbindung in Chlorwasserstoff und Amylen; dem dissociirten Gemisch kommt das theoretische Gasvolumgewicht $d_l = 1{,}84$ zu. Der Zersetzungsgang des Chlorwasserstoff-Amylens ist im Einzelnen nicht untersucht worden.

Jod. Das Gasvolumgewicht des Jods ist sehr häufig bestimmt worden; die Veränderlichkeit desselben mit der Temperatur wurde dagegen erst verhältnissmässig spät beobachtet, da dieselbe erst bei hoher Temperatur ihren Anfang nimmt. Die Untersuchungen ergaben, dass das Gasvolumgewicht des Jods bis etwa 600° normal ist, dann abnimmt und unter dem gewöhnlichen atmosphärischen Druck bei 1500° nur noch 0,57 des normalen beträgt. Das normale, dem Molekulargewicht $J_2 = 253{,}07$ entsprechende Gasvolumgewicht des Jods ist $d_h = 126{,}535$ und $d_l = 8{,}766$.

---

[1]) Compt. rend. 1863, *56*, 900; Annal. Chem. Pharm. 1863, *128*, 68.

[2]) Annal. Chem. Pharm. 1864, *129*, 368; Compt. rend. 1866, *62*, 1182; Annal. Chem. Pharm. 1866, *140*, 171.

Von einzelnen Gasvolumgewichtsbestimmungen des Jods seien die folgenden angeführt: A. Bineau[1]) fand $d_I = 8,65$ bei 684° nach der Dumas'schen Methode. L. Troost[2]) fand nach der Dumas'schen Methode im Selendampf bei 665° $d_I = 8,53$ und 8,57. Derselbe[3]) führte eine Anzahl von Gasvolumgewichtsbestimmungen des Jods bei verschiedenen Temperaturen und Drucken aus, welche folgendes Ergebniss hatten:

Temperatur °C.	Druck mm	Gasvolumgewicht d_I
Siedepunkt des Schwefels 448,4	34,52	7,35
	48,57	7,76
	48,6	7,75
	67,2	8,20
	768,0	8,70
1235,5	438,0	5,82
1241,0	440,0	5,71
1250,0	434,3	5,65.

Mehrfach wurde ferner von Viktor Meyer und seinen Schülern das Gasvolumgewicht des Jods nach des Ersteren Gasverdrängungsverfahren bestimmt. V. Meyer und C. Meyer[4]) beobachteten $d_I = 8,75$ und 8,83 bei 261°. V. Meyer[5]) fand bei verschiedenen Temperaturen folgende Werthe:

Temperatur	Gasvolumgewicht
253°	8,83
	8,89
etwa 450°	8,84
	8,85
586°	8,71
	8,71
	8,73
842°	6,68
	6,80
	6,80
1027°	5,74
	5,75

Temperatur	Gasvolumgewicht
1052°	5,88
1050 bis 1100°	5,72
	5,76
	5,78
	5,92
	6,16
1567°	5,60
	5,67
	5,71
	5,81
höchste erreichbare Temperatur	4,53
	4,55
	4,57

J. M. Crafts[6]) fand bei Gelbgluth $d_I = 5,93$ und 6,01.

---

[1]) Compt. rend. 1859, *49*, 799; Annal. Chem. Pharm. 1860, *114*, 383.
[2]) Compt. rend. 1882, *95*, 30.
[3]) Compt. rend. 1880, *91*, 54.
[4]) Ber. deutsch. chem. Gesellschaft 1878, *11*, 2258.
[5]) Ber. deutsch. chem. Gesellschaft 1880, *13*, 394, 1010 und 1103.
[6]) Compt. rend. 1880, *90*, 183.

J. J. Thomson[1]) gab an, dass der Joddampf durch den Funkenstrom des Induktionsapparates schon bei 200 bis 230° dissociirt werde; die Dissociation bleibe noch mehrere Stunden nach dem Aufhören des Funkenstroms bestehen und könne daher durch die Bestimmung des Gasvolumgewichts festgestellt werden.

E. P. Perman[2]) fand dies nicht bestätigt; mit Hilfe der Kundtschen Schallmethode (S. 84) wies er nach, dass der Joddampf bei niederer Temperatur nicht dissociirt ist und auch durch den Induktionsfunkenstrom nicht verändert wird.

C. Schall[3]) ermittelte nach dem Verdrängungsverfahren $d_l = 8{,}807$ und 8,85 bei 400 bis 500° und H. Biltz[4]) bei Gelegenheit anderer Versuche nach der Dumas'schen Methode bei 518° (Siedepunkt des Phosphorpentasulfids) $d_l = 8{,}840$ und bei 606° (Siedepunkt des Zinnchlorürs) $d_l = 8{,}807$ und 9,165.

Ganz neuerdings bestimmten A. Krause und V. Meyer[5]) das Gasvolumgewicht des Jods nach dem S. 162 beschriebenen Verfahren in einer Luftatmosphäre bei der Temperatur des siedenden Schwefels (448°); sie fanden $d_l = 8{,}86$ und 8,89. Demnach ist bei dieser Temperatur auch bei starker Verdünnung des Joddampfs mit Luft noch keine Dissociation eingetreten.

Aus diesen Einzelbestimmungen ist zwar ersichtlich, dass das Gasvolumgewicht des Jods bis etwa 600° normal ist und dann abnimmt, der Zersetzungsgang im Einzelnen ist aber daraus nicht zu erkennen. Dazu ist eine den ganzen Temperaturumfang der Dissociation umfassende Versuchsreihe erforderlich, welche bei konstantem Druck ausgeführt sein muss. Denn der Druck übt einen ganz erheblichen Einfluss auf den Dissociationsgang aus; wir werden uns später noch eingehender mit demselben zu befassen haben. Bei den nach dem V. Meyer'schen Gasverdrängungsverfahren gewonnenen Werthen spielen auch noch andere Verhältnisse eine bedeutende Rolle; nachher wird gezeigt werden, dass diese Methode sich nur wenig zur Entscheidung über den Dissociationsgang eignet.

Ueber den Zersetzungsgang des Jods liegt eine grössere Versuchsreihe von Fr. Meier und J. M. Crafts[6]) vor, welche bei fast konstantem Druck von 727,7 mm im Mittel nach dem Gasverdrängungs-

[1]) Chem. News 1887, *55*, 252.

[2]) Proceed. Royal Soc. London 1890, *48*, 45.

[3]) Ber. deutsch. chem. Gesellschaft 1888, *21*, 100.

[4]) Zeitschr. physikal. Chemie 1888, *2*, 920.

[5]) Zeitschr. physikal. Chemie 1890, *6*, 8.

[6]) Ber. deutsch. chem. Gesellschaft 1880, *13*, 851; Compt. rend. 1880, *90*, 690.

verfahren ausgeführt wurde; die Berechnung des Zersetzungsgrades des Joddampfes rührt von Alex. Naumann[1]) her. Die Ergebnisse der Versuche sind in der folgenden Tabelle zusammengestellt.

Temperatur	Gasvolumgewicht d_l	Prozente der Zersetzung	Zersetzungszuwachs	Mittl. Zersetzungszuwachs für je 100^0
448^0	8,74			
680^0	8,23			
764^0	8,28			
855^0	8,07	8,6		
940^0	7,65	14,5	5,9	6,9
1043^0	7,01	25,0	10,5	10,2
1275^0	5,82	50,5	25,5	11,0
1390^0	5,27	66,2	15,7	13,7
1468^0	5,06	73,1	6,9	8,8.

Auch beim Jod entspricht der Zersetzungsgang im Ganzen der Theorie. Das Gasvolumgewicht ist bis 600^0 normal und entspricht der Molekularformel J_2. Mit steigender Temperatur nimmt das Gasvolumgewicht erst langsam, dann rascher, dann wieder langsamer ab. Bei der höchsten Temperatur von 1468^0 sind etwa $^3/_4$ aller Molekeln im Sinne der Gleichung: $J_2 = J + J$ zerfallen. Die Jodmolekel löst sich daher in isolirte Atome auf — eine Thatsache, welche wir oben (S. 205) bereits zum Beweis der Mehratomigkeit der Molekeln vieler Elemente benutzt haben. Die Zersetzungstemperatur liegt bei 1270^0. Der Dissociationsumfang des Jods ist ein ausserordentlich grosser; nimmt man an, dass die Temperatur der vollendeten Dissociation eben so hoch über der Zersetzungstemperatur liegt, wie die Temperatur der beginnenden Dissociation unter derselben, so beträgt der Dissociationsumfang mindestens 1200^0.

Die Vollendung der Dissociation wurde in dieser Versuchsreihe nicht erreicht. An der den Dissociationsgang darstellenden Kurve fehlt daher der letzte Theil, sie hat aber, soweit die Versuchsergebnisse reichen, die von der Theorie geforderte Gestalt.

Bei anderen Versuchen hat man den Endpunkt der Zersetzung, wo alle Jodmolekeln in Atome gespalten sind, erreicht; in diesem Falle muss das Gasvolumgewicht $d_l = 4{,}383$ sein. V. Meyer[2]) fand bei den höchsten erreichbaren Temperaturen $d_l = 4{,}53$, also annähernd den für vollkommene Zersetzung geltenden Werth. Zu demselben Ziele gelangten J. M. Crafts und Fr. Meyer[3]), als sie den Jod-

[1]) Ber. deutsch. chem. Gesellschaft 1880, *13*, 1050.

[2]) Ber. deutsch. chem. Gesellschaft 1880, *13*, 1010.

[3]) Compt. rend. 1881, *92*, 39; Ber. deutsch. chem. Gesellschaft 1881, *14*, 356.

dampf mit Luft gemischt zur Untersuchung zogen. Wir werden später des Näheren auseinandersetzen, dass die Verdünnung des zu untersuchenden Dampfes mit einem indifferenten Gase und die Herabminderung des Drucks in gleicher Weise wirken wie eine Temperaturerhöhung, nämlich die Zersetzung befördernd. Crafts und Meyer beobachteten, dass auch bei vermindertem Druck das Gasvolumgewicht des Jods bis etwa 700° konstant gleich dem normalen Werth 8,77 ist und von dieser Temperatur ab stetig kleiner wird, bis es die Hälfte des normalen Werthes, nämlich 4,4, erreicht hatte; bei weiterer Temperaturzunahme blieb es dann unverändert. Die Konstanz des Gasvolumgewichts trat unter einem Druck von 0,1 Atmosphäre bei etwa 1350°, unter 0,2 Atmosphären bei etwa 1400° ein. Bei einem Druck von 0,3 Atmosphären war das Gasvolumgewicht des Jods bei 1500° $d_l = 4{,}6$, unter 0,4 Atmosphären bei 1450° $d_l = 4{,}9$.

Schwefel. Wenn wir den Schwefel unter die Gruppe von Substanzen bringen, deren Zersetzungsgang vollkommen erforscht ist, von denen man also das normale Gasvolumgewicht und das nach vollendeter Zersetzung wieder konstant gewordene bestimmt hat, so muss dies mit einem gewissen Vorbehalt geschehen. Während man lange Zeit annahm, dass die Molekel des Schwefels bei niederer Temperatur aus 6 Atomen bestehe, also gleich S_6 sei, welche dann bei höherer Temperatur in zweiatomige Molekeln S_2 zerfallen, ist man durch Untersuchungen, welche der neuesten Zeit angehören, hieran zweifelhaft geworden. Da das Atomgewicht des Schwefels gleich 31,98 ist, so ist das Molekulargewicht des sechsatomigen Schwefels $S_6 = 191{,}88$ und sein theoretisches Gasvolumgewicht $d_h = 95{,}94$ und $d_l = 6{,}646$; das Molekulargewicht des zweiatomigen Schwefels ist $S_2 = 63{,}96$, sein theoretisches Gasvolumgewicht $d_h = 31{,}98$ und $d_l = 2{,}215$.

Die ersten Bestimmungen des Gasvolumgewichts des Schwefels rühren von J. Dumas[1]) her; derselbe fand bei Temperaturen von 493° bis 524° $d_l = 6{,}512$; 6,495; 6,617 und 6,581. Bald darauf erhielt E. Mitscherlich[2]) den Werth $d_l = 6{,}9$ bei 509°. V. Meyer und C. Meyer[3]) theilten mit, dass sie das Gasvolumgewicht des Schwefels $d_l = 6{,}58$ nach dem Gasverdrängungsverfahren gefunden haben, gaben aber die Temperatur, bei der es bestimmt wurde, nicht an, und L. Pfaundler[4]) bemerkte, dass er nach seiner Methode (s. S. 168) das Gasvolumgewicht des Schwefels normal gefunden habe. Während diese

¹) Annal. chim. phys. [2], 1832, *50*, 172.
²) Annal. Phys. Chemie 1833, *29*, 193; Annal. Chem. Pharm. 1834, *12*, 137.
³) Ber. deutsch. chem. Gesellschaft 1878, *11*, 2259.
⁴) Ber. deutsch. chem. Gesellschaft 1879, *12*, 165.

Bestimmungen auf ein höheres Molekulargewicht bei niederer Temperatur schliessen lassen, zeigten zuerst H. Sainte-Claire Deville und L. Troost[1]), dass bei höherer Temperatur das Gasvolumgewicht des Schwefels bedeutend kleiner ist. Sie fanden nach der Dumas'schen Methode bei 860° im Dampfe des siedenden Cadmiums $d_l = 2,22$; 2,21 und 2,25 und bei 1040° $d_l = 2,2$. Schon vorher hatte A. Bineau[2]) ähnliche Resultate erhalten; da aber seinen Bestimmungen manche Mängel anhafteten[3]), veröffentlichte er dieselben erst nach Bekanntgabe der Versuche von Deville und Troost. Bineau's Ergebnisse waren folgende:

Temperatur:	714°	727°	731°	743°	834°	851°	963°	1082°	1162°.
Gasvolumgewicht:	2,8	2,7	2,6	2,8	2,4	2,6	2,4	2,1	2,3.

Endlich fanden V. Meyer und C. Meyer[4]) bei hoher Temperatur nach dem Gasverdrängungsverfahren $d_l = 2,17$ und L. Troost[5]) bei 665° nach Dumas' Verfahren $d_l = 2,92$ und 2,94.

Aus diesen Versuchsergebnissen wurde geschlossen, dass die Schwefelmolekel bei 450° bis 550° aus 6 Atomen bestehe, entsprechend dem Gasvolumgewicht $d_l = 6,646$, welche bei weiterer Temperaturerhöhung in Molekeln von 2 Atomen, entsprechend dem Gasvolumgewicht $d_l = 2,215$ zerfalle. Wir haben früher (S. 222) bereits besprochen, dass alle Substanzen in der Nähe ihres Siedepunktes ein abnormes, und zwar zu hohes Gasvolumgewicht zeigen und wir werden am Schlusse dieses Kapitels, wo wir uns nochmals eingehend mit diesen Verhältnissen zu befassen haben, sehen, dass das Temperaturintervall der zu hohen Gasvolumgewichte ein sehr grosses sein kann. Es wurde hierbei auch auseinandergesetzt, dass, wie schon Cahours[6]) und nach ihm Deville und Troost[1]) hervorgehoben hatten, eine einzelne Gasvolumgewichtsbestimmung keinen Schluss auf das Molekulargewicht zulasse, vielmehr hierzu der Nachweis erforderlich sei, dass das Gasvolumgewicht für ein grösseres Temperaturintervall konstant ist. Da dieser Nachweis bei den auf den Schwefel bezüglichen Untersuchungen, soweit die Molekularformel S_6 in Frage kommt, nicht erbracht war, denn die Versuche von Dumas und Mitscherlich

¹) Compt. rend. 1858, *46*, 239; Annal. chim. phys. [3], 1860, *58*, 257; Annal. Chem. Pharm. 1860, *113*, 42.

²) Compt. rend. 1859, *49*, 799; Annal. chim. phys. [3], 1860, *59*, 456; Annal. Chem. Pharm. 1860, *114*, 383.

³) Vergl. H. Sainte-Claire Deville und L. Troost, Compt. rend. 1863, *56*, 894.

⁴) Ber. deutsch. chem. Gesellschaft 1879, *12*, 1115.

⁵) Compt. rend. 1882, *95*, 30.

⁶) Compt. rend. 1845, *20*, 51; Annal. Phys. Chemie 1845, *65*, 420.

umfassen nur ein Temperaturintervall von 30°, so unternahm H. Biltz[1]) eine nochmalige umfangreiche Untersuchung über die Molekulargrösse des Schwefels.

Biltz bestimmte das Gasvolumgewicht des Schwefels sowohl nach dem V. Meyer'schen Gasverdrängungsverfahren als auch nach der Methode von Dumas. Die ersteren Versuche sind nicht geeignet, einen Schluss aus ihnen auf das Molekulargewicht des Schwefels zu ziehen; sie sind aber in hohem Grade zur Entscheidung einer anderen Frage geeignet, welche uns späterhin beschäftigen wird. Für die Beurtheilung der Molekulargrösse des Schwefels kommen nur die nach dem Dumas-schen Verfahren bestimmten Gasvolumgewichte in Betracht. Dieselben sind die folgenden:

Temperatur	Gasvolumgewicht	
467,9°	7,937	
480,5°	7,448	
487,4°	7,099 7,503	Mittel: 7,301
501,7°	7,015	
518,0°	6,804 6,868 6,908 7,051 7,076 7,087 7,464	Mittel: 7,036

Temperatur	Gasvolumgewicht	
523,6°	7,0865	
534,4°	6,975	
580,9°	5,412 5,607	Mittel: 5,509
606,0°	4,488 4,494 4,679 5,276	Mittel: 4,734

Biltz konstruirte aus seinen Versuchsresultaten die Dissociationskurve; dieselbe war nur innerhalb des Temperaturintervalls von 501,7° bis 523,6° der Abscissenaxe parallel. Das diesen Temperaturen entsprechende Gasvolumgewicht ($d_l = 7{,}015$ bis $7{,}0865$) entsprach aber nicht dem Molekulargewicht S_6, zu welchem das Gasvolumgewicht $d_l = 6{,}646$ gehört, auch keiner anderen Molekularformel, sondern es führte zu einem zwischen S_6 und S_7 liegenden Molekulargewicht. Biltz schloss daher aus seinen Versuchen, dass bei allen Temperaturen nur aus zwei Atomen bestehende Molekeln S_2 existiren und dass die höheren Gasvolumgewichte, welche man bei niederen Temperaturen erhält, in dem unvollkommenen Gaszustande des Schwefeldampfs nahe bei seinem Siedepunkte ihre Ursache haben.

Mit dieser Schlussfolgerung war man indess nicht allseits einverstanden. W. Ramsay[2]) machte auf die nicht unerheblichen Versuchsfehler, welche sich in den bei gleicher Temperatur angestellten

[1]) Zeitschr. physikal. Chemie 1888, *2*, 920.

[2]) Zeitschr. physikal. Chemie. 1889, *3*, 67.

Bestimmungen von Biltz finden, aufmerksam und glaubte aus den Biltz'schen Resultaten im Allgemeinen folgern zu müssen, dass komplizirtere Schwefelmolekeln bei niederer Temperatur möglich sind; wenigstens sei das Nichtbestehen derselben nicht bewiesen. Allerdings schienen diese komplizirteren Molekeln nicht aus 6 Atomen zu bestehen, sondern aus mehr, vielleicht 8. Aehnlich äusserte sich auch W. Ostwald[1]); H. Biltz[2]) hielt demgegenüber jedoch seine Ansicht aufrecht.

Neuere Versuche machen die Anschauung von Ramsay und Ostwald noch wahrscheinlicher. C. Schall[3]) fand das Gasvolumgewicht des Schwefels in einer Atmosphäre von Kohlensäure und Stickstoff bei 573° d_l = 7,99; 8,45; 8,45; 9,01 und im Phenanthrendampf (340°) d_l = 6,34; 6,50; 6,79; 7,60.

A. Krause und V. Meyer[4]) ermittelten nach dem von ihnen beschriebenen Verfahren (s. S. 162) das Gasvolumgewicht des Schwefels bei seinem Siedepunkt (448°); es ergab sich d_l = 7,89 und 7,78. O. Neuberg[5]) fand mit Hilfe des von G. Lunge und ihm mitgetheilten Verfahrens (s. S. 162) Werthe für das Gasvolumgewicht des Schwefels, welche auf die Molekularformel S_8 hinwiesen. Hiermit ist festgestellt, dass bei niederer Temperatur komplizirtere Molekeln des Schwefels bestehen, welche bei höherer Temperatur in Molekeln S_2 zerfallen. Die Zahl der Atome in den komplizirteren Molekeln ist nicht mit Sicherheit bekannt; am wahrscheinlichsten ist die Annahme, dass sie aus 8 Atomen bestehen. Man vergleiche hierüber auch die theoretische Abhandlung von E. Riecke[6]) über die stufenweise Dissociation des Schwefels. Die Molekeln S_2 sind auch bei den höchsten Temperaturen beständig; H. Biltz und V. Meyer[7]) fanden bei 1714° d_l = 2,198 (theoretisch für S_2 d_l = 2,215). Auch im gelösten Zustand kommt, wie später gezeigt werden wird, dem Schwefel unter gewissen Bedingungen ein Molekulargewicht zu, welches sehr nahe der Formel S_8 entspricht.

Bis jetzt haben wir nur solche dissociirbaren Körper kennen gelernt, bei welchen der ganze Umfang der Zersetzung der Beobachtung zugänglich war. Wir gehen jetzt zu denjenigen Substanzen über, bei denen sich die Zersetzung ganz oder theilweise der Beobachtung ent-

---

1) Grundriss der allgemeinen Chemie 1889, 1. Auflage S. 59.

2) Zeitschr. physikal. Chemie 1889, *3*, 228.

3) Ber. deutsch. chem. Gesellschaft 1890, *23*, 1701.

4) Zeitschr. physikal. Chemie 1890, *6*, 8.

5) Ber. deutsch. chem. Gesellschaft 1891, *24*, 2543.

6) Zeitschr. physikal. Chemie 1890, *6*, 432.

7) Ber. deutsch. chem. Gesellschaft 1889, *22*, 725; Zeitschr. physikal. Chemie 1889, *4*, 266.

zieht. Es sind dies diejenigen Substanzen, welche für gewöhnlich nicht unzersetzt in Dampfform übergehen können, sondern schon beim Vergasen theilweise oder ganz dissociirt werden; hier lässt sich das Gasvolumgewicht des unzersetzten Körpers daher gar nicht ermitteln.

Untersalpetersäure. Unter diesen dissociirbaren Substanzen ist die Untersalpetersäure für die Theorie weitaus am wichtigsten, weil ihr Verhalten beim Erhitzen mit einer Genauigkeit studirt ist, welche man bei mehreren anderen vermisst. Die Veränderlichkeit des Gasvolumgewichts mit der Temperatur wurde nach dem Dumas'schen Verfahren in besonders ausgedehntem Maasse von H. Sainte-Claire Deville und L. Troost[1]) untersucht. Die Fehlerquellen, welche bei der Besprechung des Zersetzungsganges des Bromwasserstoff-Amylens (S. 253) angeführt wurden, sind bei diesen Versuchen nach Möglichkeit vermieden. Da die Zersetzungsprodukte der Untersalpetersäure ($N_2O_4 = NO_2 + NO_2$) unter sich identisch sind, so kann durch die Diffusion der Theilmolekeln aus dem geöffneten Ballon kein Fehler entstehen, denn dieselben diffundiren gleich schnell. Ferner benutzten Deville und Troost bei allen Versuchen dieselbe Füllung des Ballons; nach jedem Versuch wurde der verschlossene Ballon der nächst höheren Temperatur $^1/_2$ Stunde ausgesetzt, dann dessen feine Spitze geöffnet, nach dem Aufhören des Gasausströmens wieder zugeschmolzen und gewogen u. s. f. Die Versuche über die Dissociation der Untersalpetersäure sind daher ganz besonders zu einer Prüfung der Theorie geeignet.

Die Zersetzung der Untersalpetersäure ist folgende. Bei niederer Temperatur ist dieselbe ein Stickstofftetroxyd, ihre Molekeln haben die Zusammensetzung N_2O_4; bei höherer Temperatur zerfallen dieselben nach und nach in Molekeln von der Zusammensetzung NO_2, die Untersalpetersäure ist unter diesen Umständen ein Stickstoffdioxyd. Der Formel $N_2O_4 = 91{,}86$ entspricht das Gasvolumgewicht $d_h = 45{,}93$ und $d_l = 3{,}182$, der Formel $NO_2 = 45{,}93$ das Gasvolumgewicht $d_h = 22{,}96$ und $d_l = 1{,}591$.

E. Mitscherlich[2]) fand bei $100{,}25^0$ $d_l = 1{,}72$. L. Playfair und J. A. Wanklyn[3]) bestimmten das Gasvolumgewicht der Untersalpetersäure nach dem von ihnen beschriebenen Verfahren (s. S. 103) unter Beimischung von Stickstoff. Sie fanden folgende Werthe bei verschiedenen Temperaturen:

Temperatur:	4,2⁰	11,3⁰	24,5⁰	97,5⁰
Gasvolumgewicht:	2,588	2,645	2,520	1,783.

[1]) Compt. rend. 1867, *64*, 237.

[2]) Annal. Phys. Chemie 1833, *29*, 220.

[3]) Transact. Royal Soc. Edinburgh 1861, *22*, Part 3, 441; Annal. Chem. Pharm. 1862, *122*, 245.

Richard Müller[1]) fand bei der Bestimmung des Gasvolumgewichts nach der Dumas'schen Methode folgende Werthe:

Temperatur:	28°	32°	52°	70°	79°
Gasvolumgewicht:	2,70	2,65	2,26	1,95	1,84.

Die Müller'schen Zahlen stimmen sehr gut mit den von H. Sainte-Claire Deville und L. Troost[2]) nach dem Dumas'schen Verfahren erhaltenen. Bei den folgenden Bestimmungen von Deville und Troost schwankte der Barometerstand zwischen 747 mm und 764 mm. Die dritte und vierte Spalte der Tabelle sind von Alex. Naumann[3]) berechnet.

Temperatur Grad	Gasvolumgewicht d_l	Prozente der Zersetzung	Mittl. Zuwachs der Zersetzung für 10° Temperaturerhöhung
26,7	2,65	19,96	
			6,5
35,4	2,53	25,65	
			8,1
39,8	2,46	29,23	
			11,0
49,6	2,27	40,04	
			12,1
60,2	2,08	52,84	
			13,0
70,0	1,92	65,57	
			10,4
80,6	1,80	76,61	
			8,8
90,0	1,72	84,83	
			4,4
100,1	1,68	89,23	
			3,1
111,3	1,65	92,67	
			3,5
121,5	1,62	96,23	
			1,8
135,0	1,60	98,69	
154,0	1,58	100,00	
183,2	1,57		

Die letzte Spalte lehrt, dass der Zersetzungsgang der Untersalpetersäure mit wachsender Temperatur der Theorie sehr gut entspricht. Die Zersetzung tritt zuerst langsam ein, dann rascher, bis etwa die Hälfte aller Molekeln zersetzt ist, und dann wieder langsamer bis zur Vollendung der Zersetzung. Bei 26,7° ist bei gewöhnlichem Atmosphärendruck bereits $^1/_5$ aller Molekeln dissociirt; später werden wir Versuche von Alex. Naumann[4]) kennen lernen, welche zeigen, dass auch bei noch viel niedrigerer Temperatur die Untersalpetersäure N_2O_4 nicht ganz unzersetzt vergasen kann. L. Troost[5]) fand bei 27° unter 16 mm Druck $d_l = 1{,}59$ und unter 35 mm Druck $d_l = 1{,}60$, also vollständige Dissociation.

[1]) Annal. Chem. Pharm. 1862, *122*, 15.

[2]) Compt. rend. 1867, *64*, 237.

[3]) Annal. Chem. Pharm. 1868, Supplementband *6*, 203.

[4]) Ber. deutsch. chem. Gesellschaft 1878, *11*, 2045.

[5]) Compt. rend. 1878, *86*, 332 und 1395.

Auch aus der Dissociationskurve der Untersalpetersäure ist die Uebereinstimmung der Versuchsergebnisse mit der Theorie ersichtlich. Die erste, der Abscissenaxe parallele Gerade fehlt, ebenso ein Theil der krummen Linie; der übrige Theil der Kurve, welcher aus den Zahlen von Müller sowie Deville und Troost konstruirt wird, zeigt die von der Spekulation geforderte Gestalt.

Wir haben vorher (S. 248) eine von A. Horstmann aus der Dissociationstheorie hergeleitete Gleichung kennen gelernt, welche die beobachteten Gasvolumgewichte mit den aus der Theorie berechneten zu vergleichen gestattet. Dieselbe lautete:

$$d_1 = \frac{2\,d}{(n+1) - \int\limits_0^{\tau_1} d\tau \cdot \frac{2\,(n-1)\,e^{-\tau^2}}{\sqrt{\pi}}}\,.$$

n war die Anzahl von Theilmolekeln, in welche eine Molekel bei der Dissociation zerfällt; bei der Untersalpetersäure ist daher $n = 2$, weil jede Molekel N_2O_4 in 2 Molekeln NO_2 zerfällt. Es war ferner $\tau = h\,(T - T_0)$ und $\tau_1 = h\,(t - T_0)$. Darin bedeutete t die Zersetzungstemperatur, d. h. die Temperatur der halbvollendeten Zersetzung. Dieselbe ist bei der Untersalpetersäure gleich 58^0. h wird in der auf S. 249 angegebenen Weise berechnet; man findet $h = 0{,}0209$. Für die Gasvolumgewichte d_1 bei beliebigen Mitteltemperaturen T_0 hat man daher die Formel:

$$d_1 = \frac{2\,d}{3 - \int\limits_0^{\tau_1} d\tau \cdot \frac{2\,e^{-\tau^2}}{\sqrt{\pi}}}\,.$$

Horstmann[1]) hat für alle Temperaturen, bei welchen von Müller sowie Deville und Troost Gasvolumgewichtsbestimmungen ausgeführt worden sind, die Werthe von d_1 berechnet. In der folgenden Tabelle sind die beobachteten Werthe mit den berechneten zusammengestellt.

Temperatur Grad	Gasvolumgewicht beobachtet	berechnet	Temperatur Grad	Gasvolumgewicht beobachtet	berechnet
26,7	2,65	2,71	49,6	2,27	2,27
28,0	2,70	2,68	52,0	2,23	2,23
32,0	2,65	2,61	60,2	2,08	2,09
35,4	2,53	2,54	70,0	1,92	1,94
39,8	2,46	2,46	70,0	1,95	1,94

[1]) Ber. deutsch. chem. Gesellschaft 1868, *1*, 210.

Temperatur Grad	Gasvolumgewicht beobachtet	Gasvolumgewicht berechnet	Temperatur Grad	Gasvolumgewicht beobachtet	Gasvolumgewicht berechnet
79,0	1,84	1,84	121,5	1,62	1,62
80,6	1,80	1,82	135,0	1,60	1,59
98,0	1,72	1,74	154,0	1,58	1,59
100,1	1,60	1,68	183,2	1,57	1,59
111,3	1,65	1,64			

Die Uebereinstimmung der beobachteten und der berechneten Werthe ist ausgezeichnet.

Sehr umfangreiche Untersuchungen über das Verhalten des Dampfes der Untersalpetersäure sind von E. und L. Natanson[1]) sowie von W. Ramsay und S. Young[2]) angestellt worden. Auch sie erreichten zwar nicht den höchsten Werth des Gasvolumgewichts der Untersalpetersäure 3,182, sie kamen aber zu demselben Ergebniss wie die früheren Forscher.

Da das Gasvolumgewicht der Untersalpetersäure, wie besonders aus den später mitzutheilenden Versuchen von A. Naumann[3]) hervorgeht, auch bei den niedrigsten Temperaturen den der Molekularformel N_2O_4 entsprechenden Werth nicht erreicht, so lässt sich die Gültigkeit dieser Molekularformel auf dem Wege der Gasvolumgewichtsbestimmungen nicht direkt experimentell erweisen. Neuerdings wurde indess nach einer der später zu beschreibenden Methoden von W. Ramsay[4]) die Molekularformel N_2O_4 festgestellt.

Chlor. Dem Chlor mit dem Atomgewicht 35,37 kommt nach dem Avogadro'schen Gesetze das Gasvolumgewicht $d_h = 35,37$ und $d_l = 2,450$ zu. Das normale Gasvolumgewicht wurde mehrfach beobachtet: von E. Ludwig[5]) nach der Bunsen'schen Methode bei 200^0, von V. Meyer und C. Meyer[6]) nach dem Gasverdrängungsverfahren bei 620^0 und von C. Friedel und J. M. Crafts[7]) nach der Dumasschen Methode bis zu 440^0. Für nascirendes Chlor, welches beim Erhitzen von Platinchlorür entwickelt wurde, fanden V. Meyer und C. Meyer[6]) in höherer Temperatur folgende Gasvolumgewichte:

Temperatur:	808^0	1028^0	1242^0	1392^0	1567^0
Gasvolumgewicht:	2,21; 2,19	1,85; 1,89	1,65; 1,66	1,66; 1,67	1,60; 162

[1]) Annal. Phys. Chemie [2], 1885, *24*, 454; 1886, *27*, 616.
[2]) Phil. Mag. [5], 1887, *24*, 196; Zeitschr. physikal. Chemie 1889, *3*, 49.
[3]) Ber. deutsch. chem. Gesellschaft 1877, *10*, 349.
[4]) Zeitschr. physikal. Chemie 1889, *3*, 66.
[5]) Ber. deutsch. chem. Gesellschaft 1868, *1*, 232.
[6]) Ber. deutsch. chem. Gesellschaft 1879, *12*, 1428.
[7]) Compt. rend. 1888, *107*, 301.

Dies würde darauf hindeuten, dass bei Gelbglut die Hälfte der Chlormolekeln dissociirt ist:

$$\underset{4\ \text{Vol.}}{2\,Cl_2} = \underset{2\ \text{Vol.}}{Cl_2} + \underset{2\ \text{Vol.}}{Cl} + \underset{2\ \text{Vol.}}{Cl}.$$

Aus 4 Volumen werden 6, das Volumen nimmt also um $^1/_3$ zu; daher nimmt das Gasvolumgewicht um $^1/_3$ ab, es ist gleich $^2/_3 \,.\, 2{,}45 = 1{,}633$. Für fertig gebildetes Chlor fanden V. Meyer und H. Züblin[1]) bei Gelbglut noch $d_l = 2{,}57$, 2,63 und 2,64, also noch grösser als normal; eine Dissociation schien also jedenfalls nicht stattgefunden zu haben.

Dieses verschiedene Verhalten des nascirenden und des fertiggebildeten Chlors glaubte F. Seelheim[2]) durch die Annahme erklären zu können, dass das bei der Zersetzung des Platinchlorürs entstehende Platin verdampfe. Danach verliefe der Vorgang nach der Gleichung:

$$\underset{4\ \text{Vol.}}{2\,PtCl_2} = \underset{4\ \text{Vol.}}{2\,Cl_2} + \underset{2\ \text{Vol.}}{Pt_2}.$$

Durch diese Gleichung wird das abnorme Gasvolumgewicht des nascirenden Chlors in der That ohne Annahme einer Dissociation der Chlormolekel erklärt. Seelheim stützte sich hierbei auf eigene Versuche, welche ergeben hatten, dass Platinchlorür bei Hellrothglut sublimirtes Platin liefert; desgleichen hatten Troost und Hautefeuille[3]) beobachtet, dass sich das Platin, wenn man es in einer Chloratmosphäre auf 1400⁰ erhitzt, in Krystallen absetzt. Demgegenüber konnte V. Meyer[4]) nachweisen, dass eine Verflüchtigung des Platins nicht stattgefunden hatte; dasselbe fand sich als festzusammengedrückter Platinschwammstab in dem Eimerchen. Später beobachteten V. Meyer und C. Langer[5]) auch die Dissociation des freien mit Stickstoff verdünnten Chlors; sie fanden das Gasvolumgewicht desselben $d_l = 2{,}02$ statt 2,45.

J. M. Crafts[6]) fand indess nach dem Gasverdrängungsverfahren das Gasvolumgewicht des Chlors in der Gelbglut noch normal. 10 ccm Chlor verdrängten 10,37 bezw. 10,24 ccm Luft und andererseits verdrängten 10 ccm Luft aus dem mit Chlor gefüllten Apparat 9,98 bezw. 10,0 ccm Chlor. Später[7]) bestimmte er das Gasvolumgewicht des Chlors nochmals bei 1200^0 und fand es wieder normal. Die Disso-

---

1) Ber. deutsch. chem. Gesellschaft 1880, *13*, 399.

2) Ber. deutsch. chem. Gesellschaft 1879, *12*, 2067.

3) Ber. deutsch. chem. Gesellschaft 1877, *10*, 1172.

4) Ber. deutsch. chem. Gesellschaft 1879, *12*, 2202.

5) Pyrochemische Untersuchungen. Braunschweig 1885.

6) Compt. rend. 1880, *90*, 183.

7) Ber. deutsch. chem. Gesellschaft 1883, *16*, 417.

ciation des Chlors ist daher, wie auch V. Meyer[1]) zugab, nach den vorliegenden Versuchsergebnissen noch nicht mit Sicherheit festgestellt.

Brom. Sicher festgestellt ist die Dissociation des Broms in höherer Temperatur. Dem Brom kommt nach dem Avogadro'schen Gesetze das theoretische Gasvolumgewicht $d_h = 79,75$ und $d_l = 5,525$ zu. E. Mitscherlich[2]) fand $d_l = 5,54$ nach dem Dumas'schen Verfahren, L. Carius[3]) $d_l = 5,409$, 5,438 und 5,516 bei 100°; V. Meyer und H. Züblin[4]) erhielten bei 100° nach dem Gasverdrängungsverfahren $d_l = 5,38$ und Hans Jahn[5]) bei 228° $d_l = 5,5243$. Bei hohen Temperaturen ist das Gasvolumgewicht bedeutend kleiner. Für nascirendes Brom (aus Platinbromür) fanden V. Meyer und H. Züblin[4]) bei Gelbglut (etwa 1570°) $d_l = 3,64$ und 3,78. Bei dieser Temperatur ist die Hälfte der Brommolekeln dissociirt, denn es ist $\frac{2}{3} \cdot 5,525 = 3,683$. Freies Brom ergab bei Gelbglut $d_l = 3,78$; 3,94; 3,99; 4,14; 4,14; 4,20 und 4,30. J. M. Crafts[6]) bestimmte das Gasvolumgewicht des Broms bei 445° zu $d_l = 5,24$ und bei Gelbglut zu $d_l = 4,39$ und 4,48.

Weitere Versuche über die Dissociation des Bromdampfes wurden von C. Langer und V. Meyer[7]) angestellt. Sie verdünnten den Bromdampf mit Luft oder Stickstoff und erhielten auf diesem Wege schon bei gewöhnlicher Temperatur das normale Gasvolumgewicht; letzteres blieb bis 900° konstant, nahm aber dann bis zur höchsten Temperatur sehr stark ab.

Aehnlich wie beim Jod (S. 257) glaubte J. J. Thomson[8]) auch beim Brom festgestellt zu haben, dass der Dampf desselben durch den Funkenstrom des Induktionsapparates stark dissociirt werde; die Dissociation verschwinde aber sofort nach dem Aufhören des Funkenstroms. Thomson gab ferner an, dass das Brom nach seinen Gasvolumgewichtsbestimmungen bei 100° und 200 bis 300 mm Druck schon stark dissociirt sei.

---

[1]) Ber. deutsch. chem. Gesellschaft 1880, *13*, 1721.

[2]) Annal. Phys. Chemie 1833, *29*, 493; Annal. Chem. Pharm. 1834, *12*, 137.

[3]) Ber. deutsch. chem. Gesellschaft 1871, *4*, 828; Annal. Chem. Pharm. 1873, *169*, 299.

[4]) Ber. deutsch. chem. Gesellschaft 1880, *13*, 405.

[5]) Monatshefte f. Chemie 1882, *3*, 176; Ber. deutsch. chem. Gesellschaft 1882, *15*, 1238.

[6]) Compt. rend. 1880, *90*, 183.

[7]) Ber. deutsch. chem. Gesellschaft 1882, *15*, 2769; Pyrochemische Untersuchungen S. 24.

[8]) Chem. News 1887, *55*, 252.

E. P. Perman[1]) fand dies nicht bestätigt; er beobachtete, dass bei 280^0 und 20 mm Druck das Gasvolumgewicht des Broms nach dem Dumas'schen Verfahren normal ist.

Selen. Ein ähnliches Verhalten wie der Schwefel zeigt das Selen; doch ist dasselbe bis jetzt noch nicht genügend studirt, auch scheinen die Abweichungen des Selens lange nicht die bei dem Schwefel beobachtete Grösse zu erreichen. Das Selen hat das Atomgewicht 78,9; der Molekularformel $Se_2 = 157,8$ entspricht das Gasvolumgewicht $d_h = 78,9$ und $d_l = 5,466$. H. Sainte-Claire Deville und L. Troost[2]) fanden folgende Werthe.

Temperatur:	860^0		1040^0	1420^0
Gasvolumgewicht:	8,2	7,67	6,37	5,68.

Das Selen erreicht demnach erst bei sehr hoher Temperatur das normale Gasvolumgewicht.

Tellur. Atomgewicht 127,7; Gasvolumgewicht für die zweiatomige Molekel Te_2 $d_h = 127,7$ und $d_l = 8,847$. Das normale Gasvolumgewicht wurde von H. Sainte-Claire Deville und L. Troost[3]) bei sehr hoher Temperatur nahezu erreicht; sie fanden bei 1390^0 $d_l = 9,00$ und bei 1439^0 $d_l = 9,08$. Nach C. Langer und V. Meyer[4]) ist das Gasvolumgewicht des Tellurs bei niedrigerer Temperatur bedeutend grösser; der der Molekularformel Te_2 entsprechende Werth bleibt auch in den höchsten Temperaturen konstant.

Phosphor. Dem Phosphor kommt nach dem Avogadro'schen Gesetze das Gasvolumgewicht $d_h = 61,88$ und $d_l = 4,287$ zu. Früher (S. 215) wurde bereits darauf hingewiesen, dass wir in der Phosphormolekel 4 Atome annehmen müssen; seine Molekularformel ist P_4. Das normale Gasvolumgewicht wurde mehrmals beobachtet; J. Dumas[5]) fand bei 500^0 $d_l = 4,355$, E. Mitscherlich[6]) bei 530^0 $d_l = 4,58$, H. Sainte-Claire Deville und L. Troost[7]) bei 1040^0 $d_l = 4,50$ und dieselben später[8]) gegen 500^0 $d_l = 4,35$. V. Meyer und Justus Mensching[9]) beobachteten bei beginnender Rothglut $d_l = 4,16$. Mit

---

[1]) Proceed. Royal Soc. London 1890, *48*, 45.

[2]) Compt. rend. 1858, *46*, 239; 1863, *56*, 891; Annal. Chem. Pharm. 1860, *113*, 42; 1863, *127*, 274.

[3]) Compt. rend. 1863, *56*, 891; Annal. Chem. Pharm. 1863, *127*, 274.

[4]) Pyrochemische Untersuchungen S. 72.

[5]) Annal. chim. phys. [2], 1832, *49*, 210; Annal. Chem. Pharm. 1832, *3*, 59.

[6]) Annal. Phys. Chemie 1833, *29*, 493; Annal. Chem. Pharm. 1834, *12*, 137.

[7]) Compt. rend. 1858, *46*, 239; Annal. Chem. Pharm. 1860, *113*, 42.

[8]) Compt. rend. 1863, *56*, 891; Annal. Chem. Pharm. 1863, *127*, 274.

[9]) Annal. Chem. Pharm. 1887, *240*, 317.

steigender Temperatur nimmt dann, wie schon früher V. Meyer[1]) gefunden hatte, das Gasvolumgewicht ab. Folgendes sind die von Meyer und Mensching bestimmten Werthe:

Temperatur:	beginnende Gelbglut	1225°	1437°
Gasvolumgewicht:	3,85	3,71; 3,72	3,03.

Später stellten H. Biltz und V. Meyer[2]) fest, dass bei den letztgenannten Bestimmungen irgend ein Fehler untergelaufen ist; das Gasvolumgewicht des Phosphors wurde nämlich bei noch höherer Temperatur nicht kleiner, sondern grösser gefunden. Biltz und Meyer ermittelten bei 1484° $d_l = 3,632$, bei 1677,5° $d_l = 3,226$ und bei 1708,5° $d_l = 3,147$.

Die Dissociation der Phosphormolekeln P_4 in den höchsten Hitzegraden ist demnach zweifellos; ob dieselben in Theilmolekeln P_2 oder P_1 zerfallen, kann bei den erreichbaren Temperaturen nicht ermittelt werden.

Arsen. Ein ähnliches Verhalten wie der Phosphor zeigt das Arsen. Auch bei diesem Element müssen wir die Molekel als aus 4 Atomen bestehend ansehen; sein theoretisches Gasvolumgewicht ist $d_{h} = 149,8$ und $d_l = 10,377$. E. Mitscherlich[3]) beobachtete bei 644° und 670° $d_l = 10,60$ und 10,71, H. Sainte-Claire Deville und L. Troost[4]) gegen 540° $d_l = 10,6$ und bei 860° $d_l = 10,2$. V. Meyer und Justus Mensching[5]) fanden $d_l = 10,33$; 10,38 und 10,47 bei Rothglut. Bei höheren Temperaturen wurden von den Letzteren folgende Werthe erhalten:

Temperatur:	beginnende Gelbglut	1225°	1325°	1437°
Gasvolumgewicht:	9,67	9,31; 9,27	7,61	6,53.

Bei höherer Temperatur nimmt nach Versuchen von H. Biltz und V. Meyer[6]) das Gasvolumgewicht des Arsens noch mehr ab; sie fanden bei 1714,5° $d_l = 5,451$ und bei 1736° $d_l = 5,543$. Diese Werthe stimmen nahe auf die Molekularformel As_2, für welche $d_l = 5,189$ ist. Biltz und Meyer lassen es aber unentschieden, ob die Molekeln As_4 in Theilmolekeln As_2 oder As_1 zerfallen.

Eine Reihe von Gasen, welche bei gewöhnlicher Temperatur sehr beständig sind, werden, wie bereits vorher (S. 235 u. f.) mitgetheilt wurde, in hoher Temperatur dissociirt. Es sind dies Salzsäure,

[1]) Ber. deutsch. chem. Gesellschaft 1881, *14*, 1455.
[2]) Zeitschr. physikal. Chemie 1889, *4*, 259.
[3]) Annal. Phys. Chemie 1833, *29*, 493; Annal. Chem. Pharm. 1834, *12*, 137.
[4]) Compt. rend. 1863, *56*, 891; Annal. Chem. Pharm. 1863, *127*, 274.
[5]) Annal. Chem. Pharm. 1887, *240*, 317.
[6]) Zeitschr. physikal. Chemie 1889, *4*, 263.

Wasser, Ammoniak, schweflige Säure, Kohlenoxyd und Kohlensäure. H. Sainte-Claire Deville[1]) wies die theilweise Dissociation von Wasser bei 1100 bis 1200°, von Kohlensäure bei 1300°, Kohlenoxyd, schwefliger Säure, Salzsäure und Ammoniak nach. J. M. Crafts[2]) beobachtete, dass das Ammoniak bei 1300° zuerst das normale Gasvolumgewicht hat, sich dann aber theilweise zersetzt; Kohlensäure und Salzsäure fand er bei 1300° noch unzersetzt. Nach Versuchen von V. Meyer und C. Langer[3]) ist das Gasvolumgewicht des Kohlenoxyds bei 1200° noch normal; bei 1690° ist es theilweise in Kohlenstoff und Kohlensäure zersetzt. Wasser ist bei 1200° deutlich dissociirt, Salzsäure bei 1700° sehr beträchtlich.

Jodwasserstoff. Molekularformel: $HJ = 127{,}54$; normales Gasvolumgewicht: $d_h = 63{,}77$ und $d_l = 4{,}418$. Der Jodwasserstoff ist nach N. Beketoff und Czernay[4]) bei 210° noch nicht dissociirt. Bei höherer Temperatur macht sich die Zersetzung durch das Auftreten violetter Dämpfe bemerkbar. Die Dissociation des Jodwasserstoffs wurde besonders von P. Hautefeuille[5]), G. Lemoine[6]) und L. Troost[7]) untersucht.

Jodtrichlorid. Dasselbe zerfällt nach O. Brenken[8]) sowie P. Melikoff und L. Meyer[9]) in einer chlorfreien Atmosphäre schon bei 25° in Chlor und Jodmonochlorid: $JCl_3 = Cl_2 + JCl$; bei 77° ist es auch in einer Chloratmosphäre vollständig zersetzt.

Schwefelwasserstoff. Der Schwefelwasserstoff zeigt nach Versuchen von N. Beketoff und Czernay[10]) und A. Eltekoff[11]) beim Siedepunkt des Schwefels (448°) nur Spuren von Zersetzung; bei der Temperatur des schmelzenden Glases sind etwa 7% dissociirt.

---

1) Compt. rend. 1857, *45*, 857; 1863, *56*, 195, 322 und 729; 1864, *59*, 873; 1865, *60*, 317; Annal. Chem. Pharm. 1857, *105*, 383; 1863, *126*, 184 und 311; 1863, *127*, 108; 1865, *134*, 122; 1865, *135*, 94. Man sehe auch: H. Sainte-Claire Deville, Leçons sur la dissociation professées devant la société chimique de Paris en 1864—65. Paris 1866.

2) Compt. rend. 1880, *90*, 309.

3) Pyrochemische Untersuchungen. Braunschweig 1885, bei Vieweg u. Sohn.

4) Ber. deutsch. chem. Gesellschaft 1871, *4*, 933.

5) Compt. rend. 1867, *64*, 608 und 704.

6) Compt. rend. 1877, *85*, 34; Annal. chim. phys. [5], 1883, *12*, 145.

7) Compt. rend. 1878, *86*, 332 und 1395.

8) Ber. deutsch. chem. Gesellschaft 1875, *8*, 487.

9) Ber. deutsch. chem. Gesellschaft 1875, *8*, 490.

10) Ber. deutsch. chem. Gesellschaft 1871, *4*, 933.

11) Ber. deutsch. chem. Gesellschaft 1875, *8*, 1244.

C. Langer und V. Meyer[1]) fanden, dass bei 1200° der Schwefelwasserstoff vollkommen zersetzt ist.

Vierfach-Chlorschwefel und Zweifach-Chlorschwefel. Der Vierfach-Chlorschwefel SCl_4 zerfällt schon bei 10° vollständig in Chlor und Zweifach-Chlorschwefel SCl_2, und letzteres zersetzt sich bei weiterer Temperaturerhöhung in Chlor und Einfach-Chlorschwefel S_2Cl_2. A. Michaelis und O. Schifferdecker[2]) untersuchten den Dissociationsgang der Schwefelchloride in der Weise, dass sie den Einfach-Chlorschwefel S_2Cl_2 bei verschiedenen Temperaturen zwischen — 20° und + 130° mit Chlor sättigten und die Zusammensetzung des entstandenen Produkts feststellten. Letzteres bestand bis gegen 10° aus einem Gemisch von SCl_4 und SCl_2, bei höherer Temperatur aus einem Gemisch von SCl_2 und S_2Cl_2. Die folgende Tabelle zeigt den Dissociationsgang der beiden Schwefelchloride.

Dissociation des Vierfach-Chlorschwefels			Dissociation des Zweifach-Chlorschwefels		
Temperatur	In 100 Molekeln sind enthalten		Temperatur	In 100 Molekeln sind enthalten	
Grad	Molekeln SCl_4	Molekeln SCl_2	Grad	Molekeln SCl_2	Molekeln S_2Cl_2
— 22	100,0	0,0	+ 20	93,4	6,6
— 15	42,0	58,0	30	87,2	12,8
— 10	27,6	72,4	50	75,4	24,6
— 7	22,0	78,0	65	66,8	33,2
— 2	12,0	88,0	85	54,1	45,9
+ 0,7	8,9	91,1	90	26,5	73,5
+ 6,2	2,4	97,6	100	19,5	80,5
			110	12,4	87,6
			120	5,4	94,6
			130	0,0	100,0

Sulfurylchlorid. Molekularformel: $SO_2Cl_2 = 134{,}64$; normales Gasvolumgewicht $d_h = 67{,}32$ und $d_l = 4{,}664$. Das Sulfurylchlorid zerfällt beim Erhitzen allmählich in schweflige Säure und Chlor.

$$\underset{2\text{ Vol.}}{SO_2Cl_2} = \underset{2\text{ Vol.}}{SO_2} + \underset{2\text{ Vol.}}{Cl_2}$$

Das Gasvolumgewicht der Zersetzungsprodukte ist $d_l = 2{,}332$. K. Heumann und P. Köchlin[3]) fanden bei 184° $d_l = 4{,}50$, also

[1]) Pyrochemische Untersuchungen. Braunschweig 1885.

[2]) Ber. deutsch. chem. Gesellschaft 1873, *6*, 993; Annal. Chem. Pharm. 1873, *170*, 1.

[3]) Ber. deutsch. chem. Gesellschaft 1883, *16*, 602.

nahezu normal, und bei 442° $d_l = 2,36$: letzterer Werth deutet auf vollständige Dissociation. Weitere Untersuchungen liegen über diesen Stoff nicht vor.

Chlorsulfonsäure $SO_2 Cl OH$ zerfällt nach K. Heumann und P. Köchlin[1]) vollständig in Schwefelsäureanhydrid und Salzsäure.

Pyrosulfurylchlorid. Molekularformel: $S_2 O_5 Cl_2 = 214,50$; normales Gasvolumgewicht $d_h = 107,25$ und $d_l = 7,430$. H. Rose[2]), Rosenstiel[3]), H. E. Armstrong[4]), P. Schützenberger[5]) und A. Michaelis[6]) fanden nur die Hälfte des theoretischen Werthes für das Gasvolumgewicht des Pyrosulfurylchlorids. Auch J. Ogier[7]) beobachtete nach dem Dumas'schen Verfahren bei 160° bis 200° und 200 bis 300 mm Druck $d_l = 3,73$ und 3,74. Das Pyrosulfurylchlorid erwies sich nach dem Versuch als vollständig unverändert. Ogier stellte ferner fest, dass Schwefelsäureanhydrid und Sulfurylchlorid beim Erhitzen kein Pyrosulfurylchlorid geben; letzteres konnte daher auch nicht in die beiden ersten dissociirt und beim Abkühlen wieder zurückgebildet worden sein. Auch eine Abspaltung von Sauerstoff war ausgeschlossen und ebenso der Zerfall in Schwefelsäureanhydrid, schweflige Säure und Chlor; letzterer tritt erst bei 250° ein und ist keine eigentliche Dissociation, da die Zersetzungsprodukte sich beim Abkühlen nicht wieder vereinigen.

Das Verhalten des Pyrosulfurylchlorids beim Verdampfen schien demnach völlig räthselhaft; sein Gasvolumgewicht war unnormal, ohne dass eine Dissociation möglich gewesen wäre. Bald darauf fand D. Konowalow[8]) das Gasvolumgewicht des Pyrosulfurylchlorids normal ($d_l = 7,3$); er glaubte, die abnormen Werthe, welche früher gefunden worden sind, seien durch eine starke Verunreinigung des Pyrosulfurylchlorids mit Chlorsulfonsäure $SO_3 HCl$ verursacht worden, welche nahezu dieselbe prozentische Zusammensetzung hat. Demgegenüber hielt J. Ogier[9]) den von ihm ermittelten Werth $d_l = 3,73$ aufrecht.

Schwefelsäurehydrat. Dem Schwefelsäurehydrat kommt die Formel H_2SO_4 zu; sein Molekulargewicht ist gleich 97,82, sein normales Gasvolumgewicht nach dem Avogadro'schen Gesetz $d_h = 48,91$ und

[1]) Ber. deutsch. chem. Gesellschaft 1883, *16*, 602.
[2]) Annal. Phys. Chemie 1838, *44*, 291.
[3]) Compt. rend. 1861, *53*, 658.
[4]) Proceed. Royal Soc. London 1870, *18*, 502.
[5]) Compt. rend. 1869, *69*, 352.
[6]) Jenaische Zeitschrift f. Med. u. Naturw. 1870, *6*, 235 und 292.
[7]) Compt. rend. 1882, *94*, 217.
[8]) Compt. rend. 1882, *95*, 1284.
[9]) Compt. rend. 1883, *96*, 648.

$d_l = 3,388$. Das Schwefelsäurehydrat ist dissociirbar; es zerfällt in Schwefelsäureanhydrid und Wasser:

$$\underset{2\ \text{Vol.}}{H_2SO_4} = \underset{2\ \text{Vol.}}{SO_3} + \underset{2\ \text{Vol.}}{H_2O}.$$

Das Gasvolumgewicht der Zersetzungsprodukte ist $d_h = 24,45$ und $d_l = 1,694$.

Ueber das Gasvolumgewicht des Schwefelsäurehydrats liegen nur wenige Versuchsergebnisse vor. E. Mitscherlich[1]) hat eine einzelne Bestimmung gemacht, welche ihm den Werth $d_l = 3,0$ bis 3,03 gab. A. Bineau[2]) erhielt bei verschiedenen Temperaturen folgende Werthe.

Temperatur:	332°	345°	365°	416°	498°
Gasvolumgewicht:	2,50	2,24	2,12	1,69	1,68
Prozente der Zersetzung:	35,4	51,2	59,7	100,0	100,0.

Die Prozente der Zersetzung sind von A. Naumann[3]) berechnet. Bei 332° ist schon über $^1/_3$ der Schwefelsäure zersetzt und bei 416° ist die Dissociation vollendet; die Zersetzungstemperatur liegt etwa bei 344°.

H. Sainte-Claire Deville und L. Troost[4]) fanden bei 440° $d_l = 1,34$.

Selenwasserstoff. Nach N. Beketoff und Czernay[5]) ist der Selenwasserstoff bei 440° zu 47 % dissociirt. Weitere Untersuchungen wurden von A. Ditte[6]) in der Weise ausgeführt, dass er prüfte, wieviel Selen und Wasserstoff sich bei bestimmten Drucken und Temperaturen verbinden.

Selentetrachlorid. Molekularformel: $SeCl_4 = 220,35$; normales Gasvolumgewicht $d_h = 110,18$ und $d_l = 7,633$. Das Selentetrachlorid zerfällt beim Erhitzen nach der Gleichung:

$$\underset{4\ \text{Vol.}}{2\,SeCl_4} = \underset{2\ \text{Vol.}}{Se_2Cl_2} + \underset{6\ \text{Vol.}}{3\,Cl_2}.$$

Das Gasvolumgewicht der Zersetzungsprodukte ist $d_l = 3,817$.

Clausnitzer[7]) fand bei 218° $d_l = 3,922$, C. Chabrié[8]) bei 360° $d_l = 3,78$ und 3,85. Während Chabrié beobachtet zu haben glaubte, dass das Selentetrachlorid bei 300° unzersetzt sei, ist es nach

[1]) Annal. Phys. Chemie 1833, *29*, 493; Annal. Chem. Pharm. 1834, *12*, 137.

[2]) Annal. Chem. Pharm. 1846, *60*, 157.

[3]) Annal. Chem. Pharm. 1867, Supplementband *5*, 349.

[4]) Compt. rend. 1863, *56*, 897; Annal. Chem. Pharm. 1867, *127*, 279.

[5]) Ber. deutsch. chem. Gesellschaft 1871, *4*, 933.

[6]) Annal. Ecole normale [2], 1871, *1*, 293.

[7]) Ber. deutsch. chem. Gesellschaft 1887, *20*, 1780.

[8]) Bull. soc. chim. [3], 1889, *2*, 803; 1890, *4*, 178.

W. Ramsay[1]) auch bei dieser Temperatur schon dissociirt. Dagegen ist das Selensubchlorür $Se_2\,Cl_2$ unzersetzt flüchtig; C. Chabrié[2]) fand $d_l = 7{,}69$ und 8,123 (theoretisch $d_l = 7{,}913$).

Tellurwasserstoff. Derselbe verhält sich nach A. Ditte[3]) ähnlich wie der Selenwasserstoff.

Tellurtetrachlorid. Molekularformel: $Te\,Cl_4 = 269{,}18$; normales Gasvolumgewicht $d_h = 134{,}59$ und $d_l = 9{,}324$. A. Michaelis[4]) fand nach dem Gasverdrängungsverfahren bei 448^0 $d_l = 9{,}028$ und 9,224 und bei 518^0 $d_l = 8{,}468$ und 8,859. Die Dissociation ist demnach nur angedeutet.

Salpetersäure. Molekularformel: $H\,NO_3 = 62{,}89$; normales Gasvolumgewicht $d_h = 31{,}45$ und $d_l = 2{,}178$. Die Salpetersäure zerfällt nach L. Carius[5]) im Sinne der Gleichung:

$$4\,HNO_3 = 2\,(NO_2)_2 + 2\,H_2O + O_2.$$

Nach P. Braham und J. W. Gatehouse[6]) sind beim Schmelzpunkt des Zinns $2{,}5\,^0/_0$, beim Schmelzpunkt des Bleis 20 bis $30\,^0/_0$ und bei Dunkelrothglut $54\,^0/_0$ der Salpetersäure dissociirt.

L. Carius[5]) fand folgende Werthe des Gasvolumgewichts der Salpetersäure.

Temperatur Grad	Gasvolumgewicht d_l	Prozente der Zersetzung
86	2,05	9,53
100	2,02	11,77
130	1,92	18,78
160	1,79	28,96
190	1,59	49,34
220	1,42	72,07
250	1,29	93,03
256	1,25	100,00
265	1,24	
312	1,23	

Die Zersetzung der Salpetersäure ist keine eigentliche Dissociation, da sich die Zersetzungsprodukte beim Abkühlen nicht wieder zu Salpetersäure verbinden.

---

1) Bull. soc. chim. [3], 1890, *3*, 784.

2) Bull. soc. chim. [3], 1889, *2*, 803; 1890, *4*, 178.

3) Annal. Ecole normale [2], 1871, *1*, 293.

4) Ber. deutsch. chem. Gesellschaft 1887, *20*, 1780.

5) Ber. deutsch. chem. Gesellschaft 1871, *4*, 828; Annal. Chem. Pharm. 1873, *169*, 273.

6) Ber. deutsch. chem. Gesellschaft 1875, *8*, 446.

Ammoniumverbindungen. Unter den Ammoniumverbindungen befinden sich mehrere, welche überhaupt nicht unzersetzt in den Gaszustand übergeführt werden können; das Gas, welches beim Erhitzen dieser Substanzen entsteht, ist bei allen Temperaturen und Drucken ein Gemenge ihrer Zersetzungsprodukte, welche sich beim Abkühlen wieder vereinigen. Während die besser studirten Stoffe, welche bisher betrachtet wurden, ein veränderliches Gasvolumgewicht zeigten, welches bei einigen zuerst dem normalen, aus dem Avogadro'schen Gesetze hergeleiteten gleichkam und mit steigender Temperatur bis zu einem rationalen Bruchtheil des normalen abnahm, haben mehrere Ammoniumverbindungen und eine Anzahl anderer Stoffe bei allen Temperaturen ein konstantes Gasvolumgewicht, welches aber nicht gleich dem aus dem Avogadro'schen Gesetze sich ergebenden, sondern ein rationaler Bruchtheil desselben ist. Der Dissociationsgang der sich allmählich zersetzenden Körper liess sich als eine Kurve darstellen, welche zunächst zur Abscissenaxe parallel war, dann der Abscissenaxe die konkave Seite und nach einem Wendepunkte die konvexe Seite zukehrte und schliesslich wieder in eine zur Abscissenaxe parallele Grade überging. Bei den sofort vollständig zerfallenden Verbindungen ist von der Dissociationskurve nur der zweite gradlinige, zur Abscissenaxe parallele Theil übrig. Der Umstand des sofortigen vollständigen Zerfalls machte die Erkennung desselben besonders schwierig; bei den allmählich zerfallenden Substanzen lehrte das abnehmende Gasvolumgewicht, dass sich das Gas oder der Dampf irgendwie unnormal verhielt, bei den anderen war aber das Gasvolumgewicht konstant. Es ist aber doch gelungen, auch hier die Zersetzung experimentell nachzuweisen.

Zwischen der Dissociation der vorher besprochenen und der sofort vollständig zerfallenden Substanzen besteht ein prinzipieller Unterschied: die erstere stellt sich als eine Zersetzung von gasförmigen, letztere als eine solche von flüssigen oder festen Substanzen dar. Bei ersterer geht die Substanz in die Gasform über und die Gasmolekeln zersetzen sich allmählich; die anderen Substanzen werden sofort beim Verdampfen zersetzt, bei ihnen fallen Verdampfung und Dissociation zusammen. Da die mitgetheilte Dissociationstheorie nur für die Dissociation gasförmiger Körper abgeleitet worden ist, so kann sie bei der Dissociation fester und flüssiger Substanzen keine Anwendung finden.

Chlorammonium. Das Molekulargewicht des Chlorammoniums oder Salmiaks ist $NH_4Cl = 53,38$; sein Gasvolumgewicht sollte daher nach dem Avogadro'schen Gesetze $d_h = 26,69$ und $d_l = 1,849$ sein. Zerfällt der Salmiak dagegen beim Uebergang in Dampfform in Ammoniak und Salzsäure nach der Gleichung:

$$\underset{2\ \mathrm{Vol.}}{NH_4Cl} = \underset{2\ \mathrm{Vol.}}{NH_3} + \underset{2\ \mathrm{Vol.}}{HCl},$$

so muss sein Gasvolumgewicht nur halb so gross sein: $d_h = 13{,}35$ und $d_l = 0{,}924$.

E. Mitscherlich[1]) gibt an, dass es ihm nicht möglich gewesen sei, das Gasvolumgewicht des Salmiaks zu bestimmen. A. Bineau[2]) fand $d_l = 0{,}89$, H. Sainte-Claire Deville und L. Troost[3]) fanden bei 350° $d_l = 1{,}01$ und bei 1040° (dem Siedepunkt des Zinks) $d_l = 1{,}00$. Hieraus ist zu schliessen, dass das Chlorammonium theilweise unzersetzt in den Gaszustand übergeht; der bei 1040° gefundene Werth $d_l = 1{,}00$ lässt sich indess als zu hoch beweisen. Deville und Troost bestimmten das Gasvolumgewicht des Salmiaks nach der Dumas'schen Methode. Sie verfuhren dabei, wie bei der Beschreibung der Dumas'schen Methode (S. 98) bereits angeführt wurde, in der Weise, dass sie das Gewicht eines bestimmten Volumens des Substanzdampfes nicht mit dem eines gleichen Volums Luft, sondern mit dem eines gleichen Volums Joddampf von demselben Druck und derselben Temperatur verglichen; sie wogen nämlich erst den Ballon + Joddampf, dann den Ballon + Substanzdampf. Die Gewichte gleicher Volume zweier Dämpfe verhalten sich wie die Gasvolumgewichte derselben. Ist also a das Gewicht des den Ballon erfüllenden Substanzdampfes, b dasjenige des den Ballon erfüllenden Joddampfes, d_a das Gasvolumgewicht der Substanz, d_b dasjenige des Jods, so ist $a : b = d_a : d_b$ und $d_a = \frac{a \cdot d_b}{b}$. Hierin setzten Deville und Troost für d_b das normale Gasvolumgewicht des Jods, wie es bei niederer Temperatur gefunden wird. Nun wird aber bei höherer Temperatur das Jod dissociirt, wodurch sein Gasvolumgewicht kleiner wird — eine Thatsache, welche zur Zeit der Ausführung dieser Versuche noch nicht bekannt war. Aus den Bestimmungen, welche Troost[4]) selbst später ausführte (er fand $d_l = 8{,}53$ und 8,57 bei 665° und Atmosphärendruck statt des theoretischen Werthes 8,766, s. S. 256), kann man schliessen, dass das Gasvolumgewicht des Jods bei 1040° nach der Dumas'schen Methode nicht unerheblich kleiner gefunden wird als 8,766. Da Deville und Troost in die oben gegebene Gleichung für d_b den zu grossen normalen Werth des Gasvolumgewichtes des Jods einsetzten, musste d_a ebenfalls zu gross gefunden werden. Der für vollkommene Zersetzung des Salmiaks

---

[1]) Annal. Phys. Chemie 1833, *29*, 493; Annal. Chem. Pharm. 1834, *12*, 137.

[2]) Annal. chim. phys. [2], 1838, *68*, 440.

[3]) Compt. rend. 1858, *46*, 239; 1863, *56*, 891; Annal. Chem. Pharm. 1860, *113*, 42; 1863, *127*, 274.

[4]) Compt. rend. 1880, *91*, 54; 1882, *95*, 30.

berechnete Werth $d_a = 0,924$ ergibt sich, wenn man das Gasvolumgewicht des Jods bei 1040°, nach Dumas' Methode bestimmt, gleich 8,1 setzt; dieser Werth ist aber gewiss nicht zu klein.

Auf diese Korrektionsbedürftigkeit der Ergebnisse der Deville-Troost'schen Untersuchungen in Folge des veränderlichen Gasvolumgewichts des Jods wurde von V. Meyer und C. Meyer[1]) aufmerksam gemacht, welche zugleich erwähnten, dass auch die Temperaturbestimmungen mit dem Jodthermometer falsch sein müssten. W. H. Deering[2]) glaubte dagegen, dass die Aenderung des Gasvolumgewichts des Jods bis zu 1000° zu gering sei, um einen irgend erheblichen Einfluss auf die Ergebnisse auszuüben; auch sei das Jodthermometer durch ein Luftthermometer kontrollirt worden. Ein Blick auf die von Deville und Troost gegebene Tabelle lehrt aber, dass eine Differenz von 0,1 im Gasvolumgewicht des Salmiaks sehr wohl durch das veränderliche Gasvolumgewicht des Jods hervorgerufen sein kann. Die Bestimmungen von Deville und Troost zeichnen sich nämlich durch eine ausserordentliche Genauigkeit aus, so dass man Unterschieden, welche sonst bei Gasvolumgewichtsbestimmungen als Versuchsfehler in Rechnung gezogen werden, eine bestimmte Bedeutung beilegen muss. Es ist daher auffallend, dass da, wo 2 Bestimmungen des Gasvolumgewichts derselben Substanz bei verschiedenen Temperaturen gemacht wurden, mehrfach bei höherer Temperatur ein grösserer Werth gefunden wurde als bei niederer, wie folgende Zahlen zeigen:

Substanz	Temperatur	Gasvolumgewicht gefunden	Gasvolumgewicht berechnet
Tellur	1390°	9,00	8,93
	1439°	9,08	
Phosphor	gegen 500°	4,35	4,29
	1040°	4,50	
Bromammonium	440°	1,67	1,70
	860°	1,71	
Jodammonium	440°	2,59	2,50
	860°	2,78	

Aus dem Werth 1,00 des Gasvolumgewichts des Salmiaks bei 1040° wird man daher nicht auf ein nur theilweises Zerfallen des Salmiaks schliessen dürfen.

Der bei 350° gleich 1,01 gefundene Werth für das Gasvolumgewicht des Salmiaks wird dagegen durch das abnorme Verhalten des Joddampfs nicht erklärt, da das Gasvolumgewicht desselben bei 350° noch vollkommen normal ist; derselbe lässt vielmehr darauf schliessen,

[1]) Ber. deutsch. chem. Gesellschaft 1879, *12*, 1426.

[2]) Chem. News 1879, *40*, 87.

dass das Chlorammonium thatsächlich theilweise unzersetzt in den Dampfzustand übergeht. Dies wurde durch Versuche der neuesten Zeit bestätigt. F. Pullinger und J. A. Gardner[1]) fanden beim Verdampfen des Chlorammoniums in Luft bei mässiger Rothglut $d_l =$ 0,926 (Mittel von 5 Versuchen), bei 448° $d_l = 0,932$ und 0,983, bei 360° $d_l = 0,944$ und bei 300° $d_l = 0,982$; 0,986; 0,985; beim Verdampfen des Chlorammoniums in einer Ammoniakatmosphäre wurde bei 448° $d_l = 0,939$; 0,994; 1,009 und bei 360° $d_l = 1,128$ und 1,141 erhalten. Bei 300° verdampfte das Chlorammonium nicht mehr in einer Ammoniakatmosphäre.

O. Neuberg[2]) bestimmte das Gasvolumgewicht des Chlorammoniums bei 254° nach der von G. Lunge und ihm beschriebenen Modifikation des V. Meyer'schen Gasverdrängungsverfahrens (S. 162). Er fand in einer Atmosphäre von Luft bei 25 mm Druck $d_l = 1,13$ und 1,2, in einer Salzsäuregasatmosphäre bei 46 mm Druck $d_l = 1,5$ und in einer Ammoniakgasatmosphäre bei 60 mm Druck $d_l = 1,68$ und 1,71. Bei den letzten Versuchen war daher das Chlorammonium zum grössten Theil unzersetzt verdampft.

Bromammonium. Das normale Gasvolumgewicht des Bromammoniums $NH_4Br = 97,76$ ist $d_h = 48,88$ und $d_l = 3,386$. Dasselbe zerfällt beim Verdampfen in Ammoniak und Bromwasserstoffsäure; das theoretische Gasvolumgewicht des Gemenges der Zersetzungsprodukte ist $d_h = 24,44$ und $d_l = 1,693$. H. Sainte-Claire Deville und L. Troost[3]) fanden bei 440° $d_l = 1,67$ und bei 1040° $d_l = 1,71$.

Jodammonium. Das normale Gasvolumgewicht des Jodammoniums $NH_4J = 144,36$ ist $d_h = 72,18$ und $d_l = 5,000$. Es zerfällt beim Verdampfen in Ammoniak und Jodwasserstoffsäure. Das theoretische Gasvolumgewicht des Gemenges der Zersetzungsprodukte ist $d_h = 36,09$ und $d_l = 2,500$; Deville und Troost[3]) fanden bei 440° $d_l = 2,59$ und bei 860° $d_l = 2,78$.

Cyanammonium. Das normale Gasvolumgewicht des Cyanammoniums $NH_4CN = 43,99$ ist $d_h = 22,0$ und $d_l = 1,523$. Es zerfällt beim Verdampfen in Ammoniak und Blausäure. Das theoretische Gasvolumgewicht des Gemenges der Zersetzungsprodukte ist $d_h = 11,0$ und $d_l = 0,762$. A. Bineau[4]) beobachtete, dass das Cyanammonium das Gasvolumgewicht 0,76 habe, und erklärte die Zersetzung des Dampfes für möglich; L. Pebal[5]) fand vollkommenes Zerfallen

[1]) Chem. News 1891, *63*, 80.

[2]) Ber. deutsch. chem. Gesellschaft 1891, *24*, 2543.

[3]) Compt. rend. 1863, *56*, 891; Annal. Chem. Pharm. 1863, *127*, 274.

[4]) Annal. chim. phys. [2], 1839, *70*, 264.

[5]) Annal. Chem. Pharm. 1862, *123*, 199.

beim Verdampfen. Deville und Troost[1]) fanden $d_l = 0{,}79$ bei 100°. Weitere Versuche über die Dissociation des Cyanammoniums wurden von Isambert[2]) ausgeführt.

Ammoniumsulfhydrat. Molekularformel: $NH_4SH = 50{,}99$. Normales Gasvolumgewicht: $d_h = 25{,}50$ und $d_l = 1{,}766$. Es zerfällt beim Verdampfen in Ammoniak und Schwefelwasserstoff:

$$\underset{2\,\text{Vol.}}{NH_4SH} = \underset{2\,\text{Vol.}}{NH_3} + \underset{2\,\text{Vol.}}{H_2S}.$$

Das Gasvolumgewicht der Zersetzungsprodukte ist $d_h = 12{,}75$ und $d_l = 0{,}883$. Letzterer Werth wurde zuerst von Bineau[3]) bei der Bestimmung des Gasvolumgewichts des Ammoniumsulfhydrats erhalten; Deville und Troost[1]) fanden $d_l = 0{,}89$ bei 56,7°. Auf die Versuche von Isambert[4]) sowie von A. Moitessier und R. Engel[5]) wird später zurückgekommen werden.

Ammoniumsulfid. Molekularformel: $(NH_4)_2S = 68{,}00$. Normales Gasvolumgewicht nach dem Avogadro'schen Gesetze: $d_h = 34{,}00$ und $d_l = 2{,}355$. Das Ammoniumsulfid zerfällt beim Verdampfen nach der Gleichung:

$$\underset{2\,\text{Vol.}}{(NH_4)_2S} = \underset{2\,\text{Vol.}}{NH_3} + \underset{2\,\text{Vol.}}{NH_3} + \underset{2\,\text{Vol.}}{H_2S}.$$

Aus zwei Volumen werden also sechs; das Gasvolumgewicht der Zersetzungsprodukte ist daher $^1/_3$ des normalen, nämlich $d_h = 11{,}33$ und $d_l = 0{,}785$. Dies wurde durch die Bestimmungen von A. Bineau[6]) bestätigt. Deville und Troost[1]) fanden dagegen $d_h = 1{,}26$ bei 99,5°; nach diesem Werthe müssten aus zwei Volumen des Ammoniumsulfiddampfes nur vier Volume der Zersetzungsprodukte entstehen und der Zerfall verliefe nach folgender Gleichung:

$$\underset{2\,\text{Vol.}}{(NH_4)_2S} = \underset{2\,\text{Vol.}}{NH_4SH} + \underset{2\,\text{Vol.}}{NH_3}.$$

Da aber das Ammoniumsulfhydrat selbst zerfällt, so ist eine derartige Zersetzung nicht möglich. R. Engel und A. Moitessier[7]) zeigten später, dass das Ammoniumsulfid thatsächlich im Sinne der ersten Gleichung zerfällt und dass der von Deville und Troost gefundene Werth unrichtig ist.

---

[1]) Compt. rend. 1863, *56*, 891; Annal. Chem. Pharm. 1863, *127*, 279.

[2]) Compt. rend. 1882, *94*, 958.

[3]) Annal. chim. phys. [2], 1838, *68*, 435; 1839, *70*, 262.

[4]) Compt. rend. 1881, *92*, 919; 1882, *95*, 355.

[5]) Compt. rend. 1879, *88*, 1201 und 1353; *89*, 96 und 237.

[6]) Annal. chim. phys. [2], 1839, *70*, 262.

[7]) Compt. rend. 1879, *88*, 1201 und 1353; *89*, 96 und 237.

Aethylammoniumsulfhydrat und Diäthylammoniumsulfhydrat sind nach Isambert[1]) in Dampfform vollständig dissociirt.

Ammoniumtellurhydrat. Dasselbe ist nach A. Bineau[2]) im Gaszustand vollständig in Ammoniak und Tellurwasserstoff zersetzt.

Carbaminsaures Ammonium. Molekularformel: $CH_6N_2O_2 = 77,91$. Nach dem Avogadro'schen Gesetze sollte ihm das Gasvolumgewicht $d_h = 38,96$ und $d_l = 2,699$ zukommen. Es zerfällt aber beim Verdampfen sofort vollständig in Ammoniak und Kohlensäure:

$$\underset{2\ \text{Vol.}}{CH_6N_2O_2} = \underset{2\ \text{Vol.}}{NH_3} + \underset{2\ \text{Vol.}}{NH_3} + \underset{2\ \text{Vol.}}{CO_2}.$$

Die Zersetzungsprodukte des carbaminsauren Ammons nehmen also einen dreimal so grossen Raum ein als der unzersetzte Dampf einnehmen würde. Das Gasvolumgewicht ist deshalb nur $^1/_3$ des normalen, nämlich $d_h = 12,99$ und $d_l = 0,8995$. Dieser Werth wurde von mehreren Forschern gefunden, wie folgende kleine Zusammenstellung zeigt.

Temperatur	Druck	Gas-volumgewicht	Untersucher
140°	gewöhnlicher Atmosphärendruck	0,894	H. Rose[3]).
176°	gewöhnlicher Atmosphärendruck	0,905	H. Rose[3]).
unter 100°	kleiner als $^1/_3$ Atmosphäre	0,900	A. Bineau[4]).
37°	144 mm	0,896	A. Naumann[5]).
47°	403 -	0,890	A. Naumann[5]).
78°	160 -	0,893	A. Naumann[5]).
78°	422,5 -	0,892	A. Naumann[5]).
100°	169,5 -	0,891	A. Naumann[5]).

Dass das carbaminsaure Ammonium sofort vollständig zerfällt, wurde von A. Naumann[6]) und Isambert[7]) bewiesen.

Noch für mehrere andere Salze des Ammoniums und des substituirten Ammoniums, sowie für verschiedene Pentaverbindungen des Phosphors wurde der sofortige oder allmähliche Zerfall beim Uebergang in den Gaszustand nachgewiesen. Da über diese Stoffe nur je eine Bestimmung vorliegt, sind sie in der folgenden Tabelle zusammengestellt. Die erste Spalte enthält den Namen der Substanz, die zweite

---

1) Compt. rend. 1883, *96*, 708.

2) Annal. chim. phys. [2], 1838, *68*, 438.

3) Annal. Phys. Chemie 1839, *46*, 363.

4) Annal. chim. phys. [2], 1838, *67*, 240.

5) Annal. Chem. Pharm. 1871, *160*, 5; Ber. deutsch. chem. Gesellschaft 1871, *4*, 780.

6) Annal. Chem. Pharm. 1871, *159*, 334; Ber. deutsch. chem. Gesellschaft 1871, *4*, 646 und 815; 1885, *18*, 1157.

7) Compt. rend. 1881, *93*, 731; 1883, *96*, 340; *97*, 1212.

die Molekularformel, die dritte die Bestandtheile, in welche die Substanz beim Verdampfen zerfällt, die vierte das nach dem Avogadro'schen Gesetze berechnete, auf Luft bezogene Gasvolumgewicht, die fünfte das beobachtete Gasvolumgewicht des Gemenges der Zersetzungsprodukte und die sechste den Namen des Beobachters der Dissociation.

Name der Substanz	Formel	Dissociations-produkte	Gasvolumgewicht nach dem Avogadro'schen Gesetz	Gasvolumgewicht der Zersetzungsprodukte	Beobachter
Essigsaures Ammonium	$NH_4\text{-}C_2H_3O_2$	$NH_3 + C_2H_4O_2$	2,662	1,331	W. G. Mixter[1].
Benzoësaur. Ammonium	$NH_4\text{-}C_7H_5O_2$	$NH_3 + C_7H_6O_2$	4,805	2,402	
Salzsaures Aethylamin.	$NH_2\text{-}C_2H_5.HCl$	$NH_2\text{-}C_2H_5 + HCl$	2,816	1,408	H. Sainte-Claire Deville und L. Troost[2].
Salzsaures Anilin . .	$NH_2\text{-}C_6H_5.HCl$	$NH_2\text{-}C_6H_5 + HCl$	4,475	2,238	
Phosphorpentabromid .	PBr_5	$PBr_3 + Br_2$	14,883	7,442	Gladstone[3].
Chlorphosphonium . .	PH_4Cl	$PH_3 + HCl$	2,435	1,218	A. Bineau[4].
Bromphosphonium . .	PH_4Br	$PH_3 + HBr$	3,972	1,968	
Jodphosphonium . .	PH_4J	$PH_3 + HJ$	5,593	2,796	

Phosphorpentachlorid. Das Phosphorpentachlorid, das bei 160 bis 165° siedet, ist von den Verbindungen der Stickstoffgruppe am besten studirt. Es hat die Molekularformel PCl_5; sein Molekulargewicht ist daher gleich 207,79 und sein Gasvolumgewicht nach dem Avogadro'schen Gesetze $d_h = 103,895$ und $d_l = 7,1975$ oder abgerundet $= 7,2$. Die Gasvolumgewichtsbestimmungen des Phosphorpentachlorids bei höherer Temperatur haben gelehrt, dass dasselbe unter dem Einfluss der Hitze allmählich in Phosphortrichlorid und Chlor zerfällt:

$$\underset{2\text{ Vol.}}{PCl_5} = \underset{2\text{ Vol.}}{PCl_3} + \underset{2\text{ Vol.}}{Cl_2}.$$

Das Gasvolumgewicht der Zersetzungsprodukte ist $d_h = 51,95$ und $d_l = 3,6$.

E. Mitscherlich[5]) fand das Gasvolumgewicht des Phosphorpentachlorids bei 185° nach der Dumas'schen Methode $d_l = 4,85$. A. Cahours[6]) erhielt nach der Dumas'schen Methode bei Atmosphärendruck

[1]) Amer. Chem. Journ. 1881, *2*, 153.

[2]) Compt. rend. 1863, *56*, 891; Annal. Chem. Pharm. 1863, *127*, 274.

[3]) Phil. Mag. [3], 1849, *35*, 345.

[4]) Annal. chim. phys. [2], 1838, *68*, 438.

[5]) Annal. Phys. Chemie 1833, *29*, 493; Annal. Chem. Pharm. 1834, *12*, 137.

[6]) Annal. chim. phys. [3], 1847, *20*, 369; Journ. prakt. Chemie 1847, *41*, 368.

die in der folgenden Tabelle zusammengestellten Werthe. Die Zahlen der dritten und vierten Spalte sind von Alex. Naumann[1]) berechnet.

Temperatur Grad Cels.	Gasvolumgewicht d_l	Prozente der Zersetzung	Zersetzungszuwachs für 10^0 Temperaturerhöhung
182	5,078	41,7	
190	4,987	44,3	3,25
200	4,851	48,5	4,2
230	4,302	67,4	6,3
250	3,991	80,0	6,3
274	3,840	87,5	3,1
288	3,670	96,2	6,2
289	3,690		0,9
300	3,654	97,3	
327	3,656		
336	3,656		

Auch hier stimmt der Zersetzungsgang im Allgemeinen mit der Theorie überein. Bei 182^0 sind bereits mehr als $^2/_5$ aller Molekeln zersetzt; bei 288^0 ist die Zersetzung fast vollendet und die Temperatur der halbvollendeten Zersetzung liegt bei ungefähr 202^0.

Später bestimmte A. Cahours[2]) nochmals das Gasvolumgewicht des Phosphorpentachlorids bei $170-172^0$; er fand zwar beträchtlich höhere Zahlen als bei 182^0, sie waren aber von dem theoretischen Werth 7,2 noch weit entfernt. Cahours hat diese Zahlen nicht veröffentlicht. A. Wurtz[3]) zeigte dann, dass unter bestimmten Umständen, die nachher besprochen werden, das Phosphorpentachlorid auch unzersetzt in den Gaszustand übergehen kann.

L. Troost und P. Hautefeuille[4]) fanden bei niederem Druck (222,1 bis 253,7 mm) folgende Werthe für das Gasvolumgewicht des Phosphorpentachlorids:

Temperatur:	$144,7^0$	$148,6^0$	$150,1^0$	$154,7^0$	$167,6^0$	$175,8^0$	$178,2^0$.
Gasvolumgewicht:	6,14	5,96	5,89	5,62	5,41	5,23	5,15.

Antimonpentachlorid. Molekularformel: $SbCl_5 = 296,45$; normales Gasvolumgewicht $d_h = 148,23$ und $d_l = 10,268$. E. Mitscherlich[5]) gab an, dass das Antimonpentachlorid sich beim Erhitzen zersetzt habe. R. Anschütz und N. P. Evans[6]) gelang es nach dem von

[1]) Annal. Chem. Pharm. 1867, Supplementband *5*, 349; Lehr- und Handbuch der Thermochemie. Braunschweig 1882 bei Friedr. Vieweg und Sohn. S. 125.

[2]) Annal. Chem. Pharm. 1867, *141*, 42.

[3]) Compt. rend. 1873, *76*, 601.

[4]) Compt. rend. 1876, *83*, 975.

[5]) Annal. Phys. Chemie 1833, *29*, 493; Annal. Chem. Pharm. 1834, *12*, 137.

[6]) Annal. Chem. Pharm. 1889, *253*, 95.

ihnen beschriebenen Verfahren (S. 164), das normale Gasvolumgewicht des Antimonpentachlorids bei stark vermindertem Druck zu erhalten. Sie fanden bei 218° $d_l = 9{,}70$; 9,79; 10,21; 10,37.

Quecksilberchlorür. Das Molekulargewicht des Quecksilberchlorürs ist nicht mit voller Sicherheit festgestellt. Für die Molekularformel $Hg_2Cl_2 = 470{,}34$ ist $d_h = 235{,}17$ und $d_l = 16{,}292$, für die Molekularformel $HgCl = 235{,}17$ ist $d_h = 117{,}59$ und $d_l = 8{,}146$. Letzteres Gasvolumgewicht ist bei allen Untersuchungen beobachtet worden. E. Mitscherlich[1]) fand $d_l = 8{,}35$, H. Sainte-Claire Deville und L. Troost[2]) $d_l = 8{,}21$. Wenn keine Dissociation stattgefunden hat, muss demnach die Molekularformel des Quecksilberchlorürs HgCl sein. Die Zersetzung des Dampfes des Quecksilberchlorürs ist aber von Odling[3]), E. Erlenmeyer[4]) und H. Debray[5]) in der That nachgewiesen worden; in dem Dampf ist Quecksilber und nach der Untersuchung von Erlenmeyer auch Quecksilberchlorid enthalten. Danach könnte sehr wohl eine Dissociation im Sinne der Gleichung stattgefunden haben:

$$\underset{2\,\text{Vol.}}{Hg_2Cl_2} = \underset{2\,\text{Vol.}}{Hg} + \underset{2\,\text{Vol.}}{HgCl_2}.$$

Nach dem Gasvolumgewicht müsste man bei dieser Annahme eine vollkommene Dissociation der Molekeln Hg_2Cl_2 voraussetzen. Eine solche ist aber keineswegs nachgewiesen, vielmehr ist, wie H. Debray hervorhebt, nur ein kleiner Theil des Quecksilberchlorürs zersetzt. Diese Zersetzung lässt sich ebenso gut durch die Gleichung:

$$HgCl + HgCl = Hg + HgCl_2$$

versinnbildlichen. Die bisher aufgeführten Bestimmungen sind daher mit beiden Molekularformeln vereinbar, sie lassen einen sicheren Schluss nicht zu; doch scheint die Formel HgCl die wahrscheinlichere zu sein.

Eine neue Stütze findet letztere Annahme in Versuchen von M. Fileti[6]), welcher das Gasvolumgewicht des Quecksilberchlorürs nach dem V. Meyer'schen Luftverdrängungsverfahren in einer Atmosphäre von Quecksilberchlorid bestimmte. Er fand $d_l = 8{,}01$ und 8,30; gleichzeitig überzeugte er sich durch Einführung eines vergoldeten Kupferrohrs, dass der Dampf des Quecksilberchlorürs frei von metalli-

---

[1]) Annal. Phys. Chemie 1833, *29*, 493; Annal. Chem. Pharm. 1834, *12*, 137.
[2]) Compt. rend. 1857, *45*, 821; Annal. Chem. Pharm. 1858, *105*, 213.
[3]) Journ. Chem. Soc. 1864, *17*, 211.
[4]) Annal. Chem. Pharm. 1864, *131*, 124.
[5]) Compt. rend. 1876, *83*, 330.
[6]) Gazz. chim. ital. 1881, *11*, 341.

schem Quecksilber war. Dem Quecksilberchlorür scheint demnach thatsächlich die Formel Hg Cl zuzukommen und eine Dissociation nicht vorzuliegen.

Quecksilberbromür. Für die Molekularformel $Hg_2Br_2 = 559{,}12$ ist $d_h = 279{,}56$ und $d_l = 19{,}020$, für $Hg Br = 279{,}56$ ist $d_h = 139{,}78$ und $d_l = 9{,}510$. E. Mitscherlich[1]) fand $d_l = 10{,}11$. Ob Dissociation vorliegt, ist nicht untersucht worden; das Molekulargewicht des Quecksilberbromürs ist demnach nicht mit Sicherheit bestimmt.

Quecksilberjodid. Molekularformel: $Hg J_2 = 452{,}88$; normales Gasvolumgewicht $d_h = 226{,}44$ und $d_l = 15{,}687$. E. Mitscherlich[1]) fand $d_l = 16{,}2$, also nahezu normal. H. Sainte-Claire Deville[2]) stellte fest, dass der Dampf des Quecksilberjodids bei einer bestimmten Temperatur durch abgespaltenen Joddampf violett gefärbt wird. L. Troost[3]) bestätigte später die Dissociation des Quecksilberjodiddampfs durch mehrere Gasvolumgewichtsbestimmungen; er fand bei 440⁰ unter wechselndem Druck folgende Werthe:

Druck:	753	84	46 mm
Gasvolumgewicht:	15,89	14,90	14,82.

Das Quecksilberjodid ist demnach bei 440⁰ und sehr vermindertem Druck nur wenig dissociirt.

Quecksilbersulfid. Nach der Formel $Hg S = 231{,}78$ sollte der Zinnober das Gasvolumgewicht $d_h = 115{,}89$ und $d_l = 8{,}028$ haben. Er zerfällt aber beim Vergasen vollständig in Quecksilberdampf und Schwefeldampf. Unter Berücksichtigung der Grösse der Quecksilbermolekel (einatomig) und der Schwefelmolekel (bei hoher Temperatur zweiatomig) muss der Zerfall nach folgender Gleichung vor sich gehen:

$$\underset{2\,Vol.}{Hg S} + \underset{2\,Vol.}{Hg S} = \underset{2\,Vol.}{Hg} + \underset{2\,Vol.}{Hg} + \underset{2\,Vol.}{S_2}.$$

Während der unzersetzte Zinnoberdampf 4 Volume einnähme, nehmen die Zersetzungsprodukte 6 Volume ein; das beobachtete Gasvolumgewicht muss daher nur $^2/_3$ des normalen sein, d. h. $d_h = 77{,}26$ und $d_l = 5{,}352$. Dasselbe wurde von E. Mitscherlich[4]) zu $d_l = 5{,}95$ bis 5,99 und von V. Meyer[5]) zu $d_l = 5{,}39$ gefunden.

Cyangas. Dasselbe ist nach V. Meyer und H. Goldschmidt[6]) bei 800⁰ noch unzersetzt, bei 1200⁰ aber dissociirt.

---

[1]) Annal. Phys. Chemie 1833, *29*, 493; Annal. Chem. Pharm. 1834, *12*, 137.

[2]) Compt. rend. 1866, *62*, 1157; Annal. Chem. Pharm. 1866, *140*, 166.

[3]) Compt. rend. 1882, *95*, 135.

[4]) Annal. Phys. Chemie 1833, *29*, 493; Annal. Chem. Pharm. 1834, *12*, 137.

[5]) Ber. deutsch. chem. Gesellschaft 1879, *12*, 1118.

[6]) Ber. deutsch. chem. Gesellschaft 1882, *15*, 1161.

Jodcyan. Molekularformel: $CNJ = 152{,}52$; normales Gasvolumgewicht $d_h = 76{,}26$ und $d_l = 5{,}283$. K. Seubert und W. Pollard[1]) fanden folgende Werthe des Gasvolumgewichts.

Temperatur:	183°	183°	183°	250°	250°
Barometerstand:	733,40	720,69	733,56	729,76	731,62 mm
Gasvolumgewicht:	5,656	5,674	5,366	5,285	5,338.

Das Jodcyan ist deshalb von Interesse, weil bei der Dissociation seines Dampfes keine Volumveränderung eintritt; das Stattfinden der Dissociation gibt sich daher auch nicht durch eine Veränderung des Gasvolumgewichts zu erkennen, sondern letzteres ist stets konstant und normal. Das Jodcyan zerfällt im Sinne der Gleichung:

$$\underset{2\text{ Vol.}}{CNJ} + \underset{2\text{ Vol.}}{CNJ} = \underset{2\text{ Vol.}}{J_2} + \underset{2\text{ Vol.}}{(CN)_2}.$$

Die Dissociation gibt sich durch das Auftreten violetter Joddämpfe zu erkennen.

Jodwasserstoffamylen. Das Jodwasserstoffamylen (Methyl-Isopropylcarbinoljodid) mit der Formel $C_5H_{11}J$ und dem Molekulargewicht 197,38 hat das theoretische Gasvolumgewicht $d_h = 98{,}69$ und $d_l = 6{,}837$. Die Molekel dieser Substanz zerfällt beim Erhitzen in Jodwasserstoff und Amylen; das Gasvolumgewicht der Zersetzungsprodukte ist $d_h = 49{,}35$ und $d_l = 3{,}418$.

Ueber das Gasvolumgewicht des Jodwasserstoff-Amylens liegen zweimal 3 Bestimmungen von A. Wurtz vor. Die drei zuerst aufgeführten sind die neueren[2]), die drei letzten die älteren[3]) Bestimmungen.

Temperatur:	143°	153,5°	168°	160°	210°	262°
Gasvolumgewicht:	6,05	5,97	5,88	5,73	4,66	4,38
Prozente der Zersetzung:	13,1	14,6	16,3	19,4	46,8	56,2.

Von dieser Verbindung kennt man daher weder die Temperatur des Beginns noch der Vollendung der Dissociation; die Zersetzungstemperatur liegt bei ungefähr 225°. Während Chlorwasserstoff-Amylen und Bromwasserstoff-Amylen bei gewöhnlichem Atmosphärendruck unzersetzt verdampfen, bei Temperaturerhöhungen zunächst unzersetzt bleiben und daher zuerst das normale Gasvolumgewicht zeigen, ist das Jodwasserstoff-Amylen nur unter theilweiser Zersetzung flüchtig.

Chloralhydrat. Das Verhalten des Chloralhydrats beim Verdampfen ist Gegenstand einer äusserst lebhaften Diskussion gewesen.

---

[1]) Ber. deutsch. chem. Gesellschaft 1890, *23*, 1062.

[2]) Compt. rend. 1866, *52*, 1182; Annal. Chem. Pharm. 1866, *140*, 171.

[3]) Annal. chim. phys. [4], 1864, *3*, 131; Annal. Chem. Pharm. 1865, *135*, 314; Compt. rend. 1865, *60*, 317.

Gemäss der Molekularformel $C_2H_3Cl_3O_2 = 164,97$ sollte dem Chloralhydrat nach dem Avogadro'schen Gesetz das Gasvolumgewicht $d_h = 82,49$ und $d_l = 5,714$ zukommen. Es zerfällt aber beim Verdampfen vollständig in Chloral und Wasser:

$$\underset{2\ \text{Vol.}}{C_2H_3Cl_3O_2} = \underset{2\ \text{Vol.}}{C_2HCl_3O} + \underset{2\ \text{Vol.}}{H_2O}.$$

Sein Gasvolumgewicht muss daher nur halb so gross gefunden werden, wie aus dem Avogadro'schen Gesetz berechnet wurde, nämlich $d_h = 41,25$ und $d_l = 2,857$.

Das Gasvolumgewicht des Chloralhydrats wurde von Alex. Naumann[1]) nach der Hofmann'schen Methode in der Barometerleere bestimmt; er fand bei 78,5° und einem Druck von 162 mm $d_l = 2,83$ und bei 100° und einem Druck von 450,5 mm $d_l = 2,81$. A. Moitessier und R. Engel[2]) beobachteten bei 100° unter verschiedenen Umständen $d_l = 2,56$, 2,58 und 2,69.

Chloralalkoholate. Auch diese zersetzen sich vollständig beim Verdampfen, wie die folgenden Zahlen zeigen. Die erste Spalte enthält den Namen, die zweite die Molekularformel, die dritte die Dissociationsprodukte, die vierte das auf Luft bezogene Gasvolumgewicht, berechnet nach dem Avogadro'schen Gesetz, die fünfte dasjenige der Zersetzungsprodukte, die sechste das beobachtete Gasvolumgewicht und die siebente den Beobachter.

Name	Formel	Dissociations-produkte	Gasvolumgewicht berechnet nach Avogadro's Gesetz	Gasvolumgewicht berechnet für vollständige Zersetzung	Gasvolumgewicht gefunden	Beobachter
Chloralmethylat	$C_3H_5Cl_3O_2$	$C_2HCl_3O + CH_4O$	6,198	3,099	2,92	L. Troost[3]).
Chloraläthylat	$C_4H_7Cl_3O_2$	$C_2HCl_3O + C_2H_6O$	6,682	3,341	3,33	Ad. Wurtz[4]).
Chloraläthylat	$C_4H_7Cl_3O_2$	$C_2HCl_3O + C_2H_6O$	6,682	3,341	3,36	L. Troost[3]).
Chloralamylat	$C_7H_{13}Cl_3O_2$	$C_2HCl_3O + C_5H_{12}O$	8,134	4,067	3,98	L. Troost[3]).

Butylchloralhydrat. Auch für diesen Stoff wurde vollständige Dissociation beim Verdampfen nachgewiesen. Das Butylchloralhydrat $C_4H_7Cl_3O_2 = 192,91$ sollte nach dem Avogadro'schen Gesetze das Gasvolumgewicht $d_l = 6,682$ haben. R. Engel und A. Moitessier[5]) fanden aber im Vakuum bei 160° $d_l = 3,328$. Dieser Werth deutet

[1]) Ber. deutsch. chem. Gesellschaft 1876, *9*, 822.
[2]) Compt. rend. 1879, *88*, 861.
[3]) Compt. rend. 1877, *85*, 144.
[4]) Compt. rend. 1877, *85*, 49.
[5]) Compt. rend. 1880, *90*, 1075.

auf vollständige Zersetzung des Dampfes in Butylchloral und Wasser, für welchen Fall sich theoretisch $d_l = 3{,}341$ ergibt.

Die konstant siedenden Verbindungen einiger Säuren mit Wasser sind im Dampfzustande vollständig in Säure und Wasser gespalten, wie die folgenden Untersuchungen von A. Calm[1]) ergeben haben.

Substanz	Zusammensetzung	Siedepunkt	Gasvolumgewicht	
			berechnet für vollständige Zersetzung	beobachtet
Hydrat der Ameisensäure	$2CH_2O_2+H_2O$	105°	1,267	1,24; 1,26; 1,27
Hydrat der Bromwasserstoffsäure	$HBr+5H_2O$	126°	0,985	1,00; 1,03
Hydrat der Chlorwasserstoffsäure	$HCl+8H_2O$	110°	0,693	0,65; 0,70

Der Perchlormethyläther C_2Cl_6O, dessen Gasvolumgewicht von Regnault[2]) bestimmt wurde, ergab einen Werth, der nur gleich der Hälfte des nach dem Avogadro'schen Gesetze berechneten war. Der Perchlormethyläther wird beim Verdampfen in Kohlenstofftetrachlorid und Kohlenstoffoxychlorid (Phosgengas oder Carbonychlorid) zerlegt: $C_2Cl_6O = CCl_4 + COCl_2$, wie schon Gerhardt[3]) angenommen hatte.

Einfluss des Drucks auf den Dissociationsgang.

Im Vorstehenden sind diejenigen Substanzen aufgeführt worden, an deren Dampf Dissociation nachgewiesen worden ist. Wir sahen, dass ein Theil der Substanzen ganz oder theilweise unzersetzt vergast und dass das entwickelte Gas nach ganz bestimmten Gesetzen dissociirt wird; ein anderer Theil der Substanzen war überhaupt unzersetzt nicht flüchtig, sondern der aus ihnen entwickelte Dampf bestand aus einem Gemenge der Zersetzungsprodukte. Wir haben indess den Dissociationsgang der Gase erst von dem Standpunkte der Temperaturerhöhungen betrachtet, während ein anderer sehr wesentlicher Faktor, der Druck, vorläufig ausser Betracht gelassen wurde. Bevor wir daher zu den Beweisen, welche für die thatsächliche Dissociation beigebracht wurden, übergehen, soll der Einfluss des Druckes auf die Dissociation besprochen werden.

Bei dem Gay-Lussac-Boyle'schen Gesetze wurde gezeigt, dass eine Druckverminderung der Gase in demselben Sinne wirkt wie eine Tem-

[1]) Ber. deutsch. chem. Gesellschaft 1879, *12*, 615.

[2]) Annal. chim. phys. [2], 1839, *71*, 403.

[3]) Compt. rend. des travaux de chimie par Laurent et Gerhardt 1851, 112.

peraturerhöhung und eine Druckerhöhung ähnlich wie eine Temperaturerniedrigung; Gase, welche unter gewissen Drucken und Temperaturen den Gesetzen nicht folgten, konnten sowohl durch Temperaturerhöhung wie durch Druckerniedrigung in Einklang mit den Gesetzen gebracht werden. Dieselben Erscheinungen finden sich bei den Dissociationsvorgängen wieder. Gerade wie eine Temperaturerhöhung bewirkt auch eine Druckerniedrigung eine weitere Zersetzung von Molekeln dissociirbarer Gase. Bei gleichen Temperaturen ist ein Gas um so mehr dissociirt, je niedriger der Druck ist.

Beispiele hierzu haben wir im Vorhergehenden mehrfach kennen gelernt; hier mögen die Werthe des Gasvolumgewichts des Jods angeführt werden, welche L. Troost[1]) bei dem Siedepunkt des Schwefels unter verschiedenem Druck gefunden hat (s. S. 256). Während bei 768,0 mm Druck $d_l = 8{,}70$ ist, wird es mit abnehmendem Druck immer kleiner und wird bei 34,52 mm gleich 7,35; die Zersetzung ist also bei niederem Druck viel weiter vorgeschritten, als bei hohem.

Besonders lehrreich sind die Versuche, welche von Alex. Naumann[2]) über das Gasvolumgewicht der Untersalpetersäure bei verschiedenen niederen Drucken ausgeführt wurden; die Beobachtungen wurden nach der Hofmann'schen Methode bei Lufttemperatur gemacht. Die Ergebnisse sind in der folgenden Tabelle zusammengestellt. In der ersten Spalte ist das Gewicht der angewandten Substanz, in der zweiten das Volumen des Dampfes, in der dritten die Temperatur, in der vierten das Gasvolumgewicht und in der fünften der wie gewöhnlich berechnete Zersetzungsgrad in Prozenten enthalten.

Gewicht des Dampfes g	Volumen des Dampfes ccm	Temperatur Grad C.	Druck mm	Gas-volum-gewicht d_l	Zer-setzungs-grad Prozente
0,0977	152,0	— 6,0	125,5	3,01	5,6
0,1218	192,0	— 5,0	123,0	2,98	6,7
0,0602	142,5	— 3,0	84,0	2,92	8,9
0,1074	140,0	— 1,0	153,0	2,87	10,8
0,1315	198,0	+ 1,0	138,0	2,84	11,9
0,0968	139,0	2,5	145,0	2,84	11,9
0,1684	204,5	4,0	172,5	2,85	11,6
0,0987	135,5	10,5	163,0	2,73	16,5
0,1766	206,0	11,0	190,0	2,76	15,2
0,1500	201,5	14,5	175,0	2,63	20,9
0,1413	147,0	16,0	228,5	2,65	20,0
0,2376	248,5	16,5	224,0	2,57	23,7

[1]) Compt. rend. 1880, *91*, 54.

[2]) Ber. deutsch. chem. Gesellschaft 1879, *12*, 2045.

Gewicht des Dampfes g	Volumen des Dampfes ccm	Temperatur Grad C.	Druck mm	Gasvolumgewicht d_1	Zersetzungsgrad Procente
0,1430	203,0	+ 16,8	172,0	2,55	24,7
0,1002	144,5	17,5	172,0	2,52	26,2
0,2721	225,5	18,0	279,0	2,71	17,3
0,2058	388,0	18,5	136,0	2,45	29,8
0,2124	165,0	20,0	301,0	2,70	17,8
0,1431	239,5	20,8	153,5	2,46	29,3
0,1461	242,0	21,5	161,0	2,38	33,7
0,1382	382,5	22,5	101,0	2,28	39,0
0,1196	237,0	22,5	136,5	2,35	35,3

Betrachtet man die Werthe des Gasvolumgewichts, welche bei annähernd gleicher Temperatur gefunden wurden, so findet man eine beträchtliche Abnahme desselben mit abnehmendem Druck; dies zeigt sich namentlich an den Bestimmungen bei 18^0 und $18{,}5^0$, sowie bei 20^0 und $20{,}8^0$, welche eine grosse Differenz des Druckes haben.

Der dissociirende Einfluss der Druckverminderung ergibt sich auch aus zwei Gasvolumgewichtsbestimmungen der Untersalpetersäure, welche L. Troost[1]) bei sehr vermindertem Druck ausführte; er fand bei 27^0 unter 35 mm Druck $d_1 = 1{,}60$ und unter 16 mm Druck $d_1 = 1{,}59$, welche Zahlen die vollkommene Dissociation des Untersalpetersäuredampfes anzeigen (theoretisch $d_1 = 1{,}591$). Unter gewöhnlichem Atmosphärendruck fanden Deville und Troost[2]) bei $26{,}7^0$ $d_1 = 2{,}65$, entsprechend einem Dissociationsgrad von 20 Prozent (s. S. 264). Vollständige Dissociation wird unter Atmosphärendruck erst bei 140^0 erreicht.

Dieselbe Wirkung, welche eine Druckverminderung ausübt, kann man durch Beimischen eines indifferenten Gases zu dem Dampfe erzielen. Denn nach dem Dalton'schen Gesetz[3]) ist der von der Mischung mehrerer Gase ausgeübte Druck gleich der Summe der Drucke, welche jeder Bestandtheil für sich allein ausübt. Wenn daher ein Gasgemisch unter Atmosphärendruck steht, so ist der Partialdruck eines jeden der Bestandtheile geringer als eine Atmosphäre.

Von Ad. Wurtz[4]) liegt eine grössere Versuchsreihe über das Gasvolumgewicht des Phosphorpentachlorids vor, welche nach der Methode von Dumas unter Anwendung der Verdünnung mit Luft ausgeführt wurde.

---

[1]) Compt, rend. 1878, *86*, 331 und 1394.
[2]) Compt. rend. 1867, *64*, 237.
[3]) Manch. Phil. Soc. 1802, *5*, 535; Gilbert's Annal. 1803, *12*, 385.
[4]) Compt. rend. 1873, *76*, 601; Ber. deutsch. chem. Gesellschaft 1873, *6*, 450.

Das Ergebniss war folgendes.

Temperatur Grad C.	Partieller Druck des Dampfes mm	Gasvolumgewicht d_l	Temperatur Grad C.	Partieller Druck des Dampfes mm	Gasvolumgewicht d_l
145	311	6,70	137	281	6,48
145	307	6,33	137	269	6,54
145	391	6,55	129	170	6,63
137	148	6,47	129	165	6,31
137	243	6,46	129	191	6,18
137	234	6,42			

Das normale Gasvolumgewicht des Phosphorpentachlorids ist $d_l = 7,2$. Der grösste von Cahours (S. 283) beobachtete Werth ist $d_l = 5,078$ bei 182^0 und Atmosphärendruck. Die dissociationsbefördernde Wirkung der Beimischung von Luft ist demnach hier nicht zu bemerken; es rührt dies daher, dass die den Wurtz'schen Versuchen zu Grunde liegenden Temperaturen bedeutend niedriger sind, als dies bei Cahours der Fall war. Der dissociirende Einfluss der Luftbeimischung wird durch den hohen Werth des Gasvolumgewichts bei niederer Temperatur übertroffen. Sehr deutlich zeigt sich der erstere dagegen beim Vergleich der von Playfair und Wanklyn (S. 263) unter Beimischung von Luft gefundenen Gasvolumgewichte der Untersalpetersäure mit denjenigen von Deville und Troost sowie Müller (s. S. 264). Ferner erhielt H. Biltz[1]) für das Gasvolumgewicht des Schwefels bei 518^0 nach Dumas' Methode im Mittel aus 7 Versuchen $d_l = 7,036$ (s. S. 261); als er wechselnde Mengen Stickstoff beimengte, fand er $d_l = 4,350$ und $5,728$.

Auf der dissociirenden Wirkung beigemengter indifferenter Gase beruht auch die mehrfach beobachtete Thatsache, dass man nach dem Meyer'schen Gasverdrängungsverfahren das Gasvolumgewicht dissociirbarer Substanzen stets kleiner findet, als nach der Dumas'schen Methode bei gleicher Temperatur. Es rührt dies daher, dass bei dem Gasverdrängungsverfahren der Substanzdampf nothwendig durch ein indifferentes Gas (Luft oder Stickstoff) verdünnt wird, da der Dampf theilweise in das zu verdrängende Gas diffundirt; bei der Dumas'schen Methode ist dagegen der Substanzdampf allseitig von dem Ballon umgeben. Verdünnt man bei der Dumas'schen Methode den Substanzdampf mit einem indifferenten Gase, so wird auch hier die Dissociation beschleunigt und das Gasvolumgewicht kleiner gefunden, wie die oben angeführten Versuche von Biltz beweisen.

Dieser dissociirende Einfluss der Gegenwart eines indifferenten

[1]) Zeitschr. physikal. Chemie 1888, 2, 946.

Gases wurde von V. Meyer[1]) hervorgehoben; aus den Versuchen von H. Biltz[2]) über die Molekulargrösse des Schwefels ergibt sich diese Erscheinung ganz besonders deutlich. Biltz bestimmte das Gasvolumgewicht des Schwefels, also einer dissociirenden Substanz, sowohl nach Dumas als nach dem Gasverdrängungsverfahren; die Ergebnisse der nach Dumas ausgeführten Bestimmungen sind bereits mitgetheilt (S. 261). Im Folgenden sind die bei gleichen oder annähernd gleichen Temperaturen erhaltenen Werthe (die Mittel aus den Bestimmungen) neben einandergestellt.

Temperatur	Gasvolumgewicht nach Dumas	Gasvolumgewicht nach dem Gasverdrängungsverfahren
467,9° bezw. 470,6°	7,937	5,415
487,4° bezw. 486,3°	7,301	6,802
518°	7,036	5,560
523,6° bezw. 521,7°	7,0865	3,886
606°	4,734	3,616

Die nach dem Gasverdrängungsverfahren erhaltenen Werthe sind beträchtlich kleiner als die nach dem Dumas'schen Verfahren gewonnenen.

Diese dem Gasverdrängungsverfahren eigenthümlichen Verhältnisse lassen sich noch näher präcisiren. Die Dissociation wird um so weiter fortgeschritten sein, je inniger die Mischung des Dampfes mit dem indifferenten Gase ist; die Innigkeit der Mischung ist aber abhängig von der Form des Apparates und von der Menge der angewandten Substanz. Ist das Dampfentwicklungsgefäss eng und lang, so wird die Mischung des im unteren Theile entwickelten Dampfes mit dem darüber stehenden Gas viel langsamer und unvollständiger vor sich gehen, als wenn das Gefäss weit ist, da im ersteren Falle die Berührungsfläche des Dampfes und des indifferenten Gases nur klein ist. Darauf bezügliche Versuche von H. Biltz[3]) haben die Richtigkeit dieser Betrachtung ergeben. Er bestimmte das Gasvolumgewicht des Schwefels erst in einem cylindrischen Gefäss von 3,3 cm Durchmesser und 30 cm Länge und dann in einem kugelförmigen Apparat von 7,5 cm Durchmesser; im ersten Falle ergab sich im Mittel $d_l = 5{,}0$, im zweiten $d_l = 4{,}5$.

Dass auch die Menge der angewandten Substanz bei dem Gasverdrängungsverfahren von Einfluss auf die Mischung des Dampfes

---

1) Ber. deutsch. chem. Gesellschaft 1888, *21*, 2018.

2) Zeitschr. physikal. Chemie 1888, *2*, 920.

3) Ber. deutsch. chem. Gesellschaft 1888, *21*, 2772.

mit dem indifferenten, den Apparat erfüllenden Gase ist, ergibt sich aus Folgendem. Nimmt man eine grosse Menge Substanz, so bildet sich auch eine grosse Menge Dampf im unteren Theile des Apparates, der bei Anwendung des gewöhnlichen engen, cylindrischen Apparates sich wegen der Dicke der Schicht nur langsam und allmählich mit dem Gas mischen kann. Bei Anwendung von wenig Substanz mischt sich dagegen der Dampf sehr rasch und gründlich mit dem Gase; in letzterem Falle wird sich daher nach dem Gasverdrängungsverfahren ein kleineres Gasvolumgewicht ergeben als mit grösseren Mengen Substanz.

Auch dies wird durch die Biltz'schen Untersuchungen über die Molekulargrösse des Schwefels auf's Schlagendste bewiesen. Biltz bestimmte u. a. das Gasvolumgewicht des Schwefels unter Anwendung verschiedener Substanzmengen vierzehnmal in demselben Apparat bei 518°. Die Ergebnisse sind in der folgenden Tabelle nach der abnehmenden Grösse der Substanzmengen geordnet.

Substanzmenge g	Gasvolumgewicht d_l	Substanzmenge g	Gasvolumgewicht d_l
0,1067	7,104	0,0595	5,138
0,0983	6,972	0,0570	5,029
0,0888	6,413	0,0555	4,992
0,0853	6,274	0,0543	4,945
0,0770	5,912	0,0539	4,934
0,0675	5,661	0,0507	4,603
0,0623	5,359	0,0450	4,509

Mit abnehmender Substanzmenge wird das Gasvolumgewicht immer kleiner, d. h. wird die Zersetzung weitergeführt. Die fünf bei 606° ausgeführten Bestimmungen zeigen dagegen nur geringe Differenzen, weil die angewandten Substanzmengen ziemlich gleich waren.

Substanzmenge g	Gasvolumgewicht d_l	Substanzmenge g	Gasvolumgewicht d_l
0,0591	3,594	0,0576	3,745
0,0588	3,545	0,0576	3,635
0,0586	3,559		

Mischt man dem Dampfe einer dissociirbaren Substanz nicht ein indifferentes Gas, sondern eins seiner Zersetzungsprodukte bei, so tritt nicht eine Beförderung, sondern im Gegentheil eine Verminderung oder volle Verhinderung der Dissociation ein. Von dieser Thatsache ist vielfach Gebrauch gemacht worden, um die Molekulargrösse leicht zersetzlicher Substanzen zu ermitteln. Ein sehr schönes Beispiel liefert die von Ad. Wurtz[1]) ausgeführte Bestimmung des Gasvolumgewichts

[1]) Compt. rend. 1873, *76*, 601; Ber. deutsch. chem. Gesellschaft 1873, *6*, 450.

des Phosphorpentachlorids in einem mit Phosphortrichlorid, dem Zersetzungsprodukt des Pentachlorids, gefüllten Raume. Die angewandte Methode war die von Playfair und Wanklyn vorgeschlagene (s. S. 103). Ein Kolben wurde mit soviel Phosphorpentachlorid beschickt, dass die Menge in Dampfform den Kolben nicht ausfüllte; dann wurde ein Ueberschuss von Phosphortrichlorid hinzugefügt und der Kolben in einem durchsichtigen Paraffinbad auf die Versuchstemperatur erhitzt. Dass sich das Phosphorpentachlorid bei dieser Versuchsanordnung nicht zersetzte, konnte man daran sehen, dass der Dampf farblos blieb. Der bei bekanntem Druck und bekannter Temperatur geschlossene Kolben wurde nach der Wägung über ausgekochtem Wasser geöffnet und in der wässerigen Lösung Chlor und Phosphor bestimmt, woraus sich das Verhältniss der Gewichte des Pentachlorids und des Trichlorids berechnen liess. Da auch das Volumen des Trichloriddampfes bekannt ist — dasselbe hat normales Gasvolumgewicht —, so ergibt sich auch das Volumen des Phosphorpentachloriddampfes und damit sein Gasvolumgewicht. Die von Wurtz erhaltenen Werthe sind in folgender Tabelle zusammengestellt.

Temperatur Grad	Partieller Druck des Pentachlorid-dampfes mm	Gasvolum-gewicht d_l	Temperatur Grad	Partieller Druck des Pentachlorid-dampfes mm	Gasvolum-gewicht d_l
160,5	214	7,44	174,3	168	7,74
164,9	338	7,38	175,3	271	7,06
165,4	194	7,25	175,3	423	6,68
165,4	413	6,80	175,8	318	7,00
169,4	394	7,16	176,2	411	6,88
170,3	174	8,30	189,0	441	6,27
173,3	423	6,68			

Als Mittel aller Versuche ergibt sich $d_l = 7{,}126$, während man für das ganz unzersetzte Phosphorpentachlorid theoretisch $d_l = 7{,}1$ berechnet. Durch Beimischen eines Zersetzungsproduktes, des Phosphortrichlorids, wird also die Dissociation vollkommen verhindert.

Die Anwendbarkeit der Methoden der Gasvolumgewichtsbestimmung, bei welchen der Substanzdampf mit einem Gase oder Dampfe verdünnt wird, wurde von L. Troost und P. Hautefeuille[1]) in Zweifel gezogen. Diese Verfahren beruhen auf der Annahme, dass das Dalton'sche Gesetz über die elastische Kraft von Gasmischungen für beliebige Mischungen von Gas und Dampf oder Dampf und Dampf streng richtig sei. Das Dalton'sche Gesetz wird nun ebenso wenig wie die übrigen Gasgesetze von den Gasen genau befolgt, es ist vielmehr eben-

[1]) Compt. rend. 1876, *83*, 220 und 975.

falls ein Grenzfall, dem sich die Gase mehr oder weniger nähern. Ferner ist auch die Zusammendrückbarkeit und die Wärmeausdehnung der Gase und Dämpfe verschieden. Alle diese Fehlerquellen bewirken eine Erhöhung des unter Anwendung der Verdünnung erhaltenen Werthes des Gasvolumgewichts gegenüber dem theoretischen. Die nach Diffusionsmethoden gefundenen Werthe des Gasvolumgewichtses übertreffen den theoretischen um so mehr, je geringer die elastische Kraft des Substanzdampfes in der Mischung ist. Zur Bestätigung dieser Auseinandersetzungen stellten Troost und Hautefeuille Versuche mit Kohlenstofftetrachlorid und Siliciumtetrachlorid in bekannten wechselnden Mengen an, so dass bei 100^0 und einem 560 mm nicht überschreitenden Gesammtdruck die elastische Kraft des Siliciumtetrachlorids für jeden folgenden Versuch immer schwächer wurde. Als dann das Gasvolumgewicht des Siliciumtetrachlorids unter Einsetzung des theoretischen Gasvolumgewichts des Kohlenstofftetrachlorids berechnet wurde, erhoben sich die Werthe desselben von 6,27 zu 6,88, 7,45 und 8,20. Die direkte Bestimmung des Gasvolumgewichts ergab für gleiche Temperaturen und Drucke bei Abwesenheit des fremden Dampfes $d_l = 5,94$ bis 6,0 (theoretisch für $SiCl_4$ $d_l = 5,870$). Sie schlossen hieraus, dass mit der Abnahme der relativen Menge des Substanzdampfes in der Mischung das nach der gewöhnlichen Formel berechnete Gasvolumgewicht beträchtlich und stetig wächst. Dies fanden sie in den Versuchen von Wurtz über das Phosphorpentachlorid bestätigt.

Der Einfluss der Verminderung des Drucks sowie der Beimischung eines Gases oder Dampfes auf die Dissociation steht in vollem Einklang mit der Theorie. Nach letzterer tritt Gleichgewicht zwischen den unzersetzten Molekeln und den Dissociationsprodukten ein, wenn ebenso viele Molekeln dissociirt werden, als sich in demselben Zeitraum aus den Zersetzungsprodukten zurückbilden. Ist nun der Druck, unter dem der Dampf steht, vermindert, so ist die mittlere Entfernung der Molekeln vergrössert; wenn daher die Molekeln (a b) in a und b zerfallen, so werden die Bestandtheile a der dissociirten Molekeln seltener auf Zersetzungsprodukte b stossen, welche sich in einem solchen Bewegungszustand befinden, dass a und b sich wieder vereinigen können, als wenn die Molekeln (a b) einander von Anfang an näher waren. Die Dissociation muss daher bei gleicher Temperatur unter niederem Druck weiter fortschreiten als bei hohem. Dasselbe ergibt sich für den Fall, dass der Dampf mit einem indifferenten Gase oder Dampfe verdünnt ist; denn auch hier ist bei gleicher Temperatur die mittlere Entfernung der Molekeln (a b) grösser als im unvermischten Dampfe. Wird dagegen der Dampf (a b) mit einem seiner Zersetzungsprodukte, z. B. a, gemischt, so haben die Bestandtheile b viel häufiger Gelegenheit, sich mit Theilmolekeln a wieder zu vereinigen als im unvermischten Dampf; die Wirkung hiervon wird sein, dass der Dissociationsgrad herabgemindert ist.

Sehr eingehend untersucht ist der Einfluss des Drucks auf die Dissociation fester und flüssiger Verbindungen, welche beim Verdampfen in gasförmige Bestandtheile zerfallen. Dieser Dissociationsvorgang hat grosse Aehnlichkeit mit der Verdampfung und ist auch lange für blosse Verdampfung gehalten worden, bis das „abnorme" Gasvolumgewicht derartiger Substanzen auf die Dissociation hinwies. Vielfache Versuche, welche von Aug. Horstmann, Alex. Naumann, G. Lemoine, R. Engel und A. Moitessier, Isambert und Anderen ausgeführt wurden, haben ergeben, dass es bei jeder dieser dissociationsfähigen Substanzen für jede Temperatur einen Druck gibt, der nicht überschritten werden kann, ohne dass die Dissociation gehemmt wird. Dieser Grenzdruck wird, analog der Dampfspannung bei der Verdampfung, Dissociationsspannung genannt. Ist bei irgend einer Temperatur der auf einem dissociationsfähigen festen oder flüssigen Körper ruhende Druck kleiner als die Dissociationsspannung, so tritt Dissociation ein; wird der Druck gleich der Dissociationsspannung, so tritt Gleichgewicht zwischen den dissociirten und den unveränderten Molekeln ein, und wird der Druck grösser als die Dissociationsspannung, so wird die ursprüngliche Substanz aus den Dissociationsprodukten zurückgebildet. In einem abgeschlossenen Raume stellt sich durch Dissociation oder Rückbildung die Dissociationsspannung her, welche der herrschenden Temperatur entspricht; auf diesem Wege ist die Dissociationsspannung einer grossen Anzahl von Substanzen ermittelt worden. Die Dissociationsspannung stellt sich indess nicht sofort bei dem Temperaturwechsel her, sondern nur langsam und allmählich; die Bestimmungen derselben sind deshalb schwierig und theilweise mit Beobachtungsfehlern behaftet.

Bringt man in einen Raum, in dem sich einer der betrachteten Körper im Dissociationsgleichgewicht befindet, ein indifferentes Gas, so tritt eine Vermehrung der Dissociation ein; mischt man dagegen eins der Dissociationsprodukte bei, so tritt eine theilweise Rückbildung der Substanz ein. Zerfällt ein fester oder flüssiger Körper beim Verdampfen in gleiche Volume zweier gasförmiger Zersetzungsprodukte, so ist nach A. Horstmann[1]) die Bedingung des Dissociationsgleichgewichts ausgedrückt durch die Formel:

$$p_1 \cdot p_2 = \frac{1}{4} p^2,$$

[1]) Annal. Chem. Pharm. 1877, *187*, 48.

worin p_1 und p_2 die Partialdrucke der gasförmigen Zersetzungsprodukte und p die Dissociationsspannung der Substanz im leeren Raume bedeutet. Da p für jede bestimmte Temperatur konstant ist, so sagt diese Gleichung aus, dass der Partialdruck des einen Zersetzungsproduktes sich in demselben Verhältniss verkleinert, in dem sich derjenige des anderen vergrössert.

Der Gesammtdruck S, der sich über dem dissociirenden Körper in Gegenwart eines seiner Zersetzungsproduktes herstellt, ist gegeben durch die Gleichung:

$$S = \sqrt{p^2 + P^2},$$

worin p die Dissociationsspannung im Vakuum und P den Druck des überschüssigen beigemischten Bestandtheils bedeutet. Welches von den beiden Zersetzungsprodukten beigemischt wird, ist hierbei gleichgültig.

Als Beispiel mögen die Bestimmungen von Isambert[1]) über die Dissociationsspannungen des Phosphoniumbromids in Gegenwart je eines seiner Dissociationsprodukte dienen. Das Phosphoniumbromid PH_4Br zerfällt beim Verdampfen in Phosphorwasserstoff PH_3 und Bromwasserstoffsäure HBr (siehe S. 282). In der folgenden Tabelle sind die beobachteten und die nach obiger Formel berechneten Werthe des Gesammtdrucks bei Gegenwart von Phosphorwasserstoff bezw. Bromwasserstoff nebeneinandergestellt.

Temperatur Grad C.	Spannung des überschüssigen Phosphorwasserstoffs P	Gesammtdruck S		Spannung des überschüssigen Bromwasserstoffs P	Gesammtdruck S	
		beobachtet	berechnet		beobachtet	berechnet
	mm	mm	mm	mm	mm	mm
8,0	186,3	228,1	227,4	230,6	262,9	261,7
9,6	180,2	231,2	229,8	228,0	265,2	268,9
10,0	178,4	232,0	232,0	227,1	265,6	271,3
12,5	177,5	248,0	249,3	219,2	282,3	281,3
13,6	173,7	247,3	250,7	220,2	286,1	285,1
14,3	172,1	249,9	255,0	218,4	285,0	288,3
20,4	147,1	297,5	311,7	190,9	331,3	334,6

Zerfällt ein fester oder flüssiger Körper nicht in gleiche Volume zweier gasförmiger Bestandtheile, so werden die Verhältnisse verwickelter. Entsteht z. B. von dem einen Componenten ein doppelt so grosses Volum als vom anderen, so wird die Bedingung des Gleichgewichts durch die Gleichung ausgedrückt:

$$p_1 \cdot p_2^2 = \frac{4}{27} \cdot p^3.$$

---

[1]) Compt. rend. 1883, *96*, 643.

p ist die Dissociationsspannung der Substanz im Vakuum, p_1 und p_2 sind die Partialdrucke der Zersetzungsprodukte, und zwar gehört p_2 dem mit doppeltem Volum entstehenden gasförmigen Componenten an.

Ein hierher gehöriger Körper ist das carbaminsaure Ammonium, welches in 1 Volum Kohlensäure und 2 Volume Ammoniak zerfällt. Die Uebereinstimmung der Theorie mit den Beobachtungen ergibt sich aus der folgenden Tabelle, in welcher die von Isambert[1]) beobachteten Dissociationsspannungen des carbaminsauren Ammoniums in Gegenwart je eines der Dissociationsprodukte neben die berechneten Werthe gestellt sind.

	Dissociationsspannung				
		berechnet bei einem Ueberschuss von			
Temperatur Grad C.	beobachtet mm	12,9 ccm Kohlensäure mm	6,1 ccm Kohlensäure mm	6,6 ccm Ammoniak mm	11,4 ccm Ammoniak mm
34,0	169,8	170,4	164,5	166,8	181,3
37,2	211,0	210,8	204,6	205,9	215,5
39,1	234,1	234,4	228,5	229,4	236,9
41,8	269,4	271,7	267,7	265,6	274,5
42,5	288,3	289,2	284,2	286,2	291,9
43,9	313,8	314,5	311,8	313,5	318,4
46,9	375,7	375,3	372,0	375,6	378,3
50,1	453,8	452,9	452,2	454,1	455,0
52,6	526,2	523,5	522,3	523,8	526,2

Die Analogie der Dissociation dieser Körper und der Verdampfung geht so weit, dass Aug. Horstmann[2]) die Gesetzmässigkeiten der letzteren mit Erfolg auf die Dissociationserscheinungen fester und flüssiger Körper übertragen konnte. Zwischen der Verdampfungswärme r, der Dampfspannung p, der absoluten Temperatur T, der Volumzunahme bei der Verdampfung u und dem mechanischen Wärmeäquivalent A besteht folgende Beziehung:

$$\frac{dp}{dT} = \frac{r}{A \cdot u \cdot T}.$$

Der Differentialquotient $\frac{dp}{dT}$ stellt annähernd die Zunahme der Dampfspannung für 1^0 Temperaturerhöhung dar. Bei der Uebertragung dieser Betrachtung auf die Dissociationserscheinungen ist an Stelle der Dampfspannung die Dissociationsspannung und an Stelle der Verdampfungswärme die Zersetzungswärme zu setzen. Für die Volumzunahme während der Dissociation u kann man das Volumen der gasförmigen Dissociationsprodukte setzen, da gegen dieses das Volumen

[1]) Compt. rend. 1883, *96*, 1212.

[2]) Annal. Chem. Pharm. 1872, Supplementband *8*, 112.

des unzersetzten Körpers verschwindend klein ist. Entstehen bei der Dissociation m Molekulargewichte gasförmiger Produkte und ist v das Volumen eines Molekulargewichtes, so ist die Volumzunahme $u = m . v$. Nach dem Gay-Lussac-Boyle'schen Gesetze (S. 47) ist ferner $p . v = R . T$, worin R eine Konstante bedeutet; daher wird $u = \frac{m \cdot R \cdot T}{p}$ und

$$\frac{dp}{dT} = \frac{r \cdot p}{m \cdot A \cdot R \cdot T^2}.$$

$\frac{dp}{dT}$ bedeutet den Zuwachs der Dissociationsspannung für 1^0 Temperaturerhöhung; A . R ist konstant und gleich 1,992. Für das carbaminsaure Ammonium ist z. B. bei 20^0 ($T = 273 + 20 = 293^0$) nach Naumann[1]) die Dissociationsspannung $p = 62{,}4$ mm; die Zersetzungswärme desselben ist $r = 37700$ Calorien. Da das carbaminsaure Ammonium in 3 Molekeln zerfällt, so ist $m = 3$. Daher wird:

$$\frac{dp}{dT} = \frac{37700 \cdot 62{,}4}{3 \cdot 1{,}992 \cdot 293^2} = 4{,}4.$$

In der That fand Naumann bei 18^0 $p = 53{,}7$ und bei 20^0 $p = 62{,}4$; der beobachtete Zuwachs der Dissociationsspannung für 1^0 Temperaturerhöhung beträgt daher $\frac{62{,}4 - 53{,}7}{2} = 4{,}35$ mm.

Wir haben die Dissociation als eine Wirkung der Wärme kennen gelernt, welche den chemischen Kräften entgegenstrebt; die Dissociation muss daher unter Wärmeaufnahme erfolgen und sie muss aufhören, sobald die Wirkung der Wärme fehlt. Die dissociirten Verbindungen bilden sich daher beim Abkühlen wieder aus ihren Dissociationsprodukten zurück. Der Unterschied zwischen Dissociation und gewöhnlicher Zersetzung gibt sich an einigen Ammoniumsalzen sehr deutlich zu erkennen. Wir haben eine ganze Reihe dieser Salze kennen gelernt, bei welchen die Merkmale der Dissociation sehr klar zu Tage treten. Dagegen ist der Zerfall des Ammoniumnitrits in Stickstoff und Wasser, welcher nach der Gleichung:

$$NO_2NH_4 = N_2 + 2H_2O$$

verläuft, eine Zersetzung, welche mit der Dissociation nichts zu thun hat. Die Zersetzung erfolgt unter Wärmeentwicklung und die Zersetzungsprodukte, Wasser und Stickstoff, vereinigen sich beim Abkühlen nicht wieder zu Ammoniumnitrit. Während ferner die Dissociation bei einem bestimmten Druck, welcher nur von der Temperatur abhängig ist, ein Ende erreicht, schreitet die Zersetzung des Ammoniumnitrits unter stetiger Zunahme des Drucks immer weiter fort, bis

[1]) Annal. Chem. Pharm. 1871, *160*, 12; Ber. deutsch. chem. Gesellschaft 1871, *4*, 781 und 815.

alles zersetzt ist. Alles dieses lehrt auf's Klarste, dass die Zersetzung des Ammoniumnitrits keine Dissociation ist.

Betrachtet man die Dissociationserscheinungen näher, so findet man, dass dieselben in weitaus den meisten Fällen nicht so einfach sind, wie sie auf den ersten Blick zu sein scheinen. Nur selten werden die dissociirenden Substanzen in Atome gespalten, wie dies z. B. bei dem Joddampf der Fall ist; viel häufiger sind die Dissociationsprodukte Molekeln, seien es Elementarmolekeln, seien es Verbindungen. Denn auch bei denjenigen Verbindungen, welche in Elemente dissociirt werden, kann man im Allgemeinen nicht annehmen, dass bei der Dissociation freie Atome entstehen. Wenn z. B. bei 1200^0 der Wasserdampf theilweise in Wasserstoff und Sauerstoff zerfällt, so entstehen hierbei mit Sicherheit keine freien Atome dieser Gase, denn die Molekeln derselben sind bei dieser Temperatur noch vollkommen beständig. Die Dissociation des Wassers erfolgt daher nach der Gleichung:

$$H_2O + H_2O = 2H_2 + O_2.$$

Es werden bei diesem Vorgange nicht nur Bindungen gelöst, sondern die Elementaratome verbinden sich gleichzeitig zu Molekeln. Dasselbe gilt für fast alle Dissociationserscheinungen: sie sind nicht einfache Zersetzungen, sondern haben neue Bindungen im Gefolge; man kann sie in gewissem Sinne als reine Umsetzungen betrachten.

Einwände gegen die Annahme des Stattfindens der Dissociation.

Nachdem in dem Vorstehenden die Dissociationserscheinungen sowohl in theoretischer als experimenteller Hinsicht hinreichend beleuchtet worden sind, können wir zur Besprechung der Einwände, welche gegen das Stattfinden der Dissociation in den meisten Fällen erhoben wurden, sowie der Versuche übergehen, welche zum Beweis des thatsächlichen Stattfindens angestellt wurden.

Zu dem Zwecke wollen wir uns in Kürze den Stand der Molekulartheorie zur Zeit der Entdeckung der Dissociationserscheinungen in's Gedächtniss zurückrufen. Im Jahre 1808 veröffentlichte Gay-Lussac sein Gesetz über die Volumverhältnisse sich verbindender Gase und 1811 erfolgte die Aufstellung der Molekulartheorie durch Avogadro, welcher 1814 ganz ähnliche Ansichten von Ampère folgten. Die Aufnahme, welche die Anschauungen Avogadro's fanden, war wenig erfreulich, und nach einiger Zeit hatte sie überhaupt keine Anhänger mehr. Das Verlassen der Avogadro'schen Hypothese war dadurch begründet, dass man den von Avogadro auf's Klarste gemachten Unterschied zwischen Atom und Molekel nicht berücksichtigte, wodurch man bei der Ausdehnung der Hypothese auf Elemente und Verbindungen zu Widersprüchen gelangte, welche nicht aus dem Wege geräumt werden konnten. Andererseits lehrte aber die Erfahrung, dass der von einer Molekel eingenommene Raum durchaus nicht bei allen Substanzen gleich war; die Anzahl der Substanzen, welche ein von der gewöhnlichen Raumerfüllung abweichendes Volumen in Dampfform zeigten, mehrte sich von Jahr zu Jahr.

Um die verschiedene Raumerfüllung der Substanzen zu bezeichnen, setzte man den von 1 „Aequivalent" Sauerstoff ($O = 8$) eingenommenen Raum gleich 1. Da dem entsprechend unsere „Molekel" Sauerstoff ($O_2 = 32$) 4 Volume einnimmt, so mussten alle Substanzen, deren „Aequivalentgewicht" mit dem heutigen „Molekulargewicht" übereinstimmt, sofern sie das nach den heutigen Anschauungen normale Gasvolumgewicht zeigten, 4 Volume einnehmen. Aus der Abhandlung von E. Mitscherlich[1]) vom Jahre 1833 ergibt sich in vielen Fällen diese Raumerfüllung; doch zeigten sich auch Ausnahmen hiervon. Eine vollständige Zusammenstellung der bis dahin ausgeführten Gasvolumgewichtsbestimmungen organischer Materien gab Heinrich Will[2]) in seinem Jahresbericht für 1838. Er schloss aus diesem Zahlenmaterial, dass alle organischen Verbindungen mehr als 1 Raumtheil Dampf geben; meist entspreche jedes „Atom" 4 Volumen, selten 2 Volumen Dampf und nur das Hydrat der Essigsäure gebe 3 Volume Dampf. Nach Versuchen von J. Dumas[3]) lieferte das Formomethylal 6 Volume Dampf, doch wies Malaguti[4]) nach, dass der Dampf ein Gemenge von Methylal und Methylformiat ist. In demselben Jahre (1838) fand A. Bineau[5]), dass eine Anzahl von Verbindungen 6, 8 und sogar 12 Volume im Dampfzustand einnimmt; die Zahl der möglichen Raumerfüllungen wurde dadurch erheblich vergrössert.

Der Dumas'schen Beobachtung, dass das Essigsäurehydrat im Dampfzustand 3 Volume einimmt, folgte die Bestimmung des Gasvolumgewichts der Ameisensäure durch A. Bineau[6]), welche ergab, dass auch diese Säure 3 Volume im Dampfzustand einnimmt (er fand $d_l = 2{,}12$ und 2,14 bei 111^0 bis 118^0). A. Cahours[7]) zeigte indess, dass diese Raumerfüllung in Wirklichkeit nicht statt hat; er fand, dass das Gasvolumgewicht der Essigsäure und anderer Verbindungen in hohem Grade abhängig ist von der Höhe der Temperatur. Dasselbe ist in der Nähe

1) Annal. Phys. Chemie 1833, *29*, 493; Annal. Chem. Pharm. 1834, *12*, 137.
2) Annal. Chem. Pharm. 1838, *28*, 153.
3) Annal. Chem. Pharm. 1838, *27*, 135.
4) Annal. Chem. Pharm. 1839, *29*, 88.
5) Annal. chim. phys. [2], 1838, *68*, 430.
6) Annal. Chem. Pharm. 1845, *56*, 177.
7) Annal. Phys. Chemie 1845, *65*, 420; Annal. Chem. Pharm. 1845, *56*, 175.

des Siedepunktes der Substanzen zu hoch und nimmt mit steigender Temperatur allmählich ab, bis es konstant wird. Das bei hoher Temperatur gefundene Gasvolumgewicht entsprach einer Raumerfüllung von 4 Volumen. Damit war die „Condensation auf 3 Volume", welche man bei einigen Substanzen angenommen hatte, als irrthümlich erkannt.

Die Beobachtung Cahours', dass das Gasvolumgewicht mancher Substanzen nicht konstant, sondern abhängig von der Temperatur sei, bei welcher es bestimmt wurde, war für die ganze Frage der Raumerfüllung der Gase und Dämpfe von Bedeutung. Cahours sprach zuerst den Satz aus, dass eine einzelne Gasvolumgewichtsbestimmung nicht genüge, um einen Schluss auf die Raumerfüllung der Dämpfe zu ziehen. Dazu sei erforderlich, dass der Dampf bereits den Gasgesetzen hinreichend gehorche; letzteres erkenne man daran, dass das Gasvolumgewicht bei weit von einander abstehenden Temperaturen gleich sei und dies müsse erst festgestellt sein, bevor man aus den Bestimmungen Schlüsse ziehen könne. In der That ist es rein zufällig, dass man bei der Ameisensäure und Essigsäure eine Condensation auf 3 Volume fand. Die Gasvolumgewichtsbestimmung wurde zufällig bei der Temperatur ausgeführt, bei welcher der Werth derselben gerade auf diese ausnahmsweise Raumerfüllung führte; wäre dieselbe bei einer nur wenig höheren Temperatur angestellt worden, so hätte man Zahlen erhalten, welche zu der stöchiometrischen Summe der Atomgewichte der Elemente der Verbindung in keinem einfachen rationalen Verhältniss gestanden hätte. Dieser von Cahours herrührende Satz wurde späterhin von H. Sainte-Claire Deville und L. Troost[1]) von Neuem hervorgehoben und wird heute allseitig berücksichtigt.

In einer etwas abweichenden Form stellte C. Boedeker[2]) die Raumerfüllung der Gase und Dämpfe in ihrem Verhältniss zum „Aequivalentgewicht" dar. Wir haben die Art und Weise, wie er das Gasvolumgewicht zu dem „Aequivalentgewicht" in Beziehung brachte, bereits (S. 44) kennen gelernt. Er vergleicht das Gewicht p eines Normalmaasses eines Gases oder Dampfes, das er zu 1119,05 ccm berechnet, mit dem Aequivalentgewicht m; den Quotienten $\frac{p}{m}$ bezeichnet er als Aequivalentvolum. Er gibt z. B. folgende Werthe für die Aequivalentvolume: Wasserstoff $p = 1$, $m = 1$, daher $\frac{p}{m} = 1$; Sauerstoff $p = 8$, $m = 16$, $\frac{p}{m} = \frac{1}{2}$; Schwefel $p = 16$, $m = 96$, $\frac{p}{m} = \frac{1}{6}$; Al-

[1]) Compt. rend. 1858, *46*, 239; Annal. Chem. Pharm. 1860, *113*, 42.

[2]) C. Boedeker, Die gesetzmässigen Beziehungen zwischen Zusammensetzung, Dichtigkeit und spezifischer Wärme der Gase. Göttingen 1857; auch Annal. Chem. Pharm. 1857, *104*, 205.

kohol p = 46, m = 23, $\frac{p}{m} = 2$; Phosphorpentachlorid p = 208,5, m = 52,125, $\frac{p}{m} = 4$. Das Aequivalentvolum sagt aus, wie viele Normalmaasse einer gasförmigen Substanz nothwendig sind, um die durch ein Aequivalentgewicht bezeichnete Anzahl Dezigramme der Substanz zu repräsentiren. Nach Boedeker kommen die Aequivalentvolume 1, $^1/_2$ und $^1/_6$ nur den Elementargasen zu; die zusammengesetzten Gase haben meist das Aequivalentvolum 2, bei einigen (Chlorammonium, Cyanammonium, Phosphorpentachlorid u. s. w.) ist es gleich 4 und beim carbaminsauren Ammonium gleich 6. Wie man sieht, stimmt diese Form der Bezeichnung mit der damals anderwärts gebräuchlichen überein; nur wird hier das Aequivalentvolum Sauerstoff nicht gleich 1, sondern gleich $^1/_2$ gesetzt, wodurch alle Werthe um die Hälfte kleiner erscheinen. Schon früher hatte L. Gmelin[1]) einen ähnlichen Weg eingeschlagen; er bezeichnete den Quotienten $\frac{m}{p}$, also den reciproken Werth des Boedeker'schen, als reduzirte Atomzahl und die Elementargase als 6-, 2- oder 1-atomig.

Gehen wir nunmehr zu der Besprechung der Einwendungen gegen das Avogadro'sche Gesetz über, so können wir uns bezüglich der Elementargase kurz fassen, da wir das Nöthige bereits früher (S. 201—222) kennen gelernt haben. Bevor die Trennung des Atom- und Molekelbegriffes in der Chemie durchgeführt war, begnügte man sich mit dem Aequivalentbegriff, dessen Anwendung auf die einzelnen Elemente recht schwankend war, insofern als man die Aequivalentgewichte mehrmals wechselte. Von der Grösse des Aequivalentgewichtes hängt aber die relative Raumerfüllung der Elementargase ab; wenn z. B. das Aequivalentgewicht Sauerstoff (O = 8) 1 Volum einnimmt, und man setzt dann das Aequivalentgewicht O = 16, so nimmt ein Aequivalent Sauerstoff nunmehr 2 Volume ein. Die Raumerfüllung der Elementargase ist also ganz abhängig von der Grösse des Aequivalentgewichts; sie findet ihre einfache Erledigung in der Molekulartheorie. Nur für den Fall, dass das Avogadro'sche Gesetz Gültigkeit hat, lässt sich über die Molekulargrösse der Elementargase Sicheres ermitteln; dass die Folgerungen der Molekulartheorie bezüglich der gasförmigen Elemente im vollsten Einklang mit allen chemischen und physikalischen Eigenschaften derselben steht, wurde bereits früher mitgetheilt.

Auch der Fall der „Condensation auf 6 Volume“ findet eine einfache Lösung. Unter der Voraussetzung, dass ein Aequivalentgewicht

---

[1]) L. Gmelin, Handbuch der Chemie, 4. Aufl. Bd. *1*, 53.

Sauerstoff ($O = 8$) 1 Volum einnimmt, fand A. Bineau[1]) für ein Aequivalentgewicht Ammoniumsulfid die Raumerfüllung gleich 6 Volumen. Dem Ammoniumsulfid gab man damals die Formel $NH_3\,HS = NH_4\,S$, worin $N = 14$, $H = 1$ und $S = 16$ zu setzen war. Nach den neuen Formeln ist dagegen das Ammoniumsulfid $= (NH_4)_2\,S$, worin $S = 32$ zu setzen ist; eine Molekel Ammoniumsulfid würde daher nach der früheren Bezeichnung 12 Volume einnehmen. Die Raumerfüllung der chemischen Verbindungen im Gaszustande liess sich demnach vor der Entdeckung der Dissociationserscheinungen in folgenden Satz zusammenfassen: Die meisten Verbindungen nehmen 4 Dampfvolume ein, eine Anzahl dagegen (namentlich Verbindungen der Stickstoffgruppe) 8 und zwei (Ammoniumsulfid und carbaminsaures Ammonium) 12 Dampfvolume.

Wie S. 237 ausgeführt wurde, sprachen Kopp, Kekulé und Cannizzaro im Jahre 1858 die Ansicht aus, dass alle Gase und Dämpfe 4 Volume einnehmen und dass diejenigen, welche scheinbar 8 oder 12 Volume erfüllen, in Wirklichkeit dissociirt seien. Schon früher (im Jahre 1838) hatte A. Bineau[1]) eine Zersetzung des carbaminsauren Ammoniums beim Verdampfen angenommen und eine solche für das Ammoniumsulfhydrat und das Cyanammonium als möglich bezeichnet; im Jahre 1851 hatte Gerhardt[2]) die Dissociation des Perchlormethyläthers in Kohlenstofftetrachlorid und Carbonylchlorid nachgewiesen. Unsere Aufgabe ist es nunmehr, dem Verhalten der Gegner der Dissociation und ihren Gründen unsere Aufmerksamkeit zu widmen. Dabei müssen wir diejenigen Substanzen, welche ganz oder theilweise unzersetzt in den Gaszustand übergehen und im gasförmigen Zustand allmählich dissociirt werden, getrennt von denen betrachten, welche nicht unzersetzt flüchtig sind, sondern beim Uebergang in den Gaszustand sofort vollständig dissociirt werden; denn die Erklärung, welche die Gegner der Dissociation für das Verhalten dieser Substanzen gaben, war je nach der Art der Dissociation verschieden.

Wenden wir uns zuerst zu den dissociirenden Gasen, so haben wir aus dem früher (S. 252 ff.) gegebenen Zahlenmaterial ersehen, dass dieselben ein mit der Temperatur und dem Druck sich änderndes Gasvolumgewicht haben. Zur Erklärung dieser Erscheinung machten die Gegner der Dissociation die Annahme, dass die Substanzen, welche dieselbe zeigten, im Gaszustande den Gesetzen von Boyle und Gay-Lussac nicht gehorchten. Diese Annahme ist an und für sich in der That geeignet, das variable Gasvolumgewicht einer Substanz zu er-

---

1) Annal. chim. phys. [2], 1838, *68*, 434; 1839, *70*, 272.

2) Compt. rend. des travaux de chimie par Laurent et Gerhardt 1851, S. 112.

klären; denn die Formel zur Berechnung des Gasvolumgewichts zeigt klar, und früher wurde bereits darauf hingewiesen, dass dieselbe nur für den Fall Gültigkeit haben kann, dass der Dampf den Gasgesetzen hinreichend folgt. Sobald dies nicht zutrifft, kann die Formel zur Berechnung des Gasvolumgewichts nicht mehr angewandt werden.

Diese Erklärung der „abnormen" Gasvolumgewichte, und zwar der variablen, durch einen mit der Temperatur veränderlichen Ausdehnungskoëffizienten wurde von mehreren Forschern gemacht, welche sich in der Wissenschaft einen geachteten Namen erworben haben. Für das veränderliche Gasvolumgewicht der Halogene wurde diese Annahme von L. Troost[1]), M. Berthelot[2]), A. Lieben[3]) und J. M. Crafts[4]) ausgesprochen. Lieben sprach sie freilich nur als Vermuthung aus und meinte, man könne auch die Dissociation der Molekeln der Halogene und der anderen Substanzen annehmen. Crafts schloss aus seinen Versuchen, dass der Ausdehnungskoëffizient des Broms bei Gelbgluth 1,2 mal und des Jods 1,5 mal so gross sei als der normale Ausdehnungskoëffizient der Gase. In einer kurz darauf in Gemeinschaft mit F. Meier veröffentlichten Abhandlung[5]) nahm Crafts eine allmähliche Dissociation der Jodmolekeln J_2 in einzelne Atome J_1 an; für Chlor und Brom that er dies aber nicht, denn später[6]) bemerkte er, dass das abnorme Gasvolumgewicht dieser Gase nicht auf die Dissociation derselben schliessen lasse, da die Ausdehnung derselben in hoher Temperatur abnorm sein könne. Das veränderliche Gasvolumgewicht des Schwefels und Selens erklärten H. Sainte-Claire Deville und L. Troost[7]) durch abnorme Ausdehnung, ebenso dasjenige der Untersalpetersäure[8]) und L. Troost[9]) dasjenige des Quecksilberjodids.

Als Gegner der Dissociation erwies sich auch A. Cahours[10]), welcher die Zersetzung einiger Dämpfe nicht anerkannte. Ausgehend von dem richtigen Grundsatze, dass man nur aus solchen Werthen des

---

[1]) Compt. rend. 1880, *91*, 54.

[2]) Annal. chim. phys. [5], 1881, *22*, 456; Bull. soc. chim. [2], 1882, *35*, 364.

[3]) Ber. deutsch. chem. Gesellschaft 1879, *12*, 2239.

[4]) Compt. rend. 1880, *90*, 183.

[5]) Ber. deutsch. chem. Gesellschaft 1880, *13*, 851; Compt. rend. 1880, *90*, 690; 1881, *92*, 39.

[6]) Compt. rend. 1884, *98*, 1259.

[7]) Compt. rend. 1863, *56*, 891; Annal. Chem. Pharm. 1863, *127*, 274.

[8]) Compt. rend. 1867, *64*, 237.

[9]) Compt. rend. 1882, *95*, 135.

[10]) Compt. rend. 1863, *56*, 900; 1866, *63*, 14; Annal. Chem. Pharm. 1863, *128*, 68; 1867, *141*, 39.

Gasvolumgewichts, welche für ein grosses Temperaturintervall konstant sind, Schlüsse ziehen dürfe, erkannte er die Dissociation des Chlorwasserstoff-Amylens an, da dieses zuerst ein konstantes, auf eine Raumerfüllung von 4 Volumen deutendes Gasvolumgewicht zeige. Dagegen gebe das Phosphorpentachlorid auch nur einige Grade über dem Siedepunkte Zahlen für das Gasvolumgewicht, welche von einer Erfüllung von 4 Volumen noch weit entfernt seien (die Wurtz'schen Werthe, welche letztere durch Verdünnen des Dampfes mit Phosphortrichloriddampf erreichten, wurden erst später ermittelt). Das Gasvolumgewicht des Phosphorpentachlorids werde erst konstant für die Erfüllung von 8 Volumen, und dies sei die wahre Raumerfüllung desselben. Es liege überhaupt gar keine Nothwendigkeit vor, anzunehmen, dass alle Dämpfe 4 Volume einnehmen; die Untersuchungen hätten gelehrt, dass das Molekulargewicht einer jeden zusammengesetzten flüchtigen Substanz im Dampfzustand entweder 4 oder 8 Volume einnehme. 2, 3 oder 6 Volume seien zwar auch möglich, aber bis dahin noch nicht beobachtet worden, da die eine solche Gruppirung scheinbar anzeigenden Zahlen nur für ganz geringe Temperaturintervalle Gültigkeit hätten. Die Thatsache, dass 2 Substanzen auch eine scheinbare Raumerfüllung von 12 Volumen zeigen, bespricht Cahours nicht.

Prüfen wir nun den Gang der Veränderungen des Ausdehnungskoëffizienten für eine Substanz, welche die allmähliche Dissociation vollständig zeigt, unter der Voraussetzung, dass die Veränderung des Gasvolumgewichts nur durch den variablen Ausdehnungskoëffizienten verursacht wird, so ergibt sich folgendes. Aus dem Dissociationsgang war zu ersehen, dass das Gasvolumgewicht bei den niedrigsten Temperaturen für ein gewisses Temperaturintervall konstant war; dann wurde dasselbe kleiner und zwar zuerst langsam, dann rascher und die Abnahme des Gasvolumgewichts erreichte ihr Maximum bei der Temperatur der halbvollendeten Zersetzung. Von hier ab wurde dasselbe wieder um so langsamer kleiner, je höher die Temperatur stieg; zuletzt wurde das Gasvolumgewicht wieder konstant und zwar gleich einem rationalen Theil (bei den untersuchten Substanzen gleich der Hälfte) des ersten konstanten Werthes. Ist diese Abnahme des Gasvolumgewichts nicht durch allmähliche Dissociation, sondern durch Veränderungen des Ausdehnungskoëffizienten verursacht, so muss der letztere folgenden Verlauf zeigen. So lange das Gasvolumgewicht konstant ist, ist der Ausdehnungskoëffizient des Dampfes gleich demjenigen der Gase; dann wächst er, anfangs langsam, dann immer rascher, erreicht ein Maximum bei der Temperatur, welche wir als Temperatur der halb vollendeten Zersetzung bezeichnet haben, nimmt dann ab, erst langsam, dann rascher und wird zuletzt, zugleich mit dem Gasvolumgewicht, wieder konstant und gleich dem normalen Ausdehnungskoëffizienten der Gase.

Dieser merkwürdige Verlauf der Aenderungen des Ausdehnungskoëffizienten wurde von H. Sainte-Claire Deville und L. Troost[1]) thatsächlich für den Dampf der Untersalpetersäure angenommen. In der folgenden Tabelle sind die Versuchsresultate zusammengestellt; es sind die mit unerreichter Genauigkeit dastehenden Bestimmungen, welche schon früher (S. 264) mitgetheilt wurden. Die erste Spalte enthält die Versuchstemperatur t, die zweite das Gasvolumgewicht d_1, welches nach der gewöhnlichen Formel, also unter der Annahme, dass der Dampf dem Boyle-Gay-Lussac'schen Gesetze hinlänglich gehorche, berechnet wurde, die dritte das Gewicht p des bei t^0 den Ballon erfüllenden Dampfes, die vierte den von 1 g Dampf bei t^0 unter Berücksichtigung der Ausdehnung des Glases eingenommene Raum v und die fünfte den mit 100 multiplizirten Ausdehnungskoëffizienten β des Dampfes zwischen zwei auf einander folgenden Temperaturen, berechnet unter der Voraussetzung, dass der Dampf der Untersalpetersäure sich nicht zersetzt.

t Grad C.	d_1	p g	v ccm	100 . β
26,7	2,65	2,604	320,36	
				0,888
35,4	2,53	2,419	345,12	
				1,008
39,8	2,46	2,358	360,42	
				1,215
49,6	2,27	2,108	403,33	
				1,207
60,2	2,08	1,870	454,95	
				1,137
70,0	1,92	1,688	505,85	
				0,946
80,6	1,80	1,530	556,37	
				0,781
90,0	1,72	1,426	597,22	
				0,531
100,1	1,68	1,354	629,23	
				0,441
111,3	1,65	1,291	660,29	
				0,422
121,5	1,62	1,240	688,74	
				0,378
135,0	1,60	1,180	723,87	
				0,367
154,0	1,58	1,118	764,40	
				0,367
183,2	1,57	1,037	824,77	

Der Ausdehnungskoëffizient zeigt die vorausgesehenen Veränderungen. Deville und Troost fanden dieses Ergebniss zwar „très curieux", blieben aber doch dabei stehen, da sie einen anderen Grund für das veränderliche Gasvolumgewicht der Untersalpetersäure nicht anzugeben vermochten. Es braucht indess kaum darauf hingewiesen zu werden, dass ein derartiges Maximum des Ausdehnungskoëffizienten ganz ohne Analogie dastände; die übrigen Dämpfe zeigen zwar auch

[1]) Compt. rend. 1867, *64*, 237.

mit der Temperatur veränderliche Ausdehnungskoëffizienten, dieselben sind aber stets anfangs zu gross und nehmen mit steigender Temperatur stetig ab, bis sie den normalen Werth erreicht haben. Letzteres ist auch die einzige Veränderlichkeit der Ausdehnungskoëffizienten, welche mit der kinetischen Gastheorie in Einklang zu bringen ist.

Auf einem anderen ganz unabhängigen Wege liess sich die Dissociation der Untersalpetersäure bei höherer Temperatur durch sinnreiche Versuche nachweisen, welche von Salet[1]) angestellt wurden. Die Farbe des Untersalpetersäuredampfes ist nämlich von der Temperatur in hohem Maasse abhängig; je höher die Temperatur ist, desto intensiver ist die Färbung des Dampfes. Delafontaine[2]) wies darauf hin, dass der bei — 10° kaum gelbe Untersalpetersäuredampf bei 183° mehr schwarz als roth ist und selbst in dünnen Schichten das Licht kaum durchlässt. Da wir aus Versuchen von Naumann (s. S. 289) wissen, dass bei — 6° bereits 5,6 Prozent der Molekeln N_2O_4 in solche NO_2 dissociirt sind, so darf man annehmen, dass der nur Molekeln N_2O_4 enthaltende Dampf farblos ist, während der aus Molekeln NO_2 bestehende Dampf dunkelbraun gefärbt ist. Salet wies nun nach, dass eine dünne, heisse Schicht von Untersalpetersäure und eine kalte Schicht von bestimmter grösserer Dicke gleiche Intensität zeigen, und dass das Absorptionsspektrum zweier derartiger Schichten gleich ist. Er berechnete dann unter der Annahme, dass der Dampf der Verbindung N_2O_4 farblos, derjenige der Verbindung NO_2 gefärbt sei, die Längen, welche eine auf der Temperatur 26,7° erhaltene Dampfschicht haben müsste, um mit einer konstanten, als Einheit genommenen Länge der auf verschiedene Temperaturen erhitzten Dampfschicht die gleiche Intensität der Farbe zu zeigen. Andererseits bestimmte er die erforderliche Schichtenlänge direkt durch den Versuch. In der folgenden Tabelle sind die gefundenen und die berechneten Schichtenlängen neben einander gestellt.

Temperatur	Schichtenlänge		Temperatur	Schichtenlänge	
Grad C.	berechnet	gefunden	Grad C.	berechnet	gefunden
26,7	1,000	1,00	111,3	2,234	2,25
35,4	1,182	1,18	121,5	2,218	2,24
39,8	1,299	1,28	135,0	2,165	2,20
49,6	1,588	1,28	154,0	2,104	2,12
60,2	1,852	1,90	200,0	1,90	1,95
70,0	2,066	1,90	225,0	1,80	1,95
80,6	2,185	2,20	250,0	1,70	1,95
90,0	2,253	2,20	275,0	1,60	1,60
100,1	2,254	2,30	300,0	1,56	1,52

[1]) Compt. rend. 1868, *67*, 488; Bull. soc. chim. [2], 1868, *11*, 479.
[2]) Arch. scienc. phys. nat. [2], 1867, *28*, 271.

Die Uebereinstimmung zwischen den gefundenen und den berechneten Werthen ist eine recht gute. Die Intensität der Färbung steigt anfangs rasch und zeigt ein Maximum bei der Temperatur, bei welcher die Abnahme des Gasvolumgewichts der Zunahme der Färbung das Gleichgewicht hält; oberhalb dieser Temperatur nimmt die Intensität derselben ab. Diese Versuche zeigen unzweifelhaft, dass die Untersalpetersäure auch in Molekeln N_2O_4 existirt, und dass diese Molekeln in erhöhter Temperatur in solche NO_2 zerfallen.

Derselbe Verlauf der Aenderungen des Ausdehnungskoëffizienten würde sich auch für die anderen dissociirenden Gase und Dämpfe ergeben; ihre Durchführung im Einzelnen ist aber nicht versucht worden. Dagegen hat man für mehrere dieser Substanzen direkte Beweise der Dissociation erbringen können.

A. Wurtz[1]) hatte, wie bereits (S. 252) mitgetheilt wurde, das veränderliche Gasvolumgewicht der sogenannten Halogenwasserstoff-Amylene entdeckt und dasselbe durch die Dissociation dieser Verbindungen erklärt. Das Chlorwasserstoff- und Bromwasserstoff-Amylen zeigten innerhalb grösserer Temperaturintervalle oberhalb des Siedepunktes normales Gasvolumgewicht, ein Umstand, welcher die Annahme der Zersetzung bei höherer Temperatur sehr wahrscheinlich machte. Für das Jodwasserstoff-Amylen führte Wurtz Analogiegründe in's Feld. Wenn das sekundäre Amyljodid $C_5H_{11}J$ eine abnorme Raumerfüllung zeigen würde, so könnte man dieselbe Abweichung auch bei den Homologen desselben, dem sekundären Propyljodid C_3H_7J und dem sekundären Butyljodid C_4H_9J erwarten. Dieselben zeigten aber ganz normale Gasvolumgewichte; Wurtz fand für das sekundäre Propyljodid (Siedepunkt 91^0) $d_l = 5,97$ bei 115^0, 5,88 bei 116^0 und 5,91 bei 251^0 (theoretisch $d_l = 5,868$), also für ein Temperaturintervall von 136^0 konstant, und für das sekundäre Butyljodid (Sdp. 118^0) $d_l = 6,517$ bei 241^0 (theoretisch $d = 6,352$). Eine abweichende Raumerfüllung des Amyljodids wäre daher eine ganz unerklärliche Ausnahme.

Für das Chlor- und Bromwasserstoff-Amylen gelten dieselben Analogieschlüsse, wie für die Chlorderivate A. Cahours[2]) nachwies, welcher fand, dass die Additionsprodukte von Terpentinöl, Caproylen und Caprylen mit Salzsäure normales Gasvolumgewicht haben. Den direkten Beweis, dass eine Dissociation dieser Verbindungen beim Erhitzen stattfindet, erbrachte Wurtz durch die Beobachtung, dass beim raschen Abkühlen der erhitzten Dämpfe eine kleine Menge freier Chlor- bezw.

[1]) Compt. rend. 1865, *60*, 728; 1866, *62*, 1182; Annal. Chem. Pharm. 1864, *129*, 368; 1865, *135*, 314; 1866, *140*, 177.

[2]) Compt. rend. 1863, *56*, 900; Annal. Chem. Pharm. 1863, *128*, 68.

Bromwasserstoffsäure zurückbleibt, „als Zeuge der Zersetzung, welche diese Verbindungen vorübergehend erlitten hatten". So blieben bei 295^0 aus 0,685 g Bromwasserstoff-Amylen 0,008 g Bromwasserstoff unverbunden.

Auch auf dem umgekehrten Wege konnte Wurtz die Dissociation der Amylhalogenide nachweisen, indem er zeigte, dass die Halogenwasserstoffsäuren sich bei hoher Temperatur nicht mehr vollständig mit Amylen verbinden. Bei 40^0 verbinden sich Chlor- und Bromwasserstoffsäure über Quecksilber unter Wärmeentwicklung direkt mit Amylen (Chlorwasserstoffsäure langsamer als Bromwasserstoffsäure). Als Wurtz in einem Ballon Bromwasserstoffsäure und Amylen bei 120 bis 130^0, also bei einer Temperatur, bei welcher das Bromwasserstoff-Amylen noch beständig ist, zusammenbrachte, beobachtete er eine Temperaturerhöhung von gewöhnlich 4 bis 5^0; als er die beiden Gase dagegen bei 215 bis 225^0 mischte, wo etwa $^1/_5$ bis $^1/_4$ aller Mokekeln des Bromwasserstoff-Amylens dissociirt ist, beobachtete er nur noch Temperaturerhöhungen von 0 bis 1,5^0, gewöhnlich von 0,5^0. Dies ist ein Beweis, dass bei 215 bis 225^0 sich die Gase weniger vollständig verbinden als bei 120 bis 130^0.

Für diejenigen dissociirenden Gase und Dämpfe, deren Dissociationsprodukte nicht identisch sind, z. B. Schwefelsäurehydrat und Phosphorpentachlorid, haben J. A. Wanklyn und John Robinson[1]) eine allgemeine Methode zum Nachweis der Dissociation bei erhöhter Temperatur angegeben. Dieselbe beruht auf der verschiedenen Diffusionsgeschwindigkeit der Gase. Früher (S. 74) wurde bereits auseinandergesetzt, dass die Diffusionsgeschwindigkeit der Gase der Quadratwurzel aus den Gasvolumgewichten proportional ist; je leichter ein Gas ist, um so rascher diffundirt es in ein anderes. Besteht nun der Dampf einer Substanz in Wirklichkeit aus zwei verschiedenen Dissociationsprodukten, so wird derselbe nicht als einheitliche Substanz diffundiren, sondern jeder Bestandtheil für sich mit der ihm gemäss seines Gasvolumgewichts zukommenden Diffusionsgeschwindigkeit. In dem diffundirten Theil des Dampfes wird daher der leichtere Bestandtheil, im zurückbleibenden der schwerere im Ueberschuss sein.

Wanklyn und Robinson liessen die Dämpfe nicht durch poröse Diaphragmen, sondern durch kurze Röhren diffundiren. Ein 500 ccm fassender Kolben mit einem 1 cm weiten Hals wurde mit der zu prüfenden Substanz beschickt und schief aufgestellt; über den Hals dieses

---

[1]) Transact. Royal Soc. Edinb. 1861, *22*, Part 3, 458; Compt. rend. 1861, *52*, 547; Zeitschr. Chem. Pharm. 1863, *6*, 177; Journ. prakt. Chemie 1863, *88*, 490; Zeitschr. analyt. Chemie 1863, *2*, 185.

Kolbens wurde der weite Hals eines 100 ccm fassenden Kölbchens gestülpt, so dass kein luftdichter Verschluss stattfand. Am Boden des 100 ccm-Kölbchens, das zur Aufnahme des Gases diente, in welches der Substanzdampf diffundiren sollte, war ein enges Rohr eingeschmolzen, durch welches während des ganzen Versuchs ein ununterbrochener, langsamer Strom eines trockenen Gases geleitet wurde; das Gas trat zwischen den Kolbenhälsen wieder aus. Der ganze Apparat wurde in einem Luftbad auf eine die Zersetzungstemperatur überschreitende Temperatur erhitzt. Nach Beendigung des Versuchs wurde der Inhalt des schiefstehenden Kolbens untersucht und auf eine Veränderung der Zusammensetzung geprüft. War der Substanzdampf unzersetzt, so war die Zusammensetzung des Rückstandes unverändert, da der Substanzdampf als solcher diffundirte; war dagegen der Dampf ein Gemenge der Dissociationsprodukte, so musste der Rückstand einen Ueberschuss des schwereren Bestandtheils enthalten, da der leichtere mit grösserer Geschwindigkeit diffundirt war. Bei der Diffusion des Schwefelsäuredampfes muss z. B. der Rückstand einen Ueberschuss von Schwefelsäureanhydrid enthalten, da dessen Gasvolumgewicht ($d_h = 39{,}93$) mehr als 4 mal grösser ist als dasjenige des Wassers ($d_h = 8{,}98$). Als ein Gemisch von 95 H_2SO_4 + 5 H_2O bei 520° 1 Stunde in atmosphärische Luft diffundirte, bestand der Rückstand aus 60 H_2SO_4 + 40 SO_3; als ein Gemisch von 99 H_2SO_4 + 1 H_2O kürzere Zeit bei 445° diffundirte, bestand der Rückstand aus 75 H_2SO_4 + 25 SO_3. In beiden Fällen rauchte der Rückstand und hatte Krystalle von Pyroschwefelsäure abgeschieden. Bei der Diffusion von Phosphorpentachlorid, welches frei von Chlor und Phosphortrichlorid war, in Kohlensäure während $^3/_4$ Stunden bei 300° konnte in dem entweichenden Gas freies Chlor nachgewiesen werden, und der Rückstand enthielt so viel Phosphortrichlorid, dass aus salzsaurer Quecksilberchloridlösung 0,0175 g Quecksilberchlorür abgeschieden wurden; als der Versuch auf 2 Stunden ausgedehnt wurde, erhielt man 0,0285 g Quecksilberchlorür.

Gegen die Anwendbarkeit der Diffusion zur Beurtheilung der Dissociation wandte sich L. Troost[1]). Er machte darauf aufmerksam, dass man beim Durchleiten von Wasserdampf durch ein auf 1000° erhitztes Porzellanrohr fast beliebig viel Wasserstoff und Sauerstoff im freien Zustand erhalten kann, obgleich bei dieser Temperatur die Dissociationsspannung des Wasserdampfs so klein ist, dass das Gasvolumgewicht des Wassers nicht durch die Gegenwart der Elemente vermindert wird (Deville und Troost fanden $d_l = 0{,}623$ bei 1040° statt des theoretischen Werthes $d_l = 0{,}622$). Man wird Troost darin

[1]) Compt. rend. 1879, *89*, 306; Ber. deutsch. chem. Gesellschaft 1879, *12*, 2162.

beipflichten müssen, dass man den Nachweis einer kleinen Menge eines Zersetzungsproduktes noch nicht als vollgültigen Beweis einer zu Ende geführten Dissociation ansehen darf.

Bezüglich der Schwefelsäure wiesen L. Pfaundler und August Pölt[1]) nach, dass dieselbe bereits im flüssigen Zustand dissociirt wird. Sie brachten die Schwefelsäure auf verschiedene Temperaturen von 0^0 bis zum Siedepunkt und leiteten bei konstanter Temperatur t einen Luftstrom durch dieselbe, bis der Rückstand seine Zusammensetzung nicht mehr änderte. Für den Prozentgehalt des Rückstandes gaben sie die Formel $p = 100 - 0{,}005 \, . \, t$. W. Dittmar[2]) wies die Dissociation der Schwefelsäure dadurch nach, dass er dieselbe unter verschiedenen Drucken destillirte und den Schwefelsäureanhydridgehalt des Rückstandes bestimmte. Schon der blosse Augenschein zeigt, dass das Schwefelsäurehydrat beim Verdampfen in Anhydrid und Wasser zerfällt; es stösst nämlich weisse Nebel von Anhydrid aus.

Dass das Phosphorpentachlorid unter bestimmten Vorsichtsmassregeln ganz oder fast ganz unzersetzt in den Gaszustand übergeführt werden kann, haben die Versuche von A. Wurtz (S. 291 und 294) gelehrt, welche freilich von L. Troost und P. Hautefeuille (S. 294) angegriffen wurden.

Auch bei dem Phosphorpentachloriddampf spielt die Farbe eine Rolle, ähnlich wie bei der Untersalpetersäure. Der Dampf des Phosphorpentachlorids sollte der Analogie nach farblos sein; er ist aber unter gewöhnlichen Umständen (beim Verdampfen unter Atmosphärendruck) gelb und die Intensität der Farbe nimmt mit steigender Temperatur zu. Wurtz erhielt dagegen bei seinen Bestimmungen, welche das unzersetzte Bestehen der Phosphorpentachloridmolekeln in Dampfform darthun, einen farblosen Pentachloriddampf; es folgt daraus, dass der Phosphorpentachloriddampf farblos ist, und dass die gelbe Farbe von dem durch Dissociation frei gewordenen Chlorgase herrührt. Da der Phosphorpentachloriddampf im vollständig zersetzten Zustande zur Hälfte aus freiem Chlor besteht, so muss ein Gemisch gleicher Raumtheile Chlor und eines farblosen Gases, z. B. Luft, dieselbe Intensität der Färbung zeigen, wie eine gleich dicke Schicht vollständig zersetzten Phosphorpentachlorids. Ein hierauf zielender Versuch wurde von H. Sainte-Claire Deville[3]) angestellt. Er erhitzte zwei Röhren, von denen die eine mit gleichen Volumen Luft und Chlor, die andere mit Phosphorpentachloriddampf

---

[1]) Zeitschr. Chemie 1870, *6*, 66.

[2]) Zeitschr. Chemie 1870, *6*, 1.

[3]) Compt. rend. 1866, *62*, 1157; Annal. Chem. Pharm. 1866, *140*, 166.

gefüllt war und die an den Enden durch planparallele Glasplatten abgeschlossen waren, in einem Oelbad auf gleiche Temperatur. Die Röhren waren gleich lang und die Dicke der Schicht betrug 0,3 bis 0,4 Meter. Der qualitative Versuch zeigte eintretende Zersetzung an. Auf Grund desselben erkannte Deville die Dissociation des Phosphorpentachlorids an; auch derjenigen der Halogenwasserstoff-Amylene stimmte er bei. Ferner nahm er die Dissociation des Quecksilberjodids an, da er beobachtet hatte, dass dasselbe beim starken Erhitzen an der Wand des Gefässes, d. h. an den heissesten Stellen violette Dämpfe von freiem Jod bildete, während sich in der Mitte des Gefässes, wo die Temperatur niedriger war, Quecksilber und Jod wieder vereinigten.

Indess schon im folgenden Jahre zog Deville[1]) die der Dissociationstheorie gemachten Konzessionen wieder zurück. Er erklärte, nur dann sei Dissociation eingetreten, wenn das Gasvolumgewicht zuerst für ein längeres Temperaturintervall konstant sei und dann kleiner werde, um zuletzt wieder konstant zu werden (z. B. Chlor- und Bromwasserstoffamylen). Das Gasvolumgewicht des Phosphorpentachlorids werde dagegen erst konstant, wenn das letztere 8 Volume einnehme, daher sei dies die wahre Raumerfüllung desselben. Die grüne Färbung des Dampfes, bezüglich deren Deville einen quantitativen Versuch nicht veröffentlicht hat, sowie die geringe Wärmeentwicklung bei der Verbindung des Phosphortrichlorids mit Chlor seien keine zwingenden Beweise für die Zersetzung des Pentachlorids. Auch die Annahme, dass der Schwefel bei 500^0 aus Molekeln S_6 bestehe, könne nicht aufrecht erhalten werden. So blieben Deville, Troost und auch Berthelot Gegner der Dissociationstheorie der Gase und Dämpfe.

Gehen wir nun zu der Besprechung der Dissociation flüssiger und fester Verbindungen über, welche nicht unzersetzt flüchtig sind, sondern sofort gänzlich oder zum grössten Theil dissociirt werden, so ist ohne Weiteres klar, dass die Erklärung des „abnormen“ Gasvolumgewichts dieser Substanzen von Seiten der Gegner der Dissociation eine andere sein musste, als bei den dissociirenden Gasen und Dämpfen; denn während bei letzteren das Gasvolumgewicht veränderlich und abhängig von Druck und Temperatur war, ist es bei den dissociirenden flüssigen und festen Verbindungen konstant und bietet an sich nichts Aussergewöhnliches oder in die Augen Fallendes dar. Während jedoch die anderen Substanzen nach der früher üblichen Ausdrucksweise 4 Volume einnahmen, deutete das Gasvolumgewicht der hierhergehörigen Verbindungen auf eine doppelt so grosse Raumerfüllung. Während nun die Anhänger

---

[1]) Compt. rend. 1866, *63*, 18; Annal. Chem. Pharm. 1867, *141*, 45.

der Avogadro'schen Hypothese von der gleichen Raumerfüllung aller Gase und Dämpfe die aussergewöhnliche Raumerfüllung mancher Verbindungen nur als scheinbar bestehend ansahen, die betreffenden Gasvolumgewichte als „abnorme" bezeichneten und dieselben durch die vollständige Spaltung der Substanzen in gasförmige Bestandtheile erklärten, fanden die Gegner der Avogadro'schen Hypothese durchaus nichts „Abnormes" an diesen Gasvolumgewichten. Nach ihren Anschauungen lag durchaus kein Grund zu der Annahme vor, dass alle Substanzen ohne Ausnahme die gleiche Raumerfüllung im Gaszustand zeigten. Sie betrachteten die Gasvolumgewichte dieser Verbindungen als die ihnen wirklich zukommenden und unterschieden die flüchtigen Verbindungen nach ihrer Raumerfüllung; die meisten nahmen 4 Volume ein, einige wenige 8 oder 12 Volume.

Die Anhänger der Dissociationstheorie hatten nun die Aufgabe, den direkten Beweis der Zersetzung dieser Substanzen mit ungewöhnlicher Raumerfüllung im Dampfzustand zu erbringen. Dies ist für den Salmiak, welcher übrigens bei niederem Druck zum grossen Theil unzersetzt verdampft, zuerst von L. Pebal[1]) geschehen. Pebal bediente sich desselben Prinzips, das schon früher J. A. Wanklyn und John Robinson[2]) zum Nachweis der Dissociation herangezogen hatten, nämlich der verschiedenen Diffusionsgeschwindigkeit des Ammoniaks ($d_h = 8{,}505$) und der Salzsäure ($d_h = 18{,}185$). Er brachte in ein Glasrohr von 13 mm Weite, das an den Enden auf 2 mm verengt war, einen 20 mm dicken Asbestpfropfen und auf denselben einige Salmiakkrystalle. Das so beschickte Glasrohr wurde in ein zweites weiteres gesteckt und beide durch Zuleitungsröhren, in denen sich rothes und blaues Lackmuspapier befand, mit Wasserstoff gefüllt. Das Ganze wurde auf eine hohe Temperatur erhitzt und fortwährend Wasserstoff durchgeleitet; der Salmiak dissociirte und das Ammoniak diffundirte rascher als die Salzsäure, in Folge dessen das entfernter liegende rothe Lackmuspapier gebläut und das näher liegende blaue Lackmuspapier geröthet wurde.

Gegen die Beweiskraft des Pebal'schen Versuchs wurden verschiedene Bedenken erhoben. Wanklyn und Robinson[3]) glaubten, dass der Asbest zersetzend auf den Salmiakdampf wirke; nach Deville[4]) ist diese Annahme indess unbegründet. Ferner meinte Hiller[5]), dass

[1]) Annal. Chem. Pharm. 1862, *123*, 199.

[2]) Transact. Royal Soc. Edinb. 1861, *22*, Part *3*, 458.

[3]) Zeitschr. Chem. Pharm. 1863, *6*, 177.

[4]) Annal. Chem. Pharm. 1863, *127*, 111, Anmerkung.

[5]) Hiller, Lehrbuch der Chemie, Leipzig 1863 bei Engelmann. Vorwort S. XVII.

der metallähnliche Wasserstoff, in welchen die Diffusion stattfand, den Salmiakdampf zersetzen könne. Zur Widerlegung dieser Bedenken liess Karl Than[1]) in einem verbesserten Apparat den Salmiakdampf durch festen Salmiak, den er in eine Röhre eingestampft hatte, in Stickstoff diffundiren. Auch unter diesen Verhältnissen gelang der Pebal'sche Versuch vollständig. Später hat D. Tommasi[2]) einen einfachen, Dissocioskop genannten Apparat angegeben, der die Dissociation des Salmiaks zu demonstriren gestattet. Bringt man ein mit konzentrirter Salmiaklösung getränktes, getrocknetes blaues Lackmuspapier in einer Röhre in kochendes Wasser, so färbt es sich roth und wird beim Erkalten wieder blau. Aehnliche Vorlesungsversuche wurden von C. Böttinger[3]), A. Brennemann[4]) und Reinh. und Rud. Blochmann[5]) beschrieben.

Am energischsten wandte sich Deville[6]) gegen die Beweiskraft des Pebal'schen Versuches. Er führte aus, dass die Zersetzung durch Diffusion keine freiwillige sei; der Versuch beweise nicht, dass sich die Substanz in ihrem eigenen Dampf zersetze. Deville stellte Versuche an, welche das Bestehen des Salmiaks in Dampfform darzuthun schienen. Er erhitzte einen Raum auf 350° und leitete Ammoniak und Salzsäuregas hinein; die Temperatur stieg auf 394,5°, ein Beweis, dass die beiden Gase sich verbunden hatten. Bei derselben Temperatur (350°) fand er das Gasvolumgewicht des Salmiaks gleich 1,00, während einer Raumerfüllung von 8 Volumen das theoretische Gasvolumgewicht $d_l = 0,9$ entspricht. Deville schloss daraus, dass der Salmiak unzersetzt in Dampfform bestehe und dass er 8 Volume einnehme.

Damit erklärte sich H. Kopp[7]) nicht einverstanden; er entwickelte nochmals seine theoretischen Anschauungen und hob hervor, dass auch scheinbare Raumerfüllungen von 12 Volumen vorkommen (z. B. beim carbaminsauren Ammonium). Wanklyn und Robinson[8]) erklärten das Ergebniss Deville's deshalb für irrthümlich, weil die beiden Gase beim Zusammentreffen noch nicht die Temperatur von 350° besassen und sich daher verbinden und Wärme erzeugen konnten.

Die Unhaltbarkeit des Ergebnisses der Deville'schen Versuche

---

1) Annal. Chem. Pharm. 1864, *131*, 129.

2) Compt. rend. 1881, *92*, 299; Ber. deutsch. chem. Gesellschaft 1881, *14*, 353.

3) Ber. deutsch. chem. Gesellschaft 1878, *11*, 2004.

4) Ber. deutsch. chem. Gesellschaft 1890, *23*, 560.

5) Ber. deutsch. chem. Gesellschaft 1891, *24*, 2765.

6) Compt. rend. 1863, *56*, 729; Annal. Chem. Pharm. 1863, *127*, 108.

7) Annal. Chem. Pharm. 1863, *127*, 113, Anmerkung.

8) Compt. rend. 1863, *56*, 1237; Zeitschr. annalyt. Chem. 1863, *2*, 185.

wurde von Karl Than[1]) dargethan. Derselbe füllte eine Pipette, an deren Ausflussrohr ein zweites parallel laufendes Glasrohr angeschmolzen war, mit gasförmiger Salzsäure, schmolz die obere Oeffnung zu und verschloss die beiden Ausflussöffnungen durch Gummischlauch und Glasstab. Das pipettenartige Gefäss wurde in eine mit einer Millimeterskala versehene und mit Quecksilber gefüllte Glasröhre von 3 cm Durchmesser eingesetzt, die Röhre durch eine Kautschukplatte oben verschlossen und in senkrechter Lage in einer cylindrischen Quecksilberwanne befestigt. Um den oberen Theil des Apparates wurde der Natanson'sche Ofen (vergl. S. 108) aufgestellt. Von den beiden verschlossenen und unter Quecksilber tauchenden Ausflussöffnungen der Pipette wurde die eine unter Quecksilber geöffnet, die andere in geschlossenem Zustande mit einer Kugel luftdicht verbunden, welche ganz mit Quecksilber gefüllt war und in eine vertikale Röhre mit Quetschhahn endete. Dann wurde der obere Theil auf 350—360^0 erhitzt und gleichzeitig trockenes Ammoniakgas in die äussere Röhre geleitet. Die die Pipette erfüllende Salzsäure dehnte sich durch das Erhitzen aus und entwich theilweise durch die unter Quecksilber tauchende offene Röhre. Nachdem die Temperatur konstant geworden war, wurde durch Herstellung der Verbindung zwischen der Pipette und der mit Quecksilber gefüllten Kugel und durch Oeffnen des Quetschhahns der letzteren, sowie durch Senkung des inneren pipettenartigen Gefässes dafür Sorge getragen, dass das Quecksilber in allen Röhren gleich hoch stand; der Stand desselben wurde abgelesen. Während beide Gase konstant auf 350^0 erwärmt waren, wurde das innere Gefäss durch Anschlagen an die äussere Röhre zerschmettert, so dass sich Salzsäure und Ammoniak mischten. Die Mischung blieb klar und es trat nur eine kaum nennbare Kontraktion ein. Die Ablesung des Quecksilberstandes vor dem Zerbrechen ergab 215 mm und eine zweite Ablesung nach 1 Minute 213 mm; unmittelbar nach dem Zerbrechen der inneren Röhre stand das Quecksilber auf 212 mm und 1 Minute später auf 209 mm. Hieraus folgt, dass beim Vermischen von Ammoniak und Salzsäure bei 350^0 keine Volumvermehrung eintritt, wenn beide Gase wirklich diese Temperatur haben; daher ist keine Temperaturerhöhung von 44,5^0, wie sie Deville gefunden hatte, möglich. Bei Deville's Versuch hatten die Gase eine viel niedrigere Temperatur. Bei 350^0 mischen sich Ammoniak und Salzsäure wie indifferente Gase, z. B. Sauerstoff und Stickstoff, und üben keinerlei Einwirkung auf einander aus. Daher ist bei 350^0 der Salmiakdampf keine chemische Verbindung, sondern ein mechanisches Gemenge von Ammoniak und Salzsäure.

---

[1]) Annal. Chem. Pharm. 1864, *131*, 129.

Als Than denselben Versuch bei 330 bis 340° ausführte, stieg das Quecksilber sofort in die Höhe, ohne dass zunächst eine Trübung beobachtet werden konnte; nach 3 bis 4 Minuten war das Quecksilber um 43 mm gestiegen, und fester Salmiak hatte sich als trüber Anflug an dem zerschlagenen Gefäss angesetzt. Unterhalb 350° trat daher eine theilweise chemische Verbindung ein, die jedoch trotz der dabei stattfindenden Wärmeentwickelung von einer Kontraktion begleitet war. Es ist daraus zu schliessen, dass der Salmiak unter diesen Umständen überhaupt nicht im gasförmigen Zustand bestehen kann; denn sonst hätte zuerst eine Volumvermehrung in Folge der Wärmeentwicklung stattfinden müssen. Statt dessen trat in Folge der Kondensation des Salmiaks zu einem festen Körper sofort Kontraktion ein.

Die Than'schen Versuche veranlassten Deville[1]), den von ihm angestellten Versuch, der die bei dem Zusammenbringen von Ammoniak und Salzsäure bei 350° stattfindende Wärmeentwicklung nachweisen sollte, unter grösseren Vorsichtsmassregeln zu wiederholen. Er schmolz an den Boden eines Ballons zwei dünne Glasröhren an, welche in vielfachen Windungen schneckenförmig um den Ballon geführt wurden, und erhitzte den Apparat in einem Quecksilberbad. Durch die erste Schlangenröhre zirkulirte Salzsäuregas, dessen Temperatur durch ein Luftthermometer gemessen wurde. Nachdem die Temperatur konstant geworden war, liess Deville durch das zweite Schlangenrohr Ammoniakgas mit derselben Geschwindigkeit und Temperatur eintreten. Er beobachtete dabei eine deutliche Temperaturerhöhung, welche bewies, dass sich die beiden Gase verbunden hatten. Gegen die Beweiskraft des Than'schen Versuches führte Deville an, dass die Konstanz der Temperatur schwer erreichbar sei; die Wärme werde durch die Wandungen des Gefässes absorbirt, dessen Masse ausserordentlich gross sei im Verhältniss zu derjenigen der Gase. Ferner könnten sich die beiden Gase infolge ihres verschiedenen spezifischen Gewichtes erst allmählich mischen, die Wärmeentwicklung erfolge daher auch nicht plötzlich, sondern allmählich und gehe der Beobachtung verloren.

Demgegenüber blieb J. A. Wanklyn[2]) dabei, dass Deville's Versuch nichts beweise, da der Gasstrom viel zu rasch zirkulirt habe, um die Temperatur von 350° annehmen zu können. Aus dem Gasvolumgewicht des Salmiaks, für welches Deville bei 360° den Werth $d_l = 1{,}01$ fand, während es theoretisch für vollkommene Dissociation gleich 0,9 ist, schliesst Wanklyn, dass der Salmiak bei dieser Temperatur noch nicht ganz zersetzt ist, sondern noch zu 17,2 Prozent

---

1) Compt. rend. 1864, *59*, 1057; Annal. Chem. Pharm. 1865, *134*, 292.

2) Phil. Mag. [4], 1864, *29*, 112.

oder $^1/_6$ besteht. Umgekehrt kann er sich bei 360° auch noch theilweise aus seinen Komponenten bilden und $^1/_6$ der Wärme entwickeln, welche bei der Bildung des Ganzen frei würde.

A. Lieben[1]) schloss aus den Versuchen von Pebal und Than, dass es unentschieden sei, ob der Salmiak unzersetzt Dampfform annehmen kann. Pebal's Versuch beweise, dass er bei 360° theilweise zersetzt ist, Than's Versuch spreche dagegen für die Zersetzung und normale Raumerfüllung; denn nur ein kleiner Theil des Salmiaks, welcher auf das Gasvolumgewicht keinen merkbaren Einfluss ausübe, sei unzersetzt geblieben und dieser kleine Theil werde daher beim Zusammentreffen von Ammoniak und Salzsäure bei 350° nur unter geringer Wärmeentwicklung sich bilden können. Versuche der neuesten Zeit (s. S. 279) haben bestätigt, dass der Salmiak unzersetzt verdampfen kann.

Die Gründe, welche A. Cahours[2]) gegen die Dissociation anführte, sind nur untergeordneter Bedeutung. Da die Additionsprodukte der Alkylenkohlenwasserstoffe und des Terpentinöls nach seinen Bestimmungen normale Raumerfüllung zeigten, wies er darauf hin, dass diese Verbindungen nicht derselben Art wie der Salmiak seien. Im Salmiak sei noch Salzsäure als solche enthalten, welche durch das sie sättigende Ammoniak gebunden werde; in den Additionsprodukten sei dies nicht mehr der Fall, sondern sie seien wahre Aether und sollten als solche bezeichnet werden, denn sie geben mit Silbernitrat kein Chlorsilber. Es ist klar, dass diese Erwägungen zur Beurtheilung der Raumerfüllung nichts beitragen; ja eine der als Gegensatz hingestellten Substanzen, das sogenannte Chlorwasserstoff-Amylen, wird, wie Wurtz später zeigte (s. S. 255), bei höherer Temperatur ebenfalls dissociirt.

Viel schwerwiegender waren die Einwände, welche H. Sainte-Claire Deville und L. Troost[3]) gegen die Dissociation der Ammoniumsalze erhoben. Sie sollen im Folgenden besprochen werden.

1. Einwand. Das Chlorammonium ist beständig bei Temperaturen, bei welchen das Ammoniak sich theilweise zersetzt. Deville und Troost setzten zwei Röhren, von denen eine mit Ammoniak, die andere mit Chlorammonium gefüllt war, in einem Ofen derselben Temperatur aus; das Ammoniak wurde theilweise in Stickstoff und Wasserstoff dissociirt, das Chlorammonium aber blieb unzersetzt. Sie zeigten ferner, dass beim Durchleiten von Salzsäure, Stickstoff und Wasserstoff, welche drei Gase die Dissociationsprodukte des Salmiaks sein müssten, da das

---

[1]) Bull. soc. chim. [2], 1865, *3*, 90.

[2]) Compt. rend. 1863, *56*, 900; Annal. Chem. Pharm. 1863, *128*, 68.

[3]) Compt. rend. 1863, *56*, 891; Annal. Chem. Pharm. 1863, *127*, 274.

Ammoniak bei der angewandten hohen Temperatur in seine Bestandtheile zerfällt, kein Chlorammonium gebildet wird; damit fällt die Annahme, dass der Salmiak dissociirt gewesen sei, aber sich beim Abkühlen wieder zurückgebildet habe.

Dieser Einwand wurde durch Versuche von Karl Than[1]) widerlegt. Derselbe zeigte nämlich, dass Ammoniakgas um so weniger durch die Wärme dissociirt wird, je mehr eines indifferenten Gases ihm beigemengt ist. Er setzte drei Röhren nebeneinander der lebhaften Rothgluth aus und leitete durch die erste trockenes Ammoniak, durch die zweite feuchtes Ammoniak (aus Ammoniaklösung durch Kochen erhalten) und durch die dritte Ammoniak und Quecksilberdampf; die entweichenden Gase wurden über Wasser aufgefangen. Das unzersetzte Ammoniak wurde vom Wasser gelöst, der Wasserdampf und der Quecksilberdampf kondensirten sich und die Zersetzungsprodukte des Ammoniaks wurden gemessen. Nach $^3/_4$ Stunden gleichen Durchleitens betrugen die gasförmigen Zersetzungsprodukte des Ammoniaks (auf 0^0 und 760 mm Druck reduzirt): Aus der ersten Röhre 16,1 ccm, aus der zweiten 0,79 ccm und aus der dritten 0,83 ccm. Von 1000 Theilen Ammoniak wurden in der ersten Röhre 14,08, in der zweiten 0,35 und in der dritten 0,68 Theile zersetzt. Bei einem zweiten Versuch wurden während eines 10 Minuten dauernden Durchleitens von trockenem Ammoniak 17 ccm Zersetzungsgase von 0^0 und 760 mm Druck gebildet; als dagegen feuchtes Ammoniak zusammen mit viel Wasserdampf 10 Minuten durch die glühende Röhre geleitet wurde, wurden nur unmessbare Spuren von Wasserstoff und Stickstoff gebildet. Da nun in dem aus dem Chlorammonium gebildeten Dampf oberhalb 350^0 das Salzsäuregas gegenüber dem Ammoniak ein indifferentes Gas ist, so verhindert dasselbe die Dissociation des Ammoniaks, und man kann aus der geringen Zersetzlichkeit des Salmiaks gegenüber dem Ammoniak nicht auf das Bestehen desselben im Dampfzustand schliessen; im Gegentheil spricht das Verhalten des Salmiaks, im Lichte der Than'schen Versuche betrachtet, für die Dissociation desselben.

2. Einwand. Das Cyanammonium hat bei 100^0 das Gasvolumgewicht $d_l = 0{,}79$, während man für eine Raumerfüllung von 8 Volumen bezw. für vollkommene Dissociation $d_l = 0{,}7$ berechnet. Das Cyanammonium ist daher nach der Dissociationstheorie bei 100^0 vollkommen dissociirt. Bei den höchsten erreichbaren Temperaturen bildet sich aber das Cyanammonium aus Kohle und Ammoniak oder vielmehr, da letzteres bei diesen Temperaturen dissociirt ist, aus Kohlenstoff, Wasserstoff und Stickstoff.

[1]) Annal. Chem. Pharm. 1864, *131*, 129.

Diese Erscheinung, dass Verbindungen, welche bei mässiger Temperatur dissociirt werden, sich wieder bilden, wenn man die Produkte der Dissociation stark erhitzt und dann abkühlt, ist mehrfach beobachtet worden; man vergleiche z. B. die Versuche von L. Troost und P. Hautefeuille[1]). Man kann sich dieselbe in folgender Weise verlaufend denken. Das Cyanammonium zerfällt zunächst in Ammoniak und Blausäure; das Ammoniak wird schon bei Rothgluth in Wasserstoff und Sauerstoff zersetzt. Die Blausäure zerfällt bei Rothgluth in Cyan und Wasserstoff, und das Cyan zerfällt bei höherer Temperatur in Kohlenstoff und Stickstoff. Bei hoher Temperatur sind also alle Elemente im freien Zustande vorhanden. Es steht nun nichts der Annahme im Wege, dass bei der höchsten Glühhitze ein kleiner Theil dieser Elemente in Atome aufgelöst ist; dieselben werden sich dann bei der Abkühlung mit einander verbinden und neben anderen Produkten auch Cyanammonium bilden. Wenn man hierfür auch keinen Beweis erbringen kann, so steht dieser Erklärung vom Standpunkte der Dissociationstheorie jedenfalls nichts im Wege.

3. Einwand. Salzsaures Aethylamin zersetzt sich nur wenig in Aethylchlorid und Ammoniak:

$$C_2H_5NH_2 \cdot HCl = C_2H_5Cl + NH_3,$$

und diese verbinden sich nicht wieder zu salzsaurem Aethylamin.

Dieser Einwand Deville's beruht auf einem Irrthum. Das salzsaure Aethylamin hat allerdings bei 350° das Gasvolumgewicht $d_l = 1{,}44$, während die vollkommene Dissociation $d_l = 1{,}408$ verlangt. Die Dissociation muss man, analog den bei dem Chlorammonium vorliegenden Verhältnissen, in dem Sinne verlaufend annehmen, dass dabei Aethylamin und Salzsäure entsteht; diese beiden verbinden sich beim Abkühlen wieder mit einander. Der Vorgang, den Deville im Auge hat, ist keine Dissociation, sondern eine unter Wärmeaufnahme verlaufende Zersetzung, welche mit der Dissociation nichts gemein hat.

4. Einwand. Derselbe bezieht sich auf die Raumverhältnisse der Verbindungen des Ammoniaks mit dem Schwefelwasserstoff im Dampfzustand; um den Einwand zu verstehen, ist es zweckmässig, die Deville-schen Formeln und seine Ausdrucksweise beizubehalten. Danach nimmt das Ammoniak NH_3 4 Volume ein, der Schwefelwasserstoff HS (S = 16) 2 Volume. Deville sagt: Das Ammoniak bildet mit Schwefelwasserstoff zwei wohl charakterisirte, krystallinische, flüchtige Verbindungen, das Schwefelammonium NH_4S und das Schwefelwasserstoff-Schwefelammonium $NH_4S . HS$. Das Schwefelammonium NH_4S repräsentirt 4 Volume Dampf und ist bei der Temperatur der Gasvolumgewichts-

[1]) Compt. rend. 1877, *84*, 946.

bestimmung ($99,5^0$) unzersetzt. Seine Bildung aus Ammoniak und Schwefelwasserstoff erfolgt nach der Gleichung:

$$\underset{4\,\text{Vol.}}{NH_3} + \underset{2\,\text{Vol.}}{HS} = \underset{4\,\text{Vol.}}{NH_4S}.$$

Es tritt demnach eine Condensation von $^1/_3$ des Volums ein.

Das Schwefelwasserstoff-Schwefelammonium $NH_4S.HS$ repräsentirt dagegen 8 Volume Dampf; bei seiner Bildung aus Ammoniak und Schwefelammonium tritt keine Kontraktion ein, wie sich aus folgender Gleichung ergibt:

$$\underset{4\,\text{Vol.}}{NH_3} + \underset{2\,\text{Vol.}}{HS} + \underset{2\,\text{Vol.}}{HS} = \underset{8\,\text{Vol.}}{NH_4S.HS}$$

Wollte man annehmen, das Schwefelwasserstoff-Schwefelammonium sei im Dampfzustand zersetzt, so müsste man voraussetzen, dass dasselbe in NH_3 und 2 HS zerfiele, denn diese nehmen zusammen 8 Volume ein (4 Volume NH_3 und 4 Volume HS). Wenn das Schwefelwasserstoff-Schwefelammonium aber überhaupt im Dampfzustand zersetzt wird, so kann es nur in Schwefelwasserstoff und Schwefelammonium zerfallen, denn letzteres ist im Dampfzustand beständig und nimmt 4 Volume ein. Die Dissociation würde demnach, wenn sie überhaupt stattfindet, nach der Gleichung verlaufen müssen:

$$NH_4S.HS = \underset{4\,\text{Vol.}}{NH_4S} + \underset{2\,\text{Vol.}}{HS},$$

d. h. im Falle der Dissociation müsste der Dampf 6 Volume einnehmen. Er nimmt aber 8 Volume ein, daher ist der Dampf unzersetzt und keine Dissociation eingetreten.

Dieser Einwand wird dadurch hinfällig, dass er auf einer falschen Bestimmung basirt. Das Schwefelammonium NH_4S nimmt nämlich nicht 4 Volume, sondern 6 Volume im Dampfzustand, wie früher A. Bineau[1]) und späterhin R. Engel und A. Moitessier[2]) gezeigt haben; bei der Bestimmung von Deville und Troost[3]), welche $d_1 = 1,26$ bei $99,5^0$ fanden, muss ein Irrthum untergelaufen sein. Wenn demnach das Schwefelwasserstoff-Schwefelammonium wirklich in Schwefelwasserstoff und Schwefelammonium zerfiele, so würden diese Dissociationsprodukte 8 Volume einnehmen, welche Deville auch als Raumerfüllung des Schwefelwasserstoff-Schwefelammoniums gefunden hat. Thatsächlich ist aber das Schwefelammonium NH_4S nicht unzersetzt flüchtig, sondern zerfällt beim Verdampfen in 4 Volume Ammoniak

[1]) Annal. chim. phys. [2], 1839, *70*, 262.

[2]) Compt. rend. 1879, *88*, 1201.

[3]) Compt. rend. 1863, *56*, 891; Annal. Chem. Pharm. 1863, *127*, 274.

und 2 Volume Schwefelwasserstoff HS und das Schwefelwasserstoff-Schwefelammonium $NH_4S . HS$ zerfällt beim Verdampfen in 4 Volume Ammoniak NH_3 und 4 Volume Schwefelwasserstoff (2 HS.)

Kleiden wir den letzten Einwand Deville's in ein modernes Gewand, so erhält das Schwefelammonium oder Ammoniumsulfid die Formel $(NH_4)_2S$ (S = 31,98); das Schwefelwasserstoff-Schwefelammonium wird heute Ammoniumsulfhydrat NH_4SH genannt. Das Ammoniumsulfid zerfällt nach der Dissociationstheorie beim Verdampfen in $NH_3 + NH_3 + H_2S$, welche 6 Volume einnehmen; das Gasvolumgewicht desselben muss daher $^1/_3$ des normalen oder gleich $^1/_6$ des Molekulargewichts sein, wie es auch von Bineau gefunden wurde. Deville dagegen beobachtete ein Gasvolumgewicht, welches gleich dem halben „normalen" war; dies ergab eine Raumerfüllung von 4 Volumen und eine Kontraktion um $^1/_3$ bei der Bildung des Ammoniumsulfidgases aus $2 NH_3$ und H_2S. Aus der eintretenden Kontraktion schloss Deville weiter auf das unzersetzte Bestehen des Ammoniumsulfids in Dampfform, und diese Schlussfolgerung aus dem falschen Versuchsergebniss stand in Widerspruch mit dem richtig bestimmten Gasvolumgewicht des Ammoniumsulfhydrats. Mit dem Nachweis der Unrichtigkeit des dem Einwand zugrunde liegenden Versuchs ist dem letzteren natürlich der Boden entzogen worden.

Für die Dissociation der festen Körper hat man eine weitere Bestätigung in der Verdampfungswärme derselben gefunden. Wenn die Verdampfung der dissociationsfähigen Körper lediglich eine Veränderung des Aggregatzustandes ist, so wird dazu ein Wärmequantum erforderlich sein, demjenigen vergleichbar, welches gewöhnlich bei dem Uebergang chemischer Verbindungen in den Gaszustand verschwindet. Ist die Verdampfung dagegen von einer vollständigen Zersetzung begleitet, so wird dabei mehr Wärme verbraucht, nämlich dieselbe Menge, welche bei der Verbindung der Zersetzungsprodukte zu der dissociationsfähigen Substanz frei wurde, d. h. die Bildungswärme und die Verdampfungswärme dieser dissociationsfähigen Verbindungen müssen gleich sein. Dies trifft sehr nahe für das Chlorammonium ein; C. Marignac[1]) fand die Verdampfungswärme desselben gleich 706 Wärmeeinheiten, während die Verbindungswärme von Ammoniak und Salzsäure nach Favre und Silbermann gleich 715,5 Wärmeeinheiten ist.

Das Chlorammonium wird bereits beim Kochen seiner wässerigen Lösung zu einem, allerdings sehr geringen, Theil dissociirt. Erhält man eine Salmiaklösung im Sieden, so reagiren die entweichenden Dämpfe

---

[1]) Compt. rend. 1868, *67*, 877; Bull. soc. chim. [2], 1868, *11*, 225; Ber. deutsch. chem. Gesellschaft 1868, *1*, 262.

alkalisch und der Rückstand sauer. R. Fittig[1]) löste 10 g Salmiak in 400 ccm Wasser, destillirte hiervon 10 Portionen zu 30 ccm ab und titrirte dieselben einzeln mit einer Salzsäure, welche 0,0014569 g HCl in 1 ccm enthielt. Die Destillate verbrauchten der Reihe nach 1,3, 1,1, 0,7, 0,7, 0,7, 0,6, 0,6, 0,5, 0,5, 0,4 ccm der Salzsäure zur Neutralisation; im ganzen Destillat waren 0,004816 g freies Ammoniak und im Rückstand 0,010635 g freie Salzsäure enthalten. Demnach waren 0,0154 g oder 0,154 Prozent des Salmiaks zersetzt. Schon früher hatte R. Fresenius[2]) einen Verlust von 0,06 Prozent Salmiak beim Abdampfen der Lösung desselben in einer Platinschale beobachtet.

Von den Ammoniumverbindungen ist das Verhalten des Ammoniumsulfhydrats $NH_4\,SH$ und des Ammoniumsulfids $(NH_4)_2\,S$ im Dampfzustand näher untersucht worden. R. Engel und A. Moitessier[3]) beobachteten, dass beim Zusammenbringen von 2 Raumtheilen Ammoniakgas mit 1 Raumtheil Schwefelwasserstoff bei gewöhnlicher Temperatur Ammoniumsulfhydrat NH_4SH entsteht, welches kondensirt wird, während 1 Raumtheil Ammoniak frei bleibt; es tritt also eine Kontraktion des Gasvolums um $^2/_3$ ein. Erwärmt man nun, so beginnt das Ammoniumsulfhydrat sehr rasch sich zu dissociiren und schon bei 45^0 nimmt die Gasmischung 3 Volume ein, nicht 2 Volume, wie Deville und Troost behaupteten, welche das Gasvolumgewicht des Ammoniumsulfids gleich 1,26 fanden. Engel und Moitessier brachten ferner in eine Mischung gleicher Raumtheile Ammoniak und Schwefelwasserstoff bei 50^0 eine ausgeglühte und unter Quecksilber abgelöschte Holzkohle, bis $^3/_4$ des Gesammtvolums absorbirt waren. Das rückständige Gas war Schwefelwasserstoff (es wurde durch einen mit Schwefelsäure getränkten Bimstein nicht absorbirt). Das über Quecksilber aus der Holzkohle durch Erwärmen ausgetriebene Gas gab nur wenige Krystalle von Ammoniumsulfhydrat; das rückständige Gas war Ammoniak (es wurde von Schwefelsäure vollkommen absorbirt). Aus diesem Verhalten ergibt sich, dass das Ammoniumsulfhydrat in Dampfform nicht bestehen kann; schon bei 50^0 besteht sein Dampf aus einem mechanischen Gemenge von gleichen Raumtheilen Schwefelwasserstoff und Ammoniak. Dasselbe Resultat ergibt sich auch aus der Thatsache, dass man einem Gemisch gleicher Raumtheile Ammoniak und Schwefelwasserstoff bei 50^0 durch eine geringe Menge Wasser das Ammoniak bis auf Spuren entziehen kann, wobei fast reiner Schwefelwasserstoff hinterbleibt. In der Kälte werden

---

[1]) Annal. Chem. Pharm. 1863, *128*, 189; Zeitschr. analyt. Chemie 1863, *2*, 349.

[2]) R. Fresenius, Anleitung zur quantitativen Analyse, 1. Auflage 1847, S. 459. Vergl. auch L. Gmelin, Handbuch der Chemie, 4. Auflage, Bd. *1*, 888.

[3]) Compt. rend. 1879, *88*, 1201 und 1353; *89*, 237.

beide Gase vollkommen absorbirt und beim Erwärmen dieser Lösung entweicht der Schwefelwasserstoff, während das Ammoniak fast ganz zurückbleibt. G. Salet[1]) beobachtete, dass beim Mischen von 1 Raumtheil Schwefelwasserstoff sowohl mit 1 als auch mit 2 Raumtheilen Ammoniak keine Kontraktion stattfindet.

Ueber die Erklärung der Raumerfüllung des Chloralhydratdampfes hat sich eine fast endlose Diskussion entsponnen. Aus den S. 287 angeführten Bestimmungen des Gasvolumgewichts ergibt sich, dass das Chloralhydrat im Dampfzustand einen doppelt so grossen Raum einnimmt, als ihm nach dem Avogadro'schen Gesetze zukommt, und die Anhänger des Gesetzes der gleichen Raumerfüllung aller Gase und Dämpfe erklärten das „abnorme" Gasvolumgewicht durch Dissociation des Chloralhydrats in Chloral und Wasser. Durch eine ganze Anzahl von Versuchen ist die thatsächliche Dissociation des Chloralhydratdampfes bestätigt worden.

R. Engel und A. Moitessier[2]) prüften die Verhältnisse, unter denen wasserfreies Chloral und Wasserdampf sich verbinden. Als sie in Wasserdampf bei einer Spannung, die grösser war als die Hälfte der Dissociationsspannung des Chloralhydrats, bei 100^0 ein bekanntes Gewicht Chloral brachten, trat keine Verbindung ein; als sie dagegen in den über Quecksilber abgesperrten Dampf des wasserfreien Chlorals, dessen Spannung grösser als die Dissociationsspannung des Chloralhydrats war, bei 60^0 eine kleine Menge Wasser brachten, trat Verbindung ein (das Quecksilber stieg). Daraus folgt, dass sich Chloral und Wasser bei 100^0 nicht verbinden; umgekehrt muss daher der Dampf des Chloralhydrats bei 100^0 aus wasserfreiem Chloral und Wasser bestehen.

Schon früher hatten Engel und Moitessier[3]) das Verhältniss der Dampfspannung des Chloralhydrats beim Siedepunkt zu dem atmosphärischen Druck untersucht. Geht nämlich das Chloralhydrat unzersetzt in Dampfform über, so muss die Dampfspannung desselben beim Siedepunkt gleich dem Atmosphärendruck sein; zersetzt es sich dagegen beim Verdampfen, so muss die Dampfspannung wegen des niedrigeren Siedepunktes des wasserfreien Chlorals grösser als der Atmosphärendruck sein. Sie brachten in den kürzeren geschlossenen Schenkel eines U-Rohres Chloralhydrat und füllten die Röhre so weit mit Quecksilber, dass das Niveau desselben in dem offenen Schenkel tiefer stand als die zugeschmolzene Kuppe des geschlossenen Schenkels.

---

[1]) Compt. rend. 1878, *86*, 1080.
[2]) Compt. rend. 1879, *88*, 361.
[3]) Compt. rend. 1878, *86*, 971.

Beim Erwärmen in einer Chlorcalciumlösung auf den Siedepunkt des Chloralhydrats ergab sich die Dampfspannung bei dieser Temperatur gleich 814 mm, also weit höher als der Druck der Atmosphäre. Dieses Ergebniss lässt sich nur durch die Dissociation des Chloralhydratdampfs in Chloral und Wasser erklären. Die Beweiskraft dieses Versuches wurde indess von L. Troost[1]) in Abrede gestellt.

Sodann destillirten R. Engel und A. Moitessier[2]) Chloralhydrat zusammen mit Chloroform und beobachteten eine anfängliche Trübung und nachherige Scheidung des Destillats in zwei Schichten. Sie schlossen daraus auf die Gegenwart von Wasser im Destillat und auf die Dissociation des Chloralhydrats, welche bei etwa 61^0 in der Chloroformatmosphäre stattgefunden hatte.

Durch einen noch einfacheren Destillationsversuch überzeugte sich Alex. Naumann[3]) von der Dissociation des Chloralhydrats. Er unterwarf Chloralhydrat der theilweisen Destillation und bestimmte die Zusammensetzung des Destillats und des Destillationsrückstandes. Wenn das Chloralhydrat beim Verdampfen in Chloral und Wasser zerfällt, so muss sich, da der Siedepunkt des Wassers höher liegt als derjenige des Chlorals, beim Destilliren an den kälteren Theilen des Destillationsgefässes mehr Wasser kondensiren als Chloral. Da die kondensirten Dämpfe immer wieder in das Destillationsgefäss zurückfliessen, so muss sich im Destillationsrückstand ein Ueberschuss von Wasser, im Destillat dagegen ein Ueberschuss von Chloral vorfinden. Dies wurde durch die Versuche bestätigt; dieselben ergaben im Rückstand bis zu 16,8 Prozent überschüssiges Wasser und im Destillat bis zu 41,4 Prozent überschüssiges Chloral. Durch die Anreicherung des Wassers im Rückstand trat eine allmähliche Steigerung des Siedepunkts ein.

E. Wiedemann und R. Schulze[4]) wandten das von Wanklyn und Robinson angegebene Diffusionsverfahren zur Entscheidung über die Natur des Chloralhydratdampfs an. Ist derselbe in Wasser und Chloral gespalten, so muss ersteres wegen seines kleineren Gasvolumgewichts rascher diffundiren als das Chloral; in dem diffundirten Theil muss daher ein Ueberschuss von Wasser, im Rückstande ein Ueberschuss von Chloral sein. Die Analyse bestätigte dieses Verhalten. Wiedemann und Schulze beobachteten, dass das Chloralhydrat schon bei gewöhnlicher Temperatur im Exsiccator an Phosphorsäureanhydrid Wasser abgibt.

---

[1]) Compt. rend. 1878, *86*, 1021.

[2]) Compt. rend. 1879, *88*, 285.

[3]) Ber. deutsch. chem. Gesellschaft 1879, *12*, 738.

[4]) Annal. Phys. Chem. [2], 1879, *6*, 293.

Mit Recht konnte L. Troost[1]) darauf hinweisen, dass diese Destillations- und Diffusionsversuche für die Dissociation, d. h. das vollkommene Zerfallen beim Verdampfen, nicht beweiskräftig seien. In der That beweisen diese Versuche nur eine, vielleicht sehr geringfügige, Zersetzung des Chloralhydrats, sie beweisen aber nicht die Abwesenheit von unzersetztem Chloralhydrat in dem Dampf. Die vollkommene Dissociation des Chloralhydrats wurde indess durch andere, zum Theil schon früher angestellte Versuche ausser Zweifel gestellt.

Zunächst seien Versuche angeführt, welche ganz allgemein zur Entscheidung der Frage nach der Konstitution von Dämpfen angewandt werden können und deren wir uns schon früher bei anderen dissociationsfähigen Substanzen (Chlorammonium S. 316, Bromwasserstoff-Amylen S. 310) bedient haben. A. Wurtz[2]) prüfte nämlich, ob Chloral und Wasserdampf sich bei Temperaturen, bei denen das Chloralhydrat ein „abnormes" Gasvolumgewicht zeigt, verbinden können. Thun sie dies, so muss man annehmen, dass der Chloralhydratdampf bei diesen Temperaturen beständig ist; tritt dagegen keine Verbindung ein, so kann auch der Chloralhydratdampf bei diesen Temperaturen nicht unzersetzt sein. Der Eintritt der Verbindung lässt sich aus der Wärmeentwicklung erkennen, welche bei derselben auftritt; bleibt dieselbe aus, so hat keine Verbindung stattgefunden. Wurtz mischte die Dämpfe von Chloral und Wasser bei den verschiedensten Drucken und Temperaturen bis zu 61^0 herab und konnte niemals die geringste Temperaturerhöhung wahrnehmen. Daher ist der Chloralhydratdampf schon bei 61^0 vollkommen dissociirt.

Gegen diese Schlussfolgerung wandte M. Berthelot[3]) ein, dass die Versuchsfehler viel zu gross seien; die Verbindung der Dämpfe trete nicht augenblicklich ein, sondern erst allmählich, und aus diesem Grunde werde die Wärme erst allmählich entwickelt und könne der Beobachtung entgehen. Durch diese Einwendungen wurde Wurtz[4]) veranlasst, die Verbindung des Stickoxyds mit Sauerstoff in seinem Apparat unter ganz gleichen Verhältnissen zu studiren; es trat eine Temperaturerhöhung von 30^0 und bei einem grossen Ueberschuss von Sauerstoff immer noch eine solche von $6{,}8^0$ ein. Auch hiermit gab sich Berthelot[5]) noch nicht zufrieden, sondern brachte noch mehrere Einwendungen vor. Wurtz[6]) ging auf die Vorschläge Berthelot's

---

[1]) Compt. rend. 1879, *89*, 306.
[2]) Compt. rend. 1879, *89*, 190.
[3]) Compt. rend. 1879, *89*, 271.
[4]) Compt. rend. 1879, *89*, 337.
[5]) Compt. rend. 1879, *89*, 391.
[6]) Compt. rend. 1879, *89*, 1063.

ein und machte unter veränderten Bedingungen neue Versuche. Er konnte aber auch jetzt beim Vermischen von Chloraldampf und Wasserdampf in höherer Temperatur keine Temperaturerhöhung von $^1/_{20}{}^0$ beobachten; dagegen trat beim Mischen von Stickoxyd, das mit dem zwanzigfachen Volum Stickstoff verdünnt war, mit Luft noch eine Temperaturerhöhung von $3,2^0$ ein. Trotzdem beharrte Berthelot[1]) bei seiner Behauptung, die Versuche seien nicht beweiskräftig, und H. Sainte-Claire Deville[2]) bestritt sogar grundsätzlich die Anwendbarkeit der Wurtz'schen Methode zur Entscheidung der vorliegenden Frage; denn selbst wenn Wurtz eine Temperaturerhöhung beobachtet hätte, wäre noch nicht bewiesen, dass eine Verbindung eingetreten sei, weil Gase in der Nähe ihres Kondensationspunktes beim Vermischen eine Druckverminderung bis unter die Hälfte des anfänglichen zeigen können, ohne dass eine chemische Verbindung eintritt. Dies findet indess nur statt, wenn das Gas oder der Dampf dem Gay-Lussac-Boyle'schen Gesetze noch nicht gehorcht. Da aber Wurtz[3]) einen Theil der Versuche bei niederem Druck mit über den Siedepunkt erhitzten Dämpfen anstellte, welche den Gasgesetzen hinlänglich gehorchten, so ist dieser Einwand hinfällig.

Andere Versuche, welche angestellt wurden, um die Natur des Chloralhydratdampfes zu ermitteln, gründeten sich darauf, dass das eine seiner Dissociationsprodukte Wasser ist. Bringt man nämlich ein Krystallwasser enthaltendes Salz in den Dampf des Chloralhydrats, so wird das Salz Krystallwasser abgeben und das Dampfvolum sich vermehren, wenn das Chloralhydrat unzersetzt in Dampfform besteht; Salz und Dampfvolum werden dagegen unverändert bleiben, wenn der Chloralhydratdampf dissociirt ist und Wasserdampf enthält. L. Troost[4]) verwandte als Krystallwasser enthaltendes Salz das neutrale oxalsaure Kalium $C_2O_4K_2 + H_2O$, dessen Dissociationsspannung er bei 78^0 gleich 53 mm und bei 100^0 gleich 182 mm fand. Er brachte in dem Hofmann'schen Apparat in den aus dem Chloralhydrat entwickelten Dampf Kaliumoxalat und sorgte dafür, dass die Dampfspannung des unter der Voraussetzung der Dissociation in dem Chloralhydratdampf enthaltenen Wasserdampfes möglichst genau gleich der Dissociationsspannung des Kaliumoxalats war. Troost konnte bei diesem Versuche eine Zunahme des Volums beobachten und schloss daraus auf das unzersetzte Bestehen des Chloralhydrats in Dampfform.

---

1) Compt. rend. 1879, *89*, 1099.
2) Compt. rend. 1879, *89*, 803.
3) Compt. rend. 1879, *89*, 1062.
4) Compt. rend. 1877, *84*, 708.

A. Wurtz[1]) gelangte bei der Wiederholung dieses Versuchs unter möglichster Vermeidung der Einführung hygroskopischen Wassers zu dem entgegengesetzten Ergebniss; durch die Salzeinführung wurde nämlich nur eine geringfügige Senkung der Quecksilbersäule hervorgerufen, während für den Fall, dass der Chloralhydratdampf unzersetzt ist, das Volumen des Dampfes wachsen müsste, bis die Dissociationsspannung des Kaliumoxalats erreicht wäre. Bei 100^0, bei welcher Temperatur die grössere Menge des verdampfenden Chloralhydrats eine grössere Genauigkeit gewährleistete, stellte er folgende 3 Versuche an. Er brachte in einen Hofmann'schen Apparat soviel Chloralhydrat, dass der Dampf desselben bei 100^0 eine Spannung von ungefähr 364 mm ergab; war das Chloralhydrat dissociirt, so hatte der entstandene Wasserdampf eine Spannung von $\frac{364}{2} = 182$ mm, also gleich der Dissociationsspannung des Kaliumoxalats bei 100^0. In die erhitzte Röhre wurde 1 g des Krystallwasser haltigen neutralen Kaliumoxalats eingeführt; die Senkung der Quecksilbersäule betrug nach $3^1/_2$ Stunden nur 6 mm und bei einem zweiten Versuch nur 5 mm. In einen zweiten Hofmann'schen Apparat brachte Wurtz ein bestimmtes Volum trockener Luft und soviel Wasser, dass die Spannung des Wasserdampfes bei 100^0 möglichst genau 182 mm betrug, also soviel wie die Spannung des Wasserdampfs im dissociirten Chloralhydratdampf und die Dissociationsspannung des Kaliumoxalats. Als in die Mischung von Luft und Wasserdampf bei 100^0 1 g Kaliumoxalat gebracht wurde, betrug die Senkung des Quecksilbers nach 1 Stunde 3 mm und bei einem zweiten Versuch 5 mm. In eine dritte Röhre brachte Wurtz soviel trockene Luft, dass die Spannung derselben bei 100^0 364 mm betrug, also so viel wie die Spannung des Chloralhydrats im ersten Versuch; als in diese Röhre bei 100^0 1 g Kaliumoxalat eingeführt wurde, betrug die Senkung der Quecksilbersäule nach $2^1/_2$ Stunden 80 mm und bei einem zweiten Versuch nach 2 Stunden 69 mm.

Folgendes ist das Ergebniss der Wurtz'schen Versuche: Das Krystallwasser haltige Kaliumoxalat verliert sein Krystallwasser, wenn es unter einem bestimmten Druck in trockener Luft erwärmt wird; es verliert dagegen sein Krystallwasser nicht, wenn es unter gleichem Druck im Chloralhydratdampf und in feuchter Luft auf dieselbe Temperatur erwärmt wird. Daher wirkt der Chloralhydratdampf nicht wie ein trockenes Gas, sondern wie ein Gemisch von Chloraldampf und Wasserdampf, und das Chloralhydrat wird beim Verdampfen vollkommen dissociirt. Die Ausführung dieser Versuche bei 78^0 ist mit

[1]) Compt. rend. 1877, *84*, 977.

erheblichen Schwierigkeiten verknüpft, weil wegen der geringen Dissociationsspannung des Kaliumoxalats bei dieser Temperatur die anzuwendende Menge Chloralhydrat zu klein ist. Da 1 mg Wasser im Hofmann'schen Apparate mehr als 10 ccm einnimmt, so sind die Versuchsfehler bei dieser Temperatur sehr gross. Trotzdem erhält man auch hier bei dem sorgfältigsten Arbeiten konstante Resultate, welche wie die bei 100° ausgeführten Versuche zu dem Schluss führen, dass das Chloralhydrat beim Verdampfen zerfällt. Bei den Versuchen findet eine theilweise chemische Umsetzung statt, indem aus dem neutralen Kaliumoxalat und Chloral saures Kaliumoxalat, Kaliumformiat und Chloroform entsteht:

$$C_2O_4K_2 + H_2O + C_2HCl_3O = C_2O_4KH + HCO_2K + CHCl_3.$$

Diese Umsetzung tritt aber nur in geringem Maasse auf und hat auf das Versuchsergebniss keinen Einfluss, da das verschwindende Chloral durch ein gleiches Volumen Chloroform ersetzt wird und das Gesammtvolum sich nicht ändert.

Später wiederholte Wurtz[1]) diese Versuche nochmals, indem er die grösste Vorsicht anwandte, dass bei der Einführung des Kaliumoxalats keine Luft in die Röhre gebracht wurde. Er schloss das Salz in einen Platincylinder ein und brachte es in die luftleere Kammer eines Barometers; aus dieser führte er es dann mit Hülfe eines Platindrahts unter Quecksilber in die Röhre. Beim Erwärmen des krystallisirten Kaliumoxalats im Chloralhydratdampf bei 79° betrug die Senkung der Quecksilbersäule nach 5 Stunden 8 mm, in einem zweiten Versuch 4 mm einschliesslich derjenigen, welche durch das Volumen des das Salz einschliessenden Platincylinders hervorgerufen wurde; bei 100° betrug die Senkung der Quecksilbersäule 4 mm und in einem zweiten Versuch 6,5 mm. Der vollständige Zerfall des Chloralhydratdampfes war hiermit bestätigt.

Als L. Troost[2]) die Wurtz'schen Versuche unter denselben Bedingungen wiederholte, erhielt er dieselben Ergebnisse; er führte aber aus, dass die Bedingungen des Versuches zur Entscheidung der sehr delikaten Frage nach der Konstitution des Chloralhydratdampfs durchaus ungeeignet seien, und zwar wegen der ausserordentlichen Langsamkeit, mit welcher die Dissociation des krystallisirten Kaliumoxalats, besonders in Gegenwart von Wasserdampf, erfolge. Troost schlug daher ein etwas anderes Verfahren ein. Er brachte ein genau gemessenes Volumen (1 ccm oder 1,500 g) gepulverten, reinen krystallisirten Kaliumoxalats, das durch Aufbewahren im Vakuum von Luft befreit war, in die Röhre

---

1) Compt. rend. 1877, *84*, 1262.

2) Compt. rend. 1877, *85*, 32.

eines Hofmann'schen Apparates, dessen Vakuum 280 bis 300 ccm fasste. Der Apparat wurde durch strömenden Alkoholdampf erwärmt, bis die Dampfspannung des Wassers nahezu die Dissociationsspannung des krystallisirten Salzes erreicht hatte. Das so efflorescirte Salz ist in dem besten Zustand, um rasch Wasserdampf aufzunehmen: Nun wurde ein bestimmtes Gewicht Chloralhydrat in die Röhre eingeführt; nach $^1/_4$ Stunde war der Druck in der Röhre gleich der Summe des für das Chloralhydrat berechneten Druckes und der Spannung des vorher von dem oxalsauren Kalium abgegebenen Wasserdampfes. Es hatte sonach keine merkliche Absorption von Wasserdampf stattgefunden. Der Druck verminderte sich nach längerer Zeit nur um einen geringen Bruchtheil. Das efflorescirte Kaliumoxalat befand sich daher in einem Dampfe, welcher ihm nur sehr langsam und nur sehr wenig Wasserdampf abtrat. Führte Troost dagegen nach dem Verdampfen des Chloralhydrats eine Menge Wasser ein, welche kleiner war als diejenige, welche bei einer Zersetzung des Chloralhydrats in Chloral und Wasser entstehen würde, so waren nach $^1/_4$ Stunde 40% und nach $^1/_2$ Stunde 80% des eingeführten Wasserdampfs absorbirt, während der Rest viel langsamer verschwand. Aus diesen Versuchen folgt, dass das Chloralhydrat unzersetzt in Dampfform übergeht.

Dieselben Versuche stellte Troost[1]) bei 100° an, aber unter möglichst geringem Druck, d. h. mit verhältnissmässig geringen Mengen Chloralhydrat, so dass die Spannung des Wasserdampfs, welchen das Chloralhydrat bei der Dissociation geben würde, geringer sein müsste, als die Dissociationsspannung des Kaliumoxalats. Die beobachteten Spannungen erwiesen das Bestehen von unzersetztem Chloralhydratdampf, dessen elastische Kraft etwas verringert war, sei es in Folge einer merklichen Dissociationsspannung, sei es in Folge irgend welcher Einwirkung der Dämpfe.

Zur Entscheidung der vorliegenden Frage stellte Troost auch die umgekehrten Versuche an. Er mass zuerst den Chloralhydratdampf und führte dann in den Dampfraum vollkommen entwässertes Kaliumoxalat ein. Das Gewicht des angewandten Chloralhydrats war so gewählt, dass der Dampf des in ihm enthaltenen Wassers im freien Zustande eine die Dissociationsspannung des Kaliumoxalats übertreffende Spannung hätte haben müssen. Die Einführung des entwässerten Salzes verursachte keinerlei Aenderung des Drucks in dem Dampf des Chloralhydrats. Aus allen diesen Versuchen schloss Troost, dass das Chloralhydrat in Dampfform beständig sei und ein doppelt so grosses Volumen einnehme als die meisten anderen Verbindungen.

[1]) Compt. rend. 1877, *85*, 400.

Bei der Wiederholung der Troost'schen Versuche bezüglich der Wasseraufnahme des entwässerten Kaliumoxalats im Chloralhydratdampf kam Wurtz[1]) zu dem entgegengesetzten Resultat. Er fand, dass wasserfreies Kaliumoxalat bei 100° und 79° in einer künstlich hergestellten feuchten Atmosphäre, deren Wasserdampfspannung merklich höher war als die Dissociationsspannung des wasserhaltigen Salzes bei der Versuchstemperatur, Wasser aufnahm, und dass das entwässerte Salz in dem Dampfe von Chloralhydrat, dessen Wasserdampfspannung unter der Voraussetzung vollständiger Dissociation dieselbe war, wie in der künstlichen feuchten Atmosphäre, in ganz gleicher Weise Wasser aufnahm. Wurtz erzeugte in der Röhre eines Hofmann'schen Apparates Chloralhydratdampf von bestimmter Spannung und brachte in die Röhre eines zweiten Apparates ein Gemisch gleicher Volume Luft und Wasserdampf, so dass die Spannung dieses Gemisches gleich derjenigen des Chloralhydratdampfes war; unter der Voraussetzung der Dissociation des Chloralhydrats war die Spannung des Wasserdampfs in beiden Röhren gleich gross, nämlich gleich der Hälfte der Gesammtspannung. In eine dritte Röhre wurde an Stelle der Luft in der zweiten Röhre ein gleiches Volum Chloroform eingeführt. In allen drei Röhren trat nach dem Einführen des entwässerten Kaliumoxalats in Folge der durch dasselbe hervorgerufenen Wasserentziehung ein gleichmässiges Steigen der Quecksilbersäule ein. Drei derartige Versuche sind in der folgenden Tabelle zusammengestellt.

		Die Quecksilbersäule stieg		
Nummer des Versuchs	Dauer	im Chloralhydratdampf mm	in feuchter Luft mm	in feuchtem Chloroform mm
1	11 Stunden	13,2	16,2	—
2	33 „	34,5	37,3	—
3	10 „	20,9	—	21,3

Demnach verhielt sich der Chloralhydratdampf ganz wie ein feuchtes Gas, d. h. er war dissociirt. Entgegen der Angabe Troost's, dass die Dissociationsspannung des krystallisirten Kaliumoxalats bei 79° gleich 53 mm sei, fand Wurtz dieselbe gleich 37 mm.

Neue nach dem früheren Verfahren angestellte Versuche gaben dagegen Troost[2]) dieselben Resultate wie früher; auch fand Troost die Dissociationsspannung des krystallisirten Kaliumoxalats bei 79° mehrfach wieder gleich 53 mm.

Noch einen weiteren sehr beweiskräftigen Analogieschluss führte A. Wurtz[3]) für die Dissociation des Chloralhydratdampfs in's Feld.

---

[1]) Compt. rend. 1878, *86*, 470.

[2]) Compt. rend. 1878, *86*, 1396.

[3]) Compt. rend. 1877, *85*, 49.

Die Chloralalkoholate sind, wie die Gasvolumgewichte derselben darthun, im Dampfzustand vollkommen dissociirt (s. S. 287). In dem Dampf des Chloraläthylats trat mit Leichtigkeit Entwässerung des krystallisirten Kaliumoxalats ein, eben so vollkommen wie in trockener Luft. Es erklärt sich das daraus, dass bei der Dissociation des Chloraläthylats nicht Wasser, sondern Aethylalkohol entsteht und das dissociirte Gasgemisch wasserfrei ist. Es ist ferner eine häufig beobachtete Thatsache, dass der Siedepunkt fällt, wenn man den Wasserstoff einer Hydroxylgruppe durch eine Aethylgruppe ersetzt, z. B. bei den Fettsäuren und ihren Aethylestern, ferner Wasser HOH (Sdp. 100°) und Aethylalkohol HOC_2H_5 (Sdp. 78,4°). Es würde daher eine Anomalie sein, dass das Chloraläthylat, das Aethylderivat des Chloralhdrats, höher siedet (Sdp. 116°) als das Chloralhydrat (Sdp. 97,5°).

Weitere Versuche dieser Art über die Constitution des Chloralhydratdampfes wurden nicht ausgeführt. Bei der Abwägung der von Troost und Wurtz vorgebrachten Gründe für und wider die Dissociation des Dampfes wird man sich ohne Bedenken für den letzteren entscheiden müssen. Unbegreiflich erscheint freilich, dass Troost, von dem wir viele andere Arbeiten von ausserordentlicher Genauigkeit besitzen, so beharrlich den Thatsachen nicht entsprechende Beobachtungen machen konnte. Die Ursache der entgegengesetzten Ergebnisse der beiden Forscher ist nicht aufgeklärt worden; die theoretische Chemie hat jedoch die Wurtz'schen Ergebnisse anerkannt und sich zu eigen gemacht. Die allgemeinen Betrachtungen, welche Deville und Berthelot an die Troost'schen Versuche knüpften, werden uns sehr bald beschäftigen.

In ähnlicher Weise wie Wurtz für den Chloralhydratdampf hatte A. W. Hofmann schon früher die Dissociation gewisser Körper, welche als eines der Zersetzungsprodukte Wasser liefern, nachgewiesen. Es geschah dies in der Diskussion, welche er mit Cloëz über die Constitution der Alkylendiamine führte. Diese sauerstofffreien Basen geben mit Wasser krystallisirte Hydrate, welche beim Verdampfen dissociirt werden. Cloëz[1]) hielt diese Hydrate für die freien Basen und nahm an, sie gingen unzersetzt in Dampfform über. Da er demnach für dieselben die normale Raumerfüllung in Anspruch nahm, während sie in Folge der Dissociation ein doppelt so grosses Volum einnahmen, war die Formel, welche er aus dem Gasvolumgewicht ableitete, um die Hälfte zu klein. Hofmann[2]) sprach dagegen aus, dass das Hydrat

---

[1]) Compt. rend. 1857, *44*, 344; Journ. prakt. Chemie 1858, *74*, 84.

[2]) Compt. rend. 1857, *44*, 781; Proc. Royal Soc. London 1860, *10*, 224.

der Basen dissociirt sei und bewies[1]) dies dadurch, dass er in den Dampf des Hydrats wasserfreien Baryt brachte; das Dampfvolum verminderte sich in Folge der Absorption des abgespaltenen Wassers durch den Baryt genau um die Hälfte, wodurch die Dissociation des Dampfes endgültig festgestellt war.

Wir haben im Vorstehenden zwar nicht alle, aber die wichtigsten Substanzen kennen gelernt, welche beim Verdampfen dissociirt werden, und die Dissociationserscheinungen so weit verfolgt, als sie für die Gasvolumgewichts- und Molekulargewichtsbestimmungen von Wichtigkeit sind; es wurden dementsprechend nur solche Substanzen besprochen, welche bei der Dissociation ausschliesslich gasförmige Produkte lieferten. Für die dissociirenden Gase und Dämpfe wurde eine Dissociationstheorie entwickelt, welche die mit so ausserordentlichem Erfolg eingeführte kinetische Theorie der Gase zur Grundlage hat und die, soweit es die lückenhaften und mit Versuchsfehlern behafteten Versuchsergebnisse über das veränderliche Gasvolumgewicht dissociirender Substanzen überhaupt erwarten liessen, im Allgemeinen mit der Erfahrung in befriedigender Uebereinstimmung stand. Ferner gelang es auf anderen Wegen, den thatsächlichen Zerfall der dissociirenden Substanzen überzeugend nachzuweisen.

Demgegenüber blieb eine ultrakonservative Richtung in Frankreich auf dem Standpunkte der Negirung der Avogadro'schen Anschauung stehen; zu ihr gehört in erster Linie H. Sainte-Claire Deville, welcher durch seine scharfsinnigen Untersuchungen über den Zerfall von Verbindungen in hoher Temperatur den Anstoss zu dem Wiederaufleben der Avogadro'schen Anschauung gegeben hatte, ferner L. Troost und M. Berthelot. Die früheren Einwände Deville's und Cahours' gegen die Annahme der Dissociation vieler Substanzen wurden bereits besprochen (S. 318); die neueren Auslassungen Deville's knüpften sich an die Untersuchungen Troost's über den Chloralhydratdampf. Auch Deville hatte anfangs[2]) geglaubt, die Dämpfe mit ungewöhnlicher Raumerfüllung seien zersetzt, die erfahrungsgemässen „Widersprüche“ (dieselben sind S. 318 erörtert) haben ihn aber vorsichtiger gemacht. An die erste Abhandlung Troost's über den Chloralhydratdampf fügte Deville[3]) geschichtliche Bemerkungen, in denen er auseinandersetzte, dass man sich mit der Annahme der Allgemeingültigkeit der Avogadro'schen Regel zu sehr übereilt habe, und Berthelot[4]) vertheidigte lebhaft diejenigen, welche

[1]) Proc. Royal Soc. London 1860, *10*, 596; Compt. rend. 1860, *51*, 236.
[2]) Compt. rend. 1864, *59*, 1057; Annal. Chem. Pharm. 1865, *134*, 292.
[3]) Compt. rend. 1877, *84*, 711 und 1108.
[4]) Compt. rend. 1877, *84*, 1189.

den alten Aequivalentformeln treu geblieben waren. Dagegen führte Wurtz[1]) aus, dass weder Atome, noch Molekeln, noch Reaktionen „äquivalent" und daher die Aequivalentformeln zu verwerfen seien; die Bezeichnung der Verbindungen durch äquivalente Mengen sei undurchführbar. Wurtz betonte, dass die experimentellen Thatsachen die unerschütterliche Grundlage der Wissenschaft seien; letztere könne aber der Hypothesen nicht entrathen, um die Thatsachen durch Unterordnung unter allgemeine Grundsätze mit einander zu verknüpfen.

Deville verhielt sich übrigens nicht principiell ablehnend gegen die Annahme der Dissociation chemischer Verbindungen, sondern hielt dieselbe nur bei vielen Substanzen für unberechtigt. Er unterschied[2]) drei Klassen von Substanzen mit veränderlicher Dampfdichte: 1) Substanzen, deren veränderlicher Ausdehnungskoëffizient sich auf Dimorphismus gründet; ein Beispiel hierzu sei die Essigsäure, welche nach den Versuchen von Cahours[3]) in zwei verschiedenen Formen bestehe, deren eine mit 2 Volumen Dampf sich in die zweite mit 4 Volumen Dampf vom Siedepunkt ab stetig umwandle, bis zu 230^0, bei welcher Temperatur der zweite Zustand allein bestehe. 2) Körper, deren veränderlicher Ausdehnungskoëffizient auf Isomerie beruhe, z. B. das Ozon, und 3) solche, deren veränderlicher Ausdehnungskoëffizient sich auf stattfindende Dissociation gründe. Wurtz[4]) führte auf die letztere Ursache (stattfindende Dissociation) auch das ungewöhnliche Verhalten der Substanzen der beiden ersten Klassen zurück.

Damit kommen wir auf eine Reihe von Erscheinungen zurück, welche schon vorher (S. 222) Gegenstand der Besprechung waren. Es sind dies die zu grossen Gasvolumgewichte, welche fast alle Substanzen in mehr oder weniger ausgeprägtem Maasse in der Nähe ihres Siedepunktes zeigen. Es wurde für dieses Verhalten bereits eine Erklärung gegeben, gleichzeitig aber bemerkt, dass auf diese Erscheinungen am Schlusse der Betrachtung der Dissociationserscheinungen nochmals zurückgekommen werden müsse. Es sollen zunächst die Ergebnisse der Gasvolumgewichtsbestimmungen dieser Substanzen mitgetheilt werden. Sehr grosse Abweichungen vom theoretischen Gasvolumgewicht sind nur bei einigen Fettsäuren, insbesondere bei der Essigsäure und Ameisensäure, beobachtet worden und haben hier falsche Anschauungen bezüglich der Raumerfüllung dieser Dämpfe im Gefolge gehabt; die übrigen Dämpfe von Verbindungen weichen relativ wenig von dem theoretischen Gasvolumgewicht ab.

[1]) Compt. rend. 1877, *84*, 1183, 1264 und 1349.

[2]) Compt. rend. 1877, *84*, 1256.

[3]) Compt. rend. 1866, *63*, 14; Annal. Chem. Pharm. 1867, *141*, 39.

[4]) Compt. rend. 1877, *84*, 1347.

Essigsäure. Die Essigsäure oder das Essigsäurehydrat $C_2H_4O_2$ ist die beststudirte Substanz, welche in der Nähe ihres Siedepunkts ein abnorm vergrössertes Gasvolumgewicht hat; sie zeichnet sich auch noch durch die numerische Grösse der Abweichung und durch das weite Temperaturintervall aus, über das sich das ungewöhnliche Verhalten des Dampfes erstreckt. Das Molekulargewicht der Essigsäure ist $C_2H_4O_2 = 59{,}86$, ihr theoretisches Gasvolumgewicht nach dem Avogadro'schen Gesetze $d_h = 29{,}93$ und $d_l = 2{,}066$, ihr Siedepunkt liegt bei 118°.

Das ungewöhnliche Verhalten der Essigsäure wurde zuerst von A. Cahours[1]) näher studirt. Derselbe fand folgende Werthe für das Gasvolumgewicht derselben nach der Dumas'schen Methode.

Temperatur	Gasvolumgewicht	Temperatur	Gasvolumgewicht
125°	3,20	219°	2,17
130°	3,12	230°	2,09
140°	2,90	250°	2,08
150°	2,75	280°	2,08
160°	2,48	300°	2,08
171°	2,42	321°	2,08
190°	2,30	327°	2,08
200°	2,22	338°	2,08

Eine andere Versuchsreihe rührt von A. Horstmann[2]) her; dieselbe wurde nach dem von Bunsen modifizirten Dumas'schen Verfahren (s. S. 100) ausgeführt und hatte folgendes Ergebniss.

Temperatur	Gasvolumgewicht	Temperatur	Gasvolumgewicht
128,6°	3,079	165,0°	2,647
131,3°	3,070	181,7°	2,419
134,3°	3,108	233,5°	2,195
160,3°	2,649	254,6°	2,135

Während diese Versuchsreihen unter dem konstanten Druck einer Atmosphäre ausgeführt wurden, schwankte bei anderen der Druck bei den einzelnen Versuchen.

Eine grosse Anzahl von Gasvolumgewichtsbestimmungen der Essigsäure bei verschiedenen Drucken und Temperaturen hat Alex. Naumann[3]) ausgeführt; dieselben sind in der folgenden Tabelle zusammengestellt.

---

[1]) Compt. rend. 1845, *20*, 51; Annal. Phys. Chemie 1845, *65*, 422; Annal. Chem. Pharm. 1845, *56*, 176.

[2]) Annal. Chem. Pharm. 1868, Supplementband *6*, 51.

[3]) Annal. Chem. Pharm. 1870, *155*, 325.

Temperatur	Druck mm	Gewicht der Essigsäure g	Volum der Essigsäure ccm	Essigsäure in 1 ccm mg	Gasvolumgewicht
78°	164	0,0626	84,5	0,741	3,41
	149	0,0549	83,5	0,657	3,34
	137	0,0490	82,2	0,596	3,26
	113	0,0380	77,3	0,491	3,25
	80	0,0240	73,9	0,325	3,06
	66	0,0185	69,6	0,266	3,04
100°	393,5	0,2084	123,5	1,687	3,44
	342,3	0,1653	115,0	1,437	3,37
	258	0,1055	97,4	1,012	3,17
	232	0,0882	104,2	0,906	3,12
	186	0,0626	88,3	0,709	3,06
	168	0,0549	87,1	0,630	3,01
	156	0,0490	85,0	0,577	2,98
	130	0,0380	79,8	0,476	2,94
	92	0,0240	75,8	0,317	2,76
	77,7	0,0185	71,6	0,256	2,66
110°	411	0,2084	126,2	1,651	3,31
	359,3	0,1653	117,6	1,406	3,22
	197	0,0626	90,0	0,696	2,91
	166,5	0,0490	82,0	0,598	2,81
	138,5	0,0380	81,2	0,468	2,78
	98,5	0,0240	76,7	0,313	2,61
	84	0,0185	72,7	0,255	2,48
120°	432	0,2084	130,0	1,603	3,14
	377,5	0,1653	120,8	1,369	3,06
	252	0,0882	100,5	0,878	2,94
	209	0,0626	91,9	0,681	2,75
	180	0,0490	88,0	0,557	2,61
	149	0,0380	82,8	0,459	2,60
	106	0,0240	77,8	0,308	2,46
	89,5	0,0185	73,7	0,251	2,37
130°	455	0,2084	133,7	1,559	2,97
130°	398,5	0,1653	124,2	1,331	2,89
	274	0,0882	104,0	0,848	2,68
	221	0,0626	93,9	0,667	2,61
	201	0,0549	92,6	0,594	2,56
	188	0,0490	90,0	0,545	2,50
	157,5	0,0380	84,4	0,450	2,47
	112,5	0,0240	78,9	0,304	2,34
	93	0,0185	74,3	0,249	2,32
140°	477	0,2084	137,5	1,516	2,82
	417,5	0,1653	127,5	1,297	2,75
	287,5	0,0882	107,0	0,824	2,54
	232	0,0626	95,8	0,653	2,50
	199	0,0490	91,2	0,537	2,40
	168,2	0,0380	86,2	0,441	2,32
	117,3	0,0240	79,9	0,300	2,27
	98	0,0185	74,9	0,247	2,24
150°	498,5	0,2084	141,5	1,473	2,68
	436,5	0,1653	131,0	1,262	2,63
	300	0,0882	109,3	0,807	2,44
	243	0,0626	97,7	0,641	2,40
	208,2	0,0490	92,6	0,530	2,29
	175	0,0380	87,4	0,453	2,26
	103	0,0185	75,7	0,244	2,16
160°	253	0,0626	99,8	0,630	2,31
	129,2	0,0240	81,8	0,293	2,11
185°	565	0,2084	154,0	1,353	2,36
	495	0,1653	142,2	1,163	2,31
	382	0,1055	124,8	0,845	2,25
	335	0,0882	116,0	0,760	2,23
	269	0,0626	103,2	0,607	2,22
	230	0,0490	97,7	0,502	2,14
	191,5	0,0380	91,5	0,415	2,13
	110,5	0,0185	78,0	0,273	2,11

Die Naumann'schen Versuche wurden nach der Methode Gay-Lussac-Hofmann (S. 112) angestellt; als Heizflüssigkeiten dienten Alkohol (78°), Wasser (100°), Anilin (185°) und Kohlenwasserstoffe des Steinkohlentheers. Die angewandte Essigsäure schmolz bei 16,2°.

A. Bineau[1]) bestimmte das Gasvolumgewicht der Essigsäure bei

[1]) Annal. Chem. Pharm. 1846, *60*, 157.

geringem Druck und niedriger Temperatur nach einem veränderten Gay-Lussac'schen Verfahren (S. 111). Seine Ergebnisse sind folgende.

Gewicht der Essigsäure g	Temperatur	Druck mm	Gasvolumgewicht d_l	Gewicht der Essigsäure g	Temperatur	Druck mm	Gasvolumgewicht d_l
0,084	12°	2,44	3,80	0,291	20°	8,55	3,88
	19	2,60	3,66		22	8,64	3,85
	22	2,70	3,65		20,5	10,03	3,95
0,185	12	5,23	3,92		28	10,03	3,75
	20	5,56	3,77		35	11,19	3,64
	24	5,75	3,70		36,5	11,32	3,62
	30	6,03	3,60	—	250	760	2,1

Das Gasvolumgewicht der Essigsäure nimmt bei gleichbleibender Temperatur mit wachsendem Drucke zu, wie folgende Zusammenstellung zeigt.

	bei 20°				bei 30°	
Druck (mm):	4,0	5,6	8,5	10,0	6,0	10,7
Gasvolumgewicht:	3,74	3,77	3,88	3,96	3,6	3,73.

Das Maximum der Spannkraft des Essigsäuredampfes ist bei 15° gleich 7,7 mm, bei 22° gleich 14,5 mm und bei 32° gleich 23,0 mm.

L. Troost[1]) fand das Gasvolumgewicht der Essigsäure bei 130° und niederem Druck fast normal: $d_l = 2,12$ bei 59,7 mm und $d_l =$ 2,10 bei 30,6 mm Druck.

A. Horstmann stellte fest, dass das Gasvolumgewicht der Essigsäure bei sehr geringem Druck (etwa 20 mm) schon bei gewöhnlicher Temperatur normal ist. Derselbe bestimmte[2]) das Gasvolumgewicht der Essigsäure im Jahre 1870 nach dem S. 177 beschriebenen Verfahren; da die angewandte Essigsäure aber nicht wasserfrei war (sie schmolz bei 14° statt bei 16,7°), wiederholte er die Bestimmung später[3]) noch einmal. Die Ergebnisse beider Untersuchungen sind in der Tabelle auf der folgenden Seite zusammengestellt; die neueren Resultate sind durch ein Sternchen kenntlich gemacht.

Den Werth der Spannkraft des Essigsäuredampfes entnahm Horstmann den Bestimmungen von H. Landolt[4]); da letztere durch neuere Versuche zweifelhaft geworden sind, so sind auch die damit berechneten Werthe des Gasvolumgewichts unsicher.

---

1) Compt. rend. 1878, *86*, 331 und 1394.

2) Ber. deutsch. chem. Gesellschaft 1870, *3*, 78.

3) Ber. deutsch. chem. Gesellschaft 1878, *11*, 1287.

4) Annal. Chem. Pharm. 1868, Supplementband *6*, 157.

Temperatur	Druck mm	Gasvolumgewicht	Temperatur	Druck mm	Gasvolumgewicht
12,4°	13,5	1,89	27,6°	26,5	2,46
12,7	13,7	1,96	*29,0	27,9	2,45
14,7	15,1	1,78	*30,4	29,6	2,32
*15,3	15,3	1,85	33,3	33,4	2,58
*15,3	15,3	1,95	*36,6	38,5	2,67
15,6	15,6	1,98	38,5	41,5	2,72
17,4	16,8	2,09	38,5	41,5	2,79
*20,0	18,9	2,13	*41,4	46,6	2,62
20,2	19,0	2,28	44,6	53,1	2,75
*20,4	19,2	2,05	48,7	63,0	2,98
21,5	20,4	2,24	*49,0	63,4	2,89
22,6	21,6	2,29	51,1	69,0	3,16
*23,8	22,4	2,23	59,9	97,0	3,12
25,0	23,5	2,42	62,9	109,2	3,11
*26,4	25,1	2,31	63,1	110,0	3,19
26,5	25,1	2,32			

L. Playfair und J. A. Wanklyn[1]) bestimmten das Gasvolumgewicht der Essigsäure nach ihrem Verfahren (S. 103) unter Beimischung von Wasserstoffgas. In der folgenden Zusammenstellung ist unter H : D das Verhältniss des Volums des beigemischten Wasserstoffgases zu dem Volumen des Essigsäuredampfs aufgeführt; bei dem mit einem Sternchen versehenen Versuch war dem Dampf Luft beigemischt.

Temperatur	Verhältniss H : D	Gasvolumgewicht	Temperatur	Verhältniss H : D	Gasvolumgewicht
116,5°		2,371	182°		2,108
132	2 : 1	2,292	194	1⅓ : 1	2,055
163		2,017	212		2,060
186		1,936	*95,5	5 : 1	2,594
119		2,623	86,5	2,5 : 1	3,172
130,5	1⅓ : 1	2,426	79,9	8 : 1	3,340
166,5		2,350	62,5	16 : 1	3,950

A. Krause und V. Meyer[2]) bestimmten das Gasvolumgewicht der Essigsäure nach dem von ihnen beschriebenen Verfahren (S. 162) mit folgendem Ergebniss:

Temperatur:	100°	125°	140°	160°	190°
Gasvolumgewicht:	2,67; 2,60	2,51; 2,42	2,28; 2,26	2,12; 2,18	2,14; 2,07

[1]) Transact. Royal Soc. Edinb. 1861, *22*, Part 3, 441; Annal. Chem. Pharm. 1862, *122*, 245.

[2]) Zeitschr. physikal. Chemie 1890, *6*, 6.

A. Cahours[1]) prüfte später auch das Verhalten der Derivate der Essigsäure mit folgendem Ergebniss. Wird in der Essigsäure das extraradikale Wasserstoffatom, das Wasserstoffatom der Carboxylgruppe, durch andere Atomkomplexe ersetzt, so verschwinden die Anomalien oder werden wenigstens auf das Maass herabgemindert, in dem sie sich bei den meisten übrigen Substanzen finden. Beispiele hierzu sind die Ester und das Anhydrid der Essigsäure.

Substanz	Siedepunkt	Temperatur	Gasvolumgewicht beobachtet	Gasvolumgewicht theoretisch
Essigsaures Methyl	57,5°	77°	2,595	2,627
Essigsaures Aethyl	77	98	3,087	3,110
Essigsaures Amyl	140	148	4,602	4,493
Essigsäureanhydrid	137,5	152	3,673	3,525
		172	3,580	
		185	3,563	
		228	3,534	
		242	3,487	
		255	3,489	

Wird dagegen ein intraradikales Wasserstoffatom, ein Wasserstoffatom der in der Essigsäure enthaltenen Methylgruppe substituirt, so bleibt die Anomalie der Gasvolumgewichte bestehen. Beispiele hierzu sind die höheren Fettsäuren, von denen wir die Buttersäure bald kennen lernen werden, sowie die Chloressigsäure $CH_2Cl{-}COOH$, welche bei 188° siedet und das theoretische Gasvolumgewicht $d_l = 3{,}264$ hat. Die Bestimmungen des Gasvolumgewichts der Chloressigsäure durch Cahours gaben folgende Werthe.

Temperatur:	203°	208°	223°	240°	261°	270°
Gasvolumgewicht:	3,810	3,762	3,559	3,445	3,366	3,283.

Wird das extraradikale Sauerstoffatom, das Sauerstoffatom der Hydroxylgruppe der Essigsäure substituirt, so wird die Grösse der Abweichungen der Gasvolumgewichte herabgemindert. Dies tritt z. B. bei der Thiacetsäure $CH_3{-}COSH$ ein, welche bei 93° siedet und das theoretische Gasvolumgewicht $d_l = 2{,}628$ hat; Cahours fand folgende Werthe des Gasvolumgewichts.

Temperatur:	110°	115°	131°	138°	151°
Gasvolumgewicht:	2,936	2,889	2,778	2,734	2,864.

Bei 151° war die Thiacetsäure schon theilweise zersetzt.

Ameisensäure. Das Molekulargewicht der Ameisensäure ist $CH_2O_2 = 45{,}89$, ihr theoretisches Gasvolumgewicht $d_h = 22{,}945$ und $d_l = 1{,}589$. Dieselbe ist in sehr eingehender Weise von A. Bineau[2])

[1]) Compt. rend. 1863, *56*, 900; Annal. Chem. Pharm. 1863, *128*, 68.
[2]) Annal. Chem. Pharm. 1846, *60*, 157.

studirt worden. Die folgenden Bestimmungen wurden mit Ausnahme der beiden letzten (bei 184° und 216°) nach dem Gay-Lussac'schen Verfahren angestellt, die beiden letzten nach dem Dumas'schen.

Temperatur	Druck mm	Gasvolumgewicht d_l	Temperatur	Druck mm	Gasvolumgewicht d_l
11,0°	7,26	3,02	101,0°	650	2,41
15,0	7,60	2,93	105,0	691	2,35
20,0	7,99	2,85	105,0	630	2,32
30,5	8,83	2,69	108,0	687	2,31
10,5	14,69	3,23	111,5	690	2,25
12,5	15,20	3,14	111,5	690	2,22
16,0	15,97	3,13	115,5	649	2,20
20,0	16,67	2,94	115,5	640	2,16
24,5	17,39	2,86	124,5	670	2,06
99,5	690	2,52	124,5	640	2,04
99,5	622	2,44	184,0	750	1,68
99,5	557	2,34	216,0	690	1,61
101,0	693	2,44			

Auch bei der Ameisensäure wächst bei gleichbleibender Temperatur das Gasvolumgewicht mit wachsendem Druck.

	bei 15°				bei 25°			
Druck:	2,6	7,6	15,8 mm		2,7	8,0	16,7	24,2 mm
Gasvolumgewicht:	2,87	2,93	3,06		2,80	2,85	2,94	3,15

	bei 25°				bei 30°			
Druck:	2,9	8,4	17,5	26,2 mm	3,1	3,8	18,3	27,8
Gasvolumgewicht:	2,71	2,77	2,85	2,94	2,61	2,70	2,76	2,81.

Buttersäure. Das Molekulargewicht der Buttersäure ist $C_4H_8O_2 =$ 87,80, das theoretische Gasvolumgewicht $d_h = 43,90$ und $d_l = 3,041$. Das Verhalten der Buttersäure wurde von A. Cahours[1]) geprüft, welcher folgende Werthe für das Gasvolumgewicht derselben fand.

Temperatur:	177°	208°	228°	249°	261°	290°	310°	330°
Gasvolumgewicht:	3,68	3,44	3,22	3,10	3,07	3,07	3,07	3,07.

Die Derivate der Buttersäure zeigen dasselbe Verhalten wie diejenigen der Essigsäure; durch Vertretung des extraradikalen Wasserstoffs verschwinden die Anomalien, durch Substitution eines intraradikalen Wasserstoffs bleiben sie bestehen.

Auch die Baldriansäure hat in der Nähe des Siedepunkts ein abnorm vergrössertes Gasvolumgewicht.

Chlor. Das Molekulargewicht des Chlors ist $Cl_2 = 70,74$, das theoretische Gasvolumgewicht $d_h = 35,37$ und $d_l = 2,4503$. E. Lud-

[1]) Compt. rend. 1845, *20*, 51; Annal. Phys. Chemie 1845, *65*, 422; Annal. Chem. Pharm. 1845, *56*, 176.

wig[1]) fand, dass das Gasvolumgewicht des Chlors erst bei 200^0 den theoretischen Werth hat; die Versuche wurden nach der Methode von Bunsen (S. 59) ausgeführt.

Temperatur	Gasvolumgewicht	Bemerkungen
20^0	2,4807	Mittel aus 17 Versuchen
50	2,4783	„ „ 12 „
100	2,4685	„ „ 5 „
150	2,4609	„ „ 5 „
200	2,4502	„ „ 6 „

Die Gasvolumgewichte des Chlors bis zu 200^0 stellte Ludwig durch die Formel dar: $d_t = 2,4855 - 0,00017 \,.\, t$, worin d_t das Gasvolumgewicht bei t^0 ist. Es ist bemerkenswerth, dass selbst das bei gewöhnlicher Temperatur gasförmige Chlor erst bei 200^0 normales Gasvolumgewicht zeigt.

Brom. Das Molekulargewicht des Broms ist $Br_2 = 159,50$, sein Gasvolumgewicht $d_h = 79,75$ und $d_l = 5,5248$. Hans Jahn[2]) bestimmte das Gasvolumgewicht des Broms nach der Bunsen'schen Methode mit folgendem Ergebniss.

Temperatur:	$102,6^0$	$131,92^0$	$175,58^0$	$210,32^0$	$227,92^0$
Gasvolumgewicht:	5,728	5,640	5,604	5,546	5,5243.

Die Gasvolumgewichte des Broms lassen sich durch die Formel $d_t = 5,8691 - 0,00153 \,.\, t$ ausdrücken. Für die niederen Temperaturen (bis 132^0) werden die Versuchsergebnisse besser durch die Formel $d_t = 5,5189 - \frac{8,535}{t} + \frac{3190,04}{t^2}$ dargestellt. Stellt man den Verlauf der Gasvolumgewichte mit steigender Temperatur graphisch dar, so erhält man zuerst eine Kurve und dann eine gerade Linie. Jahn berechnete mit Hilfe der linearen Formel die Gasvolumgewichte des Broms für die Temperaturen oberhalb des Siedepunkts, von 20 zu 20^0 fortschreitend, und bestimmte die Abweichungen der so erhaltenen Gasvolumgewichte von dem normalen in Prozenten des letzteren; es ergab sich, dass die prozentischen Differenzen gleich waren. Der numerische Werth der Abweichungen ist anfänglich beim Brom grösser als beim Chlor, das Temperaturintervall der Abweichungen ist aber beim Brom kleiner.

Anisöl. Der Hauptbestandtheil des Anisöls ist das Anethol; das Molekulargewicht desselben ist $C_{10}H_{12}O = 147,66$, das theoretische Gasvolumgewicht ist $d_h = 73,83$ und $d_l = 5,115$. Es siedet bei 232^0.

---

1) Ber. deutsch. chem. Gesellschaft 1868, *1*, 232.

2) Ber. Wiener Akad. 1882, *85*, (2. Abth.), 778; Ber. deutsch. chem. Gesellschaft 1882, *15*, 1238.

Das Gasvolumgewicht des Anisöls wurde von A. Cahours[1]) mit folgendem Ergebniss geprüft.

Temperatur:	245°	260°	270°	325°	338°
Gasvolumgewicht:	5,98	5,73	5,64	5,22	5,19.

Ganz ähnliches Verhalten zeigt das Fenchelöl.

Wasser. Das Molekulargewicht des Wassers ist $H_2O = 17,96$, sein theoretisches Gasvolumgewicht ist $d_h = 8,98$ und $d_l = 0,622$; der Siedepunkt des Wassers ist 100°. Aug. Horstmann[2]) bestimmte das Gasvolumgewicht desselben nach der Bunsen'schen Methode.

Temperatur	Druck mm	Gasvolumgewicht d_l
108,8°	752,7	0,653
129,1	740,3	0,633
175,4	764,1	0,625
200,2	755,9	0,626

Aethyläther. Das Molekulargewicht des Aethyläthers ist $C_4H_{10}O = 73,84$, das theoretische Gasvolumgewicht ist $d_h = 36,92$ und $d_l = 2,558$; der Siedepunkt liegt bei 35°. Aug. Horstmann[2]) fand nach der Bunsen'schen Methode folgende Werthe für das Gasvolumgewicht des Aethers.

Temperatur	Druck mm	Gasvolumgewicht d_l	Temperatur	Druck mm	Gasvolumgewicht d_l
39,7°	762,9	2,649	93,1°	762,4	2,603
46,1	764,5	2,662	102,8	756,2	2,597
52,2	740,5	2,639	115,3	755,8	2,578
53,7	745,0	2,651	130,6	756,7	2,583
66,1	754,3	2,649	132,6	742,5	2,566
81,1	762,6	2,610	204,5	757,1	2,565

Fettsäureester. Paul Schoop[3]) untersuchte die Veränderungen der Gasvolumgewichte verschiedener Ester (ameisensaures Methyl, Aethyl und Propyl; essigsaures Methyl und Aethyl und propionsaures Methyl) und des Benzols bei steigender Temperatur. Er stellte die erhaltenen Resultate graphisch dar und berechnete daraus die Werthe des Gasvolumgewichts für verschiedene Drucke, welche von 100 zu 100 mm fortschritten. Als Beispiel möge der Ameisensäurepropylester ausgewählt werden. Sein Molekulargewicht ist $C_4H_8O_2 = 87,80$, das theoretische Gasvolumgewicht ist $d_h = 43,90$ und $d_l = 3,041$; der Siedepunkt liegt bei 81°.

---

[1]) Compt. rend. 1845, *20*, 51; Annal. Phys. Chemie 1845, *65*, 422; Annal. Chem. Pharm. 1845, *56*, 176.

[2]) Annal. Chem. Pharm. 1868, Supplementband *6*, 63.

[3]) Annal. Phys. Chemie [2], 1881, *12*, 550.

Druck mm	Temperatur und zugehöriges Gasvolumgewicht 35,0°	65,29°	80,15°	99,4°	128°
200	3,2267	2,9892	2,9842	2,9632	2,9708
300	—	3,0181	3,0014	2,9802	2,9780
400	—	3,0469	3,0257	2,9992	2,9884
500	—	—	3,0490	3,0186	2,9985
600	—	—	3,0538	3,0258	3,0075
700	—	—	3,0596	3,0299	3,0150
800	—	—	—	3,0340	3,0230

Für dieses ungewöhnliche Verhalten der Dämpfe in der Nähe des Siedepunkts haben wir bereits S. 228 eine Erklärung kennen gelernt, welche von Aug. Horstmann[1]) herrührt. Derselbe zieht für diesen Zustand der Dämpfe das Avogadro'sche Gesetz in Zweifel und nimmt an, dass die Dämpfe in der Nähe des Siedepunkts eine grössere Anzahl Molekeln enthalten als ein gleicher Raumtheil Luft oder Wasserstoff.

Eine zweite Erklärung der abnormen Gasvolumgewichte vieler Substanzen in der Nähe ihres Siedepunkts wurde von L. Playfair und J. A. Wanklyn[2]) gegeben, von A. Cahours[3]), H. Sainte-Claire Deville[4]), A. Wurtz[5]) und Anderen angenommen und besonders von Alex. Naumann[6]) lebhaft vertheidigt. L. Playfair und J. A. Wanklyn nahmen an, dass in dem Dampf der Essigsäure in der Nähe des Siedepunkts zwar gerade so viele Molekeln enthalten seien, wie in dem gleichen Raumtheil Luft, dass also das Avogadro'sche Gesetz auch hier seine Gültigkeit behalte, sie behaupteten aber, dass die Molekeln des Essigsäuredampfs bei niederer Temperatur nicht unter sich gleichartig seien. Nach ihnen zerfällt die Essigsäure beim Verdampfen nicht gleich vollkommen in die kleinsten möglichen Theile, in die Molekeln $C_2H_4O_2$, sondern es bleibt eine gewisse Anzahl von Molekeln auch im Gaszustand verbunden, und zwar nahmen sie im Essigsäuredampf Doppelmolekeln $C_4H_8O_4$ an.

Nach dieser Anschauung ist die allmähliche Abnahme des Gasvolumgewichts der Essigsäure mit steigender Temperatur eine wahre Dissociation; der Dampf der Essigsäure besteht aus Molekeln $C_2H_4O_2$ und $C_4H_8O_4$, gerade wie derjenige der Untersalpetersäure aus Molekeln NO_2 und N_2O_4 besteht; wie nun im Untersalpetersäuredampf die Mo-

[1]) Annal. Chem. Pharm. 1868, Supplementband *6*, 51.

[2]) Transact. Royal Soc. Edinb. 1861, *22*, Part 3, 441; Annal. Chem. Pharm. 1862, *122*, 245.

[3]) Compt. rend. 1866, *63*, 14; Annal. Chem. Pharm. 1867, *161*, 39.

[4]) Compt. rend. 1877, *84*, 1256.

[5]) Compt. rend. 1877, *84*, 1347.

[6]) Annal. Chem. Pharm. 1870, *155*, 325.

lekeln N_2O_4 in NO_2 zerfallen, so werden auch im Essigsäuredampf mit steigender Temperatur die Molekeln $C_4H_8O_4$ in $C_2H_4O_2$ zerlegt. Das Gasvolumgewicht wird daher kleiner, bis alle komplexen Molekeln zerfallen sind; dann wird es konstant.

Da sich hiernach die Abweichungen der Dämpfe bei niederer Temperatur als wahre Dissociationserscheinungen darstellen, so muss auf dieselben auch die Dissociationstheorie Anwendung finden können. Wenn wir aber schon bei den anderen dissociationsfähigen Substanzen auf Schwierigkeiten gestossen sind, als wir die Theorie auf die Versuchsergebnisse anwenden wollten (die Versuche waren zu sehr mit Fehlern behaftet und nicht zahlreich genug), so trifft dies noch viel mehr bei den hier zu besprechenden Substanzen ein. Hier kommt eigentlich nur die Essigsäure in Betracht, da die übrigen Substanzen theilweise nur ungenügend studirt sind, theilweise aber die Abweichungen in zu geringem Maasse zeigen; bei den letzteren Substanzen muss man annehmen, dass nur wenige komplexe Molekeln beim Verdampfen entstehen. Zur Prüfung der Dissociationstheorie sind nur diejenigen Versuchsreihen geeignet, welche bei konstantem Druck angestellt wurden, da wechselnder Druck von sehr erheblichem Einfluss auf den Verlauf der Dissociation ist. Da die Horstmann'schen Versuche zu wenig zahlreich und die Temperaturunterschiede der einzelnen Versuche namentlich bei den für die Theorie wichtigsten Temperaturintervallen zu gross sind, so bleiben nur die Versuche von Cahours übrig.

Dieselben sind im Folgenden in derselben Weise berechnet, wie dies früher bei den dissociirenden Substanzen geschehen ist. Es wurde angenommen, dass der Essigsäuredampf bei niederen Temperaturen aus Molekeln $C_4H_8O_4$ bestehe, die bei der Erhöhung der Temperatur in Molekeln $C_2H_4O_2$ zerfallen. Das Gasvolumgewicht der Verbindung $C_4H_8O_4$ ist $d_l = 4{,}132$; jede Molekel zerfällt in 2 Molekeln $C_2H_4O_2$, deren Gasvolumgewicht $d_l = 2{,}066$ ist. Die Prozente der Zersetzung erhält man daher nach der Formel $x = \frac{100\,(4{,}132 - d_1)}{d_1}$, worin d_1 das jeweilig beobachtete Gasvolumgewicht ist (s. S. 248). In der dritten Spalte der Tabelle auf der folgenden Seite ist der Zuwachs der Zersetzung für je 10^0 Temperaturerhöhung verzeichnet.

Hiernach sind bei 125^0 bereits 29 Prozent der komplexen Molekeln zersetzt; die Temperatur der halbvollendeten Zersetzung liegt bei 150^0. Aus der letzten Spalte ist der charakteristische Verlauf der Dissociation nicht mit Sicherheit zu erkennen; zwar scheint der grosse Zersetzungszuwachs von 16,3 Prozent für 10^0 Temperaturerhöhung von 150 bis 160^0 für stattfindende Dissociation zu sprechen,

Temperatur	Gasvolumgewicht d_1	Zersetzungsgrad %	Zuwachs der Zersetzung für 10° Temperaturerhöhung %
125°	3,20	29,1	
			6,6
130	3,12	32,4	
			10,1
140	2,90	42,5	
			7,8
150	2,75	50,3	
			16,3
160	2,48	66,6	
			3,7
171	2,42	70,7	
			5,3
190	2,30	79,7	
			6,4
200	2,22	86,1	
			2,3
219	2,17	90,4	
			6,6
230	2,09	97,7	
			0,5
250	2,08	98,7	

die übrigen Zuwachse schwanken indess doch zu unregelmässig, als dass man daraus sichere Schlüsse ziehen könnte. Nicht unmöglich ist es, dass die wenig genauen Versuche hieran die Schuld tragen und dass bei fehlerfreien Versuchen die Dissociationszuwachse den gewünschten Verlauf zeigen würden.

Diese ganze Berechnung beruht auf der Annahme, dass die komplexen Molekeln, in welche die Essigsäure beim Verdampfen zerfällt, aus zwei normalen Gasmolekeln bestehen. Diese Annahme ist aber durchaus willkürlich und findet in keiner Thatsache eine Stütze; daraus z. B., dass die Essigsäure saure Salze von der Zusammensetzung $C_4H_7O_4Me$ bildet, kann keinesfalls auf die Existenz von Doppelmolekeln geschlossen werden. Man kann vielmehr mit gleichem Recht annehmen, dass auch mehr als zwei einfachste Gasmolekeln mit einander verbunden in den Dampfzustand übergehen können, dass also in dem Essigsäuredampf bei niederer Temperatur eine wechselnde Zahl von verschiedenen Molekelarten enthalten sind. Dieser Fall lässt sich durch Rechnung nicht mehr verfolgen.

Dagegen ist wenigstens für die Essigsäure das Vorhandensein komplexer Molekeln im Dampf von niederer Temperatur auf Grund von Versuchsergebnissen als höchst wahrscheinlich, wenn nicht sicher festgestellt. Besteht nämlich der Essigsäuredampf bei allen verschiedenen Temperaturen aus unter einander gleichartigen Molekeln, so ist bei gleichen Essigsäuremengen in der Volumeneinheit der mittlere Abstand der in gleicher Zahl vorhandenen Molekeln gleich gross; daher muss auch die gegenseitige Anziehung der Molekeln gleich gross sein. Die Verschiedenheit des Drucks kann demnach nur durch die Verschiedenheit der Temperaturen bedingt sein, d. h. die Drucke müssen den absoluten Temperaturen proportional sein. Bedeuten daher b_1 und b_2 die Drucke, t_1 und t_2 die Temperaturen, bei welchen in der Volumeneinheit bei zwei Versuchen dieselbe Essigsäuremenge enthalten ist, so muss sein:

$$\frac{b_1}{b_2} = \frac{273 + t_1}{273 + t_2} \text{ oder } \frac{273 + t_1}{b_1} = \frac{273 + t_2}{b_2}.$$

Wird beiderseits durch 273 dividirt, so wird:

$$\frac{1 + \frac{1}{273} \cdot t_1}{b_1} = \frac{1 + \frac{1}{273} \cdot t_2}{b_2}.$$

$\frac{1}{273}$ ist der Ausdehnungskoëffizient α der Gase; es wird daher:

$$\frac{1 + \alpha t_1}{b_1} = \frac{1 + \alpha t_2}{b_2} \text{ oder } \frac{1 + \alpha t_1}{1 + \alpha t_2} \cdot \frac{b_2}{b_1} = 1.$$

Sind ferner p_1 und p_2 die Gewichte, v_1 und v_2 die Volume des Essigsäuredampfes bei den zwei Versuchen, so ergeben sich die Gasvolumgewichte d_1 und d_2 nach den Formeln:

$$d_1 = \frac{760 \cdot p_1 (1 + \alpha t_1)}{v_1 \cdot b_1 \cdot 0{,}00008988} \text{ und } d_2 = \frac{760 \cdot p_2 (1 + \alpha t_2)}{v_2 \cdot b_2 \cdot 0{,}00008988}.$$

Das Verhältniss der Gasvolumgewichte d_1 und d_2 ist daher:

$$\frac{d_1}{d_2} = \frac{(1 + \alpha t_1) b_2}{(1 + \alpha t_2) b_1} \cdot \frac{p_1 \cdot v_2}{p_2 \cdot v_1}.$$

Unter der Voraussetzung gleichartiger Molekeln bei beiden Versuchen ist der Quotient $\frac{b_2(1+\alpha t_1)}{b_1(1+\alpha t_2)}$ gleich 1. Ferner ist die Essigsäuremenge in der Volumeneinheit bei beiden Versuchen gleich; dieselbe beträgt im ersten Versuch $\frac{p_1}{v_1}$, im zweiten $\frac{p_2}{v_2}$. Es ist daher:

$$\frac{p_1}{v_1} = \frac{p_2}{v_2} \text{ oder } \frac{p_1 \cdot v_2}{p_2 \cdot v_1} = 1.$$

Es ergibt sich hieraus $\frac{d_1}{d_2} = 1$ oder $d_1 = d_2$, d. h. wenn in dem Dampf der Essigsäure bei allen Drucken und Temperaturen stets gleichartige Molekeln enthalten sind, so muss das Gasvolumgewicht der Essigsäure bei allen Drucken und Temperaturen stets gleich gefunden werden, sobald in der Volumeneinheit des Dampfes die gleiche Essigsäuremenge enthalten ist.

Die zahlreichen Bestimmungen des Gasvolumgewichts der Essigsäure, welche Alex. Naumann ausführte (s. S. 336), ermöglichen es, die vorstehenden Auseinandersetzungen zu prüfen. Unter denselben befinden sich 6 Paare, bei denen die in der Volumeneinheit enthaltenen Essigsäuremengen gleich, die Drucke und Temperaturen aber verschieden sind. Sie sind in der folgenden Tabelle zusammengestellt.

Essigsäure in 1 ccm mg	Temperatur	Druck mm	Gasvolumgewicht
1,440	100°	342,3	3,37
1,470	150	498,5	2,68
1,370	120	377,5	3,06
1,350	185	565	2,36
0,848	130	274	2,68
0,845	185	328	2,25

Essigsäure in 1 ccm mg	Temperatur	Druck mm	Gasvolumgewicht
0,657	78°	149	3,34
0,653	140	232	2,50
0,630	100	168	3,01
0,630	160	253	2,31
0,596	78	137	3,26
0,594	130	201	2,56

Aus den vorstehenden Versuchsergebnissen ist ersichtlich, dass für gleiche Essigsäuremengen in der Volumeneinheit bei verschiedenen Drucken und Temperaturen die Gasvolumgewichte der Essigsäure nicht gleich sind; daher kann der Essigsäuredampf bei niederen Temperaturen nicht aus gleichartigen Molekeln bestehen. Ferner ergibt sich aus der Zusammenstellung, dass das Gasvolumgewicht mit abnehmender Temperatur zunimmt und mit steigender Temperatur abnimmt; daraus folgt, dass dieselbe Menge Essigsäure bei niedriger Temperatur eine kleinere Zahl von Dampfmolekeln bildet, als bei höherer Temperatur, d. h. bei niedriger Temperatur sind die Molekeln grösser als bei höherer. Ueber 250° ist der Essigsäuredampf vollständig in Molekeln $C_2H_4O_2$ gespalten; bei niederer Temperatur bestehen aber auch Molekeln, welche aus mehreren der normalen Gasmolekeln zusammengesetzt sind. Mit steigender Temperatur nimmt die Zahl dieser komplexen Molekeln und vielleicht auch die Zahl der zu einer komplexen Molekel zusammentretenden normalen Gasmolekeln ab, wodurch das Gasvolumgewicht immer kleiner wird, bis alle komplexen Molekeln zersetzt sind; dann wird das Gasvolumgewicht „normal“.

Dies gilt nicht bloss von der Essigsäure, sondern auch von den anderen Substanzen, welche in der Nähe des Siedepunkts ein abnorm vergrössertes Gasvolumgewicht haben. Sehr wahrscheinlich wird die Annahme der Bildung von Molekularaggregaten bei derartigen Substanzen durch die Untersuchungen von Paul Schoop[1]) gemacht (siehe S. 342), welche sich auf eine Anzahl Ester erstrecken. Dieselben haben ein mit steigender Temperatur, sowie bei konstanter Temperatur mit abnehmendem Druck immer kleiner werdendes Gasvolumgewicht, und zwar sind die Aenderungen des letzteren den Druck- und Temperaturänderungen nicht proportional, sondern zeigen den für eintretende Dissociation charakteristischen Verlauf. Die Verminderung des Gasvolumgewichts geht mit steigender Temperatur erst langsam, dann rascher und zuletzt wieder langsamer vor sich, ganz wie es die Dissociationstheorie verlangt. Es kann daher keinem Zweifel

---

[1]) Annal. Phys. Chemie [2], 1881, *12*, 550.

unterliegen, dass das abnorme Verhalten der Dämpfe in der Nähe des Siedepunktes wenigstens zum Theil durch das Bestehen von gasförmigen Molekularaggregaten verursacht ist; es ist aber auch nicht ausgeschlossen, dass noch andere Ursachen hierbei mitwirken.

Lässt man die Annahme der Dissociation für die abnormen Gasvolumgewichte vieler Substanzen in der Nähe des Siedepunktes gelten, so ist zwischen diesen Substanzen und denjenigen dissociirenden, welche nicht unzersetzt in den Gaszustand übergehen können, eine weitgehende Analogie geschaffen: in beiden Fällen besteht der Dampf anfangs aus verschiedenartigen Molekeln. Besonders augenfällig ist die Analogie mit dem Untersalpetersäuredampf, dessen komplexe Molekel in zwei gleichartige Theilmolekeln zerfällt. Indess besteht zwischen beiden Arten von dissociirenden Substanzen ein unverkennbarer Unterschied; während nämlich bei den früher besprochenen dissociationsfähigen Verbindungen, auch wenn sie beim Verdampfen schon theilweise zersetzt sind, die Zusammensetzung der komplexen Molekeln in allen Fällen bekannt ist, ist dies bei den Dissociationserscheinungen, welche uns hier beschäftigen, nicht der Fall. Die chemische Analyse lehrt z. B., dass die Molekel des Phosphorpentachlorids vor Eintritt der Dissociation die Zusammensetzung PCl_5 hat; man weiss dagegen nicht, aus wie vielen einfachsten Gasmolekeln die Molekeln des sich unnormal verhaltenden Dampfes der Essigsäure bestehen.

Dasselbe ist im Allgemeinen bei den Elementen der Fall, welche bei den niedrigsten Temperaturen ein abnorm vergrössertes Gasvolumgewicht haben. Ist letzteres während eines grösseren Temperaturintervalls konstant und nimmt dann ab, so liegt unzweifelhaft Dissociation vor und die Grösse der unzersetzten Molekel lässt sich aus dem konstanten Gasvolumgewicht mit Sicherheit ableiten. Anders ist es dagegen, wenn das Gasvolumgewicht eines Elements nicht für ein grösseres Temperaturintervall konstant ist, sondern von Anfang an stetig abnimmt, bis es einen konstanten Werth erreicht hat. Hier kann man wieder zwei Erklärungen zu Hilfe nehmen: entweder kann man nach Horstmann das Avogadro'sche Gesetz in Zweifel ziehen, oder man kann eine wahre Dissociation annehmen; in letzterem Falle sind die Dampfmolekeln nicht alle mit den einfachsten Gasmolekeln identisch, sondern es bestehen auch noch Gruppen der letzteren in Dampfform. Die Zusammensetzung dieser Aggregate der kleinsten Gasmolekeln ist unbekannt, denn über die Anzahl der Atome in den Molekeln der Elemente lässt sich a priori gar nichts aussagen, und der Versuch kann diese Frage ebenfalls nicht beantworten.

Wie nahe die Substanzen mit abnorm vergrössertem Gasvolumgewicht den zweifellos dissociirenden stehen, ersieht man recht deutlich am Schwefel. Bis vor kurzem glaubte man, die Molekel desselben bestehe in niederer Temperatur aus 6 Atomen und die sechsatomige Molekel zerfalle bei Temperatursteigerung in 3 zweiatomige. Man schloss dies aus den wenigen Bestimmungen des Gasvolumgewichts, welche für niedere Temperaturen vorlagen. Indess schon H. Sainte-Claire Deville[1]) zweifelte hieran. In neuester Zeit wies H. Biltz (s. S. 261) nach, dass dies nicht der Fall ist; das Gasvolumgewicht des Schwefels war bei niedriger Temperatur bedeutend grösser als der in hohen Temperaturen beobachtete Werth, es war aber nirgends für ein grösseres Temperaturintervall konstant. Biltz verneinte daher die Dissociation des Schwefels und die Existenz komplicirterer Molekeln desselben und erklärte das abnorme Verhalten der Dämpfe durch die grosse Nähe der Molekeln.

Betrachtet man demgegenüber das Verhalten der Essigsäure und der übrigen Substanzen als durch Dissociation verursacht, so wird das Biltz'sche Urtheil ganz erheblich eingeschränkt. Biltz hat nämlich nur nachgewiesen, dass sechsatomige Molekeln S_6 nicht während eines längeren Temperaturintervalls bestehen, er hat aber nicht nachgewiesen, dass überhaupt keine mehr als zweiatomigen Molekeln existiren können.

Die Untersuchungen über die sich durchaus analog verhaltende Essigsäure lassen die Annahme als ausserordentlich wahrscheinlich erscheinen, dass die Schwefelmolekeln bei niederer Temperatur aus einer sehr wechselnden Anzahl Atomen bestehen, die bis 7, 8 oder vielleicht 9 steigen können. In diesem Sinne sind auch die Einwendungen von W. Ramsay und W. Ostwald (s. S. 261 und 262) gegen die Schlussfolgerungen von Biltz zu verstehen.

Ergebnisse der Gasvolumgewichtsbestimmungen.

Die Zahl der Stoffe, deren Gasvolumgewicht bestimmt worden ist, ist eine ausserordentlich grosse: fast alle Stoffe, welche bei erreichbaren Temperaturen in Dampfform übergeführt werden konnten, sind auf ihr Gasvolumgewicht geprüft worden. Hier sollen nur diejenigen angeführt werden, welche ein besonderes Interesse beanspruchen.

Damit man aus dem Gasvolumgewicht eines Stoffes einen Schluss auf das Molekulargewicht ziehen kann, ist es nicht erforderlich, dass das erstere ganz genau bestimmt ist; vielmehr genügt in vielen Fällen

[1]) Compt. rend. 1866, *63*, 18; Annal. Chem. Pharm. 1867, *141*, 45.

ein Näherungswerth desselben. Denn bevor man das Gasvolumgewicht eines Stoffes bestimmt, hat man stets die chemische Analyse desselben auszuführen, welche zur einfachsten Formel des Stoffes führt. Die Gasvolumgewichtsbestimmung hat dann nur die Frage zu beantworten, ob diese einfachste Formel oder ein Vielfaches derselben die wahre Molekularformel darstellt. Die dabei in Frage kommenden Werthe des Molekulargewichts oder des Gasvolumgewichts sind aber meist so weit von einander entfernt, dass selbst angenäherte Werthe eine sichere Entscheidung zulassen. Die Analyse habe z. B. zu der einfachsten Formel $C_4 H_{10} O$ geführt; das Molekulargewicht des Stoffes ist daher 74 . n, also 74 oder 2 . 74 = 148 oder 3 . 74 = 222 u. s. f. und das Gasvolumgewicht 37 . n, also 37 oder 2 . 37 = 74 oder 3 . 37 = 111 u. s. w. Wird das Gasvolumgewicht nun z. B. gleich 41 gefunden, also um mehr als 10 Prozent zu hoch, so unterliegt es doch keinem Zweifel, dass das Molekulargewicht gleich 74 und nicht gleich 148 ist. Mit solchen Annäherungswerthen hat man sich denn auch thatsächlich vielfach begnügt. Ueberhaupt ist zu erwähnen, dass die Gasvolumgewichtsbestimmungen in Bezug auf Genauigkeit sich nicht annähernd mit den Methoden der chemischen Analyse messen können.

Neben dieser grundsätzlichen und allgemeinen Schwierigkeit haben sich noch andere bemerkbar gemacht, welche durch das Verhalten der einzelnen Stoffe bedingt sind. Wir haben dieselben bereits kennen gelernt: das unnormale Verhalten der Dämpfe in der Nähe des Kondensationspunkts und die Dissociation derselben. Ersteres wird dadurch umgangen, dass man den Dampf sehr hoch über seinen Siedepunkt erhitzt oder den Druck sehr stark vermindert. Die Dämpfe verschiedener Stoffe verhalten sich hierin ausserordentlich verschieden. Bei einigen ist die Abweichung des Gasvolumgewichts in der Nähe des Kondensationspunktes von dem theoretischen nur gering und verschwindet schon wenige Grade über dem Siedepunkt; bei anderen ist die Abweichung sehr gross und erstreckt sich über ein grosses Temperaturintervall. Die Bestimmung des Gasvolumgewichts bei verschiedenen Temperaturen und Drucken lehrt, wie weit man im einzelnen Falle mit der Temperaturerhöhung oder Druckverminderung zu gehen hat, um normale Werthe zu erhalten. Ueberhaupt ist es ganz allgemein nothwendig, stets mehrere Gasvolumgewichtsbestimmungen bei verschiedenen Temperaturen auszuführen, da nur solchen Gasvolumgewichten ein Molekulargewicht entspricht, welche für ein grösseres Temperaturintervall konstant sind.

Schwieriger gestaltet sich die Sachlage bei dissociirenden Stoffen. Manche derartige Körper lassen sich überhaupt nicht unzersetzt in

Dampfform überführen. Bei anderen gelingt dies durch Anwendung von vermindertem Druck und niedriger Temperatur oder durch Verdampfung in der Atmosphäre eines der Zersetzungsprodukte, in welche der Stoff unter gewöhnlichen Umständen zerfällt. So gelang es z. B. A. Wurtz, das Gasvolumgewicht des Phosphorpentachlorids in einer Atmosphäre von Phosphortrichlorid zu bestimmen (S. 294).

Von besonderem Interesse sind die Gasvolumgewichte der Elemente, da sie Aufschluss über die Anzahl der Atome in der Molekel geben, über welche a priori nichts angegeben werden kann; selbst die chemische Analogie lässt hier sehr häufig im Stich, wie zuerst Dumas erfahren musste, der für analoge Elemente eine gleiche Zusammensetzung der Elementarmolekeln annahm, sich aber bald von der Unhaltbarkeit dieser Annahme überzeugte.

Die Gasvolumgewichte und Molekulargewichte einiger Elemente sind bereits im Kapitel „Dissociationserscheinungen" mitgetheilt worden; es sind dies Chlor, Brom, Jod, Schwefel, Selen, Tellur, Phosphor und Arsen. Die übrigen mögen hier folgen, soweit sie untersucht sind.

Wasserstoff und Sauerstoff. Das Verhältniss der Gasvolumgewichte von Wasserstoff und Sauerstoff, welches gleich demjenigen der Atomgewichte dieser Elemente ist, wurde sehr vielfach untersucht. Die Ergebnisse sind S. 64 zusammengestellt. Hinzugefügt möge werden, dass Jolly[1]) in München das Gewicht eines Liters Sauerstoff bei 0^0 und 760 mm Barometerstand zu 1,429094 g fand, was für Paris 1,4293884 g ergibt. Das auf Luft bezogene Volumgewicht des Wasserstoffs fanden Cavendish zu 0,092, Lavoisier zu 0,0769 und Thomson zu 0,0693. V. Meyer wies in Gemeinschaft mit C. Meyer[2]) und C. Langer[3]) nach, dass selbst in den höchsten erreichbaren Temperaturen das Volumgewicht dieser Gase unverändert ist. Dieselben enthalten zwei Atome in der Molekel.

Stickstoff. Einige Bestimmungen des Volumgewichts des Stickstoffs sind bereits mitgetheilt; Regnault fand dasselbe, auf Luft bezogen, gleich 0,97137, Arago und Biot gleich 0,9691, Berzelius und Dulong gleich 0,9757 und Dumas und Boussingault gleich 0,972. Andere ältere Werthe sind: Lavoisier 0,9426, H. Davy 0,9671, Kirwan 0,985, Thomson 0,9729. Jolly[4]) bestimmte das Gewicht eines Liters Stickstoff gleich 1,2578731 g (für Paris berechnet), woraus sich das auf Luft bezogene Gasvolumgewicht gleich 0,9724

[1]) Annal. Phys. Chemie [2], 1879, *6*, 528.
[2]) Ber. deutsch. chem. Gesellschaft 1879, *12*, 1482.
[3]) Pyrochemische Untersuchungen, Braunschweig 1885.
[4]) Annal. Phys. Chemie [2], 1879, *6*, 536.

ergibt. Auch der Stickstoff wird in den höchsten Temperaturgraden nicht dissociirt[1]); seine Molekel besteht aus 2 Atomen.

Chlor, Brom und Jod. Diese drei Elemente enthalten 2 Atome in der Molekel; in hoher Temperatur werden die beiden letzteren in einatomige Molekeln zerlegt, und zwar bei den bis jetzt erreichten Temperaturen Jod vollständig, Brom nur zum Theil (s. S. 255 u. 268); das Verhalten des Chlors in hoher Temperatur ist noch nicht völlig aufgeklärt.

Schwefel, Selen und Tellur. Die Schwefelmolekel enthält bei niederen Temperaturen eine ganze Anzahl von Atomen, vielleicht 8; doch ist die Zahl derselben nicht genau festgestellt. Bei höherer Temperatur enthalten die Schwefelmolekeln nur 2 Atome, und diese Molekeln sind auch in den höchsten Temperaturen beständig (s. S. 259). Auch das Selen scheint bei niederen Temperaturen zusammengesetztere Molekeln zu bilden; über 1400^0 bestehen dieselben aus 2 Atomen (s. S. 269). Die Molekeln des Tellurs bestehen in hoher Temperatur aus 2 Atomen; bei niederer Temperatur ist das Tellur nicht untersucht worden (S. 269).

Phosphor und Arsen. Die Phosphormolekel besteht bei niederen Temperaturen aus 4 Atomen; in sehr hoher Temperatur wird sie dissociirt, doch ist noch nicht sicher ermittelt, wie viele Atome die Phosphormolekel in diesem Zustande enthält (s. S. 269). Die Molekel des Arsens besteht ebenfalls bei niederer Temperatur aus 4 Atomen und wird in hoher Temperatur dissociirt; über 1700^0 nähert sich der Werth des Gasvolumgewichts der Molekularformel As_2 (s. S. 270).

Antimon. Justus Mensching und V. Meyer[2]) fanden nach dem Gasverdrängungsverfahren das Gasvolumgewicht des Antimons bei 1436^0 zu $d_l = 12{,}31$ und 12,48, woraus man berechnet $d_h = 177{,}7$ und 180,15. Später fanden H. Biltz und V. Meyer[3]) nach derselben Methode bei 1572^0 $d_l = 10{,}743$ oder $d_h = 155{,}1$ und bei 1640^0 $d_l = 9{,}7815$ oder $d_h = 141{,}2$. Nach dem Atomgewicht des Antimons 119,6 ist das Gasvolumgewicht von $Sb_3 = 179{,}4$ und von $Sb_2 = 119{,}6$. Aus der Abnahme des Gasvolumgewichts bei steigender Temperatur ist zu schliessen, dass trotz der Uebereinstimmung des gefundenen Werthes mit der Molekularformel Sb_3 die Molekel des Antimons weniger als 3 Atome enthält; ob sie aus 2 Atomen besteht

---

[1]) V. Meyer und C. Meyer, Ber. deutsch. chem. Gesellschaft 1879, *12*, 1482; V. Meyer und C. Langer, Pyrochemische Untersuchungen, Braunschweig 1885.

[2]) Annal. Chem. Pharm. 1887, *240*, 317.

[3]) Zeitschr. physikal. Chemie 1889, *4*, 249.

oder nur aus 1, lässt sich bei den bis jetzt erreichten Temperaturen nicht entscheiden.

Quecksilber. Das Quecksilber spielt in der Geschichte der Avogadro'schen Hypothese eine bedeutende Rolle; es ist das erste Metall, welches in Folge seiner relativen Leichtflüchtigkeit bezüglich seines Gasvolumgewichts untersucht werden konnte. Bereits im Jahre 1826 fand Dumas[1]) das Gasvolumgewicht desselben $d_l = 6,98$ oder $d_h = 100,8$ bei 446°. Das Molekulargewicht des Quecksilbers ist daher $2 . 100,8 = 201,6$, und da das Atomgewicht des Quecksilbers gleich 199,8 ist, so besteht die Quecksilbermolekel aus 1 Atom. Dumas hatte aus Analogieschlüssen 2 Atome in der Quecksilbermolekel erwartet. Im Jahre 1834 fand E. Mitscherlich[2]) für Quecksilber $d_l = 7,03$ oder $d_h = 101,5$ bei 427°. Später ist das Gasvolumgewicht des Quecksilbers noch vielfach bestimmt worden. H. E. Roscoe[3]) fand folgende Werthe:

Temperatur:	1019°	894°	815°	972°	1047°
d_l :	6,92	6,75	6,91	6,77	7,05
d_h :	99,9	97,4	99,7	97,7	101,8.

L. Troost[4]) bestimmte dasselbe bei 440° und wechselndem Druck mit folgendem Ergebniss:

Temperatur	Druck mm	d_l	d_h
440°	757	6,95	100,3
	77	6,91	99,7
	71	6,94	100,2

Theoretisch ergibt sich für einatomige Molekeln $d_l = 6,92$ und $d_h = 99,9$. Die vorstehenden Bestimmungen wurden nach Dumas' Methode ausgeführt.

A. Scott[5]) erhielt nach dem Gasverdrängungsverfahren bei hoher Temperatur $d_h = 101,5$. H. Biltz[6]) fand nach demselben Verfahren bei 518° $d_l = 6,972$ und 7,104 oder $d_h = 100,6$ und 102,5. V. Meyer und C. Meyer[7]) ermittelten $d_l = 6,97$ (Temperatur nicht bestimmt), ferner bei 440° $d_l = 6,86$ und bei 1567° $d_l = 6,81$ oder

[1]) Annal. chim. phys. [2], 1826, *33*, 337.

[2]) Annal. Phys. Chemie 1833, *29*, 493; Annal. Chem. Pharm. 1834, *12*, 137.

[3]) Ber. deutsch. chem. Gesellschaft 1878, *11*, 1196.

[4]) Compt. rend. 1882, *95*, 135.

[5]) Proceed. Royal Soc. Edinb. 1887, 410.

[6]) Zeitschr. physikal. Chemie 1888, *2*, 926.

[7]) Ber. deutsch. chem. Gesellschaft 1878, *11*, 2258; 1879, *12*, 1428.

$d_h = 98{,}3$; V. Meyer und H. Züblin[1]) $d_l = 6{,}76$ bei höchster Gelbgluth und H. Biltz und V. Meyer[2]) bei 1731^0 $d_l = 7{,}006$ oder $d_h = 101{,}1$.

V. Meyer[3]) beobachtete bei der höchsten erreichbaren Temperatur $d_l = 7{,}03$ und bei 1050^0 $d_l = 6{,}62$; 6,86; 7,01; 7,03; 7,04; 7,07; 7,08; 7,13, C. Schall[4]) bei 448^0 $d_l = 6{,}55$ und 6,92 und G. Lunge und O. Neuberg[5]) bei 254^0 und stark vermindertem Druck $d_l = 6{,}8$.

Die Molekel des Quecksilbers bleibt demnach selbst in den höchsten Temperaturen unverändert, wie bei der Einatomigkeit derselben zu erwarten war. Dass auch die spezifische Wärme des Quecksilberdampfes zur Annahme der Einatomigkeit der Quecksilbermolekel führt, wurde bereits früher (S. 215) eingehend erörtert.

Kadmium. H. Sainte-Claire Deville und L. Troost[6]) fanden das Gasvolumgewicht dieses Metalls im Dampfe des siedenden Zinks (1040^0) $d_l = 3{,}94$ oder $d_h = 56{,}9$; sein Molekulargewicht ist demnach gleich 113,8. Da das Atomgewicht des Kadmiums gleich 111,7 ist, so besteht die Molekel auch dieses Metalls aus 1 Atom.

Zink. J. Mensching und V. Meyer[7]) ermittelten für dieses Metall bei 1400^0 $d_l = 2{,}36$ und 2,41 oder $d_h = 34{,}1$ und 34,8; daraus ergibt sich das Molekulargewicht des Zinks gleich 68,2 bezw. 69,6. Da das Atomgewicht des Zinks gleich 64,9 ist, so ist die Molekel desselben wie diejenige des Quecksilbers und Kadmiums einatomig.

Wismuth. Nachdem ein von J. Mensching und V. Meyer[8]) bei 1400^0 bis 1450^0 angestellter Versuch missglückt war, weil das Wismuth zu langsam verdampfte, gelang es H. Biltz und V. Meyer[9]), das Gasvolumgewicht des Wismuths bei 1640^0 zu bestimmen; sie fanden $d_l = 10{,}125$ oder $d_h = 146{,}2$. Theoretisch ergibt sich aus dem Atomgewicht des Wismuths (207,5) für die Molekel Bi_1 das Gasvolumgewicht $d_h = 103{,}75$ und für Bi_2 $d_h = 207{,}5$. Wenn auch der Werth $d_h = 103{,}75$ noch lange nicht erreicht ist, so ergibt sich doch mit Sicherheit, dass auch die Molekel des Wismuths einatomig ist.

---

1) Ber. deutsch. chem. Gesellschaft 1879, *12*, 2204.

2) Ber. deutsch. chem. Gesellschaft 1889, *22*, 725; Zeitschr. physikal. Chemie 1889, *4*, 265.

3) Ber. deutsch. chem. Gesellschaft 1880, *13*, 1010 und 1103.

4) Ber. deutsch. chem. Gesellschaft 1890, *23*, 1701.

5) Ber. deutsch. chem. Gesellschaft 1891, *24*, 729.

6) Compt. rend. 1858, *46*, 239; Annal. Chem. Pharm. 1860, *113*, 42.

7) Ber. deutsch. chem. Gesellschaft 1886, *19*, 3295.

8) Nachr. d. Königl. Gesellschaft d. Wiss. zu Göttingen 1887, 258.

9) Zeitschr. physikal. Chemie 1889, *4*, 257.

Bei 1640° folgt der Wismuthdampf noch nicht hinreichend den Gasgesetzen, es unterliegt aber keinem Zweifel, dass bei genügend hoher Temperatur der Werth $d_h = 103{,}75$ erreicht wird.

Thallium. H. Biltz und V. Meyer[1]) bestimmten das Gasvolumgewicht des Thalliums bei 1728° zu $d_l = 14{,}248$ oder $d_h = 205{,}7$. Da das Atomgewicht des Thalliums gleich 203,7 ist, so deutet das Gasvolumgewicht $d_h = 205{,}7$ auf die Molekularformel $Tl_2 = 407{,}4$ hin. Damit ist indess diese Molekularformel noch nicht bewiesen, denn der Dampf des Metalls gehorcht möglicherweise noch nicht hinreichend den Gasgesetzen; in diesem Falle würde man bei genügend hoher Temperatur zu der Molekularformel $Tl_1 = 203{,}7$ gelangen. Eine Entscheidung darüber, ob die Molekel des Thalliums Tl_2 oder Tl_1 ist, kann mit den heutigen Hilfsmitteln nicht erbracht werden.

Kalium und Natrium. Sehr häufig sind Versuche gemacht worden, das Gasvolumgewicht der Alkalimetalle zu bestimmen, sie sind aber meist gescheitert, da man keine Gefässe finden konnte, welche von denselben nicht angegriffen wurden. E. Mitscherlich[2]) und R. Rieth[3]) versuchten es mit Glasgefässen, dieselben wurden indess sehr heftig von den Metalldämpfen angegriffen. Im Jahre 1873 theilten J. Dewar und W. Dittmar[4]) die Ergebnisse ihrer Bestimmungen mit, die nach Dumas' Methode bei 1040° in einem eisernen Gefäss angestellt wurden. Sie fanden, dass das auf Wasserstoff bezogene Gasvolumgewicht des Kaliums nicht grösser als 45 sein könne. Daraus folgerten sie, dass die Kaliummolekel aus 2 Atomen bestehe: $K_2 = 78{,}06$. Später bemerkten indess J. Dewar und A. Scott[5]), dass auch das Eisen von den Alkalimetallen legirt und eine grosse Menge der Metalldämpfe absorbirt wird. Sie wandten daher Platingefässe an und fanden, dass 22,34 Liter Kaliumdampf (bei 0° und 760 mm Druck gemessen) 44,03 und 40,65 g und dasselbe Volum Natriumdampf 26,4, 25,8 und 24,9 g wogen. Hiernach hätten Kalium und Natrium einatomige Molekeln. Diese Werthe bestätigte A. Scott[6]) neuerdings, indem er das Gasvolumgewicht des Kaliums $d_h = 37{,}7$ und des Natriums $d_h = 25{,}5$ fand.

---

[1]) Zeitschr. physikal. Chemie 1889, *4*, 264.

[2]) Annal. Phys. Chemie 1833, *29*, 493; Annal. Chem. Pharm. 1834, *12*, 137.

[3]) Ber. deutsch. chem. Gesellschaft 1871, *4*, 807.

[4]) Chem. News 1873, *27*, 121; Proceed. Royal Soc. London 1873, *21*, 203; Phil. Mag. [4], 1873, *45*, 384.

[5]) Proceed. Royal Soc. London 1879, *29*, 490; Chem. News 1879, *40*, 239.

[6]) Proceed. Royal Soc. Edinb. 1887, 410.

Versuche von V. Meyer[1]) zeigten dagegen, dass auch in Platingefässen das Gasvolumgewicht der Alkalimetalle nicht bestimmt werden kann. Schon Dewar und Scott bemerkten, dass die Platingefässe nach zwei bis drei Versuchen vollständig korrodirt, d. h. legirt waren. V. Meyer erhielt überhaupt keine Gasverdrängung, als er die Alkalimetalle in Gefässen von Platin und versilbertem Glas vergaste; die Dämpfe wurden vom Platin bezw. Silber vollkommen verschluckt. Ganz neuerdings sprachen sich noch H. Biltz und V. Meyer[2]) gegen die Ergebnisse der Scott'schen Bestimmungen aus und erklärten die Uebereinstimmung derselben mit den theoretischen Werthen für Zufall. Die Molekulargrösse der Alkalimetalle muss daher vorläufig dahingestellt bleiben.

Die Gasvolumgewichtsbestimmungen der Elemente haben somit bis jetzt folgendes ergeben: Die Molekeln von Wasserstoff, Sauerstoff und Stickstoff bestehen aus 2 Atomen und werden bei den höchsten bisher erreichten Hitzegraden nicht dissociirt. Die Halogene enthalten bei mittlerer Temperatur ebenfalls zwei Atome in der Molekel und werden bei hoher Temperatur zu einatomigen Molekeln dissociirt. Der Schwefel hat in niederer Temperatur eine sehr zusammengesetzte Molekel, welche in hoher Temperatur zweiatomig wird. In geringerem Maasse gilt dasselbe vom Selen und wahrscheinlich auch vom Tellur. Die Phosphor- und Arsenmolekeln sind anfänglich vieratomig, werden aber in höherer Temperatur dissociirt; die Antimonmolekel ist wahrscheinlich zwei- oder einatomig. Quecksilber, Zink und Kadmium haben einatomige Molekeln, wahrscheinlich auch das Wismuth und vielleicht das Thallium. In genügend hohen Hitzegraden werden voraussichtlich alle Elemente aus einatomigen Molekeln bestehen.

Von den Verbindungen interessiren namentlich die anorganischen. Mehrere Gase und Dämpfe sind bei sehr hohen Temperaturen untersucht worden. V. Meyer und C. Langer[3]) fanden, dass von zusammengesetzten Gasen nur die schweflige Säure bei 1700^0 noch garnicht und die Kohlensäure nur wenig zersetzt waren; alle übrigen zusammengesetzten Gase waren stark dissociirt.

Da das Chlor erst in höherer Temperatur das theoretische Gasvolumgewicht zeigt, untersuchte A. Halász[4]) auf Veranlassung von

---

[1]) Ber. deutsch. chem. Gesellschaft 1880, *13*, 391.

[2]) Zeitschr. physikal. Chemie 1889, *4*, 268.

[3]) Viktor Meyer und Carl Langer, Pyrochemische Untersuchungen. Braunschweig 1885, bei Vieweg u. Sohn.

[4]) Math.-naturwissenschaftl. Ber. aus Ungarn 1884, *1*, 5.

C. von Than die Salzsäure auf ihr Verhalten bei Temperaturen von 20° bis 100° mittels der Bunsen'schen Methode. Er ermittelte folgende Werthe des Gasvolumgewichts (Luft = 1).

Gasvolumgewicht:	1,26409	1,25714	1,25652
Temperatur:	17° bis 20°	50°	100°

Das theoretische Volumgewicht der Salzsäure ist $d_l = 1,2598$; dasselbe wird also schon bei niederer Temperatur erreicht.

Das Molekulargewicht der Fluorwasserstoffsäure bestimmte J. W. Mallet[1]) in einem vollkommen paraffinirten Glaskolben; er fand dasselbe bei 30° gleich 39,32. Dieser Werth entspricht der Molekularformel $H_2F_2 = 40,12$. Demnach erscheint die Molekel der Flusssäure doppelt so gross als diejenige der Salzsäure, womit auch das übrige Verhalten der Flusssäure im Einklang stände. T. E. Thorpe und F. J. Hambly[2]) klärten dieses merkwürdige Verhalten der Flusssäure später auf. Sie machten in einem Platinapparat 14 Bestimmungen des Molekulargewichts derselben bei Temperaturen von 26,4° bis 88,3° und ermittelten es bei 26,4° gleich 51,19 und bei 88,3° gleich 20,58; letzteres entspricht der Formel HF = 20,06. Die Flusssäure zeigt demnach ein ähnliches Verhalten wie die Essigsäure, indem das Gasvolumgewicht in hohem Maasse von der Temperatur abhängig ist.

Die Unterchlorsäure mit der einfachsten Formel ClO_2 ist ein Analogon der Untersalpetersäure mit der einfachsten Formel NO_2. Beide stehen mit der Werthigkeitstheorie nicht im Einklang, wenn ihnen die einfachste Formel zukommt; denn wenn die Verbindungen „gesättigte" sind, so müssen in ihnen Chlor und Stickstoff entweder zweiwerthig oder vierwerthig sein:

$$O=Cl=O \text{ und } O=N=O \text{ oder } Cl\left\langle\begin{array}{l}O\\|\\O\end{array}\right. \text{ und } N\left\langle\begin{array}{l}O\\|\\O\end{array}\right. .$$

Ist die Molekel der beiden Stoffe dagegen doppelt so gross, so kann man das Chlor einwerthig und den Stickstoff dreiwerthig annehmen:

$$Cl-O-O-O-O-Cl \text{ und } O=N-O-O-N=O \text{ oder } \left.\begin{array}{r}O\\|\\O\end{array}\right\rangle N-N\left\langle\begin{array}{l}O\\|\\O\end{array}\right. .$$

Da nun die Untersalpetersäure in niederer Temperatur wirklich zum grössten Theil aus Molekeln N_2O_4 besteht, prüften L. Pebal und G. Schacherl[3]), ob dies auch bei der Unterchlorsäure der Fall ist. Sie fanden bei 10,7° C. und 718,05 mm Druck $d_l = 2,3894$ oder $d_h =$

---

[1]) Amer. Chem. Journ. 1881, *3*, 189; Chem. News 1881, *44*, 164.

[2]) Journ. Chem. Soc. 1888, 765; 1889, 163.

[3]) Annal. Chem. Pharm. 1882, *213*, 113.

34,49. Theoretisch ist für ClO_2 $d_h = 33,65$, für Cl_2O_4 $d_h = 67,29$. Die Unterchlorsäuremolekel ist daher auch in niederer Temperatur ClO_2.

Aehnliche Betrachtungen gelten auch für das Stickoxyd NO; wenn diese Verbindung eine „gesättigte" ist, so muss in ihr der Stickstoff zweiwerthig sein. Um zu entscheiden, ob, ähnlich wie bei der Untersalpetersäure, bei niederer Temperatur doppelt so grosse Molekeln N_2O_2 bestehen, ermittelten G. Daccomo und V. Meyer[1]) das Volumgewicht dieses Gases bei — 70° C. Sie fanden dasselbe gleich 1,0372 (Luft = 1), während es theoretisch gleich 1,0381 ist; selbst bei dieser niederen Temperatur ist die Molekel des Stickoxyds NO.

Croullebois[2])stellte fest, dass dem flüssigen Phosphorwasserstoff die Formel P_2H_4 zukommt. Während das Phosphorpentachlorid leicht dissociirt wird, sind das Phosphoroxychlorid und das Phosphorsulfochlorid in Dampfform beständig. A. Cahours[3]) fand für das Oxychlorid ($POCl_3$) $d_l = 5,334$ bei 151°, 5,298 bei 215° und 5,295 bei 275°, A. Wurtz[4]) $d_l = 5,40$ und T. E. Thorpe[5]) $d_l = 7,4706$, 7,4701 und 7,4702; theoretisch ist das Gasvolumgewicht des Phosphoroxychlorids $d_l = 5,30$. Für das Phosphorsulfochlorid $PSCl_3$ ermittelte A. Cahours[3]) $d_l = 5,963$ bei 168°, 5,879 bei 244° und 5,878 bei 298°; theoretisch ist $d_l = 5,856$. Für das sogenannte Phosphordijodid fand L. Troost[6]) bei 265° und 59 bis 90 mm Druck $d_l =$ 18,0 bis 20,2, während der Molekularformel P_2J_4 $d_l = 19,68$ entspricht, und für das Phosphortrijodid $d_l = 14,32$ und 14,61, während man für die Formel PJ_3 $d_l = 14,22$ berechnet.

Das Phosphorpentasulfid ergab nach V. Meyer und C. Meyer[7]) das der Formel P_2S_5 entsprechende Gasvolumgewicht $d_l = 7,63$ und 7,67 (berechnet für P_2S_5 : $d_l = 7,683$); für das Gasvolumgewicht des Phosphorsesquisulfids P_4S_3 fand Isambert[8]) $d_l = 7,9$ (berechnet für P_4S_3: $d_l = 7,613$).

Sehr bemerkenswerth ist das Molekulargewicht der arsenigen Säure. Die einfachste Formel derselben ist $As_2O_3 = 197,68$, woraus sich das Gasvolumgewicht $d_h = 98,84$ ergeben würde. E. Mitscher-

---

[1]) Annal. Chem. Pharm. 1887, *240*, 326.

[2]) Compt. rend. 1874, *78*, 496.

[3]) Annal. chim. phys. [3], 1847, *20*, 369; Journ. prakt. Chemie 1847, *41*, 368.

[4]) Annal. chim. phys. [3], 1847, *20*, 472; Compt. rend. 1847, *24*, 288; Annal. Chem. Pharm. 1847, *64*, 245.

[5]) Chem. News 1871, *24*, 287.

[6]) Compt. rend. 1882, *95*, 293.

[7]) Ber. deutsch. chem. Gesellschaft 1879, *12*, 609.

[8]) Compt. rend. 1883, *96*, 1499.

lich[1]) bestimmte dagegen bei 571^0 $d_l = 13{,}85$ oder $d_h = 199{,}9$; die arsenige Säure hat demnach die Molekularformel $As_4 O_6 = 395{,}36$. Dieses Ergebniss wurde von V. Meyer und C. Meyer[2]) durch die Bestimmung des Gasvolumgewichts bei etwa 150^0 bestätigt. Dem Arsentrijodid kommt die Molekularformel $As J_3$ zu, denn E. Mitscherlich[1]) fand $d_l = 16{,}1$ oder $d_h = 232{,}4$ (theoretisch $d_h = 227{,}26$).

Die antimonige Säure zeigt dasselbe Verhalten wie die arsenige Säure. Ihre Molekularformel ist $Sb_4 O_6$, wie V. Meyer und C. Meyer[3]) durch Bestimmung des Gasvolumgewichts bei 1560^0 nachwiesen; sie fanden $d_h = 19{,}60$ und $19{,}98$, während man für $Sb_4 O_6$ $d_l = 19{,}888$ berechnet. Die Molekularformel des Antimontrichlorids ist $Sb Cl_3$; F. Mitscherlich[1]) fand $d_l = 7{,}8$ oder $d_h = 112{,}6$, während für $Sb Cl_3$ theoretisch $d_h = 112{,}85$ ist.

Von den Metallsalzen sind vornehmlich die durch ihre relativ leichte Verdampfbarkeit ausgezeichneten Haloidsalze auf ihre Molekulargrösse untersucht worden. Unter diesen treten die Verbindungen der Aluminiumgruppe besonders in den Vordergrund, da sie eine sehr ausgedehnte Untersuchung gefunden haben. Die zu entscheidende Frage war, ob diese Metalle dreiwerthig oder vierwerthig sind, ob den Haloidsalzen die Molekularformel $Me X_3$ oder $Me_2 X_6$ zukommt.

Das Aluminiumchlorid wurde bereits im Jahre 1857 von H. Sainte-Claire Deville und L. Troost[4]) auf sein Gasvolumgewicht untersucht; sie fanden bei 350^0 (im Dampfe des siedenden Quecksilbers) $d_l = 9{,}35$ oder $d_h = 135{,}0$ und bei 440^0 (im Dampfe des siedenden Schwefels) $d_l = 9{,}34$ oder $d_h = 134{,}8$. Theoretisch berechnet man für $Al Cl_3$ $d_h = 66{,}6$ oder $d_l = 4{,}62$, für $Al_2 Cl_6$ $d_h = 133{,}15$ oder $d_l = 9{,}24$. Nach diesen Ergebnissen war daher die Molekularformel des Aluminiumchlorids als $Al_2 Cl_6$ anzusehen.

Die nächsten Bestimmungen, welche von L. F. Nilson und O. Pettersson[5]) im Jahre 1887 angestellt wurden, hatten ein anderes Ergebniss; sie erhielten nach dem Gasverdrängungsverfahren in einer Kohlensäureatmosphäre folgende Werthe für das Gasvolumgewicht des Aluminiumchlorids.

Temperatur:	440^0	758^0	835^0	943^0	1117^0	1244^0	1260^0
Gasvolumgewicht (Luft=1):	7,789	4,802	4,542	4,557	4,269	4,247,	4,277.

Bei 440^0 vergaste das Chlorid sehr langsam; über 943^0 wurde das

[1]) Annal. Phys. Chemie 1833, *29*, 493; Annal. Chem. Pharm. 1834, *12*, 137.
[2]) Ber. deutsch. chem. Gesellschaft 1879, *12*, 1112.
[3]) Ber. deutsch. chem. Gesellschaft 1879, *12*, 1282.
[4]) Compt. rend. 1857, *45*, 821; Annal. chim. phys. [3], 1860, *58*, 257.
[5]) Zeitschr. physikal. Chemie 1887, *1*, 459.

Platingefäss von den Dämpfen angegriffen. Die Zahlen lassen keinen Zweifel, dass dem Aluminiumchlorid die Molekularformel $Al\,Cl_3$ zukommt.

Im folgenden Jahr unterzogen C. Friedel und J. M. Crafts[1]) das Aluminiumchlorid einer erneuten Untersuchung mit Hülfe der Dumas'schen Methode. Das Ergebniss war folgendes.

Temperatur Grad C.	Partialdruck des Dampfes in Atmosphären	Gasvolumgewicht (Luft = 1)	Temperatur Grad C.	Partialdruck des Dampfes in Atmosphären	Gasvolumgewicht (Luft = 1)
218,0	0,59	8,87	356,9	0,97	9,17
218,3	0,88	9,17	357,3	0,96	9,42
218,3	0,99	9,69	398,2	0,97	9,20
218,1	0,39	9,54	390	0,79	9,11
218,1	0,29	9,34	400	0,95	9,27
218,1	0,40	9,93	415	0,57	8,73
263,2	0,98	9,50	429	0,97	8,31
263,7	0,99	9,51	429	0,54	8,71
306,5	0,97	9,46	429	0,87	8,39
306,5	0,95	9,44	433	0,90	8,96
356,9	0,89	9,34			

Da für $Al_2\,Cl_6$ theoretisch $d_l = 9,24$ ist, so schlossen Friedel und Crafts in Uebereinstimmung mit Deville und Troost und im Gegensatz zu Nilson und Pettersson, dass dies die Molekularformel des Aluminiumchlorids sei.

Daraufhin sahen sich L. F. Nilson und O. Pettersson[2]) zu einer erneuten Untersuchung des Aluminiumchlorids sowohl nach dem Gasverdrängungsverfahren als nach der Dumas'schen Methode veranlasst. Ihre Ergebnisse sind in der Tabelle S. 361 zusammengestellt.

Das Aluminiumchlorid verhält sich hiernach ähnlich wie die Essigsäure; es zeigt erst bei einer den Siedepunkt weit übersteigenden Temperatur ein für ein grosses Temperaturintervall konstantes Gasvolumgewicht. Möglicherweise rührt dies daher, dass der Aluminiumchloriddampf zuerst nicht den Gasgesetzen gehorcht; wahrscheinlicher ist aber, dass in niederer Temperatur Molekeln $Al_2\,Cl_6$ bestehen, welche bei weiterer Wärmezufuhr in Molekeln $Al\,Cl_3$ zerfallen. Letzteres ist ohne Zweifel die wahre Molekularformel und das Aluminium ein dreiwerthiges Metall.

Für das Aluminiumbromid fanden H. Sainte-Claire Deville und L. Troost[3]) $d_l = 18,62$ oder $d_h = 268,8$ bei 440^0, entsprechend

---

[1]) Compt. rend. 1888, *106*, 1764.

[2]) Zeitschr. physikal. Chemie 1889, *4*, 206.

[3]) Compt. rend. 1858, *46*, 239.

Gasvolumgewicht des Aluminiumchlorids

nach dem Gasverdrängungsverfahren			nach der Methode Dumas		
Temperatur	Gasvolumgewicht	Bemerkungen	Temperatur	Gasvolumgewicht	Erhitzt im Dampfe von
440°	7,79	in Schwefeldampf und Glasgefäss	209°	9,92	Nitrobenzol
440	7,5		209	9,89	
440	7,4		250	9,65	Eugenol
518	7,20	in Phosphorpentasulfiddampf und Glasgefäss	250	9,56	
518	7,16		250	9,64	
606	5,34	in Zinnchlorürdampf u. Glasgef.	301	9,58	Diphenylamin
758	4,80	in Perrot's Ofen und Platingefäss	301	9,54	
835	4,54		301	9,53	
943	4,56		301	9,56	
1117	4,27		357	9,27	Quecksilber
1244	4,25		357	9,30	
1260	4,28		357	9,38	
etwa 1400	4,26	in Perrot's Ofen u. Porzellangef.	357	9,43	
etwa 1600	4,08		401	9,04	Antimontrijodid
			401	9,04	
			401	8,99	
			440	8,81	Schwefel
			440	8,78	

der Molekularformel Al_2Br_6 (theoretisch $d_h = 266{,}3$), für das Aluminiumjodid bei derselben Temperatur $d_l = 27{,}0$ oder $d_h = 389{,}7$, entsprechend der Molekularformel Al_2J_6 ($d_h = 406{,}66$ berechnet). Beide verhalten sich offenbar ähnlich wie das Chlorid.

Buckton und Odling[1]) zogen auch die Aluminiumalkyle zur Untersuchung heran; für das Gasvolumgewicht des Aluminiumäthyls bestimmten sie nach dem Gay-Lussac'schen Verfahren $d_l = 4{,}5$ bei 234°. Für $Al_2(C_2H_5)_6$ berechnet man $d_h = 113{,}86$ und $d_l = 7{,}708$, für $Al(C_2H_5)_3$ $d_h = 56{,}93$ und $d_l = 3{,}854$. Das Aluminiummethyl ergab folgende Werthe des Gasvolumgewichts:

Temperatur:	220°	160—163°	130°
Gasvolumgewicht (Luft = 1):	2,8	4,1—3,9	4,9.

Für $Al_2(CH_3)_6$ berechnet man $d_h = 71{,}95$ und $d_l = 4{,}984$, für $Al(CH_3)_3$ $d_h = 36{,}0$ und $d_l = 2{,}492$. Diese Werthe deuten auf die Molekularformeln $Al(C_2H_5)_3$ und $Al(CH_3)_3$ hin.

[1]) Proceed. Royal Soc. London 1865, *14*, 19; Annal. Chem. Pharm. 1865, Supplementband *4*, 109.

Demgegenüber fanden E. Louïse und L. Roux nach dem Gasverdrängungsverfahren für das Aluminiumäthyl[1]):

Temperatur:	235°	258°	310—350°
Gasvolumgewicht (Luft = 1):	8,1	6,2	2,5

und für das Aluminiummethyl[2]):

Temperatur:	182°	216°	310°	340°	440°
Gasvolumgewicht (Luft = 1)	5,1	4,75	4,6	2,4	1,8.

Aus diesen so stark unter einander abweichenden Werthen schlossen Louïse und Roux auf die Molekularformeln $Al_2(C_2H_5)_6$ und $Al_2(CH_3)_6$.

Diese Schlussfolgerung wurde bald darauf durch Friedrich Quincke[3]) widerlegt. Derselbe prüfte mittels des Gasverdrängungsverfahrens, ob bei Temperaturen nahe dem Siedepunkt der Dampf des Aluminiummethyls aus Molekeln $Al_2(CH_3)_6$ besteht. Die Versuche wurden bei 140° angestellt und ergaben $d_l = 3{,}717$ bis 4,050, im Mittel $d_l = 3{,}865$. Selbst bei dieser niederen Temperatur ist also das Gasvolumgewicht kleiner als der Formel $Al_2(CH_3)_6$ entspricht; die Gasmolekel des Aluminiummethyls ist daher $Al(CH_3)_3$.

Das Eisenchlorid ist ebenfalls wiederholt auf sein Gasvolumgewicht geprüft worden. Der Molekularformel $FeCl_3 = 161{,}91$ entspricht das Gasvolumgewicht $d_h = 80{,}95$ oder $d_l = 5{,}608$, der Molekularformel $Fe_2Cl_6 = 323{,}82$ das Gasvolumgewicht $d_h = 161{,}91$ oder $d_l = 11{,}216$. H. Sainte-Claire Deville und L. Troost[4]) fanden im Jahre 1857 nach Dumas' Verfahren bei 440° $d_l = 11{,}39$, also der Formel Fe_2Cl_6 entsprechend. Dies wurde 1879 von V. Meyer[5]) bestätigt, welcher bei 444° $d_l = 11{,}14$ und bei 619° $d_l = 11{,}01$ ermittelte. Da diese Werthe wegen des geringen Temperaturumfangs, auf welchen sich die Untersuchungen erstreckten, zweifelhaft waren, führten W. Grünewald und V. Meyer[6]) eine Reihe neuer Bestimmungen nach dem Gasverdrängungsverfahren in einer Stickstoff- und einer Chloratmosphäre aus. In der Stickstoffatmosphäre fanden sie:

Temperatur:	448°	518°	606°	750°	1077°	1036°	1300°
Gasvolumgewicht:	10,487	9,569	8,383	5,436	5,307	4,915	5,190.

---

1) Compt. rend. 1888, *106*, 73.

2) Compt. rend. 1888, *106*, 602.

3) Zeitschr. physikal. Chemie 1889, *3*, 164.

4) Compt. rend. 1857, *45*, 821; Annal. chim. phys. [3], 1860, *58*, 283; Annal. Chem. Pharm. 1858, *105*, 213.

5) Ber. deutsch. chem. Gesellschaft 1879, *12*, 1195.

6) Ber. deutsch. chem. Gesellschaft 1888, *21*, 687.

Während der Dampf bei 448° noch völlig unzersetzt war, war bei 518° $^1/_{10}$, bei 606° $^1/_8$, bei 750° $^1/_3$ des Eisenchlorids in Eisenchlorür und Chlor zerlegt, wie durch Bestimmung des Chlorürs mittels Kaliumpermanganat festgestellt wurde. Versuche in einer Chloratmosphäre ergaben $d_l = 10{,}65$ bei 448° und $d_l = 8{,}979$ und 9,484 bei 518°. Grünewald und Meyer schliessen aus diesen Ergebnissen, dass es ein grösseres Temperaturintervall, in welchem der Eisenchloriddampf aus Molekeln Fe_2Cl_6 besteht, nicht gibt, dass demnach das Eisen dreiwerthig ist.

Zu dem entgegengesetzten Ergebniss gelangten C. Friedel und J. M. Crafts[1]), welche das Gasvolumgewicht des Eisenchlorids nach dem Dumas'schen Verfahren in einer Stickstoffatmosphäre bestimmten; der Partialdruck des Dampfes betrug etwa $^3/_4$ Atmosphäre. Sie fanden bei 433° $d_l = 10{,}86$. Ueber 440° wird das Eisenchlorid in Chlor und Eisenchlorür zerlegt, welch' letzteres sich in Krystallen an der Gefässwand absetzt, da es bei dieser Temperatur nicht flüchtig ist; beim Abkühlen wird das Eisenchlorid nicht zurückgebildet. In einer Chloratmosphäre, in welcher der Chloriddampf nur einen geringen Partialdruck hatte, ergab sich zwischen 321° und 442° das Gasvolumgewicht des Eisenchlorids annähernd konstant und nahe gleich dem der Formel Fe_2Cl_6 entsprechenden Werth.

A. Scott[2]) gibt das Gasvolumgewicht des Eisenchlorids $d_h = 81{,}5$ an, und H. Biltz[3]) fand in einer Chloratmosphäre $d_l = 9{,}388$ bei 518°.

Für das Eisenchlorid gilt das bei dem Aluminiumchlorid Gesagte: sein Dampf verhält sich demjenigen der Essigsäure ähnlich, d. h. es bestehen bei niederer Temperatur zusammengesetztere Molekeln, welche bei höherer Temperatur in Molekeln $FeCl_3$ zerfallen; letzteres ist die wahre Molekel des Eisenchlorids.

Auch für das Galliumtrichlorid (Siedepunkt 215° bis 220°) ist die Frage entschieden worden, ob ihm die Molekularformel $GaCl_3$ oder Ga_2Cl_6 zukommt. Der Formel $GaCl_3 = 176{,}0$ entspricht das Gasvolumgewicht $d_h = 88{,}0$ oder $d_l = 6{,}096$, der Formel Ga_2Cl_6 $d_h = 176{,}0$ oder $d_l = 12{,}192$. Lecoq de Boisbaudran[4]), der Entdecker des Galliums, ermittelte nach Dumas' Verfahren:

Temperatur:	247°	273°	350°	440°
Gasvolumgewicht:	13,4	11,9	10,0	7,8.

[1]) Compt. rend. 1888, *107*, 301.

[2]) Proceed. Royal Soc. Edinb. 1887, 410; Zeitschr. physikal. Chemie 1888, *2*, 760.

[3]) Ber. deutsch. chem. Gesellschaft 1888, *21*, 2766.

[4]) Compt. rend. 1881, *93*, 329.

Er folgerte hieraus die Molekularformel Ga_2Cl_6. C. Friedel[1]) erhielt nach dem Gasverdrängungsverfahren bei 350° $d_l = 8,5$ und bei 440° $d_l = 6,6$, was auf die Formel $GaCl_3$ hindeutet. Später bestimmten C. Friedel und J. M. Crafts[2]) das Gasvolumgewicht des Galliumtrichlorids nach Dumas' Verfahren; dasselbe sank von $d_l = 10,6$ bei 307° auf $d_l = 7,8$ bei 440° und war von 237° bis 273° annähernd konstant und nahe gleich dem Werthe 12,2, welcher der Formel Ga_2Cl_6 zukommt. Der Werth 6,1 wurde nicht beobachtet.

Das Gasvolumgewicht des Galliumtrichlorids und damit die Werthigkeit des Galliums wurden von L. F. Nilson und O. Pettersson[3]) endgültig festgestellt. Sie ermittelten nach dem Gasverdrängungsverfahren:

Temperatur:	350°	440°	606°	1000—1100°
Gasvolumgewicht:	8,846	6,118	6,144	5,185.

Die Molekularformel des Galliumtrichlorids ist demnach $GaCl_3$.

Den drei vorstehenden Metallen schliesst sich das Indium an. Kommt dem Indiumtrichlorid die Molekularformel $InCl_3 = 219,5$ zu, so ist sein Gasvolumgewicht $d_h = 109,8$ oder $d_l = 7,606$; der Formel In_2Cl_6 entspricht dagegen das Gasvolumgewicht $d_h = 219,5$ oder $d_l = 15,213$. V. Meyer und C. Meyer[4]) fanden nach dem Gasverdrängungsverfahren $d_l = 7,87$ bei 890°, H. Biltz[5]) bei beginnender Rothglut $d_l = 7,565$. L. F. Nilson und O. Pettersson[6]) erhielten nach demselben Verfahren:

Temperatur:	606°	850°	1048°	1100—1200°
Gasvolumgewicht:	8,156	7,391	6,716	6,234.

Das Indiumtrichlorid hat demnach die Molekularformel $InCl_3$.

Auch dem Chromtrichlorid kommt die einfache Formel $CrCl_3$ zu, wie aus den folgenden Bestimmungen von L. F. Nilson und O. Pettersson[7]) hervorgeht:

Temperatur:	1065°	1191°	1277°	1347°	1100—1200°	1250—1350°	1350—1400°
Gasvolumgewicht:	6,135	5,517	5,421	4,827	5,670	5,177	4,580.

---

1) Compt. rend. 1881, *93*, 329.
2) Compt. rend. 1888, *107*, 306.
3) Zeitschr. physikal. Chemie 1888, *2*, 667.
4) Ber. deutsch. chem. Gesellschaft 1879, *12*, 609.
5) Ber. deutsch. chem. Gesellschaft 1888, *21*, 2766.
6) Zeitschr. physikal. Chemie 1888, *2*, 661.
7) Zeitschr. physikal. Chemie 1888, *2*, 673.

A. Scott[1]) fand $d_h = 77,5$. Der Formel $CrCl_3 = 158,56$ entspricht das Gasvolumgewicht $d_h = 79,28$ oder $d_l = 5,492$.

Eine weitere Frage, welche durch die Gasvolumgewichtsbestimmung entschieden werden konnte, war die Werthigkeit des Zinns und des Eisens in der niederen Oxydationsstufe. Beantwortet wurden diese Fragen durch die Untersuchung des Zinnchlorürs und des Eisenchlorürs, für welche die Molekularformeln $SnCl_2$ bezw. $FeCl_2$ und Sn_2Cl_4 bezw. Fe_2Cl_4 möglich waren.

Der Formel $SnCl_2$ des Zinnchlorürs entspricht das Gasvolumgewicht $d_h = 94,05$ oder $d_l = 6,516$, der Formel Sn_2Cl_4 $d_h = 188,09$ oder $d_l = 13,032$. V. Meyer und C. Meyer[2]) fanden bei 619° $d_l = 12,85$ und bei 697° $d_l = 13,08$; sie schlossen daraus, dass dem Zinnchlorür die Molekularformel Sn_2Cl_4 zukomme. Indess schon Thomas Carnelley[3]) machte darauf aufmerksam, dass die Temperaturen, bei welchen die Gasvolumgewichtsbestimmungen ausgeführt wurden, zu nahe bei dem Siedepunkte des Zinnchlorürs (617° bis 628°) liegen, und dass daher aus diesen Werthen kein Schluss auf das Molekulargewicht gemacht werden könne. In der That ermittelten V. Meyer und H. Züblin[4]) bald darauf folgende Werthe für das Gasvolumgewicht des Zinnchlorürs:

Temperatur:	800°	880°	970°	höchste Gelbglut
Gasvolumgewicht:	7,22	6,67	6,23	5,43.

Da, wie sich herausstellte, die Temperaturen bei dieser Versuchsreihe falsch bestimmt waren, nahmen H. Biltz und V. Meyer[5]) später die Untersuchungen über das Gasvolumgewicht des Zinnchlorürs bei niederer Temperatur wieder auf. Der Siedepunkt desselben wurde zu 606° bestimmt. Das Ergebniss der Versuche war folgendes:

Temperatur:	639°	678°	699°	759,6°	790,2°	1113°
Gasvolumgewicht:	8,76 und 8,34	8.57	8,49	8,26	7,7	7,08.

Der Dampf des Zinnchlorürs verhält sich demnach ähnlich wie die Essigsäure; die Molekularformel ist aber ohne Zweifel $SnCl_2$.

Für das Eisenchlorür kommen zwei Molekularformeln in Frage: $FeCl_2$ und Fe_2Cl_4; ersterer entspricht das Gasvolumgewicht $d_h = 63,31$ oder $d_l = 4,386$, letzterer $d_h = 126,62$ oder $d_l = 8,772$.

---

[1]) Proceed. Royal Soc. Edinb. 1887, 410; Zeitschr. physikal. Chemie 1888, *2*, 760.

[2]) Ber. deutsch. chem. Gesellschaft 1879, *12*, 1195.

[3]) Ber. deutsch. chem. Gesellschaft 1879, *12*, 1836.

[4]) Ber. deutsch. chem. Gesellschaft 1880, *13*, 811.

[5]) Zeitschr. physikal. Chemie 1888, *2*, 184.

V. Meyer[1]) ermittelte nach dem Gasverdrängungsverfahren in einer Chlorwasserstoffatmosphäre bei Gelbglut $d_l = 6{,}67$ und 6,38, L. F. Nilson und O. Pettersson[2]) erhielten nach demselben Verfahren $d_l = 4{,}340$ bei 1300° bis 1400° und $d_l = 4{,}292$ bei 1400° bis 1500°. Der Eisenchlorürdampf ist demnach bei niederer Temperatur in Dissociation begriffen; seine beständige Molekel ist $FeCl_2$.

Auch für die Charakterisirung des Thoriums ist die Gasvolumgewichtsbestimmung seines flüchtigen Chlorids von Bedeutung gewesen. Das gesammte Verhalten des Thoriums und seiner Verbindungen liess keinen Zweifel daran, dass dieses Element vierwerthig ist und in die Kohlenstoffgruppe gehört. Sein Atomgewicht musste deshalb gleich 232 angenommen werden, und thatsächlich fand L. F. Nilson[3]) für dieses Atomgewicht die normale Atomwärme 6,4. Das Thoriumchlorid hat demnach die Formel $ThCl_4 = 373{,}5$ und sein Gasvolumgewicht ist $d_h = 186{,}7$ oder $d_l = 12{,}93$. Als indess L. Troost[4]) das Gasvolumgewicht des Thoriumchlorids bestimmte, fand er in drei Versuchen $d_l = 5{,}90$, 7,01 und 7,49. Er schloss daraus, dass das Thorium zweiwerthig und sein Atomgewicht gleich 116 sei; dem Thoriumchlorid aber komme die Molekularformel $ThCl_2 = 186{,}7$ zu, welcher das Gasvolumgewicht $d_l = 6{,}46$ entspricht.

G. Krüss und L. F. Nilson[5]) fanden dies nicht bestätigt. Sie ermittelten folgende Werthe des Gasvolumgewichts des Thoriumchlorids:

Temperatur:	1057°	1102°	1140°	1270°	etwa 1400°
Gasvolumgewicht:	12,424	12,418	11,556	11,232	9,835

Die Vierwerthigkeit des Thoriums und die Molekularformel $ThCl_4$ des Thoriumchlorids waren damit bewiesen.

Im Folgenden möge noch eine Reihe von Gasvolumgewichten anorganischer Metallverbindungen aufgeführt werden, welche zu weiteren Auseinandersetzungen keine Veranlassung boten. Die erste Spalte enthält die Namen der Stoffe, die zweite das beobachtete Gasvolumgewicht (auf Wasserstoff als Einheit umgerechnet), die dritte das mit Hülfe der Atomgewichte berichtigte Gasvolumgewicht (ebenfalls auf Wasserstoff = 1 bezogen), die vierte die dem beobachteten Gasvolumgewicht entsprechende Molekularformel und die fünfte die Namen der Beobachter. (In der Tabelle sind die Litteraturangaben fortlaufend nummerirt.)

[1]) Ber. deutsch. chem. Gesellschaft 1884, *17*, 1335.
[2]) Zeitschr. physikal. Chemie 1888, *2*, 672.
[3]) Ber. deutsch. chem. Gesellschaft 1883, *16*, 153.
[4]) Compt. rend. 1885, *101*, 360.
[5]) Zeitschr. physikal. Chemie 1887, *1*, 301.

Stoffe	Temperatur	Gasvolumgewicht (Wasserstoff = 1) beob-achtet	be-rechnet	Molekular-formel	Beobachter
Jodkalium	—	84,9	82,78	KJ	J. Dewar u. A. Scott[1])
	—	91,5			J. Dewar u. A. Scott[2])
	über 1300°	84,45			J. Mensching und V. Meyer[3])
	—	92,05			A. Scott[4])
Rubidiumchlorid	—	77,5	60,29	RbCl	J. Dewar u. A. Scott[2])
	—	69,7			A. Scott[4])
Rubidiumjodid	—	110,8	105,87	RbJ	A. Scott[4])
Cäsiumchlorid	—	89,6	84,04	CsCl	A. Scott[4])
Cäsiumjodid	—	133,5	129,62	CsJ	A. Scott[4])
Chlorsilber	—	80,4	71,52	AgCl	A. Scott[4]); H. Biltz und V. Meyer[5])
	1735,5°	82,25			
Jodsilber	—	214,0(?)	234,2(?)	Ag_2J_2(?)	J. Dewar u. A. Scott[2])
Thalliumchlorid	828°	119,5	119,54	TlCl	H. E. Roscoe[6])
	837°	113,2			
	849°	107,25			
	852°	124,1			
	859°	117,65			
	1015°	116,35			
	1026°	126,3			
Indiummonochlorid	1100°—1150°	76,45	74,39	InCl	L. F. Nilson und O. Pettersson[7])
	1200°—1300°	77,62			
	1300°—1400°	79,88			
Chlorblei	1046°	131,65	138,57	$PbCl_2$	H. E. Roscoe[6])
	1070°	139,15			
	1077°	137,3			
	1089°	140,3			
	—	119,5			J. Dewar u. A. Scott[2])
	—	131,4			A. Scott[4])
Manganchlorür	—	67,5	62,77	$MnCl_2$	J. Dewar u. A. Scott[2])
	—	66,2			A. Scott[4])
Kadmiumbromid	923°	133,1	135,61	$CdBr_2$	V. Meyer und C. Meyer[8])
	914°	134,0			
	—	121,1			A. Scott[4])

[1]) Proceed. Royal Soc. London 1879, *29*, 490.
[2]) Annal. Phys. Chemie [2]. Beibl. 1883, 7, 149.
[3]) Zeitschr. physikal. Chemie 1887, *1*, 157.
[4]) Proceed. Royal Soc. Edinb. 1887, 410.
[5]) Zeitschr. physikal. Chemie 1889, *4*, 249.
[6]) Ber. deutsch. chem. Gesellschaft 1878, *11*, 1196.
[7]) Zeitschr. physikal. Chemie 1888, *2*, 657.
[8]) Ber. deutsch. chem. Gesellschaft 1879, *12*, 1282.

Stoffe	Temperatur	Gasvolumgewicht (Wasserstoff = 1) beob- achtet	be- rechnet	Molekular- formel	Beobachter
Zinkchlorid	890°	65,4	67,8	$ZnCl_2$	V. Meyer und C. Meyer[9])
	907°	66,5			
Platinchlorür	—	125,5	132,52	$PtCl_2$	J. Dewar u. A. Scott[2])
Quecksilberchlorid	—	141,5	135,27	$HgCl_2$	E. Mitscherlich[10])
	—	139,1			R. Rieth[11])
	—	137,9			V. Meyer[12])
	440°	135,4			L. Troost[13])
	440°	137,3			
	665°	135,3			
Quecksilberbromid	—	175,5	179,66	$HgBr_2$	E. Mitscherlich[10])
Chlorberyllium	686° bis über 800°	41,18 bis 40,32	39,91	$BeCl_2$	L. F. Nilson und O. Pettersson[14])
	—	39,32			T. S. Humpridge[15])
Bromberyllium	—	91,46	84,27	$BeBr_2$	T. S. Humpridge[15])
Indiumdichlorid	958°	110,8	92,07	$InCl_2$	L. F. Nilson und O. Pettersson[7])
	1167°	94,48			
	1300°—1400°	92,89			
Galliumdichlorid	1000°—1100°	69,62	70,32	$GaCl_2$	L. F. Nilson und O. Pettersson[7])
	1300°—1400°	51,50			
Chromdichlorid	1300°—1400°	112,6	61,60	$CrCl_2$	L. F. Nilson und O. Pettersson[7])
	1400°—1500°	105,1			
	1500°—1600°	89,84			
Germaniummono-sulfid	etwa 1100°	51,10	52,15	GeS	L. F. Nilson und O. Pettersson[16])
	etwa 1500°	44,61			
Kupferchlorür	1560°	100,0	98,55	Cu_2Cl_2	V. Meyer u. C. Meyer[8])
	1691,5°	95,33			H. Biltz u. V. Meyer[5])
	etwa 1700°	92,98			
Zirkoniumchlorid	440°	117,65	115,94	$ZrCl_4$	H. Sainte-Claire Deville u. L. Troost[17])
Germaniumtetra-chlorid	301,5°	107,25	106,9	$GeCl_4$	L. F. Nilson und O. Pettersson[16])
	301,5°	107,7			
	739°	107,4			

[9]) Ber. deutsch. chem. Gesellschaft 1879, *12*, 1195.

[10]) Annal. Phys. Chemie 1833, *29*, 493; Annal. Chem. Pharm. 1834, *12*, 137.

[11]) Ber. deutsch. chem. Gesellschaft 1870, *3*, 666.

[12]) Ber. deutsch. chem. Gesellschaft 1880, *13*, 401.

[13]) Compt. rend. 1882, *95*, 30 und 135.

[14]) Ber. deutsch. chem. Gesellschaft 1884, *17*, 987.

[15]) Proceed. Royal Soc. London 1885, *38*, 188; Chem. News 1885, *51*, 121.

[16]) Zeitschr. physikal. Chemie 1887, *1*, 27.

[17]) Compt. rend. 1857, *45*, 821; Annal. Chem. Pharm. 1858, *105*, 213.

Stoffe	Temperatur	Gasvolumgewicht (Wasserstoff = 1) beob-achtet	be-rechnet	Molekular-formel	Beobachter
Germaniumtetra-jodid	440°	295,35	289,22	GeJ_4	L. F. Nilson und O. Pettersson[16])
	658°	248,7			
Urantetrachlorid	—	191,1	190,64	UCl_4	Cl. Zimmermann[18])
	—	192,1			
	—	192,85			
	—	193,4			
Urantetrabromid	—	279,0	279,42	UBr_4	Cl. Zimmermann[18])
	—	279,2			
	—	280,6			
	—	281,5			
	—	282,6			
	—	282,6			

[18]) Ber. deutsch. chem. Gesellschaft 1881, *14*, 1934.

Bestimmung des Molekulargewichts im Zustande der verdünnten Lösung.

Bereits in der Einleitung zu den physikalischen Methoden der Molekulargewichtsbestimmung (S. 36) wurde auseinandergesetzt, dass nur diejenigen Eigenschaften chemischer Körper zur Ermittelung des Molekulargewichts dienen können, welche W. Ostwald[1]) nach einem Vorschlag von W. Wundt als „kolligative" bezeichnet hat. Es sind dies diejenigen Eigenschaften, welche, unabhängig von der chemischen Zusammensetzung und Konstitution der Körper, für die kleinsten im freien Zustande existenzfähigen Mengen aller Stoffe den gleichen Werth haben. Die am längsten bekannte kolligative Eigenschaft, das Volumen im Gaszustand, sowie die hierauf sich gründenden Methoden der Molekulargewichtsbestimmung haben wir in dem vorhergehenden Theil kennen gelernt. Wir gelangen nunmehr zu einer Reihe weiterer kolligativer Eigenschaften, welche allen Substanzen im Zustand der verdünnten Lösung zukommen. Der Zustand der Substanzen in einer verdünnten Lösung zeigt mit dem Gaszustande insofern eine augenfällige Analogie, als in beiden die Molekeln im Vergleich mit den flüssigen und festen Substanzen weit von einander getrennt sind; ein Unterschied besteht indess darin, dass die Molekeln des gelösten Stoffes durch diejenigen eines anderen, nämlich des Lösungsmittels, getrennt sind, was bei den Gasen nicht der Fall ist.

Von den kolligativen Eigenschaften der verdünnten Lösungen sind besonders drei zu Molekulargewichtsbestimmungen angewandt worden: die Gefrierpunktserniedrigung, die Dampfdruckverminderung und der osmotische Druck. Die beiden ersten kolligativen Eigenschaften bedürfen einer näheren Erklärung nicht; dagegen dürften für den osmotischen Druck einige erläuternde Bemerkungen hier am Platze sein. Als osmotischer Druck wird der Ueberdruck bezeichnet, welcher in Erscheinung tritt, wenn eine Lösung von dem reinen Lösungsmittel durch eine Wand ge-

[1]) Ostwald, Lehrbuch der allgemeinen Chemie, 1891, 2. Auflage, Band *1*, 1122; Ostwald, Grundriss der allgemeinen Chemie. 1889, S. 57 und 188. Beide bei Wilh. Engelmann, Leipzig.

trennt ist, welche wohl für das Lösungsmittel, nicht aber für die gelöste Substanz durchlässig ist; solche Wände werden als semipermeabel oder halbdurchlässig bezeichnet. Wie später gezeigt werden wird, kommen derartige halbdurchlässige Wände an lebenden Zellen vor und können auch künstlich dargestellt werden.

Die Möglichkeit der Bestimmung des Molekulargewichts gelöster Stoffe aus der Gefrierpunktserniedrigung sowie der Dampfdruckverminderung, welche das Lösungsmittel durch den Zusatz löslicher Stofte erfährt, war von F. M. Raoult schon zu einer Zeit empirisch erkannt worden, wo es noch einer grundlegenden Theorie für das Verhalten verdünnter Lösungen ermangelte. Darin ist auch der Grund zu suchen, dass die Entdeckungen Raoult's anfangs nur geringe Beachtung fanden, obwohl sie von der weittragendsten Bedeutung waren. Denn die Möglichkeit, die Molekulargewichte gelöster Stoffe zu bestimmen, ist ohne Zweifel als eine ausserordentliche Bereicherung der Methoden der experimentellen Chemie anzusehen. Bisher konnte man das Molekulargewicht nur solcher Stoffe bestimmen, welche unzersetzt in den Gaszustand übergingen. Da nun viele organische Substanzen sich vor dem Vergasen zersetzen und viele Mineralstoffe bei den höchsten Temperaturen, bei welchen noch eine Gasvolumgewichtsbestimmung möglich ist, gar nicht oder nur wenig flüchtig sind, so war die Möglichkeit der Bestimmung der Molekulargrösse für eine ganze Anzahl von Substanzen ausgeschlossen. Durch die Entdeckungen Raoult's wurde das Feld der Molekulargewichtsbestimmung ausserordentlich erweitert, denn Lösungsmittel lassen sich für die meisten Substanzen finden.

Die Nichtachtung der Entdeckungen Raoult's von Seiten der Chemiker wich sogleich einem ungewöhnlichen Interesse, als durch eine umfassende Theorie der Lösungen für die empirischen Beobachtungen Raoult's dieselbe Berechtigung zur Molekulargewichtsbestimmung nachgewiesen wurde wie für die klassische Methode der Gasvolumgewichte. Das Verdienst, eine Theorie der Lösungen von umfassender Bedeutung geschaffen zu haben, welche schon jetzt Hervorragendes geleistet hat, deren Tragweite aber noch gar nicht abzusehen ist, gebührt J. H. van'tHoff[1]), welcher die weitgehende Analogie zwischen den verdünnten Lösungen und den Gasen unwiderleglich nachwies.

Die Darlegungen van'tHoff's gehen von der Thatsache aus, dass der Mechanismus, welcher bei den Gasen die Spannkraft oder den Druck und bei den Lösungen den osmotischen Druck veranlasst, im Wesentlichen der gleiche ist. Denn der Druck der Gase wird nach

[1]) J. H. van'tHoff, Die Rolle des osmotischen Druckes in der Analogie zwischen Lösungen und Gasen. Zeitschr. physikal. Chemie 1887, *1*, 481.

der kinetischen Anschauung durch die Stösse der Gasmolekeln an die Gefässwandungen und der osmotische Druck der Lösungen durch die Stösse der Molekeln des gelösten Körpers an die halbdurchlässige Wand verursacht, da bei letzteren die beiderseits vorhandenen Molekeln des Lösungsmittels nicht in Betracht kommen, weil sie durch die Wand hindurchgehen.

Aus der kinetischen Natur des osmotischen Drucks folgt ohne Weiteres die Gültigkeit des Boyle'schen Gasgesetzes für verdünnte Lösungen. Nach dem Boyle'schen Gesetze ist bei gleich bleibender Temperatur der Druck der Gase dem Volumen umgekehrt proportional; das Gesetz kann auch in der Form ausgesprochen werden, dass der Druck der Anzahl der Molekeln in der Raumeinheit proportional ist. Die Ableitung dieses Gesetzes aus der kinetischen Gastheorie wurde S. 183 angedeutet. In ganz gleicher Weise führt die kinetische Anschauung des osmotischen Drucks zu dem Boyle'schen Gesetze für verdünnte Lösungen, welches lautet: Der osmotische Druck einer Lösung ist der Konzentration derselben proportional.

Eine experimentelle Bestätigung findet das Boyle'sche Gesetz für verdünnte Lösungen in den osmotischen Versuchen von W. Pfeffer[1]). Derselbe bediente sich einer halbdurchlässigen Wand aus Ferrocyankupfer und bestimmte den osmotischen Druck einer Anzahl wässeriger Lösungen in verschiedenen Konzentrationen und bei verschiedenen Temperaturen; die Versuche Pfeffer's, welche im pflanzenphysiologischen Interesse angestellt wurden, werden uns später noch näher beschäftigen. Hier seien die Ergebnisse mitgetheilt, welche er mit Rohrzuckerlösungen von verschiedener Konzentration erhielt. Bedeutet c die Konzentration der Zuckerlösung in Prozenten und p den osmotischen Druck, so muss $\frac{p}{c}$ bei gleichbleibender Temperatur konstant sein.

c Prozent	p mm	$\frac{p}{c}$
1	535	535
2	1016	508
2,74	1518	554
4	2082	521
6	3075	513

Das Verhältniss in der letzten Spalte ist annähernd konstant; weitere Bestätigungen des Boyle'schen Gesetzes, welche auf physiologischem Wege gewonnen wurden, werden wir später kennen lernen.

Wie van 't Hoff weiter nachwies, hat auch das Gay-Lussac-sche Gesetz für verdünnte Lösungen Gültigkeit. Das Gay-

[1]) W. Pfeffer, Osmotische Untersuchungen. Leipzig 1877, S. 114 und 115.

Lussac'sche Gesetz hat bekanntlich folgende Form: Ist v_0 das Gasvolum bei 0^0, v bei t^0, und bleibt der Druck unverändert, so ist:

$$v = v_0 (1 + \alpha t) \text{ oder}$$

$$v = v_0 \left(\frac{1}{\alpha} + t\right) \alpha \cdot$$

$\frac{1}{\alpha} + t$ ist aber die absolute Temperatur T, da $\frac{1}{\alpha} = \frac{1}{0{,}00367} = 273$ ist. Es ist also:

$$v = v_0 \cdot \alpha \cdot T.$$

Ist ferner v_1 das Volumen des Gases bei demselben Druck, aber bei der absoluten Temperatur T_1, so ist

$$v_1 = v_0 \cdot \alpha \cdot T_1.$$

Daher ist $v : v_1 = T : T_1$, d. h. das Volumen der Gase ist bei gleich bleibendem Druck der absoluten Temperatur proportional. Lässt man dagegen bei der Temperatursteigerung nicht das Volumen wachsen und den Druck gleich bleiben, sondern hält das Volumen konstant und lässt den Druck wachsen, so ist der Druck der absoluten Temperatur proportional, wenn das Volumen unverändert bleibt. α bedeutet in diesem Falle nicht den Ausdehnungskoëffizienten, sondern den Spannungskoëffizienten; bei „idealen" Gasen sind beide gleich.

Ein vollkommen analoges Gesetz wies van 't Hoff für verdünnte Lösungen nach. Der Beweis, den er auf thermodynamischem Wege führte, kann hier nur angedeutet werden. Er führte mit Hilfe eines Kolbens und eines Cylinders mit halbdurchlässiger Wand einen Kreisprozess aus und wandte auf letzteren den zweiten Hauptsatz der Wärmelehre an. Das Ergebniss war folgendes Gesetz: Der osmotische Druck verdünnter Lösungen ist der absoluten Temperatur proportional, wenn das Volumen der Lösung oder die Konzentration unverändert bleibt.

Auch das Gay-Lussac'sche Gesetz für verdünnte Lösungen findet in Pfeffer's[1]) osmotischen Untersuchungen eine experimentelle Bestätigung. Sind p und p_1 die osmotischen Drucke bei den Temperaturen t und t_1, so muss $p : p_1 = (273 + t) : (273 + t_1)$ sein.

Art der Lösung	t	t_1	p mm	p_1 beobachtet mm	p_1 berechnet mm
Rohrzuckerlösung	32^0	$14{,}15^0$	544	510	512
desgl.	36^0	$15{,}5^0$	567	520,5	529
Natriumtartratlösung	$36{,}6^0$	$13{,}3^0$	1564	1431,6	1443
desgl.	$37{,}3^0$	$13{,}3^0$	983	908	907

[1]) Osmotische Untersuchungen S. 114 und 115.

J. H. van 'tHoff führte ferner Versuche von Ch. Soret[1]) an, welche ebenfalls das theoretisch abgeleitete Gesetz bestätigen. Soret brachte Salzlösungen in ein vertikal stehendes langes Rohr, erwärmte den oberen Theil auf konstante Temperatur und kühlte den unteren Theil auf konstante Temperatur ab; der Salzgehalt des warmen und des kalten Theiles wurde sodann bestimmt. Die Versuche ergaben, dass in allen Fällen der wärmere Theil der Lösung weniger Salz enthielt als der kältere, gerade wie bei den Gasen der wärmste Theil der verdünnteste ist. Die späteren Ergebnisse Soret's stimmen auch quantitativ mit der van 'tHoff'schen Theorie überein. Wenn der osmotische Druck der Konzentration und der absoluten Temperatur proportional ist, so tritt in den verschieden warmen Theilen der Flüssigkeitssäule Gleichheit des osmotischen Drucks ein, wenn das Produkt aus Konzentration und absoluter Temperatur in beiden Schichten gleich ist: $c\,(273 + t) = c_1\,(273 + t_1)$. Daraus ergiebt sich $c_1 = c\,\frac{273 + t}{273 + t_1}$. In der folgenden Tabelle sind zwei derartige Versuche mit Kupfersulfat aufgeführt.

t	c	t_1	c_1 beobachtet	c_1 berechnet
	Prozent		Prozent	Prozent
20°	17,332	80°	14,03	14,4
20°	29,867	80°	23,871	24,8

Auch für das Gay-Lussac'sche Gesetz in verdünnten Lösungen werden wir später Bestätigungen kennen lernen, welche aus physiologischen Versuchen gewonnen wurden.

Erkennt man schon aus der Gültigkeit des Gay-Lussac-Boyle'schen Gesetzes die weitgehende Analogie zwischen den Gasen und verdünnten Lösungen, so tritt dieselbe noch mehr in den Vordergrund durch den von J. H. van 'tHoff erbrachten Nachweis, dass auch das Avogadro-sche Gesetz in verdünnten Lösungen statthat. Auch dieser Beweis wurde durch Vollziehung eines umkehrbaren Kreisprozesses bei konstanter Temperatur und durch Anwendung des zweiten thermodynamischen Hauptsatzes geführt, nach welchem in diesem Falle keine äussere Arbeit in Wärme und keine Wärme in äussere Arbeit übergeführt wird und somit die Summe sämmtlicher Arbeitsleistungen gleich Null ist. Das Ergebniss der van 't Hoff'schen Rechnung war das folgende: Gleiche Volume von Lösungen, deren osmotischer Druck gleich gross ist, enthalten bei gleicher Temperatur eine gleiche Anzahl Molekeln des gelösten Stoffes, und zwar

[1]) Arch. sciences phys. et nat. [3], 1879, *2*, 48; Annal. chim. phys. [5], 1881, *22*, 293.

gerade so viele Molekeln, wie ein gleich grosses Gasvolum von gleicher Temperatur, dessen Spannkraft gleich dem osmotischen Druck der Lösungen ist.

Auch das Avogadro'sche Gesetz für verdünnte Lösungen, welches zunächst für gelöste Gase, welche dem Henry'schen Gesetze folgen, abgeleitet, dann aber auf alle Lösungen übertragen wurde, wird durch die osmotischen Versuche Pfeffer's bestätigt. Pfeffer bestimmte u. a. mit Hilfe seiner halbdurchlässigen Membran aus Ferrocyankupfer den osmotischen Druck einer 1prozentigen Rohrzuckerlösung bei verschiedenen Temperaturen. Berechnet man nun den Druck eines Gases, welches im gleichen Volum ebenso viele Molekeln enthält wie die 1prozentige Rohrzuckerlösung, für die Temperaturen der Pfeffer'schen Versuche, so muss der berechnete Druck des Gases bei denselben Temperaturen gleich dem osmotischen Druck der Zuckerlösung sein, wenn das Avogadro'sche Gesetz auch für Lösungen Gültigkeit hat. Die Rechnung ist sehr einfach auszuführen; wir wählen als Gas den Wasserstoff. Die 1prozentige Zuckerlösung Pfeffer's wurde durch Lösen von 1 g Rohrzucker in 100 g Wasser erhalten; 1 g Zucker ist demnach in 100,6 ccm Lösung enthalten. Nun wiegt 1 Gramm-Molekel Rohrzucker $C_{12}H_{22}O_{11} = 341,2$ g, 1 g Zucker ist daher gleich $\frac{1}{341,2}$ Gramm-Molekel. Da 1 Gramm-Molekel Wasserstoff 2 g wiegt, so wiegt $\frac{1}{341,2}$ Gramm-Molekel Wasserstoff $\frac{2}{341,2} = 0,00586$ g. Das Wasserstoffvolumen, welches eine gleiche Anzahl Molekeln enthält, wie die 1prozentige Zuckerlösung, muss daher in 100,6 ccm 0,00586 g oder im Liter 0,05827 g Wasserstoff enthalten. Nun nehmen bei 0^0 und 760 mm Druck 0,08988 g Wasserstoff genau 1 Liter ein (s. S. 64); daraus lässt sich der Druck, unter dem 0,05827 g Wasserstoff bei 0^0 genau 1 Liter einnehmen, leicht berechnen, da bei gleich bleibendem Volum der Druck dem Gewicht proportional ist. Es ergibt sich, dass 0,05827 g Wasserstoff bei 0^0 unter einem Druck von 492,7 mm 1 Liter einnehmen; bei t^0 ist daher der Druck, nach dem Gay-Lussac'schen Gesetz berechnet, gleich 492,7 $(1 + 0,00367\ t)$ mm.

Setzt man hierin für t die Temperaturen der Pfeffer'schen Versuche, so muss der berechnete Druck gleich dem beobachteten osmotischen Druck der Zuckerlösung bei diesen Temperaturen sein.

Die folgende Tabelle enthält die Resultate der Rechnung; die erste Spalte enthält die Temperatur, die zweite den beobachteten osmotischen Druck der Zuckerlösung und die dritte den nach der oben abgeleiteten Formel 492,7 $(1 + 0,00367\ t)$ berechneten Gasdruck.

Temperatur	Beobachteter osmotischer Druck mm	Berechneter Gasdruck mm
6,8°	504,6	505,0
13,7°	525,2	517,5
14,2°	510,0	518,4
15,5°	519,8	520,7
22,0°	548,0	532,5
32,0°	544,2	550,5
36,0°	567,0	557,8

Berücksichtigt man, dass den Beobachtungen mannigfache Fehler anhaften (die Niederschlagsmembran ist z. B. nicht ganz undurchlässig für Rohrzucker), so ist die Uebereinstimmung eine recht befriedigende.

Die Darlegungen van 't Hoff's über die Gültigkeit der Gasgesetze für verdünnte Lösungen fanden bald von verschiedenen Seiten theoretische Bestätigungen. So gelangte Max Planck[1]) auf ganz anderem Wege zu demselben Ergebniss; er konnte zeigen, dass die Gültigkeit der Gasgesetze für verdünnte Lösungen ohne jedes Eingehen auf molekulare Vorstellungen aus ganz allgemeinen thermodynamischen Principien sich herleiten lässt. Planck verfuhr in der Weise, dass er die Gleichgewichtsbedingungen aufstellte, welche für die Berührung einer verdünnten Lösung mit dem reinen Lösungsmittel gelten, wenn beide durch eine nur für das Lösungsmittel durchlässige Wand getrennt sind. Das Ergebniss seiner Rechnungen, auf welche hier nicht näher eingegangen werden kann, ist folgendes. Bedeutet p den Druck in der Lösung, p_1 den Druck im reinen Lösungsmittel, n die Zahl der Molekeln des in Lösung befindlichen Stoffes, T die absolute Temperatur und v das Volumen der Lösung, so ist die Gleichgewichtsbedingung gegeben durch die Gleichung:

$$p - p_1 = n \cdot \frac{T}{v} \cdot$$

$p - p_1$ ist der Ueberdruck in der Lösung, d. h. der osmotische Druck. Wie die Gleichung besagt, ist der osmotische Druck direkt proportional der Zahl der gelösten Molekeln, unabhängig von der Natur derselben (Avogadro's Gesetz), ferner direkt proportional der absoluten Temperatur (Gay-Lussac's Gesetz) und umgekehrt proportional dem Volumen der Lösung (Boyle's Gesetz). Die Gültigkeit der Gasgesetze ist somit für verdünnte Lösungen bewiesen. Die Ausgangsgleichung wurde von Planck früher[2]) abgeleitet.

L. Boltzmann[3]) unterwarf die van 't Hoff'sche Hypothese einer Untersuchung vom Standpunkte der kinetischen Gastheorie, indem er

[1]) Zeitschr. physikal. Chemie 1890, *6*, 187.

[2]) Annal. Phys. Chemie [2], 1887, *32*, 489.

[3]) Zeitschr. physikal. Chemie 1890, *6*, 474; 1891, 7, 88.

den Druck berechnete, der auf eine halbdurchlässige Wand ausgeübt wird, wenn diese eine verdünnte Lösung von dem reinen Lösungsmittel trennt. Die Rechnung ergab, dass die Summe der Drucke, welche auf die halbdurchlässige Wand ausgeübt werden, d. h. der osmotische Druck, genau so gross ist, als ob die Molekeln des gelösten Stoffes allein in Gasform bei gleicher Temperatur den von der Lösung eingenommenen Raum erfüllten. Dies ist nichts anderes als das Avogadro'sche Gesetz. Auch die theoretischen Untersuchungen von A. H. Lorentz[1]) und E. Riecke[2]) führten zur Bestätigung der van 't Hoff'schen Gesetze.

Führen wir noch an, dass eine von J. D. van der Waals[3]) abgeleitete allgemeine Molekulartheorie eines Körpers, der aus zwei verschiedenen Stoffen besteht, ebenfalls für verdünnte Lösungen zu der van 't Hoff'schen Hypothese führt, so kann dieselbe als wohlbegründet angesehen werden. Sie hat denselben Grad von Sicherheit wie das Avogadro'sche Gesetz für Gase und wie die thermodynamischen Principien, aus denen sie hergeleitet wurde.

Es braucht kaum hervorgehoben zu werden, dass die im Vorstehenden mitgetheilte Erweiterung des Avogadro'schen Gesetzes einen ausserordentlichen Fortschritt für die theoretische Chemie bedeutet. Gleich wichtig ist dieselbe auch für die experimentelle Chemie, da sie dem Chemiker nicht nur eine, sondern gleich mehrere Methoden der Molekulargewichtsbestimmung an die Hand gibt. Diese Methoden sind um so bedeutungsvoller, da sie auf die meisten Substanzen anwendbar sind, während die klassische Methode der Gasvolumgewichte auf eine erheblich geringere Anzahl chemischer Stoffe beschränkt war. Es ist leicht verständlich, dass die von J. H. van 't Hoff angebahnte kinetische Theorie der Lösungen einen tiefen Einblick in die Natur der letzteren gestattet und eine grosse Anzahl bisher unerklärter Thatsachen verständlich macht; die Tragweite der Theorie ist heute noch gar nicht abzusehen. Aber ebenso wenig, wie wir die kinetische Theorie der Gase bis in alle Einzelheiten verfolgen konnten, uns vielmehr auf diejenigen Ergebnisse beschränken mussten, welche mit dem Gasvolumgewicht in Beziehung standen, so soll uns hier die kinetische Theorie der Lösungen nur soweit beschäftigen, als sie auf die Methoden der Molekulargewichtsbestimmung Bezug hat.

Werfen wir, ehe wir zu den Methoden der Molekulargewichtsbestimmung übergehen, einen Blick auf die Genauigkeit und Allgemein-

[1]) Zeitschr. physikal. Chemie 1891, 7, 36.
[2]) Zeitschr. physikal. Chemie 1891, 7, 97.
[3]) Zeitschr. physikal. Chemie 1890, 5, 133.

gültigkeit der für verdünnte Lösungen geltenden Gesetze, so finden wir eine schlagende Aehnlichkeit derselben mit den Gasgesetzen. Gerade wie die letzteren sind die Lösungsgesetze nur Grenzfälle, denen sich die darstellbaren Lösungen mehr oder wenig nähern; wie früher von einem „Idealgase“ gesprochen wurde, welches den Gesetzen genau gehorchte (ein solches kann in Wirklichkeit nicht bestehen), so nehmen wir jetzt eine „Ideallösung“ an, die allen Anforderungen der Gesetze genau entspricht. Ferner aber trafen wir bei den Gasen auf abnorme Gasvolumgewichte, welche durch den Nachweis der Dissociation ihre Erledigung fanden. Genau das Gleiche trifft für die Lösungen ein; auch hier treffen wir die Erscheinungen der Dissociation, aber in viel ausgedehnterem Maasse als bei den Gasen. Diese Abweichungen von den Gesetzen der Lösungen werden später eingehend besprochen werden, und in besonderem Maasse wird uns die Dissociation in Lösung beschäftigen. Da uns bei der Vorführung der Methoden und der ihnen zu Grunde liegenden Principien mehrfach die Dissociationserscheinungen entgegentreten, so sei hier schon bemerkt, dass alle Elektrolyte, also die Salze, die starken Säuren und die starken Basen, in wässeriger Lösung eine Dissociation besonderer Art erleiden.

Da, wie gezeigt wurde, der osmotische Druck äquimolekularer Lösungen gleich ist, so sind umgekehrt in gleichen Volumen von Lösungen mit demselben osmotischen Druck gleich viele Molekeln enthalten. Die Molekulargewichtsbestimmung in Lösungen läuft daher darauf hinaus, diejenige Konzentration der Lösung des zu untersuchenden Stoffes zu finden, welche denselben osmotischen Druck erzeugt, wie er in einer der Konzentration nach bekannten Lösung eines Körpers herrscht, dessen Molekulargewicht aus dem Gasvolumgewicht ermittelt wurde. In beiden Lösungen muss eine gleiche Anzahl Molekeln enthalten sein. Sind z. B. in der Vergleichslösung a Gramm-Molekeln enthalten, so sind ebenso viele in der zu untersuchenden Lösung, und sind in letzterer b g Substanz enthalten, so sind b g gleich a Gramm-Molekeln oder das Molekulargewicht ist gleich $\frac{b}{a}$.

Damit ist aber die Tragweite der van 't Hoff'schen Theorie nicht erschöpft. Es wird vielmehr gezeigt werden, dass die Gefrierpunktserniedrigung und die Dampfdruckverminderung, welche durch den gelösten Stoff hervorgerufen werden, in sehr naher Beziehung zu dem osmotischen Druck stehen, und dass äquimolekulare Lösungen gleiche Erniedrigungen des Gefrierpunkts und der Dampfspannung zeigen. Damit sind zwei weitere neue Principien zur Molekulargewichtsbestimmung in's Gesichtsfeld gerückt, welche alsbald zu gut ausgearbeiteten Methoden für das Laboratorium führten. Thatsächlich waren beide Principien schon vorher von Raoult empirisch erkannt und zur Molekulargewichtsbestimmung angewandt worden; allgemeine Anerkennung fanden sie aber erst in Folge der van 't Hoff'schen Theorie.

Bestimmung des Molekulargewichts aus dem osmotischen Druck.

Theorie.

Wie schon vorher mitgetheilt wurde, versteht man unter dem osmotischen Druck den Ueberdruck, der in Erscheinung tritt, wenn eine Lösung durch eine „halbdurchlässige" Wand von dem reinen Lösungsmittel getrennt ist. Es ist noch nicht gelungen, das Zustandekommen des osmotischen Drucks mechanisch zu erklären; überhaupt sind die osmotischen Vorgänge noch in vieler Hinsicht unerklärt.

Bei der Entwicklung der van 't Hoff'schen Theorie wurde auseinandergesetzt, dass dieser Forscher sich den osmotischen Druck durch die Stösse der Molekeln des gelösten Stoffes gegen die halbdurchlässige Wand erzeugt denkt; die Molekeln des Lösungsmittels, welche beiderseits vorhanden sind und durch die Wand hindurchgehen können, sollen dabei nicht in Betracht kommen.

Hiergegen wandte sich Lothar Meyer[1]), da diese Anschauung der seinen diametral entgegenstand. Nach L. Meyer wird der osmotische Druck nicht durch denjenigen Stoff hervorgerufen, für den die Wand undurchlässig ist, sondern durch denjenigen, welcher dieselbe durchdringen kann. Eine Unterscheidung zwischen „Lösungsmittel" und „gelöstem Stoff" ist ganz willkürlich, da beide in tropfbar flüssigem Zustand in der Lösung sind. Welcher von den beiden Stoffen die halbdurchlässige Wand durchdringt, hängt nur von der Natur der Wand ab. Trennt man z. B. wässerigen Alkohol durch thierische Blase von reinem Wasser, so tritt Wasser ein; trennt man denselben dagegen durch eine Kautschukwand von reinem Alkohol, so tritt Alkohol ein. Daraus, dass der osmotische Druck mehrfach gleich dem Druck eines Gases gefunden wurde, welches in dem gleichen Volum ebenso viele Molekeln enthielt, darf noch nicht geschlossen werden, dass diese beiden gleichen Drucke auch gleichen Ursprungs sind. Uebrigens ist Lothar Meyer mit den Folgerungen aus der van 't Hoff-schen Theorie vollkommen einverstanden, nur möchte er für den Ausdruck „osmotischer Druck" einen anderen gesetzt haben, weil dieser Druck streng genommen mit der Osmose nichts zu thun habe.

Die Erwiderung J. H. van 't Hoff's[2]) auf diesen Einwurf stellte den Standpunkt dieses Forschers bezüglich des osmotischen Druckes klar.

---

1) Zeitschr. physikal. Chemie 1890, 5, 23.
2) Zeitschr. physikal. Chemie 1890, 5, 174.

Er führte aus, dass er den osmotischen Druck, eine experimentell bestimmbare Grösse, in seine thermodynamischen Rechnungen eingeführt habe, ohne sich um das Wesen desselben zu kümmern. Als sich dann herausstellte, dass der osmotische Druck dem Gasdruck gleich sei — eine Thatsache, welche sowohl theoretisch als experimentell nachgewiesen wurde —, lag die Vermuthung, beide seien auf Molekularstoss derselben Körper in verschiedenen Zuständen zurückzuführen, handgreiflich nahe, zumal beide Drucke im Wesentlichen ähnlichen Ursprungs sind. Schliesslich konnte sich van 't Hoff auf die ausserordentliche Zahl von Bestätigungen berufen, welche seine Theorie durch die verschiedenartigsten experimentellen Thatsachen in dem kurzen Zeitraum von noch nicht 3 Jahren erfahren habe.

Auf ganz anderem Wege gelangte M. Pupin[1]) ebenfalls zu dem Ergebnisse, dass in den verdünnten Lösungen die Gasgesetze statthaben. Er meint aber, der osmotische Druck sei nicht kinetischer, sondern statischer Natur; denn sonst sei nicht einzusehen, warum konzentrirte Lösungen, in denen nach den Gasgesetzen ein gewaltiger osmotischer Druck herrsche, nicht die Aufbewahrungsgefässe zersprengten. In der That ist der den konzentrirteren Lösungen zukommende osmotische Druck ausserordentlich gross, wie folgendes Beispiel zeigen wird. Wir wählen einen in Wasser leicht löslichen Körper mit kleinem Molekulargewicht, das Ammoniak, und nehmen an, in 100 ccm einer Ammoniaklösung von 0^0 seien 25 g Ammoniak (NH_3) gelöst. Um zu berechnen, welcher osmotische Druck nach der van 't Hoff'schen Theorie in dieser Lösung herrscht, ist zu ermitteln, welcher Druck von einem gleichen Volumen eines Gases, z. B. Wasserstoff, das dieselbe Anzahl Molekeln wie die Lösung enthält, bei 0^0 ausgeübt wird. Das Molekulargewicht des Ammoniaks ist (abgerundet) gleich 17; 100 ccm enthalten daher $\frac{25}{17}$ und 1 Liter $\frac{250}{17} = 14{,}7$ Gramm-Molekeln. Da 1 Gramm-Molekel Wasserstoff 2 g wiegt, so sind 14,7 Gramm-Molekeln Wasserstoff gleich 29,4 g. Es ist also der Druck zu berechnen, unter welchem bei 0^0 29,4 g Wasserstoff 1 Liter einnehmen. Bei 1 Atmosphäre Druck wiegt 1 Liter Wasserstoff bei 0^0 0,08988 g; da bei gleichbleibendem Volumen das Gewicht dem Druck proportional ist, so muss der Druck gleich 327 Atmosphären werden, damit 29,4 g Wasserstoff auf 1 Liter zusammengepresst werden. So gross ist auch der osmotische Druck der Ammoniaklösung, wenn die Gasgesetze bei so grossen Drucken noch gültig sind.

Wie kommt es nun, dass die Lösungen nicht die Aufbewahrungs-

[1]) M. Pupin, Der osmotische Druck und seine Beziehung zur freien Energie. Inauguraldissertation, Berlin 1889.

gefässe zerschmettern? Würde man eine Ammoniaklösung durch Wände, welche Wasser durchlassen, nicht aber Ammoniak, von reinem Wasser trennen, so würden die Wände sofort zerschmettert. Nach aussen kann aber der Druck nicht wirken, weil ihm, wie W. Ostwald[1]) ausführte, an der Oberfläche der in allen Flüssigkeiten herrschende „Binnendruck" entgegenwirkt. Dieser senkrecht zur Flüssigkeitsoberfläche wirkende Druck, zu dessen Annahme die Kapillaritätserscheinungen geführt haben, ist ausserordentlich gross und wird z. B. für Aether von J. D. van der Waals[2]) auf 1300 bis 1400 Atmosphären berechnet.

An einer sehr wesentlichen Mitwirkung des Lösungsmittels bei der Entstehung des osmotischen Drucks kann nicht gezweifelt werden. G. Bredig[3]) betonte z. B., dass die Gegenwart und Einwirkung des Lösungsmittels zum Eintritt des gasähnlichen Zustandes nothwendige Vorbedingung ist. Wenn daher auch das Resultat des Lösungsvorganges unzweifelhafte Analogie mit dem Gaszustande besitze, so sei doch dieser Zustand nicht unabhängig von dem Zustand des Lösungsmittels erreicht worden: Bredig stellt die Rolle des Lösungsmittels in folgender Weise klar. Die Gase zeigen, wie früher eingehend dargelegt wurde (s. S. 189), bei hohen Drucken Abweichungen von den Gasgesetzen, als deren Ursache J. D. van der Waals eine Anziehung der Gasmolekeln unter einander annahm. Denkt man sich nun auf das Gas eine äussere Kraft wirken, welche der Anziehung der Molekeln entgegenwirkt und sie gerade aufhebt, so wird das Gas noch bei Drucken den Gesetzen gehorchen, bei denen es unter gewöhnlichen Umständen Abweichungen zeigen würde. Bredig schreibt nun diese äussere Kraft den Molekeln des Lösungsmittels zu; dieselbe wirkt der Anziehung der Molekeln des gelösten Stoffes unter einander entgegen, und es bleibt nur der Druck der Molekeln des gelösten Stoffes übrig, der als osmotischer Druck in Erscheinung tritt und kinetischer Natur sein kann. Diese Anschauung erklärt einerseits die Mitwirkung des Lösungsmittels bei der Entstehung des osmotischen Drucks, andererseits aber auch die Thatsache, dass die Lösungen noch bei sehr grossen osmotischen Drucken den Gasgesetzen gehorchen, bei welchen die Gase schon sehr erhebliche Abweichungen zeigen. Wir werden später auf die Ausführungen Bredig's zurückkommen.

Der nahe Zusammenhang des osmotischen Drucks mit dem oben erwähnten „Binnendruck" wurde von A. Fick[4]) dargelegt; darauf soll hier indess nicht näher eingegangen werden. Auch mit den Einwänden

[1]) W. Ostwald, Lehrbuch der allgemeinen Chemie, 2. Auflage Bd. *1*, 673.
[2]) J. D. van der Waals, Kontinuität etc. Deutsch von Fr. Roth S. 103.
[3]) Zeitschr. physikal. Chemie 1889, *4*, 444.
[4]) Zeitschr. physikal. Chemie 1890, *5*, 526.

gegen die kinetische Natur des osmotischen Drucks wollen wir uns nicht näher befassen. Denn die Natur, das Wesen des osmotischen Drucks, die Frage nach der Ursache der Entstehung desselben ist für die Schlussfolgerungen aus der experimentell bestimmbaren und thatsächlich bestimmten numerischen Grösse ganz belanglos. In der That sind die Gasgesetze für verdünnte Lösungen ganz unabhängig von irgend einer Hypothese über das Wesen des osmotischen Drucks abgeleitet worden, und erst die Analogie der für Lösungen geltenden Gesetze mit den Gasgesetzen hat zu der Anschauung geführt, dass der osmotische Druck durch die Stösse der Molekeln des gelösten Stoffes gegen die halbdurchlässige Wand hervorgerufen ist. Dass diese Hypothese über die Natur des osmotischen Drucks zweckmässig ist, beweist die Thatsache, dass die kinetische Theorie der Lösungen schon während der kurzen Zeit ihres Bestehens eine grosse Anzahl von Problemen gelöst hat und für die theoretische Chemie so fruchtbringend gewesen ist, wie es nur wenigen Theorien in so kurzer Zeit beschieden war.

Methoden der Bestimmung des osmotischen Drucks.

Direkte Bestimmung des osmotischen Drucks.

Nachdem im Vorstehenden die Gültigkeit der den Molekulargewichtsbestimmungen in Lösungen zu Grunde liegenden Prinzipien dargelegt ist, wenden wir uns zu den Methoden der Bestimmung des osmotischen Drucks. Die ersten Beobachtungen des osmotischen Drucks wurden an Alkohol gemacht; derselbe wurde in ein Glas gebracht, das mit thierischer Blase verschlossen war, und das Ganze in Wasser getaucht. Der Alkohol vergrösserte sehr bald sein Volumen, die Blase wölbte sich nach aussen und zerplatzte schliesslich. In späteren Versuchen, welche mehrfach von verschiedenen Forschern angestellt wurden, bediente man sich ebenfalls der thierischen Blase als trennende Wand. Dieselbe ist indess für osmotische Versuche nicht zweckmässig, weil sie, wenn auch im Vergleich zum Lösungswasser nur sehr wenig, für die gelösten Substanzen durchlässig ist.

Da die osmotischen Erscheinungen für die physiologischen Vorgänge im pflanzlichen und thierischen Organismus von grosser Bedeutung sind, kann es nicht Wunder nehmen, dass Physiologen zuerst sich mit dem Studium derselben beschäftigten. Der erste, welcher halbdurchlässige Membranen, d. h. solche, welche nur das Lösungsmittel (Wasser), nicht aber den gelösten Stoff durchliessen, anwandte, war M. Traube[1]). Derselbe beobachtete, dass, wenn man Lösungen mancher Stoffe, welche mit einander amorphe Niederschläge bilden, vorsichtig in Berührung bringt, häutchenartige Niederschlagsmembranen entstehen,

[1]) Archiv f. Anatomie u. Physiologie 1867, 87.

welche für die Niederschlagsbildner und manche andere Substanzen undurchlässig, für Wasser aber durchlässig sind. Die Niederschlagsmembranen wurden in der Weise hergestellt, dass eine enge Glasröhre, welche mit einem oben geschlossenen Kautschukschlauch versehen war, in die Lösung des einen Membranbildners getaucht und durch einen Druck auf den Kautschukschlauch und nachfolgende Aufhebung des Drucks so mit einigen ccm derselben gefüllt wurde, dass die Lösung bis an das offene Ende des Glasröhrchens stand. Dann wurde das Röhrchen in die Lösung des zweiten Membranbildners getaucht; es bildete sich an dem offenen Ende ein dünnes Häutchen des Niederschlags, welches den Inhalt des Röhrchens abschloss. Sollte ein Stoff auf sein Verhalten gegen die Membran geprüft werden, so wurden einige Tropfen der Lösung desselben der Lösung des ersten Niederschlagsbildners hinzugefügt und wie vorher verfahren. War der Stoff durch die Membran gegangen, so konnte er in der Lösung des zweiten Niederschlagsbildners nachgewiesen werden. Traube fand auf diese Weise, dass die Niederschlagsmembranen von Ferrocyankupfer und gerbsaurem Leim für manche Stoffe durchlässig, für andere undurchlässig sind; ferner zeigte es sich, dass der Druck in der „Zelle“ ein anderer war als ausserhalb derselben, in Folge dessen die „Zelle“ sich entweder vergrösserte oder verkleinerte.

Eine Messung des Druckunterschiedes war bei der Traube'schen Anordnung wegen der geringen Widerstandsfähigkeit der Membran nicht möglich. Dies gelang erst W. Pfeffer[1]), welcher im pflanzenphysiologischen Interesse die Untersuchungen über die osmotischen Vorgänge wieder aufnahm, indem er die Niederschlagsmembran in den Poren einer Thonzelle erzeugte und sie hierdurch widerstandsfähiger gegen den Druck machte. Pfeffer verwandte meist Ferrocyankupfermembranen, welche in folgender Weise hergestellt wurden. Thonzellen von 46 mm Höhe, 16 mm lichter Weite und 1,5 bis 2 mm Wandstärke wurden mit Kalilauge, dann mit verdünnter Salzsäure behandelt, nach gutem Auswaschen unter der Luftpumpe vollständig mit Wasser imprägnirt und dann mehrere Stunden in eine 3 prozentige Kupfersulfatlösung gestellt, während auch der Hohlraum der Zelle mit der Lösung gefüllt war. Hierauf wurde die Thonzelle im Innern mit Wasser ausgespült, mit Filtrirpapier innen und aussen etwas abgetrocknet und nach einiger Zeit, wenn sie sich noch feucht anfühlte, mit einer 3 prozentigen Ferrocyankaliumlösung gefüllt und wieder in die Kupfersulfatlösung gestellt. Es bildete sich dann eine der Innenwand der Zelle aufliegende Membran von Ferrocyankupfer. Um letztere für die Versuche

[1]) W. Pfeffer, Osmotische Untersuchungen. Leipzig 1877.

brauchbar zu machen, musste dieselbe, wie Pfeffer beobachtete, eine Zeit lang einem langsam steigenden Druck ausgesetzt werden. Nachdem daher die Zelle 1 bis 2 Tage in der Kupfervitriollösung gestanden hatte, wurde sie in gefülltem Zustand durch eine mit Siegellack eingekittete, oben durch einen Stopfen verschlossene Glasröhre geschlossen, welche durch ein seitliches Rohr mit einem Manometer in Verbindung stand. Beim Einstellen in die Kupfersulfatlösung entwickelte sich allmählich ein Ueberdruck im Innern der Zelle, der 1 bis 2 Tage bestehen gelassen wurde. Dann wurde die Zelle entleert und mit einer Mischung gleicher Raumtheile 3 prozentiger Ferrocyankaliumlösung und $1^1/_2$ prozentiger Salpeterlösung gefüllt, welche einen Ueberdruck von etwa 3 Atmosphären entwickelte. Eine derartig behandelte Zelle bewährte sich in allen Fällen; das Einkitten der Glasröhre muss so geschehen, dass die Verbindungsstelle einen Druck von mehreren Atmosphären aushält.

Die Resultate Pfeffer's haben wir bei Gelegenheit der van 't Hoff'schen Darlegungen bereits zum Theil kennen gelernt. Pfeffer erkannte, dass der osmotische Druck der Konzentration proportional ist; die Tabelle auf S. 372 zeigt diese Gesetzmässigkeit für Rohrzuckerlösungen. Ferner war der osmotische Druck gleichprozentiger Lösungen verschiedener Stoffe sehr verschieden; in einprozentiger Lösung ergaben sich folgende osmotische Drucke:

Rohrzucker	471	mm
Dextrin	166	-
Salpeter	1780	-
Kaliumsulfat	1930	-
Gummi	72	-

Mit steigender Temperatur wächst der osmotische Druck bei gleichbleibender Konzentration.

In welch' genialer Weise J. H. van 't Hoff die Pfeffer'schen Versuche verwerthete, wurde am Anfang dieses Kapitels gezeigt. Er fand in denselben eine volle Bestätigung seiner Theorie, dass für verdünnte Lösungen die Gasgesetze Geltung haben; die Druckgrösse war proportional der absoluten Temperatur und gleich derjenigen eines gleichen Volums irgend eines Gases von gleicher Temperatur, welches eine gleiche Anzahl Molekeln enthielt.

Pfeffer stellte auch mit anderen Membranen einige Versuche an. Während eine 1prozentige Rohrzuckerlösung bei Anwendung einer Ferrocyankupfermembran bei 13^0 bis 15^0 einen osmotischen Druck von 520 bis 530 mm zeigte, ergab dieselbe mit einer Membran von Berlinerblau 370 und 400 mm und von Calciumphosphat 360 mm. Daraus müsste man schliessen, dass die Grösse des osmotischen Drucks von der Art der Membran abhängig sei. W. Ostwald[1]) bewies indess, dass die Grösse des osmotischen Drucks von der Natur der Membran, sofern diese ganz undurchlässig für den gelösten Stoff ist, ebenso unabhängig ist, wie der Gasdruck von der Natur der Wandung. Die Unterschiede, welche Pfeffer beobachtete, sind demnach auf Versuchsfehler zurückzuführen; die Membranen waren entweder nicht ganz dicht oder für den gelösten Stoff nicht ganz undurchlässig.

Verbesserungen hat die Pfeffer'sche Methode nur wenige erfahren. A. Ladenburg[2]) veröffentlichte eine vorläufige Notiz, nach welcher er mit der Vervollkommnung der Methode zur direkten Bestimmung des osmotischen Drucks beschäftigt sei, um dieselbe für Molekulargewichtsbestimmungen geeignet zu machen. Er theilte auch einige Versuchsergebnisse mit, die ausführliche Abhandlung ist aber bis jetzt nicht erschienen. Durch den Vorbehalt Ladenburg's wurden W. Ostwald und Lothar Meyer[3]) bewogen, ihre in dieser Richtung begonnenen Versuche abzubrechen.

R. H. Adie[4]) führte eine Anzahl direkter Bestimmungen des osmotischen Drucks von Salzlösungen mittels Pfeffer'scher Zellen aus; an Stelle der von Pfeffer beschriebenen aufgelagerten halbdurchlässigen Membrane verwandte er nach vielfachem Probiren eingelagerte Membrane. Die Ergebnisse der Versuche zeigten nur theilweise eine befriedigende Uebereinstimmung mit der van 't Hoff'schen Theorie; doch wurde in dem einen dahin zielenden Versuch das Gay-Lussac'sche Gesetz für verdünnte Lösungen bestätigt gefunden.

Wie gross die Schwierigkeiten der direkten Bestimmung des osmotischen Drucks sind, geht aus einer späteren diesbezüglichen Abhandlung von G. Tammann[5]) hervor. Schon Traube und Pfeffer hatten angeführt, dass die halbdurchlässigen Membrane für viele Stoffe durchlässig sind, wenn auch oft nur in geringem Maasse. Tammann bestimmte für eine Anzahl Stoffe, deren von Pfeffer beobachteter osmotischer Druck mit der van 't Hoff'schen Theorie nicht übereinstimmte (der osmotische Druck war viel kleiner, als die Theorie verlangte), die Menge, welche durch eine Ferrocyankupfermembran in einem bestimmten Zeitabschnitt durchtritt. Als er das Ergebniss dieser Untersuchungen bei der Berechnung der Untersuchungen Pfeffer's berücksichtigte, erhielt er eine sehr befriedigende Uebereinstimmung mit der Theorie.

---

[1]) W. Ostwald, Lehrbuch der allgemeinen Chemie, 2. Aufl., Bd. *1*, 661.

[2]) Ber. deutsch. chem. Gesellschaft 1889, *22*, 1225.

[3]) Zeitschr. physikal. Chemie 1890, *5*, 27.

[4]) Chem. News 1891, *63*, 123; Journ. Chem. Soc. 1891. 344.

[5]) Zeitschr. physikal. Chemie 1892, *9*, 97.

Weiter stellte Tammann fest, dass man je nach der Bereitungsweise ganz verschieden sich verhaltende Ferrocyankupfermembrane erhält. Die eine Art ist durchsichtig, äusserst dünn und dehnt sich wie eine feine Gummimembran, die andere ist undurchsichtig, braun und viel weniger dehnbar. Letztere Membran erhält man, wenn man einen der Membranbildner mit einem Salz versetzt, welches mit diesem das elektronegative Ion gemein hat, z. B. Kupfersulfat mit Natriumsulfat. Die Membran wird bei Anwendung konzentrirter Lösungen der Membranbildner viel widerstandsfähiger als bei Anwendung verdünnter Lösungen; Tamman wählte daher zur Darstellung der Membrane Lösungen, welche 1 Gramm-Molekel Kupfersulfat bezw. 0,33 Gramm-Molekel Ferrocyankalium enthielten.

Das Verfahren, nach welchem Tammann die Messung des osmotischen Drucks ausführte, soll hier nur im Prinzip mitgetheilt werden. Trennt man eine Lösung A mit dem osmotischen Druck p von einer Lösung B mit dem osmotischen Druck p_1 durch eine halbdurchlässige Wand, z. B. eine Ferrocyankupfermembran, und ist $p_1 > p$, so wird der Wasserstrom von A nach B gehen. Lässt man nun auf die Lösung B einen allmählich verstärkten Druck wirken, so wird der Wasserstrom von A nach B immer schwächer und hört ganz auf, wenn der hinzugefügte Druck den Werth $p - p_1$, die Differenz der osmotischen Drucke der beiden Lösungen, erreicht hat; steigt der auf die Lösung B wirkende Druck noch weiter, so wird die Richtung des Wasserstroms umgekehrt: das Wasser strömt dann von B nach A. Befindet sich nun die Lösung A in einer Thonzelle mit halbdurchlässiger Wand und hat man oben an der Thonzelle ein Kapillarrohr angebracht, so kann man an dem Steigen und Fallen der Flüssigkeit in dem Kapillarrohr die Richtung und Stärke des osmotischen Stroms beobachten.

Die Bestimmung des osmotischen Drucks nach diesem Verfahren erwies sich als sehr schwierig und zeitraubend; von Tammann sind daher nur zwei grössere Versuchsreihen ausgeführt worden: Rohrzucker und Isobutylalkohol in einer Lösung von Kupfersulfat.

Indirekte Bestimmung des osmotischen Drucks an lebenden Zellen.

Während die direkten Bestimmungen des osmotischen Drucks von Lösungen nur wenig zahlreich sind, hat man andere Methoden ausgearbeitet, welche es ermöglichen, den relativen osmotischen Druck der Lösungen beliebiger Stoffe, bezogen auf denjenigen einer bestimmten Lösung eines bestimmten Stoffes, zu ermitteln. Unter diesen indirekten Verfahren stehen in erster Linie die physiologischen, welche sich lebender pflanzlicher und thierischer Zellen bedienen. Wir wenden uns zunächst den Versuchen von Hugo de Vries[1]) zu, welche an Pflanzenzellen ausgeführt wurden; derselbe hat drei Verfahren zur Bestimmung des relativen osmotischen Drucks ausgearbeitet: das plasmolytische Verfahren, die plasmolytische Transportmethode und die Methode der Gewebsspannungen. Wir beschäftigen uns zunächst mit der wichtigsten Methode, der plasmolytischen.

Die Pflanzenzellen, die meist vier- bis sechseckig sind, werden nach aussen durch die starren Zellhäute abgegrenzt, welche für Wasser und Lösungen leicht durchlässig sind. An die Innenseite der Zellhäute schmiegt sich ein ausserordentlich dünnes Häutchen an, welches den Zellinhalt umschliesst und Protoplast genannt wird. Der Zellinhalt besteht aus einer wässerigen Lösung verschiedener Körper, wie Zucker, organischen Salzen, unorganischen Salzen u. s. w. Die Protoplaste bestimmter Zellen mancher Pflanzen haben in hohem Grade die Eigenschaften der halbdurchlässigen Wände: sie lassen Wasser durch, nicht aber eine Anzahl gelöster Stoffe. Dem Zellinhalt kommt als Lösung ein gewisser osmotischer Druck zu, welcher meist 4 bis 6 Atmosphären beträgt. Bringt man daher eine derartige Zelle in reines Wasser oder in eine sehr verdünnte Lösung, so tritt Wasser in dieselbe ein und geeigneten Falls wird die starre Zellhaut gesprengt. Bringt man sie dagegen in eine konzentrirtere Lösung, der ein höherer osmotischer Druck zukommt als dem Zellinhalt, so tritt aus demselben Wasser aus. Der Zellinhalt wird in Folge dessen an Volumen kleiner und hört auf, die ganze Höhlung der Zelle auszufüllen. Dabei bleibt er aber von dem Protoplasten eng umschlossen, und letzterer trennt sich daher an manchen Stellen von der Zellhaut; in sehr konzentrirten Lösungen bildet der Zellinhalt eine vom Protoplasten umschlossene Kugel, welche nur einen Bruchtheil der Zelle einnimmt und durch dünne Stränge mit der Zellhaut verbunden ist. Dieser Vorgang wird Plasmolyse, Loslösung des Protoplasmas von der Zellhaut genannt. Figur 6 (auf der folgenden Seite) zeigt das Verhalten der Pflanzenzellen in verschieden konzentrirten Lösungen sehr anschaulich.

Zwischen diesen beiden Extremen, einerseits Wasser, andererseits konzentrirte Lösung, gibt es eine Konzentration der Lösung, welcher genau der gleiche osmotische Druck zukommt wie dem Zellinhalt. Bringt man eine Zelle in eine solche Lösung, so tritt Wasser weder ein noch aus; ist die Lösung aber nur wenig konzentrirter, so beginnt die Plasmolyse. Lösungen mit gleichem osmotischen Druck werden isotonisch (von *ἴσος*, gleich und *τόνος*, Spannung) genannt. Soeben be-

[1]) Pringsheim's Jahrbücher für wissenschaftl. Botanik 1884, *14*, 427.

ginnende Plasmolyse zeigt also an, dass die Lösung dem Zellinhalt sehr angenähert isotonisch ist. Bestimmt man sodann die Konzentration anderer Lösungen, welche dem Zellinhalt gleichartiger Zellen ebenfalls isotonisch sind, so ergibt sich daraus der relative osmotische Druck dieser Lösungen, bezogen auf denjenigen einer beliebigen Lösung, da, wie sich leicht beweisen lässt, Lösungen, welche einer anderen — hier dem Zellinhalt — isotonisch sind, auch unter sich isotonisch sind.

Nicht alle Pflanzenzellen eignen sich für plasmolytische Zwecke. Zunächst müssen die Protoplaste wirklich halbdurchlässig sein, also nur Wasser durchlassen. Dann muss der Zellinhalt gefärbt sein, damit er sich bei eingetretener Plasmolyse von der in die Zellhaut einge-

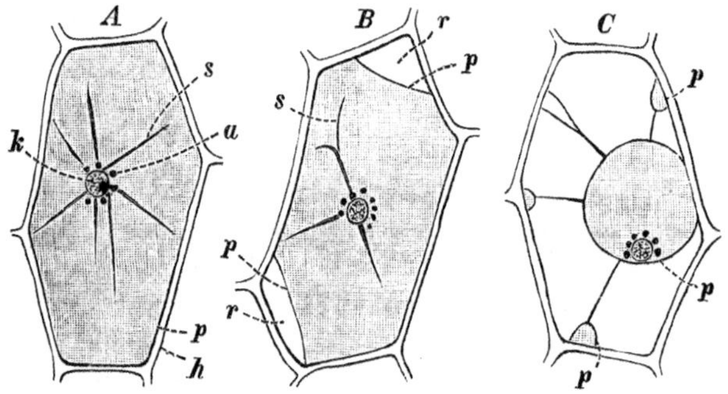

Fig. 6.

Zellen aus der Oberhaut des Mittelnerven eines Blattes von Tradescantia discolor. A normale Zelle. B Plasmolyse in einer Lösung von 0,22 Gramm-Molekeln Rohrzucker in 1 Liter. C sehr starke Plasmolyse in einer Lösung von 1,0 Gramm-Molekel Salpeter in 1 Liter. k Zellkern; a Amyloplast; s Strombahnen des Protoplasmas; p der Protoplast; h die Zellhaut. Der Zellsaft, in der Figur schraffirt, ist violett gefärbt. Vergrösserung 300.

drungenen farblosen Lösung scharf trennt. Ferner muss die Plasmolyse an den Ecken der Zellen beginnen, damit man schon geringe Grade der Ablösung beobachten kann, endlich muss die Plasmolyse in einer ganzen Anzahl benachbarter Zellen gleichmässig auftreten, da stets zu einem Versuch mehr als 100 Zellen gleichzeitig beobachtet werden. Von zahlreichen Pflanzen, welche H. de Vries daraufhin prüfte, entsprachen nur 3 den angeführten Bedingungen: Tradescantia discolor, Curcuma rubricaulis und Begonia manicata; von Tradescantia wurden die Zellen der Oberhaut des Mittelnerven auf der Blattunterseite, von Curcuma der Aussenseite der Blattscheide und von Begonia den obersten Ringschuppen des Blattstieles entnommen. Im Allgemeinen eignet sich Curcuma am besten; Begonia, deren Zellsaft der Hauptsache nach aus Kaliumbioxalat besteht, ist die einzige Pflanze unter den dreien, welche verdünnte Lösungen von Säuren und sauren Salzen verträgt.

H. de Vries bezog den relativen osmotischen Druck der von ihm untersuchten Lösungen auf denjenigen einer Lösung von Kalisalpeter. Er bezeichnete das Verhältniss der Konzentrationen, bei denen die Lösungen isotonisch waren, als isotonische Koëffizienten und setzte denjenigen des Kalisalpeters gleich 3. Die isotonischen Koëffizienten geben daher den relativen osmotischen Druck für Lösungen gleicher molekularer Konzentration an.

Die Ausführung der plasmolytischen Methode ist folgende. Zunächst wird durch Vorversuche ermittelt, welcher Konzentration der Salpeterlösung der Zellinhalt entspricht, und ebenso, wie konzentrirt ungefähr die Lösung des zu untersuchenden Körpers sein muss, um mit dem Zellinhalt isotonisch zu sein. Die Erfahrung lehrt, dass der Zellinhalt meist einer Lösung von 0,10 bis 0,15 Aequivalenten Salpeter im Liter entspricht. H. de Vries stellte daher 6 Salpeterlösungen her, welche 0,10, 0,11, 0,12, 0,13, 0,14 und 0,15 Aequivalente im Liter enthielten und brachte dieselben in 6 kleine Reagirgläser; dann bereitete er 6 Lösungen der zu untersuchenden Substanz, welche die mit dem Zellinhalt isotonische Konzentration ziemlich eng umschlossen. In jede Lösung brachte er dann ein Zellenpräparat von derselben Pflanze, die in möglichster Nähe von einander entnommen waren. Nachdem sich nach Verlauf von 2 bis 3 Stunden Gleichgewicht des osmotischen Drucks hergestellt hatte, wurden die Zellenpräparate unter dem Mikroskop untersucht. In den Lösungen mit einem den osmotischen Druck des Zellinhalts übersteigenden Druck war Plasmolyse eingetreten, in den anderen war der Anblick der Zellen unverändert. Die isotonische Lösung war nun entweder unter den angewandten Lösungen enthalten oder sie lag zwischen zweien derselben. Im ersteren Falle gab sie sich dadurch zu erkennen, dass etwa die Hälfte der Zellen plasmolysirt, die andere Hälfte der Zellen aber unverändert war. Im zweiten Falle lag die isotonische Konzentration zwischen den beiden Lösungen, bei denen der Uebergang zur Plasmolyse stattfand; das Mittel dieser Konzentrationen wurde als isotonische Konzentration angenommen. Multiplizirt man das Verhältniss der isotonischen Konzentrationen der Salpeterlösung und der Lösung der Substanz mit 3, so erhält man den isotonischen Koëffizienten der Substanz, bezogen auf Salpeter = 3.

Als Beispiel sei die Bestimmung des isotonischen Koëffizienten des Rohrzuckers angeführt. Es wurden Lösungen desselben angewandt, welche 0,20, 0,22 und 0,24 Gramm-Molekeln im Liter enthielten; die

Vergleichslösungen von Kalisalpeter enthielten 0,12, 0,13 und 0,14 Gramm-Molekeln im Liter. In der folgenden Tabelle sind 3 Versuche mitgetheilt; die beiden ersten wurden mit Zellen von Curcuma rubricaulis, der dritte mit Zellen von Tradescantia discolor angestellt. Unter „Isotonische Konzentr." sind die Konzentrationen in Gramm-Molekeln pro Liter angeführt, welche mit dem Zellinhalt isotonisch sind. n bedeutet nicht plasmolysirt, hp halbplasmolysirt und p plasmolysirt.

Versuchs-Nummer	Rohrzucker Gramm-Molekeln			Isotonische Konzentr.	Kalisalpeter Gramm-Molekeln			Isotonische Konzentr.	Verhältniss der isotonischen Konzentrationen
	0,20	0,22	0,24		0,12	0,13	0,14		
1	n	hp	p	0,22	n	hp	p	0,13	0,591
2	n	p	p	0,21	n	p	p	0,125	0,595
3	n	p	p	0,21	n	hp	p	0,13	0,619

Das Mittel des Verhältnisses der isotonischen Konzentrationen ist daher 0,602 und der isotonische Koëffizient des Rohrzuckers ist 3 . 0,602 = 1,81.

Neben dieser „vergleichenden plasmolytischen Methode" hat H. de Vries noch zwei andere ausgearbeitet: die plasmolytische Transportmethode und die Methode der Gewebsspannungen. Da dieselben der ersten an Bequemlichkeit nachstehen, sollen sie nur kurz behandelt werden. Das Prinzip der plasmolytischen Transportmethode ist folgendes. Bringt man ein Zellenpräparat in eine schwach plasmolysirende Lösung des zu untersuchenden Stoffes und, nachdem die Plasmolyse vollendet ist, in eine Salpeterlösung, so können drei Fälle eintreten: ist der osmotische Druck der Salpeterlösung grösser als derjenige der zu untersuchenden Lösung, so wird die Plasmolyse stärker, ist er kleiner, so geht die Plasmolyse zurück, und ist er in beiden Lösungen gleich, so wird der Anblick der Zellen unter dem Mikroskop nicht verändert. Die Aufgabe besteht also darin, diejenige Konzentration der Salpeterlösung zu ermitteln, welche die Plasmolyse nicht ändert; diese Salpeterlösung ist mit der Substanzlösung isotonisch. Dies geschieht in folgender Weise. Ein Zellenpräparat wird in eine solche Lösung der Substanz gebracht, dass schwache Plasmolyse eintritt; nachdem die Kontraktion der Protoplaste konstant geworden ist, was in 2 bis 4 Stunden eintritt, wird von einem geeigneten Theil des Zellenpräparats — etwa 30 bis 50 Zellen umfassend — unter dem Mikroskop mit Hilfe der Camera lucida ein genaues Bild entworfen. Darauf wird das Zellenpräparat der Reihe nach in mehrere Salpeterlösungen gebracht, welche auf Grund von Vorversuchen so gewählt sind, dass sie die isotonische Konzentration einschliessen. In jeder Lösung bleibt das Zellengewebe 2 bis 4 Stunden und wird dann unter dem Mikroskop besichtigt; dabei wird Zelle für Zelle mit der Zeichnung verglichen. Diejenige Salpeterlösung, in welcher das mikroskopische Bild der Zeichnung gleich ist, ist mit der Substanzlösung isotonisch; der isotonische Koëffizient wird dann wie vorher berechnet. Es ist hierbei gleichgültig, ob man die Zellen erst in eine verdünnte Lösung und dann in konzentrirtere bringt oder umgekehrt.

Die Methode steht zwar der vergleichenden plasmolytischen an Bequemlichkeit nach, sie hat aber den Vorzug, dass sie den isotonischen Koëffizienten bei verschiedenen Konzentrationen zu bestimmen gestattet, während die vergleichende plasmolytische Methode an den osmotischen Druck des Zellenaggregats gebunden ist, der zwischen ziemlich engen Grenzen (4 bis 6 Atmosphären) schwankt. Dadurch ist die Methode geeignet, eine experimentelle Bestätigung der theoretischen Darlegungen van 't Hoff's über die Geltung des Boyle'schen Gesetzes in Lösungen zu liefern. Gilt nämlich dieses Gesetz, so müssen die isotonischen Koëffizienten von de Vries unabhängig von der Konzentration sein, sie müssen bei allen Konzentrationen gleich sein. Dies trifft nach den Versuchen von H. de Vries ausgezeichnet ein. Er bestimmte die isotonischen Koëffizienten von Rohrzucker und Kaliumsulfat gegenüber Kalisalpeter nach der plasmolytischen Transportmethode für verschiedene Konzentrationen. In der folgenden Tabelle enthalten die drei ersten Spalten die isotonischen Konzentrationen der drei Stoffe, ausgedrückt in Gramm-Molekeln pro Liter, und die drei letzten Spalten die daraus berechneten isotonischen Koëffizienten, bezogen auf Salpeter gleich 3.

Isotonische Konzentrationen Gramm-Molekeln			Isotonische Koëffizienten		
Salpeter	Kaliumsulfat	Rohrzucker	Salpeter	Kaliumsulfat	Rohrzucker
0,12	0,09	—	3	3,99	—
0,13	0,10	0,20	3	3,90	1,95
0,195	—	0,30	3	—	1,95
0,20	0,15	—	3	3,99	—
0,26	—	0,40	3	—	1,95

Die Uebereinstimmung ist eine ausgezeichnete.

Die dritte von H. de Vries ausgearbeitete Methode ist die der Gewebsspannungen. Derselben liegt folgendes Prinzip zu Grunde. Spaltet man wachsende Sprossgipfel der Länge nach in vier gleiche Streifen, so krümmen sich diese alsbald mehr oder weniger stark, indem sich das zentrale Parenchym verlängert. Legt man einen solchen Streifen in Wasser, so nimmt die Krümmung in Folge von Wasseraufnahme rasch zu; legt man ihn dagegen in eine konzentrirte Lösung, so verliert er in Folge eines Wasserverlustes die Krümmung oder letztere kehrt sich um, indem die Epidermis nun die konvexe Seite einnimmt. Dazwischen gibt es eine Konzentration, bei der die Lösung dem Spross weder Wasser abgibt noch entzieht, wo also die Krümmung weder stärker noch schwächer wird; zwei derartige Lösungen sind isotonisch. Man bringt demnach möglichst gleichartige Streifen von Sprossgipfeln in verschieden konzentrirte Lösungen einerseits der zu untersuchenden Substanz, andererseits von Salpeter. Diejenigen Lösungen, in denen die Krümmung der Streifen unverändert bleibt, sind isotonisch. Auch nach dieser Methode hat H. de Vries eine Anzahl isotonischer Koëffizienten bestimmt.

Die drei soeben mitgetheilten Verfahren von H. de Vries können alle zu Molekulargewichtsbestimmungen dienen. Durch sie ermittelt man diejenigen Konzentrationen der Lösungen, welchen der gleiche osmotische Druck bei gleicher Temperatur zukommt. Nach dem van 't Hoff'schen Gesetze ist in gleichen Volumen isotonischer Lösungen eine gleiche Anzahl Molekeln; ist daher das Molekulargewicht eines der verglichenen Stoffe bekannt, so lassen sich die Molekulargewichte der anderen berechnen. Von den beschriebenen Methoden ist die vergleichende plasmolytische die handlichste und sie hätte, da sehr viele Chemiker mit der botanischen und mikroskopischen Technik wohl vertraut sind, berechtigte Aussicht auf Einführung in die Laboratoriumspraxis, wenn wir im Folgenden nicht andere Methoden kennen lernten, welche viel bequemer und handlicher sind. Trotzdem hat die Methode ein hohes Interesse, denn dass man unter dem Mikroskop Molekulargewichtsbestimmungen auszuführen im Stande sei, konnte man noch vor wenigen Jahren nicht ahnen.

H. de Vries[1]) hat selbst gezeigt, in welcher Weise die plasmolytische Methode zur Molekulargewichtsbestimmung angewandt werden kann. Er bestimmte nach diesem Verfahren die Molekulargrösse der Raffinose oder Melitriose. Dieser Zuckerart, welche sich in den Zuckerrüben findet, bei der Fabrikation in den Rübenzucker übergeht und der Untersuchung des letzteren mancherlei Schwierigkeiten in den Weg legt, hatte man von verschiedenen Seiten 3 Formeln gegeben, welche der Elementaranalyse entsprachen:

		Molekulargewicht
Berthelot und Ritthausen:	$C_{12}H_{22}O_{11} + 3H_2O$	396
Loiseau und Scheibler:	$C_{18}H_{32}O_{16} + 5H_2O$	594
Tollens und Rischbiet:	$C_{36}H_{64}O_{32} + 10H_2O$	1188

Der ersten Formel kommen 13,64 Prozent Krystallwasser, den anderen 15,15 Prozent zu; die Krystallwasserbestimmungen Scheibler's zeigten, dass die erste Formel unhaltbar sei und dass der zweiten die grösste Wahrscheinlichkeit zukomme. Tollens hielt dagegen an der

[1]) Zeitschr. physikal. Chemie 1888, *2*, 430; Compt. rend. 1888, *106*, 751.

dritten Formel fest, um ein Natriumderivat der Raffinose erklären zu können. H. de Vries bestimmte den osmotischen Druck der Raffinoselösung im Vergleich mit Rohrzuckerlösungen von bekanntem Gehalt. In der folgenden Tabelle sind die von ihm gefundenen isotonischen Konzentrationen zusammengestellt; die Konzentration der Rohrzuckerlösungen ist in Gramm-Molekeln pro Liter, diejenige der Raffinoselösungen in Prozenten angegeben. In der letzten Spalte finden sich die Konzentrationen der Raffinoselösungen, welche mit einer 1 Gramm-Molekel Rohrzucker im Liter enthaltenden Rohrzuckerlösung isotonisch sind (durch Proportionsrechnung gefunden).

Nummer des Versuchs	Rohrzucker Gramm-Molekeln	Raffinose Prozent	Konzentr. der Raffinose, isotonisch mit 1 Gramm-Molekel Rohrzucker
1	0,19	10,5	55,26
2	0,17	10,5	61,76
3	0,17	10,0	58,82
4	0,20	12,5	62,50
			Mittel 59,57

Der Rohrzuckerlösung, welche 1 Gramm-Molekel im Liter enthält, ist also eine Raffinoselösung isotonisch, welche im Mittel 59,57 Prozent Raffinose enthält oder 595,7 g Raffinose in 1000 g Lösung. Da in gleichen Volumen dieser Lösungen nach dem van 't Hoff'schen Gesetz eine gleiche Anzahl Molekeln enthalten ist, so muss in 1000 ccm der Raffinoselösung ebenso wie in der Rohrzuckerlösung 1 Gramm-Molekel enthalten sein. In 1000 g derselben sind 595,7 g Raffinose; da das spezifische Gewicht der Raffinoselösung grösser als 1 ist, so ist in 1000 ccm der Lösung mehr Raffinose als in 1000 g. Da das spezifische Gewicht der angewandten Raffinoselösungen (10 bis 12,5 Prozent) von de Vries nicht angegeben ist, so muss man sich mit der Annäherung begnügen, dass in der Raffinoselösung, welche mit der 1 Gramm-Molekel Rohrzucker enthaltenden Rohrzuckerlösung isotonisch ist, etwas mehr als 595,7 g Raffinose enthalten sind. Das Molekulargewicht derselben wird demnach ungefähr gleich 596 gefunden; vergleicht man hiermit die in Frage kommenden Molekulargewichte 396, 594 und 1188, so ist kein Zweifel, dass die von C. Scheibler so energisch verfochtene Formel $C_{18}H_{32}O_{16} + 5H_2O$ die Molekel der Raffinose darstellt.

Die von H. de Vries bestimmten isotonischen Koëffizienten, welche den relativen osmotischen Druck äquimolekularer Lösungen, bezogen auf Salpeter gleich 3, darstellen, betreffen meist Elektrolyte und nur wenige Nichtleiter der Elektrizität. Wie bereits früher erwähnt wurde, nehmen diese dem van 't Hoff'schen Gesetze gegenüber eine Ausnahmestellung ein und können daher hier noch nicht diskutirt werden. Da dieselben aber später zu theoretischen Betrachtungen als Belege herangezogen werden, so sollen sie im Anschluss an die nächste Methode zur Bestimmung der isotonischen Koëffizienten mitgetheilt werden.

Ein anderes Verfahren zur Bestimmung der isotonischen Koëffizienten wurde von J. H. Hamburger[1]) angegeben: die Methode der Blutkörperchen. Mischt man 2 ccm defibrinirten Rinderblutes mit 20 ccm einer konzentrirten Lösung, z. B. einer Kalisalpeterlösung von 1,04 Prozent oder mehr Salz, so setzen sich die rothen Blutkörperchen vollkommen zu Boden, während die darüber stehende Flüssigkeit nur schwach hellgelb gefärbt ist. Meist beobachtet man zuerst drei Schichten: eine untere mit sehr vielen Blutkörperchen, eine mittlere mit wenigen Blutkörperchen und eine obere, fast farblose, klare Schicht; die mittlere Schicht geht allmählich in die obere über. Mischt man dagegen das Blut mit einer verdünnten Lösung, z. B. mit einer 0,96prozentigen oder noch verdünnteren Salpeterlösung, so beobachtet man nur zwei Schichten: eine untere undurchsichtige mit Blutkörperchen und eine obere, klare, durch Blutfarbstoff roth gefärbte Schicht. Die Färbung der oberen Schicht ist um so intensiver, je verdünnter die zugesetzte Lösung ist. Sucht man nun zwei möglichst naheliegende Konzentrationen, die so beschaffen sind, dass bei der höheren die Blutkörperchen sich noch senken und eine farblose obere Schicht zurücklassen, bei der geringeren aber die obere Schicht soeben einen röthlichen Stich hat, so liegt zwischen beiden eine Konzentration, bei welcher die Blutkörperchen sich indifferent verhalten: die Lösung ist mit dem Inhalt der Blutkörperchen isotonisch und alle derartigen Lösungen sind unter einander isotonisch. Anfangs glaubte Hamburger, dass die Haut der Blutkörperchen für die gelösten Stoffe undurchlässig sei; dann tritt beim Vermischen mit einer Lösung von höherem osmotischen Druck Wasser aus den Blutkörperchen und beim Vermischen mit einer Lösung von geringerem osmotischen Druck Wasser in die Blutkörperchen ein. In letzterem Falle wird die Haut einer gewissen Menge der Blutkörperchen gesprengt, der Farbstoff tritt aus und färbt die obere Schicht roth. Weitere Versuche stellten aber fest, dass die Haut der Blutkörperchen auch für Salze durchlässig ist; es ergab sich indess, dass sich der gelöste Stoff und der Salzinhalt der Blutkörperchen, der vorwiegend aus Phosphaten und Chloriden besteht, in isotonischen Verhältnissen austauschen, d. h. so, dass der osmotische Druck beider keine Veränderung erleidet. Dieses merkwürdige Verhalten ermöglicht es, trotz der Permeabilität der Blutkörperchen für die gelösten Stoffe die isotonischen Koëffizienten zu bestimmen, da

---

[1]) Archiv f. Anat. u. Physiol. Physiol. Abth. 1887, 31; Zeitschr. physikal. Chemie 1890, *6*, 319.

die dem Inhalt der Blutkörperchen isotonischen Lösungen auch nach erfolgtem Austausch demselben isotonisch bleiben. Möglicher Weise zeigen auch die Pflanzenzellen ein ähnliches Verhalten.

Die Ergebnisse der Untersuchungen Hamburger's sind deshalb von theoretischem Interesse, weil sie bei verschiedenen Temperaturen, 0^0 und 34^0, angestellt wurden. Wenn nämlich das Gay-Lussac'sche Gesetz für verdünnte Lösungen gilt, so müssen isotonische Lösungen bei allen Temperaturen isotonisch bleiben. Hamburger fand in der That, dass Lösungen von Chlornatrium, Kaliumnitrat und Rohrzucker, welche bei 0^0 isotonisch waren, dies auch bei 34^0 blieben. Folgende Tabelle enthält seine Resultate.

	Isotonische Konzentrationen Prozent bei 0^0	bei 34^0
Chlornatrium	0,62 bis 0,609	0,62 bis 0,609
Kaliumnitrat	1,052 bis 1,03	1,052 bis 1,03
Rohrzucker	5,48 bis 5,38	5,48 bis 5,38.

In der nachfolgenden Tabelle sind alle von H. de Vries und Hamburger bestimmten isotonischen Koëffizienten enthalten; dieselbe ist von dem ersteren[1]) zusammengestellt. Neuere Bestimmungen, welche von H. de Vries[2]) angestellt wurden, sind eingefügt worden.

Substanz	Formel	Isotonische Koëffizienten nach der plasmolytischen Methode	der Transportmethode	der Methode der Gewebsspannung	der Methode der Blutkörperchen
Harnstoff	CH_4N_2O	1,70	—	—	—
Glycerin	$C_3H_8O_3$	1,78	—	—	—
Rohrzucker	$C_{12}H_{22}O_{11}$	1,81	1,95	1,84	1,72
Invertzucker	$C_6H_{12}O_6$	1,88	—	1,84	—
Aepfelsäure	$C_4H_6O_5$	1,98	—	—	—
Weinsäure	$C_4H_6O_6$	2,02	—	—	—
Citronensäure	$C_6H_8O_7$	2,02	—	—	—
Aepfelsaures Magnesium	$MgC_4H_4O_5$	1,88	—	1,63	—
Schwefelsaures Magnesium	$MgSO_4$	a) 1,96 b) 2,13	—	1,78	2,44
Salpetersaures Kalium	KNO_3	3,0	—	—	3,0
Salpetersaures Natrium	$NaNO_3$	3,0	—	—	—
Chlorkalium	KCl	3,08	3,0	2,84	—
Chlornatrium	$NaCl$	3,0	—	3,05	3,0

[1]) Zeitschr. physikal. Chemie 1888, *2*, 415.
[2]) Zeitschr. physikal. Chemie 1889, *3*, 103.

Substanz	Formel	isotonische Koëffizienten nach der plasmolytischen Methode	der Transportmethode	der Methode der Gewebsspannung	der Methode der Blutkörperchen
Chlorammonium	NH_4Cl	a) 3,0 b) 3,10	—	—	—
Chlorlithium	$LiCl$	3,26	—	—	—
Jodkalium	KJ	—	—	—	3,04
Jodnatrium	NaJ	—	—	—	2,90
Bromkalium	KBr	—	—	—	3,05
Bromnatrium	$NaBr$	—	—	—	3,03
Essigsaures Kalium	$KC_2H_3O_2$	3,0	—	—	2,85
Primäres citronensaures Kalium	$KC_6H_7O_7$	3,05	—	—	—
Oxalsaures Kalium	$K_2C_2O_4$	—	—	3,93	4,07
Schwefelsaures Kalium	K_2SO_4	—	3,9	3,92	4,7
Sekund. phosphorsaures Kalium	K_2HPO_4	—	—	3,96	—
Weinsaures Kalium	$K_2C_4H_4O_6$	—	—	3,99	—
Aepfelsaures Kalium	$K_2C_4H_4O_5$	—	—	4,11	—
Sekund. citronensaures Kalium	$K_2C_6H_6O_7$	4,08	—	—	—
Chlormagnesium	$MgCl_2$	a) 4,33 b) 4,74	—	—	3,84
Chlorcalcium	$CaCl_2$	a) 4,33 b) 4,73	—	—	4,05
Chlorbaryum	$BaCl_2$	—	—	—	4,03
Chlorstrontium	$SrCl_2$	4,58	—	—	—
Salpetersaures Calcium	$Ca(NO_3)_2$	4,22	—	—	—
Neutral. citronens. Magnesium	$Mg_3(C_6H_5O_7)_2$	3,88	—	3,53	—
Neutral. citronensaures Kalium	$K_3C_6H_5O_7$	5,01	—	4,74	—
Ferrocyankalium	$K_4Fe(CN)_6$	5,26	—	—	—

Schon längere Zeit vor H. de Vries und Hamburger hatte O. Nasse[1]) versucht, die isotonischen Konzentrationen von Salzlösungen auf physiologischem Wege zu bestimmen; die interessante Arbeit Nasse's wurde von G. Tammann[2]) den Chemikern zugänglicher gemacht. Bringt man sorgfältig präparirte Froschmuskeln in ein hundertfaches Volum verschiedener Salzlösungen von wechselnder Konzentration, so beobachtet man, dass es für jedes Salz eine bestimmte Konzentration der Lösung gibt, bei welcher die Froschmuskeln die Fähigkeit, auf elektrische Reize zu wirken, am langsamsten verlieren; ist die Lösung des Salzes konzentrirter oder verdünnter, so geht die Reizbarkeit viel

[1]) Arch. f. d. gesammte Physiologie 1869, *2*, 114; 1875, *11*, 140.
[2]) Zeitschr. physikal. Chemie 1891, *8*, 685.

rascher verloren, und zwar um so rascher, je verdünnter oder konzentrirter die Lösung ist.

Nasse betrachtete diese Erscheinung als eine osmotische und nahm an, dass die Lösungen, welche in gleicher Weise auf die Froschmuskeln einwirkten, isotonisch seien. Die vielen Nebenerscheinungen lassen dies Verhalten indess im Allgemeinen nicht klar hervortreten. Trotzdem kann man dasselbe an einer Reihe anologer Salze vom Typus M′A′ deutlich erkennen. In gleichen Volumen isotonischer Lösungen, d. h. solcher von gleichem osmotischen Druck, ist nach dem van 't Hoff-schen Gesetz eine gleiche Anzahl Molekeln. Für Salzlösungen gilt, wie schon wiederholt angeführt wurde, das van 't Hoff'sche Gesetz nicht ohne Weiteres; es wird aber später gezeigt werden, dass analoge Salze desselben Typus in gleichen Volumen verdünnter isotonischer Lösungen sehr nahe die gleiche Anzahl Molekeln enthalten. Sind daher die von Nasse gefundenen Lösungen, welche die Reizbarkeit der Froschmuskeln am längsten erhielten, wirklich isotonisch, so muss ihre Konzentration in Gramm-Molekeln gleich sein, soweit analoge Salze in Frage kommen. Dies trifft für mehrere Salze vom Typus M′A′ sehr nahe zu, wie folgende Tabelle lehrt.

Salz	Konzentration der Lösung	
	Prozent	Gramm-Molekeln im Liter
Chlornatrium	0,6	0,103
Bromnatrium	1,2	0,116
Jodnatrium	1,75	0,116
Natriumacetat . . .	0,95	0,116
Natriumnitrat	1,0	0,117

Die Ergebnisse von Nasse mit anderen Salzen können hier noch nicht diskutirt werden. Bemerkenswerth — allerdings nicht im chemischen, sondern im physiologischen Interesse — ist die Thatsache, dass der osmotische Druck im Protoplasma der Nervenzellen des Froschmuskels demjenigen im Protoplasma der Blutkörperchen nahe gleich ist; die Konzentrationen, welche nach Nasse's Versuchen dem Protoplasma der Nerven isotonisch sind, sind nach Hamburger's Versuchen auch dem Protoplasma der Blutkörperchen nahezu isotonisch. Dasselbe gilt auch für das Protoplosma der Pflanzen[1]).

Ganz neuerdings wurden von A. Wladimiroff[2]) Bestimmungen

[1]) Janse, Verslagen en Mendedeelingen d. koninkligken Academie van Wetenschappen [3], 1888, *4*, 345.

[2]) Zeitschr. f. Hygiene 1891, *13*, 89; Zeitschr. physikal. Chemie 1891, 7, 529.

isotonischer Konzentrationen an lebenden Bakterien ausgeführt. Die Bakterienzellen sind mit Protoplasma erfüllt, dem ein bestimmter osmotischer Druck zukommt; sie werden daher beim Einbringen in Salzlösungen ein ähnliches Verhalten wie die Pflanzenzellen zeigen. Ob beim Einbringen der Bakterien in konzentrirte Lösungen wirklich Plasmolyse eintritt, lässt sich wegen der Kleinheit der Bakterien nicht entscheiden; doch sprechen die Erscheinungen, welche Trenkmann[1]) bei der Färbung einer sehr grossen Bakterie beobachtete, für das thatsächliche Eintreten der Plasmolyse.

Da die Plasmolyse der Bakterien nicht direkt beobachtet werden kann, so muss der Wasseraustritt aus den Bakterien an den Veränderungen anderer Eigenschaften erkannt werden. Wladimiroff bediente sich der Eigenbewegung der Bakterien, welche durch Wasserentziehung sehr erheblich abnimmt. Bringt man eine Kultur von Bakterien mit lebhafter Eigenbewegung der Reihe nach in immer konzentrirtere Salzlösungen, so nimmt zunächst die Geschwindigkeit der Schwimmbewegung der Bakterien ab, sie wird träger. Dann verschwinden allmählich die gleichmässig schwimmenden Bakterien; sie bewegen sich nur noch ruckweise um kleine Strecken vorwärts. In konzentrirteren Lösungen werden auch diese Vorstösse immer schwächer und sinken zu Schwimmversuchen herab; dann tritt ein eigenthümliches Hin- und Herwerfen des Körpers ein, ähnlich demjenigen der Fische auf dem Trocknen, und bei weiterem Steigen der Konzentration hört die Eigenbewegung ganz auf.

Wladimiroff bestimmte bei sechs Bakterien mit lebhafter Eigenbewegung diejenige Konzentration von Salzlösungen, bei welcher das gleichmässige Schwimmen der eingebrachten Bakterien gerade verhindert wurde. Die Beobachtung des Verhaltens der Bakterien gegenüber den Salzlösungen wurde im sogenannten hängenden Tropfen ausgeführt. Wenngleich die Versuchsergebnisse durch mancherlei Umstände getrübt wurden — ein Theil der Salze drang in das Protoplasma der Bakterien ein, ein anderer Theil wirkte giftig auf dasselbe —, so konnte doch der relative osmotische Druck einer Reihe von Salzlösungen bestimmt werden.

Optische Bestimmung des osmotischen Drucks.

Eine optische Methode zur Bestimmung isotonischer Konzentrationen von Lösungen ist von G. Tammann[2]) angegeben worden. Wenn man zwei Lösungen durch eine halbdurchlässige Wand trennt,

---

[1]) Centralbl. f. Bakteriologie und Parasitenkunde 1890, *8*, 389.

[2]) Annal. Phys. Chemie [2], 1888, *34*, 299.

so tritt, wenn dieselben nicht isotonisch sind, aus der einen Wasser aus, um in die andere überzugehen. Die eine Lösung wird dadurch an der halbdurchlässigen Wand konzentrirter und sinkt zu Boden, die andere wird verdünnter und steigt nach oben. Derartige Konzentrationsänderungen lassen sich mit dem Töpler'schen Schlierenapparat[2]), welcher sehr kleine Aenderungen in der Lichtbrechung erkennen lässt, genau verfolgen. Trat keine Konzentrationsänderung zwischen zwei Lösungen ein, so waren dieselben isotonisch. Tammann erzeugte mit Hilfe von Kupfer- und Zinksalzen einerseits und Ferrocyankalium andererseits Traube'sche Zellen und beobachtete die Konzentrationsänderungen um dieselben; er musste sich daher zunächst auf die Bestimmung der isotonischen Konzentrationen dieser membranbildenden Salzlösungen beschränken. Da indess der osmotische Druck eines Gemenges gleich der Summe der osmotischen Drucke der Bestandtheile ist, so konnte er durch Zufügen von anderen Körpern zu einer membranbildenden Lösung und Bestimmung der isotonischen Konzentration des Gemisches die isotonische Konzentration der Lösung des zugesetzten Stoffes berechnen. Er führte dies für eine Anzahl organischer Verbindungen aus.

Die Tammann'schen Versuche sind noch mit erheblichen Unsicherheiten behaftet. Doch kann man im Allgemeinen erkennen, dass das Verhältniss der isotonischen Konzentrationen, in Molekulargewichten ausgedrückt, ziemlich unabhängig von der Konzentration ist; dasselbe hatte schon H. de Vries (S. 391) gefunden. Die untersüchten organischen Verbindungen hatten in äquimolekularen Lösungen annähernd gleichen osmotischen Druck. Von einer Aufführung der Ergebnisse im Einzelnen kann hier abgesehen werden.

Damit sind die Methoden zur Bestimmung des osmotischen Drucks von Lösungen erschöpft. Aus den Darlegungen ist ersichtlich, dass sie für die Praxis der Molekulargewichtsbestimmungen nicht von grosser Bedeutung geworden sind, wenngleich nicht zu leugnen ist, dass die Methode der Plasmolyse und namentlich diejenige der Blutkörperchen sehr wohl in die Laboratoriumspraxis eingeführt werden könnten. Dass dies nicht geschehen, rührt daher, dass die anderen, in innigem Zusammenhang mit diesen stehenden Methoden der Bestimmung des Molekulargewichts im Zustande der verdünnten Lösung ungleich bequemer sind. Trotzdem sind die direkten Bestimmungen, sei es der absoluten, sei es der relativen Grösse des osmotischen Drucks, von hohem theoretischen Interesse, da sie direkte Bestätigungen der van 't Hoff'schen Theorie liefern.

---

[1]) Annal. Phys. Chemie 1867, *131*, 33.

Bestimmung des Molekulargewichts aus der Gefrierpunktserniedrigung.

Theorie und Bestätigung derselben durch Versuchsergebnisse.

Während die direkte Bestimmung des osmotischen Drucks oder der isotonischen Konzentrationen bis jetzt noch keine weitere Anwendung für Molekulargewichtsbestimmungen gefunden hat, gehen wir jetzt zu einer Methode über, welche bereits in viele Laboratorien Eingang gefunden hat und schon zu Molekulargewichtsbestimmungen diente, bevor die empirisch gefundene Gesetzmässigkeit zwischen der Gefrierpunktserniedrigung und dem Molekulargewicht durch eine Theorie mit anderen Gesetzmässigkeiten verknüpft wurde. Recht in Fluss gelangte das neue Prinzip der Molekulargewichtsbestimmungen indess erst, als dasselbe seine theoretische Begründung fand. Es ist das Verdienst J. H. van 't Hoff's, die Beziehungen der Gefrierpunktserniedrigung zum osmotischen Druck und damit zum Molekulargewicht theoretisch klargelegt zu haben.

Es ist eine schon seit langer Zeit bekannte Thatsache, dass der Gefrier- oder Erstarrungspunkt einer Flüssigkeit erniedrigt wird, wenn man in derselben einen Stoff löst. Bringt man eine Lösung theilweise zum Erstarren, so scheidet sich im Allgemeinen nur das Lösungsmittel ab, während eine konzentrirtere Lösung des gelösten Stoffes zurückbleibt. Meerwasser gibt z. B. fast salzfreies Eis und gefärbte Lösungen geben farbloses Eis, während konzentrirte Mutterlaugen des gelösten Stoffes zurückbleiben. Sehr augenfällig erbrachte Rüdorff den Beweis, dass sich aus Salzlösungen reines Eis ausscheidet, an einer Lösung von Magnesiumplatincyanür. Dieses Salz ist in festem Zustand roth, in Lösung farblos; Lösungen desselben gaben farbloses Eis, daher konnte sich das Salz nicht in festem Zustand abgeschieden haben.

Die Beziehung der Gefrierpunktserniedrigung zu dem osmotischen Druck verdünnter Lösungen wurde von J. H. van 't Hoff[1]) auf thermodynamischem Wege abgeleitet. Er führte bei dem gleichen Gefrierpunkt zweier Lösungen einen umkehrbaren Kreisprozess aus und wandte auf diesen die Grundsätze der mechanischen Wärmetheorie an. Das Ergebniss war folgendes: Lösungen von gleichem Gefrierpunkt sind isotonisch. Da nun in gleichen Raumtheilen der isotonischen Lösungen nach dem van 't Hoff-Avogadro'schen Gesetze bei gleicher Temperatur eine gleiche Anzahl Molekeln ist, so müssen auch in gleichen Raumtheilen aller Lösungen mit demselben Gefrierpunkt bei gleicher Temperatur gleich viele Molekeln sein; mit anderen Worten: äquimolekulare Lösungen müssen den gleichen Gefrierpunkt haben. Nun zeige

---

[1]) Zeitschr. physikal. Chemie 1887, *1*, 496.

eine Lösung von p Prozent eines Stoffes, dessen Molekulargewicht m ist, die Gefrierpunktserniedrigung t und eine $p_1$prozentige Lösung eines anderen Stoffes mit dem Molekulargewicht m_1 in demselben Lösungsmittel die Gefrierpunktserniedrigung t_1. Dann werden die 1prozentigen Lösungen die Gefrierpunkte $\frac{t}{p}$ und $\frac{t_1}{p_1}$ zeigen, und die Lösungen, welche ein Molekulargewicht der Stoffe enthalten, haben die Gefrierpunkte $\frac{m \cdot t}{p}$ und $\frac{m_1 \cdot t_1}{p_1}$. Diese müssen nach van 't Hoff's Rechnung gleich und für alle gelösten Stoffe konstant sein:

$$\frac{m \cdot t}{p} = \frac{m_1 \cdot t_1}{p_1} = \text{Konst.}$$

Die Konstanz dieses Ausdrucks war schon früher von Raoult erkannt worden; er bezeichnete das Produkt aus der Gefrierpunktserniedrigung der 1prozentigen Lösung $\left(\frac{t}{p}\right)$ und dem Molekulargewicht (m) als „normale molekulare Gefrierpunktserniedrigung" und sprach daher folgendes Gesetz aus: Die normale molekulare Gefrierpunktserniedrigung ist für die in demselben Lösungsmittel gelösten Stoffe gleich. Wir werden auf die Raoult'schen Beobachtungen später ausführlich eingehen.

J. H. van 't Hoff ging indess noch weiter und bewies, wiederum auf thermodynamischem Wege durch Vollziehung eines Kreisprozesses, dass man den Werth der molekularen Gefrierpunktserniedrigung aus zwei Konstanten des Lösungsmittels: der absoluten Erstarrungstemperatur und der „latenten" Schmelzwärme im Voraus berechnen kann. Bedeutet t die molekulare Gefrierpunktserniedrigung, T den absoluten Erstarrungspunkt und W die latente Schmelzwärme des Lösungsmittels, so ist:

$$t = 0{,}02\,\frac{T^2}{W}.$$

Die Bestätigungen dieser theoretisch abgeleiteten Beziehung durch die Beobachtungen Raoult's werden später vorgeführt werden.

Die Proportionalität zwischen dem osmotischen Druck und der Gefrierpunktserniedrigung der Lösungen war bereits 1884 von H. de Vries[1]) ausgesprochen worden; er zeigte, dass seine isotonischen Koëfzienten den Gefrierpunktserniedrigungen proportional sind. Da die zusammenfassende Arbeit Raoult's, welche sämmtliche Versuchsergebnisse enthält, zur Zeit der de Vries'schen Veröffentlichung noch nicht erschienen war, so musste sich de Vries mit der Darlegung allge-

[1]) Pringsheim's Jahrbücher f. wissenschaftl. Botanik 1884, *14*, 521.

meiner Uebereinstimmung begnügen; so hatten z. B. alle untersuchten organischen Stoffe denselben isotonischen Koëffizienten und die gleiche Gefrierpunktserniedrigung. Dagegen konnte de Vries den Untersuchungen de Coppet's über die Gefrierpunkte von Salzlösungen mehrere Daten entnehmen und mit seinen isotonischen Koëffizienten vergleichen; die Uebereinstimmung war eine durchaus befriedigende. Später[1]) hat H. de Vries eine Zusammenstellung der von Raoult beobachteten Gefrierpunktserniedrigung und der von ihm ermittelten isotonischen Koëffizienten wässeriger Lösungen geliefert, welche in der folgenden Tabelle wiedergegeben ist. Die später noch von H. de Vries[2]) untersuchten Substanzen sind der Tabelle eingefügt worden.

Substanz	Isotonischer Koëffizient $\times 100$	Molekulare Gefrierpunktserniedrigung $\times 10$
Harnstoff	170	172
Glycerin	178	171
Invertzucker	188	193
Rohrzucker	181—195	185
Aepfelsäure	198	187
Weinsäure	202	195
Citronensäure	202	193
Magnesiumsulfat	a) 196 b) 213	192
Kaliumnitrat	300	308
Natriumnitrat	300	340
Chlorkalium	308	336
Chlornatrium	300	351
Chlorammonium	a) 300 b) 310	348
Chlorlithium	326	368
Kaliumacetat	300	345
Kaliumoxalat	393	468
Kaliumsulfat	391	390
Chlormagnesium	a) 433 b) 474	488
Chlorcalcium	a) 433 b) 473	499
Chlorstrontium	458	511
Calciumnitrat	422	374
Kaliumtartrat	399	363
Ferrocyankalium	526	463

[1]) Zeitschr. physikal. Chemie 1888, *2*, 427.
[2]) Zeitschr. physikal. Chemie 1889, *3*, 103.

Die Lösungen organischer Stoffe zeigen volle Uebereinstimmung, die Salze dagegen viele Unterschiede; die Ursache der letzteren wird später dargelegt werden. Trotzdem ist nicht zu verkennen, dass auch bei manchen Salzen eine gute Uebereinstimmung herrscht.

Nachdem im Vorstehenden die Beziehungen der Gefrierpunktserniedrigung zum osmotischen Druck und damit, nach dem van 't Hoff-Avogadro'schen Gesetz, zum Molekulargewicht abgeleitet worden sind, wenden wir uns zur Betrachtung der Versuchsergebnisse, von welchen die Raoult'schen bereits theilweise mitgetheilt sind. Wie bereits erwähnt wurde, ist bei den Gesetzmässigkeiten des Gefrierens von Lösungen die Erfahrung der Theorie voraufgeeilt: dieselben waren bereits empirisch festgestellt, als die Theorie sie als nothwendige Folgerung anderer Gesetzmässigkeiten erkannte.

Bereits vor mehr als 100 Jahren stellte Blagden[1]) Versuche über den Gefrierpunkt wässeriger Lösungen an. Seine Versuche ergaben, dass die durch denselben Stoff hervorgerufene Gefrierpunktserniedrigung im Allgemeinen proportional der Menge des aufgelösten Stoffes war; er fand ferner, dass die durch ein Gemisch mehrerer Stoffe verursachte Gefrierpunktserniedrigung gleich der Summe der durch die einzelnen Stoffe verursachten Gefrierpunktserniedrigungen war.

Vom Jahre 1861 ab beschäftigte sich Fr. Rüdorff[2]) mit dem Studium der Gefrierpunkte von wässerigen Lösungen und gelangte zu demselben Ergebniss wie Blagden: die Gefrierpunktserniedrigungen der Lösungen desselben Stoffes waren proportional dem Prozentgehalt derselben. Bei manchen Stoffen wuchs das Verhältniss von Gefrierpunktserniedrigung und Prozentgehalt mit steigendem Prozentgehalt; dann konnte man aber durch die Annahme, dass der Stoff ein bestimmtes Hydrat bilde, die Konstanz des Verhältnisses erreichen. In manchen Fällen mussten mit wachsendem Prozentgehalt sogar mehrere Hydrate angenommen werden; für das Kupferchlorid wurden z. B. zwei Hydrate berechnet: $CuCl_2 + 12 H_2O$ für Lösungen bis zu etwa 20 Prozent und $CuCl_2 + 4 H_2O$ für konzentrirtere Lösungen; Kochsalz sollte bis zu 14 Prozent wasserfrei sein, über 14 Prozent als $NaCl + 4 H_2O$ in Lösung sein.

Spätere Versuche von de Coppet[3]) ergaben indess, dass die Abweichungen des Verhältnisses nicht sprungweise, sondern ganz allmählich erfolgen, und dass plötzliche Uebergänge von einem konstanten Werth zum anderen nicht stattfinden. Einen sehr erheblichen Fort-

---

[1]) Phil. Transact. 1788, *78*, 277.

[2]) Annal. Phys. Chemie 1861, *114*, 63; 1862, *116*, 55; 1871, *145*, 599.

[3]) Annal. chim. phys. [4], 1871, *23*, 366; 1872, *25*, 502; 1872, *26*, 98 u. 539.

schritt brachten die Arbeiten von de Coppet dadurch, dass er die Gefrierpunktserniedrigungen nicht auf gleichprozentige, sondern auf äquimolekulare Lösungen bezog. Er fand, dass die „molekularen Gefrierpunktserniedrigungen", d. h. die durch äquimolekulare Salzmengen hervorgerufenen Erniedrigungen für analoge Salze annähernd gleich waren; äquimolekulare Lösungen ähnlicher Salze gefrieren demnach bei derselben Temperatur. Das Ergebniss der de Coppet'schen Untersuchungen ist demjenigen ähnlich, zu welchem H. de Vries später bei seinen isotonischen Koëffizienten gelangte; auch die isotonischen Koëffizienten waren nicht alle gleich, wohl aber diejenigen der einzelnen Gruppen, welche, soweit die Salze in Frage kommen, nur analoge Stoffe enthalten (s. S. 395).

Die genannten Forscher gelangten zu keinem allgemein gültigen Ergebniss; sie konnten dies auch nicht, da sie nur wässerige Lösungen von Salzen, Säuren und Basen, d. h. von Elektrolyten untersuchten, die, wie später eingehend dargelegt werden wird, ein durchaus abweichendes Verhalten zeigen. Die Erlangung allgemein gültiger Ergebnisse war F. M. Raoult vorbehalten, welcher seine umfassenden Untersuchungen auf wässerige Lösungen organischer Verbindungen, also von Nichtleitern, und auf Lösungen in anderen Mitteln ausdehnte.

In seiner ersten Abhandlung[1]) theilte Raoult seine Versuche mit verdünnten wässerigen Lösungen organischer Stoffe ($^1/_2$ bis 1 g-Molekel in 1000 g Lösung) mit. Danach ist die molekulare Gefrierpunktserniedrigung dieser Lösungen für alle organischen Stoffe annähernd konstant und beträgt im Mittel $18,5^0$. Die einzelnen Zahlen zeigen immerhin noch erhebliche Differenzen unter einander; unter Ausserachtlassung der äussersten Werthe $15,3^0$ für Anilin, $15,5^0$ für Phenol und $22,9^0$ für Oxalsäure schwanken dieselben zwischen $16,3^0$ (Pyrogallol) und $19,9^0$ (Ammoniak). Aehnliche Resultate erhielt Raoult[2]) für Lösungen in Benzol (Schmelzpunkt $4,96^0$); auch hier war die molekulare Gefrierpunktserniedrigung annähernd konstant; sie schwankte zwischen $48,6^0$ (Aethylenchlorid) und $51,8^0$ (Aethylsulfid), wenn man die äussersten vereinzelt stehenden Werthe $46,3^0$ (Anilin), $47,0^0$ (Essigsäureanhydrid) und $52,1^0$ (Narkotin) ausschliesst. Im Mittel betrug dieselbe etwa 49^0.

Weitere Versuche stellte Raoult[3]) mit Lösungen in Essigsäure (Schmelzpunkt $16,75^0$), Ameisensäure (Schmelzpunkt $8,52^0$), Nitrobenzol (Schmelzpunkt $5,28^0$) und Aethylenbromid (Schmelzpunkt $9,72^0$)

---

[1]) Compt. rend. 1882, *94*, 1517.
[2]) Compt. rend. 1882, *95*, 188.
[3]) Compt. rend. 1882, *95*, 1030.

an. Auch hier ergab sich die Konstanz der molekularen Gefrierpunktserniedrigung. Sie betrug für Lösungen in Essigsäure im Mittel 39°, in Ameisensäure 28°, in Nitrobenzol 70° und in Aethylenbromid 117°. Bei allen Lösungsmitteln kamen Schwankungen vor, welche aber ziemlich enge Grenzen nicht überschritten.

Neben diesen „normalen" molekularen Gefrierpunktserniedrigungen kam indess auch eine Anzahl ganz abweichender vor. So verursachten die Stoffe mit einer Hydroxylgruppe, z. B. Säuren, Alkohole und Phenole, denen sich später noch andere Verbindungen anschlossen, in Benzol, Nitrobenzol und Aethylenbromid eine gerade halb so grosse molekulare Gefrierpunktserniedrigung als die anderen; in Essigsäure, Ameisensäure und Wasser verhielten sie sich dagegen normal. Die Elektrolyte zeigten ein ganz abweichendes Verhalten; die durch sie verursachten Gefrierpunktserniedrigungen waren theils normal, zum grossen Theil doppelt so gross und manche noch grösser. Von der Aufzählung der von Raoult[1]) bestimmten molekularen Gefrierpunktserniedrigungen von 243 Stoffen in den oben genannten Lösungsmitteln kann hier abgesehen werden; sie finden sich in Ostwald's Lehrbuch der allgem. Chemie 2. Aufl. Bd. *1*, S. 749.

Sehen wir von den Abweichungen, welche uns später beschäftigen werden, einstweilen ab, so steht das Raoult'sche Gesetz der Konstanz der molekularen Gefrierpunktserniedrigungen in vollem Einklang mit der van 't Hoff'schen Theorie; der letztere fand in demselben denn auch eine willkommene Bestätigung seiner theoretischen Darlegungen. Raoult[2]) ging aber noch einen Schritt weiter, indem er auch zwischen den normalen Gefrierpunktserniedrigungen der verschiedenen Lösungsmittel eine einfache Gesetzmässigkeit feststellte. Dividirte er nämlich die normalen Gefrierpunktserniedrigungen der Lösungsmittel durch die Molekulargewichte der letzteren, so erhielt er sehr annähernd gleiche Zahlen; dieselben stellen die Gefrierpunktserniedrigungen dar, welche durch Auflösen von 1 Molekel eines Stoffes in 100 Molekeln des Lösungsmittels hervorgerufen werden. Doch ist hierzu mitunter ein von dem gebräuchlichen abweichendes Molekulargewicht des Lösungsmittels anzuwenden; so muss z. B. für das Wasser ein Molekulargewicht genommen werden, welches dreimal so gross als das gewöhnliche ist. Auch ist für die molekulare Gefrierpunktserniedrigung der Lösungen in Wasser nicht der Werth 18,5°, welcher für organische Stoffe beobachtet wurde, sondern der doppelte Werth 37° zu nehmen.

Dividirt man die oben angeführten molekularen Gefrierpunkts-

[1]) Annal. chim phys. [5], 1883, *28*, 137; [6], 1884, *2*, 66.
[2]) Compt. rend. 1886, *102*, 1307.

erniedrigungen der sechs Lösungsmittel durch die zugehörigen Molekulargewichte der letzteren, so erhält man, unter Berücksichtigung der für Wasser geltenden Besonderheiten, folgende Quotienten:

Wasser	0,683°	Benzol	0,628°
Ameisensäure	0,608°	Nitrobenzol	0,600°
Essigsäure	0,650°	Aethylenbromid	0,623°

Dieselben sind annähernd konstant; ihr Mittelwerth beträgt, wenn der für das Wasser geltende Quotient unberücksichtigt bleibt, 0,62° (anderenfalls 0,63°). Die molekulare Gefrierpunktserniedrigung stellte die Differenz der Gefrierpunkte des reinen Lösungsmittels und einer Lösung dar, welche in 100 g 1 g-Molekel des gelösten Stoffes enthielt; die durch das Molekulargewicht des Lösungsmittels dividirte molekulare Gefrierpunktserniedrigung stellt daher die Gefrierpunktserniedrigung dar, welche eine Lösung von 1 Gramm-Molekel des Stoffes in 100 Gramm-Molekeln des Lösungsmittels gegenüber dem reinen Lösungsmittel zeigt. Raoult sprach daher die von ihm gefundene Gesetzmässigkeit folgendermaassen aus: Löst man 1 Molekulargewicht irgend eines Stoffes in 100 Molekulargewichten einer Flüssigkeit, so liegt der Gefrierpunkt der Lösung um 0,62° tiefer, als derjenige des reinen Lösungsmittels. Dass das Wasser hiervon eine Ausnahme macht, ist schon aus der Ableitung der Gesetzmässigkeit ersichtlich.

Vergleichen wir nunmehr die empirischen Gesetzmässigkeiten, welche Raoult gefunden hat, mit den theoretischen Darlegungen van 't Hoff's, so finden wir bezüglich der Konstanz der molekularen Gefrierpunktserniedrigung eine vollständige Uebereinstimmung. Von fünf der oben genannten sechs Lösungsmittel kennt man die latente Schmelzwärme; sie ermöglichen also den Vergleich der beobachteten und der theoretischen Gefrierpunktserniedrigungen. In der folgenden Tabelle, welche von J. H. van 't Hoff[1]) herrührt, sind dieselben nebeneinander gestellt.

Lösungsmittel	Gefrierpunkt in absol. Temperatur T	Latente Schmelzwärme W	Molekulare Gefrierpunktserniedrigung berechnet $d = 0{,}02 \cdot \frac{T^2}{W}$	beobachtet
Wasser	273°	79,0	18,9°	18,5°
Essigsäure	273 + 16,7	43,2	38,8	39
Ameisensäure	273 + 8,5	55,6	28,4	28
Benzol	273 + 4,9	29,1	53,0	50
Nitrobenzol	273 + 5,3	22,3	69,5	70

Die latente Schmelzwärme des Aethylenbromids war nicht bekannt; man konnte daher hier den umgekehrten Weg einschlagen,

[1]) Zeitschr. physikal. Chemie 1887, *1*, 497.

indem man dieselbe nach der theoretischen Gleichung $d = 0{,}02 \frac{T^2}{W}$ aus der beobachteten molekularen Gefrierpunktserniedrigung der Lösungen in Aethylenbromid berechnete: $W = 0{,}02 \frac{T^2}{d}$. Die Rechnung ergiebt den Werth 13 für die latente Schmelzwärme des Aethylenbromids; als Pettersson dieselbe auf van 't Hoff's Veranlassung direkt bestimmte, fand er in der That den erwarteten Werth, nämlich im Mittel 12,94 — gewiss eine glänzende Bestätigung der Theorie.

Dagegen hat sich die von Raoult aufgestellte allgemeine Gesetzmässigkeit, dass durch Lösen von 1 Molekel irgend eines Stoffes in 100 Molekeln des Lösungsmittels der Gefrierpunkt stets um 0,62° erniedrigt werde, nicht bestätigt. Für fünf von den sechs Lösungsmitteln, an denen Raoult das Gesetz beobachtete, trifft es allerdings ein; dagegen musste für das Wasser die Annahme gemacht werden, dass seine Molekel im flüssigen Zustand aus 3 Gasmolekeln bestehe, eine Annahme, für welche eine Begründung nicht gegeben wurde. Die Unhaltbarkeit der Gesetzmässigkeit stellte sich bald klar heraus. Bereits W. Hentschel[1]), einer der Ersten, welche die Gesetze des Gefrierpunkts der Lösungen zu Molekulargewichtsbestimmungen anwandten, kam zu Ergebnissen, welche Bedenken gegen den Raoult-schen Satz hervorriefen. Er bestimmte einerseits das Molekulargewicht der Essigsäure in Benzollösung, andererseits dasjenige des Benzols in Eisessiglösung und musste aus den erhaltenen Zahlen schliessen, dass die Molekel der Essigsäure in dem dem Gaszustande analogen Zustande der verdünnten Lösung in Benzol aus zwei Gasmolekeln $C_2H_4O_2$, also aus Molekeln $C_4H_8O_4$ bestehe, während die Molekel der flüssigen Essigsäure bei Geltung des Raoult'schen Satzes als aus einer Gasmolekel $C_2H_4O_2$ angesehen werden musste. Hierin liegt offenbar ein Widerspruch; denn wenn die Essigsäuremolekel im Gaszustande nahe beim Siedepunkt (s. S. 335) und im Zustand verdünnter Lösung aus zwei kleinsten Gasmolekeln besteht, so kann sie unmöglich in der flüssigen Essigsäure aus nur einer Gasmolekel $C_2H_4O_2$ bestehen. Anderenfalls müssten die ursprünglich einfachen Molekeln bei der Vergrösserung ihrer mittleren Entfernungen zusammentreten, eine Annahme, welche ganz unhaltbar ist. Diese Verhältnisse veranlassten W. Ostwald[2]) schon damals, gegen die Raoult'sche Gesetzmässigkeit Stellung zu nehmen.

Später wurde der Raoult'sche Satz von J. F. Eykmann zum

---

[1]) Zeitschr. physikal. Chemie 1888, *2*, 306.

[2]) Zeitschr. physikal. Chemie 1888, *2*, 311.

Gegenstand eingehender Versuche gemacht. Derselbe[1]) bestimmte die molekulare Gefrierpunktserniedrigung in Phenollösung (Schmelzpunkt 38^0) und fand dieselbe bei einer grossen Anzahl Substanzen konstant gleich etwa 76^0 (die einzelnen Werthe schwankten zwischen $75{,}4^0$ und $76{,}6^0$). Da die latente Schmelzwärme des Phenols $W = 23$ ist, ergibt sich aus van 't Hoff's theoretischer Formel: $d = 0{,}02 \frac{T^2}{W} = 76^0$ ungefähr, also in voller Uebereinstimmung mit der Beobachtung. Andererseits soll nach Raoult's allgemeinem Satz die durch das Molekulargewicht des Lösungsmittels dividirte molekulare Gefrierpunktserniedrigung konstant gleich $0{,}62^0$ sein. Bedeutet d die molekulare Gefrierpunktserniedrigung und m das Molekulargewicht des Lösungsmittels, so ist nach Raoult $\frac{d}{m} = 0{,}62$ und $d = 0{,}62 \cdot m$. Da das Molekulargewicht des Phenols gleich 94 ist, so ergibt sich $d = 58{,}3$, also sehr abweichend von der Beobachtung. Eykmann[2]) stellte daher zur Prüfung des Raoult'schen Gesetzes weitere Versuche an, und zwar zunächst mit Naphtalin, da dessen Schmelzwärme genau bekannt ist; dieselbe wurde von Alluard[3]) zu 35,7 cal., von A. Battelli[4]) zu 35,5 cal. gefunden. Da der Schmelzpunkt des Naphtalins bei 80^0 liegt, ergibt sich nach der van 't Hoff'schen Formel $d = 0{,}02 \frac{T^2}{W} = 69{,}4^0$; nach Raoult's Gesetz ist dagegen $d = 0{,}62 \cdot m$, worin $m = 128$, daher $d = 79$ bis 80^0. Versuche, welche Raoult mit dem Naphtalin als Lösungsmittel anstellte, führten in der That zu der molekularen Gefrierpunktserniedrigung 82^0. Danach schien die van 't Hoff'sche Theorie beim Naphtalin zu einem falschen Ergebniss zu führen. Zur Klarstellung dieser Verhältnisse bestimmte Eykmann für eine Anzahl von Stoffen die molekulare Gefrierpunktserniedrigung in Naphtalinlösung; die gefundenen Werthe schwankten derart um den theoretischen, aus van 't Hoff's Formel berechneten, dass an der Richtigkeit des letzteren kein Zweifel sein konnte.

Gleichzeitig mit Eykmann hatte auch R. Fabinyi[5]) die molekulare Gefrierpunktserniedrigung in Naphtalinlösung bestimmt und im Gegensatz zu Eykmann Uebereinstimmung mit Raoult's Satz festgestellt. Auch für Thymol als Lösungsmittel ergab sich aus Raoult's Beobachtungen die Bestätigung des allgemeinen Gesetzes; man berechnet $d = 0{,}62 \cdot m = 93^0$, während $d = 92^0$ beobachtet wurde. Ein

[1]) Zeitschr. physikal. Chemie 1888, *2*, 964.
[2]) Zeitschr. physikal. Chemie 1889, *3*, 113.
[3]) Annal. chim. phys. [3], 1859, *57*, 470.
[4]) Atti del R. Istit. Ven. [3], 1887, *3*, 35.
[5]) Zeitschr. physikal. Chemie 1889, *3*, 38.

Vergleich mit der Theorie ist wegen des Fehlens der Schmelzwärme des Thymols nicht möglich.

Diese auffällige Uebereinstimmung des Raoult'schen Gesetzes mit der Beobachtung bei einer Reihe von Lösungsmitteln bewog Eykmann[1]), in eine erneute Prüfung einzutreten. Er ging diesmal in anderer Weise vor. Nach van 't Hoff's Theorie ist

$$d = 0{,}02 \cdot \frac{T^2}{W},$$

nach Raoult's empirischem Gesetz

$$d = 0{,}62 \cdot m.$$

Gelten beide Beziehungen gleichzeitig, so muss sein:

$$0{,}02 \frac{T^2}{W} = 0{,}62 \cdot m \text{ oder } W = 0{,}032 \cdot \frac{T^2}{m}.$$

Man könnte daher die Schmelzwärme aus der absoluten Schmelztemperatur und dem Molekulargewicht berechnen. Nachstehende Tabelle lehrt, dass dies nicht der Fall ist. Die erste Spalte enthält die beobachteten, die zweite die nach der Formel $W = 0{,}032 \cdot \frac{T^2}{m}$ berechneten latenten Schmelzwärmen.

Stoff	Latente Schmelzwärme	
	beobachtet	berechnet
Phenol	25,0	33,1
p-Toluidin . .	39,3	29,1
Diphenylamin .	21,2	20,0
Naphtylamin . .	19,4	23,4
Nitronaphtalin .	25,4	18,9
Laurinsäure . .	43,7	16
Myristinsäure .	47,5	15,6

Die Unterschiede der beiden Zahlenreihen sind namentlich bei den höheren Fettsäuren so gross, dass sie nicht durch Versuchsfehler bedingt sein können.

Raoult's empirisches und van 't Hoff's theoretisches Gesetz können somit nicht neben einander bestehen; es fragt sich nun, ob überhaupt eines derselben und welches gültig ist. Zur Entscheidung dieser Frage bestimmte Eykmann die molekulare Gefrierpunktserniedrigung für die oben genannten Lösungsmittel und berechnete dieselbe nach van 't Hoff's und Raoult's Formel. Die Ergebnisse sind in der folgenden Tabelle zusammengestellt.

---

[1]) Zeitschr. physikal. Chemie 1889, *3*, 203.

Stoff	Molekulare Gefrierpunktserniedrigung		
	beobachtet	berechnet nach van 't Hoff	berechnet nach Raoult
Phenol	74°	77°	58,3°
Naphtalin . . .	69	69,4	79,4
p-Toluidin . . .	51	49	66,3
Diphenylamin .	88	98,6	104,8
Naphtylamin . .	78	102,5	88,7
Laurinsäure . .	44	45,2	124
Palmitinsäure. .	44	44,3(?)	158,7

Da die latente Schmelzwärme der Palmitinsäure nicht bekannt ist, schätzte sie Eykmann annähernd nach den Regelmässigkeiten, welche die Schmelzwärme in der Reihe der Fettsäuren zeigt; der Berechnung liegt der Näherungswerth 50 der Schmelzwärme der Palmitinsäure zu Grunde.

Nach Maassgabe der Tabelle zeigen Diphenylamin und namentlich Naphtylamin Abweichungen des beobachteten Werthes von dem nach van 't Hoff berechneten; Eykmann glaubt dieselben indess auf Fehler in der Bestimmung der latenten Schmelzwärmen durch Battelli zurückführen zu können. Die von Battelli benutzten Stoffe waren nicht rein, wie aus dem Schmelzpunkt zu ersehen ist; reines Diphenylamin schmilzt bei 54° und Naphtylamin bei 50°, während Battelli's Präparate bei 51° bezw. 43,4° schmolzen. Die nach Raoult berechneten Zahlen zeigen demgegenüber durchweg beträchtliche Differenzen gegen die beobachteten Werthe.

Später[1]) nahm Eykmann die Prüfung der van 't Hoff'schen Gleichung nochmals auf, indem er die latente Schmelzwärme mehrerer Stoffe einerseits direkt bestimmte, andererseits dieselbe aus der Gefrierpunktserniedrigung berechnete. Die folgende Tabelle enthält seine Ergebnisse.

Stoff	Latente Schmelzwärme	
	direkt bestimmt	nach van 't Hoff berechnet
Thymol	27,5	27,9
Diphenyl . . .	28,5	29,4
Azobenzol . . .	29,0	29,4
Urethan . . .	40,8	41,0

Die ausgezeichnete Uebereinstimmung dieser Zahlen spricht in hohem Maasse zu Gunsten der van 't Hoff'schen Theorie.

[1]) Zeitschr. physikal. Chemie 1889, *4*, 497.

Während die direkte Bestimmung des osmotischen Drucks nur vereinzelt Anwendung zur Bestimmung des Molekulargewichts gefunden hat, ist das Gesetz der Gefrierpunkte der Lösungen schon jetzt sehr vielfach zu diesem Zwecke verwandt worden. Bevor wir indess zur Besprechung der Ausbildung der Methoden im Einzelnen gehen, müssen wir kurz auf die Abweichungen eingehen, welche sich bei der weiteren Ausdehnung der Versuche auf eine grosse Anzahl von Lösungsmitteln herausgestellt haben. Dieselben sollen an dieser Stelle nur so weit berührt werden, als sie bei der praktischen Ausführung der Methode in Frage kommen, und zwar ohne jede Erklärung. Die Deutung der Anomalien, ihr Unterordnen unter die allgemeine Gesetzmässigkeit, wird Gegenstand eines späteren Kapitels sein.

Bereits Raoult hatte beobachtet, dass in manchen Lösungsmitteln einzelne Stoffe nicht die für die anderen Stoffe gültige molekulare Gefrierpunktserniedrigung zeigten; er bezeichnete daher die für die Mehrzahl der Stoffe gefundene Gefrierpunktserniedrigung als die „normale". Welche Erniedrigung als die „normale" anzusehen war, konnte Raoult mit Sicherheit nicht angeben. An der Hand der van 't Hoff-schen Theorie ist dies jetzt leicht möglich: diejenige Gefrierpunktserniedrigung ist die normale, welche der van 't Hoff'schen, thermodynamisch abgeleiteten Gleichung $d = 0{,}02 \frac{T^2}{W}$ entspricht. Ein solches abnormes Verhalten zeigen z. B. die Alkohole, Phenole und Säuren in Benzol-, Nitrobenzol- und Aethylenbromidlösung; die durch diese Stoffe in diesen Lösungsmitteln hervorgerufene Gefrierpunktserniedrigung ist nur halb so gross als diejenige der anderen Verbindungen. Später zeigte es sich, dass alle Stoffe, welche eine Hydroxylgruppe enthalten, z. B. auch die Oximidoverbindungen, dieses Verhalten zeigen; in Essigsäure, Ameisensäure, Phenol, Wasser u. s. w. kommt diesen Stoffen dagegen die normale molekulare Gefrierpunktserniedrigung zu. Bei der Wahl des Lösungsmittels hat man daher auf die Natur des zu untersuchenden Stoffes Rücksicht zu nehmen. Die Lösungen der Elektrolyte in Wasser zeigen ein vollständig abnormes Verhalten; sie sollen zunächst ganz von der Betrachtung ausgeschlossen werden.

Weiter hat sich ergeben, dass die „normale" molekulare Gefrierpunktserniedrigung desselben Stoffes in demselben Lösungsmittel nicht immer konstant gefunden wird; dieselbe ist vielmehr von der Konzentration abhängig, was auch ganz erklärlich ist, da ja die van 't Hoff'sche Theorie nur für unendlich verdünnte Lösungen abgeleitet ist. Im Allgemeinen ist die Aenderung der molekularen Gefrierpunktserniedrigung der Konzentration proportional; bestimmt man daher die Gefrierpunktserniedrigung für mehrere Konzentrationen, so kann man die für unendliche Verdünnung geltende molekulare Erniedrigung durch Extrapolation finden. Später wird gezeigt werden, dass dies am besten auf graphischem Wege geschieht. Daraus ergibt sich, dass man, um genaue Werthe für das Molekulargewicht zu erhalten, sich nicht mit einer Gefrierpunktsbestimmung begnügen darf, sondern immer mehrere für verschiedene Konzentrationen vornehmen muss, aus denen die molekulare Gefrierpunktserniedrigung für unendliche Verdünnung zu berechnen ist.

Im Folgenden sollen nur die Apparate zur Bestimmung des Molekulargewichts, die Manipulationen und die Art der Berechnung angegeben werden, eine Besprechung der Ergebnisse aber noch nicht erfolgen. Denn die scheinbaren Ausnahmen, welche die Gesetze der verdünnten Lösungen erleiden, sind weit zahlreicher als bei den Gasen. Eine Besprechung der Versuchsergebnisse wäre ohne Berührung der scheinbaren Ausnahmen kaum möglich; wegen der grossen Wichtigkeit gerade der letzteren sollen sie in einem besonderen Kapitel im Zusammenhang abgehandelt werden.

Es ist sehr verständlich, dass Raoult[1]) die von ihm beobachteten Gesetzmässigkeiten der Gefrierpunkte von Lösungen zur Bestimmung des Molekulargewichts empfahl. Zwar hat sich das „allgemeine Erstarrungsgesetz" Raoult's, dass durch Auflösen von 1 Molekel irgend eines Stoffes in 100 Molekeln irgend einer Flüssigkeit der Gefrierpunkt im Vergleich zum reinen Lösungsmittel um $0{,}62^0$ erniedrigt wird, nicht bestätigt, es blieb aber der Satz bestehen, dass die molekulare Gefrierpunktserniedrigung für dasselbe Lösungsmittel konstant ist. Bedeutet daher d die Gefrierpunktserniedrigung, welche durch eine p-prozentige Lösung eines Stoffes vom Molekulargewicht m hervorgerufen wird, so ist

$$\frac{m \cdot d}{p} = \text{Konst. und}$$

$$m = \frac{p}{d} \cdot \text{Konst.}$$

Die Konstante ist für alle Lösungen in demselben Lösungsmittel gleich. Ihr Werth kann in der Weise bestimmt werden, dass man Stoffe von bekanntem Molekulargewicht in dem Lösungsmittel löst, den Gefrierpunkt bestimmt und die Konstante berechnet. Da vorher gezeigt wurde, dass die van 't Hoff'sche Theorie in vollem Umfange durch die Versuchsergebnisse bestätigt worden ist, kann man die Konstante auch aus der van 't Hoff'schen Gleichung berechnen, wenn die latente Schmelzwärme des Lösungsmittels bekannt ist.

---

[1]) Annal. chim. phys. [6] 1884, *2*, 93; Compt. rend. 1885, *101*, 1056.

Von den Lösungsmitteln, welche Raoult in den Bereich seiner Untersuchungen gezogen hatte, eignen sich zur allgemeinen Anwendung nur Wasser, Benzol und Eisessig. Da wir hier von den sich abnorm verhaltenden Lösungen der Elektrolyte in Wasser absehen, von organischen Stoffen aber nur relativ wenige in Wasser genügend löslich sind, so bleiben vornehmlich Benzol und Eisessig als Lösungsmittel. Raoult schrieb Anwendung von 100 g Lösungsmittel vor, damit die Erstarrungstemperatur möglichst lange konstant bleibt; die Konzentration soll so gewählt werden, dass die zu beobachtende Gefrierpunktserniedrigung etwa 1^0 beträgt, jedenfalls aber nicht weniger als $0{,}5^0$. Seine Gefrierpunktsbestimmungen führte er in offenen Gefässen aus und bediente sich eines in $0{,}02^0$ getheilten Thermometers.

Die Aufnahme, welche die Raoult'sche Methode der Molekulargewichtsbestimmung aus dem Gefrierpunkt der Lösungen bei den Fachgenossen fand, war anfangs eine äusserst kühle. Offenbar hatte man nicht dasjenige Vertrauen zu den rein empirischen, einer theoretischen Begründung durchaus entbehrenden Gesetzmässigkeiten des französischen Forschers, welches nothwendig gewesen wäre, um der neuen Methode alsbald allgemeinen Eingang in die chemischen Laboratorien zu verschaffen. Dazu kam, dass eine grosse Anzahl von Ausnahmen bekannt geworden war, für welche eine Erklärung nicht gegeben werden konnte. Dass diese Zurückhaltung bis zu einem gewissen Grade berechtigt war, erhellt daraus, dass das Raoult'sche „allgemeine Gesetz der Erstarrung der Lösungen" sich nicht bestätigte.

Methoden der Bestimmung des Gefrierpunkts.

Die Ersten, welche aus dem Gefrierpunkte Molekulargewichte bestimmten, scheinen E. Paterno und R. Nasini[1]) im Jahre 1886 gewesen zu sein. Dieselben suchten namentlich zu entscheiden, ob die Gefrierpunktsmethode gestatte, zwischen Isomerie und Polymerie eine Entscheidung zu treffen. Sie wählten Wasser, Benzol und Essigsäure als Lösungsmittel und bedienten sich eines in $0{,}02^0$ getheilten Thermometers. Ihre Ergebnisse waren durchaus befriedigend; sie fanden z. B. für Aldehyd die Formel C_2H_4O, für Paraldehyd $(C_2H_4O)_3$, für Cyanamid CN_2H_2 und für Dicyandiamid $(CN_2H_2)_2$.

In das folgende Jahr 1887 fällt die Bekanntgabe der van 't Hoff-schen Theorie[2]) an einen weiteren Kreis von Fachgenossen, und damit war der Anstoss zu einer sehr intensiven Bearbeitung des Gebiets der verdünnten Lösungen gegeben. Nachdem die Raoult'schen empirischen

---

[1]) Ber. deutsch. chem. Gesellschaft 1886, *19*, 2527.

[2]) Zeitschr. physikal. Chemie 1887, *1*, 481.

Gesetzmässigkeiten durch van 't Hoff eine theoretische Grundlage erhalten hatten, wurden dieselben alsbald in vielen Laboratorien zu Molekulargewichtsbestimmungen angewandt. Das Jahr 1888 brachte demgemäss auch eine Anzahl von Verfahren zur Bestimmung des Molekulargewichts mit Hilfe der Gefrierpunktserniedrigung der Lösungen; dieselben sind der Natur der Sache nach alle sehr einfach und leicht ausführbar.

A. F. Hollemann[1]) bediente sich einer Probirröhre von 2 cm Durchmesser, in welche ein in $^1/_{10}{}^0$ getheiltes Thermometer und ein als Rührer dienender umgebogener Glasstab reichte. Die Röhre wurde an einem Stativ befestigt und durch Eiswasser abgekühlt; als Lösungsmittel diente ausschliesslich Eisessig. Hollemann kühlte die Flüssigkeit zunächst etwa $0,5^0$ unter den Gefrierpunkt ab, entfernte dann das Kühlwasser und leitete entweder durch Reiben mit dem Rührer oder durch Einwerfen eines Krystallflitterchens Eisessig die Krystallisation ein. Die Temperatur steigt plötzlich und bleibt auf dem Erstarrungspunkt längere Zeit konstant; dieselbe wird vermittelst einer Lupe abgelesen. Nach dem Schmelzen der erstarrten Flüssigkeit wird die Beobachtung noch zwei- bis dreimal wiederholt; die Unterschiede der Ablesungen betrugen höchstens $0,02^0$.

Nachdem Viktor Meyer[2]), welcher die Raoult'schen Gefrierpunktsgesetze als die bedeutungsvollste Bereicherung bezeichnete, welche die physikalischen Hilfsmittel der chemischen Forschung seit Dulong-Petit's Methode der Atomgewichtsbestimmung erfahren haben, dieselben zur Molekulargewichtsbestimmung angelegentlich empfohlen hatte, veröffentlichte K. Auwers[3]) ein Verfahren zur Ausführung derartiger Bestimmungen. Als Lösungsmittel empfiehlt derselbe Essigsäure, da in dieser alle untersuchten organischen Verbindungen die „normale" molekulare Gefrierpunktserniedrigung zeigen und der Einfluss der Konzentration nicht so gross ist wie bei Wasser und Benzol. Der von Auwers beschriebene Apparat besteht aus einer 4,5 bis 5 cm weiten, 13 bis 16 cm hohen, unten rund abgeschmolzenen Glasröhre, welche durch einen vierfach durchbohrten Gummistopfen geschlossen ist. Durch die mittlere Bohrung führt ein in $^1/_{10}{}^0$ getheiltes Thermometer, dessen Quecksilbergefäss bis mitten in die erstarrende Flüssigkeit reicht. Die zweite Durchbohrung ist durch ein Chlorcalciumrohr verschlossen, durch welches die eintretende Luft getrocknet wird; die dritte Bohrung trägt eine durch einen Gummistopfen verschlossene

---

[1]) Ber. deutsch. chem. Gesellschaft 1888, *21*, 860.
[2]) Ber. deutsch. chem. Gesellschaft 1888, *21*, 538.
[3]) Ber. deutsch. chem. Gesellschaft 1888, *21*, 701.

kurze, weite Glasröhre, durch welche ein kleiner Eisessigkrystall zur Hervorrufung der Erstarrung in den Apparat gebracht werden kann. Durch die vierte Bohrung ragt ein kurzes Glasrohr, in welchem sich ein Glasrührer bewegt. Damit kein Wasser aus der Luft in den Apparat gelange, ist der Rührer in einen kleinen Gummiballon eingeschlossen; derselbe wird vermittelst Seidenfaden und Rollen durch eine Turbine gleichmässig bewegt. Der ganze Apparat wird an einem Stativ befestigt; der Thermometerstand wird durch eine an einem Stativ verschiebbare Lupe oder durch ein Fernrohr abgelesen.

Die Ausführung der Bestimmung gestaltet sich folgendermaassen. In die Glasröhre werden etwa 100 g Eisessig (auf 0,1 g genau) eingewogen und durch Eiswasser auf etwa $^1/_4$ bis $^1/_2{}^0$ unter den Erstarrungspunkt abgekühlt. Wird dann durch Einwerfen eines Eisessigkrystalls die Erstarrung hervorgerufen, so sinkt das Thermometer um 0,2 bis 0,3^0, steigt dann rasch, dann langsamer und erreicht bald seinen höchsten Stand, auf dem es längere Zeit unbeweglich bleibt; der höchste Stand des Thermometers wird abgelesen. Während des ganzen Versuches bleibt der Rührer in gleichmässiger Bewegung. Darauf wird der Eisessig wieder vollkommen aufgethaut und die Bestimmung mehrmals wiederholt. Gewöhnlich ist bei der zweiten Bestimmung der Erstarrungspunkt um 0,01 bis 0,03^0 herabgedrückt, manchmal bei der dritten noch um 0,005^0; die folgenden bleiben konstant. Die Herabdrückung des Erstarrungspunkts rührt von der in dem Apparat enthaltenen Feuchtigkeit her. Nachdem der Erstarrungspunkt des reinen Eisessigs ermittelt ist, wird durch das kurze weite Rohr eine gewogene Menge der zu untersuchenden Substanz in den Eisessig gebracht, durch Rühren gelöst und dreimal hinter einander der Erstarrungspunkt bestimmt; der Unterschied zwischen der ersten und dritten Bestimmung beträgt höchstens 0,01^0. Darauf wird eine neue Menge Substanz in den Apparat gebracht und wieder der Erstarrungspunkt bestimmt. Die äussere Temperatur hat fast keinen Einfluss auf die Bestimmung; den Gesammtfehler schätzt Auwers im höchsten Falle auf $\pm$ 0,02^0.

Der von W. Hentschel[1]) beschriebene Apparat zur Bestimmung des Gefrierpunkts besteht aus einem weiten Rohr, an das oben seitlich ein kurzes zweites angeschmolzen ist, und welches durch einen zweimal durchbohrten Stopfen verschlossen wird. Durch den Stopfen reichen Thermometer und Rührer in das Innere des Rohres; der Rührer besteht aus einem Flügelrad von Glas, das in drehende Bewegung gesetzt wird. Das Eintragen der zu untersuchenden Substanz geschieht durch

---

1) Zeitschr. physikal. Chemie 1888, 2, 306.

den seitlichen Stutzen. Als Lösungsmittel benutzte Hentschel Eisessig und Benzol.

Ein Apparat, der sich in vielen Laboratorien eingebürgert hat, wurde von Ernst Beckmann[1]) beschrieben. Derselbe besteht aus einem starkwandigen Probirrohr A (Fig. 7), das einen seitlichen Stutzen zur Einführung der zu untersuchenden Substanz trägt; der Inhalt des Rohres bis zum Stutzen beträgt etwa 25 ccm. Das Rohr ist durch einen Stopfen verschlossen, durch welchen das Thermometer D und ein aus dickem Platindraht bestehender Rührer führt; durch Einsetzen in ein weiteres Probirrohr B wird der Apparat mit einem Luftmantel umgeben. Das Abkühlen geschieht durch Einsenken in ein mit Eiswasser gefülltes Glasgefäss C. Auf den Boden des Rohres werden einige scharfkantige Platinschnitzel gelegt; die Menge des anzuwendenden Lösungsmittels beträgt etwa 15 g. Die Erstarrung wird nicht durch Einwerfen von Krystallen, sondern durch Erschütterungen vermittelst des Rührers hervorgerufen; flüssige Substanzen werden mit einem Sprengel-Ostwald'schen Pyknometer[2]) mit verlängerter Kapillare, welche an der Mündung umgebogen und schief abgeschliffen ist, eingeführt. Zur Temperaturbestimmung bediente sich Beckmann eines in $^1/_{100}$ Grad eingetheilten Thermometers besonderer Konstruktion. Dasselbe umfasst nur 6 Celsiusgrade mit willkürlicher Bezifferung und ist dadurch, dass die Kapillare oben einen abwärts gebogenen Quecksilberbehälter trägt (siehe Fig. 8), zur Beobachtung niedriger und hoher Temperaturen geeignet. Der Quecksilbervorrath des Thermometers ist so gross, dass in schmelzendem Eis die Quecksilberkuppe am oberen Theile der Skala steht; sollen höhere Temperaturen gemessen werden, so taucht man das Thermometer in Wasser von etwas mehr als der gewünschten Temperatur und schleudert das oben aus der Kapillare ausgetretene Quecksilber durch einen kurzen Stoss an den Boden des Quecksilberbehälters. Die gewünschte Temperatur ist dann auf der Skala ablesbar.

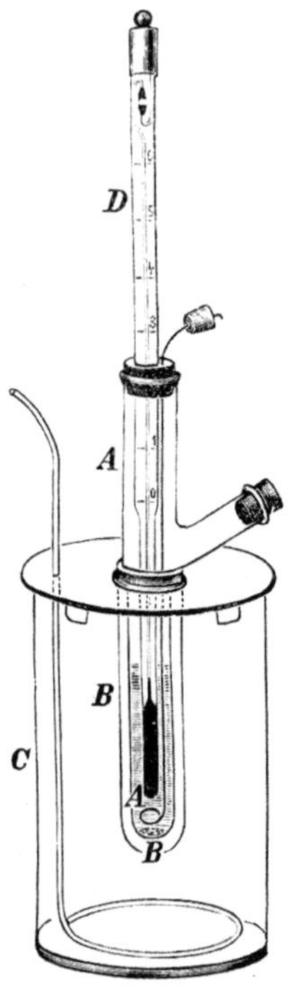

Fig. 7.

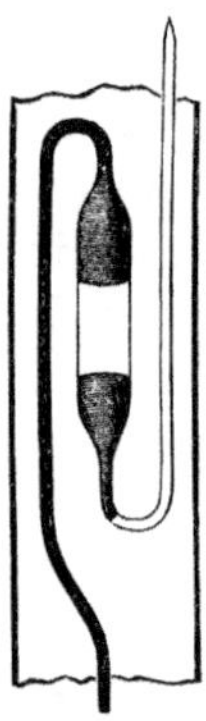
Fig. 8.

[1]) Zeitschr. physikal. Chemie *2*, 1888, 638 und 715.

[2]) Journ. prakt. Chemie [2], 1877, *16*, 396.

Die Vereinigung des Quecksilbers in dem Behälter mit demjenigen in der Kapillaren lässt sich ebenfalls leicht bewerkstelligen. Als Lösungsmittel verwandte Beckmann Wasser, Benzol und Eisessig.

Später änderte Beckmann[1]) seinen Gefrierapparat etwas ab. Die wesentlichste Neuerung besteht in einer Vorrichtung zum Abhalten des Wasserdampfes der Luft, der namentlich bei hygroskopischen Lösungsmitteln erhebliche Fehler verursachen kann. Beckmann leitet während des ganzen Versuchs durch den Gefrierapparat einen lebhaften Strom trockener Luft, zu welchem Zwecke in den Verschlussstopfen des Gefriergefässes eine Röhre führt, an welche ein mit konzentrirter Schwefelsäure beschicktes Kugelrohr angeschmolzen ist. Wenn sich eine Verzögerung der Krystallisation bemerkbar macht, bringt Beckmann eine Spur des erstarrten Lösungsmittels an den aus der Flüssigkeit emporgezogenen Kühler und leitet dann durch Rühren die Krystallisation ein.

Ein von Nik. von Klobukow[2]) angegebener Apparat erfordert einen grossen Aufbau und stimmt im Ganzen mit dem Beckmann-schen überein. Dagegen zeichnet sich der Apparat von J. F. Eykmann[3]) durch ausserordentliche Einfachheit aus. Derselbe besteht aus einem 10 ccm fassenden Fläschchen, in dessen Hals ein in $^1/_{20}{}^0$ getheiltes Thermometer eingeschliffen ist; das letztere ist ähnlich wie das Beckmann'sche durch Anschmelzen eines kleinen Gefässes über der Kapillaren zur Ablesung höherer und niedrigerer Temperaturen geeignet. Das Fläschchen wird mit dem Lösungsmittel beschickt, der Thermometerstopfen aufgesetzt und in einem Glascylinder, der je nach dem Schmelzpunkt des Lösungsmittels mit einer warmen oder kalten Flüssigkeit gefüllt ist, befestigt. Die Erstarrung wird durch Schütteln des ganzen Fläschchens sammt Cylinder hervorgerufen. Als Lösungsmittel benutzte Eykmann Eisessig, Phenol, Naphtalin, Laurinsäure, Palmitinsäure, Paratoluidin, Diphenylamin, Naphtylamin, Diphenyl, Diphenylmethan, p-Monobromphenol, p-Kresol, Thymol, Aethal, Chloralalkoholat, Anethol, Benzophenon, Phenylpropionsäure, Caprinsäure, Stearin, Urethylan, Urethan, Acetoxim und Azobenzol.

Ein ganz abweichendes Verfahren rührt von R. Fabinyi[4]) her. Derselbe bestimmt nicht den Erstarrungspunkt der Lösung, sondern den Schmelzpunkt des festen Gemisches des Lösungsmittels, speziell des Naphtalins, und des zu untersuchenden Stoffes. Man reibt ge-

---

[1]) Zeitschr. physikal. Chemie 1891, 7, 323.

[2]) Zeitschr. physikal. Chemie 1889, *4*, 10.

[3]) Chem.-Ztg. 1888, *12*, 81; Zeitschr. physikal. Chemie 1888, *2*, 964; 1889, *3*, 113 und 203; 1889, *4*, 497.

[4]) Zeitschr. physikal. Chemie 1889, *3*, 38.

wogene Mengen Naphtalin mit gewogenen Mengen der Substanz in einem Mörser innig zusammen und bestimmt in gewöhnlicher Weise in einem Kapillarröhrchen den Schmelzpunkt der Mischung; gleichzeitig wird in einem Stück derselben Kapillaren der Schmelzpunkt des reinen Naphtalins bestimmt. Die erhaltenen Werthe sind zwar nur angenäherte, sie dürften aber mitunter für Molekulargewichtsbestimmungen, bei denen absolut genaue Zahlen meist nicht erforderlich sind, hinreichen. Um genauere Werthe zu erzielen, brachte Fabinyi das Gemisch in ein Probirrohr, tauchte ein Thermometer und einen Rührer in dasselbe und bestimmte den Schmelzpunkt, indem er in einem Luftbad mit doppelter Wandung und dreifachem Boden langsam erwärmte. Die molekulare Gefrierpunktserniedrigung für Naphtalinlösungen ergab sich im Mittel zu 85,6^0; diese Zahl zeigt befriedigende Uebereinstimmung mit dem von Raoult[1]) gefundenen Werth 82^0, steht aber im Widerspruch mit dem Ergebniss der Eykmann'schen Untersuchungen[2]), welche zu dem Werth 69 bis 70^0 führten, und mit der van 't Hoff'schen Theorie, welche 69,4^0 fordert (s. S. 408).

Ganz neuerdings hat F. M. Raoult[3]) seine Ausführungsweise der Gefrierpunktsbestimmung abgeändert. Wässerige Lösungen kühlt er nicht mehr durch eine Kältemischung ab, sondern er taucht das Gefriergefäss in eine 40 prozentige Glycerinlösung, in welcher eine kupferne Kühlschlange liegt; durch die Kühlschlange wird eine Kältemischung geleitet. Durch Regelung des Zuflusses der Kältemischung in die Kühlschlange kann man die Glycerinlösung auf beliebige konstante Temperatur abkühlen. Die Ueberkaltung lässt Raoult nicht grösser als 0,5^0 werden. Den auf- und niedergehenden Rührer ersetzt Raoult durch einen rotirenden, dessen Flügel aus Platindrahtnetz bestehen und dessen Axe das Thermometer selbst ist. Die Ergebnisse, welche Raoult nach dieser Ausführungsweise bei der Untersuchung wässeriger Zuckerlösungen erhielt, sind in hohem Maasse befriedigend; er hält die Gefrierpunkte bis auf 0,002^0 genau.

Die ausserordentlich einfache Apparatur, die im Wesentlichen in einem fein getheilten Thermometer besteht, und die leichte und bequeme Ausführung machen es erklärlich, dass die Methode der Molekulargewichtsbestimmung nach dem „kryoskopischen" Verfahren schon jetzt weite Verbreitung gewonnen hat. Die beobachteten Werthe der molekularen Gefrierpunktserniedrigung stimmen in den meisten Fällen mit den aus van 't Hoff's theoretischer Gleichung berechneten

---

1) Compt. rend. 1886, *102*, 1308.

2) Zeitschr. physikal. Chemie 1889, *3*, 113 und 203.

3) Zeitschr. physikal. Chemie 1892, *9*, 363.

Werthen gut überein. Für diejenigen Lösungsmittel, deren Schmelzwärme sicher bestimmt ist, kann man daher den theoretischen Werth aus van 't Hoff's Gleichung ohne Bedenken gebrauchen; die molekularen Gefrierpunktserniedrigungen der am meisten angewandten Lösungsmittel sind auf S. 406 und 410 aufgeführt.

Bestimmung des Molekulargewichts aus der Dampfdruckverminderung.

Theorie und Bestätigung derselben durch Versuchsergebnisse.

Löst man in irgend einem Lösungsmittel einen Stoff, so ist bei gleicher Temperatur der Dampfdruck der Lösung geringer als derjenige des reinen Lösungsmittels. Eine Folge dieser durch die gelöste Substanz hervorgerufenen Dampfdruckverminderung ist der höhere Siedepunkt der Lösung; denn da der Siedepunkt diejenige Temperatur ist, bei welcher der Dampfdruck den Atmosphärendruck überwindet, so ist bei Lösungen, welche einen geringeren Dampfdruck als das reine Lösungsmittel haben, eine höhere Temperatur erforderlich, um den Atmosphärendruck zu überwinden. Mit den Erscheinungen der Verminderung des Dampfdrucks von Flüssigkeiten durch gelöste Stoffe haben wir uns nunmehr zu beschäftigen.

Zur theoretischen Begründung der Möglichkeit, aus den Dampfdruckverminderungen der Lösungen das Molekulargewicht der gelösten Stoffe zu bestimmen, ist es nothwendig, eine Beziehung der Dampfdruckverminderung zu dem osmotischen Druck der Lösungen, welch' letzterer in einfachem Zusammenhang mit dem Molekulargewicht steht, zu finden. Dies ist, ebenso wie bei den Gefrierpunktserscheinungen der Lösungen, durch J. H. van 't Hoff[1]) geschehen. Derselbe wies thermodynamisch, durch Ausführung eines Kreisprozesses bei konstanter Temperatur, nach, dass isotonische Lösungen in demselben Lösungsmittel gleichen Dampfdruck haben. Da, wie früher (S. 400) gezeigt wurde, isotonische Lösungen, d. h. Lösungen gleichen osmotischen Drucks, bei derselben Temperatur in gleichen Räumen eine gleiche Anzahl Molekeln des gelösten Stoffes enthalten, so folgt, dass gleiche Raumtheile von Lösungen in demselben Lösungsmittel, welche denselben Dampfdruck haben, eine gleiche Anzahl Molekeln des gelösten Stoffes enthalten. Durch dieses Gesetz ist die Bestimmung des Molekulargewichts gelöster Stoffe durch Ermittelung des Dampfdrucks der Lösungen ermöglicht.

Dieses Ergebniss der van 't Hoff'schen Theorie war schon vor-

---

[1]) Zeitschr. physikal. Chemie 1887, *1*, 493.

her von F. M. Raoult[1]) empirisch festgestellt worden und von ihm als „Gesetz der molekularen Dampfdruckverminderung" ausgesprochen worden. Da äquimolekulare Lösungen gleichen Dampfdruck, und zwar geringeren als das reine Lösungsmittel, haben, so muss der Dampfdruck des reinen Lösungsmittels um denselben Betrag vermindert werden, wenn man eine gleiche Anzahl Molekeln verschiedener Stoffe in demselben löst, mit anderen Worten: die molekulare Dampfdruckverminderung muss für dasselbe Lösungsmittel konstant sein. Wird daher durch eine p-prozentige Lösung eines Stoffes vom Molekulargewicht m der Dampfdruck des Lösungsmittels um f mm erniedrigt, so wird er durch eine Lösung, welche eine Molekel des Stoffes enthält, um $\frac{f \cdot m}{p}$ mm erniedrigt; dies ist die molekulare Dampfdruckverminderung, welche nach van 't Hoff's Theorie und Raoult's Beobachtungen für alle Stoffe in demselben Lösungsmittel konstant ist:

$$\frac{f \cdot m}{p} = \text{Konst.}$$

J. H. van 't Hoff führte die Beziehungen der Dampfdruckverminderung der Lösungen noch weiter aus, indem er die verschiedenen Lösungsmittel unter sich verglich und gelangte zu einem zweiten Gesetz, das ebenfalls schon früher von F. M. Raoult[2]) empirisch erkannt worden war. Wiederum auf thermodynamischem Wege, durch Ausführung eines reversiblen Kreisprozesses und Anwendung des zweiten thermodynamischen Hauptsatzes, gelangte er zu dem Ergebniss, dass die konstante molekulare Dampfdruckverminderung der Lösungen in demselben Lösungsmittel gleich dem hundertsten Theil des Molekulargewichts des Lösungsmittels ist. Bedeutet daher d die molekulare Dampfdruckverminderung und m das Molekulargewicht des Lösungsmittels, so ist:

$$d = \frac{m}{100}.$$

Eine andere Ableitung des Zusammenhangs des osmotischen Druckes und der molekularen Dampfdruckverminderung wurde von Svante Arrhenius[3]) angegeben. Derselbe denkt sich ein trichterförmiges Gefäss, dessen weite Oeffnung durch eine halbdurchlässige Wand geschlossen ist, mit einer Lösung gefüllt und in das reine Lösungsmittel getaucht, so dass Lösung und Lösungsmittel durch die halbdurchlässige Wand getrennt sind. Dann wird das Lösungsmittel durch die Wand

---

[1]) Compt. rend. 1886, *103*, 1125.

[2]) Compt. rend. 1887, *104*, 1430.

[3]) Zeitschr. physikal. Chemie 1889, *3*, 115.

in die Lösung treten und in Folge dessen das Niveau der letzteren in dem engen Rohr des Trichters steigen, bis der Druck der Flüssigkeitssäule gleich dem osmotischen Druck der Lösung ist. Es lässt sich nun leicht zeigen, dass der Dampfdruck des Lösungsmittels innerhalb des Steigerohres und ausserhalb desselben gleich sein muss. Für diese beiden gleichen Dampfdrucke stellt dann Arrhenius zwei Ausdrücke auf, welche er gleich setzt; zu Grunde legt er bei der Ableitung der beiden Ausdrücke das Raoult'sche empirische Gesetz der molekularen Dampfdruckverminderungen, dann die Gültigkeit der Gasgesetze für die Dämpfe des Lösungsmittels und nimmt schliesslich an, dass die Lösung so verdünnt sei, dass ihr spezifisches Gewicht von demjenigen des Lösungsmittels nicht merkbar abweicht. Als Ergebniss seiner Rechnungen findet er das van 't Hoff'sche Gesetz über die Analogie des Zustandes der verdünnten Lösungen mit dem Gaszustande. Der Zusammenhang des Gesetzes der molekularen Dampfdruckverminderung, von dem ausgegangen wurde, mit der van 't Hoff-schen kinetischen Theorie der Lösungen, welche das Ergebniss der Rechnung war, ist damit hergestellt.

W. Ostwald[1]) schlug den umgekehrten Weg ein; er ging von den Gesetzen des osmotischen Drucks aus und gelangte zu dem Gesetze der molekularen Dampfdruckverminderung. Bedeutet f den Dampfdruck des reinen Lösungsmittels, f_1 denjenigen des Lösungsmittels, n die Anzahl der Molekeln des gelösten Stoffes und n_1 die Anzahl der Molekeln des Lösungsmittels in der Lösung, so kommt Ostwald für so verdünnte Lösungen, dass ihr spezifisches Gewicht von demjenigen des Lösungsmittels nicht merkbar abweicht, zu dem Ausdruck:

$$\frac{f-f_1}{f} = \frac{n}{n_1}.$$

Diese Gleichung ist thatsächlich für sehr verdünnte Lösungen von Raoult empirisch aufgestellt worden. Für konzentrirtere Lösungen, deren spezifisches Gewicht erheblich von demjenigen des Lösungsmittels abweicht, führt die Rechnung zu folgendem Ausdruck:

$$l\left(\frac{f}{f_1}\right) = \frac{n}{n_1}.$$

Schreibt man $l\left(\frac{f}{f_1}\right)$ in der Form $l\left(1+\frac{f-f_1}{f_1}\right)$, so kann man, da $(f-f_1)$ gegen f_1 klein ist, den Logarithmus in eine Reihe entwickeln:

$$l\left(1+\frac{f-f_1}{f_1}\right) = \frac{f-f_1}{f_1} - \frac{1}{2}\left(\frac{f-f_1}{f_1}\right)^2 + \ldots.$$

Begnügt man sich mit dem ersten Glied, so wird:

[1]) W. Ostwald, Lehrb. d. allg. Chemie 1891. 2. Aufl., Bd. *1*, 728.

$$1\left(1+\frac{f-f_1}{f_1}\right)=\frac{f-f_1}{f_1} \qquad \text{und}$$

$$\frac{f-f_1}{f_1}=\frac{n}{n_1}.$$

Diese Gleichung lässt sich nach einem bekannten Proportionssatz umformen in:

$$\frac{f-f_1}{f}=\frac{n}{n+n_1}.$$

Dies ist der Ausdruck, welchen Raoult schliesslich seinem empirischen Gesetze der molekularen Dampfdruckverminderung gegeben hat. Hierauf werden wir sehr bald näher zu sprechen kommen.

Die nahe Beziehung der molekularen Dampfdruckverminderung zu dem osmotischen Druck bezw. den isotonischen Koëffizienten war schon 1884 von Hugo de Vries[1]) ausgesprochen worden; das Beobachtungsmaterial war aber zu gering an Zahl, um dies näher auszuführen. Später[2]) hat H. de Vries die Proportionalität zwischen den isotonischen Koëffizienten und den molekularen Dampfdruckverminderungen bei einer Anzahl von Lösungen zeigen können, nachdem G. Tammann[3]) die letzteren für eine grosse Zahl von Lösungen bestimmt hatte. Im folgenden ist die de Vries'sche Tabelle wiedergegeben; die neueren Bestimmungen[4]) der isotonischen Koëffizienten sind der Tabelle eingefügt worden.

Stoffe	Isotonischer Koëffizient × 100	Molekulare Dampfdruckverminderung × 1000	Stoffe	Isotonischer Koëffizient × 100	Molekulare Dampfdruckverminderung × 1000
Aepfelsäure	198	178	Kaliumacetat	300	331
Weinsäure	202	188	Kaliumoxalat	393	372
Citronensäure	202	197	Kaliumsulfat	391	351
Magnesiumsulfat	a) 196 b) 213	156	Kaliumtartrat	399	388
Kaliumnitrat	300	302	Chlormagnesium	a) 433 b) 474	460
Natriumnitrat	300	302	Chlorcalcium	a) 433 b) 473	422
Chlorkalium	308	313			
Chlornatrium	305	330	Kaliumcitrat	501	499
Chlorammonium	a) 300 b) 310	313	Chlorlithium	326	359

[1]) Pringsheim's Jahrbücher f. wissenschaftl. Botanik 1884, *14*, 521.
[2]) Zeitschr. physikal. Chemie 1888, *2*, 427.
[3]) Mém. de l'Acad. de St. Pétersbourg [7], 1887, *35*, No. 9.
[4]) Zeitschr. physikal. Chemie 1889, *3*, 103.

Ein Theil der Werthe der molekularen Dampfdruckverminderungen ist einer früheren Arbeit[1]) von G. Tammann entnommen. Wenn man berücksichtigt, dass die verglichenen Zahlen bei verschiedenen Temperaturen und mit verschiedenen Konzentrationen bestimmt wurden, erscheint die Uebereinstimmung befriedigend.

Die Proportionalität zwischen den osmotischen Koëffizienten von H. de Vries und der molekularen Dampfdruckverminderung lässt sich auch an den Dampfdruckbestimmungen von wässerigen Lösungen zeigen, welche von J. Walker[2]) nach einem anderen Verfahren ausgeführt wurden. Von den Zahlen Walker's stimmen namentlich die an verdünnteren Lösungen (bis zu 10 Prozent) gewonnenen vortrefflich mit den isotonischen Koëffizienten überein, wie folgende Zusammenstellung zeigt.

Stoffe	Isotonischer Koëffizient $\times 100$	Molekulare Dampfdruckverminderung $\times 150$
Harnstoff	170	166,5
Rohrzucker	195	195
Chlorkalium	308	340
Chlornatrium	300	310
Chlorammonium . . .	300	298,5
Natriumnitrat	300	295,5
Chlormagnesium . . .	474	535,5

Im Vorstehenden ist die Proportionalität zwischen dem osmotischen Druck und der molekularen Dampfdruckverminderung theoretisch nachgewiesen und durch eine grosse Zahl von experimentellen Ergebnissen belegt worden. Der Nachweis dieser Proportionalität kann auch indirekt geschehen, indem gezeigt wird, dass die molekulare Dampfdruckverminderung einer Grösse proportional ist, welche ihrerseits wieder mit dem osmotischen Druck in demselben Verhältniss steht. Als eine solche Grösse haben wir bereits die molekulare Gefrierpunktserniedrigung erkannt; wird daher bewiesen, dass die Dampfdruckverminderungen der Lösungen den Gefrierpunktserniedrigungen proportional sind, so ist damit auch die Proportionalität zwischen der ersten Grösse und dem osmotischen Druck festgestellt. Dies ist bereits im Jahre 1870 durch C. M. Guldberg[3]) für wässerige Salzlösungen geschehen. Derselbe ging von dem nachher zu besprechenden Gesetz von Babo aus, nach welchem die Dampfdruckverminderung der Salzlösungen den Mengen des aufgelösten Salzes proportional ist, und gelangte auf thermo-

[1]) Annal. Phys. Chemie [2], 1885, *24*, 523.
[2]) Zeitschr. physikal. Chemie 1888, *2*, 602.
[3]) Compt. rend. 1870, *70*, 1349.

dynamischem Wege durch Rechnungen, welche hier nicht mitgetheilt werden können, zu dem Blagden'schen Gesetz (S. 403), dass die Gefrierpunktserniedrigung der Salzlösungen den gelösten Salzmengen proportional ist. Bedeutet t die Gefrierpunktserniedrigung, α die relative Dampfdruckverminderung durch Auflösen von 1 g Salz in 100 g Wasser und c die Konzentration der Salzlösung, d. h. die Gewichtsmenge Salz dividirt durch die Gewichtsmenge Wasser in der Lösung, so besteht zwischen t und c die Beziehung:

$$t = -105 \alpha c,$$

oder für Lösungen, welche auf 100 g Wasser 1 g Salz enthalten, also für $c = \frac{1}{100}$:

$$t = -1{,}05 \cdot \alpha$$

Aus gleich zu beschreibenden Versuchen von Wüllner kann man den Werth von α für eine Anzahl von Salzlösungen entnehmen und durch Einsetzen in obige Gleichung die Gefrierpunktserniedrigung t berechnen; andererseits ist die Gefrierpunktserniedrigung für viele Salzlösungen von Rüdorff direkt bestimmt worden, so dass ein Vergleich der beobachteten und der berechneten Gefrierpunktserniedrigungen ermöglicht ist. Die Uebereinstimmung dieser Werthe ist mit Berücksichtigung des Umstandes, dass die Rechnung, welche zu der obigen einfachen Beziehung führte, nur eine angenäherte ist, ziemlich befriedigend.

Zu demselben Ergebniss gelangte F. M. Raoult[1]) im Jahre 1878 auf rein empirischem Wege. Er bestimmte für eine Reihe von Salzlösungen die Gefrierpunktserniedrigung und die Dampfdruckverminderung und fand, dass dieselben angenähert proportional waren. Die Tabelle auf S. 425 enthält die Ergebnisse der Raoult'schen Untersuchungen; in der letzten Spalte ist das Verhältniss der Dampfdruckverminderung zur Gefrierpunktserniedrigung aufgeführt. Der Mittelwerth des Verhältnisses beträgt 7,6.

Die Gesetze der Dampfdrucke von Lösungen gelten nur für den Fall, dass der gelöste Stoff nicht flüchtig ist oder dass wenigstens seine Dampfspannung bei der Versuchstemperatur so gering ist, dass sie gegenüber derjenigen des Lösungsmittels vernachlässigt werden kann. Der allgemeinere Fall, dass auch der gelöste Stoff flüchtig ist, welcher zu viel verwickelteren Verhältnissen bezüglich des Dampfdrucks führt, ist von M. Planck[2]) einer theoretischen Untersuchung

---

[1]) Compt. rend. 1878, *87*, 167.

[2]) Zeitschr. physikal. Chemie 1888, *2*, 405.

Stoffe	Gefrierpunkts-erniedrigung	Dampfdruck-verminderung	Verhältniss
Quecksilberchlorid	0,048	0,441	9,2
Quecksilbercyanid	0,059	0,661	11,2
Bleinitrat	0,104	0,836	8,0
Baryumnitrat	0,145	1,041	7,2
Silbernitrat.	0,145	1,116	7,7
Ferricyankalium	0,146	1,254	8,6
Kaliumchromat	0,200	1,619	8,9
Kaliumsulfat	0,210	1,528	7,3
Kaliumjodid	0,215	1,710	8,0
Kaliumchlorat.	0,215	1,824	8,5
Kaliumnitrat	0,245	2,128	8,7
Ammoniumsulfat.	0,273	1,748	6,4
Bromkalium	0,295	2,336	7,9
Natriumnitrat	0,347	2,888	8,3
Ammoniumnitrat	0,378	2,744	7,3
Chlorkalium	0,446	3,420	7,7
Chlornatrium	0,660	4,590	7,0
Chlorammonium	0,639	4,294	6,7

unterzogen und von A. Winkelmann[1]) in Bezug auf die Ergebnisse der Planck'schen Rechnung experimentell geprüft worden. Setzt man in den Planck'schen Gleichungen die Dampfspannung des gelösten Stoffes gleich Null, so erhält man die oben abgeleiteten Gesetze der Dampfdrucke von Lösungen.

Oben wurde erwähnt, dass in Folge des verminderten Dampfdrucks die Lösungen einen höheren Siedepunkt zeigen als das reine Lösungsmittel. Demgemäss wird zwischen dem Molekulargewicht des gelösten Stoffes und der „molekularen Siedepunktserhöhung" ebenfalls eine einfache Gesetzmässigkeit bestehen. Sv. Arrhenius[2]) hat eine Formel abgeleitet, nach der man die „molekulare Siedepunktserhöhung" für die Lösungsmittel berechnen kann. Dieselbe lautet:

$$d = 0{,}02\,\frac{T^2}{W}.$$

Darin bedeutet d die Siedepunktserhöhung, welche durch Auflösen von 1 Gramm-Molekel eines Stoffes in 100 g Lösungsmittel hervorgerufen wird, T den Siedepunkt des Lösungsmittels, vom absoluten Nullpunkt gerechnet und W die Verdampfungswärme des Lösungsmittels für 1 g. Diese Formel ist der von J. H. van 't Hoff für die Gefrierpunkts-

[1]) Annal. Phys. Chemie [2], 1890, *39*, 1.

[2]) Zeitschr. physikal. Chemie 1889, *4*, 550.

erniedrigung abgeleiteten ganz analog, nur dass sich da die Grössen T und W auf das Gefrieren, hier aber auf das Sieden des Lösungsmittels beziehen. Wir werden später bei den Methoden zur Bestimmung des Molekulargewichts aus der Dampfdruckverminderung von dieser Formel Gebrauch machen.

Wenden wir uns nunmehr zu den Untersuchungen, welchen die Erscheinungen des Dampfdrucks der Lösungen unterworfen worden sind, so treffen wir fast genau auf die Verhältnisse, welche bei der Erforschung der Gefrierpunkte der Lösungen vorlagen. Die ersten Versuche wurden mit wässerigen Salzlösungen von theilweise hoher Konzentration angestellt; dieselben konnten nicht zu den Gesetzen des Dampfdrucks der Lösungen führen, weil sich die Salze in wässeriger Lösung durchaus anormal verhalten und die Gesetze nur für verdünnte Lösungen Gültigkeit haben. Wie bei den Gefrierpunktserniedrigungen wurde auch bei den Dampfdrucken der Lösungen die Frage nach den Gesetzmässigkeiten von F. M. Raoult ihrer Lösung entgegengeführt; auch hier war die Erfahrung der Theorie voraufgeeilt.

Die ersten hierhergehörigen Untersuchungen wurden in der Weise angestellt, dass die Siedepunktserhöhungen bestimmt wurden, welche durch Auflösen von Salzen in Wasser hervorgerufen wurden; später bestimmte man die Dampfspannungen des Wassers und der Lösungen bei gleicher Temperatur und verglich dieselben. Zu einem allgemeinen Ergebniss kam zuerst L. von Babo[1]); derselbe berechnete das Verhältniss des Salzgehaltes der Lösung zu der Dampfdruckverminderung, welche die Salzlösung gegenüber dem reinen Wasser bei derselben Temperatur zeigte, und fand, dass dieses Verhältniss für eine Reihe von Salzen unabhängig von der Temperatur ist.

Später beschäftigte sich A. Wüllner[2]) mit dem Dampfdruck wässeriger Lösungen und kam zu dem Ergebniss, dass die durch nichtflüchtige Stoffe verursachte Dampfdruckverminderung des Wassers proportional der Menge des aufgelösten Stoffes ist. Das Verhältniss der Dampfdrucke von Lösung und Wasser war bei einigen Salzen unabhängig von der Temperatur, bei anderen änderte es sich. Eine Beziehung zwischen den Dampfdruckverminderungen der Salzlösungen unter einander konnte Wüllner nicht finden; dies gelang erst W. Ostwald[3]), als er die Dampfdruckverminderungen nicht auf gleichprozentige, sondern auf äquimolekulare Lösungen bezog. Lösungen, welche

---

[1]) L. von Babo, Ueber die Spannkraft des Wasserdampfs in Salzlösungen. Freiburg i. B. 1847.

[2]) Annal. Phys. Chemie 1858, *103*, 529; 1858, *105*, 85; 1860, *110*, 564.

[3]) W. Ostwald, Lehrbuch d. allg. Chemie 1884, 1. Aufl. Bd. 1, 405.

1 Gramm-Molekel Salz auf 1000 g Wasser enthalten, zeigen danach bei 100° folgende Dampfdruckverminderungen gegenüber reinem Wasser:

Stoffe	Dampfdruck-verminderung	Stoffe	Dampfdruck-verminderung
Chlornatrium	27	Kaliumnitrat	22
Natriumsulfat (wasserfrei)	26	Kaliumhydrat (+ 2 H_2O)	19
Natriumnitrat	25	Natriumhydrat (+ 2 H_2O)	22
Chlorkalium	24	Chlorcalcium (+ 6 H_2O)	35
Kaliumsulfat	32		

Als erste Annäherung kann man bei der Mehrzahl der Stoffe die gleiche molekulare Dampfdruckverminderung annehmen. Wie aus der Tabelle ersichtlich, musste Wüllner, um die Proportionalität zwischen Salzgehalt und Dampfdruckverminderung aufrechtzuerhalten, manche Stoffe als mit Wasser verbunden annehmen, welche gewöhnlich wasserfrei sind (Kaliumhydrat, Natriumhydrat), andererseits andere als wasserfrei, welche sonst wasserhaltig sind (Natriumsulfat).

Spätere Versuche von Pauchon[1]) widersprachen dem Wüllnerschen Satz, dagegen wurde die von Ostwald aufgestellte Beziehung durch Untersuchungen von G. Tammann[2]) bestätigt, welcher fand, dass die molekulare Dampfdruckverminderung bei ähnlichen Salzen nahezu gleich ist. Von der Wüllner'schen Gesetzmässigkeit zeigten sich manche Abweichungen. Einen Theil der Zahlen, welche G. Tammann ermittelte, haben wir vorher (S. 422) bereits benutzt, um die Proportionalität zwischen den isotonischen Koëffizienten und den molekularen Dampfdruckverminderungen zu zeigen.

Von weiteren Versuchen über den Dampfdruck von wässerigen Salzlösungen seien diejenigen von R. Emden[3]) angeführt, die sich speziell auf das Babo'sche Gesetz bezogen. Es ergab sich, dass das Verhältniss des Salzgehaltes zu der Dampfdruckverminderung zwischen den Temperaturen 20° bis 95° thatsächlich unabhängig von der Temperatur ist; das Wüllner'sche Gesetz erwies sich indess als nur annähernd gültig. C. Dieterici[4]) kam zu demselben Ergebniss bezüglich des Babo'schen Gesetzes. Untersuchungen, welche J. Walker[5]) nach einem ganz abweichenden Verfahren anstellte (dasselbe wird später bei den Methoden der Molekulargewichtsbestimmung beschrieben werden), bestätigten den Ostwald'schen Satz über die Konstanz der

[1]) Compt. rend. 1879, *89*, 752.

[2]) Annal. Phys. Chemie [2], 1885, *24*, 523.

[3]) Annal. Phys. Chemie [2], 1887, *31*, 145.

[4]) Annal. Phys. Chemie [2], 1891, *42*, 513.

[5]) Zeitschr. physikal. Chemie 1888, *2*, 602.

molekularen Dampfdruckverminderung für Lösungen ähnlicher Salze, zeigten aber Abweichungen von Wüllner's Gesetz. Schliesslich bestimmte G. Tammann[1]) noch die Dampfdruckverminderung für eine grosse Anzahl von Salzen in wässeriger Lösung, auf welche wir später noch zurückkommen werden.

Von besonderer Wichtigkeit sind die Untersuchungen von F. M. Raoult, welcher zuerst zur empirischen Erkenntniss der Gesetze des Dampfdrucks gelangte. Raoult hatte, wie S. 424 ausgeführt worden ist, bereits im Jahre 1878 die nahe Beziehung der Dampfdruckverminderung zur Gefrierpunktserniedrigung und dieser beiden zum Molekulargewicht erkannt. Nachdem ihn das Studium der Gefrierpunktserniedrigungen zu so glänzenden Ergebnissen geführt hatte, wandte er sich im Jahre 1886 den Dampfdrucken zu. Als Lösungsmittel wandte er Aether an, in dem er verschiedene organische Stoffe löste; die Methode der Dampfdruckbestimmung, welche er anwandte, die barometrische oder statische, wird später beschrieben werden.

Das Verhältniss der Dampfdruckverminderung, d. h. der Differenz der Dampfdrucke des Lösungsmittels f und der Lösung f_1 zu dem Dampfdruck des Lösungsmittels, also der Ausdruck $\frac{f - f_1}{f}$ wird die relative Dampfdruckverminderung genannt. Enthält die Lösung auf 100 g Lösungsmittel p g gelöste Substanz vom Molekulargewicht m, so wird durch Auflösen von 1 Gramm-Molekel Substanz in 100 g Lösungsmittel die Dampfdruckverminderung $\frac{f - f_1}{f} \cdot \frac{m}{p}$ hervorgerufen; dies ist die molekulare Dampfdruckverminderung.

Die Untersuchungen Raoult's[2]) ergaben nun, dass die relative Dampfdruckverminderung zwischen 0 und 25° von der Temperatur unabhängig ist, also eine Bestätigung des Babo'schen Gesetzes. Ferner war für mittlere Konzentrationen die relative Dampfdruckverminderung dem Gehalt der Lösung an gelöstem Stoff proportional, womit auch Wüllner's Gesetz bestätigt war; als obere Grenze für die Gültigkeit des Wüllner'schen Gesetzes ergaben sich die Konzentrationen von 1 bis 5 g-Molekeln auf 5000 g Aether.

Das wichtigste Resultat der citirten Arbeit Raoult's war indess der Nachweis, dass die molekulare Dampfdruckverminderung unabhängig von der Natur des gelösten Stoffes ist; dieselbe ist für äquimolekulare Lösungen aller Stoffe in demselben Lösungsmittel konstant:

$$\frac{f - f_1}{f} \cdot \frac{m}{p} = \text{Konst.}$$

---

[1]) Mém. de l'Acad. de St. Pétersbourg [7], 1887, *35*, No. 9.

[2]) Compt. rend. 1886, *103*, 1125.

Dieses Gesetz war 1884 von W. Ostwald zuerst aufgestellt und von G. Tammann, sowie J. Walker bestätigt worden (s. S. 426). Da sich indess die Rechnungen Ostwald's nur auf Salzlösungen erstreckten, konnte das Gesetz aus später zu besprechenden Gründen nicht als allgemeines in Erscheinung treten; es konnte nur festgestellt werden, dass für ähnliche Salze die molekulare Dampfdruckverminderung annähernd gleich ist. Sobald Raoult Lösungen organischer Stoffe zur Untersuchung zog, gelangte er alsbald zu dem allgemeinen Ausdruck des Gesetzes, wie die folgende Tabelle beweist.

Stoffe	Molekulargewicht	Molekulare Dampfdruckverminderung in ätherischer Lösung	Stoffe	Molekulargewicht	Molekulare Dampfdruckverminderung in ätherischer Lösung
Perchloräthan	237	0,71	Benzaldehyd	106	0,72
Terpentinöl	136	0,71	Caprylalkohol	130	0,73
Methylsalicylat	152	0,71	Cyanamid	42	0,74
Methylazocuminat	382	0,68	Anilin	93	0,71
Cyansäure	43	0,70	Quecksilberäthyl	258	0,69
Benzoësäure	122	0,71	Antimonchlorür	228,5	0,67
Trichloressigsäure	163,5	0,71			

Die Uebereinstimmung der Zahlen dieser Tabelle ist sehr gut. Später studirte Raoult[1]) eingehend den Einfluss der Konzentration auf die Konstanz der molekularen Dampfdruckverminderung und stellte zwei recht wenig einfache Formeln auf, von denen die eine für geringe, die andere für konzentrirte Lösungen Geltung hatte. Er hat aber diese Rechnungsweise bald wieder aufgegeben.

Weitere Untersuchungen[2]) Raoult's, welche auf 12 Lösungsmittel ausgedehnt wurden, brachten neue Beweise für die Konstanz der molekularen Dampfdruckverminderung. Dieselben geben gleichzeitig eine treffliche Bestätigung der van 't Hoff'schen Theorie, nach welcher die konstante molekulare Dampfdruckverminderung gleich dem hundertsten Theil des Molekulargewichts des Lösungsmittels ist (S. 420). In der folgenden Tabelle enthält die erste Spalte das Lösungsmittel, die zweite das Molekulargewicht m_1 desselben, die dritte die beobachtete konstante molekulare Dampfdruckverminderung C und die vierte die molekulare Dampfdruckverminderung, berechnet nach der van 't Hoff'schen Formel $C = 0{,}01 \cdot m_1$.

---

1) Compt. rend. 1887, *104*, 976.
2) Compt. rend. 1887, *104*, 1430.

Lösungsmittel	Molekular-gewicht m_1	Molekulare Dampfdruck-verminderung C beobachtet	berechnet	$\frac{C}{m_1}$
Wasser	18	0,185	0,18	0,0102
Phosphortrichlorid . .	137,5	1,49	1,375	0,0108
Schwefelkohlenstoff .	76	0,80	0,76	0,0105
Kohlenstofftetrachlorid	154	1,62	1,54	0,0109
Chloroform	119,5	1,30	1,195	0,0106
Amylen	70	0,74	0,70	0,0106
Benzol	78	0,83	0,78	0,0105
Jodmethyl	142	1,49	1,42	0,0109
Bromäthyl	109	1,18	1,09	0,0096
Aether	74	0,71	0,74	0,0101
Aceton	58	0,59	0,58	0,0103
Methylalkohol . . .	32	0,33	0,32	0,0103

Auch die letztgenannte, von J. H. van 't Hoff theoretisch abgeleitete Gesetzmässigkeit war von Raoult empirisch erkannt worden. Dividirt man die molekulare Gefrierpunktserniedrigung $\frac{f - f_1}{f} \cdot \frac{m}{p} = C$ durch das Molekulargewicht m_1 des Lösungsmittels, so stellt der Ausdruck $\frac{f - f_1}{f \cdot p} \cdot \frac{m}{m_1} = C_1$ (C_1 ist eine neue Konstante) die Dampfdruckverminderung dar, welche durch Auflösen von 1 Molekel Stoff in 100 Molekeln Lösungsmittel hervorgerufen wird. Dieser Ausdruck ist, wie Raoult an den oben angeführten Lösungsmitteln nachwies, für alle Lösungsmittel konstant und sehr nahe gleich 0,01, also der van 't Hoff-schen Theorie durchaus entsprechend. In der obenstehenden Tabelle ist der Quotient $\frac{C}{m_1}$ der molekularen Dampfdruckverminderung durch das Molekulargewicht des Lösungsmittels in der letzten Spalte aufgeführt; er schwankt in sehr engen Grenzen um 0,01.

In einer späteren Abhandlung brachte Raoult[1]) weitere Belege für seine Gesetze bei und gab den letzteren eine andere Form. Da die molekulare Dampfdruckverminderung die durch Lösen von 1 Gramm-Molekel Stoff in 100 g Lösungsmittel hervorgerufene Verminderung des Dampfdrucks darstellt, so kann man das Gesetz, dass durch Auflösen von 1 Molekel Stoff in 100 Molekeln Lösungsmittel der Dampfdruck bei allen Lösungsmitteln um gleich viel vermindert wird, in der Form schreiben:

$$\frac{f - f_1}{f} = C \cdot \frac{n}{100}.$$

Darin bedeutet f den Dampfdruck des Lösungsmittels, f_1 denjenigen der

[1]) Zeitschr. physikal. Chemie 1888, *2*, 353.

Lösung, n die Anzahl der Molekeln des gelösten Stoffes, 100 die Zahl der Molekeln des Lösungsmittels und C eine Konstante. Werden n Molekeln des Stoffes nicht in 100, sondern in n_1 Molekeln des Lösungsmittels gelöst, so lautet der Raoult'sche Ausdruck:

$$\frac{f - f_1}{f} = C \cdot \frac{n}{n_1}.$$

Es stellte sich aber heraus, dass derselbe nur für verdünnte Lösungen gültig ist, während bei höheren Konzentrationen Abweichungen stattfinden. Raoult stellte daher zuerst, wie bereits (S. 429) erwähnt, für verdünnte und konzentrirte Lösungen zwei verwickelte empirische Gleichungen auf. Dass die Raoult'sche Formel nicht für konzentrirte Lösungen gilt, ergibt sich auch aus der Arrhenius-Ostwald'schen Ableitung des Gesetzes der Dampfdrucke von Lösungen aus dem Gesetze von van 't Hoff (S. 421), welche nur für den Fall zu der Raoult'schen Formel führte, wenn das spezifische Gewicht der Lösung nur unmerklich von demjenigen des Lösungsmittels abwich.

Als aber Raoult die Konzentration in der Weise berechnete, dass er die n Molekeln des Stoffes nicht in 100 Molekeln Lösungsmittel, sondern zu 100 Molekeln Lösung auflöste, zeigte sich befriedigende Uebereinstimmung auch in konzentrirteren Lösungen. Dann tritt in den Nenner der obigen Gleichung nicht die Zahl n_1 der Molekeln des Lösungsmittels, sondern die Summe der Molekeln des Lösungsmittels und des gelösten Stoffes, mit anderen Worten die Gesammtzahl $n + n_1$ der in der Lösung enthaltenen Molekeln. Dann wird der Ausdruck des Gesetzes:

$$\frac{f - f_1}{f} = C \cdot \frac{n}{n + n_1}.$$

Zu derselben Gleichung für den Fall $C = 1$ hatte die Ableitung aus der kinetischen Theorie der Lösungen geführt (S. 421).

Der Faktor C erwies sich für jeden gelösten Stoff bis zu sehr hohen Konzentrationen konstant. In seiner neueren Arbeit[1]) bewies Raoult dies an Lösungen von Terpentinöl, Nitrobenzol, Anilin, Methylsalicylat und Aethylbenzoat in Aether. Als Beispiel mögen seine Versuche mit Terpentinöl angeführt werden. Die erste Spalte enthält den Quotienten $\frac{n}{n + n_1}$, also das Verhältniss der Anzahl der Molekeln Terpentinöl zu der Gesammtzahl der Molekeln in der ätherischen Lösung, die zweite Spalte die mit 100 multiplizirte beobachtet Dampfdruckverminderung $100 \frac{f - f_1}{f}$ und die dritte die nach der obigen

[1]) Zeitschr. physikal. Chemie 1888, *2*, 353.

Gleichung berechneten Werthe von $100\,\frac{f-f_1}{f}$. Die Konstante C wurde dabei gleich 0,90 angenommen.

$\frac{n}{n+n_1}$	$100\cdot\frac{f-f_1}{f}$ beobachtet	$100\cdot\frac{f-f_1}{f}$ berechnet
5,9	6,0	5,3
12,1	11,9	10,9
23,4	21,9	21,1
35,5	32,4	32,0
47,9	43,8	43,1
64,5	57,9	58,0

Die Konstante C behält demnach bis zu sehr grossen Konzentrationen denselben Werth; die konzentrirteste Aethylbenzoatlösung enthielt z. B. etwa 97 Prozent des gelösten Stoffes und nur 3 Prozent Aether, und doch war der berechnete Werth der Dampfdruckverminderung dem beobachteten nahe gleich (berechnet 85,0, beobachtet 87,6), obgleich bei konzentrirten Lösungen die Versuchsfehler grösser sind, als bei verdünnten. Um jedoch diese Uebereinstimmung zu erzielen, musste die Konstante C für die Lösungen der verschiedenen Stoffe in demselben Lösungsmittel verschieden gross angenommen werden. Raoult setzte z. B. für ätherische Lösungen von Terpentinöl, Anilin und Aethylbenzoat C = 0,90, von Methylsalicylat C = 0,82 und von Nitrobenzol C = 0,74. Bei verdünnten Lösungen, genauer für solche, welche auf 100 Molekeln der Lösung weniger als 15 Molekeln des gelösten Stoffes enthielten, war dagegen die Konstante C mit grosser Genauigkeit gleich 1. Für verdünnte Lösungen ist daher:

$$\frac{f-f_1}{f}=\frac{n}{n+n_1}.$$

Die folgende Tabelle zeigt, wie genau dieser einfache Ausdruck des Gesetzes mit den Thatsachen übereinstimmt. Die zweite Spalte enthält die Anzahl n der Molekeln des gelösten Stoffes in 100 Molekeln der Lösung, die dritte die beobachtete, die vierte die berechnete Dampfdruckverminderung, beide mit 100 multiplizirt; da hier $n+n_1 = 100$ ist, so wird $\frac{f-f_1}{f}=\frac{n}{100}$ und $100\cdot\frac{f-f_1}{f}=n$.

Gelöster Stoff	n	Dampfdruckverminderung × 100 beobachtet	Dampfdruckverminderung × 100 berechnet
Terpentinöl . .	5,9	6,0	5,9
	12,1	11,9	12,1
Nitrobenzol . .	6,0	5,5	6,0

Gelöster Stoff	n	Dampfdruckverminderung beobachtet	Dampfdruckverminderung gefunden
Anilin	3,85	4,0	3,85
	7,7	7,7	7,7
Methylsalicylat .	1,1	0,4	1,1
	2,1	0,7	2,1
	4,8	4.0	4,8
	9,2	8,6	9,2
Aethylbenzoat .	4,9	5,1	4,9
	9,6	9,1	9,6.

Für sehr verdünnte Lösungen ($n < 2$) sind die Abweichungen am grössten.

Methoden der Bestimmung des Molekulargewichts aus der Dampfdruckverminderung.

Die Anwendung der Dampfdruckverminderung der Lösungen zu Molekulargewichtsbestimmungen setzt voraus, dass der gelöste Stoff bei der Versuchstemperatur keine eigene Dampfspannung besitzt. Dadurch wäre für die meisten organischen Stoffe die Anwendbarkeit der Methode unmöglich gemacht, da diese zum weitaus grössten Theil schon bei gewöhnlicher Temperatur eine deutliche Dampfspannung haben; namentlich dürften sich nur wenige ganz nichtflüchtige Stoffe finden, welche in dem geeignetsten Lösungsmittel, dem Aether, hinreichend löslich sind. Das Dampfdruckgesetz für Lösungen flüchtiger Stoffe ist von M. Planck[1]) theoretisch abgeleitet worden, und F. M. Raoult[2]) und E. Beckmann[3]) haben sich experimentell mit dem Einfluss beschäftigt, welchen der Dampfdruck des gelösten Stoffes auf die Dampfdruckverminderung ausübt. Die beiden letzteren fanden übereinstimmend, dass der Einfluss vernachlässigt werden kann, wenn der gelöste Stoff mindestens 140^0 höher siedet als das Lösungsmittel. Am vortheilhaftesten hat sich als Lösungsmittel der Aethyläther bewährt; derselbe zeigt schon bei gewöhnlicher Temperatur so hohe Dampfdrucke, dass in ätherischer Lösung Stoffe, welche bei 160^0 sieden, z. B. Terpentinöl, ohne merklichen Fehler untersucht werden können. Der Aether hat ferner für sehr viele organische Stoffe ein grosses Lösungsvermögen, ist chemisch ziemlich indifferent und lässt die in ihm gelösten Stoffe leicht wiedergewinnen.

Die Bestimmung der durch den gelösten Stoff hervorgerufenen Dampfdruckverminderung kann nach mehreren Methoden geschehen. Das Nächstliegende ist die direkte Messung des Dampfdrucks der

[1]) Zeitschr. physikal. Chemie 1888, *2*, 405.
[2]) Zeitschr. physikal. Chemie 1888, *2*, 360.
[3]) Zeitschr. physikal. Chemie 1889, *4*, 533.

Lösung und des Lösungsmittels in der Barometerleere; es ist dies die statische Methode. Dann kann man den Dampfdruck aus der Gewichtsmenge Dampf berechnen, welche bei bestimmter Temperatur weggeht: Bestimmung des Dampfdrucks durch Wägung. Drittens kann man die Siedepunktserhöhung bestimmen, welche die Lösung gegenüber dem reinen Lösungsmittel zeigt.

Bestimmung des Dampfdrucks durch direkte Messung.

Die meisten der bisher mitgetheilten Dampfdruckbestimmungen wurden durch direktes Messen ausgeführt. Auch Raoult hat sich bei den meisten Bestimmungen dieses Verfahrens bedient, das er in der neueren Arbeit[1]) eingehend beschreibt. Er verwandte drei möglichst gleiche, oben zugeschmolzene Röhren von etwa 1 cm lichter Weite, von denen eine das Lösungsmittel, die zweite die Lösung über Quecksilber abgesperrt enthielt und die dritte als Barometer diente. Die drei Röhren wurden auf gleiche Temperatur gebracht und die Quecksilberstände vermittelst eines Kathetometers abgelesen. Die Methode ist indess mit einer ganzen Anzahl Schwierigkeiten behaftet und erfordert ein sehr sorgfältiges Arbeiten, um brauchbare Resultate zu ergeben. Viele Substanzen verschmutzen das Quecksilber, und selbst der reinste Aether nimmt nach kurzem Stehen an der Luft diese Eigenschaft an. Raoult füllte das Lösungsmittel und die Lösung von oben in die Barometerröhren ein, welche zu dem Zwecke am verschlossenen Ende kapillar verengt und umgebogen waren. Besondere Schwierigkeit verursachte die Entfernung der in dem Lösungsmittel gelösten Gase: dieselben wurden durch vorsichtiges abwechselndes Heben und Senken der Röhren, ersteres bei geschlossener, letzteres bei offener Kapillare, verdrängt. Ferner ist die Aetherlösung wegen des Wechsels von Druck und Temperatur nie homogen; bald verdunstet mehr Aether, wodurch die Lösung konzentrirter wird, bald verdichtet sich ein Theil des verdampften Aethers wieder und verdünnt dadurch die Lösung. Um diese Fehlerquelle zu beseitigen, muss die Flüssigkeit vor dem Ablesen des Quecksilbers durchgemischt werden, was besondere Vorrichtungen erfordert. Der Einfluss geringer Beimengungen flüchtiger Stoffe auf die Dampfspannung ist von G. Tammann[2]) eingehend studirt worden. Derselbe erwies sich als ausserordentlich gross; frei von geringen Beimengungen konnte er ausser Wasser keine Flüssigkeit erhalten. Dass man trotz dieser Schwierigkeiten nach diesem Verfahren sehr brauchbare Resultate erhalten kann, beweisen Raoult's viele Bestimmungen, denen ein hoher Grad von Genauigkeit zukommt.

---

[1]) Zeitschr. physikal. Chemie 1888, *2*, 353.

[2]) Annal. Phys. Chemie [2], 1887, *32*, 683.

Die Berechnung des Molekulargewichts aus der Dampfdruckverminderung ergibt sich in einfachster Weise aus dem allgemeinen Gesetze des Dampfdrucks der Lösungen, welches lautet:

$$\frac{f - f_1}{f} = \frac{n}{n + n_1}.$$

Darin bedeutet f die Dampfspannung des Lösungsmittels, f_1 diejenige der Lösung, n die Anzahl der Molekeln des gelösten Stoffes und n_1 diejenige der Molekeln des Lösungsmittels. Ist nun das Molekulargewicht des Lösungsmittels gleich m_1, dasjenige des gelösten Stoffes gleich m, und wurden p g Stoff in p_1 g Lösungsmittel gelöst, so ist die Zahl der Gramm-Molekeln des gelösten Stoffes gleich $\frac{p}{m}$ und des Lösungsmittels gleich $\frac{p_1}{m_1}$. Es wird daher:

$$\frac{f - f_1}{f} = \frac{\frac{p}{m}}{\frac{p}{m} + \frac{p_1}{m_1}}.$$

Löst man diese Gleichung nach m auf, so erhält man nach einigen Umformungen:

$$m = m_1 \cdot \frac{p}{p_1} \cdot \frac{f_1}{f - f_1}.$$

Als Beispiel möge die Bestimmung des Molekulargewichts der Benzoësäure durch Raoult[1]) angeführt werden. Während reiner Aether den Dampfdruck 410,9 mm hatte, zeigte eine Auflösung von 12,744 g Benzoësäure in 100 g Aether einen solchen von 382,0 mm. Daher ist zu setzen: $m_1 = 74$ (Molekulargewicht des Aethers), $p = 12,744$, $p_1 = 100$, $f = 410,9$ und $f_1 = 382,0$. Daher wird $m = 124,6$, während das normale Molekulargewicht der Benzoësäure $C_7H_6O_2 = 122$ ist.

Untersucht man Stoffe, welche Quecksilber angreifen, so ist das beschriebene Verfahren nicht anwendbar. Bei Gelegenheit der Bestimmung des Molekulargewichtes des Jods in Lösung hat M. Loeb[2]) ein für derartige Stoffe geeignetes Verfahren beschrieben. Zwei Standflaschen von möglichst gleichem Rauminhalt wurden mit hohlen, eingeschliffenen Glasstopfen versehen, welche, beiderseits offen, nach aussen in lange Glasröhren von 6 mm lichter Weite ausliefen. Die Glasröhren wurden zweimal rechtwinklig gebogen, so dass die offenen Schenkel vertikal nach unten führten; die nach unten gerichteten Theile der

[1]) Zeitschr. physikal. Chemie 1888, *2*, 373.

[2]) Zeitschr. physikal. Chemie 1888, *2*, 606.

Röhren waren 50 cm lang. Die letzteren wurden durch Gummischläuche, deren einer einen Quetschhahn trug, unter Vermittlung eines T-Rohrs mit einander verbunden.

Zur Bestimmung der durch das Lösen eines Stoffes verursachten Dampfdruckverminderung bringt man in die eine Flasche eine in ein dünnes Glasröhrchen eingeschlossene gewogene Menge des Lösungsmittels, in die andere in derselben Weise eine gewogene Menge der Lösung. Nachdem die Flaschen mit den beschriebenen Röhrenstopfen verschlossen und durch Bestreichen mit syrupdicker Phosphorsäure gedichtet sind, verbindet man das freie Ende des T-Rohrs mit einer Glasröhre, welche durch die eine Oeffnung einer zweifachtubulirten Woulff'schen Flasche in gefärbtes Wasser taucht. Der andere Tubus der Woulff'schen Flasche wird mit einer Saugpumpe verbunden und in dem ganzen Apparat die Luft verdünnt. Nachdem die Verbindung des T-Rohrs mit der Woulff'schen Flasche durch einen Quetschhahn abgestellt ist, wird die Saugpumpe ausser Thätigkeit gesetzt und die Woulff'sche Flasche mit der Aussenluft in Verbindung gesetzt. Durch vorsichtiges Oeffnen des Quetschhahnes lässt man sodann soviel gefärbtes Wasser in die beiden Stöpselröhren steigen, dass etwa die Hälfte der nach unten führenden Schenkel gefüllt ist. Schliesst man jetzt den Quetschhahn, so stellt der Apparat nach Entfernung der Woulff'schen Flasche ein empfindliches Differentialmanometer dar, das den Druckunterschied in Wasserhöhe angibt. Die beiden Flaschen werden dicht neben einander in ein Wasserbad gestellt und nach Eintritt konstanter Temperatur etwaige kleine Niveaudifferenzen in den Manometerröhren mit einem Millimetermaassstab gemessen. Sodann wird die Verbindung der beiden Manometerschenkel durch einen Quetschhahn aufgehoben und durch Schütteln der Flaschen die mit dem Lösungsmittel bezw. der Lösung gefüllten Röhrchen geöffnet. Alsbald beginnt das Lösungsmittel zu verdampfen; nach $^1/_4$ Stunde stellt man die Verbindung der Manometerröhren wieder her. Lässt man von Anfang an die Röhren in Verbindung, so spritzt häufig Wasser in eine der Flaschen über. Da das reine Lösungsmittel bei gleicher Temperatur einen höheren Dampfdruck hat als die Lösung, so wird das Sperrwasser in dem Schenkel, welcher mit der die Lösung enthaltenden Flasche verbunden ist, höher stehen als in dem anderen. Die Niveaudifferenz wird abgelesen; sie stellt die Dampfdruckverminderung der Lösung gegenüber dem Lösungsmittel dar, also den Ausdruck $f - f_1$ nach der früheren Bezeichnung (s. S. 422). Um die zur Berechnung des Molekulargewichts nothwendige Grösse f_1, den Dampfdruck der Lösung, zu erhalten, muss der Dampfdruck des reinen Lösungsmittels f bekannt sein, denn es ist $f_1 = f - (f - f_1)$. Die Dampfdrucke vieler Flüssigkeiten, welche als Lösungsmittel dienen können, sind aus früheren Versuchen bekannt; wenn dies nicht der Fall ist, müssen sie besonders bestimmt werden.

Ferner muss das Gewicht p des gelösten Stoffes und dasjenige p_1 der Menge Lösungsmittel bekannt sein, in welcher während des Versuches die p g Stoff gelöst waren. Nimmt man eine gewogene Menge einer Lösung von bekanntem Gehalt, so ist p gegeben; denn die ganze Menge des gelösten Stoffes bleibt bei dem Versuche in der Lösung, da ersterer nicht flüchtig sein darf. Dagegen verdampft ein bestimmter Theil des Lösungsmittels während des Versuches, das Gewicht des flüssigen Lösungsmittels wird kleiner und die Lösung konzentrirter als die ursprünglich eingewogene. Das Gewicht des in der Lösung verbleibenden Lösungsmittels lässt sich indess berechnen. Es sei zu diesem Zwecke:

p_1 das Gewicht des eingewogenen Lösungsmittels,
f der Dampfdruck des reinen Lösungsmittels in mm Quecksilber,
d die beobachtete Dampfdruckverminderung in mm Quecksilber, d. h. die Niveaudifferenz der Wassersäulen in den beiden Manometerröhren, auf Quecksilberdruck umgerechnet,
v der Rauminhalt der die Lösung enthaltenden Standflasche und des nicht mit Wasser gefüllten Theiles der Stöpselröhre bei 0^0,
g das Gewicht von 1 ccm des Dampfes des Lösungsmittels bei 0^0 und 760 mm Druck,
t die Versuchstemperatur (Temperatur des Wasserbades),
p_2 das Gewicht des während des Versuchs in der Lösung verbleibenden Lösungsmittels.

Um das Gewicht p_2 zu ermitteln, hat man von dem Gewicht p_1 des eingewogenen Lösungsmittels das Gewicht des Dampfes bei den Versuchsbedingungen abzuziehen. Die Versuchstemperatur ist t, der Druck, unter dem der Dampf des Lösungsmittels über der Lösung steht, ist gleich dem Druck des reinen Lösungsmittels f, vermindert um die beobachtete Dampfdruckverminderung d, also gleich f — d. Wiegt nun 1 ccm des Dampfes des Lösungsmittels bei 0^0 und 760 mm Druck g Gramm, so wiegen nach dem Gay-Lussac-Boyle'schen Gesetz bei t^0 und (f — d) mm Druck v ccm Dampf $\frac{v \cdot g\,(f-d)}{760\,(1+\alpha t)}$ Gramm. Das Gewicht des in der Lösung verbliebenen Lösungsmittels ist daher:

$$p_2 = p_1 - \frac{v\,g\,(f-d)}{760\,(1+\alpha t)}\,.$$

Nunmehr sind alle Daten zur Berechnung des Molekulargewichts nach der Formel von S. 435 gegeben. Die Dampfdruckverminderung ist gleich d beobachtet worden; der Dampfdruck der Lösung ist gleich f — d. Das Molekulargewicht m des gelösten Stoffes ist daher:

$$m = m_1 \cdot \frac{p}{p_2} \cdot \frac{f - d}{d}.$$

Darin bedeutet:

m_1 das Molekulargewicht des Lösungsmittels,

p das Gewicht des gelösten Stoffes in der angewandten Menge Lösung,

p_2 das Gewicht des Lösungsmittels in der Lösung (nach der oben gegebenen Formel zu berechnen),

f den Dampfdruck des reinen Lösungsmittels bei der Versuchstemperatur in mm Quecksilber (aus früheren Versuchen zu entnehmen oder besonders zu bestimmen),

d die beobachtete Dampfdruckverminderung, auf mm Quecksilber umgerechnet.

Trotzdem das Verfahren mit erheblichen Schwierigkeiten behaftet ist, lassen sich mit demselben doch recht genaue Bestimmungen des Molekulargewichts anstellen. M. Loeb fand für Naphtalin in Schwefelkohlenstofflösung im Mittel $m = 132$, in Aetherlösung $m = 127{,}5$, während der theoretische Werth $m = 128$ ist.

Sehr eingehend hat sich E. Beckmann[1]) mit der Ausarbeitung der Methoden zur Bestimmung des Molekulargewichts aus der Dampfdruckverminderung befasst. Er modifizirte zunächst das von Raoult angewandte Verfahren in der Weise, dass er die Barometerröhren oben an Stelle der Kapillaren mit einem Stöpselverschluss versah und die drei Versuchsröhren mit einem beweglichen Quecksilbergefäss in Verbindung setzte; dadurch konnte das Austreiben der im Aether gelösten Gase sehr bequem ausgeführt werden (durch Heben des Quecksilbergefässes und Lüften des Stopfens). Trotzdem das Verfahren recht genaue Bestimmungen ermöglichte, schien es doch für die Laboratiumspraxis nicht einfach genug.

Beckmann versuchte daher, die Bestimmung des Dampfdrucks mit Hülfe des Geissler'schen Vaporimeters auszuführen; das Prinzip und die Einrichtung des Apparates, welcher sehr vielfach zur Bestimmung des Alkohols in geistigen Getränken Anwendung findet und in den meisten Laboratorien vorhanden ist, kann als bekannt vorausgesetzt werden. An Stelle der Alkoholskala setzte Beckmann eine auf die Steigröhre aufgeätzte Millimeterskala und beobachtete immer zwei Vaporimeter neben einander, von denen das eine das reine Lösungsmittel, das andere die Lösung enthielt; beide Vaporimeter wurden in demselben Wasserbad auf gleiche Temperatur erwärmt. Auch dieses Verfahren lieferte bei sorgfältiger Ausführung befriedigende Resultate; es stellte sich aber heraus, dass der Luftgehalt der Lösungsmittel

[1]) Zeitschr. physikal. Chemie 1889, *4*, 352.

(Aether, Schwefelkohlenstoff, Chloroform und Aceton) zu groben Täuschungen Veranlassung geben kann. So wurde z. B. der Dampfdruck einer destillirten Aetherfraktion sofort nach der Destillation über Natrium bestimmt; nach 15-stündigem Stehen unter Luftzutritt wurde derselbe um 30,5 mm höher gefunden, nach achttägigem Stehen war derselbe um 8 mm gesunken und nach dem Auskochen und Wiedererkalten bei Luftabschluss sank der Dampfdruck um weitere 44 mm. Derartige Schwankungen lassen die Methode als nicht geeignet zur Molekulargewichtsbestimmung erscheinen.

Bestimmung des Dampfdrucks durch Wägung.

Da die Dampfspannung bei gleicher Temperatur dem Gewicht des entwickelten Dampfes proportional ist, so kann man, statt die Dampfspannung zu messen, das Gewicht des entwickelten Dampfes ermitteln; das Verhältniss der Dampfgewichte ist gleich dem Verhältniss der Dampfspannungen. Bestimmungen des Dampfdrucks nach dieser „dynamischen" Methode wurden von G. Tammann[1]) mitgetheilt, dessen Versuche sich auf wässerige Salzlösungen erstreckten. Derselbe leitete bei konstanter Temperatur ein gemessenes Volum trockener Luft über die Lösungen, absorbirte das aufgenommene Wasser und wog dasselbe, woraus die Dampfspannung berechnet werden konnte. Da sich die Lösungen an der Oberfläche konzentrirten, wurde die Dampfspannung derselben zu klein gefunden; auch andere Fehler machten sich bemerkbar, so dass die Methode sich als wenig brauchbar erwies.

Im Anschluss an ein Referat über die Tammann'sche Arbeit theilte W. Ostwald[2]) mit, dass er schon vor mehreren Jahren mit einer anderen Ausführungsweise des Verfahrens sehr gute Resultate erhalten habe. Der kurzen Skizzirung des Verfahrens folgte bald die ausführliche Beschreibung durch J. Walker[3]). Von drei mit einander verbundenen Liebig'schen Kaliapparaten waren die beiden ersten mit der Lösung, der dritte mit reinem Wasser gefüllt; an den letzten schloss sich ein U-Rohr, das mit konzentrirter Schwefelsäure benetzte Bimsteinstückchen enthielt. Durch den Apparat wurde vermittelst einer an die U-Röhre sich anschliessenden kleinen Saugepumpe langsam Luft geleitet, während alle Kugelröhren auf gleicher Temperatur gehalten wurden. In den beiden ersten Kugelröhren, und besonders in der ersten, nahm die Luft so viel Wasser auf, als dem Dampfdruck der Lösung entsprach, in der mit reinem Wasser gefüllten Röhre sättigte sie sich

---

[1]) Annal. Phys. Chemie [2], 1888, *33*, 322.

[2]) Zeitschr. physikal. Chemie 1888, *2*, 436.

[3]) Zeitschr. physikal. Chemie 1888, *2*, 602.

vollends und gab dann an die U-Röhre mit Schwefelsäure alles Wasser wieder ab. Nach 15 bis 30-stündigem Durchleiten (meist nach etwa 24 Stunden) wurden die Versuche abgebrochen. Der in der U-Röhre absorbirte Wasserdampf entspricht dem Dampfdruck des reinen Wassers, der Gewichtsverlust der mit reinem Wasser beschickten Röhre dagegen der Differenz der Dampfdrucke des Wassers, vermindert um denjenigen der Salzlösung. Das Verhältniss der Gewichtsabnahme a der mit Wasser beschickten Kugelröhre zu der Gewichtszunahme b der Schwefelsäure ist daher gleich dem Verhältniss der Dampfdruckverminderung $f - f_1$, welche durch das Salz hervorgerufen wird, zu dem Dampfdruck f des reinen Wassers, d. h. gleich der relativen Dampfdruckverminderung:

$$\frac{a}{b} = \frac{f-f_1}{f}.$$

Nun haben wir vorher (S. 430) die Gleichung abgeleitet:

$$\frac{f-f_1}{f \cdot p} \cdot \frac{m}{m_1} = 0{,}01,$$

worin m das Molekulargewicht des gelösten Stoffes, m_1 dasjenige des Lösungsmittels, p die Gramme Stoff, welche in 100 g Lösungsmittel gelöst sind, und $\frac{f-f_1}{f}$ die relative Dampfdruckverminderung ist. Da $\frac{f-f_1}{f} = \frac{a}{b}$ ist, so ergibt sich das Molekulargewicht des gelösten Stoffes:

$$m = 0{,}01\ m_1 \cdot p \cdot \frac{b}{a}.$$

Am Schlusse seines Referats über die Tammann'sche Arbeit führte W. Ostwald[1]) auch an, dass die Dampfspannung wässeriger Lösungen auch vermittelst eines Hygrometers bestimmt werden könne. Diese Methode wurde nachher von G. Charpy[2]) thatsächlich angewandt, welcher den Thaupunkt mit Hülfe eines August'schen Hygrometers ermittelte.

Die soeben beschriebene Methode wurde von W. Will und G. Bredig[3]) auf alkoholische Lösungen angewandt. Dieselben leiteten die Luft zunächst durch eine Röhre, welche eine Bleispirale enthielt, damit die Luft schon vor dem Eintritt in die Kugelapparate die Temperatur der letzteren annahm, und verwandten Kugelapparate mit 9 Kugeln. Der erste Apparat war mit der alkoholischen Lösung, der zweite mit reinem Alkohol gefüllt; das Durchleiten der Luft dauerte etwa 24 Stunden (jede Stunde etwa 1 l). Da man für Al-

---

1) Zeitschr. physikal. Chemie 1888, *2*, 436.

2) Compt. rend. 1890, *111*, 135.

3) Ber. deutsch. chem. Gesellschaft 1889, *22*, 1084.

kohol kein geeignetes Absorptionsmittel fand, wurden die Gewichtsabnahmen der beiden Apparate bestimmt; die Gewichtsabnahme a der Lösung entsprach dem Dampfdruck f_1 derselben, die Gewichtsabnahme b des reinen Alkohols der Dampfdruckverminderung $f-f_1$. Nun ist (nach S. 435):

$$m = m_1 \cdot \frac{p}{p_1} \cdot \frac{f_1}{f-f_1},$$

worin m das Molekulargewicht des gelösten Stoffes, m_1 des Lösungsmittels und p_1 die Gramme Lösungsmittel, in welchen p g Stoff gelöst sind, darstellt. Da $\frac{f_1}{f-f_1} = \frac{a}{b}$ ist, so wird

$$m = m_1 \cdot \frac{p}{p_1} \cdot \frac{a}{b},$$

oder, wenn die p g Stoff in 100 g Lösungsmittel gelöst sind, also $p_1 = 100$ ist,

$$m = 0{,}01 \cdot m_1 \cdot p \cdot \frac{a}{b}.$$

Das Verfahren gab befriedigende Resultate.

Für ätherische Lösungen ist dieses Verfahren nicht recht geeignet; E. Beckmann[1]) hat daher für dieses Lösungsmittel eine andere Ausführungsweise angegeben. Der Hals des Rundkolbens A (Fig. 9) ist in eine Röhre ausgezogen, welche in ein T-Rohr endigt; letzteres

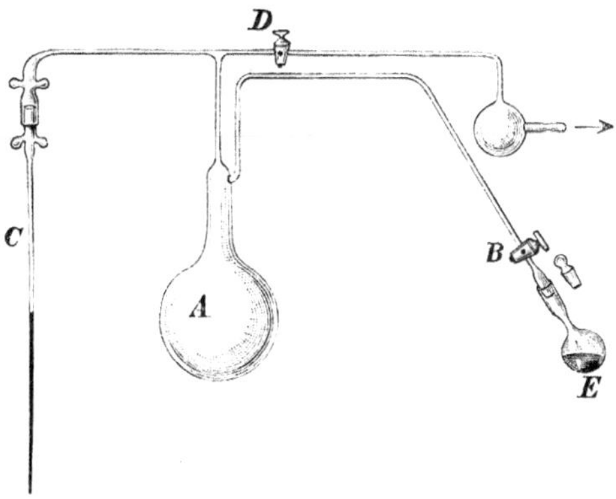

Fig. 9.

führt einerseits zu dem Manometer C, andererseits zu einer Luftpumpe, welche durch den Hahn D ausgeschaltet werden kann. Dem zweiten an den Hals des Kolbens angeschmolzenen und mit dem Hahn B versehenen Glasrohr ist das Kölbchen E angeschliffen. Zur Ausführung der Dampfdruckbestimmung wird der Hahn B der zweiten Röhre ge-

[1]) Zeitschr. physikal. Chemie 1889, *4*, 538.

schlossen, der Apparat evakuirt und alsdann die Pumpe durch Schliessen des Hahnes D ausgeschaltet. Sodann wird das angeschliffene Kölbchen E mit einer gewogenen Menge Aether beschickt, an die Röhre gesetzt, in einem Wasserbad auf konstanter Temperatur gehalten und mit dem evakuirten Apparat in Verbindung gesetzt. Eine gewisse Menge Aether verdampft und übt einen bestimmten Druck aus; sobald der Manometerstand in C konstant geworden ist, wird das Kölbchen mit Aether zurückgewogen. Das Gewicht des verdampften Aethers entspricht dem Dampfdruck desselben. Sodann wird mit einer gewogenen Menge der Lösung unter genau gleichen Bedingungen derselbe Versuch angestellt und auf diese Weise der Dampfdruck der Lösung bestimmt. Die Rechnung ist die frühere. Auch mit diesem Verfahren lassen sich befriedigende Ergebnisse erzielen, doch erscheint dasselbe für die Laboratoriumspraxis weniger bequem als das vorhergehende. Die Temperatur des Kölbchens E muss auf $0{,}01^0$ abgelesen werden.

Bestimmung des Molekulargewichts aus dem Siedepunkt der Lösungen.

Bereits früher (S. 419) wurde darauf hingewiesen, dass der verschiedene Dampfdruck von Lösungsmittel und Lösung sich auch in dem verschiedenen Siedepunkt derselben bemerkbar macht; je grösser der Dampfdruck ist, desto niedriger liegt der Siedepunkt. Lösungen nichtflüchtiger Stoffe haben daher wegen ihres kleineren Dampfdrucks stets einen höheren Siedepunkt als das reine Lösungsmittel, eine Thatsache, welche im Laboratorium in der Form der Kochsalz- und Chlorcalciumbäder mitunter Anwendung findet. Das Gesetz der Dampfdrucke der Lösungen wird sich daher auch bei den Siedepunkten wiederfinden, und zwar wird der Dampfdruckverminderung eine Siedepunktserhöhung entsprechen. Raoult[1]) machte bereits 1878 hierauf aufmerksam und stellte Versuche an, um die Dampfdruckverminderung vermittelst der Siedepunktserhöhung zu bestimmen. Ein sehr bequemes und brauchbares Verfahren zur Bestimmung des Molekulargewichts aus der Siedepunktserhöhung wurde von E. Beckmann[2]) ausgearbeitet.

Die Hauptschwierigkeit lag in der genauen Bestimmung der Temperatur der siedenden Lösung, welche natürlich nicht im Dampf, sondern in der Flüssigkeit gemessen werden musste. Das Stossen vermied Beckmann durch Anschmelzen eines dicken Platindrahts in dem Siedegefäss mit Hilfe von Schmelzglas; zur Temperaturregulirung umgab er das Quecksilbergefäss des Thermometers mit einer oder

[1]) Compt. rend. 1878, *87*, 167.

[2]) Zeitschr. physikal. Chemie 1889, *4*, 539.

zwei Asbestschichten, welche das Thermometer gegen Ueberhitzungen und Wärmeströmungen schützten. Später wurde festgestellt, dass man ein sehr gleichmässiges Sieden erzielte, wenn der Boden des Siedegefässes mit einer dicken Schicht Granaten oder Glasperlen bedeckt wurde. Das Siedegefäss (Fig. 10) ist ein Kölbchen A (in der besonderen Zeichnung des Kölbchens A ist der angeschmolzene Platindraht s sichtbar) mit drei Ansatzröhren; die erste enthält das früher (S. 416) beschriebene genaue Thermometer, dessen Quecksilbergefäss in die siedende Lösung taucht und dessen Quecksilberfaden sich ganz im Dampf befindet. Durch die mittlere Ansatzröhre B führt bis unter den Spiegel der Flüssigkeit ein Glasrohr, das eine seitliche Oeffnung d hat; auf diese Röhre wird ein Kühler (bei ätherischen Lösungen ein Soxhlet'scher Kugelkühler) und ein Chlorcalciumrohr aufgesetzt. Die dritte Röhre C dient zum Einbringen der Substanz.

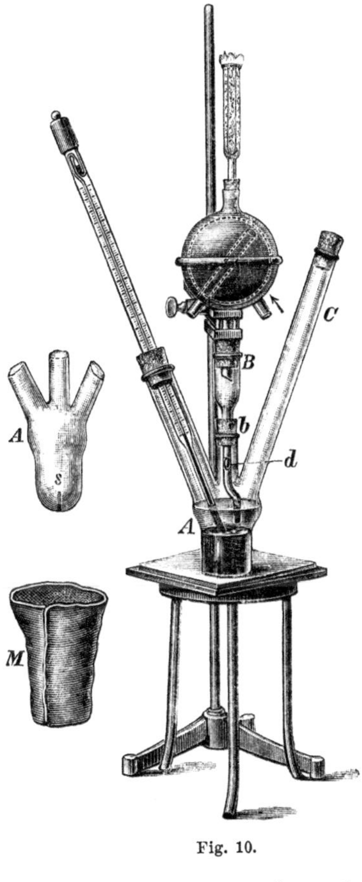

Fig. 10.

Die Bestimmung der Siedepunktserhöhung ist sehr einfach. Man wägt in dem Siedegefäss eine solche Menge Lösungsmittel ab, dass das Quecksilbergefäss des Thermometers ganz eintaucht, schiebt über das Kölbchen und den unteren Theil der Ansatzröhren den Mantel M aus Asbestgewebe und erhitzt auf einer Asbestplatte zum Sieden; wenn das Thermometer 5 Minuten seinen Stand nicht geändert hat, wird die Temperatur abgelesen. Dann bringt man durch die Ansatzröhre eine gewogene Menge des zu untersuchenden Stoffes in den Apparat zu dem siedenden Lösungsmittel und bestimmt in derselben Weise den Siedepunkt. Ist der Stoff flüssig, so bedient man sich der bei der Gefrierpunktsbestimmung (S. 416) beschriebenen Pipette; feste Stoffe werden in die Form von Pastillen gepresst. Durch wiederholtes Eintragen weiterer Mengen des Stoffes kann man eine Reihe von Versuchen bei verschiedenen Konzentrationen anstellen.

Für sehr hochsiedende Lösungsmittel ist das beschriebene Verfahren nicht geeignet, weil der grosse Temperaturunterschied zwischen der siedenden Flüssigkeit und der umgebenden Luft eine genaue Bestimmung des Siedepunkts unmöglich macht. Für hochsiedende Lösungsmittel hat E. Beckmann[1]) den Apparat zweckentsprechend abgeändert. Die wesentlichste Neuerung besteht darin, dass das Siedekölbchen von einem Glas- oder Metallmantel umgeben ist, in dem das Lösungmittel zum Sieden erhitzt wird. Dadurch ist man von der Aussentemperatur fast ganz unabhängig, wie Versuche mit hochsiedenden Lösungsmitteln, z. B. Phenol (Sdp. 183^0), ergaben.

Zur Berechnung des Versuchsergebnisses kann man, wie Raoult vorschlug, von den Siedepunkten zu den Dampfdrucken übergehen und nach der früher abgeleiteten Formel rechnen. Wir haben aber vorher (S. 425) schon ein Verfahren kennen gelernt, welches gestattet, die molekulare, d. h. die durch Auflösen von 1 Gramm-Molekel Stoff in 100 g Lösungsmittel verursachte Siedepunktserhöhung im Voraus zu berechnen. S. Arrhenius[2]) zeigte, dass für die molekulare Siedepunktserhöhung eine Formel gültig ist, welche der von J. H. van 't Hoff für die molekulare Gefrierpunktserniedrigung abgeleiteten (S. 401) durchaus analog ist. Die molekulare Siedepunktserhöhung d ist nämlich:

$$d = 0{,}02 \cdot \frac{T^2}{w},$$

worin T die absolute Siedetemperatur und w die Verdampfungswärme des Lösungsmittels bedeutet. Durch Auflösen von 1 Gramm-Molekel Stoff, d. h., wenn das Molekulargewicht des Stoffes gleich m ist, von m g Stoff in 100 g Lösungsmittel wird der Siedepunkt um d^0 erhöht, durch Auflösen von p g Stoff in 100 g Lösungsmittel daher um $d_1 = d \cdot \frac{p}{m}$; daraus ergibt sich:

$$m = p \cdot \frac{d}{d_1} \cdot$$

Darin bedeutet:

p das Gewicht (in Grammen) des Stoffes, welches in 100 g Lösungsmittel gelöst wurde,

d die molekulare Siedepunktserhöhung $\left(= 0{,}02 \cdot \frac{T^2}{w}\right)$,

d_1 die beobachtete Siedepunktserhöhung.

Ist die Verdampfungswärme eines Lösungsmittels nicht bekannt, so bestimmt man die molekulare Siedepunktserhöhung mit Hilfe eines Stoffes von bekanntem Molekulargewicht; es ist dann $d = \frac{m \cdot d_1}{p}$.

---

[1]) Zeitschr. physikal. Chemie 1891, *8*, 223.

[2]) Zeitschr. physikal. Chemie 1889, *4*, 550.

Da der Siedepunkt der Lösungsmittel vom Druck abhängig ist, ändert sich auch die molekulare Siedepunktserhöhung mit dem Druck; bei den gewöhnlich vorkommenden Druckschwankungen der Atmosphäre sind die Unterschiede indess unwesentlich.

Im folgenden sind die theoretischen molekularen Siedepunktserhöhungen derjenigen Lösungsmittel zusammengestellt, welche E. Beckmann[1]) zu Molekulargewichtsbestimmungen verwandte; die zur Berechnung der molekularen Siedepunktserhöhungen dienenden Grössen, der absolute Siedepunkt und die Verdampfungswärme, sind mit aufgenommen.

Lösungsmittel	Absoluter Siedepunkt	Verdampfungswärme Kalorien	Molekulare Siedepunktserhöhung
Benzol	353,3°	93,4	26,7°
Chloroform	334,2	61,0	36,6
Schwefelkohlenstoff	319,2	84,82	23,7
Essigsäure	391,1	121,0	25,3
Aethylalkohol	351,3	214,9	11,5
Aethylacetat	347,6	92,68	26,1
Aethyläther	307,97	90,11	21,1
Aceton	329,3	129,7	16,7
Wasser	373,0	536,35	5,2
Aethylenbromid	404,6	—	63,2

Die molekulare Siedepunktserhöhung für Lösungen in Aethylenbromid wurde, da dessen Verdampfungswärme nicht bekannt ist, durch Siedeversuche mit Lösungen von Benzil und Phenylbenzoat bestimmt. Für Anilin als Lösungsmittel ermittelte Beckmann[2]) die molekulare Siedepunktserhöhung gleich 32,2° und für Phenol gleich 30,4°.

Bestimmung des Molekulargewichts gelöster Stoffe mit gleichzeitiger Anwendung zweier Lösungsmittel.

Mischt man zwei Flüssigkeiten, von denen die eine sich nur wenig in der anderen löst, so tritt Gleichgewicht zwischen denselben ein, wenn der osmotische Druck der gelösten Flüssigkeit einen bestimmten Werth erreicht hat. Auflösen und Verdampfen sind daher ganz analoge Vorgänge; denn beim Verdampfen gibt für eine bestimmte Temperatur eine Flüssigkeit so lange Dampf in einen leeren Raum ab, bis ein bestimmter Druck erreicht ist. Dieser Druck heisst bekanntlich Dampfdruck oder Dampftension; dem entsprechend bezeichnet W. Nernst[3])

[1]) Zeitschr. physikal. Chemie 1890, *6*, 437.

[2]) Zeitschr. physikal. Chemie 1891, *8*, 226.

[3]) Zeitschr. physikal. Chemie 1889, *4*, 150.

den analogen osmotischen Druck des gelösten Stoffes als Lösungstension.

Für die analogen Begriffe Dampfdruck und Lösungstension müssen dieselben Gesetze gelten. Hat man daher zwei Flüssigkeiten A und B und löst man in A einen fremden Stoff, so muss die Löslichkeit von A in B in demselben Maasse vermindert werden, wie der Dampfdruck von A durch Auflösen derselben Menge des fremden Stoffes. Für die Dampfdruckverminderung wurde (S. 421) folgende, für sehr verdünnte Lösungen geltende Gleichung abgeleitet:

$$\frac{f-f_1}{f_1} = \frac{n}{n_1},$$

worin f den Dampfdruck der reinen Flüssigkeit A, f_1 den Dampfdruck der Lösung des fremden Stoffes in A, n die Anzahl der Molekeln des gelösten Stoffes und n_1 die Anzahl der Molekeln des Lösungsmittels A bedeutet. Dieselbe Gleichung gilt auch für die Verminderung der Löslichkeit von A in B durch Auflösen des fremden Stoffes, wenn an Stelle von f die Löslichkeit l der reinen Flüssigkeit A in B und an Stelle von f_1 die Löslichkeit l_1 von A in B nach Zusatz des fremden Stoffes gesetzt wird (W. Nernst[1])). Es ist demnach:

$$\frac{l-l_1}{l_1} = \frac{n}{n_1},$$

d. h. die relative Löslichkeitserniedrigung, welche ein Lösungsmittel gegenüber einer zweiten Flüssigkeit durch Zusatz eines fremden Stoffes erfährt, ist gleich dem Verhältniss der Anzahl der gelösten Molekeln des fremden Stoffes zur Anzahl der Molekeln des Lösungsmittels.

Dieses Gesetz wurde von W. Nernst[2]) durch Ausführung eines umkehrbaren Kreisprozesses bewiesen; vorausgesetzt wurde dabei, dass der gelöste fremde Stoff aus der Lösung in der Flüssigkeit A nicht merklich in die Flüssigkeit B übergeht, und dass die Flüssigkeit B in A nur sehr wenig löslich ist.

Hiermit ist eine weitere Methode zur Bestimmung des Molekulargewichts gelöster Stoffe gegeben. Ist m_1 das Molekulargewicht des Lösungsmittels A und werden a_1 g desselben angewandt, so ist die Zahl der Molekeln $n_1 = \frac{a_1}{m_1}$; ist ferner m das Molekulargewicht des gelösten Stoffes und a das Gewicht desselben, so ist $n = \frac{a}{m}$. Setzt

[1]) Zeitschr. physikal. Chemie 1889, *4*, 383.

[2]) Zeitschr. physikal. Chemie 1890, *6*, 16.

man diese Werthe oben ein, so ergibt sich das Molekulargewicht m des gelösten Stoffes:

$$m = \frac{m_1}{a_1} \cdot \frac{a \cdot l_1}{l - l_1}.$$

Als Beispiel möge die Verminderung der Löslichkeit der Baldriansäure in Wasser durch Zusatz anderer, in Wasser unlöslicher Stoffe mitgetheilt werden. 5 ccm Baldriansäure wurden bei 13° mit 10 ccm Wasser geschüttelt, 2 ccm der wässerigen Lösung herausgenommen und titrirt. Dann wurden bestimmte Mengen fremder Stoffe in Baldriansäure gelöst und derselbe Versuch mit dieser Lösung angestellt; die zur Titration der 2 ccm der wässerigen Lösungen verbrauchte Menge Kali stellt die Löslichkeit der Baldriansäure in Wasser unter den Versuchsbedingungen dar. Das Molekulargewicht der Baldriansäure ist $m_1 = 102$; a g des Stoffes, dessen Molekulargewicht bestimmt werden soll, wurden in 5 ccm oder $a_1 = 4{,}13$ g Baldriansäure gelöst, und die Löslichkeit der reinen Baldriansäure in Wasser, ausgedrückt in ccm Kali, betrug $l = 10{,}48$. Daher wird:

$$m = 24{,}5 \cdot \frac{a \cdot l_1}{10{,}48 - l_1}.$$

Die erste Spalte der folgenden Tabelle enthält die Namen, die zweite die Mengen a der Stoffe, welche zu 5 ccm Baldriansäure gesetzt wurden, die dritte die Löslichkeit l_1 der mit den fremden Stoffen versetzten Baldriansäure, die vierte das gefundene und die fünfte das theoretische Molekulargewicht des gelösten Stoffes.

Gelöste Stoffe	Angewandte Menge a	Löslichkeit l_1	Molekulargewicht m gefunden	Molekulargewicht m theoretisch
Benzol	0,182	9,90	75	78
	0,431	9,39	89	
Chloroform	0,150	10,17	118	119,5
Menthol	0,246	10,11	161	156
Kampher	0,160	10,18	132	152
	0,970	8,81	123	
Xylol	0,376	9,76	122	106
Stearinsäure	0,165	10,34	291	284

Weitere Versuche, welche mit Aether und Wasser angestellt wurden, gaben ähnliche Werthe für die Molekulargewichte der zugesetzten Stoffe. Da die Unterschiede der Löslichkeiten $l - l_1$ nur klein und deshalb die Versuchsfehler sehr gross sind, ist die Uebereinstimmung befriedigend.

Da diese Methode der Molekulargewichtsbestimmung darauf hinausläuft, die Menge der in B gelösten Flüssigkeit A zu ermitteln, kann dies auch noch auf andere Weise als durch direkte Bestimmung geschehen. Von der Menge des gelösten Stoffes sind, wie früher dargethan wurde, der Gefrierpunkt und der Dampfdruck der Lösung abhängig; beide können daher zur Bestimmung der Menge der gelösten Flüssigkeit angewandt werden. W. Nernst[1]) bediente sich des Gefrierpunkts der Lösung. Bestimmt man den Gefrierpunkt t einer gesättigten wässerigen Aetherlösung in Gegenwart von überschüssigem Aether und dann den Gefrierpunkt t_1 derselben Lösung nach Zusatz eines anderen, in Wasser unlöslichen Stoffes, so liegt t_1 höher als t, weil durch den fremden Stoff die Lösungstension des Aethers gegen Wasser vermindert wird und dementsprechend das Wasser weniger Aether aufzunehmen vermag. Die durch den zugesetzten Stoff hervorgerufene molekulare Gefrierpunktserhöhung ist durch die Gleichung gegeben:

$$\frac{t_1}{t - t_1} = \frac{n}{n_1},$$

worin n die Anzahl der Molekeln des gelösten Stoffes, n_1 des Aethers ist. In dieser Gleichung ist nicht berücksichtigt, dass die Löslichkeit des Aethers von der Temperatur abhängig ist. Durch Ausführung eines Kreisprozesses lässt sich diese Grösse ermitteln; die Gleichung wird nach Einführung derselben:

$$\frac{t_1}{t - t_1} = \frac{n}{n_1\left(1 - \frac{L}{s \cdot \lambda}\right)},$$

worin L die Lösungswärme des Aethers, λ die Schmelzwärme des Wassers und s die Menge des zwischen den Temperaturen t und t_1 aus dem Aether austretenden Wassers bedeutet. Werden a g des fremden Stoffes und a_1 g Aether angewandt und ist m das gesuchte Molekulargewicht des fremden Stoffes und m_1 dasjenige des Aethers, so ist $n = \frac{a}{m}$ und $n_1 = \frac{a_1}{m_1}$. Setzt man diese Werthe ein, so wird:

$$m = \frac{a \cdot m_1 (t - t_1)}{a_1 t_1 \left(1 - \frac{L}{s \cdot \lambda}\right)}.$$

Zur Ausführung der Bestimmung wurde der Beckmann'sche Gefrierapparat mit einer gewogenen Menge Aether und 5 ccm Wasser be-

[1]) Zeitschr. physikal. Chemie 1890, *6*, 27 und 573.

schickt und der Gefrierpunkt bestimmt, hierauf eine gewogene Menge des zu untersuchenden Stoffes eingebracht und wieder der Gefrierpunkt bestimmt. Die folgende Tabelle enthält die Ergebnisse der Versuche mit Aether und Wasser. Die erste Spalte enthält die Namen der Stoffe, die zweite die Anzahl Gramme der gelösten Substanz auf 100 g Aether, die dritte die beobachtete Gefrierpunktserhöhung $t-t_1$, die vierte die „korrigirte" Gefrierpunktserhöhung, die fünfte das gefundene und die sechste das theoretische Molekulargewicht.

Stoff	g Stoff auf 100 g Aether	Gefrierpunktserhöhung		Molekulargewicht	
		beobachtet	korrigirt	gefunden	theoretisch
Benzol	2,04	0,078°	0,080°	78	78
	5,88	0,208	0,219	82	
	13,20	0,445	0,496	82	
Naphtalin	3,42	0,080	0,082	128	128
	6,60	0,149	0,155	130	
	10,50	0,232	0,246	131	
Jod	4,76	0,060	0,061	239	254
	11,30	0,120	0,124	280	
Naphtalin	3,97	0,095	0,097	125	128
	11,90	0,258	0,276	132	
Terpentinöl	5,83	0,128	0,132	140	136
	9,40	0,194	0,204	141	
Kampher	3,70	0,075	0,077	147	152
	12,37	0,220	0,233	162	
Chloroform	4,85	0,125	0,129	117	119,5
	8,18	0,205	0,216	116	
Jodoform	8,20	0,060	0,061	400	394
Amylbenzoat	14,92	0,196	0,206	219	192
Diphenylamin	8,45	0,145	0,151	171	169
	20,08	0,335	0,364	169	
Schwefelkohlenstoff	3,52	0,143	0,148	71,5	76
	12,52	0,441	0,491	78	

Versuche mit Aethylacetat und Wasser gaben ähnliche Resultate. Auch die Siedemethode von Beckmann lässt sich zur Molekulargewichtsbestimmung mit zwei Lösungsmitteln verwerthen.

Später theilte W. Ostwald[1]) mit, dass P. Aulich bereits im Jahre 1887 ähnliche Ansichten wie Nernst ausgesprochen hat. Auf weitere Ergebnisse, welche Nernst[2]) bei dem Studium der Vertheilung eines Stoffes zwischen zwei Lösungsmitteln erhielt, kann hier nicht eingegangen werden.

[1]) Zeitschr. physikal. Chemie 1891, *8*, 105.
[2]) Zeitschr. physikal. Chemie 1891, *8*, 110.

Abweichungen von den Gesetzen der verdünnten Lösungen.

Nachdem wir die Gesetze der verdünnten Lösungen und die sich daraus ergebenden Methoden der Molekulargewichtsbestimmung kennen gelernt haben, wenden wir uns zu den Abweichungen von den Gesetzen, welche die überaus fleissige Bearbeitung dieses wichtigen Gebietes der theoretischen Chemie zur Erkenntniss gebracht hat.

Die Grundlage bildete die von J. H. van 't Hoff entwickelte kinetische Theorie der Lösungen, welche eine weitgehende Analogie zwischen dem Gaszustand und dem Zustand verdünnter Lösungen feststellte. Es ergab sich, dass alle Gasgesetze für verdünnte Lösungen Gültigkeit haben, wenn man unter dem „Druck" der letzteren den osmotischen Druck versteht. Von besonderer Wichtigkeit für die Molekulargewichtsbestimmung ist die Uebertragung des Avogadro'schen Gesetzes auf die verdünnten Lösungen: Gleiche Volume verdünnter Lösungen von gleichem osmotischem Druck enthalten bei gleicher Temperatur eine gleiche Anzahl Molekeln des gelösten Stoffes, und zwar eben soviel, wie ein gleiches Gasvolum von derselben Temperatur, dessen Spannkraft gleich dem osmotischen Druck der Lösungen ist. Die direkte Bestimmung des osmotischen Drucks hat bis jetzt zwar noch keine allgemeinere Anwendung zur Molekulargewichtsbestimmung erfahren, ebenso wenig die Bestimmung des relativen osmotischen Drucks oder der isotonischen Koëffizienten; dagegen haben wir in der Gefrierpunktserniedrigung und der Dampfdruckverminderung zwei dem osmotischen Druck proportionale Grössen kennen gelernt, welche bereits in überaus zahlreichen Fällen zur Bestimmung des Molekulargewichts gedient haben.

Die Analogie der Gesetze der Gase und der verdünnten Lösungen lässt es voraussehen, dass sich auch bei den letzteren Abweichungen finden werden, welche einer besonderen Erklärung bedürfen. Da dieselben zum Theil den Abweichungen von den Gasgesetzen vollkommen entsprechen, wird es zweckmässig sein, die letzteren hier noch einmal kurz zusammenzufassen (bezüglich der Einzelheiten vergleiche S. 222 bis 349). Die kinetische Theorie der Gase, welche zu den einfachen, schon lange vorher empirisch erkannten Gesetzen führte, war unter der Voraussetzung abgeleitet worden, dass der von den Gasmolekeln eingenommene Raum im Vergleich zu dem Volumen des Gases verschwindend klein sei und dass die Gasmolekeln auf einander keinen merkbaren Einfluss ausübten. Schon bald stellte es sich heraus, dass kein Gas den Gesetzen genau folgte; dies war auch vorauszusehen, da es kein Gas geben kann, welches die Bedingungen der kinetischen Theorie vollkommen erfüllte. Man begnügte sich daher damit, die Gase und Dämpfe in einen solchen Zustand überzuführen, dass sie den Gesetzen annähernd gehorchten, d. h. dass die Abweichungen möglichst innerhalb der Fehlergrenzen der Beobachtungen fielen. Man erreichte dies dadurch, dass man die mittlere Entfernung der Molekeln vergrösserte; dazu hatte man zwei Wege: Erhöhung der Temperatur und Verminderung des Drucks, welche beide vielfach angewandt wurden. Da die Gültigkeit des Avogadro'schen Gesetzes von derjenigen des Boyle-Gay-Lussac'schen abhängig ist, so ergibt sich aus den Abweichungen der Gase von diesen Gesetzen eine solche von dem Avogadro'schen Gesetz: es sind dies die Anomalien der Gase und Dämpfe, welche dem Zustand des „Idealgases“ der kinetischen Theorie noch nicht genügend nahe sind. Indem J. D. van der Waals die Raumerfüllung der Gasmolekeln und die gegenseitige Anziehung derselben berücksichtigte, konnte er eine Zustandsgleichung für Gase ableiten (S. 200), welche hohen Ansprüchen genügte und sich als sehr fruchtbar erwies.

Eine weitere Abweichung von dem Avogadro'schen Gesetz, welche sich später als eine nur scheinbare herausstellte, hatte ihre Ursache in der Thatsache, dass die Molekeln mancher Stoffe nicht beständig sind, sondern unter geeigneten Bedingungen in einfachere Bestandtheile zerfallen. Diese durch die Dissociationserscheinungen hervorgerufenen, scheinbar abnormen Verhältnisse der Gase sind früher (S. 231) so eingehend besprochen worden, dass ein näheres Eingehen auf dieselben hier erübrigt.

Ganz Aehnliches gilt von den verdünnten Lösungen. Die Gesetze dieses Zustands gelten nur für unendliche Verdünnung, d. h. für solche Konzentrationen, bei denen die Molekeln des gelösten Stoffes nur einen verschwindend kleinen Raum einnehmen und ohne Einwirkung auf die benachbarten Molekeln sind. Derartige „ideale“ Lösungen, welche die kinetische Theorie verlangt, können naturgemäss nicht dargestellt werden. Die Anziehung der Molekeln spielt bei den Lösungen eine viel bedeutendere Rolle als bei den Gasen. Ein einheitliches Gas enthält, wenn nicht Dissociation eintritt, nur eine Art Molekeln, und diese sind verhältnissmässig so weit von einander entfernt, dass sie meist erst bei beträchtlichem Zusammendrücken eine grössere Anziehung auf einander ausüben. Ganz anders liegen die Verhältnisse bei den Lösungen. Diese enthalten stets mindestens zwei Arten von Molekeln, diejenigen des Lösungsmittels und des gelösten Stoffes. Letztere sind im Verhältniss zu ihrer räumlichen Ausdehnung weiter von einander entfernt als die Molekeln des Lösungsmittels, welche viel näher aneinander liegen. Die Molekeln des gelösten Stoffes können sich daher nicht frei bewegen, sondern sind auf die Zwischenräume beschränkt, welche von den Molekeln des Lösungsmittels nicht ausgefüllt sind. Die Wirkung der Molekeln des gelösten Stoffes auf diejenigen des Lösungsmittels wird daher eine viel grössere sein, als diejenige der ersteren unter sich.

Aber auch die gegenseitige Anziehung der Molekeln des gelösten Stoffes kann sich nicht unerheblich bemerkbar machen. Der osmotische Druck der Lösungen ist nämlich selbst für verdünnte Lösungen sehr gross. Ein Liter einer sogenannten „Normallösung" der Maassanalyse, welche 1 Gramm-Molekel des gelösten Stoffes enthält, ist äquimolekular mit einem Liter Wasserstoff, welches 1 Gramm-Molekel = 2 g dieses Gases enthält; der osmotische Druck der Normallösungen ist daher gleich dem Druck, welcher nothwendig ist, um 2 g Wasserstoff auf 1 l zusammenzupressen. Da bei 0^0 und 1 Atmosphäre Druck ein Liter Wasserstoff 0,08988 g wiegt, so sind nach dem Boyle'schen Gesetze 22,25 Atmosphären nothwendig, um 2 g Wasserstoff auf 1 l zusammenzudrücken. Der osmotische Druck der Normallösungen ist daher bei 0^0 gleich 22,25 Atmosphären, also ausserordentlich gross. Ist das Molekulargewicht des Stoffes klein, so ist die Normallösung ziemlich verdünnt; eine Normal-Ammoniaklösung enthält z. B. in 100 ccm nur 1,701 g NH_3. Bei so hohen Drucken zeigt das Boyle'sche Gesetz schon bei den Gasen sehr beträchtliche Abweichungen und dasselbe Verhalten zeigt sich auch bei den Lösungen.

Um diesen Uebelstand zu beseitigen, wird man zu möglichst niedrigen Konzentrationen der Lösungen schreiten müssen; man darf hierbei indess nicht zu weit gehen, da sonst die beobachteten Gefrierpunktserniedrigungen und Dampfdruckverminderungen sehr klein und deshalb stark mit Fehlern behaftet sind. Die molekulare Gefrierpunktserniedrigung für wässerige Lösungen ist z. B. annähernd gleich 19, d. h. durch Auflösen von 1 Gramm-Molekel Stoff in 100 g Wasser wird der Gefrierpunkt des Wassers um 19^0 erniedrigt. Eine Lösung von 1 Gramm-Molekel Stoff in 1000 g Wasser wird daher eine Gefrierpunktserniedrigung von $1{,}9^0$ hervorrufen. Eine solche Lösung ist aber z. B. die Normalammoniaklösung, wenn man das Gewicht von 1 l derselben in erster Annäherung gleich 1000 g setzt. Eine Normalammoniaklösung, deren osmotischer Druck 22,25 Atmosphären bei 0^0 ist, bewirkt demnach eine Gefrierpunktserniedrigung von nur $1{,}9^0$. Wollte man das Molekulargewicht des Ammoniaks in einer Verdünnung bestimmen, welcher ein osmotischer Druck von 1 Atmosphäre zukommt — bei den Gasen ist der Druck vielfach noch geringer —, so müsste man eine $\frac{1}{22{,}25}$-Normalammoniaklösung anwenden, welche nur 0,076 g NH_3 in 100 ccm enthält. Dieselbe würde aber nur eine

Gefrierpunktserniedrigung von 0,085° bewirken. Wie man trotz dieser Schwierigkeiten genaue Molekulargewichtsbestimmungen machen kann, wird sehr bald gezeigt werden.

Ferner hat es sich gezeigt, dass auch in Lösungen Dissociationserscheinungen eintreten können. Wie aus dem Gasvolumgewicht der Fettsäuren, insbesondere der Essigsäure, geschlossen werden musste, dass dieselben beim Uebergang in den Gaszustand nicht sofort in die kleinsten Molekeln zerfallen, sondern theilweise zusammengesetztere Molekulargruppen bilden, so führte das Studium der Lösungen zu dem Ergebniss, dass auch beim Auflösen in bestimmten Lösungsmitteln manche Körperklassen nicht sofort in die kleinsten möglichen Molekeln zertheilt werden. In beiden Fällen wird die Dissociation der zusammengesetzteren Molekeln in die einfachen durch Vergrösserung der mittleren Entfernung der Molekeln befördert; bei Lösungen geschieht dies durch Verdünnen.

Schliesslich sind bei den Lösungen Erscheinungen beobachtet worden, welche der allmählichen Dissociation der Gase vergleichbar sind. Eine grosse Gruppe von Körpern, die Elektrolyte, werden in wässeriger Lösung in ihre Bestandtheile, die Ionen, zerlegt. Die Dissociation der Elektrolyte in wässeriger Lösung ist ohne Zweifel die weittragendste und kühnste Folgerung der van 't Hoff'schen Theorie, die wegen ihrer eigenartigen Neuheit einer besonders eingehenden Besprechung bedarf.

Neben diesen Abweichungen zeigen sich für beide Methoden der Molekulargewichtsbestimmung, die Gefrierpunkts- und die Dampfdruckmethode, scheinbare Einschränkungen, welche auf die Natur des Lösungsmittels zurückzuführen sind und sich durch eine einfache Ueberlegung beseitigen lassen; dieselben sollen zuerst besprochen werden. Sodann gehen wir zu den Abweichungen über, welche durch unvollständige Geltung der Gesetze der Lösungen verursacht sind und zuletzt zu den Dissociationserscheinungen mit Ausschluss der wässerigen Lösungen der Elektrolyte, welche besonders betrachtet werden.

Abweichungen bei der Gefrierpunktsmethode durch Mitkrystallisiren des gelösten Stoffes.

Die van 't Hoff'sche Theorie der Gefrierpunktserniedrigung der Lösungen ist nur für den Fall abgeleitet worden, dass sich beim Gefrieren der Lösungen das reine Lösungsmittel abscheidet; sobald sich mit dem Lösungsmittel auch der gelöste Stoff ganz oder theilweise ausscheidet, haben die Gesetze der Gefrierpunktserniedrigung keine Gültigkeit mehr.

Fälle des Mitkrystallisirens des gelösten Stoffes sind mehrfach beobachtet worden. J. F. Eykmann[1]) fand die molekulare Gefrierpunktserniedrigung für Phenollösungen bei einer ganzen Anzahl von Stoffen gleich 70 bis 74°; m-Kresol gab dagegen die molekulare Gefrierpunktserniedrigung 48°, also bedeutend kleiner. m-Kresol ist mit Phenol isomorph und abgekühltes flüssiges m-Kresol kann durch Einwerfen eines Phenolkrystalls zum Erstarren gebracht werden. Ferner gab Aldoxim in Acetoximlösung statt der gewöhnlichen molekularen Gefrierpunktserniedrigung von 55° eine solche von 46 bis 47°. Beide Fälle werden durch Mitkrystallisiren des gelösten Stoffes erklärt. Ebenso fand E. Paternò[2]), dass dem Thiophen nur 34°, dem Pyridin 47° und dem Piperidin 41° als molekulare Gefrierpunktserniedrigungen in Benzollösung zukommen, während der normale Werth 50 bis 53° ist. Es ist bekannt, dass sich m-Kresol von Phenol und namentlich Thiophen von Benzol nicht durch fraktionirte Krystallisation trennen lassen, d. h. diese Stoffe krystallisiren zusammen. Bei der Darlegung des Begriffs der festen Lösungen, auf welche wir später zu sprechen kommen werden, beschäftigte sich auch J. H. van 't Hoff[3]) mit der Erstarrung isomorpher Gemische.

Einen besonderen Fall des Gefrierens isomorpher Mischungen hat Fr. W. Küster[4]) untersucht. In dem Hexachlor-α-keto-γ-R-penten C_5Cl_6O und dem Pentachlormonobrom-α-keto-γ-R-penten C_5Cl_5BrO fand er zwei Stoffe, welche krystallographisch ausserordentlich ähnlich und im Stande sind, in jedem Verhältniss zusammenzukrystallisiren. Löst man die eine Verbindung in der anderen nach bestimmten Molekulargewichten, so kann man den Erstarrungspunkt der Lösung nicht nach dem Gesetz der Gefrierpunktserniedrigung berechnen, da sich nicht reines Lösungsmittel ausscheidet. Wenn die Mischung zweier Stoffe zu homogenen isomorphen Krystallen erstarrt, so wird sich der Erstarrungspunkt der Mischung aus denjenigen der Bestandtheile nach der Mischungsregel berechnen lassen. Löst man z. B. in 100 Molekeln des niedriger schmelzenden Stoffes mit dem Schmelzpunkt t_1 1 Molekel des höher schmelzenden mit dem Schmelzpunkt t_2, so berechnet man den Schmelzpunkt des Gemisches t_x nach der Mischungsregel zu $t_x = t_1 + \frac{t_2 - t_1}{100}$. Der Schmelzpunkt des Gemisches liegt unter diesen Umständen stets höher als derjenige des

[1]) Zeitschr. physikal. Chemie 1884, *4*, 509.
[2]) Gazz. chim. ital. 1889, Bd. *19*; Zeitschr. physikal. Chemie 1890, *5*, 94.
[3]) Zeitschr. physikal. Chemie 1890, *5*, 335.
[4]) Zeitschr. physikal. Chemie 1890, *5*, 601.

niedriger schmelzenden Stoffes und zwar zwischen diesem und dem des höher schmelzenden.

Dieses Verhalten trifft bei den genannten isomorphen Stoffen thatsächlich ein, wie folgende Tabelle zeigt. Die Gefrierpunkte wurden mit dem Beckmann'schen Apparat bestimmt. Die erste Spalte enthält die Anzahl Molekeln der Pentachlormonobromverbindung $C_5 Cl_5 Br O$ in 100 Molekeln der Lösung, die zweite und dritte den beobachteten und die vierte den nach der Mischungsregel berechneten Gefrierpunkt.

Molekeln $C_5 Cl_5 Br O$ in 100 Mol. Lös.	Gefrierpunkt beobachtet a	b	berechnet	Molekeln $C_5 Cl_5 Br O$ in 100 Mol. Lös.	Gefrierpunkt beobachtet a	b	berechnet
0,00	87,50	87,50	—	42,26	91,60	91,61	91,81
5,29	87,97	88,00	88,04	58,91	93,26	93,27	93,51
8,65	88,30	88,29	88,38	71,33	94,58	94,59	94,78
14,29	88,80	88,80	88,96	82,09	95,74	95,74	95,88
17,47	89,10	89,11	89,28	90,45	96,68	96,66	96,74
25,32	89,85	89,85	90,09	98,00	97,48	97,49	97,50
29,95	90,30	90,29	90,55	100,00	97,71	97,71	—

Die beobachteten Gefrierpunkte sind durchweg etwas kleiner als die berechneten. Trägt man die Zahl der Molekeln CCl_5BrO in 100 Molekeln Lösung als Abscissen und die beobachteten Gefrierpunkte als Ordinaten in ein Coordinatensystem, so liegen die hierdurch gegebenen Punkte sehr nahe auf der Graden, welche man nach der Mischungsregel erhalten würde.

Das Verhalten der Gefrierpunkte lässt darauf schliessen, dass die abgeschiedenen Krystalle homogene Mischungen der beiden Stoffe enthalten, dass also der fest gewordene Theil dieselbe Zusammensetzung wie der flüssige hat. Da die chemische Untersuchung des festen und flüssigen Antheils Schwierigkeiten verursacht hätte, führte Küster die Analyse mit Hilfe des Thermometers aus. Er hielt die Lösung auf derselben Temperatur und liess unter fortwährendem Umrühren die Krystallisation allmählich weiter fortschreiten; während des ganzen Versuchs, welcher meist mehr als $^1/_2$ Stunde dauerte, blieb die Temperatur nahezu konstant, womit bewiesen war, dass die Homogenität der Mischung durch die fortschreitende Ausscheidung nicht geändert wurde.

Später untersuchte Fr. W. Küster[1]) die Erstarrungspunkte einer ganzen Anzahl isomorpher Gemische. Die Ergebnisse waren den früheren ähnlich, aber doch in einigen Punkten abweichend. In allen Fällen, wo Lösungsmittel und gelöster Stoff isomorph sind, hat das

[1]) Zeitschr. physikal. Chemie 1891, *8*, 577.

Gesetz der Erstarrungspunkte verdünnter Lösungen keine Gültigkeit, da sich beide Stoffe gleichzeitig krystallinisch abscheiden. Doch erstarren Schmelzflüsse isomorpher Gemische im Allgemeinen nicht ganz homogen, sondern in den ersten Ausscheidungen herrscht der Stoff mit höherem Schmelzpunkt etwas vor. Von den untersuchten Mischungen isomorpher Stoffe erstarrten nur die beiden zuerst genannten Verbindungen Hexachlor-α-Keto-γ-R-penten und die entsprechende Pentachlormonobromverbindung fast ganz homogen; bei einem Theil der Mischungen wurde durch die Untersuchung der Krystalle und der Mutterlauge direkt festgestellt, dass dieselben eine verschiedene Zusammensetzung hatten.

Kurz vorher theilte A. van Bijlert[1]) Untersuchungen über die Zusammensetzung der aus Schmelzflüssen isomorpher Mischungen sich ausscheidenden Krystalle mit. Er prüfte folgende Lösungen: Thiophen in Benzol, welche nach E. Paternò, und m-Kresol in Phenol, welche nach J. F. Eykman eine zu niedrige molekulare Gefrierpunktserniedrigung zeigen, ferner Antimon in Zinn und β-Naphtol in Naphtalin, welche, wie für die erstere Lösung C. T. Heycock und E. H. Neville und für die letztere J. F. Eykman nachwiesen, statt einer Erniedrigung eine Erhöhung des Gefrierpunkts zeigen. Das Ergebniss war folgendes. Beim theilweisen Ausfrieren der Lösungen von Thiophen in Benzol krystallisiren etwa 10 Procent des vorhandenen Thiophens mit dem Benzol aus. In den aus Lösungen von m-Kresol in Phenol sich ausscheidenden Krystallen konnte ersteres nicht nachgewiesen werden. Dagegen scheiden sich beim Erstarren der Lösungen von Antimon in Zinn und von β-Naphthol in Naphtalin Krystalle aus, welche reicher an dem gelösten Stoff (Antimon bezw. β-Naphtol) sind als die ursprüngliche Lösung. Schon früher hatten G. Tammann[2]) sowie C. T. Heycock und E. H. Neville[3]) beobachtet, dass in den Fällen, wo beim Erstarren der Lösung eines Metalls in einem zweiten Metall eine Gefrierpunktserhöhung eintrat, die ausgeschiedene Metallmasse prozentisch mehr von dem gelösten Metall enthielt, als die ursprüngliche Lösung.

Abweichungen bei der Siedemethode wegen des „abnormen“ Gaszustandes des Dampfes des Lösungsmittels beim Siedepunkt.

Das von J. H. van 't Hoff theoretisch abgeleitete und von F. M. Raoult empirisch gefundene Gesetz der Dampfdrucke von Lösungen lautete (S. 430):

[1]) Zeitschr. physikal. Chemie 1891, *8*, 343.

[2]) Zeitschr. physikal. Chemie 1889, *3*, 441.

[3]) Chem. News 1889, *59*, 157.

$$\frac{f - f_1}{f \cdot p} \cdot \frac{m}{m_1} = 0{,}01$$

oder

$$100 \cdot \frac{f - f_1}{f \cdot p} \cdot \frac{m}{m_1} = 1,$$

worin f der Dampfdruck des Lösungsmittels, f_1 der Dampfdruck der Lösung, m das Molekulargewicht des gelösten Stoffes, m_1 das Molekulargewicht des Lösungsmittels und p das Gewicht des in 100 g Lösungsmittel gelösten Stoffes ist. Hierin ist für m_1 nicht das theoretische Molekulargewicht des Lösungsmittels zu setzen, sondern das wahre Molekulargewicht, welches der Dampf desselben bei dem Druck f besitzt. Bestimmt man daher das Molekulargewicht nach der Siedemethode, so bedeutet m_1 das Molekulargewicht des Dampfes des Lösungsmittels beim Siedepunkt unter dem atmosphärischen Druck. Wenn der Dampf der Lösungsmittel bereits beim Siedepunkt den Gasgesetzen gehorcht, so kann man für m_1 das theoretische Molekulargewicht setzen; da aber viele Dämpfe beim Siedepunkt ein zu hohes Gasvolumgewicht, also ein zu grosses Molekulargewicht haben (S. 222), so ist an Stelle von m_1 nicht der theoretische Werth, sondern der etwas grössere thatsächliche Werth einzusetzen. Setzt man trotzdem für m_1 den theoretischen Werth, so wird der Ausdruck der linken Seite zu gross, also grösser als 1, wie die Theorie verlangt. In der That fand Raoult fast durchweg Werthe, welche grösser als 1 waren, im Mittel 1,05. Die Abweichungen sind demnach im Allgemeinen nicht gross.

Anders gestaltet sich die Sache, wenn das Lösungsmittel beim Siedepunkt ein Gasvolumgewicht hat, welches zu einem von dem theoretischen sehr abweichenden Molekulargewicht führt. Solche Stoffe haben wir in den Fettsäuren und insbesondere in der Essigsäure kennen gelernt (S. 335). Die eingehenden Versuche führten zu dem Ergebniss, dass der Essigsäuredampf sich beim Siedepunkt in einem Dissociationszustand befindet; die anfänglich gebildeten Molekeln $(C_2H_4O_2)_n$, worin n im einfachsten Falle gleich 2 zu setzen ist, sind bereits beim Siedepunkt zum Theil in die einfachen Molekeln $C_2H_4O_2$ zerfallen. Das von A. Cahours[1]) beim Siedepunkt zu 3,35 gefundene Gasvolumgewicht der Essigsäure (Luft = 1) führt zu dem Molekulargewicht 3,35 . 28,87 = 96,7; sehr nahe gleich fand C. Schall[2]) das Molekulargewicht der Essigsäure beim Siedepunkt aus der Verdampfungszeit gleich 88,84 und aus der Verdampfungswärme gleich 94,8. Das

---

[1]) Compt. rend. 1845, *20*, 51; Annal. Phys. Chemie 1845, *65*, 422; Annal. Chem. Pharm. 1845, *56*, 176.

[2]) Ber. deutsch. chem. Gesellschaft 1883, *16*, 3011; 1884, *17*, 1044, 2199.

mittlere Molekulargewicht des Essigsäuredampfes muss demnach beim Siedepunkte gleich 96,7 gesetzt werden. Setzt man dagegen in die obige Gleichung bei Dampfdruckbestimmungen in essigsaurer Lösung das theoretische Molekulargewicht der Essigsäure $m_1 = 60$, so wird die linke Seite nicht gleich 1.

Dieses Verhalten der Essigsäure als Lösungsmittel ist durch Versuche von F. M. Raoult und A. Recoura[1]) bestätigt worden. Dieselben bestimmten die Dampfdruckverminderungen einer Anzahl von Lösungen in Essigsäure nach der Siedemethode, gingen aber bei der Berechnung der Resultate zu den Dampfspannungen zurück und benutzten die oben angeführte Gleichung:

$$100 \cdot \frac{f - f_1}{f \cdot p} \cdot \frac{m}{m_1} = K,$$

worin K gleich 1 ist, wenn die Molekeln des Dampfes des Lösungsmittels gleich den theoretischen sind. Indem sie für m_1 den theoretischen Werth des Molekulargewichts der Essigsäure 60 einsetzten, ergab sich der Werth K nicht gleich 1, sondern erheblich grösser, wie folgende Zusammenstellung zeigt.

Gelöste Stoffe	K	Gelöste Stoffe	K
Nitronaphtalin	1,63	Salicylsäure	1,60
Monobromkampher	1,63	Benzoësäure	1,59
Benzophenon	1,68	Diphenylaminacetat	1,57
Pikrinsäure	1,60	Kaliumacetat	1,57

Der Mittelwerth von K ist 1,61.

Setzt man dagegen für m_1 nicht den theoretischen Werth 60, sondern den thatsächlichen Werth 96,7 des mittleren Molekulargewichts des Essigsäuredampfes beim Siedepunkt, so wird die Konstante:

$$K_1 = \frac{60 \cdot K}{96,7} = \frac{60 \cdot 1,61}{96,7} = \frac{96,6}{96,7} = 1,$$

also vollkommen mit der Theorie übereinstimmend. Dieses Ergebniss ist deshalb von Interesse, weil es die aus dem Verhalten des Gasvolumgewichts gefolgerte Thatsache bestätigt, dass der Essigsäuredampf beim Siedepunkt zum Theil aus zusammengesetzteren Molekeln besteht.

Abweichungen von den Gesetzen der verdünnten Lösungen.

Ebenso wie die Gase folgen auch die Lösungen nicht vollkommen genau den theoretischen Gesetzen, welche nur für „ideale Lösungen“ abgeleitet wurden. Von grossem Einfluss auf das Ergebniss der

[1]) Compt. rend. 1890, *110*, 402; Zeitschr. physikal. Chemie 1890, *5*, 423.

Molekulargewichtsbestimmungen ist die Grösse des osmotischen Drucks oder die dem letzteren proportionale Konzentration der Lösungen. An der Hand des reichlichen Versuchsmaterials lässt sich der Einfluss der Konzentration leicht verfolgen.

Nach der Gefriermethode haben E. Beckmann[1]) und J. F. Eykmann[2]) eine grosse Anzahl von Versuchsreihen angestellt, nach der Siedemethode der erstere[3]); diesem reichen Zahlenmaterial sind die folgenden Beispiele entnommen.

Die bis jetzt angestellten Versuchsreihen zur Bestimmung des Molekulargewichts nach der Gefrier- und Dampfdruck- bezw. Siedemethode haben alle ohne Ausnahme ergeben, dass Lösungen desselben Stoffes in demselben Lösungsmittel bei wechselnder Konzentration nicht zu demselben Molekulargewicht führen; die berechneten Molekulargewichte weichen vielmehr stets mehr oder weniger von einander ab und zwar in einer Versuchsreihe durchweg in demselben Sinne. Bei den von Beckmann nach der kryoskopischen Methode untersuchten Lösungen nehmen die berechneten Molekulargewichte mit wachsender Konzentration zu; meist ist bei den niedrigsten Konzentrationen das aus den Versuchen berechnete Molekulargewicht kleiner als das theoretische, es wird dann grösser und übersteigt bei den höchsten Konzentrationen das theoretische. Mitunter (aber selten) bleiben die beobachteten Werthe sämmtlich kleiner als der theoretische, häufiger auch alle grösser. Als Beispiel mögen die Versuche mit Naphtalin in Benzollösung angeführt werden.

Gewichtsprocente Naphtalin in der Lösung	Gefrierpunktserniedrigung beobachtet	Molekulargewicht	Gewichtsprocente Naphtalin in der Lösung	Gefrierpunktserniedrigung beobachtet	Molekulargewicht
1,078	0,440°	120	10,57	4,115°	126
2,620	1,050	122	12,73	4,900	127
3,958	1,580	123	14,33	5.495	128
5,100	2,030	123	16,59	6,275	130
6,564	2,600	124	20,48	7,580	132
8,099	3,180	125			

Das theoretische Molekulargewicht des Naphtalins ist $C_{10}H_8 = 127,7$.

Trägt man die Gefrierpunktserniedrigungen als Abscissen und die daraus berechneten Molekulargewichte als Ordinaten in ein Koordinatensystem, so liegen die hierdurch gegebenen Punkte in den hier zu erörternden Fällen sehr nahe auf einer Graden, welche gegen die

[1]) Zeitschr. physikal. Chemie 1888, *2*, 715.
[2]) Zeitschr. physikal. Chemie 1889, *4*, 497.
[3]) Zeitschr. physikal. Chemie 1890, *5*, 437.

Horizontallinie meist einen kleinen Neigungswinkel hat. Da bei Beckmann's Versuchen mit steigender Konzentration das Molekulargewicht stets wächst, so sind die Graden alle schwach ansteigend.

Aus Eykmann's Zahlen ergibt sich aber, dass mit wachsender Konzentration das Molekulargewicht auch kleiner gefunden werden kann; in diesem Falle erhält man bei der graphischen Darstellung absteigende Graden. Ein Blick auf die Eykmann'sche Figurentafel, in welcher die Grammmolekeln die Abscissen und die molekularen Gefrierpunktserniedrigungen die Ordinaten bilden, lehrt, dass dieser Fall gar nicht selten ist. Als Beispiel für die mit wachsender Konzentration abnehmende molekulare Gefrierpunktserniedrigung sei die Versuchsreihe mit Diphenylamin in Stearinsäure mitgetheilt.

Gewichtsprozente Diphenylamin in der Lösung	Beobachtete Gefrierpunkts-erniedrigung	Molekulare Gefrierpunkts-erniedrigung
2,305	0,59°	43,3°
4,044	1,01	42,2
5,803	1,43	41,6
8,382	2,02	40,7
11,940	2,81	39,8
15,930	3,65	38,7
21,900	4,78	37,0

Genau dasselbe Verhalten findet man auch bei den aus dem Dampfdruck ermittelten Molekulargewichten; bei den Beckmann'schen Versuchen nimmt das Molekulargewicht mit wachsender Konzentration meist zu, so dass die graphische Darstellung eine aufsteigende Grade ergibt. Ein Beispiel hierzu liefert das Naphtalin in Chloroformlösung.

Gramme Naphtalin auf 100 g Lösungsmittel	Beobachtete Siedepunkts-erhöhung	Molekulare Siedepunkts-erhöhung	Molekular-gewicht
0,85	0,237°	35,7°	131
1,67	0,475	36,4	128
3,33	0,942	36,2	129
5,02	1,401	35,7	131
8,34	2,320	35,6	131
11,66	3,205	35,2	133

Das theoretische Molekulargewicht des Naphtalins ist 127,7, die aus der Verdampfungswärme des Chloroforms berechnete molekulare Siedepunktserhöhung ist gleich 36,6°.

Um möglichst genaue Werthe für das Molekulargewicht zu erhalten, stellt man eine Versuchsreihe mit steigenden Konzentrationen an und leitet daraus durch graphische Extrapolation den für die grösste Verdünnung geltenden Werth ab. Es geschieht dies in der Weise, dass man die Konzentrationen als Abscissen und die molekularen Gefrierpunktserniedrigungen bezw. Siedepunktserhöhungen oder die daraus berechneten Molekulargewichte als Ordinaten in ein Koordinatensystem einträgt; der regelmässig verlaufende Theil der hierdurch erhaltenen Kurve wird bis zur Ordinatenaxe ausgezogen. Unter der Voraussetzung des regelmässigen Verlaufs der Kurve stellt der Schnittpunkt derselben mit der Ordinatenaxe das Molekulargewicht für die Konzentration Null oder für unendliche Verdünnung dar. Wenngleich diesem Verfahren eine gewisse Willkür anhaftet, liefert es doch in fast allen Fällen ziemlich genaue Werthe des Molekulargewichts. Die oben mitgetheilte Versuchsreihe mit Naphtalinlösung nach der Siedemethode führt z. B. für unendliche Verdünnung zu dem Werth 36,2 für die molekulare Siedepunktserhöhung und 129 für das Molekulargewicht des Naphtalins, also in grosser Uebereinstimmung mit der Theorie.

Da schon bei Lösungen desselben Stoffes mit wechselnder Konzentration Schwankungen in den molekularen Erniedrigungen des Gefrierpunkts und des Dampfdrucks vorkommen, ist es nicht anders zu erwarten, als dass dieselben sich noch mehr bei Lösungen verschiedener Stoffe in demselben Lösungsmittel zeigen. Schon Raoult beobachtete (S. 404) Schwankungen der molekularen Gefrierpunktserniedrigung für das gleiche Lösungsmittel, welche nicht unbeträchtlich waren; diese Versuche kommen aber hier deshalb weniger in Betracht, weil sie nur bei einer, nicht einmal angegebenen Konzentration angestellt wurden. Aber auch die für unendliche Verdünnung berechneten Werthe sind nicht genau gleich. Im Allgemeinen sind die Unterschiede indess gering; sind sie erheblich, so bedürfen sie einer besonderen Erklärung. Eine Ursache der Abweichungen haben wir bereits (S. 453) kennen gelernt: das Mitkrystallisiren des gelösten Stoffes; auf die anderen werden wir bald zu sprechen kommen.

Nachdem schon S. Arrhenius[1]) und E. Beckmann[2]) auf die Molekularanziehung als Ursache der Abweichungen hingewiesen hatten, versuchte zuerst G. Bredig[3]) eine Theorie der Abweichungen von den Gesetzen der Lösungen zu geben. Früher (S. 452) wurde berechnet, dass in einer „normalen Lösung“, d. h. in einer solchen, welche in 1 Liter 1 Gramm-Molekel eines Stoffes gelöst enthält, ein osmotischer Druck von 22,25 Atmosphären herrscht. Da die Versuchsreihen von

---

[1]) Zeitschr. physikal. Chemie 1889, *2*, 500.
[2]) Zeitschr. physikal. Chemie 1889, *2*, 734.
[3]) Zeitschr. physikal. Chemie 1890, *4*, 444.

Beckmann und Eykmann vielfach bis zu Konzentrationen gingen, welche den Gehalt der „Normallösung“ überschritten, so herrschten in den Lösungen osmotische Drucke, welche mitunter 30 Atmosphären überschritten; trotzdem wurden selbst mit so konzentrirten Lösungen noch sehr nahe normale Molekulargewichte gefunden. Wenn man über etwas staunen darf, so ist es nicht darüber, dass bei derartigen osmotischen Drucken Abweichungen stattfinden, sondern im Gegentheil darüber, dass dieselben meist so klein sind.

Bredig brachte dieses Verhalten der Lösungen durch Berücksichtigung der Anziehung der in der Lösung enthaltenen Molekeln dem Verständniss näher. Nimmt man nämlich an, dass die Anziehung k der Molekeln des Lösungsmittels gegenüber denjenigen des gelösten Stoffes der gegenseitigen Anziehung a der Molekeln des gelösten Stoffes entgegenwirkt, so lässt sich die van der Waals'sche Zustandsgleichung der Gase so umformen, dass sie die Abweichungen von den Gesetzen der Lösungen ungezwungen wiedergibt.

Aus der gewöhnlichen, auf Grund der kinetischen Theorie abgeleiteten Gasgleichung

$$p \cdot v = R \cdot T,$$

worin p den Druck, v das Volum, T die absolute Temperatur des Gases und R eine Konstante bedeutet, gelangte J. D. van der Waals (S. 200) zu seiner Zustandsgleichung:

$$\left(p + \frac{a}{v^2}\right)(v - b) = R \cdot T,$$

worin a die gegenseitige Anziehung der Gasmolekeln und b den von den Gasmolekeln selbst eingenommenen Raum bedeutet. Bei den Lösungen ist noch die Anziehung der Molekeln des Lösungsmittels gegenüber denjenigen des gelösten Stoffes und die Anziehung der Molekeln des Lösungsmittels unter sich zu berücksichtigen; erstere wirkt nach unserer Annahme der Anziehung der Molekeln des Lösungsmittels zu denjenigen des gelösten Stoffes entgegen, letztere wirkt in demselben Sinne. Indem Bredig die Anziehung der Molekeln des Lösungsmittels unter sich bei seinen Ausführungen unberücksichtigt lässt und die Anziehung K der Molekeln des Lösungsmittels gegenüber denjenigen des gelösten Stoffes dem Produkt aus dem Volumen v des gelösten Stoffes und v_1 des Lösungsmittels umgekehrt proportional setzt, muss er den Druck $\left(p + \frac{a}{v^2}\right)$ der van der Waals'schen Zustandsgleichung um $\frac{K}{v \cdot v_1}$ vermindern. Der Druck wird demnach:

$$p + \frac{a}{v^2} - \frac{K}{v \cdot v_1} = p + \frac{1}{v}\left(\frac{a}{v} - \frac{K}{v_1}\right),$$

und die Zustandsgleichung der Lösungen:

$$\left[p + \frac{1}{v}\left(\frac{a}{v} - \frac{K}{v_1}\right)\right](v - b) = R \cdot T.$$

Hierin bedeutet, wie besonders hervorgehoben sei, v das Volumen des gelösten Stoffes und v_1 dasjenige des Lösungsmittels in der Lösung.

Durch diese Zustandsgleichung lassen sich alle Abweichungen von den Gesetzen der Lösungen erklären. Wird mit zunehmender Verdünnung $\frac{K}{v_1}$ dem Werth von $\frac{a}{v}$ immer näher gleich, so wird zuletzt $\frac{a}{v} - \frac{K}{v_1} = 0$, und da bei wachsender Verdünnung auch b, die Raumerfüllung der Molekeln des gelösten Stoffes, verschwindend klein wird, so geht die Zustandsgleichung in die aus der kinetischen Theorie der Lösungen abgeleitete über:

$$p \cdot v = R \cdot T.$$

Bei sehr verdünnten Lösungen wird v_1 sehr klein und $\frac{K}{v_1}$ sehr gross, so dass dieser Korrektionsausdruck die anderen wesentlich überragt. Dadurch kann es vorkommen, dass bei sehr starker Verdünnung zu grosse Erniedrigungen des Gefrierpunkts und der Dampfspannung eintreten. Auch dies ist mehrfach beobachtet worden.

Auf die weiteren Ausführungen Bredig's soll hier nicht eingegangen werden, da sie vorläufig einer experimentellen Bestätigung im Einzelnen entbehren; ein Weg, auf welchem eine experimentelle Prüfung der Theorie auszuführen wäre, ist von Bredig angegeben worden.

Arthur A. Noyes[1]) gelangte im Gegensatz zu G. Bredig bei der Betrachtung der Abweichungen von den Gesetzen der verdünnten Lösungen zu einem bemerkenswerth einfachen Ergebniss, welches in dem vorliegenden Versuchsmaterial eine ausgezeichnete Bestätigung findet. Indem er die Raumerfüllung der Molekeln des Lösungsmittels und des gelösten Stoffes, sowie die Anziehung der Molekeln des Lösungsmittels gegenüber denjenigen des gelösten Stoffes in Rechnung zog, dagegen die Anziehung der Molekeln des Lösungsmittels unter sich und der Molekeln des gelösten Stoffes unter sich unberücksichtigt liess, gelangte er zu dem linearen Ausdruck:

$$p(v - d) = K,$$

worin p den osmotischen Druck, v das in Litern ausgedrückte Volumen der Lösung, worin 1 Gramm-Molekel gelöst ist, und d und K Konstante bedeuten.

Noyes prüfte diese Formel an den Versuchszahlen, welche Beckmann nach der Gefriermethode erhalten hatte. Da der osmotische

---

[1]) Zeitschr. physikal. Chemie 1890, 5, 53.

Druck der Gefrierpunktserniedrigung proportional ist, so kann in der obigen Gleichung an die Stelle von p die Gefrierpunktserniedrigung f treten. Bedeuten f und f_1 die Gefrierpunktserniedrigungen, v und v_1 die Volume der Lösungen desselben Stoffes in demselben Lösungsmittel bei verschiedenen Konzentrationen, so ist

$$f(v - d) = f_1(v_1 - d),$$

da beide gleich K sind; daraus ergibt sich:

$$d = \frac{f_1 \cdot v_1 - f \cdot v}{f_1 - f}.$$

Um die Versuchsfehler unschädlich zu machen, berechnet man d aus allen Zahlen einer Versuchsreihe derselben Lösung, indem man immer je zwei aufeinander folgende Bestimmungen benutzt, und nimmt aus den erhaltenen Werthen von d das Mittel. Berechnet man dann mit diesem Mittelwerth von d den Ausdruck p (v — d) für die einzelnen Bestimmungen zurück, so müssen dieselben alle gleich sein.

Als Beispiel wählen wir die S. 459 angegebenen Bestimmungen des Gefrierpunktes von Naphtalinlösungen in Benzol. Für dieselben ergibt sich der Mittelwerth von d = + 0,0476. Die erste Spalte enthält das Volum v der Lösung, welches 1 Gramm-Molekel Naphtalin enthält (in Litern), die zweite die beobachtete Gefrierpunktserniedrigung f, die dritte das Produkt beider f . v, die vierte den mittels des Werthes d = 0,0476 berechneten Ausdruck f (v — d) und die fünfte das Verhältniss des Ausdrucks f (v — d) zu dem Mittelwerth aller Bestimmungen. Wenn die lineare Gleichung wirklich die Abweichungen genau wiedergibt, so müssen alle Werthe von f (v — d) gleich sein und das Verhältniss in der letzten Spalte muss gleich 1 werden. Die Volume v wurden mit Hilfe der spezifischen Gewichte berechnet, da **Beckmann** die Konzentrationen in anderer Weise (in Gewichtsprozenten) angegeben hat.

Naphtalin in Benzollösung, d = + 0,0476.

v Liter	f	f . v	f (v — d)	Verhältniss
13,610	0,440°	5,988	5,970	1,010
5,665	1,050	5,948	5,898	0,998
3,787	1,580	5,984	5,909	1,000
2,964	2,030	6,017	5,920	1,002
3,328	2,600	6,053	5,929	1,003
1,908	3,180	6,067	5,916	1,001
1,488	4,115	6,124	5,928	1,003
1,254	4,900	6,145	5,912	1,000
1,127	5,495	6,191	5,929	1,003
0,9883	6,275	6,201	5,902	0,998
0,8219	7,580	6,230	5,869	0,993
		Mittelwerth	5,911	

Die Bedeutung der Konstanten d ist ziemlich verwickelt; unter bestimmten Umständen lässt sie einen Schluss auf die relative Grösse der Molekeln der gelösten Stoffe zu, und thatsächlich stimmen die mittels dieser Konstanten abgeleiteten Grössen der Molekeln der gelösten Stoffe mit den aus der Konstitution derselben gefolgerten überein.

Nach diesen Darlegungen scheinen die Abweichungen von den Gesetzen der verdünnten Lösungen im Allgemeinen weniger verwickelt zu sein, als es bei der Menge der zu berücksichtigenden Grössen scheinen mochte. Bezüglich der Ausführungen Bredig's bemerkt Noyes, dass die von ersterem zur Erklärung der Abweichungen herangezogenen Ausdrücke $\frac{a}{v^2}$ und $\frac{K}{v \cdot v_1}$ bei den Lösungen meist verschwindend klein sind und ihnen die von Bredig beigelegte Bedeutung für die Abweichungen höchstens in einzelnen Fällen zukommt.

Dissociationserscheinungen in Lösungen von Nichtleitern der Elektricität.

Neben den im Vorstehenden besprochenen, im Allgemeinen geringfügigen Abweichungen kommen noch sehr erhebliche vor, welche ihre Ursache nicht in unvollkommener Geltung der Gesetze der Lösungen haben. Dieselben wurden bereits von F. M. Raoult[1]) beobachtet. S. 405 wurde berichtet, dass die molekularen Gefrierpunktserniedrigungen für Lösungen in Wasser 18,5°, in Benzol 49°, in Essigsäure 39°, in Ameisensäure 28°, in Nitrobenzol 70° und in Aethylenbromid 117° betrugen und die Abweichungen innerhalb enger Grenzen schwankten. Daneben wurde eine ganze Anzahl von molekularen Gefrierpunktserniedrigungen bedeutend kleiner als die übrigen gefunden. In Wasser, Essigsäure und Ameisensäure waren alle untersuchten organischen Stoffe normal, in Benzol, Nitrobenzol und Aethylenbromid erwiesen sich dagegen die Alkohole, Phenole und Säuren als „unnormal“. Im folgenden sind die hierauf bezüglichen Beobachtungen Raoult's zusammengestellt.

Lösungen in Benzol.

Normale molekulare Gefrierpunktserniedrigung: d = 49°.

Gelöste Stoffe	Molekulare Gefrierpunkts-erniedrigung	Gelöste Stoffe	Molekulare Gefrierpunkts-erniedrigung
Methylalkohol	25,3°	Ameisensäure	23,2°
Aethylalkohol	28,3	Essigsäure	25,3
Butylalkohol	43,2	Baldriansäure	27,1
Amylalkohol	39,7	Benzoësäure	25,4
Phenol	32,4		

1) Annal. chim. phys. [6], 1884, 2, 66.

Lösungen in Nitrobenzol.

Normale molekulare Gefrierpunktserniedrigung: d = 70°.

Methylalkohol	35,4°	Baldriansäure	42,4°
Aethylalkohol	35,6	Benzoësäure	37,7
Essigsäure	36,1		

Lösungen in Aethylenbromid.

Normale molekulare Gefrierpunktserniedrigung: d = 117°.

Aethylalkohol	57°	Essigsäure	58°

Diesen Lösungsmitteln schloss sich das Naphtalin an, während Thymol ähnlich wie Essigsäure wirkte.

Da die mitgetheilten molekularen Gefrierpunktserniedrigungen annähernd gleich der Hälfte der sonst beobachteten waren, so sprach Raoult den Satz aus, dass Stoffe, welche eine Hydroxylgruppe enthalten, in indifferenten Lösungsmitteln, besonders Kohlenwasserstoffen, eine molekulare Gefrierpunktserniedrigung zeigen, welche halb so gross ist als die bei den anderen Stoffen beobachtete. Die den meisten Stoffen zukommende grössere Molekularerniedrigung bezeichnete er als die „normale"; in Lösungsmitteln sauren Charakters, auch in Wasser, zeigten die Hydroxylverbindungen die normale Erniedrigung. Dementsprechend gab Raoult Anweisungen zur kryoskopischen Bestimmung des Molekulargewichts organischer Stoffe. Als zweckmässigstes Lösungsmittel empfahl er Eisessig oder Wasser, da in diesen alle organischen Stoffe normale Erniedrigung zeigen. Will man einen Stoff in Benzollösung prüfen, so muss man vorher feststellen, welche molekulare Erniedrigung der betreffenden Körperklasse zukommt; dies geschieht in der Weise, dass man einen dem zu untersuchenden homologen Stoff von bekanntem Molekulargewicht prüft.

Vom Standpunkte der van't Hoff'schen Theorie ist indess leicht einzusehen, dass demselben Lösungsmittel nicht zwei verschiedene molekulare Gefrierpunktserniedrigungen zukommen können. Dieselbe ist nämlich durch den Schmelzpunkt und die Schmelzwärme des Lösungsmittels, also zwei durchaus konstante Grössen gegeben (S. 401) und vollkommen unabhängig von der Natur des gelösten Stoffes. Die Berechnung (S. 406) hat ergeben, dass bei den oben genannten Lösungsmitteln die grössere, von Raoult als „normal" bezeichnete Gefrierpunktserniedrigung thatsächlich der wahre, dem Lösungsmittel zukommende Werth derselben ist. Die anderen bedürfen demnach noch einer Erklärung, welche unschwer zu geben ist.

Die mitgetheilten Zahlen Raoult's beschränkten sich nur auf eine Konzentration und sind daher in theoretischer Hinsicht nicht verwerthbar, da gerade die Veränderungen der „anormalen“ molekularen Erniedrigungen des Gefrierpunkts bei wechselnder Konzentration von Bedeutung sind. Diese Verhältnisse sind sehr eingehend von Ernst Beckmann[1]) studirt worden. Seine Versuche ergaben, dass die Hydroxylverbindungen, die Alkohole, Phenole, Säuren und als vierte Körperklasse die Oximidoverbindungen (Aldoxime $R - CH = N - OH$ und Ketoxime $\genfrac{}{}{0pt}{}{R}{R_1}\!\!> C = N - OH$), in Benzollösung bei mittleren Konzentrationen viel zu kleine Molekularerniedrigungen zeigen, dass sie aber in Eisessig und Wasser sich normal verhalten; wird der Wasserstoff der Hydroxylgruppe durch einen Alkylrest ersetzt, so verhalten sich die entstehenden Aether auch in Benzollösung normal.

Wurden somit die Beobachtungen Raoult's qualitativ bestätigt, so waren dieselben doch in quantitativer Hinsicht nicht haltbar. Es zeigte sich nämlich, dass die Hydroxylverbindungen mit Ausschluss der Säuren eine mit der Konzentration in ausserordentlichem Maasse veränderliche Gefrierpunktserniedrigung haben. Dass Raoult gerade die halbe normale Erniedrigung beobachtete, rührt von der zufälligen Wahl der Konzentration her. Die einzelnen Klassen der Hydroxylverbindungen zeigen bezüglich der Abhängigkeit der Gefrierpunktserniedrigung von der Konzentration gewisse Unterschiede.

1. Die Alkohole ergaben in den verdünntesten Benzollösungen das normale Molekulargewicht; mit steigender Konzentration nahm dasselbe sehr erheblich zu. Beim Aethylalkohol erhielt man in sehr konzentrirter Lösung (32,45 Gewichtsprozent) fast das siebenfache des normalen Molekulargewichts, wie die folgende Tabelle zeigt.

Aethylalkohol ($m = 46$) in Benzollösung.

Gramme Aethylalkohol auf 100 g Benzol	Beobachtete Gefrierpunktserniedrigung	Molekulargewicht berechnet
0,164	0,175°	45,9
0,494	0,480	50,4
1,088	0,875	60,9
2,290	1,360	82,5
3,483	1,705	100
5,811	2,220	128
8,843	2,725	159
14,63	3,445	208
22,58	4,180	265
32,45	5,000	318

[1]) Zeitschr. physikal. Chemie 1888, *2*, 715.

Die anderen untersuchten Alkohole (Borneol und Benzhydrol) zeigten ein so starkes Anwachsen des Molekulargewichts nicht; dasselbe erreichte nicht einmal den doppelten Werth.

2. Von Phenolen wurde nur das Benzol-Phenol C_6H_5OH untersucht. Bei diesem wurde auch in äusserster Verdünnung der normale Werth des Molekulargewichts nicht erreicht; in konzentrirter Lösung stieg dasselbe auf mehr als den $2^1/_2$fachen normalen Werth.

Phenol (m = 96) in Benzollösung.

Gramme Phenol auf 100 g Benzol	Beobachtete Gefrierpunktserniedrigung	Molekulargewicht berechnet
0,337	0,115°	144
1,199	0,385	153
2,481	0,775	161
3,970	1,155	168
7,980	2,080	188
17,290	3,795	223
26,770	5,205	252

3. Die Säuren (Benzoësäure und Essigsäure) zeigten ein wesentlich anderes Verhalten und entsprachen dem von Raoult ausgesprochenen Satz. Dieselben ergaben nämlich auch bei den verdünntesten Lösungen Werthe des Molekulargewichts, welche annähernd doppelt so gross waren als das normale. Mit wachsender Konzentration stieg der Werth nicht viel mehr als bei den meisten anderen sich normal verhaltenden gelösten Stoffen. Als Beispiel sei die Essigsäure angeführt.

Essigsäure (m = 60) in Benzollösung.

Gramme Essigsäure auf 100 g Benzol	Beobachtete Gefrierpunktserniedrigung	Molekulargewicht berechnet
0,465	0,208°	110
1,195	0,510	115
2,321	0,970	117
4,470	1,790	122
8,159	3,105	129
15,18	5,290	141
22,80	7,300	153

4. Die Oximidoverbindungen zeigten theilweise in verdünnten Lösungen nahezu das normale Molekulargewicht; bei den anderen lässt der Verlauf der Aenderungen darauf schliessen, dass sie bei genügender Verdünnung den normalen Werth erreichen. Mit wachsender Konzentration steigt das Molekulargewicht, erst langsam, dann rascher und dann wieder langsamer und erreicht schliesslich den

doppelten Werth. Bei den konzentrirten Lösungen sind die Abweichungen von dem doppelten Werth nicht grösser als die allgemein bei Gefrierpunktsbestimmungen beobachteten. Ein Beispiel gibt das Benzaldoxim.

Benzaldoxim (m = 121) in Benzollösung.

Gramme Benzaldoxim in 100 g Benzol	Beobachtete Gefrierpunktserniedrigung	Molekulargewicht berechnet
0,374	0,145°	126
0,437	0,160	134
0,725	0,265	134
1,179	0,400	144
1,817	0,580	154
2,019	0,600	165
2,682	0,790	166
3,662	1,005	179
5,131	1,310	192
6,239	1,520	201
6,885	1,615	209
7,914	1,840	211
9,462	2,110	220
11,02	2,380	227
13,15	2,720	237
15,41	3,100	244
17,53	3,400	250

Im folgenden Jahre untersuchte J. F. Eykmann[1]) sehr ausführlich das Verhalten der hierhergehörigen Lösungen beim Gefrieren und konnte die Ergebnisse Beckmann's durchweg bestätigen und durch Heranziehung neuer Lösungsmittel erheblich erweitern. Das vorher beschriebene Verhalten der Hydroxylverbindungen zeigte sich am schärfsten in Kohlenwasserstofflösungen (Naphtalin, Diphenylmethan und Diphenyl); bei Lösungen in Anethol, Azobenzol und Benzophenon war dasselbe etwas abgeschwächt und in Phenolen, Säuren und anderen Mitteln gelöst waren sie normal.

Sehr ähnliche Verhältnisse beobachtete E. Beckmann[2]) auch nach der Siedemethode. Die Alkohole gaben in Benzollösung bei der grössten Verdünnung normale Werthe des Molekulargewichts; mit steigender Konzentration wuchs das Molekulargewicht sehr erheblich. Aehnlich verhielt sich die eine untersuchte Oximidoverbindung (Acetophenonoxim). Die Säuren gaben in mittleren Konzentrationen wiederum etwa das doppelte Molekulargewicht; der für grösste Verdünnung abgeleitete

[1]) Zeitschr. physikal. Chemie 1889, *4*, 497.

[2]) Zeitschr. physikal. Chemie 1890, *6*, 437.

Werth näherte sich dagegen mehr dem normalen, als bei der Gefriermethode. Aehnlich wie Benzol wirkten die Lösungsmittel Chloroform und Schwefelkohlenstoff.

Die Ursache der vorgeführten Abweichungen liegt in der Neigung der Hydroxylverbindungen, zusammengesetztere Molekeln zu bilden; sie brauchen daher nicht unter allen Umständen bei der Vergrösserung der mittleren Entfernung der Molekeln, wie es beim Auflösen geschieht, in die kleinsten existenzfähigen Molekeln, die theoretischen, zu zerfallen. Ob dies stattfindet, hängt von der Natur des Lösungsmittels ab. Einigen Lösungsmitteln, namentlich den Säuren und Phenolen, aber auch manchen indifferenten, kommt eine gewisse „dissociirende Kraft“ zu, d. h. sie sind bestrebt, die Hydroxylverbindungen in die kleinsten möglichen Molekeln zu zertheilen; in diesen Lösungsmitteln zeigen die Hydroxylverbindungen daher ein normales Verhalten. Andere Lösungsmittel, in erster Linie die Kohlenwasserstoffe, haben eine solche dissociirende Kraft nur in geringem Maasse; hier überwiegt die Neigung und Fähigkeit der Hydroxylverbindungen, zusammengesetztere Molekeln zu bilden, und deshalb zeigen sie ein anormales Verhalten: ihr Molekulargewicht wird zu gross gefunden.

Das Verhalten der einzelnen Körperklassen ist dabei ein verschiedenes. Das Molekulargewicht der Oximidoverbindungen ist bei grösster Verdünnung normal, nimmt mit wachsender Konzentration zu, erst langsam, dann rascher, dann wieder langsamer und ändert sich zuletzt, wenn es den doppelten Werth erreicht hat, nur noch wenig. Trägt man die Gefrierpunktserniedrigungen als Abscissen und die Molekulargewichte als Ordinaten in ein Koordinatensystem ein, so erhält man nicht eine gerade Linie, wie in den normalen Fällen, sondern eine nach der Abscissenaxe konkave Kurve, welche grosse Aehnlichkeit mit den Dissociationskurven zeigt; sie geht zuletzt in eine Grade über, welche der Abscissenaxe nahezu parallel ist. Aus diesem Verhalten ist mit grosser Wahrscheinlichkeit zu schliessen, dass die Oximidoverbindungen in konzentrirten Lösungen als Doppelmolekeln existiren und beim Verdünnen in einfache Molekeln zerlegt werden.

Stellt man das kryoskopische Verhalten der Säuren in Benzollösung in derselben Weise graphisch dar, so erhält man sehr nahe eine gerade Linie, welche nur wenig gegen die Abscissenaxe geneigt ist; nur bei den verdünntesten Lösungen ist eine Kurve angedeutet. Der Werth des Molekulargewichts hält sich dabei ziemlich auf der Höhe des doppelten normalen. Daraus ist zu schliessen, dass auch die Säuren in Benzollösung aus Doppelmolekeln bestehen; die dissociirende Kraft des Benzols ist aber gegenüber den Säuren viel geringer als gegenüber den Oximidoverbindungen. Trotzdem ist auch bei den Säuren die Dissociation in Einzelmolekeln angedeutet, wie sich am klarsten aus der anfänglichen Kurvenform der graphischen Darstellung ergibt. Diese geringe Dissociation tritt bei dem Gefrierpunkte der Benzollösung, also bei etwa 5^0 ein; da Temperaturerhöhung stark dissociirend wirkt, so wird bei höherer Temperatur die Dissociation stärker zur Beobachtung kommen. Dies ist in der That der Fall, wie die aus dem Siedepunkt der Benzollösungen bestimmten Molekulargewichte der Säuren beweisen. Auch bei dieser höheren Temperatur von etwa 80^0 zeigt sich deutlich die Neigung der Säuren, Doppelmolekeln zu bilden; in sehr verdünnten Lösungen sind sie indess schon erheblich dissociirt, und bei der graphischen Darstellung ergibt sich ein deutliches Stück einer Dissociationskurve.

Das kryoskopische Verhalten der Lösungen von Alkoholen in Benzol erhebt es über allen Zweifel, dass auch diese Stoffe in Lösungen mittlerer Konzentration zusammengesetztere Molekeln bilden; wie gross aber die Zahl der zusammentretenden Molekeln ist, lässt sich zur Zeit nicht sagen. Denn während z. B. Benzhydrol bei der höchsten untersuchten Konzentration (16,81 Gewichtsprozent) nur das anderthalbfache normale Molekulargewicht erreicht, steigt dasjenige des Aethylalkohols bis zum siebenfachen normalen Werth. Die graphische Darstellung ergibt für die Lösungen der Alkohole fast gerade Linien, welche mit der Abscissenaxe einen viel grösseren Neigungswinkel bilden als die übrigen. In verdünnter Lösung werden auch die Alkohole in Einzelmolekeln zerlegt.

Hiermit ist ausser Zweifel gestellt, dass die Hydroxylverbindungen in konzentrirten Lösungen mancher Lösungsmittel nicht in Einzelmolekeln gespalten werden, sondern Molekulargruppen bilden, welche erst durch starke Verdünnung und gegebenen Falls durch Temperaturerhöhung dissociirt werden. Ein analoges Verhalten zeigen, wie früher (S. 335) eingehend dargethan wurde, die Säuren auch im Gaszustande; die Fettsäuren werden auch bei der Ueberführung in den Gaszustand nicht sogleich in die kleinsten möglichen Molekeln gespalten, sondern bilden Molekulargruppen, welche erst durch Erhöhung der Temperatur oder Verminderung des Drucks allmählich dissociirt werden. Während aus den Gasvolumgewichten auf die Zahl der zusammentretenden Molekeln nicht mit Sicherheit geschlossen werden konnte, macht das kryoskopische Verhalten der Säuren es höchst wahrscheinlich, dass dieselben Doppelmolekeln bilden.

Für die Oximidokörper und die Alkohole liegt eine derartige Analogie nicht vor, denn dieselben zeigen, soweit sie untersucht sind, im Gaszustand normales Verhalten. Bei den ersteren sind indess die Aenderungen des Molekulargewichts mit wechselnder Konzentration so charakteristisch, dass an der stattfindenden Dissociation nicht gezweifelt werden kann. Für die Alkohole ist dies nicht der Fall; um so erwünschter ist es, dass ganz andere Betrachtungen ebenfalls zu dem Ergebniss geführt haben, dass die Molekel des flüssigen Aethylalkohols aus mehreren Gasmolekeln besteht. Zu diesem Schlusse gelangte nämlich R. Eötvös[1]) aus den Werthen der Oberflächenspannung des flüssigen Alkohols; gleiches gilt auch von den Fettsäuren.

Von besonderem Interesse ist es, dass auch das Wasser in manchen Lösungen bimolekular ist, also Molekeln $H_4 O_2$ bildet. J. F. Eykmann[2]) untersuchte das kryoskopische Verhalten des Wassers in p-Toluidinlösung und fand bedeutend kleinere molekulare Gefrierpunktserniedrigungen als bei den anderen sich normal verhaltenden Stoffen; für die konzentrirteste Lösung (1,576 g Wasser auf 100 g p-Toluidin) ergab sich die molekulare Erniedrigung gleich $27,6^0$, anstatt 52^0 bei den anderen Stoffen, also nahezu die Hälfte. Dasselbe gilt für das Wasser in der Form des Krystallwassers, wie Eykmann an der wasserfreien und der krystallisirten, 1 Molekel Krystallwasser enthaltenden p-Oxybenzoësäure zeigte.

Zu demselben Ergebniss kam James Walker[3]) auf einem anderen Wege. Unter Zugrundelegung der van 't Hoff'schen Gesetze der Lösungen leitete er aus thermodynamischen Grundsätzen eine Gleichung ab, welche die Schmelzwärme von Stoffen zu berechnen gestattete. Bei der Anwendung derselben auf eine wässerige p-Toluidinlösung fand er die Schmelzwärme des p-Toluidins gleich 44,5 cal., während sie direkt zu 39 cal. bestimmt wurde. Als er aber die Schmelzwärme des Eises mit Hilfe einer Lösung von Wasser in Aether berechnete, erhielt er den Werth 154 cal., während direkt 80 cal. gefunden werden. Der Unterschied des berechneten vom beobachteten Werthe rührt daher, dass das Molekulargewicht des Wassers gleich 18 ($H_2 O$) gesetzt wurde; nimmt man dasselbe gleich 36 ($H_4 O_2$), so erhält man die Schmelzwärme gleich 77 cal., also in befriedigender Uebereinstimmung mit der direkten Bestimmung. Eötvös schloss aus der Oberflächenspannung des Wassers, dass dessen Molekel im flüssigen Zustand noch grösser als $H_4 O_2$ ist. W. Nernst[4]), welcher die Walker'schen Versuche nicht für genügend beweiskräftig hält, ermittelte, dass in ätherischer Lösung bei 35^0 bereits 58 Prozent der Doppelmolekeln des Wassers $H_4 O_2$ in einfache Molekeln H_2O gespalten sind.

---

[1]) Annal. Phys. Chemie [2], 1886, *27*, 452.
[2]) Zeitschr. physikal. Chemie 1889, *4*, 507.
[3]) Zeitschr. physikal. Chemie 1890, *5*, 193.
[4]) Zeitschr. physikal. Chemie 1891, *8*, 135.

Aus dem Gesagten ergibt sich, dass die Kohlenwasserstoffe und die anderen ähnlich wirkenden Lösungsmittel bei Molekulargewichtsbestimmungen mit Vorsicht anzuwenden sind. Will man die kleinsten möglichen Molekeln bestimmen — und dies ist bei allen Molekulargewichtsbestimmungen des praktischen Chemikers der Fall —, so wird man lieber andere Lösungsmittel wählen, in denen alle Stoffe sich normal verhalten, also bei der Gefriermethode vielleicht Eisessig oder (für organische Verbindungen) Wasser und bei der Siedemethode Aether oder Alkohol. Andererseits ist aber das Studium von Lösungen in Benzol u. s. w. von hohem Interesse, da wir hierdurch einen gewissen Einblick in die molekulare Konstitution der Flüssigkeiten erhalten. Denn wenn z. B. die Essigsäure in Lösungen mittlerer Konzentration bimolekular ist, so besteht die Flüssigkeitsmolekel sicher mindestens ebenfalls aus zwei, vielleicht auch aus mehr Gasmolekeln. Wenn dagegen andere Stoffe selbst in konzentrirten Lösungen noch aus Einzelmolekeln bestehen, so liegt die Annahme nahe, dass auch die unvermischte Flüssigkeit aus den kleinsten Molekeln bestehe oder wenigstens einfachere Molekeln enthalte als z. B. die reinen Säuren.

Andere Fehlerquellen der Methoden zur Molekulargewichtsbestimmung in Lösungen.

Die molekulare Gefrierpunktserniedrigung ist nach van 't Hoff's Theorie gegeben durch die Gleichung $d = 0{,}02\,\frac{T^2}{w}$, worin T der absolute Erstarrungspunkt und w die Schmelzwärme des Lösungsmittels ist. Für unendlich verdünnte Lösungen ist T nahe konstant, mit steigender Konzentration sinkt aber der Erstarrungspunkt sehr erheblich. Wird aber T kleiner, so wird auch die molekulare Gefrierpunktserniedrigung kleiner und damit das Molekulargewicht grösser gefunden. Für unendliche Verdünnung ist z. B. die molekulare Erniedrigung wässeriger Lösungen gleich $18{,}9^0$; liegt der Erstarrungspunkt dagegen bei -5^0, also $T = 268^0$, so wird $d = 18{,}2$, wodurch das Molekulargewicht des gelösten Stoffes um 4 Prozent zu hoch gefunden wird.

Diese durch die Veränderung der Erstarrungstemperatur hervorgerufene Abweichung wird indess bei wässerigen Lösungen durch die gleichzeitige Veränderung der Schmelzwärme fast aufgehoben. Die Schmelz- oder Erstarrungswärme ist diejenige Wärmemenge, welche nothwendig ist, um 1 g Eis in Wasser von derselben Temperatur zu verwandeln, und welche frei wird, wenn 1 g Wasser zu Eis von gleicher Temperatur erstarrt. Dieselbe ist bei 0^0 gleich 79 cal. und ändert sich mit der Temperatur; bei -5^0 ist dieselbe gleich 76,4 cal. Führt man die Verminderung von T im Zähler und von w im Nenner ein, so gleichen sich dieselben nahezu aus und die molekulare Gefrierpunktserniedrigung bleibt fast konstant. Bei — 5⁰ ergibt sich z. B. d = 18,8 statt 18,9. Bei anderen Lösungsmitteln findet ein solcher Ausgleich wahrscheinlich nicht statt, sondern die Verkleinerung von T wiegt vor, wodurch das Molekulargewicht etwas zu hoch gefunden wird.

Ein anderer kleiner Fehler wird dadurch verursacht, dass ein Theil des Lösungsmittels ausfriert, wodurch die Lösung konzentrirter wird, als sie ursprünglich war. Während daher die beobachtete Gefrierpunktserniedrigung der angewandten Lösung zugeschrieben wird, kommt sie in Wirklichkeit einer etwas konzentrirteren Lösung zu; man findet daher die molekulare Gefrierpunktserniedrigung zu gross. Dieser Fehler wird indess nur bei sehr konzentrirten Lösungen sich empfindlicher bemerkbar machen; J. F. Eykmann[1]) hat übrigens ein Verfahren angegeben, welches denselben zu berechnen gestattet.

Die molekulare Siedepunktserhöhung konnte nach der Formel berechnet werden:

$$d = 0{,}02 \frac{T^2}{w},$$

worin T den absoluten Siedepunkt und w die Verdampfungswärme des Lösungsmittels bedeutet. Da T vom Barometerstand abhängig ist, so wird auch d mit wechselndem Barometerstand verschieden gefunden; mit steigendem Barometerstand werden T und d grösser. Ferner liegt der Siedepunkt T um so höher, je konzentrirter die Lösung ist; gleichzeitig wird die Verdampfungswärme mit steigender Temperatur kleiner. Hier suchen sich also Zähler und Nenner nicht auszugleichen, sondern sie wirken in demselben Sinne und zwar vergrössern sie die molekulare Siedepunktserhöhung. Die nebenstehende von E. Beckmann[2]) mitgetheilte Tabelle enthält die Verdampfungswärmen und die molekularen Siedepunktserhöhungen von vier Lösungsmitteln beim Siedepunkt unter Normaldruck (760 mm), sowie bei Temperaturen von 30⁰ über bezw. unter dem Normalsiedepunkt.

Diese Aenderung der molekularen Siedepunktserhöhung muss namentlich dann berücksichtigt werden, wenn man die Bestimmung bei stark vermindertem oder vermehrten Druck ausführt.

Schliesslich möge noch auf die Art der Berechnung der Molekulargewichte hingewiesen werden. Der Gehalt der Lösungen an gelöstem Stoff wird nämlich von den verschiedenen Forschern verschieden angegeben. Die meisten, namentlich die älteren, aber auch Raoult

[1]) Zeitschr. physikal. Chemie 1889, *4*, 517.
[2]) Zeitschr. physikal. Chemie 1890, *6*, 463.

Lösungsmittel	Temperatur	Druck mm	Verdampfungswärm.	Molekulare Siedepunktserhöhung
Schwefelkohlenstoff .	16,2°	257	88,4 cal.	18,9°
	46,2	760	84,8	24,0
	76,2	1841	80,2	30,4
Aethyläther	4,97	231	93,6	16,5
	34,97	760	90,1	21,1
	64,97	1997	83,0	27,5
Aethylalkohol . . .	48,3	204	234,0	8,8
	78,3	760	214,9	11,5
	108,3	2246	195,3	14,9
Wasser	70	233	557,7	4,2
	100	760	536,4	5,2
	130	2030	515,2	6,3

und andere, geben an, wieviel Gramme Stoff in 100 g Lösungsmittel gelöst sind; andere, z. B. J. F. Eykmann, geben wirkliche Gewichtsprozente an, d. h. die Gramme Stoff in 100 g Lösung. In den theoretischen Ableitungen van 't Hoff's wird dagegen, gerade wie bei den Gasen, der Gehalt der Lösungen in Grammen im Liter ausgedrückt. Je nach der Art der Angabe des Gehaltes der Lösung wird das berechnete Molekulargewicht einen anderen Werth haben; vom theoretischen Standpunkt ist die Berechnungsweise van 't Hoff's, welche z. B. von S. Arrhenius[1]) für wässerige Lösungen angewandt wurde, die allein richtige.

Die Abweichungen, welche die Art der Berechnung auf den Werth des Molekulargewichts ausübt, sind von E. Beckmann[2]) bestimmt worden, indem derselbe seine Versuchsreihen nach allen Verfahren berechnete. Es ergab sich, dass bei der Berechnung nach van 't Hoff (Gramme Stoff im Liter Lösung) die Werthe des Molekulargewichts bei wachsender Konzentration kleiner waren, als nach den beiden anderen Rechnungsweisen; bei den graphischen Darstellungen (die Konzentrationen als Abscissen, die molekularen Gefrierpunktserniedrigungen bezw. Siedepunktserhöhungen als Ordinaten, vergl. S. 461) erhielt man Geraden, welche mit der Abscissenaxe einen kleineren Neigungswinkel bildeten. Da nun in weitaus den meisten Fällen das Molekulargewicht mit steigender Konzentration grösser wurde, also bei der graphischen Darstellung eine ansteigende Grade lieferte, so ergab sich in der That nach der van 't Hoff'schen Rechnungsweise eine grössere

[1]) Zeitschr. physikal. Chemie 1888, *2*, 491.
[2]) Zeitschr. physikal. Chemie 1888, *2*, 736.

Uebereinstimmung mit dem theoretischen Werth. Für die grössten Verdünnungen stimmten die nach den drei Verfahren berechneten Werthe indess fast vollkommen überein. In Anbetracht der Einfachheit wird man daher die Berechnung nach den beiden, der Theorie nicht genau entsprechenden Arten beibehalten, da sie für Molekulargewichtsbestimmungen genügend genau sind. Für die Berechnung nach van 't Hoff muss man, wenn man nach den angegebenen Vorschriften arbeitet, das spezifische Gewicht der Lösungen für sich bestimmen, oder man muss die ganze Arbeitsweise abändern, nämlich die Lösungen einzeln durch Auflösen bestimmter Gewichtsmengen des Stoffes in einem bestimmten Volum des Lösungsmittels anfertigen und den Apparat nach jedem Versuch neu füllen.

Dissociation der Elektrolyte in wässeriger Lösung.

Bei unseren bisherigen Betrachtungen haben wir die Elektrolyte, die Salze, die starken Säuren und die Basen in wässeriger Lösung ganz unberücksichtigt gelassen; wir haben nur gehört, dass dieselben sowohl bezüglich des osmotischen Drucks als auch der molekularen Gefrierpunktserniedrigung und Dampfdruckverminderung sich durchaus abweichend von den Gesetzen der Lösungen von Nichtleitern der Elektricität verhalten. Wir gehen nunmehr zu der Erklärung dieser Abweichungen vom Standpunkte der kinetischen Theorie der Lösungen über. Zu dem Zwecke sei alles zusammengestellt, was bisher über die wässerigen Lösungen an thatsächlichem Material mitgetheilt ist.

1. Der osmotische Druck. Die Bestimmungen der isotonischen Koëffizienten einer Reihe von Stoffen in wässeriger Lösung durch H. de Vries hatte (S. 395) ergeben, dass dieselben durchaus nicht gleich waren; setzt man denjenigen des Salpeters gleich 3, so hatten die anderen zum grossen Theil ebenfalls nahezu ganzzahlige Werthe, welche 2, 3, 4 oder 5 betrugen. Die untersuchten organischen Stoffe hatten alle denselben isotonischen Koëffizienten nahe gleich 2, von den Elektrolyten (Salzen) hatten dagegen nur die ähnlichen Stoffe denselben Koëffizienten. H. de Vries theilte daher die untersuchten Stoffe so in mehrere Gruppen, dass allen Gliedern derselben Gruppe der gleiche isotonische Koëffizient zukam. In jeder Gruppe befinden sich nur gleichartige Salze, wie die folgende Zusammenstellung zeigt.

1. Gruppe: Alle Nichtleiter; isotonischer Koëffizient nahezu gleich 2.

2. Gruppe: Salze vom Typus $H''A''$, ein zweiwerthiges Metall mit einem zweiwerthigen Säureradikal (Beispiel Magnesiumsulfat $Mg''(SO_4)''$); isoton. Koëff. nahezu gleich 2.

3. Gruppe: Salze vom Typus $M'A'$, ein einwerthiges Metall mit einem einwerthigen Säureradikal (Beispiel Chlorkalium $K'Cl'$); isoton. Koëff. etwa gleich 3.
4. Gruppe: Salze vom Typus $M_2'A''$, zwei einwerthige Metallatome mit einem zweiwerthigen Säureradikal (Beispiel Kaliumsulfat $K_2'(SO_4)''$); isoton. Koëff. nahezu gleich 4.
5. Gruppe: Salze vom Typus $M''A_2'$, ein zweiwerthiges Metall mit zwei einwerthigen Säureradikalen (Beispiel Chlorcalcium $Ca''Cl_2'$); isoton. Koëff. etwa gleich 4,3 (nach neueren Bestimmungen etwa 4,7).
6. Gruppe: Salze vom Typus $M_3'A'''$, drei einwerthige Metallatome mit einem dreiwerthigen Säureradikal (Beispiel tertiäres Kaliumcitrat $K_3'(C_6H_5O_7)'''$); isoton. Koëff. gleich etwa 5.

Ferner zeigte H. de Vries schon 1884, dass der isotonische Koëffizient der Salzlösungen eine additive Eigenschaft ist, d. h. dass er sich als Summe der isotonischen Koëffizienten des Metalls und des Säureradikals darstellen lässt; indem er den letzteren bestimmte, stets gleiche Werthe beilegte, konnte er durch Addition derselben den isotonischen Koëffizienten auch solcher Salze berechnen, welche er nicht untersucht hatte.

2. Die molekulare Gefrierpunktserniedrigung. Ein ganz ähnliches Verhalten wie der osmotische Druck zeigt auch die Gefrierpunktserniedrigung der Salzlösungen. Die Versuche von L. C. de Coppet (S. 403) ergaben, dass Salze analoger Zusammensetzung die gleiche molekulare Gefrierpunktserniedrigung haben. Auch er theilte die untersuchten Salze in Gruppen von analoger Zusammensetzung und gleicher molekularer Erniedrigung; die verschiedenen Gruppen hatten verschiedene Erniedrigungen, die derselben Gruppe angehörigen Salze hatten dagegen annähernd gleiche Gefrierpunktserniedrigung.

Eine sehr grosse Anzahl von wässerigen Lösungen sind von F. M. Raoult auf ihren Gefrierpunkt geprüft worden. Während die organischen Stoffe in wässeriger Lösung im Mittel eine molekulare Gefrierpunktserniedrigung von $18,5^0$ hatten, war letztere bei den Elektrolyten meist viel grösser. Viele, namentlich die einbasischen Säuren $A'H$, die einsäurigen Basen $M'OH$ und die aus beiden entstehenden Salze $A'M'$ hatten die doppelte molekulare Gefrierpunktserniedrigung, etwa 37^0; bei anderen Elektrolyten war dieselbe noch grösser und betrug beim Borax sogar 66^0. Anfangs[1]) behandelte Raoult die wässerigen Lösungen der Elektrolyte noch in derselben Weise wie

[1]) Annal. chim. phys. [6], 1884, *2*, 85.

die Nichtleiter der Elektricität; er sah indess bald[1]) ein, dass dies nicht angängig ist. Aehnlich wie H. de Vries theilte dann auch Raoult die Salze bezüglich ihres Gefrierpunkts in verschiedene Gruppen ein, welche analoge Salze mit gleicher molekularer Gefrierpunktserniedrigung enthielten. Ebenso wie der osmotische Druck lässt sich auch die molekulare Gefrierpunktserniedrigung der Salze als Summe zweier Konstanten darstellen, von denen die eine dem Metall, die andere dem Säureradikal zukommt; auch die Gefrierpunktserniedrigung der Salze in wässeriger Lösung ist daher eine additive Eigenschaft. Danach kann man die molekulare Gefrierpunktserniedrigung eines Elektrolyten aus zwei Konstanten berechnen, von denen die eine dem elektronegativen und die andere dem elektropositiven Bestandtheil zukommt. Die Konstanten sind für

einwerthige elektronegative Radikale (Cl, OH, NO_3 u. s. w.)	20
zweiwerthige „ „ (SO_4, CrO_4 u. s. w.)	11
einwerthige elektropositive Radikale (K, H, NH_4 u. s. w.)	15
zwei- oder mehrwerthige elektropositive Radikale (Ba, Mg, Al) . . .	8

Später[2]) gab Raoult die Werthe der Konstanten für die erste Gruppe zu 19^0, die zweite zu 9^0 und die dritte zu 16^0 an. Die von Raoult beobachteten Werthe der molekularen Gefrierpunktserniedrigung werden durch diese Konstanten befriedigend wiedergegeben.

3. Die molekulare Dampfdruckverminderung. Auch diese ist bei den wässerigen Lösungen der Elektrolyte grösser als bei den organischen Stoffen. Für die Salze vom Typus $M' A'$ ist sie nahe doppelt so gross als bei den sich normal verhaltenden Stoffen, und für die anderen Salze ist sie noch viel grösser. Die Erscheinungen der Dampfdruckverminderung der wässerigen Lösungen von Elektrolyten sind demnach denjenigen des osmotischen Drucks und der molekularen Gefrierpunktserniedrigung ganz analog; dies war vorauszusehen, da die Dampfdruckverminderung dem osmotischen Druck und der Gefrierpunktserniedrigung proportional ist. Die umfassenden Bestimmungen G. Tammann's[3]), welche sich auf 180 Lösungen von Salzen in Wasser erstreckten, geben ein anschauliches Bild der Dampfdruckverminderungen.

Die besprochenen Abweichungen kommen nicht allen wässerigen Lösungen zu, sondern nur denjenigen der Elektrolyte und den letzteren wiederum nur in wässeriger Lösung, nicht aber, wenn sie in anderen Lösungsmitteln gelöst sind. Wässerige Lösungen organischer Stoffe

---

[1]) Annal. chim. phys. [6], 1885, *4*, 401.

[2]) Annal. chim. phys. [6], 1886, *8*, 321.

[3]) Mém. de l'Acad. de St. Pétersbourg [7], 1887, *35*, Nr. 9.

sind sowohl von F. M. Raoult[1]) als auch von J. Walker[2]) auf ihren Dampfdruck und von dem ersteren[3]) auch auf ihren Gefrierpunkt hin untersucht worden; sie verhielten sich vollkommen normal. Ferner hat F. M. Raoult[4]) den Dampfdruck einer Reihe von Salzen in alkoholischer Lösung bestimmt und gefunden, dass die molekulare Verminderung dieselbe ist, wie bei den Nichtleitern der Elektricität. Die folgende Tabelle enthält die von Raoult beobachteten Werthe der Dampfdruckverminderungen, welche durch Auflösen von 1 Gramm-Molekel des Salzes in 100 Molekeln Alkohol hervorgerufen werden; dieselbe muss nach der Theorie (S. 420) und Erfahrung (S. 430) gleich 0,01 sein. Zum Vergleich sind einige Nichtleiter in alkoholischer Lösung beigefügt.

In Alkohol gelöste Stoffe	Formel	Mol. Dampfdruck-verminderung (1 Mol. Stoff auf 100 Mol. Alkohol)
Natriumperchlorat .	$NaClO_4$	0,0098
Kaliumacetat . . .	$KC_2H_3O_2$	0,0100
Natriumäthylat . .	$C_2H_5ONa \cdot 3C_2H_6O$	0,0105
Chlorlithium . . .	$LiCl \cdot 5C_2H_6O$	0,0104
Bromlithium . . .	$LiBr \cdot 5C_2H_6O$	0,0104
Rhodankalium . .	$KSCN$	0,0105
Calciumnitrat . .	CaN_2O_6	0,0099
Chlorcalcium . . .	$CaCl_2 \cdot 3C_2H_6O$	0,0099
Cyanquecksilber .	HgC_2N_2	0,0110
Thymol	$C_{10}H_{14}O$	0,0106
Pikrinsäure . . .	$C_6H_3N_3O_7$	0,0103
Nitrobenzol . . .	$C_6H_5NO_2$	0,0097
Aethylsalicylat . .	$C_9H_{10}O_3$	0,0097
Aethylbenzoat . .	$C_9H_{10}O_2$	0,0094
Diphenylamin . .	$C_{12}H_{11}N$	0,0100
Naphtalin	$C_{10}H_8$	0,0091

Die Werthe schwanken bei den Elektrolyten in derselben Weise wie bei den Nichtleitern um den theoretischen Werth 0,01.

Die Abweichungen, welche die wässerigen Lösungen der Elektrolyte gegenüber den van 't Hoff'schen Gesetzen zeigen, weisen alle darauf hin, dass der osmotische Druck in denselben grösser ist als in den übrigen Lösungen; die isotonischen Koëffizienten, die molekularen

[1]) Compt. rend. 1887, *104*, 1430.
[2]) Zeitschr. physikal. Chemie 1888, *2*, 602.
[3]) Annal. chim. phys. [5], 1883, *28*, 137.
[4]) Compt. rend. 1888, *107*, 442.

Gefrierpunktserniedrigungen und die molekularen Dampfdruckverminderungen der wässerigen Salzlösungen sind grösser als diejenigen der übrigen Lösungen, und da diese drei Grössen dem osmotischen Druck proportional sind, so muss dieser in den wässerigen Salzlösungen grösser sein als in denjenigen der Nichtleiter, wenn man gleiche Volume äquimolekularer Lösungen bei derselben Temperatur in Betracht zieht. Nun wird nach der kinetischen Anschauung der osmotische Druck einer Lösung durch die Stösse der Molekeln des gelösten Stoffes gegen die Wand des Gefässes erzeugt; bei gleicher Temperatur kann das nur daher rühren, dass in den wässerigen Salzlösungen eine grössere Anzahl von kleinsten Theilchen des gelösten Stoffes enthalten ist als in den Lösungen der Nichtleiter, und dies ist gerade wie bei den Gasen nur dann möglich, wenn die Molekeln der Elektrolyte dissociirt sind. Diese Erklärung des abweichenden Verhaltens der wässerigen Lösungen der Elektrolyte gegenüber den van 't Hoff'schen Gesetzen wurde zuerst im Jahre 1887 von Svante Arrhenius[1]) gegeben. Derselbe sprach den Satz aus: In wässerigen Lösungen mittlerer Konzentration sind die Molekeln der Elektrolyte zum Theil in ihre Ionen dissociirt und in unendlich verdünnten Lösungen ist die Dissociation eine vollständige.

Zum besseren Verständniss dieses ausserordentlich weittragenden Satzes ist es nothwendig, dass wir uns eingehender mit dem elektrischen Leitungsvermögen der Lösungen beschäftigen. Bekanntlich unterscheidet man zwei Arten von Leitern der Elektricität, die Leiter erster Klasse und diejenigen zweiter Klasse. Die Leiter erster Klasse erleiden, wenn Elektricität durch dieselben geht, keine stoffliche Veränderung; zu ihnen gehören die Metalle und gewisse Modifikationen der Kohle. Die Leiter zweiter Klasse können dagegen die Elektricität nur unter Zersetzung leiten; sie müssen daher zusammengesetzte Stoffe sein. Wegen ihrer Zersetzbarkeit durch Elektricität werden die letzteren Elektrolyte, d. h. elektrisch zerlegbare Stoffe genannt.

Berührt ein Elektrolyt einen Leiter erster Klasse, so findet stets eine elektrische Vertheilung statt und zwar wird meist das Metall negativ elektrisch; man stellt sich dies in der Weise vor, dass an der Berührungsstelle eine Schicht negativer Elektricität im Elektrolyten einer Schicht positiver Elektricität im Metall gegenübersteht, während die entsprechenden Mengen der entgegengesetzten Elektricitäten sich über beide Stoffe vertheilen und zwar die negative über das Metall, die positive über den Elektrolyt.

Zu den Leitern zweiter Klasse gehören in erster Linie die wässe-

---

[1]) Zeitschr. physikal. Chemie 1887, *1*, 631.

rigen Lösungen der Salze, Säuren und Basen, sowie die Salze im geschmolzenen Zustand. Während in den Leitern erster Klasse die Elektricität von einem Massentheilchen auf das andere fortschreitet, ohne dass die Theilchen ihren Ort ändern, bewegen sich in den Elektrolyten gleichzeitig mit der Elektricität die Bruchstücke der Molekeln, in welche dieselben zerlegt sein müssen, wenn sie die Elektricität leiten sollen. Diese Bruchstücke der Molekeln werden die Ionen genannt. Von der positiven Seite des Stromkreises nach der negativen wandern die Metalle und der Wasserstoff der Säuren, in entgegengesetzter Richtung die Säureradikale und die Hydroxylgruppe der Basen. Wo die Elektrolyte an Metalle grenzen, werden die Ionen abgeschieden. Nach dem Gesetz von Faraday brauchen gleiche Elektricitätmengen, wenn sie durch verschiedene Elektrolyte gehen, äquivalente Mengen der Ionen zu ihrer Weiterbeförderung. Leitet man daher denselben Strom durch mehrere Elektrolyte, so stehen die Mengen der abgeschiedenen Ionen (sowohl Metalle, wie Säureradikale) in äquivalentem Verhältniss. Durch eine gleiche Anzahl Ionen wird daher, unabhängig von der Natur derselben, eine gleiche Elektricitätmenge befördert.

Wenn die Elektricität in den Elektrolyten nur durch die Ionen weiterbefördert wird, so müssen dieselben entweder durch die Elektricität erst gebildet werden, oder sie waren bereits vorher in der Lösung enthalten. Nach der ersten Anschauung würden die Molekeln der Elektrolyte durch die Elektricität gespalten, die letztere würde also die Affinität überwinden. Diese Annahme wurde von Hittorf[1]) als unhaltbar bestritten und namentlich von R. Clausius[2]) widerlegt. Wäre dieselbe nämlich richtig, so könnte in den Elektrolyten gar keine Leitung stattfinden, so lange die wirksame elektrische Kraft unterhalb derjenigen Stärke bliebe, welche der Affinität das Gleichgewicht zu halten vermöchte; wenn diese Stärke überschritten würde, müsste plötzlich ein starker Strom und lebhafte Zersetzung eintreten. Dies widerspricht aber vollständig der Erfahrung, nach welcher die elektrolytische Leitung schon bei der allergeringsten elektromotorischen Kraft beginnt und einen dauernden Strom erzeugt. Auch das Faraday'sche Gesetz widerspricht der Annahme, dass die Elektricität die Affinität der Ionen in den Molekeln der Elektrolyte überwinde; denn nach diesem Gesetz ist zur Zerlegung eines Aequivalentes jedes beliebigen Elektrolyten die gleiche Elektricitätsmenge erforderlich, unabhängig von der Stärke der zu überwindenden Affinitäten. Neuerdings haben

[1]) Annal. Phys. Chemie 1856, *98*, 15.
[2]) Annal. Phys. Chemie 1857, *101*, 338.

W. Ostwald und W. Nernst[1]) auf thermodynamischem Wege ganz allgemein nachgewiesen, dass eine Trennung der Ionen durch Elektricität nicht stattfinden kann.

Die Elektrolyte müssen daher schon vorher in ihre Ionen gespalten sein, und die Elektricität besorgt nur die Fortbewegung der bereits vorhandenen Ionen in bestimmter Richtung. Die Spaltung der Molekeln der Elektrolyte in ihre Ionen muss daher eine andere Ursache haben. Clausius bezeichnet als solche die lebhaften Bewegungen sowohl der Molekeln als auch der Atome in den Molekeln, welche bestrebt sind, die Verbindung zu dissociiren; daher können auch nur dissociirbare Stoffe Elektrolyte sein. Die Frage nach der Anzahl der dissociirten Molekeln lässt Clausius unbeantwortet und meint nur ganz allgemein, dass dieselbe nicht gross zu sein brauche. Es sei nicht nothwendig, dass die Dissociation bis zur vollständigen Trennung der Bestandtheile gehe, sondern es genüge schon, dass die Theilchen beim Zusammenstoss manchmal ihre Bestandtheile austauschen; denn dann müssen sie sich eine, wenn auch nur sehr kurze Zeit getrennt von einander bewegen, bevor sie sich mit anderen ebenfalls isolirten Bestandtheilen wieder vereinigen können. Dieser dissociirten Bestandtheile, der Ionen, bediene sich die Elektricität als Beförderungsmittel. Es ist bemerkenswerth und im hohen Maasse für die Berechtigung der Clausius'schen Anschauung sprechend, dass schon früher Williamson[2]), von ganz anderen Gesichtspunkten ausgehend, zu derselben Auffassung des Zustandes der Elektrolyte, dass dieselben nämlich zum Theil dissociirt sind, gelangte.

An diesen Punkt der Clausius'schen Theorie knüpfte S. Arrhenius[3]) bei seiner Darlegung der Dissociation der Elektrolyte an, indem er auch die Zahl der dissociirten Molekeln bestimmte. Arrhenius bezeichnete solche Molekeln, deren Ionen in ihren Bewegungen von einander unabhängig sind, als aktive, die übrigen Molekeln, deren Ionen fest mit einander verbunden sind, als inaktive; er zeigte ferner, dass mit grösster Wahrscheinlichkeit in äusserster Verdünnung alle inaktiven Molekeln eines Elektrolyten in aktive verwandelt werden. Aktivitätskoëffizient nannte Arrhenius das Verhältniss der Anzahl der aktiven zu der Summe der aktiven und inaktiven Molekeln; für die äusserste Verdünnung ist demnach der Aktivitätskoëffizient der Elektrolyte gleich 1, für grössere Konzentrationen kleiner als 1. Für Lösungen mittlerer Konzentration kann der Aktivitätskoëffizient gleich dem Verhältniss der molekularen Leitfähigkeit der Lösung zu

---

[1]) Zeitschr. physikal. Chemie 1889, *3*, 120.

[2]) Annal. Chem. Pharm. 1851, 77, 46.

[3]) Zeitschr. physikal. Chemie. 1887, *1*, 631.

dem oberen Grenzwerth, welchem das molekulare Leitungsvermögen dieser Lösung mit zunehmender Verdünnung sich nähert, gesetzt werden. (Auf das molekulare Leitungsvermögen der Lösungen werden wir sehr bald eingehend zu sprechen kommen.) Da, wie wir bald sehen werden, die molekulare Leitfähigkeit einer grossen Anzahl von Lösungen bei den verschiedensten Konzentrationen bestimmt worden ist, so ist der Aktivitätskoëffizient für sehr viele Elektrolyte bekannt.

Sehen wir nunmehr zu, welche Gestalt die van 't Hoff'schen Gesetze bei den wässerigen Lösungen der Elektrolyte unter dem Gesichtspunkte der Dissociationstheorie annehmen. Da der osmotische Druck der Lösungen nach der kinetischen Anschauung durch die Stösse der Molekeln des gelösten Stoffes verursacht wird, so muss, wenn ein Theil der Molekeln dissociirt ist, der osmotische Druck grösser sein, als in einer entsprechenden Lösung, welche nur nichtdissociirte Molekeln enthält. Denn bei der Dissociation zerfällt eine Molekel in mehrere Theilmolekeln, z. B. 1 Molekel carbaminsaures Ammon in 1 Molekel Kohlensäure und 2 Molekeln Ammoniak, und da die abgespaltenen Theilmolekeln nunmehr als selbständige Molekeln wirken, so wächst der Druck. Ganz dasselbe gilt von den elektrolytisch dissociirten Substanzen, welche in ihre Ionen zerfallen sind und den osmotischen Druck erhöhen. Lösungen theilweise dissociirter Stoffe, also nach der Theorie von Arrhenius der Elektrolyte, müssen einen grösseren osmotischen Druck haben, als äquimolekulare Lösungen nichtdissociirter Stoffe, also der Nichtleiter. Dies ist thatsächlich der Fall, wie zwar nicht an dem osmotischen Druck direkt, wohl aber an den diesem proportionalen Grössen, den isotonischen Koëffizienten, der Gefrierpunktserniedrigung und der Dampfdruckverminderung nachgewiesen wurde. Während diese Grössen bei den Nichtleitern der Elektricität vollkommen der van 't Hoff'schen Theorie entsprachen, waren sie bei den Elektrolyten alle drei grösser (s. S. 476).

Ist der osmotische Druck p der Lösung eines Elektrolyten allgemein i mal grösser als derjenige p_n der Lösung eines nichtdissociirten Stoffes, welche so viele Molekeln in 1 Liter enthält, wie die Lösung des Elektrolyten, so ist, wie J. H. van 't Hoff[1]) auseinandersetzte:

$$p = i \cdot p_n.$$

Dasselbe gilt auch von den isotonischen Koëffizienten c und c_n, den molekularen Gefrierpunktserniedrigungen t und t_n und den molekularen Dampfdruckverminderungen d und d_n: alle diese Grössen sind

[1]) Zeitschr. physikal. Chemie 1887, *1*, 500.

bei den Elektrolyten i mal grösser als bei den Nichtleitern. Es ist also:

$$c = i \cdot c_n,$$
$$t = i \cdot t_n,$$
$$d = i \cdot d_n.$$

Der Faktor $i = \frac{p}{p_n}$ ist gleich dem Verhältniss des von dem Elektrolyten thatsächlich ausgeübten osmotischen Druckes zu dem Drucke, den er ausüben würde, wenn seine Molekeln nicht zum Theil dissociirt wären. Für Nichtleiter ist $i = 1$, für die Elektrolyte ist i grösser als 1.

Zwischen dem van't Hoff'schen Faktor i und dem Arrhenius-schen Aktivitätskoëffizienten α (s. S. 482) besteht eine einfache Beziehung. i ist nämlich gleich der Summe der inaktiven Molekeln und der Ionen, dividirt durch die Anzahl der inaktiven und aktiven Molekeln. Bedeutet daher m die Anzahl inaktiver, n die Anzahl aktiver Molekeln und k die Anzahl Ionen, in welche jede aktive Molekel sich spaltet (für KCl ist z. B. $k = 2$, da sich KCl in zwei Ionen, K und Cl, spaltet, für $BaCl_2$ ist $k = 3$ u. s. w.), so ist:

$$i = \frac{m + k \cdot n}{m + n}.$$

Ferner ist der Aktivitätskoëffizient α nach der gegebenen Definition gleich dem Verhältniss der Anzahl der aktiven Molekeln zur Summe der aktiven und inaktiven Molekeln, d. h. es ist:

$$\alpha = \frac{n}{m + n}.$$

Führt man dies oben ein, so wird:

$$i = 1 + (k - 1)\,\alpha.$$

Andererseits kann man den Werth von i aus dem osmotischen Druck p, dem isotonischen Koëffizienten c, der molekularen Gefrierpunktserniedrigung t und der molekularen Dampfdruckverminderung d nach den oben gegebenen Gleichungen berechnen. Arrhenius wählte die molekularen Gefrierpunktserniedrigungen, da dieselben in grosser Anzahl von F. M. Raoult bestimmt worden waren. Es ergibt sich:

$$i = \frac{t}{t_n},$$

worin t die beobachtete molekulare Gefrierpunktserniedrigung der Lösung des Elektrolyten und t_n die normale molekulare Gefrierpunktserniedrigung der Nichtleiter bedeutet. Da als Lösungsmittel nur das Wasser in Betracht kommt, so ist $t_n = 18{,}5$ (s. S. 406) und

$$i = \frac{t}{18{,}5}.$$

Arrhenius berechnete i aus beiden Gleichungen, indem er Lösungen in Betracht zog, welche 1 g Stoff in 1 Liter Wasser gelöst enthielten. Die molekularen Gefrierpunktserniedrigungen t wurden den Untersuchungen von Raoult[1]) entnommen, die Aktivitätskoëffizienten α zumeist aus den Bestimmungen des molekularen Leitungsvermögens von F. Kohlrausch[2]) und W. Ostwald[3]) berechnet; nur wenige der letzteren wurden aus Untersuchungen von Grotrian[4]) und Klein[5]) entlehnt.

Im Folgenden ist die Arrhenius'sche Tabelle wiedergegeben. α ist der Aktivitätskoëffizient, i_t der aus der Gefrierpunktserniedrigung $\left(i = \frac{t}{18,5}\right)$ und i_α der aus dem Aktivitätskoëffizienten $[i = 1 + (k - 1)\,\alpha]$ berechnete Werth von i.

Substanz	α	i_t	i_α	Substanz	α	i_t	i_α
			1. Nichtleiter.				
Methylalkohol . . .	0,00	0,94	1,00	Rohrzucker. . . .	0,00	1,00	1,00
Aethylalkohol . .	0,00	0,94	1,00	Phenol	0,00	0,84	1,00
Butylalkohol . . .	0,00	0,93	1,00	Aceton	0,00	0,92	1,00
Glycerin	0,00	0,92	1,00	Aethyläther . . .	0,00	0,90	1,00
Mannit	0,00	0,97	1,00	Aethylacetat . . .	0,00	0,96	1,00
Invertzucker . . .	0,00	1,04	1,00	Acetamid	0,00	0,96	1,00
			2. Basen.				
Baryumhydrat . .	0,84	2,69	2,67	Ammoniak	0,01	1,03	1,01
Strontiumhydrat . .	0,86	2,61	2,72	Methylamin . . .	0,03	1,00	1,03
Calciumhydrat . .	0,80	2,59	2,59	Trimethylamin . .	0,03	1,09	1,03
Lithiumhydrat . .	0,83	2,02	1,83	Aethylamin . . .	0,04	1,00	1,04
Natriumhydrat . .	0,88	1,96	1,88	Propylamin . . .	0,04	1,00	1,04
Kaliumhydrat . . .	0,93	1,91	1,93	Anilin	0,00	0,83	1,00
Thalliumhydrat . .	0,90	1,79	1,90				
Tetramethylammoniumhydrat . .	—	1,99	—				
Tetraäthylammoniumhydrat . .	0,92	—	1,92				

[1]) Annal. chim. phys. [5], 1883, *28*, 133; [6], 1884, *2*, 66, 99 und 115; [6], 1884, *4*, 104.

[2]) Annal. Phys. Chemie [2], 1879, *6*, 1 und 145; [2], 1885, *26*, 161.

[3]) Journ. prakt. Chemie [2], 1885, *32*, 300; [2], 1886, *33*, 352; Zeitschr. physikal. Chemie 1887, *1*, 74 und 97.

[4]) Annal. Phys. Chemie [2], 1883, *18*, 177.

[5]) Annal. Phys. Chemie [2], 1886, *27*, 151.

Substanz	α	i_t	i_α	Substanz	α	i_t	i_α
			3. Säuren.				
Chlorwasserstoffsäure	0,90	1,98	1,90	Jodsäure	0,73	1,30	1,73
Bromwasserstoffsäure	0,94	2,03	1,94	Phosphorige Säure .	0,46	1,29	1,46
Jodwasserstoffsäure .	0,96	2,03	1,96	Borsäure	0,00	1,11	1,00
Kieselfluorwasserstoffsäure . . .	0,75	2,46	1,75	Blausäure	0,00	1,05	1,00
				Ameisensäure . . .	0,03	1,04	1,03
Salpetersäure . . .	0,92	1,94	1,92	Essigsäure	0,01	1,03	1,01
Chlorsäure	0,91	1,97	1,91	Buttersäure . . .	0,01	1,01	1,01
Ueberchlorsäure . .	0,94	2,09	1,94	Oxalsäure	0,25	1,25	1,49
Schwefelsäure . . .	0,64	2,06	2,19	Weinsäure	0,06	1,05	1,11
Selensäure	0,66	2,10	2,31	Aepfelsäure . . .	0,04	1,08	1,07
Phosphorsäure . .	0,08	1,32	1,24	Milchsäure	0,03	1,01	1,03
Schweflige Säure .	0,14	1,03	1,28	Schwefelwasserstoff	0,00	1,04	1,00
			4. Salze.				
Chlorkalium . . .	0,86	1,82	1,86	Kaliumoxalat . . .	0,66	2,43	2,32
Chlornatrium . . .	0,82	1,90	1,82	Chlorbaryum . . .	0,77	2,63	2,54
Chlorlithium . . .	0,75	1,99	1,75	Chlorstrontium . .	0,75	2,76	2,50
Chlorammonium . .	0,84	1,88	1,84	Chlorcalcium . . .	0,75	2,70	2,50
Jodkalium	0,92	1,90	1,92	{ Kupferchlorid . .	—	2,58	—
Bromkalium . . .	0,92	1,90	1,92	{ Zinkchlorid . . .	0,70	—	2,40
Cyankalium . . .	0,88	1,74	1,88	Baryumnitrat . . .	0,57	2,19	2,13
Kaliumnitrat . . .	0,81	1,67	1,81	Strontiumnitrat . .	0,62	2,23	2,23
Natriumnitrat . . .	0,82	1,82	1,82	Calciumnitrat . . .	0,67	2,02	2,33
Ammoniumnitrat . .	0,81	1,73	1,81	Bleinitrat	0,54	2,02	2,08
Kaliumacetat . . .	0,83	1,86	1,83	Magnesiumsulfat . .	0,40	1,04	1,40
Natriumacetat . . .	0,79	1,73	1,79	Eisenoxydulsulfat .	0,35	1,00	1,35
Kaliumformiat . .	0,83	1,90	1,83	Kupfersulfat . . .	0,35	0,97	1,35
Silbernitrat . . .	0,86	1,60	1,86	Zinksulfat	0,38	0,98	1,38
Kaliumchlorat . . .	0,83	1,78	1,83	Kupferacetat . . .	0,33	1,68	1,66
Kaliumcarbonat . .	0,69	2,26	2,38	Magnesiumchlorid .	0,70	2,64	2,40
Natriumcarbonat .	0,61	2,18	2,22	Quecksilberchlorid .	0,03	1,11	1,05
Kaliumsulfat . . .	0,67	2,11	2,23	Jodkadmium . . .	0,28	0,94	1,56
Natriumsulfat . . .	0,62	1,91	2,24	Kadmiumnitrat . .	0,73	2,32	2,46
Ammoniumsulfat . .	0,59	2,00	2,17	Kadmiumsulfat . .	0,35	0,75	1,35

Die umfangreiche Tabelle von Arrhenius zeigt, dass die nach beiden Methoden berechneten Werthe von i meist eine sehr befriedigende Uebereinstimmung zeigen. Zu berücksichtigen ist dabei, dass sowohl die Bestimmung des Gefrierpunkts als auch des Leitungsvermögens mit Fehlern behaftet ist; den von Ostwald bestimmten Leitungsvermögen der Säuren und Basen kommt die grösste Zuverlässigkeit zu, die aus Kohlrausch's Messungen berechneten Aktivitätskoëffizienten sind etwas unsicher, und in noch höherem Maasse die wenigen aus Grotrian's und Klein's Zahlen entlehnten Werthe. Ferner gelten die berechneten Werthe von i nicht für dieselbe Temperatur, denn die Gefrierpunkte wurden bei Temperaturen wenig unter 0^0, die Leitungsvermögen theils bei 25^0 (Ostwald's Versuche), theils bei 18^0 gemessen. Da mit steigender Temperatur die Dissociation zunimmt, so ergibt sich hieraus eine geringe Verschiedenheit der nach den beiden Verfahren berechneten Werthe von i.

Während im Allgemeinen die Uebereinstimmung der Werthe von i sehr befriedigend ist, zeigen dieselben bei der Kieselfluorwasserstoffsäure und bei einigen Salzen, dem Kadmiumjodid und den Sulfaten der Magnesiumreihe ($Mg SO_4$, $Fe SO_4$, $Cu SO_4$, $Zn SO_4$ und $Cd SO_4$) grössere Abweichungen. Bezüglich der Kieselfluorwasserstoffsäure wies Ostwald nach, dass dieselbe in wässeriger Lösung theilweise in Fluorwasserstoffsäure und Kieselsäure zerfällt, wodurch die erhöhte Gefrierpunktserniedrigung ihre Erklärung findet. Bei den angeführten Salzen ist umgekehrt die Gefrierpunktserniedrigung zu klein. Für diesen Fall haben wir bereits früher (S. 470) eine Erklärung kennen gelernt und bestätigt gefunden, nämlich das Vorkommen komplexer Molekeln in der Lösung. Trifft dieselbe auch hier ein, so muss, da die Anzahl der Molekeln hierdurch verringert wird, auch die Gefrierpunktserniedrigung zu klein ausfallen. Thatsächlich wurde schon Hittorf[1]) durch die grosse Aenderung der Wanderungszahl der Ionen des Kadmiumjodids zu der Annahme geführt, dass in den wässerigen Lösungen desselben zusammengesetztere Molekeln vorkommen; zu demselben Ergebniss kam auch F. J. Wershoven[2]) auf Grund einer sehr eingehenden Untersuchung über die elektrische Leitfähigkeit der Salze des Kadmiums. Da die Sulfate der Magnesiumreihe ein ähnliches Verhalten zeigen, so ist auch für diese die gleiche Annahme gerechtfertigt, womit die Abweichungen der Werthe von i ihre Erklärung finden.

In der Tabelle haben alle Stoffe Aufnahme gefunden, für welche eine einigermaassen sichere Berechnung von i nach den beiden Verfahren möglich war. Bei den drei letzten Stoffen (Jodid, Nitrat und Sulfat des Kadmiums) wurde i_t aus Gefrierpunktsbestimmungen von Rüdorff berechnet, die mit sehr konzentrirten Lösungen ausgeführt wurden. Wo für einen Stoff (Kupferchlorid und Tetramethylammoniumhydrat) das Leitungsvermögen nicht bekannt war, wurde ein nahe verwandter analoger Körper (Zinkchlorid und Tetraäthylammoniumhydrat) herangezogen, da das Leitungsvermögen derartiger Stoffe nahe gleich ist.

---

[1]) Annal. Phys. Chemie 1859, *106*, 547 und 551.

[2]) Zeitschr. physikal. Chemie 1890, *5*, 481.

In einer späteren Abhandlung[1]) beschäftigte sich S. Arrhenius vorzugsweise mit den Abweichungen, welche sich zwischen den nach den beiden Verfahren berechneten Werthen von i bei einigen der angeführten Stoffe ergeben hatten. Wenn dieselben durch Versuchsfehler verursacht waren, so mussten in erster Linie die Gefrierpunktsbestimmungen fehlerhaft sein. Arrhenius wiederholte dieselben daher und benutzte auch eine Anzahl neuer von F. M. Raoult[2]) ermittelter Zahlen. Das Ergebniss war folgendes. Die Sulfate der Magnesiumreihe und das Kadmiumjodid zeigen in höherer Konzentration eine zu kleine Gefrierpunktserniedrigung und demgemäss einen zu kleinen Werth von i_t; das Verhältniss $\frac{i_t}{i_\alpha}$ wird mit wachsender Konzentration immer kleiner. In genügend verdünnten Lösungen verschwindet die Abweichung und wird $i_t = i_\alpha$. Dieselbe findet ihre Erklärung durch die Bildung von zusammengesettteren Molekeln in den konzentrirten Lösungen, welche durch genügende Verdünnung dissociirt werden (vergl. S. 487). Bei den Salzen der zweiwerthigen Metalle mit einbasischen Säuren nimmt dagegen das Verhältniss $\frac{i_t}{i_\alpha}$ mit wachsender Konzentration zu. Für die grössten angewandten Verdünnungen kommt das Verhältniss schon nahe an 1 und durch graphische Extrapolation erhält man für die äusserste Verdünnung folgende Werthe des Verhältnisses $\frac{i_t}{i_\alpha}$: Chlormagnesium 1,03, Kupferchlorid 1,00, Calciumnitrat 1,01, Chlorcalcium 1,02 und Chlorstrontium 1,00. Aehnlich ergibt sich für das Chlorlithium, welches sich ebenfalls in höherer Konzentration abweichend verhält, der Werth des Verhältnisses für äusserste Verdünnung zu 1,04. Als Ursache ist die Abweichung der konzentrirten Lösung dieser Stoffe von den theoretischen Gesetzen anzusehen.

Fast gleichzeitig mit Arrhenius kam M. Planck[3]), von ganz anderen Gesichtspunkten ausgehend, ebenfalls zu dem Ergebniss, dass die Elektrolyte in wässeriger Lösung dissociirt sind. Auf thermodynamischem Wege leitete Planck[4]) folgende Gleichung für die Gefrierpunktserniedrigung verdünnter Lösungen ab:

$$T - T_1 = 1{,}97 \cdot \frac{T^2 \cdot n_1}{w \cdot m \cdot n}.$$

[1]) Zeitschr. physikal. Chemie 1888, *2*, 491.
[2]) Zeitschr. physikal. Chemie 1888, *2*, 488.
[3]) Zeitschr. physikal. Chemie 1887, *1*, 577.
[4]) Annal. Phys. Chemie [2], 1887, *32*, 499.

Darin bedeutet:

T die absolute Gefriertemperatur des Lösungsmittels,

T_1 die absolute Gefriertemperatur der Lösung,

w die Schmelzwärme von 1 g des Lösungsmittels,

m das Molekulargewicht des Lösungsmittels,

n die Anzahl der Molekeln des Lösungsmittels in der Lösung,

n_1 die Anzahl der Molekeln des gelösten Stoffes in der Lösung.

$T - T_1$ ist die Gefrierpunktserniedrigung der Lösung; durch Multiplikation mit dem Molekulargewicht m_1 des gelösten Stoffes erhält man die molekulare Gefrierpunktserniedrigung d der Lösung; es ist also:

$$d = m_1 (T - T_1) = 1.97 \cdot \frac{T^2}{w} \cdot \frac{n_1 m_1}{n m} .$$

Enthält die Lösung auf 100 Gewichtstheile Lösungsmittel 1 Gewichtstheil des gelösten Stoffes, so stehen die Massen des gelösten Stoffes und des Lösungsmittels im Verhältniss 1 : 100. Die Masse des Lösungsmittels ist gleich dem Produkt aus dem Molekulargewicht desselben und der Zahl der Molekeln, also gleich $m \,.\, n$. Die Masse des gelösten Stoffes braucht dagegen nicht gleich $m_1 \,.\, n_1$ sein; sie wäre so gross, wenn die Molekeln des gelösten Stoffes alle den normalen Werth m_1 hätten. Dies ist indess nicht immer der Fall; es wurde z. B. schon vorher (S. 470) auseinandergesetzt, dass die Säuren in Benzollösung Doppelmolekeln bilden. Im Allgemeinen darf man daher die Masse des gelösten Stoffes nicht gleich $m_1 \,.\, n_1$ setzen, sondern gleich $\frac{m_1 n_1}{i}$, wo der Faktor i einen Maassstab für die Zusammensetzung der Molekeln abgibt. Haben die Molekeln des gelösten Stoffes die normale Grösse, so ist $i = 1$, sind sie grösser, so ist $i < 1$, sind sie kleiner, so ist $i > 1$; bestehen z. B. in der Lösung lauter Doppelmolekeln, so ist $i = {}^1/_2$, sind dagegen alle Molekeln in zwei Theilmolekeln dissociirt, so ist $i = 2$.

In einer Lösung, welche 1 Gewichtstheil Stoff auf 100 Gewichtstheile Lösungsmittel enthält, ist daher:

$$\frac{m_1 n_1}{i} : m n = 1 : 100$$

oder

$$\frac{m_1 n_1}{m n} = \frac{i}{100} = 0{,}01\, i.$$

Daher wird die molekulare Gefrierpunktserniedrigung:

$$d = 0{,}0197 \frac{T^2}{w} \cdot i.$$

Wie bereits vorher (S. 405) erwähnt wurde, fand F. M. Raoult, dass die molekulare Gefrierpunktserniedrigung der Lösungen in demselben Lösungsmittel nicht alle gleich waren; einige Stoffe hatten nur halb so grosse molekulare Erniedrigungen als die übrigen. Raoult bezeichnete die grössere als die „normale", ohne diese Annahme anders zu begründen, als dass sie den meisten Stoffen zukommen. Nach den vorausgegangenen Erläuterungen können wir die „normale" molekulare Gefrierpunktserniedrigung mit Sicherheit feststellen; dieselbe kommt nämlich denjenigen Lösungen zu, in welchen die Molekeln des gelösten Stoffes in normalem Zustande bestehen, für welche also $i = 1$ ist. Die normale molekulare Gefrierpunktserniedrigung d_n ist demnach

$$d_n = 0{,}0197 \frac{T^2}{w}.$$

Für die fünf zuerst von Raoult angewandten Lösungsmittel (Ameisensäure, Essigsäure, Benzol, Nitrobenzol und Wasser) sind die Werthe von d_n bereits mitgetheilt (S. 406); sie wurden von J. H. van 't Hoff berechnet, der statt des Faktors 0,0197 den wenig abweichenden Werth 0,02 anwandte. Dieselben sind in der folgenden Tabelle unter d_n aufgeführt; daneben sind die von Raoult beobachteten Gefrierpunktserniedrigungen d gestellt, welche ebenfalls schon zum Theil früher (S. 404) mitgetheilt wurden.

Lösungsmittel	d_n	d
Ameisensäure	28,4	28 ; 14
Essigsäure	38,8	39 ; 19,5
Benzol	53,0	50 ; 25
Nitrobenzol	69,5	70 ; 35
Wasser	18,9	37 ; 18,5

Bei den vier ersten Lösungsmitteln stimmt demnach die berechnete normale molekulare Gefrierpunktserniedrigung mit dem grösseren beobachteten Werth überein; die Stoffe, welche die grössere molekulare Erniedrigung haben, sind daher in der Lösung in normale Molekeln zertheilt. Diejenigen mit der halben molekularen Erniedrigung bilden dagegen Doppelmolekeln; denn da $i = \frac{d}{d_n}$ ist, so wird bei diesen Stoffen $i = \frac{1}{2}$, d. h. sie bilden Doppelmolekeln.

Ganz anders als die übrigen Lösungsmittel verhält sich das Wasser. Bei diesem Lösungsmittel ist die kleinere molekulare Erniedrigung die normale, und alle Stoffe, welche diese normale molekulare Gefrierpunktserniedrigung haben, sind in normale Molekeln zertheilt. Die anderen mit der grösseren molekularen Erniedrigung verhalten sich dagegen unnormal, und da hier $d > d_n$ ist, wird $i > 1$, d. h. diese Stoffe bilden in wässeriger Lösung mehr Molekeln, als sie unter der Annahme des gewöhnlichen Molekulargewichts bilden können. Für die Salze vom Typus des Chlorkaliums ist d nahe gleich $2 d_n$, und i nahe gleich 2. Man muss daher annehmen, dass jede Molekel KCl in zwei Theilmolekeln zerfallen ist, und diese Theilmolekeln können nichts anderes sein als die Ionen des Chlorkaliums, das Ion Chlor und das Ion Kalium. Für die Salze vom Typus des Chlorbaryums ist i noch grösser als 2; dies erklärt sich dadurch, dass jede Molekel $BaCl_2$ in die Ionen Ba, Cl und Cl zerfällt.

Im Vorstehenden sind die beiden Abhandlungen mitgetheilt, in welchen Arrhenius und nach ihm Planck, dessen Beweis übrigens von dem Ersteren[1]) als nicht völlig einwurfsfrei erklärt wurde, zu dem Ergebniss gelangten, dass die Elektrolyte in wässeriger Lösung in ihre Ionen gespalten sind. Wir haben nunmehr zu untersuchen, ob die Eigenschaften der Lösungen der Elektrolyte mit der Theorie der Dissociation in Einklang stehen. Wir wenden uns hierbei zunächst den elektrischen Eigenschaften derselben zu, weil diese in direktem Zusammenhang mit der Dissociationstheorie stehen; sodann werden die physikalischen Eigenschaften der Salzlösungen und schliesslich die chemischen Eigenschaften derselben besprochen. Mit den letzteren werden wir uns eingehend befassen, da sie einerseits für den Chemiker von besonderer Wichtigkeit sind, andererseits aber die bisherigen Anschauungen in vieler Beziehung geradezu auf den Kopf stellen.

Was den Zustand der dissociirten Molekeln der Elektrolyte in wässeriger Lösung betrifft, so ist derselbe wesentlich verschieden von dem Zustand der dissociirten Theilmolekeln der Gase. Schon früher wurde auseinandergesetzt, dass der Zustand verdünnter Lösungen zwar dem Gaszustand sehr ähnlich, aber durchaus nicht identisch mit demselben ist. Während in einem Gasvolumen neben den Gasmolekeln nichts vorhanden ist, sind die Molekeln eines gelösten Stoffes durch die weit grössere Zahl der Molekeln des Lösungsmittels getrennt. Dass die Molekeln des Lösungsmittels einen theilweise sehr erheblichen Einfluss ausüben, wurde vorher bei der Besprechung der Abweichungen von den Gesetzen der verdünnten Lösungen nachgewiesen.

Danach ist es leicht verständlich, dass auch die elektrolytische Dissociation von der Dissociation der Gase wesentlich verschieden ist.

[1]) Zeitschr. physikal. Chemie 1892, *9*, 330.

Die dissociirten Bestandtheile der Gase lassen sich durch Diffusion trennen, die dissociirten Ionen dagegen nicht. Denn letztere sind mit sehr grossen Mengen Elektricität entgegengesetzter Art geladen, so dass, wie Arrhenius[1]) zeigte, ein sehr grosser Aufwand von Energie nothwendig wäre, um die Ionen in merkbarem Grade von einander zu trennen. Die mit Elektricität beladenen freien Ionen, z. B. die Ionen K und Cl, sind mit den freien Elementen nicht vergleichbar; verbindet man z. B. Zink mit dem positiven Pol eines galvanischen Elementes, so wird es von Salzsäure nicht mehr angegriffen. Die elektrische Ladung verhindert auch die freien Kaliumatome, mit dem Wasser in Wechselwirkung zu treten; sobald dieselben aber ihre Elektricität abgeben, wie es z. B. bei der Elektrolyse geschieht, so werden sie in den gewöhnlichen Zustand übergeführt und wirken sogleich auf das Wasser.

Sehr anschaulich zeigte W. Ostwald[2]), dass in den wässerigen Lösungen der Elektrolyte freie Ionen sein müssen. Zwei Gefässe A und B seien mit Chlorkaliumlösung gefüllt und durch einen Heber leitend verbunden. Nähert man dem Gefäss A einen negativ elektrischen Körper, so wird durch Influenzwirkung A positiv, B negativ elektrisch. Entfernt man dann den Heber und den elektrischen Körper, so erhält man A positiv und B negativ geladen. Nun kann nach dem Gesetz von Faraday in Leitern zweiter Klasse die Elektricität nicht anders als gleichzeitig mit den Ionen wandern. Daher haben sich bei dem Influenzversuch in A elektropositive Kaliumatome und in B elektronegative Chloratome angesammelt und diese bleiben nach der Aufhebung der leitenden Verbindung in den Flüssigkeiten. In A müssen demnach freie Kaliumatome, in B freie Chloratome, beide mit Elektricität geladen, vorhanden sein; man kann daher Flüssigkeiten herstellen, welche einen Ueberschuss von einem Ion enthalten. Entlädt man die Flüssigkeiten, etwa durch leitendes Verbinden mit der Erde, so gehen die freien Ionen in den gewöhnlichen Zustand über und das Kalium wirkt alsbald auf das Wasser ein.

Die soeben angestellte Betrachtung lehrt noch mehr. Die elektrostatischen Ladungen erfolgen bei den Elektrolyten mit derselben ausserordentlichen Geschwindigkeit wie bei den Leitern erster Klasse; die Ionen wandern dagegen nach F. Kohlrausch's Berechnungen ziemlich langsam. Da nun bei dem oben beschriebenen Versuch in demselben Augenblick, wo sich in A die Kalium-Ionen dem negativelektrischen Körper gegenüber anordnen, sich gleichzeitig die Chlor-Ionen

---

[1]) Zeitschr. physikal. Chemie 1887, *1*, 638.

[2]) Zeitschr. physikal. Chemie 1888, *2*, 271.

in B ansammeln, so können diese Chloratome in B nicht dieselben sein, welche mit den Kaliumatomen in A verbunden waren, denn sonst müsste eine gewisse Zeit vergehen, bis die Chloratome nach B gewandert wären. Da dies nicht der Fall ist, so müssen die Chlor-Ionen schon in B vorhanden gewesen sein, als die Influenz ausgeübt wurde, d. h. es müssen jederzeit und überall in der Lösung freie Ionen vorhanden sein oder der Elektrolyt muss schon vorher dissociirt gewesen sein.

Auch folgende Beobachtung führt zu dem Ergebniss, dass die Elektrolyte in wässeriger Lösung in ihre Ionen gespalten sind. Amalgamirtes Zink wird durch verdünnte Schwefelsäure nicht angegriffen; dies tritt jedoch sofort ein, wenn es mit einem in die verdünnte Schwefelsäure getauchten Stück Platin leitend verbunden wird: das Zink löst sich zu Zinksulfat und der Wasserstoff erscheint am Platin. Letzteres geschieht selbst dann, wenn Zink und Platin in der Flüssigkeit sehr weit von einander entfernt sind. Der am Platin auftretende Wasserstoff kann auch hier nicht von der Schwefelsäure herrühren, deren SO_4-Radikal sich mit dem Zink verbunden hat, da das Erscheinen des Wasserstoffs am Platin gleichzeitig mit dem Auflösen des Zinks stattfindet und keine Zeit zum Wandern der Wasserstoff-Ionen an das Platin vorhanden ist. Der Wasserstoff muss vielmehr dicht an dem Platin vorhanden gewesen sein und die ganze Flüssigkeit muss dissociirten freien Wasserstoff enthalten haben.

Die elektrostatische Ladung eines Elektrolyten wurde von W. Ostwald und W. Nernst[1]) später wirklich ausgeführt. Es gelang ihnen, mit Hilfe einer kleinen Elektrisirmaschine in einem geeigneten Apparate verdünnte Schwefelsäure zu zerlegen und den frei werdenden Wasserstoff zur Anschauung zu bringen. Dadurch ist nach den vorangehenden Betrachtungen die Gegenwart freier Ionen in der verdünnten Schwefelsäure und allgemein in den wässerigen Lösungen der Elektrolyte nachgewiesen. Auf den Zustand der freien Ionen in den Lösungen der Elektrolyte werden wir später noch näher eingehen.

Eine Eigenschaft der wässerigen Lösungen der Elektrolyte, welche in sehr naher Beziehung zur Dissociation steht, ist die Leitfähigkeit derselben. Schon vorher (S. 484) haben wir gesehen, dass die Arrhenius'schen Aktivitätskoëffizienten, welche aus den molekularen Leitfähigkeiten berechnet wurden, in sehr einfacher Weise zu dem Werth i führten, der den Dissociationsgrad angibt. Andererseits ist die Leitfähigkeit der Elektrolyte, da sie für eine grosse Anzahl von Lösungen sehr genau bestimmt ist, ein sehr geeigneter Prüfstein für die Dissociationstheorie.

[1]) Zeitschr. physikal. Chemie 1889, *3*, 120.

Auf die Methoden zur Bestimmung der elektrischen Leitfähigkeit der Elektrolyte soll hier nicht eingegangen werden; als sehr zweckmässig hat sich das Verfahren von F. Kohlrausch in der Form bewiesen, welche W. Ostwald[1]) mitgetheilt hat. Die umfangreichen Untersuchungen über die molekulare Leitfähigkeit der wässerigen Lösungen der Elektrolyte, welche von F. Kohlrausch, W. Ostwald, Hittorff und vielen Anderen angestellt wurden, haben zu folgenden empirischen Gesetzmässigkeiten geführt.

1. Die molekulare Leitfähigkeit aller Elektrolyte nimmt mit steigender Verdünnung zu und nähert sich asymptotisch einem grössten Werth.

2. Diese grössten Werthe sind für Säuren einerseits, Basen andererseits und drittens für Salze, bezogen auf äquivalente Mengen, von gleicher Grössenordnung, aber nicht völlig gleich.

3. Diese grössten Werthe lassen sich als Summen zweier Grössen darstellen, von denen die eine nur vom positiven, die andere nur vom negativen Ion abhängt.

4. Für Elektrolyte von grösserer Konzentration sowie für schwache Säuren und Basen gilt das letztere Gesetz nicht; eine Annäherung daran zeigt sich, wenn man Gruppen von Salzen vergleicht, deren Ionen gleichwerthig sind.

5. Schlechtleitende Elektrolyte, wie schwache Säuren und Basen, vermehren ihre molekulare Leitfähigkeit sehr schnell mit steigender Verdünnung; bei einbasischen Säuren und einsäurigen Basen nimmt dabei die Leitfähigkeit proportional der Quadratwurzel aus dem Verdünnungsgrad zu.

6. Bei allen einbasischen Säuren und einsäurigen Basen erfolgt die Zunahme der molekularen Leitfähigkeit nach demselben Gesetz; vergleicht man diese Elektrolyte bei Verdünnungen, bei welchen ihre Leitfähigkeiten gleiche Bruchtheile des grössten Werthes sind, so stehen die Verdünnungsgrade oder Volume in konstantem Verhältniss.

Alle diese empirischen Gesetzmässigkeiten lassen sich, wie W. Ostwald[2]) zeigte, als nothwendige Folgerungen aus der Dissociationstheorie ableiten. Da nach den von J. H. van 't Hoff abgeleiteten Grundsätzen die verdünnten Lösungen denselben Gesetzen folgen wie die Gase, so müssen auf die ersteren auch die Dissociationsgesetze der Gase Anwendung finden können. Zerfällt eine Molekel eines Stoffes bei der Dissociation in zwei Theilmolekeln, entstehen ferner beide

[1]) Zeitschr. physikal. Chemie 1888, *2*, 561.

[2]) Zeitschr. physikal. Chemie 1888 *2*, 36 (vorläufige Mittheilung) und 275

Theilmolekeln in gleicher Zahl und ist die Temperatur konstant, so ist (s. S. 296):

$$\frac{p}{p_1^2} = \text{Konst.}$$

p bedeutet hierbei den Druck des unzersetzten Stoffes, p_1 denjenigen der beiden Zersetzungsprodukte. Bei gleicher Temperatur ist der Druck p eines Gases proportional seiner Menge u und umgekehrt proportional dem eingenommenen Volum v, d. h. es ist $p = \frac{u}{v}$; ebenso ergibt sich $p_1 = \frac{u_1}{v}$. Setzt man diese Werthe oben ein, so geht dieselbe über in:

$$\frac{u}{u_1^2} \cdot v = \text{Konst.}$$

Verstehen wir unter p den osmotischen Druck des unzersetzten Theiles der Lösung eines Elektrolyten und unter p_1 den osmotischen Druck der Dissociationsprodukte (der Ionen), so muss nach dem van 't Hoff'schen Gesetz dieselbe Gleichung auch für die elektrolytische Dissociation der Lösungen binärer Elektrolyte gelten; u und u_1 stellen dann ebenfalls die Mengen der unzersetzten Molekeln bezw. der dissociirten Ionen dar. Ist nun μ_∞ der Werth der molekularen Leitfähigkeit bei unendlicher Verdünnung, d. h. der Grenzwerth, welchem das molekulare Leitungsvermögen bei zunehmender Verdünnung zustrebt, und μ_v die molekulare Leitfähigkeit bei dem Volumen v der Lösung, welche ein Molekulargewicht des Elektrolyten enthält, so stellt der Bruch $\frac{\mu_v}{\mu_\infty}$ den dissociirten Bruchtheil u_1 des Elektrolyten dar, wenn die Gesammtmenge desselben gleich 1 ist. Denn nach der Dissociationstheorie leiten nur die dissociirten Ionen die Elektricität, d. h. die Leitfähigkeit ist der Anzahl der dissociirten Ionen proportional. Da bei unendlicher Verdünnung alle Molekeln dissociirt sind, und da die Gesammtzahl aller Molekeln gleich 1 gesetzt wurde, so ist:

$$\mu_v : \mu_\infty = u_1 : 1$$

oder

$$u_1 = \frac{\mu_v}{\mu_\infty}.$$

Der nicht dissociirte Bruchtheil u der Molekeln ist daher

$$u = 1 - \frac{\mu_v}{\mu_\infty}.$$

Werden die Werthe für u und u_1 in die obere Gleichung eingesetzt, so ergibt sich:

$$\frac{\mu_\infty(\mu_\infty - \mu_v)}{\mu_v^2} \,.\, v = \text{Konst.}$$

Entspricht die Dissociationstheorie wirklich den Thatsachen, so muss in dieser Gleichung das gesammte Verhalten der elektrischen Leitfähigkeit binärer Elektrolyte ausgedrückt sein. Der Vergleich der oben zusammengestellten empirischen Thatsachen mit der Gleichung lehrt, dass dies in der That der Fall ist.

1. Wächst v unbegrenzt, so nähert sich der Bruch

$$\frac{\mu_\infty(\mu_\infty - \mu_v)}{\mu_v^2} = \frac{K}{v}$$

der Null; da μ_v einen endlichen Werth hat, so wird $\mu_\infty - \mu_v$ bei steigender Verdünnung kleiner, d. h. μ_v immer grösser, bis es den Grenzwerth μ_∞ erreicht hat.

2. und 3. Die Leitfähigkeit μ_∞ für unendliche Verdünnung kommt dem vollständig dissociirten Elektrolyten zu; sie setzt sich daher aus den Bewegungsantheilen der Ionen rein additiv zusammen, ohne dass die Art der Verbindung, aus welcher die Ionen entstanden sind, von irgend welchem Einfluss ist. Haben die Ionen zweier Elektrolyte nur wenig verschiedene Wanderungsgeschwindigkeiten, so muss μ_∞ bei beiden von derselben Grössenordnung sein.

4. Für grössere Konzentrationen, bei denen die Dissociation nur eine theilweise ist, gilt das Vorstehende nicht, weil die Leitfähigkeit von dem Dissociationsgrad abhängig ist. Da sich analoge Salze erfahrungsgemäss bei gleicher Verdünnung in annähernd gleichem Dissociationszustand befinden, so sind bei diesen in endlicher Verdünnung die molekularen Leitfähigkeiten gleiche Bruchtheile der Grenzwerthe und daher ebenfalls additive Eigenschaften.

5. Bei schlechtleitenden Säuren und Basen ist μ_v gegen μ_∞ klein; daher bleibt $\mu_\infty - \mu_v$ nahezu konstant und es wird annähernd $\mu_v^2 \,.\, v = \text{Konst.}$, d. h. die molekulare Leitfähigkeit wächst proportional der Quadratwurzel aus dem Volumen.

6. Auch die unter 6. angeführte empirische Gesetzmässigkeit steht mit der Dissociationstheorie in vollem Einklang, wie bei Ostwald nachzulesen ist.

Die allgemeinen Eigenschaften der Lösungen der Elektrolyte werden demnach durch die Dissociationstheorie vortrefflich dargestellt; dies ergibt sich noch klarer aus Folgendem. Setzt man $\frac{\mu_v}{\mu_\infty} = m$, so wird:

$$\frac{m^2}{(1-m)\,v} = K,$$

worin K eine Konstante und m die auf den Grenzwerth bezogene molekulare Leitfähigkeit bedeutet. Ein binärer Elektrolyt muss durch alle Verdünnungen denselben Werth der Konstanten K haben. Dies trifft vollkommen zu, wie folgendes Beispiel zeigt. In der Tabelle bedeutet v die Verdünnung d. h. die Liter Wasser, in denen 1 Gramm-Molekel Essigsäure gelöst ist; $10^8 . \mu_v$ ist die mit 10^8 multiplizirte molekulare Leitfähigkeit bei der Verdünnung v, m ist gleich $\frac{\mu_v}{\mu_\infty}$ und $K = \frac{m^2}{(1 - m v)}$. Der Grenzwerth der Leitfähigkeit $10^8 . \mu_\infty$ wurde gleich 360 angenommen. Zur Vermeidung von Nullen sind die Werthe von m mit 100 multiplicirt.

Essigsäure $10^8 \cdot \mu_\infty = 360$			
v Liter	$10^8 \cdot \mu_v$	100 m	K
4	2,566	0,712	0,1277
8	3,663	1,018	0,1306
16	5,184	1,440	0,1315
32	7,271	2,020	0,1289
64	10,24	2,840	0,1298
128	14,36	3,983	0,1292
256	20,13	5,588	0,1292
512	28,13	7,810	0,1295
1024	39,28	10,91	0,1305

Für konzentrirtere Lösungen trifft die Unveränderlichkeit von K nicht mehr ein; K wird bei diesen zu klein gefunden. In mässigen Konzentrationen (bis zu 10 Prozent) sind diese Abweichungen namentlich durch zwei Ursachen bedingt. Erstens muss unter diesen Verhältnissen der von den Molekeln des gelösten Stoffes eingenommene Raum b berücksichtigt werden; er ist von dem Volumen v der Lösung in Abzug zu bringen, damit man das wahre Volumen des Lösungsmittels erhält, es ist also v durch v — b zu ersetzen. Ferner übt die durch das Auflösen des Stoffes veränderte innere Reibung des Wassers in konzentrirten Lösungen einen sehr erheblichen Einfluss auf die Leitfähigkeit aus, da sich hier die Jonen in einer Flüssigkeit bewegen müssen, welche ihnen einen anderen Widerstand entgegensetzt als in verdünnten Lösungen. Man muss daher die beobachteten Leitfähigkeiten μ_v noch mit der auf Wasser bezogenen inneren Reibung y der untersuchten Lösungen multipliziren. Bei noch grösseren Konzentrationen ist schliesslich auch die Wechselwirkung der Molekeln unter einander zu berücksichtigen.

Die beiden ersten Verbesserungen wurden von W. Ostwald an den Werthen der Leitfähigkeit der Buttersäure angebracht. Die innere Reibung der Buttersäurelösungen wurde besonders bestimmt; das Volumen der gelösten Buttersäuremolekeln wurde gleich 0,1 Liter gesetzt.

Die folgende Tabelle enthält in den drei ersten Spalten die Verdünnung v, die molekulare Leitfähigkeit $10^8 \cdot \mu_v$ bei der Verdünnung v und die Werthe von K. Die drei letzten Spalten enthalten das verbesserte Volumen (v — b), die verbesserte Leitfähigkeit $10^8 \cdot \mu \cdot y$ und die mit diesen Grössen sich ergebenden Werthe $K_{korr.}$

Buttersäure
$10^8 \cdot \mu_\infty = 360$

v Liter	$10^8 \cdot \mu_v$	K	v — b Liter	$10^8 \cdot \mu \cdot y$	$K_{korr.}$
2	1,726	0,1152	1,9	1,940	0,1538
4	2,648	0,1359	3,9	2,794	0,1534
8	3,870	0,1475	7,9	3,965	0,1549
16	5,554	0,1509	15,9	5,628	0,1557
32	7,874	0,1530	31,9	7,922	0,1551
64	11,16	0,1545	63,9	11,20	0,1560
128	15,67	0,1541	127,9	15,68	0,1550
256	22,06	0,1560	255,9	23,06	0,1560
512	30,73	0,1558	511,9	30,73	0,1558
1024	42,40	0,1535	1023,9	42,40	0,1535

Die Unveränderlichkeit von $K_{korr.}$ lässt nichts zu wünschen übrig.

Bald darauf bestätigten auch J. H. van 't Hoff und L. Th. Reicher[1]) die Unveränderlichkeit von K für die verschiedensten Konzentrationen (mit Ausschluss der grösseren) an einer Anzahl von Fettsäuren.

Ganz zu Anfang der Besprechung der Dissociationstheorie der Elektrolyte (S. 484) haben wir die grundlegende Arbeit von S. Arrhenius kennen gelernt, welche den nahen Zusammenhang der molekularen Leitfähigkeit und der molekularen Gefrierpunktserniedrigung der wässerigen Lösungen der Elektrolyte darthat: der aus beiden Grössen berechnete Dissociationsgrad war gleich. Da, wie früher (S. 400) gezeigt wurde, die molekulare Gefrierpunktserniedrigung dem osmotischen Druck und den isotonischen Koëffizienten proportional ist, so muss auch zwischen letzteren und der molekularen Leitfähigkeit eine

[1]) Zeitschr. physikal. Chemie 1888, 2, 777.

nahe Beziehung bestehen. Dieselbe ist von H. de Vries[1]) festgestellt worden.

Nach der Dissociationstheorie leiten nur die dissociirten Ionen die Elektricität, die unzersetzten Molekeln dagegen nicht. Man kann daher aus der molekularen Leitfähigkeit in einfacher Weise die Anzahl der dissociirten Molekeln berechnen, wie früher (S. 484) von Arrhenius dargethan wurde. Andererseits wirken die dissociirten Ionen wie selbstständige Molekeln, sie erhöhen daher den osmotischen Druck. Für die wässerigen Lösungen der Elektrolyte ist daher der osmotische Druck nicht der Anzahl der in der Volumeinheit gelösten Molekeln, sondern der Summe der nicht dissociirten Molekeln und der Ionen proportional. Da die isotonischen Koëffizienten den relativen osmotischen Druck darstellen, so kann man aus diesen die Anzahl der dissociirten Molekeln berechnen. Man braucht dieselben bloss auf eine andere Einheit, nämlich auf einen Nichtleiter umzurechnen (sie sind auf Kaliumnitrat = 3 bezogen). Setzt man z. B. einen Nichtleiter gleich 100, so geben die auf diese Einheit bezogenen isotonischen Koëffizienten der Elektrolyte die Summe der nichtdissociirten Molekeln und der dissociirten Ionen auf 100 ursprünglich vorhandene Molekeln an.

H. de Vries hat seine isotonischen Koëffizienten in dieser Weise umgerechnet; er setzte den isotonischen Koëffizienten des Glycerins gleich 100, weil dieser Stoff den kleinsten beobachteten Koëffizienten (1,78) hatte. Andererseits berechnete er aus den Beobachtungen von F. Kohlrausch[2]) bezüglich der elektrischen Leitfähigkeit ebenfalls die Summe der nichtdissociirten Molekeln und der Ionen in derselben Weise, wie dies Arrhenius (S. 484) angegeben hat; die zur Berechnung herangezogenen Werthe der elektrischen Leitfähigkeit beziehen sich auf dieselbe Temperatur und dieselbe Konzentration, für welche die isotonischen Koëffizienten gelten.

In der umstehenden Tabelle sind die Ergebnisse der Rechnung zusammengestellt.

Der grösste Unterschied findet sich bei dem Magnesiumsulfat. Die aus den isotonischen Koëffizienten berechnete Summe der Molekeln und Ionen ist meist grösser als die aus der elektrischen Leitfähigkeit berechnete. Nähme man daher einen Nichtleiter mit kleinerem isotonischen Koëffizienten als Einheit, so würde die Uebereinstimmung eine bessere sein.

In der That gelang es H. de Vries[3]), einen solchen zu finden, der noch den Vorzug hatte, dass seine Gefrierpunktserniedrigung der

[1]) Zeitschr. physikal. Chemie 1888, *2*, 428.

[2]) Annal. Phys. Chemie [2], 1885, *36*, 195.

[3]) Zeitschr. physikal. Chemie 1889, *3*, 103.

Stoffe	Konzentration in Aequivalenten	Summe der Molekeln und Ionen, berechnet aus dem		Unterschied	Zahl der dissociirten Molekeln
		isoton. Koëffizienten	elektr. Leitvermögen		
Nichtleiter.					
Glycerin	—	100	100	—	0
Traubenzucker	—	106	100	— 6	0
Rohrzucker	—	101	100	— 1	0
Leiter.					
Aepfelsäure	—	111	107	— 4	7
Weinsäure	—	113	111	— 2	11
Magnesiumsulfat	0,40	110	135	+ 25	35
Kaliumnitrat	0,13	169	180	+ 11	80
Natriumnitrat	0,13	169	173	+ 4	73
Chlorkalium	0,20	169	184	+ 15	84
Chlornatrium	0,16	171	182	+ 11	82
Chlorammonium	0,13	169	185	+ 16	85
Kaliumacetat	0,13	169	181	+ 12	81
Kaliumoxalat	—	221	232	+ 11	66
Kaliumsulfat	0,2	219	234	+ 15	67
Chlormagnesium u. Chlorcalcium	0,18	243	246	+ 13	73

Konzentration sehr nahe proportional war. Es ist dies der Harnstoff, dessen isotonischer Koëffizient gleich 1,70 ist. Ausserdem bestimmte H. de Vries die isotonischen Koëffizienten mehrerer Salze von neuem. In der folgenden Tabelle sind die Ergebnisse der neuen Bestimmungen bezogen auf Harnstoff = 100 zusammengestellt.

Stoffe	Konzentration in Aequivalenten	Summe der Molekeln und Ionen, berechnet aus dem		Unterschied
		isotonischen Koëffizienten	elektr. Leitvermögen	
Aepfelsäure	—	111	107	— 4
Weinsäure	—	119	111	— 8
Magnesiumsulfat	0,38	125	135	+ 10
Kaliumnitrat	0,13	176	180	+ 4
Natriumnitrat	0,13	176	173	— 3
Chlorkalium	0,14	181	187	+ 6
Chlornatrium	0,16	179	182	+ 3
Chlorammonium	0,15	182	185	+ 3
Chlorlithium	0,13	192	179	— 13
Kaliumacetat	0,13	176	181	+ 5
Kaliumoxalat	—	231	232	+ 1
Kaliumsulfat	0,2	230	234	+ 4
Chlorcalcium	0,184	278	für Chlor-	— 32
Chlormagnesium	0,19	279	baryum:	— 33
Chlorstrontium	0,18	296	246	— 24

Nunmehr stimmt zwar das Magnesiumsulfat besser, dagegen bilden jetzt die Chloride der Erdalkalien eine Ausnahme.

Auch bei dem Vergleich der Gefrierpunktserniedrigung mit der elektrischen Leitfähigkeit hatte Arrhenius (S. 486) bei mehreren Salzen keine befriedigende Uebereinstimmung gefunden, auch nachdem er die bezüglichen Gefrierpunkte neu bestimmt hatte.

Dasselbe beobachtete H. de Vries trotz erneuter Bestimmung der isotonischen Koëffizienten beim Vergleich der letzteren mit der elektrischen Leitfähigkeit. Wenn diese Abweichungen durch Versuchsfehler bedingt sind, so können dieselben nur bei der Bestimmung der elektrischen Leitfähigkeit gemacht worden sein, da die beiden anderen Bestimmungen besonders auf etwaige Fehler geprüft worden sind. Aus diesem Grunde nahmen J. H. van 't Hoff und L. Th. Reicher[1]) eine Neubestimmung der elektrischen Leitfähigkeit von Chlorkalium, Chlorammonium, Chlorlithium, Chlorcalcium, Chlorstrontium, Chlormagnesium, Kupferchlorid, Calciumnitrat, Magnesiumnitrat und Ferrocyankalium vor und berechneten aus ihren Ergebnissen die Summe der nichtdissociirten Molekeln und der dissociirten Ionen.

Die folgende Tabelle enthält die Summe der Molekeln und Ionen, welche sich aus den osmotischen Versuchen von H. de Vries und aus den elektrischen Versuchen von J. H. van 't Hoff und L. Th. Reicher ergeben; zum Vergleich sind die aus den Kohlrausch'schen Bestimmungen der Leitfähigkeit und den Arrhenius'schen Gefrierpunktsbestimmungen berechneten Summen beigesetzt.

Stoffe	Konzentration in Aequivalenten	Summe der Molekeln und Ionen nach			
		de Vries	van 't Hoff u. Reicher	Kohlrausch	Arrhenius
Chlorkalium	0,14	181	186	185	—
Chlorammonium	0,148	182	189	184	—
Calciumnitrat	0,18	248	246	—	247
Ferrocyankalium	0,356	309	307	—	—
Magnesiumsulfat	0,38	125	135	135	120
Chlorlithium	0,13	192	184	179	194
Chlorstrontium	0,18	269	251	—	252
Chlormagnesium	0,19	279	248	—	268
Chlorcalcium	0,184	278	242	—	267

In derselben Weise sind in der folgenden Tabelle die Ergebnisse der Gefrierpunktsbestimmungen von Arrhenius und der Leitfähigkeits-

[1]) Zeitschr. physikal. Chemie 1889, *3*, 198.

bestimmungen von J. H. van 't Hoff und L. Th. Reicher verglichen; daneben sind die Ergebnisse der Leitfähigkeitsmessungen von F. Kohlrausch gestellt.

Stoffe	Konzentration in Aequivalenten	Summe der Molekeln und Ionen nach		
		Arrhenius	van 't Hoff und Reicher	Kohlrausch
Calciumnitrat	0,128	250	250	—
	0,215	245	240	—
	0,358	242	231	—
Magnesiumsulfat	0,128	137	144	144
	0,318	122	136	138
	0,796	107	129	128
Chlorlithium	0,099	194	185	180
	0,165	194	182	178
Chlorstrontium	0,086	284	262	—
	0,214	259	248	—
Chlormagnesium	0,106	271	257	—
	0,266	266	242	—
Chlorcalcium	0,095	274	251	—
	0,238	262	234	—
Kupferchlorid	0,075	271	257	—
	0,188	256	241	—

Aus dieser Zusammenstellung ist ersichtlich, dass die Abweichungen nicht durch Fehler bei der Bestimmung der elektrischen Leitfähigkeit bedingt sind, denn die Ergebnisse von J. H. van 't Hoff und Reicher stimmen mit denen Kohlrausch's fast vollkommen überein. Ferner stimmt der osmotische Druck (de Vries) mit der Gefrierpunktserniedrigung (Arrhenius) gut überein. Vergleicht man dagegen die Gefrierpunkte und isotonischen Koëffizienten mit den Leitfähigkeiten, so ergeben sich namentlich bei dem Magnesiumsulfat und den Chloriden der Erdalkalien erhebliche Abweichungen. Bezüglich der Erklärung der Abweichungen vergleiche man die Annahmen von Arrhenius (S. 487); die Erdalkalichloride zerfallen vielleicht zum Theil nicht in 3 Ionen, sondern in 2, z. B. CaCl und Cl.

Das Gesagte berechtigt zu der Behauptung, dass das elektrische Verhalten der wässerigen Lösungen der Elektrolyte in der Dissociationstheorie eine Erklärung findet, welche nur wenig zu wünschen übrig lässt; von einzelnen Ausnahmen abgesehen wurden keine Thatsachen gefunden, welche mit der Dissociationstheorie im Widerspruch gestanden hätten. Auf weitere Punkte des elektrischen Verhaltens der Elektrolyte kann hier nicht eingegangen werden; doch möge noch erwähnt werden, dass S. Arrhenius[1]) auch die Leitfähigkeit von Gemischen mehrerer Elektrolyte mit Hilfe der Dissociationstheorie berechnen konnte.

Nachdem wir im Vorstehenden die Dissociationstheorie der Elektrolyte an den elektrischen Eigenschaften der wässerigen Lösungen geprüft und eine umfassende Uebereinstimmung festgestellt haben, gehen wir zur Betrachtung der anderen physikalischen Eigenschaften der wässerigen Lösungen der Elektrolyte über. Wir können uns hierbei kurz fassen, weil alle diese Eigenschaften durch ein Grundgesetz beherrscht werden, welches sich unmittelbar aus der Theorie der elektrolytischen Dissociation ergibt.

Nach letzterer sind nämlich die Elektrolyte in wässeriger Lösung in ihre Ionen dissociirt, und zwar bei endlicher Verdünnung theilweise, bei unendlicher Verdünnung vollkommen. Nehmen wir den letzteren Fall, also vollkommene Dissociation, so sind die Ionen ganz unabhängig von einander; eine derartige Lösung von Chlorkalium enthält gar keine Molekeln KCl mehr, sondern nur noch freie Ionen K und Cl. Daher ist es für die Betheiligung der Ionen an den Eigenschaften dieser Lösungen ganz gleichgültig, mit welchen anderen Ionen sie in der unzersetzten Verbindung vereinigt waren. Mit anderen Worten: die Eigenschaften der Lösungen der Elektrolyte müssen sich als Summen der Eigenschaften der Ionen darstellen lassen, d. h. sie müssen additive Eigenschaften sein.

Dies ist thatsächlich der Fall; für eine grosse Anzahl von Eigenschaften der Salzlösungen ist die additive Natur schon vor längerer Zeit empirisch erkannt worden. Dass der osmotische Druck, die isotonischen Koëffizienten, die Gefrierpunktserniedrigung und die Dampfdruckverminderung verdünnter wässeriger Lösungen der Elektrolyte additive Eigenschaften sind, wurde bereits (S. 476) mitgetheilt. Hierbei ist indess zu berücksichtigen, dass dies streng genommen nur für vollständig dissociirte, also unendlich verdünnte Lösungen gilt. Die Erfahrung hat aber gelehrt, dass die starken einbasischen Säuren und Basen sowie die Salze, namentlich diejenigen vom Typus des Chlorkaliums, bereits in praktisch erreichbaren Verdünnungen (1 Gramm-Molekel der Salze in 1000 Liter Lösung) so gut wie vollständig dissociirt sind.

Auch die elektrische Leitfähigkeit der Elektrolyte ist eine additive Eigenschaft, wie ebenfalls bereits (S. 496) angeführt wurde. Nach dem Gesetz von Kohlrausch kann die elektrische Leitfähigkeit verdünnter Lösungen der Salze, sowie der starken Säuren und Basen als

[1]) Zeitschr. physikal. Chemie 1888, 2, 284.

Summe zweier Grössen ausgedrückt werden, von denen die eine nur von dem positiven, die andere nur von dem negativen Ion abhängig ist. Die Stoffe, für welche das Kohlrausch'sche Gesetz gilt, sind aber gerade diejenigen, welche bei den untersuchten Verdünnungen als nahezu vollkommen dissociirt angesehen werden müssen; bei den übrigen Stoffen trifft das Gesetz von Kohlrausch, wie W. Ostwald[1]) nachgewiesen hat, nur für unendliche Verdünnung, d. h. für die vollständige Dissociation zu.

Von anderen physikalischen Eigenschaften der Salzlösungen ist besonders das spezifische Gewicht und das spezifische Volum hervorzuheben. Beide sind additive Eigenschaften, wie sich aus dem Valson-schen Gesetz der Moduln[2]) ergibt, welches später von C. Bender[3]) erweitert worden ist; doch kann hier nicht näher darauf eingegangen werden. Auch von den übrigen physikalischen Eigenschaften der Salzlösungen sollen hier nur einige näher besprochen werden; es genüge, dass man noch eine ganze Anzahl derselben als additive erkannt hat. Eine Zusammenstellung derselben findet sich in Ostwald's Lehrbuch der allgemeinen Chemie, 2. Auflage, Band 1, S. 779 bis 809.

Wurden die physikalischen Eigenschaften der wässerigen Lösungen der Elektrolyte ganz kurz abgethan, so muss die Betrachtung der chemischen Eigenschaften derselben vom Standpunkt der Dissociationstheorie um so eingehender behandelt werden; denn die Uebereinstimmung dieser mit der Theorie ist am ersten im Stande, den Chemiker mit der letzteren zu versöhnen. Das Nachstehende folgt zumeist einer Abhandlung von W. Ostwald[4]).

Die chemischen Verbindungen haben meist ein individuelles Verhalten, so dass Analogieschlüsse selbst bei nahe verwandten und ähnlichen Elementen nur mit Vorsicht gezogen werden können. Analoge Verbindungen sind mitunter in ihren Eigenschaften sehr verschieden, z. B. Kohlenstofftetrachlorid und Siliciumchlorid oder Chlorstickstoff und Phosphortrichlorid. Ganz anders verhalten sich die Elektrolyte in ihren wässerigen Lösungen. Bei diesen findet eine durchgreifende Regelmässigkeit der Reaktionen statt, die so weit geht, dass man bei ihrem Eintreten mit Sicherheit auf die Anwesenheit, bei ihrem Ausbleiben dagegen auf die Abwesenheit des betreffenden Stoffes schliessen kann. Auf diesem Verhalten beruht die qualitative chemische Analyse, welche den Nachweis der verschiedenen Stoffe zum Gegenstand hat.

---

[1]) Zeitschr. physikal. Chemie 1888, *2*, 840.

[2]) Compt. rend. 1874, *73*, 441.

[3]) Annal. Phys. Chemie [2], 1883, *20*, 560.

[4]) Zeitschr. physikal. Chemie 1889, *3*, 588.

Die Reaktionen der Elektrolyte erstrecken sich indess nicht auf die unzersetzten Molekeln, sondern entweder auf den elektropositiven oder den elektronegativen Bestandtheil derselben. Man sagt z. B., die Baryumverbindungen seien ein Reagens auf Schwefelsäure und versteht darunter, dass sowohl die freie Schwefelsäure als auch die Sulfate durch Baryumlösungen nachgewiesen werden können. In Wirklichkeit sind die Baryumlösungen daher Reagentien auf das Radikal oder Ion der Schwefelsäure $(SO_4)''$ und es ist dabei gleichgültig, mit welchem anderen Ion die Schwefelsäure ursprünglich verbunden war. In derselben Weise ist Silbernitrat ein Reagens auf das Ion Chlor u. s. w., kurz alle Reaktionen der analytischen Chemie sind solche für die Ionen der Elektrolyte.

Vom Standpunkt der elektrolytischen Dissociationstheorie ist dieses Verhalten sehr leicht verständlich. Nach derselben sind die Elektrolyte in hinreichend verdünnten Lösungen ganz, in konzentrirteren zum Theil in ihre Ionen gespalten, und die letzteren wirken ganz unabhängig von einander. Die Folge wird sein, dass dasselbe Ion stets dieselbe Reaktion geben wird, gleichgültig, mit welchem anderen Ion dasselbe anfänglich verbunden war; denn in der Lösung sind die Ionen im freien Zustand vorhanden.

Wenn die analytischen Reaktionen sich nur auf die Ionen erstrecken, so kann eine Reaktion nicht eintreten, wenn das betreffende Element nicht als Ion in der Lösung vorhanden ist. Dadurch finden die sogenannten „anormalen Reaktionen" eine sehr einleuchtende Erklärung. Silberlösung ist z. B. eine Reagens auf Chlor, d. h. auf das Ion Chlor; alle Lösungen, welche Chlor-Ionen enthalten, also die Metallchloride, geben mit Silberlösung die bekannte Reaktion. Dagegen gibt es eine grosse Anzahl von Chlorverbindungen, welche durch Silberlösungen nicht gefällt werden; es sind ausschliesslich solche, welche das Chlor nicht als Ion enthalten. Zu ihnen gehören z. B. die Alkylchloride und die Chlorsubstitutionsprodukte der organischen Säuren; die ersteren sind keine Elektrolyte, die letzteren enthalten Chlor nicht als Ion. Das monochloressigsaure Natron $CH_2ClCOONa$ zerfällt z. B. in die Ionen $CH_2Cl\,COO$ und Na, es kann daher mit Silberlösung nicht reagiren, weil die Lösung kein Chlor als Ion enthält. Auch das Natriumplatinchlorid Na_2PtCl_6 gibt nicht die gewöhnliche Chlorreaktion, weil es in die Ionen Na, Na und $PtCl_6$ zerfällt; beim Zusammenbringen von 2 Molekeln Silbernitrat und 1 Molekel Natriumplatinchlorid wird gelbes Silberplatinchlorid Ag_2PtCl_6 gefällt, wie Jörgensen[1]) und später Ostwald zeigten. Dasselbe gilt von dem chlorsauren Kalium

[1]) Journ. prakt. Chemie [2], 1870, *2*, 269.

$KClO_3$; dasselbe zerfällt in die Ionen K und ClO_3, liefert also kein Chlor-Ion.

Ein anderes sehr bekanntes Beispiel ist das Ferrocyankalium $K_4Fe(CN)_6$, welches weder die Reaktionen des Eisens noch des Cyans gibt; es ist dies leicht verständlich, da es in die Ionen K, K, K, K und $Fe(CN)_6$ zerfällt. Die Lösung gibt daher, wie es die Dissociationstheorie verlangt, die Reaktionen auf Kalium und die besonderen Ferrocyanreaktionen. Noch manche andere Beispiele können beigebracht werden; aus allen ergibt sich, dass bei allen Stoffen mit „anormalen Reaktionen" das gesuchte Element nicht als Ion vorhanden ist.

Diese Thatsache gibt ein Mittel an die Hand, zu entscheiden, ob beim Zusammenkrystallisiren zweier Salze ein „echtes" Doppelsalz oder eine neue Verbindung entsteht. Beide Arten von Doppelsalzen werden in wässeriger Lösung zerlegt. Die echten Doppelsalze zerfallen zunächst in ihre Komponenten und diese in ihre Ionen, die anderen dagegen zerfallen in Ionen, welche mit den Ionen der Bestandtheile nicht übereinstimmen. Erstere geben daher die Reaktionen ihrer Bestandtheile, letztere dagegen nicht, sondern diejenigen der zusammengesetzten Ionen. Als Beispiel für die echten Doppelsalze möge der Karnallit $MgCl_2 . KCl + 6 H_2O$ angeführt werden, welcher die Reaktionen auf Magnesium, Kalium und Chlor gibt. Zu den anderen gehören die Ferrocyanverbindungen und viele andere. Man vergleiche hierüber auch die Abhandlungen von W. Kistiakowsky[1]) sowie von M. Le Blanc und A. A. Noyes[2]).

Die Dissociationstheorie erklärt weiter in sehr einfacher Weise den raschen Verlauf der Reaktionen der Elektrolyte. Hier sind es die Ionen, welche gegenseitig in Einwirkung treten, und diese sind in den Lösungen bereits im freien Zustand vorhanden. Die organischen Stoffe sind dagegen, mit Ausnahme der Säuren, Basen und Salze, Nichtleiter und daher nicht in Ionen gespalten; daraus erklärt sich der sehr langsame und unvollständige Verlauf der chemischen Vorgänge, der den meisten organischen Stoffen eigen ist. Bekanntlich kann man durch Zusatz gewisser Stoffe manche Umsetzungen organischer Stoffe beschleunigen, z. B. die Esterbildung durch Zusatz von Salzsäure, das Chloriren durch Zusatz von Eisenchlorid u. s. w.; es ist sehr wahrscheinlich, dass die Wirkung dieser Zusätze in der Bildung zusammengesetzter Elektrolyte besteht.

Die Entscheidung über die Natur der Doppelsalze kann auch auf Grund anderer Eigenschaften der Lösungen erfolgen. Aus der Disso-

---

[1]) Zeitschr. physikal. Chemie 1890, *6*, 97.

[2]) Zeitschr. physikal. Chemie 1890, *6*, 385.

ciationstheorie folgt — und die Erfahrung hat es bestätigt —, dass die elektrische Leitfähigkeit, die molekulare Dampfdruckverminderung und die molekulare Gefrierpunktserniedrigung additive Eigenschaften sind, d. h. sich als Summe mehrerer Grössen darstellen lassen, von denen jede nur von einem Ion abhängig ist. Diese Eigenschaften werden daher durch die Anzahl der entstehenden Ionen beeinflusst. Ist z. B. das Natriumplatinchlorid ein einfaches Doppelsalz $2NaCl . PtCl_4$, so zerfällt die Molekel desselben in 5 Theilmolekeln, nämlich in Na, Na, Cl, Cl und $PtCl_4$; seine molekulare Gefrierpunktserniedrigung muss daher fünfmal so gross sein, als diejenige der Nichtleiter. Ist das Natriumplatinchlorid dagegen eine besondere Verbindung Na_2PtCl_6, so zerfällt es nur in 3 Ionen, nämlich in Na, Na und $PtCl_6$; seine molekulare Gefrierpunktserniedrigung ist daher bei dieser Konstitution nur dreimal so gross als diejenige der Nichtleiter. Aehnliches ergibt sich für die elektrische Leitfähigkeit. Man kann daher aus diesen Eigenschaften mit Sicherheit auf die Natur der Doppelsalze schliessen.

Auch die Farbe der Salzlösungen steht mit der Dissociationstheorie im besten Einklang. Dieselbe muss die Farbe der Ionen sein, und alle Salzlösungen, welche neben einem farblosen Ion ein bestimmtes gefärbtes Ion enthalten, müssen dieselbe Farbe haben; aus dem Nichtvorhandensein der erwarteten Farbe folgt umgekehrt, dass das betreffende Element nicht als Ion in der Lösung ist. Die rothe Farbe der verdünnten Kobaltsalze ist in Wirklichkeit die Farbe der Kobalt-Ionen, die grüne Farbe der Nickellösungen diejenige der Nickel-Ionen. Alle verdünnten Kobaltlösungen, welche Kobalt als Ion enthalten, Chlorid, Nitrat, Sulfat u. s. w., sind roth gefärbt. Kocht man eine Kobaltlösung mit überschüssigem Cyankalium, so wird sie entfärbt; dann enthält sie aber auch keine freien Kobalt-Ionen mehr, sondern es ist Kobalticyankalium $K_3Co(CN)_6$ entstanden, dessen Ionen K, K, K und $Co(CN)_6$ sind, und das, analog dem Ferrocyankalium, keine Kobaltreaktion mehr gibt.

Schon im Jahre 1857 wies Gladstone[1]) nach, dass das Spektrum verdünnter Salzlösungen sehr nahe die Summe der Spektren der Ionen ist. Da in späteren Versuchen von G. Krüss[2]) und O. Knoblauch[3]) diese Gesetzmässigkeit nicht in allen Fällen bestätigt gefunden wurde, nahm W. Ostwald[4]) die Untersuchung des spektroskopischen Verhaltens gefärbter Salzlösungen wieder auf. Ostwald beschränkte sich

---

[1]) Phil. Mag. [4], 1857, *14*, 418.

[2]) Zeitschr. physikal. Chemie 1888, *2*, 320.

[3]) Annal. Phys. Chemie 1891, *43*, 767.

[4]) Abhandl. d. math.-phys. Klasse d. Kgl. Sächs. Ges. d. Wiss. 1892, *18*, 281.

auf die Lösungen solcher Salze, von denen ein Ion gefärbt, das andere ungefärbt war, und zwar war theils das elektronegative, theils das elektropositive Ion gefärbt. Die Untersuchungen wurden mit dem Krüss'schen Universalspektralapparat ausgeführt; gleichzeitig wurden die Spektren aller Salzlösungen, welche das gleiche gefärbte Ion enthielten, genau unter einander photographirt. Das Ergebniss der Untersuchung entsprach völlig der elektrolytischen Dissociationstheorie: die Spektren der verdünnten Lösungen verschiedener Salze mit einem gleichen farbigen Ion sind identisch.

Als Beispiel sei das spektroskopische Verhalten der übermangansauren Salze angeführt, deren Absorptionsspektrum fünf Streifen in Gelb und Grün zeigt. Die Lösungen der untersuchten Permanganate stellte Ostwald in der Weise her, dass er eine $^1/_{10}$ normale Lösung von Baryumpermanganat mit dem Sulfat des gewünschten Metalls vermischte und auf das fünfzigfache Maass verdünnte; in 500 Litern war demnach bei allen Lösungen 1 Aequivalent des Ions $Mn\,O_4$. In der folgenden Tabelle sind die Messungen der vier ersten Absorptionsstreifen bei 13 Permanganaten enthalten; die Zahlen geben unmittelbar die Ablesungen an der Mikrometerschraube, mittels deren das Beobachtungsfernrohr bewegt wurde, in ganzen Umdrehungen und den Hundertsteln derselben an. Jede Zahl ist das Mittel aus fünf Einstellungen; der mittlere Fehler ist den einzelnen Zahlen beigefügt.

Permanganate.
Verdünnung 500 Liter. Schichtdicke 0,308 cm.

Permanganat	Absorptionsstreifen			
	I	II	III	IV
Wasserstoff . . .	2601 ± 0,5	2698 ± 0,8	2804 ± 0,7	2913 ± 1,7
Kalium	2600 ± 1,3	2697 ± 0,1	2803 ± 0,9	2913 ± 1,1
Natrium	2602 ± 1,2	2698 ± 0,8	2803 ± 0,7	2913 ± 0,8
Ammonium . . .	2601 ± 1,3	2698 ± 1,4	2802 ± 0,1	2913 ± 0,1
Lithium	2602 ± 0,2	2700 ± 0,2	2804 ± 0,8	2914 ± 1,7
Baryum	2600 ± 0,9	2699 ± 0,8	2804 ± 0,6	2914 ± 1,3
Magnesium	2602 ± 0,8	2700 ± 0,6	2802 ± 0,7	2912 ± 1,8
Aluminium	2603 ± 0,4	2699 ± 0,9	2804 ± 0,9	2914 ± 0,7
Zink	2602 ± 0,5	2699 ± 0,7	2802 ± 1,2	2912 ± 1,1
Kobalt	2601 ± 0,2	2698 ± 0,1	2803 ± 0,9	2912 ± 1,7
Nickel	2603 ± 0,5	2700 ± 0,7	2804 ± 0,7	2913 ± 1,8
Kadmium	2600 ± 0,1	2700 ± 0,2	2803 ± 0,8	2913 ± 1,4
Kupfer	2602 ± 1,2	2699 ± 0,1	2803 ± 0,9	2913 ± 0,8

Das photographische Bild der Absorptionsspektren der Permanganate ergab ebenfalls, dass dieselben vollkommen gleich sind. Dasselbe Verhalten zeigten die meisten anderen von Ostwald geprüften gefärbten Salzlösungen; wo eine Abweichung zu beobachten war, konnte festgestellt werden, dass entweder eine hydrolytische Zersetzung des Salzes bei der starken Verdünnung stattgefunden hatte oder dass das betreffende Salz nicht löslich war.

Etwas verwickelter sind die Verhältnisse beim Kupferchlorid. Die Kupfer-Ionen sind blau gefärbt (Sulfat, Nitrat), das nicht dissociirte Kupferchlorid gelbbraun. In mässig verdünnten Lösungen ist das Kupferchlorid theilweise dissociirt; es bestehen also die gelbbraun gefärbten Molekeln und die blauen Ionen neben einander. Konzentrirte Lösungen von Kupferchlorid erscheinen daher grün, da durch Mischen von Blau und Gelb diese Farbe entsteht. Mit zunehmender Verdünnung werden immer mehr Molekeln dissociirt, die gelbe Farbe tritt immer mehr zurück, dagegen die blaue Farbe der Kupfer-Ionen hervor. Verdünnte Lösungen von Kupferchlorid müssen daher blau gefärbt sein, wie es auch thatsächlich der Fall ist.

Auch durch Temperaturerhöhung ändert sich die Farbe der verdünnten Kupferchloridlösungen; man ist geneigt, diese Farbenänderung einer fortgeschritteneren Dissociation des Kupferchlorids zuzuschreiben. D. Isaachsen[1]) fand dies indess nur in beschränktem Maasse bestätigt. Derselbe bestimmte das Molekulargewicht dieses Salzes in wässeriger Lösung einerseits aus dem Gefrierpnnkt (nahe bei 0^0) andererseits aus dem Siedepunkt (nahe bei 100^0). Er fand im ersten Falle $m = 61,7$, im zweiten $m = 55,4$, also nur einen unerheblichen Unterschied im Dissociationsgrad.

In dasselbe Erscheinungsgebiet gehört der Farbenumschlag der Indikatoren bei der Alkali- und Acidimetrie. Stoffe, die einen solchen Farbenumschlag zeigen, müssen entweder schwache Säuren oder schwache Basen, also in wässeriger Lösung nur wenig dissociirt sein. Die Farbenverschiedenheit in sauren und alkalischen Lösungen beruht darauf, dass ein Ion des Stoffes eine andere Farbe hat als der nicht dissociirte Stoff. Das p-Nitrophenol $C_6H_4(NO_2)OH$, ein saurer Indikator, ist an sich farblos, sein negatives Ion $C_6H_4(NO_2)O$ dagegen intensiv gelb. Da dieser Stoff in wässeriger Lösung nur wenig dissociirt ist, so ist die Farbe nur wenig gelb; durch Zusatz eines Alkalis entsteht das Alkalisalz desselben, welches fast ganz dissociirt ist, so dass die gelbe Farbe des negativen Ions sofort auftritt. Bei anderen Indikatoren, z. B. Cyanin, ist die unzersetzte Verbindung gefärbt, die Ionen aber farblos, wieder bei anderen, z. B. Lackmus, sind beide gefärbt, aber verschieden. Mehrfach, zuletzt von J. E. Marsh[2]), wurde beobachtet, dass wasser-

1) Zeitschr. physikal. Chemie 1891, *8*, 145.

2) Chem. News 1890, *61*, 2.

freie Säuren, d. h. die Säurehydrate im reinen Zustand, blaues Lackmuspapier nicht röthen; nur die Salpetersäure machte hiervon eine Ausnahme. Damit stimmt die Thatsache überein, dass nur die Salpetersäure im reinen Zustand ein Elektrolyt ist, die anderen Säuren dagegen nicht.

Die Farbe der normalen Chromatlösung ist hellgelb, der Bichromatlösungen rothgelb. Die Ionen von normalem Kaliumchromat sind K, K und CrO_4, von Kaliumbichromat K, K und Cr_2O_7; die Ionen CrO_4 sind demnach hellgelb, die Ionen Cr_2O_7 rothgelb gefärbt. Nun stimmt die Farbe der Bichromatlösungen mit derjenigen der freien Säurelösungen überein, nach Settegast[1]) auch bezüglich der Absorptionsverhältnisse; in der letzteren müssen daher ebenfalls Ionen Cr_2O_7 angenommen werden. Thatsächlich wies W. *Ostwald*[2]) durch die Bestimmung des Gefrierpunkts und des elektrischen Leitungsvermögens nach, dass die Chromsäure als $H_2Cr_2O_7$ in Lösung ist.

Auch die ausserhalb des sichtbaren Gebietes liegenden Wellenlängen kommen vielfach nicht den Verbindungen, sondern den Ionen zu. Nach *Soret*[3]) zeigen z. B. Salpetersäure und die Nitrate einen bestimmten Absorptionsstreifen im Ultravioletten, die Salpetersäureester dagegen nicht. Der Absorptionsstreifen kommt dem freien Ion NO_3 zu, welches die Ester nicht enthalten, weil sie Nichtleiter sind.

Ein weiteres Gebiet, welches durch die Dissociationstheorie eine ausgezeichnete Erklärung findet, sind die Erscheinungen bei der Bildung der Salze aus Säuren und Basen. Vom Standpunkt der Dissociationstheorie ist der Vorgang der Salzbildung folgender: Setzen wir zunächst den äussersten Fall vollkommener Dissociation sowohl für die Säure A'H als die Basis M'OH, so enthalten beide Lösungen nur Ionen: die Säurelösung die Ionen A' und H, die Lösung der Basis dieIonen M' und OH; nehmen wir nun noch an, dass auch das entstehende Salz M'A' vollkommen dissociirt ist, so ist der Vorgang der Salzbildung folgender:

$$\underbrace{\overset{-}{A'} + \overset{+}{H}} + \underbrace{\overset{+}{M'} + \overset{-}{OH}} = \underbrace{\overset{+}{M'} + \overset{-}{A'}} + H_2O,$$

d. h. *es verbinden sich nur die elektropositiven Wasserstoff-Ionen mit den elektronegativen Hydroxyl-Ionen zu Wasser und ein anderer Vorgang tritt nicht ein.* Die „Affinität“ zwischen Säure und Basis kann daher keine Rolle spielen, da dieselben dissociirt sind und die Metall-Ionen und Säure-Ionen gar nicht in gegenseitige Einwirkung treten.

---

[1]) Annal. Phys. Chemie [2], 1879, *1*, 224.

[2]) Zeitschr. physikal. Chemie 1888, *2*, 78.

[3]) Compt. rend. 1878, *6*, 710.

Wenn die Salzbildung wirklich nur in einer Wasserbildung aus den Wasserstoff- und Hydroxyl-Ionen besteht, so kann die Natur der Metall- und Säure-Ionen gar nicht in Betracht kommen, d. h. alle Säuren und Basen, welche die vorausgesetzten Bedingungen erfüllen, müssen sich bei der Neutralisation ganz gleich verhalten. Dies ist in der That der Fall. Vorausgesetzt wurde, dass sowohl die Säure, als auch die Basis und das entstehende Salz vollkommen dissociirt sind. Streng genommen findet vollkommene Dissociation erst in unendlich verdünnten Lösungen statt; doch sind die starken Säuren und Basen, sowie viele Salze schon bei erreichbaren Verdünnungen nahezu vollständig dissociirt. Diese Stoffe werden daher bei der Neutralisation sich sehr nahe gleich verhalten müssen.

Die wichtigste Erscheinung bei der Neutralisation ist die eintretende Wärmeentwicklung. Der Ostwald'schen Abhandlung[1]) sind die folgenden von Thomsen bestimmten Neutralisationswärmen entnommen.

Säure	Basis	Neutralisationswärmen K
Chlorwasserstoffsäure	Natron	137
Bromwasserstoffsäure	"	137
Jodwasserstoffsäure	"	137
Salpetersäure	"	137
Chlorsäure	"	138
Bromsäure	"	138
Jodsäure	"	138
Ueberchlorsäure	"	141
Chlorplatinwasserstoffsäure . .	"	272 = 2 · 136
Unterschwefelsäure	"	271 = 2 · 135,5
Chlorwasserstoffsäure	Lithion	137
Chlorwasserstoffsäure	Kali	137
Chlorwasserstoffsäure	Baryt	278 = 2 · 139
Chlorwasserstoffsäure	Strontian	276 = 2 · 138
Chlorwasserstoffsäure	Kalk	279 = 2 · 139,5
Chlorsäure	Baryt	281 = 2 · 140,5
Unterschwefelsäure	"	278 = 2 · 139
Aethylschwefelsäure	"	276 = 2 · 138
Chlorwasserstoffsäure	Tetraäthylammoniumhydrat	138
Chlorwasserstoffsäure	Platodiaminhydroxyd	274 = 2 · 137
Chlorwasserstoffsäure	Triäthylsulfinhydroxyd	137

[1]) Zeitschr. physikal. Chemie 1889, *3*, 588.

Alle in der Tabelle enthaltenen Säuren und Basen sowie die aus denselben entstehenden Salze sind in der untersuchten Verdünnung schon stark (zu 85 bis 90 Prozent) dissociirt. Dementsprechend ist auch die Neutralisationswärme sehr nahe gleich und beträgt im Mittel für jede gebildete Wassermolekel 137 K. Trägt man dem Umstand Rechnung, dass die Stoffe noch nicht vollständig dissociirt sind, so kann man die Wärmetönung bei der Bildung des Wassers aus Wasserstoff und Hydroxyl im Zustand elektrisch geladener Ionen gleich 135 K setzen. Bezeichnet man die bei der Bildung einer Molekel aus ihren Ionen frei werdende Wärmemenge als die elektrolytische Dissociationswärme der Molekel, so ist die Dissociationswärme des Wassers gleich etwa 135 K.

In Wirklichkeit sind viele Stoffe in den untersuchten Verdünnungen nicht vollkommen dissociirt; namentlich gilt dies von den schwachen Säuren und Basen. Da die aus den letzteren entstehenden Salze meist sehr stark dissociirt sind, so sind bei der Neutralisation nur die Wärmemengen zu berücksichtigen, welche zur Dissociation der schwachen Säure und der Base erforderlich sind. Die Neutralisationswärme wird in diesem Falle durch eine Summe

$$W = 135 + a + b$$

dargestellt, wo a und b die zur Dissociation der Säure und der Base erforderlichen Wärmemengen und 135 die Dissociationswärme des Wassers sind. Wenn daher die Neutralisationswärme bei der Bildung von 1 Molekel Wasser von 135 abweicht, so ist entweder die Säure oder die Basis oder beide nicht völlig dissociirt.

Mit diesem Falle hat sich S. Arrhenius[1]) eingehend beschäftigt. Er berechnete zunächst in einer hier nicht zu verfolgenden Weise die Dissociationswärme einer Reihe von Stoffen (Säuren, Basen und Salzen); es ergab sich, dass dieselbe bei einigen Stoffen positiv, bei anderen negativ ist, dass also bei der elektrolytischen Dissociation bald Wärme frei wird und bald Wärme absorbirt wird. Da andererseits der Dissociationsgrad der Stoffe aus der elektrolytischen Leitfähigkeit und aus den Gefrierpunkten der Lösungen bekannt ist, so lassen sich die Grössen a und b der oben gegebenen Gleichung ermitteln und damit die Neutralisationswärmen auch für schwache Säuren und Basen berechnen. Dies ist von Arrhenius ausgeführt worden; derselbe berücksichtigte auch noch die geringe Wärmemenge, welche zur vollkommenen Dissociation der entstehenden Salze erforderlich ist. Die folgende Tabelle enthält die Wärmemengen, welche bei der Neutralisation

[1]) Zeitschr. physikal. Chemie 1889, *4*, 96.

einiger Säuren mit Natron bei 21,5° frei werden; neben die von Arrhenius berechneten Werthe sind die von Thomsen beobachteten gestellt.

Säuren	Neutralisationswärmen mit Natron bei 21,5°	
	beobachtet K	berechnet K
Chlorwasserstoffsäure . .	137,4	137,0
Bromwasserstoffsäure . .	137,5	137,6
Salpetersäure	136,8	138,1
Essigsäure	134,0	130,7
Propionsäure	134,8	134,0
Buttersäure	138,0	137,5
Bernsteinsäure	124,0	122,4
Dichloressigsäure . . .	148,3	149,8
Phosphorsäure	148,3	149,1
Unterphosphorsäure . .	151,6	154,6
Fluorwasserstoffsäure . .	162,7	161,2

Die Uebereinstimmung ist sehr gut.

Ganz andere Werthe für die Neutralisationswärme werden erhalten, wenn die Salzbildung in alkoholischer Lösung vor sich geht, wo die Bildung von Ionen ausgeschlossen ist. Derartige Versuche wurden von Ch. M. van Deventer und L. Th. Reicher[1]) ausgeführt. Dieselben bestimmten die Wärmemenge, welche bei der Neutralisation von Kalium- und Natriumäthylat mit einigen Säuren in alkoholischer Lösung frei wird. Einige ihrer Versuchsergebnisse sind in der nachfolgenden Tabelle mit den in wässeriger Lösung bestimmten Werthen zusammengestellt.

Säuren	Neutralisationswärme mit Natriumhydrat in wässeriger Lösung K	Neutralisationswärme mit Natriumäthylat in alkoholischer Lösung K
Chlorwasserstoffsäure	137	112
Bromwasserstoffsäure	137	124
Jodwasserstoffsäure	137	112
Essigsäure	134	73

E. Wiedemann[2]) glaubte, die Konstanz der bei der Neutralisation starker Säuren mit starken Basen auftretenden Wärme ohne die Annahme der elektrolytischen Dissociation erklären zu können; dieselbe

---

[1]) Zeitschr. physikal. Chemie 1890, *5*, 177; 1891, *8*, 536.

[2]) Sitzungsber. d. physikal.-medizin. Societät zu Erlangen. Sitzung vom 9. Februar 1891.

Konstanz mache sich auch bei der Bildung der festen Salze bemerkbar, bei denen von elektrolytischer Dissociation nicht die Rede sein könne. Sv. Arrhenius[1]) zeigte indess, dass dies nicht, oder wenigstens lange nicht in dem Maasse der Fall ist, wie bei den verdünnten wässerigen Lösungen der Salze. Schon J. Thomsen[2]) hatte hervorgehoben, dass nur für die letzteren die Regelmässigkeiten der Neutralisationswärme gelten.

Bei der Wechselwirkung neutraler Salze tritt im Allgemeinen keine Wärmeentwicklung ein. Auch dieses Gesetz der „Thermoneutralität" wird durch die Dissociationstheorie der Elektrolyte gut erklärt. Denn da die Salze in verdünnter Lösung stark dissociirt sind, und zwar analoge Salze nahe gleich stark, so kann eine gegenseitige Einwirkung nicht stattfinden. Mischt man eine Lösung des Salzes MA, welche die Ionen M und A enthält, mit einer Lösung des Salzes M_1A_1, welche die Ionen M_1 und A_1 enthält, so könnten nur die Salze MA_1 und M_1A entstehen; da aber diese Salze meist ebenfalls stark dissociirt sind, so würden diese alsbald in die Ionen M und A_1 bezw. M_1 und A zerfallen, d. h. es tritt gar keine Einwirkung ein. Ist dagegen eine der Verbindungen MA_1 oder M_1A viel weniger dissociirt als die Salze MA und M_1A_1, so bildet sich dieselbe zum grossen Theil aus den Ionen und das Gesetz der Thermoneutralität gilt nicht mehr. Derartige Stoffe sind z. B. die Halogenderivate des Quecksilbers und Kadmiums, welche nur wenig dissociirt sind, wie die Gefrierpunkte, Dampfdrucke und Leitfähigkeiten dieser Salze lehren.

Diese Betrachtungen entscheiden auch die Frage, welche Salze in einer Lösung enthalten sind, wenn man die wässerigen Lösungen zweier Salze, z. B. KCl und $NaNO_3$ mischt. Man nahm bisher an, dass in einer solchen Mischung vier Salze vorhanden sind: KCl, NaCl, KNO_3 und $NaNO_3$. Nach der Dissociationstheorie ist, wenn die Lösung hinreichend verdünnt ist, keins dieser Salze anwesend, sondern nur die Ionen K, Na, Cl und NO_3.

Versetzt man das Salz einer „schwachen" Säure mit einer „starken" Säure, so wird bekanntlich die „schwache" Säure verdrängt; Salzsäure macht z. B. aus essigsaurem Natron die Essigsäure frei. Dieses Verhalten ist vom Standpunkt der Dissociationstheorie sehr leicht verständlich. Salzsäure und Natriumacetat sind in wässeriger Lösung sehr stark dissociirt; ihre Lösungen enthalten daher grösstentheils die Ionen H und Cl bezw. CH_3COO und Na. Essigsäure wird dagegen nur in geringem Maasse dissociirt; sobald daher in der Mischung der beiden

[1]) Zeitschr. physikal. Chemie 1891, *8*, 419.

[2]) J. Thomsen, Thermochemische Untersuchungen 1882, Bd. *1*, 449.

Lösungen die Ionen $CH_3\,COO$ und H zusammentreffen, vereinigen sie sich zum grössten Theil zu Essigsäure, während die Ionen Na und Cl getrennt bleiben:

$$\underbrace{\overset{+}{H} + \overset{-}{Cl}} + \underbrace{CH_3\overset{-}{COO} + \overset{+}{Na}} = CH_3COOH + \underbrace{\overset{+}{Na} + \overset{-}{Cl}}.$$

Setzt man zu dem Salz einer starken Säure eine andere starke Säure, so tritt keinerlei Einwirkung ein. Auf Grund der Dissociationstheorie ist dies leicht verständlich; denn die Verbindungen, welche möglicherweise entstehen könnten, sind ebenfalls dissociirt, und daher bleibt Alles unverändert.

Eine weitere sehr gut untersuchte Neutralisationserscheinung ist die bei derselben eintretende Volumänderung. Dieselbe wurde mit Erfolg von W. Ostwald[1]) bearbeitet. Derselbe benutzte Lösungen, welche im Kilogramm 1 Gramm-Aequivalent Säure bezw. Base enthielten und stellte Folgendes fest: Die Volumänderungen sind von der Natur der Säure und der Basis abhängig, doch sind dieselben bei der Neutralisation starker Säuren mit starken Basen sehr nahe gleich. Die Differenz der Volumänderungen, welche bei der Neutralisation zweier Basen durch eine und dieselbe Säure eintreten, ist nahezu gleich, welche Säure auch zur Neutralisation benutzt wird. Ebenso ist die Differenz bei der Neutralisation beliebiger Säuren durch dieselbe Basis unabhängig von der Natur der Basis.

Folgende Tabelle zeigt die nahe Uebereinstimmung der Volumvermehrung bei der Neutralisation starker Säuren mit starken Basen.

Säuren	Volumvermehrung bei der Neutralisation mit	
	Kali ccm	Natron ccm
Salpetersäure	20,1	19,8
Chlorwasserstoffsäure . .	19,5	19,2
Bromwasserstoffsäure . .	19,6	19,3
Jodwasserstoffsäure . . .	19,8	19,6

Vom Standpunkt der Dissociationstheorie ist diese Gleichheit leicht verständlich; denn der Neutralisationsvorgang ist bei den starken Säuren und Basen stets derselbe: er besteht im Wesentlichen in der Bildung von Wasser aus den Ionen H und OH.

Sobald die Stoffe nicht vollständig dissociirt sind, sind die Volumänderungen bei der Neutralisation ganz andere, wie folgende Tabelle zeigt.

[1]) Journ. prakt. Chemie [2], 1878, *18*, 328.

Säuren	Volumvermehrung bei der Neutralisation mit	
	Kali ccm	Natron ccm
Essigsäure	9,5	9,3
Monochloressigsäure .	10,9	10,6
Dichloressigsäure . . .	13,0	12,7
Trichloressigsäure . .	17,4	17,1

Von diesen Säuren ist die Essigsäure am wenigsten, die Trichloressigsäure am stärksten dissociirt; mit zunehmender Dissociation wächst die Volumvermehrung und zwar bei beiden Basen in gleicher Weise.

Von ganz hervorragender Wichtigkeit ist es, dass auch die empirischen Gesetze der chemischen Verwandtschaft in der Dissociationstheorie ihre Erklärung gefunden haben. Sehr zahlreiche Versuche hatten ergeben, dass die Wirkungen der chemischen Verwandtschaft durch bestimmte, den wirkenden Stoffen angehörige und von der Natur des Vorgangs unabhängige Koëffizienten geregelt werden. Die Ursache dieses Verhaltens war nicht erkannt worden. Dasselbe wird aber sofort klar, wenn man annimmt, dass nur die freien Ionen an chemischen Reaktionen theilnehmen können und somit die Reaktionsfähigkeit der Anzahl der freien Ionen in einer Lösung proportional ist.

Dass diese Proportionalität in der That stattfindet, ergibt sich aus der Thatsache, dass die Zahlenwerthe der Reaktionsfähigkeit mit denen der elektrischen Leitfähigkeit durchweg sehr nahe übereinstimmen. Die nebenstehende, Ostwald's Grundriss der allgemeinen Chemie S. 364 entnommene Tabelle enthält in der ersten Spalte die Werthe der Geschwindigkeit der Katalyse des Methylacetats, in der zweiten Spalte die Werthe der Geschwindigkeit der Inversion des Rohrzuckers — beides spezifische Affinitätskoëffizienten der Säuren — und in der dritten die Werthe der elektrischen Leitfähigkeit der normalen Lösungen der Säuren; die Werthe für Salzsäure sind in allen drei Spalten gleich 100 gesetzt.

Aus dieser Zusammenstellung ist die sehr nahe Uebereinstimmung der Werthe ersichtlich. Dabei ist zu berücksichtigen, dass die Zahlen sich auf verschiedene Verdünnungen beziehen; auch ist die elektrische Leitfähigkeit nicht allein von der Zahl der Ionen abhängig, sondern auch von der Wanderungsgeschwindigkeit derselben.

Auf die Einzelheiten dieser für die theoretische Chemie so ausserordentlich wichtigen Verhältnisse kann hier nicht näher eingegangen werden. Es möge genügen, hier festzustellen, dass die durch die früher (S. 496) bereits mitgetheilte Gleichung:

$$\frac{m^2}{(1-m)v} = K$$

Säuren	Geschwindigkeit der Katalyse des Methylacetats	Geschwindigkeit der Inversion des Rohrzuckers	Elektrische Leitfähigkeit
Chlorwasserstoffsäure	100	100	100
Bromwasserstoffsäure	98	111	100,1
Salpetersäure	92	100	99,6
Aethansulfonsäure	98	91	79,9
Isäthionsäure	92	92	77,8
Benzolsulfonsäure	99	104	74,8
Schwefelsäure	73,9	73,2	65,1
Ameisensäure	1,31	1,53	1,68
Essigsäure	0,345	0,400	1,424
Monochloressigsäure	4,30	4,84	4,90
Dichloressigsäure	23,0	27,1	25,3
Trichloressigsäure	68,2	75,4	62,3
Glykolsäure	—	1,31	1,34
Methylglykolsäure	—	1,82	1,76
Aethylglykolsäure	—	1,37	1,30
Diglykolsäure	—	2,67	2,58
Propionsäure	0,304	—	0,325
Milchsäure	0,90	1,07	1,04
β-Oxypropionsäure	—	0,80	0,606
Glycerinsäure	—	1,72	1,57
Brenztraubensäure	6,70	6,49	5,60
Buttersäure	0,300	—	0,316
Isobuttersäure	0,268	0,335	0,311
Oxyisobuttersäure	0,92	1,06	1,24
Oxalsäure	17,6	18,6	19,7
Malonsäure	2,87	3,08	3,10
Bernsteinsäure	0,50	0,55	0,581
Aepfelsäure	1,18	1,27	1,34
Weinsäure	2,30	—	2,28
Traubensäure	2,30	—	2,63
Brenzweinsäure	—	1,07	1,08
Citronensäure	1,63	1,73	1,66
Phosphorsäure	—	6,21	7,27
Arsensäure	—	4,81	5,38

gegebene Konstante ganz allgemein das Maass der chemischen Verwandtschaft ist. Näheres findet sich in Ostwald's Grundriss der allgemeinen Chemie und wird voraussichtlich in dem noch ausstehenden zweiten Band des Lehrbuchs desselben Verfassers (2. Auflage) eingehend dargestellt sein.

Im Vorstehenden ist gezeigt worden, dass eine grosse Anzahl

physikalischer und chemischer Eigenschaften der wässerigen Lösungen der Elektrolyte durch die Dissociationstheorie von Arrhenius ihre Erklärung findet. Nunmehr sollen noch einige der Einwände besprochen werden, welche gegen die elektrolytische Dissociation vorgebracht wurden.

Bezüglich des Zustandes der Ionen in Lösungen wurde schon (S. 491) mitgetheilt, dass die mit grossen Mengen Elektricität beladenen Ionen mit den Elementen im freien molekularen Zustand nicht identisch sind; durch die Elektricität, deren Träger die Ionen sind, sind die Eigenschaften der Atome ganz andere geworden. Die Elektricität hindert auch die Trennung der dissociirten Theilmolekeln durch Diffusion, wie besonders W. Nernst[1]) und M. Planck[2]) dargethan haben. Dass bei der Zertheilung des gelösten Stoffes in Molekeln das Lösungsmittel in hervorragender Weise betheiligt ist, wurde von allen Bearbeitern der Gesetze der Lösungen (van 't Hoff, Arrhenius, Ostwald, Planck u. s. w.) hervorgehoben und bald darauf durch G. Ciamician[3]) zum Gegenstande der Betrachtung gemacht.

Verschiedentlich wurde Bedenken getragen, Stoffe, welche wie Chlorkalium, Salzsäure, Kaliumhydrat durch die kräftigste Verwandtschaft zusammengehalten werden, als in der Lösung dissociirt anzusehen. Dieser Einwand ist indess nur ein scheinbarer, da diese Stoffe gerade die reaktionsfähigsten sind; denn wenn die Salzsäure z. B. sehr leicht ihren Wasserstoff gegen Metalle austauscht, so ist derselbe mit dem Chlor sicher nicht besonders fest verbunden. Je leichter also ein Stoff reagirt, um so weniger fest sind seine Bestandtheile gebunden, und gerade diese Stoffe, die Elektrolyte, müssen in Lösung als dissociirt angesehen werden; vorher (S. 516) wurde sogar gezeigt, dass der Dissociationsgrad ein Maass der Reaktionsfähigkeit ist.

M. Planck hatte (S. 488) eine Gleichung abgeleitet, welche den Gefrierpunkt verdünnter Lösungen mit anderen Grössen in Zusammenhang brachte; dieselbe führte zu dem Schluss, dass die Elektrolyte in wässeriger Lösung dissociirt sind. Sie lautet, wenn man die Konstanten zusammenfasst:

$$t = \text{Konst.}\ \frac{n_1}{n},$$

worin t die Gefrierpunktserniedrigung, n_1 die Zahl der Molekeln des gelösten Stoffes, n die Zahl der Molekeln des Lösungsmittels bedeutet. Für die wässerigen Lösungen der Elektrolyte musste n_1 grösser genommen werden, als sich aus der chemischen Formel ergibt, d. h. die Molekeln mussten als dissociirt angesehen werden.

---

[1]) Zeitschr. physikal. Chemie 1888, *2*, 613; 1889, *4*, 129.

[2]) Annal. Phys. Chemie [2], 1890, *40*, 561.

[3]) Zeitschr. physikal. Chemie 1890, *6*, 403.

Hiergegen machte E. Wiedemann[1]) geltend, dass dieselbe Wirkung erzielt werde, wenn man den Nenner n der Formel, die Zahl der Wassermolekeln, kleiner nimmt. Dazu habe man aber ein gewisses Recht, denn das Dichtemaximum des Wassers bei 4° werde am besten erklärt, wenn man annehme, dass mehrere „liquidogene“ Wassermolekeln zu einem „solidogenen“ zusammenträten; in einer abgekühlten wässerigen Lösung seien daher weniger Wassermolekeln, als der Formel des letzteren entspricht, und n müsse kleiner genommen werden. Diese Annahme führt indess nicht zum Ziel, da, wie M. Planck[2]) bemerkte, der Werth von t durch eine Aenderung von n gar nicht berührt wird. Die Planck'sche Gleichung lautet (S. 488):

$$t = 1{,}97 \frac{T^2 n_1}{w.m.n};$$

w ist die Schmelzwärme von 1 g des Lösungsmittels, m das Molekulargewicht des letzteren; m n ist demnach das absolute Gewicht des angewandten Lösungsmittels und m . n . w die Schmelzwärme der angewandten Menge Lösungsmittel. Letztere ist aber, unabhängig von jeder Annahme über die Grösse der Molekeln, durch das Gewicht des Lösungsmittels bestimmt.

Ferner dürfte es, wenn wirklich die Wassermolekeln die Abweichungen verursachen, überhaupt keine wässerigen Lösungen mit normaler Gefrierpunktserniedrigung geben, oder der gelöste Stoff müsste sich genau in demselben Maasse polymerisiren wie das Wasser. Da nun alle Nichtleiter normale Gefrierpunktserniedrigung geben, so müsste man für sie diese unwahrscheinliche Annahme machen. Andererseits ist die molekulare Gefrierpunktserniedrigung der Elektrolyte je nach der Formel derselben eine sehr verschiedene. Man müsste daher die weitere Annahme machen, dass der Polymerisirungszustand des Wassers in hohem Maasse von der Natur des gelösten Stoffes abhänge (W. Ostwald[3])). Diesen gehäuften Hypothesen gegenüber begnügt sich Arrhenius mit einer einzigen.

Sehr eingehend wurde die Theorie der Lösungen auf der Versammlung der British Association for the Advancement of Science im September 1890 zu Leeds besprochen. An den Verhandlungen[4]) nahmen Theil: Sp. U. Pickering (Berichterstatter), Gladstone, J. Walker, Ramsay, Armstrong, Fitzgerald, Oliver Lodge, W. Ostwald, J. H. van 't Hoff und W. N. Shaw; ausserdem wurde eine Mittheilung von S. Arrhenius verlesen. Der Berichterstatter

[1]) Zeitschr. physikal. Chemie 1888, *2*, 241.
[2]) Zeitschr. physikal. Chemie 1888, *2*, 343.
[3]) Zeitschr. physikal. Chemie 1888, *2*, 243.
[4]) Zeitschr. physikal. Chemie 1891, *7*, 378 bis 426.

Sp. U. Pickering, der einzige grundsätzliche Gegner der Dissociationstheorie, ist Anhänger der sogenannten „Hydrattheorie" der Lösungen. Nach der Hydrattheorie weisen die Kurven, welche die Eigenschaften der Lösungen von wechselndem Gehalt darstellen, plötzliche Krümmungsänderungen an Punkten auf, welche der Zusammensetzung bestimmter Hydrate entsprechen; diese Krümmungsänderungen werden daher durch die Existenz solcher Hydrate erklärt. Die Zahl der angenommenen Hydrate ist meist sehr gross. Pickering beschäftigte sich vornehmlich mit den Lösungen der Schwefelsäure in Wasser; er nimmt 20 verschiedene Hydrate der Schwefelsäure an, von 36 $H_2SO_4 + H_2O$ bis $H_2SO_4 + 8000 H_2O$.

Pickering unterscheidet drei Ursachen der Gefrierpunktserniedrigung beim Erstarren von Lösungen, eine mechanische, eine physikalische und eine chemische. Die mechanische Ursache besteht in der Trennung der Molekeln des Lösungsmittels durch diejenigen des gelösten Stoffes, die physikalische in der Abnahme der Schmelzwärme mit sinkender Temperatur, die chemische darin, dass beim Ausscheiden von Eis das vorhandene Hydrat zerstört und ein niederes gebildet wird. Auf Grund dieser Anschauungen gibt Pickering eine Formel zur Berechnung der Gefrierpunktserniedrigung von Lösungen. Den Haupteinwand gegen die Dissociationstheorie, nämlich „Unterschiede von 100 bis 36000 Prozent zwischen den theoretischen und den von ihm gefundenen Werthen der Gefrierpunkte der Schwefelsäurelösungen", gründete Pickering auf den empirischen Satz von Raoult, dass durch Auflösen von 1 Molekel Stoff in 100 Molekeln Lösungsmittel der Gefrierpunkt um $0{,}63^0$ erniedrigt werde; er berücksichtigte nicht, dass dieser Satz sowohl durch die Theorie wie durch Versuche, namentlich von J. F. Eykman (S. 407), als irrig erwiesen ist. Die Zuschrift von S. Arrhenius bewies, dass die von Pickering beobachteten Gefrierpunkte der Schwefelsäurelösungen bis zu einem Gehalte von 1 Prozent überraschend genau mit denjenigen übereinstimmen, welche mit Berücksichtigung des aus der elektrischen Leitfähigkeit berechneten Dissociationsgrades berechnet werden. Die übrigen Einwände, welche von Seiten der englischen Forscher erhoben wurden, sind zum Theil schon früher besprochen, zum Theil untergeordneter Bedeutung; sie fanden von Seiten W. Ostwald's und J. H. van 't Hoff's sehr schlagende Entgegnungen. Ein näheres Eingehen auf die Diskussion würde zu weit führen.

Was die Aufnahme anbelangt, welche die neuen Theorien der verdünnten Lösungen bei den Fachgenossen fanden, so kann dieselbe im Allgemeinen wohl als eine günstige bezeichnet werden; nach den verschiedensten Richtungen hin macht sich ihr Einfluss bereits geltend.

So wurde von W. Ostwald[1]) und C. von Than[2]) vorgeschlagen, die Bestandtheile der Mineralwässer nicht in der Form von Metalloxyden und Säureanhydriden, sondern in der Form der positiven und negativen Ionen, also der Metalle und der Säurereste (SO_4 u. s. w.), anzugeben. Derselbe Vorschlag war schon 1865 von C. von Than[3]) gemacht worden, seine Berechtigung wurde aber erst durch die Theorie von Arrhenius dargethan.

Nur wenige Chemiker haben sich direkt gegen die neuen Anschauungen über den Zustand der verdünnten Lösungen gewandt. Die Einwände L. Meyer's[4]) und die darauf erfolgende Erwiderung von J. H. van 't Hoff[5]) wurden bereits mitgetheilt; die Diskussion erhielt später noch eine Fortsetzung[6]). Auch die Einwendungen von E. Wiedemann[7]) gegen die elektrolytische Dissociationstheorie sind bereits mitgetheilt, ebenso die Widerlegung derselben durch W. Ostwald[8]), M. Planck[9]) und S. Arrhenius[10]) (s. S. 513 und 519).

Zwei heftige Gegner sind der Theorie der elektrolytischen Dissociation in Sp. U. Pickering[11]) und J. Traube[12]) erstanden, welche sich in zahlreichen Abhandlungen auf Grund eigener Versuche gegen die neue Theorie wandten. Die Einwendungen, welche dieselben erhoben, sind bisher nicht der Art gewesen, dass sie die wohl begründete Theorie zu erschüttern im Stande gewesen wären; auf eine eingehende Behandlung der Einwände an dieser Stelle kann daher zur Zeit verzichtet werden. Dieselben sind nicht ohne Entgegnung geblieben;

---

1) Zeitschr. physikal. Chemie 1889, *3*, 496.

2) Tschermak's mineral. u. petrogr. Mitth. 1890, *11*, 487.

3) Ber. Wiener Akad. 1865, *51*, (2. Abtheilung), 347.

4) Zeitschr. physikal. Chemie 1890, *5*, 23.

5) Zeitschr. physikal. Chemie 1890, *5*, 174.

6) L. Meyer, Sitzungsber. Königl. Preuss. Akad. d. Wiss. 1891, *48*, 993; J. H. van 't Hoff, Zeitschr. physikal. Chemie 1892, *9*, 477.

7) Zeitschr. physikal. Chemie 1888, *2*, 241; Sitzungsber. d. physikal.-medizin. Societät zu Erlangen. Sitzung vom 9. Februar 1891.

8) Zeitschr. physikal. Chemie 1888, *2*, 243.

9) Zeitschr. physikal. Chemie 1888, *2*, 343.

10) Zeitschr. physikal. Chemie 1891, *8*, 419.

11) Chem. News 1889, *60*, 278; 1890, *61*, 91; 1892, *64*, 1; Journ. Chem. Soc. 1890, 331; Phil. Mag. [5], 1890, *29*, 490; 1891, *32*, 90; Ber. deutsch. chem. Gesellschaft, 1891, *24*, 1469, 1579, 3317, 3328, 3629; 1892, *25*, 1099. Vergl. auch Zeitschr. physikal. Chemie 1891, 7, 378.

12) Ber. deutsch. chem. Gesellschaft 1890, *23*, 3519 und 3582; 1891, *24*, 737, 1321, 1853, 1859, 3071, 3074; 1892, *25*, 1242; Annal. Chem. Pharm. 1891, *265*, 27. Vergl. auch die Kritiken von W. Ostwald, Zeitschr. physikal. Chemie 1891, 7, 91 und 233; 1891, *8*, 235.

gegen Pickering wandten sich F. Lupton[1]) und J. Walker[2]), gegen Traube S. Arrhenius[3]) und J. F. Eykmann[4]).

Werfen wir am Schlusse der Betrachtung der Dissociationstheorie noch einen Blick auf die Begründung derselben, so muss zunächst hervorgehoben werden, dass im Vorstehenden keineswegs alle Thatsachen aufgeführt wurden, welche einerseits mit dieser Theorie im Einklang stehen, andererseits durch sie eine bisher mangelnde Erklärung fanden. Nur die chemischen Gründe wurden ausführlicher behandelt, weil sie am ersten im Stande sind, die Theorie dem Chemiker näher zu bringen. Die rein physikalischen Thatsachen wurden dagegen zum grössten Theil nur kurz oder gar nicht erwähnt, weil ein ausführliches Verweilen auf diesem Gebiet viel zu weit geführt hätte. In der That gibt es keinen Theil der auf Lösungen bezüglichen Beobachtungen, welcher nicht durch diese hervorragend fruchtbare Theorie berührt würde. Den besten Beweis für die Behauptung, dass die Theorie wohl begründet ist, bildet die Massenhaftigkeit der Thatsachen, welche gleich zwingend zu ihr hinführen; die Gesetze des osmotischen Drucks, der Gefrierpunktserniedrigung, der Dampfdruckverminderung und der elektrischen Leitfähigkeit, sie alle lassen die Dissociationstheroie als unvermeidlich erscheinen, nicht zu gedenken der grossen Anzahl anderer Gesetzmässigkeiten, welche erst im Lichte dieser Theorie verständlich erscheinen. Es ist nicht zu leugnen, dass es eine grosse Anforderung an das Gefühl des Chemikers ist, annehmen zu sollen, dass in Chlorkaliumlösungen freie Chlor-Ionen und freie Kalium-Ionen enthalten sind; aber wenn man sich den Zustand der mit grossen Mengen Elektricität geladenen Ionen auch nicht vorstellen kann, so muss die elektrolytische Dissociationstheorie doch aufrecht erhalten werden, bis sie durch eine noch umfassendere und vielleicht verständlichere ersetzt wird. Auch die Dissociationstheorie der Gase hatte Anfangs mit Schwierigkeiten zu kämpfen; das Gefühl vieler Chemiker sträubte sich dagegen, annehmen zu sollen, dass im Salmiakdampf Ammoniak und Salzsäure, zwei Stoffe, welche sich bei gewöhnlicher Temperatur mit so grosser Begierde vereinigen, unverbunden neben einander bestehen sollten. Und doch wird dies leicht verständlich, wenn man die Aenderung der Verwandtschaft berücksichtigt, welche durch die Wärme verursacht wird; die Elektricität übt aber noch eine viel stärkere Wirkung auf die Verwandtschaft aus als die Wärme.

---

[1]) Phil. Mag. [5], 1891, *31*, 407.

[2]) Phil. Mag. [5], 1891, *32*, 355.

[3]) Ber. deutsch. chem. Gesellschaft 1891, *24*, 224 und 2255.

[4]) Ber. deutsch. chem. Gesellschaft 1891, *24*, 1783.

Bestimmung des Molekulargewichts von Salzen aus der elektrischen Leitfähigkeit ihrer wässerigen Lösungen.

Die umfangreichen Messungen der elektrischen Leitfähigkeit führten W. Ostwald[1]) zu einer Gesetzmässigkeit, welche die Basizität der Säuren zu bestimmen gestattet. Bestimmt man nämlich die elektrische Leitfähigkeit der Salze in verschiedenen Verdünnungen, so dass 1 Aequivalentgewicht der Salze der Reihe nach in 32, 64, 128, 256, 512 und 1024 l Wasser gelöst ist, so ergibt sich, dass die Differenz der elektrischen Leitfähigkeiten bei einer Verdünnung von 1024 l und von 32 l für analoge Salze konstant und nur abhängig von der Basizität der Säuren und der Azidität der Basen der Salze ist. Bedeutet:

d die Differenz der Werthe der elektrischen Leitfähigkeit bei 1024 l und bei 32 l Verdünnung,

n_1 die Basizität der Säure des Salzes (bei Salzsäure ist z. B. $n_1 = 1$, bei Schwefelsäure $n_1 = 2$),

n_2 die Azidität der Base des Salzes (bei Kali ist z. B. $n_2 = 1$, bei Baryt $n_2 = 2$),

K eine Konstante,

so ist

$$d = K \cdot n_1 \cdot n_2.$$

Die Konstante K ist im Mittel gleich 10. Die folgende Tabelle enthält die von W. Ostwald[1]) und P. Walden[2]) ermittelten Werthe $K = \frac{d}{n_1 \cdot n_2}$. Die erste Spalte enthält den Namen des Salzes, die zweite die Differenz d der Werthe der Leitfähigkeit und die dritte den Werth der Konstante K.

Salz	d	K
1. Salze mit einsäuriger Basis und einbasischer Säure. $n_1 = 1$; $n_2 = 1$ $K = d$		
Methylschwefelsaures Natron	11,8	11,8
Aethylschwefelsaures Natron	10,3	10,3
Propylschwefelsaures Natron	12,1	12,1
Isobutylschwefelsaures Natron	11,9	11,9
Benzolsulfosaures Natron	11,7	11,7
m-Nitrobenzolsulfosaur. Natron	10,8	10,8
Pikrinsaures Natron	11,0	11,0
Naphtalinsulfosaures Natron	13,4	13,4
Pseudocumolsulfosaures Natron	12,7	12,7
Ameisensaures Natron	12,0	12,0
Essigsaures Natron	11,5	11,5
Propionsaures Natron	11,1	11,1
Buttersaures Natron	10,2	10,2
Isobuttersaures Natron	12,9	12,9
Baldriansaures Natron	11,6	11,6

[1]) Zeitschr. physikal. Chemie 1887, *1*, 105; 1888, *2*, 901.

[2]) Zeitschr. physikal. Chemie 1887, *1*, 529; 1888, *2*, 49; 1891, *8*, 445.

Salz	d	K
Trichloressigsaures Natron	10,8	10,8
Milchsaures Natron	11,1	11,1
Methylglycolsaures Natron	11,7	11,7
Aethylglycolsaures Natron	11,4	11,4
Aethylmilchsaures Natron	11,2	11,2
Oxyisobuttersaures Natron	11,6	11,6
p-Nitrozimmtsaures Natron	12,2	12,2
m-Nitrozimmtsaures Natron	12,3	12,3
o-Acetamidobenzoësaur. Natron	11,6	11,6
p-Succintoluidsaures Natron	11,5	11,5
Nikotinsaures Natron	10,4	10,4
Ameisensaures Kali	14,3	14,3
Essigsaures Kali	12,2	12,2
Propionsaures Kali	14,0	14,0
Buttersaures Kali	14,0	14,0
Isobuttersaures Kali	13,5	13,5
Baldriansaures Kali	12,7	12,7
Trichloressigsaures Kali	13,4	13,4
Milchsaures Kali	12,7	12,7
Aethylmilchsaures Kali	12,9	12,9
Ameisensaures Lithium	13,1	13,1
Essigsaures Lithium	11,7	11,7
Propionsaures Lithium	11,6	11,6
Buttersaures Lithium	11,0	11,0
Isobuttersaures Lithium	10,9	10,9
Baldriansaures Lithium	11,0	11,0
Trichloressigsaures Lithium	10,3	10,3

2. Salze mit einsäuriger Basis und zweibasischer Säure.

$$n_1 = 2;\ n_2 = 1$$

$$K = \frac{d}{2}$$

Salz	d	K
Schwefelsaures Natron	25,4	12,7
Oxalsaures Natron	22,4	11,2
	20,0	10,0
Brenzweinsaures Natron	18,9	9,5
	18,0	9,0
Selensaures Natron	22,5	11,2
Unterschwefelsaures Natron	23,7	11,8
Methylendisulfosaures Natron	24,8	12,4
Citrakonsaures Natron	18,9	9,5
Malonsaures Natron	20,6	10,3
	19,0	9,5
Aepfelsaures Natron	19,0	9,5
Maleïnsaures Natron	18,0	9,0
Weinsaures Natron	22,6	11,3
	19,0	9,5
Chinolinsaures Natron	19,8	9,9
Phenylpyridindikarbonsaures Natron	18,1	9,1

3. Salze mit einsäuriger Basis und dreibasischer Säure.

$$n_1 = 3;\ n_2 = 1$$

$$K = \frac{d}{3}$$

Salz	d	K
Citronensaures Natron	27,7	9,2
	28,0	9,3
Akonitsaures Natron	27,8	9,3
Ferricyankalium	31,7	10,6
(1, 2, 3)-Pyridintrikarbonsaures Natron	31,0	10,3
(1, 2, 4)-Pyridintrikarbonsaures Natron	29,4	9,8
Methylpyridintrikarbons. Natron	30,8	10,3
Pseudoakonitsaures Natron	29,6	9,9

4. Salze mit einsäuriger Basis und vierbasischer Säure.

$$n_1 = 4;\ n_2 = 1$$

$$K = \frac{d}{4}$$

Salz	d	K
Ferrocyankalium	44,1	11,0
Pyridintetrakarbonsaures Natron	40,4	10,1
Propargylentetrakarbonsaures Natron	41,8	10,4

Salz	d	K
5. Salz mit einsäuriger Basis und fünfbasischer Säure.		
$n_1 = 5;\ n_2 = 1$		
$K = \frac{d}{5}$		
Pyridinpentakarbonsaures Natron	50,1	10,0
6. Salz mit einsäuriger Basis und sechsbasischer Säure.		
$n_1 = 6;\ n_2 = 1$		
$K = \frac{d}{6}$		
Neutrales mellithsaures Natron	55,0	9,2
7. Salze mit zweisäuriger Basis und einbasischer Säure.		
$n_1 = 1;\ n_2 = 2$		
$K = \frac{d}{2}$		
Chlormagnesium	18,0	9,0
Brommagnesium	18,0	9,0
Pikrinsaure Magnesia	16,2	8,1
Salpetersaure Magnesia	19,7	9,9
Benzolsulfosaure Magnesia	15,0	7,5
Ameisensaure Magnesia	17,2	8,6
Essigsaure Magnesia	17,3	8,7
Propionsaure Magnesia	17,5	8,8
Buttersaure Magnesia	17,2	8,6
Isobuttersaure Magnesia	16,6	8,3

Salz	d	K
Baldriansaure Magnesia	16,9	8,5
Kakodylsaure Magnesia	20,1	10,0
8. Salze mit zweisäuriger Basis und zweibasischer Säure.		
$n_1 = 2;\ n_2 = 2$		
$K = \frac{d}{4}$		
Schwefelsaure Magnesia	41,0	10,2
Selensaure Magnesia	37,3	9,3
Chromsaure Magnesia	35,9	9,0
Thioschwefelsaure Magnesia	38,5	9,6
Magnesiumplatincyanür	36,1	9,0
Malonsaure Magnesia	50,2	12,5
Aepfelsaure Magnesia	43,2	10,8
Weinsaure Magnesia	38,3	9,6
Bernsteinsaure Magnesia	33,3	8,3
Fumarsaure Magnesia	32,7	8,2
Maleïnsaure Magnesia	38,7	9,7
Mesakonsaure Magnesia	30,2	7,6
Itakonsaure Magnesia	36,5	9,1
α-Nitrophtalsaure Magnesia	34,7	8,7
9. Salze mit dreisäuriger Basis und zweibasischer Säure.		
$n_1 = 2;\ n_2 = 3$		
$K = \frac{d}{6}$		
Schwefelsaure Thonerde	52,5	8,8
Schwefelsaures Chromoxyd	56,8	9,5

Aus der Tabelle ist ersichtlich, dass die Gesetzmässigkeit im Allgemeinen statt hat; die Salze sehr starker Säuren, welche in die Tabelle nicht aufgenommen worden sind, haben eine grössere Konstante als diejenigen der schwachen Säuren, und auch die Kalium- und Lithiumsalze zeigen vielfach Abweichungen. Am schärfsten tritt die Gesetzmässigkeit bei den Natronsalzen auf, für welche sie auch zuerst von W. Ostwald ausgesprochen wurde. Zur Bestimmung der Basizität der Säuren bedient man sich daher am zweckmässigsten der Natronsalze. Das Verfahren hat sehr ausgedehnte Anwendung gefunden, wie später dargethan werden wird.

Die Bestimmung des Molekulargewichts von Salzen und Säuren mit Hilfe dieser mit so zahlreichen Beispielen belegten Gesetzmässigkeit wird in folgender Weise ausgeführt. Liegt eine Säure vor, so stellt man das Natronsalz dar und bestimmt die elektrische Leitfähigkeit bei einer Verdünnung von 32 Litern und 1024 Litern. Die Differenz der beiden erhaltenen Werthe sei d. Nun ist

$$d = K \cdot n_1 \cdot n_2,$$

worin n_1 die Basizität der Säure, n_2 die Azidität der Basis und K im Mittel gleich 10 ist. Da das Natronsalz untersucht wurde, ist $n_2 = 1$, daher

$$d = 10 \cdot n_1$$

und

$$n_1 = \frac{d}{10} = 0{,}1 \cdot d.$$

Kennt man die Basizität einer Säure, so ist damit das Molekulargewicht derselben gegeben.

Als Beispiel sei die Bestimmung des Molekulargewichts der Ferricyanwasserstoffsäure mitgetheilt. Den Salzen dieser Säure wird von den Einen die Formel $M'_3 Fe(CN)_6$, von den Anderen die Formel $M'_6 Fe_2 (CN)_{12}$ gegeben. Die Differenz d der Leitfähigkeit des Kaliumsalzes bei Verdünnungen von 1024 und 32 Litern wurde gleich 31,7 gefunden. Daher ist

$$n_1 = 0{,}1 \cdot 31{,}7 = 3{,}17.$$

Es ist damit bewiesen, dass die Ferricyanwasserstoffsäure dreibasisch ist und ihr die Molekularformel $H_3 Fe(CN)_6$ zukommt.

Eine weitere Gesetzmässigkeit fand P. Walden[1]) bezüglich der „Zunahmequotienten" der elektrischen Leitfähigkeit bei wachsender Verdünnung. Den „Zunahmequotienten" erhält man durch Division der Differenz d der Werthe der Leitfähigkeit bei zwei auf einander folgenden Verdünnungen, z. B. 32 l und 64 l oder 256 l und 512 l, durch die Leitfähigkeit l der konzentrirteren Lösung. Es ergab sich

$$100 \cdot \frac{d}{l} = \text{Konst.}\ n_1 \cdot n_2,$$

wo n_1 die Werthigkeit der Säure, n_2 diejenige der Basis bedeutet. Die Konstante ist im Mittel gleich 3. Diese Regelmässigkeit ist indess lange nicht so ausgeprägt wie diejenige der Differenz der Leitfähigkeiten bei 32 l und 1024 l. Immerhin kann dieselbe unter Umständen von Nutzen sein, z. B. wenn ein Salz beim Verdünnen mit Wasser zersetzt wird und die Leitfähigkeit des unzersetzten Salzes bei 1024 l Verdünnung nicht mehr bestimmt werden kann.

---

[1]) Zeitschr. physikal. Chemie 1887, *1*, 542.

Bestimmung des Molekulargewichts der Metalle aus der elektromotorischen Kraft gewisser galvanischer Elemente.

V. von Türin[1]) hat zwei Methoden angegeben, um das Molekulargewicht von Metallen durch das Messen der elektromotorischen Kraft gewisser galvanischer Elemente zu bestimmen. Auf die Ableitung der Formeln und die den Verfahren zu Grunde liegenden theoretischen Betrachtungen muss hier verzichtet werden.

Nach dem ersten Verfahren wird die elektromotorische Kraft gemessen, welche ein galvanisches Element entwickelt, in welchem die eine Elektrode aus reinem Quecksilber, die andere aus schwachem Amalgam des Metalls, dessen Molekulargewicht bestimmt werden soll, der Elektrolyt aber aus einem Quecksilbersalz besteht; letzteres kann als wässerige oder alkoholische Lösung oder in geschmolzenem Zustande zugesetzt werden. Die Methode ist nur auf solche Metalle anwendbar, welche durch Quecksilber aus ihren Salzen gefällt werden, z. B. Silber und Gold.

Durch Ausführung eines umkehrbaren Kreisprozesses gelangt V. von Türin zu folgender, für die Anwendung eines Merkurosalzes geltenden Formel:

$$E = 1{,}728 \cdot 10^{-4} \cdot \frac{a}{v} \cdot \frac{T}{273}.$$

Darin bedeutet:

E die in Volt ausgedrückte elektromotorische Kraft des angegebenen Elements (Elektroden: Quecksilber und schwaches Amalgam, Elektrolyt: ein Quecksilberoxydulsalz),

a die Zahl der Gramm-Molekeln des gelösten Metalls in v Litern Quecksilber,

T die absolute Temperatur.

Daraus ergibt sich die Zahl der Gramm-Molekeln des gelösten Metalls:

$$a = \frac{273 \cdot E \cdot v}{1{,}728 \cdot 10^{-4} \cdot T},$$

womit das Molekulargewicht gegeben ist. Bei Anwendung eines Merkurisalzes ist der Faktor 1,728 durch 3,456 zu ersetzen.

Nach dem zweiten Verfahren von V. von Türin wird die elektromotorische Kraft eines „einfachen“ Elementes gemessen, in welchem die beiden Elektroden aus verschieden konzentrirten Amalgamen des Metalls, dessen Molekulargewicht man bestimmen will, bestehen, der

[1]) Zeitschr. physikal. Chemie 1890, *5*, 340; 1891, 7, 221; 1891, *8*, 141.

Elektrolyt aber aus einem Salze des zu untersuchenden Metalls, nicht eines Quecksilbersalzes, wie bei der ersten Methode. Dieses Verfahren ist nur für solche Metalle anwendbar, durch welche Quecksilber aus seinen Salzlösungen gefällt wird, z. B. Zink und Kadmium. Bei der Ableitung der Formel zur Berechnung des Molekulargewichts hatte V. von Türin anfangs die Annahme gemacht, dass die Quecksilbermolekel einatomig sei; später[1]) konnte er diese Voraussetzung fallen lassen und die nothwendige Gleichung ohne dieselbe herleiten.

V. von Türin hatte die beiden Methoden als „vielleicht möglich" bezeichnet und keine Versuche zur Ermittelung ihrer thatsächlichen Anwendbarkeit angestellt. Unabhängig von V. von Türin hat G. Meyer[2]) die zweite der angegebenen Methoden: Bestimmung der elektromotorischen Kraft eines Elements, dessen Elektroden aus verschieden konzentrirten Amalgamen bestehen, während der Elektrolyt ein Salz des zu untersuchenden Metalls ist, zur Molekulargewichtsbestimmung benutzt und beachtenswerthe Resultate erzielt. Zur Berechnung der Molekulargewichte diente die Formel:

$$m = \frac{1{,}908 \cdot q \cdot T}{E} \log \left(\frac{C_1}{C_2}\right).$$

Darin bedeutet:

m das Molekulargewicht des Metalls,
E die elektromotorische Kraft des Elements in Volt,
C_1 und C_2 die Gramme Metall, welche in den beiden Amalgamen auf 1 g Quecksilber kommen ($C_1 > C_2$),
q die Gramme Metall, welche aus dem konzentrirteren Amalgam in das verdünntere übergeführt werden,
T die absolute Temperatur.

Die folgende Tabelle enthält die Ergebnisse der Meyer'schen Versuche. In der ersten Spalte stehen die Temperaturen t, in der zweiten und dritten die Konzentrationen C_1 und C_2 der Amalgame (g Metall auf 1 g Quecksilber), in der vierten die gemessene elektromotorische Kraft und in der fünften das gefundene Molekulargewicht. In der sechsten Spalte sind zum Vergleich die Atomgewichte der untersuchten Stoffe beigefügt.

---

[1]) Zeitschr. physikal. Chemie 1891, 7, 221.

[2]) Zeitschr. physikal. Chemie 1891, 7, 477.

Temperatur t	Konzentration der Amalgame C_1	C_2	Elektromot. Kraft	Molekular-gewicht m	Atom-gewicht
		Zink. Elektrolyt: Zinksulfat.			
11,6°			0,0419	64,4	
67,5	0,003366	0,00011305	0,0516	62,5	
18,0			0,0433	63,7	
18,0			0,0415	66,4	64,9
12,4			0,0474	60,9	
58,2	0,002280	0,0000608	0,0520	64,5	
0,0			0,0452	61,1	
60,0			0,0520	64,8	
		Kadmium. Elektrolyt: Jodkadmium.			
16,3			0,0433	112,9	
12,6	0,0017705	0,00005304	0,0461	104,7	
60,1			0,0562	100,2	112
13,0	0,0005937	0,00007035	0,0260	113,0	
13,3			0,0264	111,4	
		Blei. Elektrolyt: Bleiacetat.			
21,1	0,001811	0,0005857	0,0143	206,1	206,4
18,8	0,0013963	0,0004646	0,0141	202,2	
		Zinn. Elektrolyt: Zinnchlorür.			
20,0	0,000792	0,0000800	0,0271	125,3	117,5
20,9	0,0005866	0,0001637	0,0153	124,3	
		Kupfer. Elektrolyt: Kupfersulfat.			
17,3	0,0003874	0,00009587	0,01815	63,3	63,2
20,8	0,0004472	0,00016645	0,0124	63,7	
		Natrium. Elektrolyt: beim 1. Versuch Chlornatrium, beim 2. Versuch Natriumcarbonat, beim 3. Versuch Natriumsulfat.			
20,2	0,0003325	0,0000953	0,0327	22,2	
18,5	0,000282	0,0000982	0,0248	24,5	23,0
12,0	0,0002233	0,0001006	0,0174	25,9	

Der Vergleich der gefundenen Molekulargewichte mit den danebenstehenden Atomgewichten lehrt, dass die untersuchten Metalle in Quecksilberlösung einatomige Molekeln bilden.

Ergebnisse der Molekulargewichtsbestimmungen im Zustande der verdünnten Lösung.

Eine sehr grosse Zahl von Stoffen ist bereits im Zustande der verdünnten Lösung bezüglich ihres Molekulargewichts untersucht worden. Aehnlich wie bei der Besprechung der Ergebnisse der Gasvolumgewichtsbestimmungen sollen anch hier nur die Stoffe berücksichtigt werden, welche ein besonderes Interesse beanspruchen.

Von den Metalloiden sind Brom, Jod, Schwefel und Phosphor in Lösung untersucht worden.

Für das Brom fanden E. Paternò und R. Nasini[1]) nach dem kryoskopischen Verfahren in Wasser- und Eisessiglösung die Molekularformel Br_2.

Das Jod bot ein besonderes Interesse dar, da es sich in verschiedenen Lösungsmitteln mit verschiedener Farbe löst: in Schwefelkohlenstoff und Kohlenwasserstoffen mit violetter, in Alkohol, Aether u. s. w. mit rothbrauner Farbe. Die Annahme lag daher nahe, dass die Molekulargrösse des Jods in den verschiedenen Lösungsmitteln eine verschiedene sei. E. Paternò und R. Nasini[1]) fanden in Benzollösung bei sehr grosser Verdünnung die Molekularformel J_2 und in konzentrirteren Lösungen ein grösseres Molekulargewicht; der Gefrierpunkt der Lösungen von Jod in Essigsäure führte zu einem Werth des Molekulargewichts, der zwischen J_2 und J_1 lag.

M. Loeb[2]) bestimmte nach dem S. 435 beschriebenen Verfahren den Dampfdruck der Lösungen von Jod in Schwefelkohlenstoff und Aether. Für Schwefelkohlenstofflösungen fand er die Molekulargewichte $m = 264$, 300,5, 320 und 326,5, im Mittel 303 ± 5, während man für J_2 $m = 253{,}08$ und für J_3 $m = 379{,}62$ berechnet. In Aetherlösungen ergab sich $m = 507{,}4$, 577,2, 480,7 und 466,1, im Mittel 507 ± 10; für J_4 ist $m = 506{,}16$. Loeb schliesst aus diesen Ergebnissen, dass dem Jod in rothbrauner Lösung das Molekulargewicht J_4, in violetter Lösung ein zwischen J_3 und J_2 liegender Werth zukomme. Die Unterschiede in den verschiedenen Versuchsreihen sind indess sehr erheblich und die Lösungen zu konzentrirt, so dass ein Schluss aus dem Dampfdruck der Lösungen auf das Molekulargewicht des gelösten Stoffes sehr zweifelhaft erscheint. Gefrierversuche mit Lösungen des Jods in Benzol und Essigsäure blieben ergebnisslos.

---

[1]) Rendiconti dell' Accad. dei Lincei [4], 1888, *4*, 782; Ber. deutsch. chem. Gesellschaft 1888, *21*, 2153.

[2]) Zeitschr. physikal. Chemie 1888, *2*, 606.

E. Beckmann[1]), welcher Lösungen von Jod in Aether und Schwefelkohlenstoff nach der Siedemethode prüfte, fand die Loeb'schen Resultate nicht bestätigt. In Aetherlösung ergab sich bei Konzentrationen von 2,321 bis 15,95 Gewichtsprozenten das Molekulargewicht m = 235 bis 256 und in Schwefelkohlenstofflösung bei Konzentrationen von 2,964 bis 12,98 Gewichtsprozenten m = 263 bis 272, während für J_2 m = 253,08 ist. In beiden Lösungen ist daher das Jod als J_2 enthalten.

H. Gautier und G. Charpy[2]) erhielten zwar nach der Gefriermethode für Lösungen des Jods in Benzol m = 340 bis 345 und in Methylbenzoyl, in dem das Jod sich mit brauner Farbe löst, m = 480 bis 489, die Beckmann'schen Ergebnisse wurden aber bald darauf von J. Hertz[3]) bestätigt, welcher das Molekulargewicht des Jods in Naphtalinlösung (von dunkelrother Farbe) nach der Gefriermethode untersuchte. Er fand für Konzentrationen von 2,192 bis 3,719 Gewichtsprozenten m = 255,5 bis 276,0.

Aus allen den vorliegenden Bestimmungen ergiebt sich, dass die Farbe der Jodlösungen nicht durch komplexe Molekeln bedingt ist, und dass dem Jod auch in Lösung die Molekularformel J_2 zukommt. In Jodkalium gelöst gibt dagegen Jod, wie M. Le Blanc und A. A. Noyes[4]) sowie E. Paternò und A. Peratoner[5]) übereinstimmend fanden, keine Gefrierpunktserniedrigung, weil dasselbe mit dem Jodkalium eine chemische Verbindung eingeht.

Für den Schwefel ermittelten E. Paternò und R. Nasini[6]) in Benzollösung nach der Gefriermethode die Molekularformel S_6, welche früher allgemein dem Schwefeldampf in der Nähe des Siedepunkts beigelegt wurde. Wegen der geringen Löslichkeit des Schwefels in Benzol sind diese Versuche indessen nicht entscheidend.

Durch die Versuche von H. Biltz[7]) (S. 261) ist die Molekularformel S_6 zweifelhaft geworden; dieselben deuten vielmehr auf den Werth S_7 oder S_8 bei niederer Temperatur hin. Zu dem gleichen Ergebniss gelangte E. Beckmann[8]) bei der Untersuchung von Schwefelkohlenstofflösungen des Schwefels nach der Siedemethode. Die sehr

---

[1]) Zeitschr. physikal. Chemie 1890, *5*, 76.

[2]) Compt. rend. 1890, *110*, 189.

[3]) Zeitschr. physikal. Chemie 1890, *6*, 358.

[4]) Zeitschr. physikal. Chemie 1890, *6*, 401.

[5]) Rendiconti dell' Accad. dei Lincei [4], 1890, *6*, 303.

[6]) Rendiconti dell' Accad. dei Lincei [4], 1888, *4*, 782; Ber. deutsch. chem. Gesellschaft 1888, *21*, 2153.

[7]) Zeitschr. physikal. Chemie 1888, *2*, 920.

[8]) Zeitschr. physikal. Chemie 1890, *5*, 76.

zahlreichen Versuche lassen kaum einen Zweifel daran, dass dem Schwefel in Schwefelkohlenstoff die Molekularformel $S_8 = 255{,}84$ zukommt. Zu demselben Ergebniss führte die Bestimmung des Gefrierpunkts von Lösungen des Schwefels in Naphtalin von J. Hertz[1]); aus den angestellten Versuchen berechnet man für unendliche Verdünnung $m = 254$. Die Molekel des Schwefels in Lösung ist daher S_8; wahrscheinlich ist die Schwefeldampfmolekel beim Siedepunkte eben so gross.

Für Phosphor in Benzollösung fanden E. Paternò und R. Nasini[2]) nach der Gefriermethode ein zwischen P_2 und P_4 liegendes Molekulargewicht. E. Beckmann[3]) stellte dagegen für den Phosphor in Schwefelkohlenstofflösung nach der Siedemethode die Molekularformel $P_4 = 123{,}84$ fest und J. Hertz[1]) fand nach der Gefriermethode dieselbe Molekel für den Phosphor in Benzollösung. Der Phosphor hat daher in Lösung dieselbe Molekel wie in Dampfform bei Temperaturen unterhalb der Rothglut.

Da die Metalllegirungen den übrigen Lösungen durchaus analog sind, war vorauszusehen, dass die Gesetze der verdünnten Lösung auch auf diese Anwendung finden können. Dies ist durch mehrfache Untersuchungen bestätigt worden.

W. Ramsay[4]) bestimmte den Dampfdruck verschiedener Amalgame in folgender Weise. Zwei U-Röhren mit einem kurzen geschlossenen und einem langen offenen Schenkel wurden mit Quecksilber bezw. dem Amalgam beschickt, in den Dampf siedenden Quecksilbers getaucht und die Unterschiede der Quecksilbersäulen in beiden abgelesen. In allen Fällen wurden Dampfdruckverminderungen durch das Auflösen der Metalle beobachtet; die aus den Dampfdruckverminderungen berechneten Molekulargewichte sind in der folgenden Tabelle enthalten.

Die kleinen Werthe des Molekulargewichts von Calcium und Baryum, welche gleich dem halben Atomgewicht sind, sowie von Kalium und Thallium haben bis jetzt noch keine befriedigende Erklärung gefunden. Im Allgemeinen bilden nach diesen Bestimmungen die Metalle vorzugsweise einatomige Molekeln; nur wenige, in erster Linie das Antimon, haben die Neigung, zusammengesetzte Molekeln zu bilden.

---

[1]) Zeitschr. physikal. Chemie 1890, *6*, 358.

[2]) Rendiconti dell' Accad. dei Lincei [4], 1888, *4*, 782; Ber. deutsch. chem. Gesellschaft 1888, *21*, 2153.

[3]) Zeitschr. physikal. Chemie 1890, *5*, 76

[4]) Journ. Chem. Soc. 1889, 521; Zeitschr. physikal. Chemie 1889, *3*, 359.

Metall	Atomgewicht	Molekulargewicht gefunden	Molekularformel
Lithium . .	7,01	7,1	Li_1
Natrium . .	22,95	21,6 bis 15,1	Na_1
Kalium . .	39,03	30,2 bis 29,1	K_1 oder $K_{1/2}$?
Calcium . .	39,91	19,1	$Ca_{1/2}$?
Baryum . .	136,86	75,7	$Ba_{1/2}$?
Magnesium .	23,94	24,0 bis 21,5	Mg_1
Zink . . .	68,88	70,1 bis 65,4	Zn_1
Kadmium .	111,7	99,7 bis 103,8	Cd_1
Aluminium .	27,04	33,1 bis 36,7	Al_1
Gallium . .	69,9	69,7	Ga_1
Thallium . .	203,7	163,8 bis 197,6	Tl_1?
Zinn . . .	117,35	117,4 bis 149,5	Sn_1
Blei . . .	206,39	200 bis 250	Pb_1
Antimon . .	119,6	136 bis 301	Sb_1?
Wismuth .	207,5	214 bis 232	Bi_1
Mangan . .	54,8	55,5	Mn_1
Silber . . .	107,66	112,4	Ag_1
Gold . . .	196,2	207,4 bis 208,1	Au_1

Auch das Verhalten der Metalllegirungen zu dem Erstarrungsgesetz ist geprüft worden. G. Tammann[1]) studirte sehr eingehend die Gefrierpunktserniedrigungen, welche durch Auflösen bekannter Mengen verschiedener Metalle in Quecksilber und Natrium hervorgerufen wurden. Für die Quecksilberlegirungen (Amalgame) der Metalle ermittelte er auf diesem Wege folgende Molekulargewichte.

Kalium: 25,7 29,4 33,1 51,4 53,8. Mittel = 38,7. (Ber. für K_1: 39,03).
Natrium: 20,6 22,2 24,9. Mittel = 22,6. (Ber. für Na_1 : 23,00).
Thallium: 143,8 163,0 201,3 220,5. Mittel = 182,2. (Ber. für Tl_1: 203,7).
Zink: 51,9 61,1 65,6. Mittel = 59,5. (Ber. für Zn_1 : 64,9).
Wismuth: 278,3. (Ber. für Bi_1 : 207,5.)

Die Ergebnisse, welche mit den Lösungen von Kalium, Thallium, Silber, Quecksilber, Kadmium, Blei, Gold, Zinn und Palladium in Natrium erhalten wurden, sind bis jetzt einer einfachen Deutung nicht fähig.

C. T. Heycock und F. A. Neville[2]) bestimmten die Erniedrigung des Erstarrungspunkts von Lösungen mehrerer Metalle in Natrium. Letzteres Metall wurde in einem eisernen Tiegel unter Paraffin geschmolzen und die Metalle zugesetzt. Sie fanden, dass die durch

[1]) Zeitschr. physikal. Chemie 1889, *3*, 441.
[2]) Journ. Chem. Soc. 1889, 666.

Lösen von 1 Atom der Metalle in 100 Atomen Natrium bewirkte Erniedrigung des Erstarrungspunktes bei vielen Metallen ziemlich konstant ist. Diese „atomistische Gefrierpunktserniedrigung“ betrug beim Auflösen von:

Gold	4,50° bis 4,87°	Kadmium	3,17° bis 3,92°
Thallium	4,27° bis 4,73°	Kalium	3,34° bis 3,85°
Quecksilber	4,37° bis 4,53°	Indium	3,37° bis 3,77°

Blei 3,7°.

Für Kaliumlegirungen ergaben sich die folgenden atomistischen Gefrierpunktserniedrigungen: Natrium 1,6, Thallium 1,7 und Gold 1,8.

Für Zinnlegirungen erhielten Heycock und Neville[1]) folgende „atomistische Erniedrigungen“:

Nickel	2,94	Thallium	2,86	Blei	2,76	Wismuth	2,40
Silber	2,93	Natrium	2,84	Zink	2,64	Calcium	2,40
Gold	2,93	Palladium	2,78	Kadmium	2,43	Indium	1,86
Kupfer	2,91	Magnesium	2,76	Quecksilber	2,39	Aluminium	1,25

Auch in Zinnlösung zeigen die meisten Metalle das Bestreben, einatomige Molekeln zu bilden; nur das Indium und besonders das Aluminium haben die Neigung, zusammengesetzte Molekeln zu bilden. Später[2]) dehnten Heycock und Neville ihre Untersuchungen auch auf Wismuth, Kadmium und Blei als Lösungsmittel aus; das Ergebniss war dasselbe wie bei den früheren Versuchen.

Fassen wir unsere Kenntnisse über die Molekulargrösse der Metalle im verdünnten Zustand zusammen, so ergibt sich fast bei allen das Bestreben, die kleinsten möglichen Molekeln, nämlich einatomige, zu bilden. Die Bestimmungen des Gasvolumgewichts, der Dampfdruckverminderung und der Gefrierpunktserniedrigung weisen übereinstimmend darauf hin; ferner sei daran erinnert, dass auch G. Meyer (S. 529) nach einem ganz anderen Verfahren fand, dass die Metalle einatomige Molekeln bilden.

Für das Wasser fand J. F. Eykmann[3]) in Phenollösung die Molekularformel H_2O, in p-Toluidin gelöst dagegen die Formel H_4O_2; letztere Formel kommt dem Wasser auch in der Form von Krystallwasser zu, wie durch Bestimmung der Gefrierpunktserniedrigung einerseits der krystallisirten p-Oxybenzoësäure $C_6H_4(OH)CO_2H + H_2O$ und andererseits der wasserfreien Säure in p-Toluidin nachgewiesen wurde. Auch in ätherischer Lösung wurde J. Walker[4]) zu der Annahme von

---

[1]) Journ. Chem. Soc. 1890, 376; vergl. auch Chem. News 1889, *59*, 157.

[2]) Chem. News 1890, *62*, 280.

[3]) Zeitschr. physikal. Chemie 1889, *4*, 510.

[4]) Zeitschr. physikal. Chemie 1890, *5*, 197.

Doppelmolekeln des Wassers H_4O_2 bei 0° geführt; dagegen wies W. Nernst[1]), welcher den Walker'schen Versuchen die volle Beweiskraft abspricht, nach, dass bei 35° schon 58 Prozent der in der ätherischen Lösung bestehenden Doppelmolekeln H_4O_2 in einfache Molekeln H_2O gespalten sind.

Das Molekulargewicht des Wasserstoffsuperoxyds wurde von G. Tammann[2]) nach der Gefriermethode bestimmt; es ergab sich die Molekularformel H_4O_4.

Die Fluorwasserstoffsäure wurde von E. Paternò und A. Peratoner[3]) in wässeriger Lösung nach der Gefriermethode untersucht; sie schlossen aus ihren Ergebnissen auf die Molekularformel H_2F_2. Dies scheint aber ein Irrthum zu sein, da die gefundenen Werthe der molekularen Gefrierpunktserniedrigung, wie W. Ostwald[4]) bemerkte, sehr gut auf die Formel HF stimmen. Letztere Formel wird durch das Leitungsvermögen der Salze, welches von P. Walden[5]) bestimmt wurde, bestätigt. Auch das Gasvolumgewicht der Säure führt bei höherer Temperatur zur Molekularformel H F (s. S. 357).

W. Ramsay[6]) bestimmte das Molekulargewicht der Untersalpetersäure in Eisessiglösung nach der Gefriermethode. Bei Konzentrationen von 0,92 bis 9 Prozent Untersalpetersäure ermittelte er folgende Molekulargewichte:

92,11 92,07 93,18 90,29 95,87; Mittel 92,70.

Für N_2O_4 berechnet man m = 91,86.

Später bestätigte W. Ramsay[7]) diesen Werth und bestimmte gleichzeitig das Molekulargewicht des Stickstofftrioxyds kryoskopisch in einer Lösung von Untersalpetersäure. Er fand m = 80,9, 81,0 und 92,7, während man für N_2O_3 m = 75,90 berechnet. Das Stickstofftrioxyd hat demnach nur wenig Neigung, zusammengesetztere Molekeln zu bilden.

Die Molekulargewichte der verschiedenen isomeren und polymeren Metaphosphate suchten L. Jawein und A. Thillot[8]), nachdem Versuche zur Bestimmung des Gasvolumgewichts der Ester fehlgeschlagen waren, nach der Gefriermethode in wässeriger Lösung zu ermitteln. Da aber die Metaphosphate Elektrolyte sind, muss der Dissociations-

[1]) Zeitschr. physikal. Chemie 1891, *8*, 135.
[2]) Zeitschr. physikal. Chemie 1889, *4*, 441.
[3]) Rendiconti dell' Accad. dei Lincei [4], 1890, *6*, 306.
[4]) Zeitschr. physikal. Chemie 1891, 7, 428.
[5]) Zeitschr. physikal. Chemie 1888, *2*, 57.
[6]) Zeitschr. physikal. Chemie 1889, *3*, 66.
[7]) Journ. Chem. Soc. 1890, 590; Zeitschr. physikal. Chemie 1890, *5*, 221.
[8]) Ber. deutsch. chem. Gesellschaft 1889, *22*, 664.

zustand derselben auf irgend eine Weise bestimmt werden, wenn man aus der beobachteten Gefrierpunktserniedrigung auf das Molekulargewicht schliessen will. Jawein und Thillot haben dies nicht gethan. Dagegen ist dies von Seiten G. Tammann's[1]) geschehen, welcher den Dissociationsgrad der Lösungen durch Bestimmung der elektrischen Leitfähigkeit feststellte und die Lösungen nach der Gefriermethode untersuchte. Tammann fand folgende Metaphosphate in den von ihm dargestellten Lösungen: $Na_2(PO_3)_2$, früher Trimetaphosphat genannt; $Na_3(PO_3)_3$, früher Dimetaphosphat genannt; $Na_6(PO_3)_6$; $Na_2[Na_4(PO_3)_6]$; $K_2[Na_4(PO_3)_6]$; $K_2[Ag_4(PO_3)_6]$; $Na_4[Na_2(PO_3)_6]$; $Ag_4[Na_2(PO_3)_6]$; $Na_5[Na(PO_3)_6]$; $Ag_5[Na(PO_3)_6]$; $(NH_4)_5Na(PO_3)_6$.

W. Ostwald[2]) stellte mit Hilfe der Gefriermethode unter Berücksichtigung der elektrolytischen Dissociation fest, dass die Chromsäure in wässeriger Lösung als $H_2Cr_2O_7$, d. h. als Pyrochromsäure, entsprechend dem Kaliumbichromat, besteht. Die Farbe der Chromsäurelösungen, welche mit derjenigen der Bichromate übereinstimmt, liess dies vom Standpunkt der elektrolytischen Dissociationsmethode voraussehen (s. S. 510).

Die Molekulargewichte der Aluminiumalkyle bestimmten E. Louïse und L. Roux[3]) in Aethylenbromidlösung nach der Gefriermethode. Die molekulare Gefrierpunktserniedrigung für dieses Lösungsmittel ergab sich bei Anwendung verschiedener Stoffe von bekanntem Molekulargewicht zu 117,9 bis 124,8^0. Für die Aluminiumalkyle fanden sie unter der Voraussetzung der Molekularformeln Al_2R_6 folgende molekulare Gefrierpunktserniedrigungen: Aluminiumäthyl = 115,6^0, Aluminiumpropyl = 92,8^0 und Aluminiumisoamyl = 84,5^0. Trotzdem diese Werthe theilweise sehr weit von dem normalen abweichen, glaubten Louïse und Roux doch, dass durch dieselben die Molekularformeln Al_2R_6 bewiesen seien. Da aber, wie W. Ostwald[4]) ausführte, bei derartigen Versuchen mit Nichtleitern das Molekulargewicht nie zu klein, wohl aber häufig zu gross gefunden wird, so dürfte man aus diesen Ergebnissen eher auf die Molekularformeln AlR_3 schliessen, welche auch in den Gasvolumgewichtsbestimmungen ihre Bestätigung finden.

P. Walden[5]) bestimmte das Molekulargewicht einer Anzahl von Säuren in wässeriger Lösung aus dem elektrischen Leitungsvermögen ihrer Salze (s. S. 523). Die Ferrocyanwasserstoffsäure ist vier-

[1]) Zeitschr. physikal. Chemie 1890, *6*, 122.

[2]) Zeitschr. physikal. Chemie 1888, *2*, 78.

[3]) Compt. rend. 1888, *107*, 600.

[4]) Zeitschr. physikal. Chemie 1889, *3*, 46.

[5]) Zeitschr. physikal. Chemie 1887, *1*, 541; 1888, *2*, 51.

basisch: $H_4Fe(CN)_6$, die Ferricyanwasserstoffsäure dreibasisch: $H_3Fe(CN)_6$; die Formeln der Salze dieser Säuren sind daher nicht zu verdoppeln. Die Unterschwefelsäure ist zweibasisch: $H_2S_2O_6$, die unterphosphorige Säure einbasisch, die Metaborsäure zweibasisch: $H_2B_2O_4$, die arsenige Säure in wässeriger Lösung zweibasisch: $H_2As_2O_4$. Ferner erhielt Walden nach demselben Verfahren werthvolle Aufschlüsse über das Verhalten vieler Salze in wässeriger Lösung.

Von organischen Stoffen sind in erster Linie zahlreiche Kohlenhydrate auf ihr Molekulargewicht untersucht worden. H. T. Brown und G. H. Morris[1]) bestimmten die Molekulargewichte von Dextrose, Rohrzucker, Invertzucker, Maltose, Milchzucker, Arabinose und Mannit nach der Gefriermethode in wässeriger Lösung und fanden dieselben in Uebereinstimmung mit den bisher angenommenen. Zu demselben Ergebniss kamen B. Tollens und F. Mayer[2]) bei der kryoskopischen Untersuchung von Dextrose, Rohrzucker und Milchzucker und B. Tollens, F. Mayer und H. Wheeler[3]) bei der Bestimmung des Molekulargewichts der Arabinose und Xylose (beide $C_5H_{10}O_5$). Dem von O. Löw[4]) aus Formaldehyd synthetisch dargestellten Gemisch von Zuckerarten kommt nach Untersuchungen von N. von Klobukow[5]) in wässeriger Lösung die Molekularformel $C_6H_{12}O_6$ zu.

Von besonderem Interesse unter den Kohlenhydraten war die Raffinose oder Melitriose, der, wie S. 392 bereits erwähnt wurde, von verschiedenen Forschern drei verschiedene Formeln beigelegt wurden. Daselbst wurde mitgetheilt, dass H. de Vries[6]) nach dem plasmolytischen Verfahren die Molekularformel $C_{18}H_{32}O_{16} + 5\,H_2O$ feststellte; zu demselben Ergebniss kamen H. T. Brown und G. H. Morris[7]) sowie B. Tollens und F. Mayer[8]) nach dem kryoskopischen Verfahren.

Das Verhalten der Traubensäure $C_8H_{12}O_{12} + 2\,H_2O$ in wässeriger Lösung wurde von F. M. Raoult[9]) durch Bestimmung des Gefrierpunkts studirt. Es ergab sich, dass in Lösungen bis zu einem Gehalt von 5 % Traubensäure letztere vollständig in Rechts- und Links-

[1]) Journ. Chem. Soc. 1888, *53*, 610.
[2]) Ber. deutsch. chem. Gesellschaft 1888, *21*, 1566.
[3]) Ber. deutsch. chem. Gesellschaft 1888, *21*, 3508.
[4]) Ber. deutsch. chem. Gesellschaft 1888, *21*, 271; 1889, *22*, 470.
[5]) Zeitschr. physikal. Chemie 1890, *5*, 28.
[6]) Compt. rend. 1888, *106*, 751; Zeitschr. physikal. Chemie 1888, *2*, 430.
[7]) Journ. Chem. Soc. 1888, *53*, 610.
[8]) Ber. deutsch. chem. Gesellschaft 1888, *21*, 1566.
[9]) Zeitschr. physikal. Chemie 1887, *1*, 186.

Weinsäure zerfallen ist; in kalt gesättigten Lösungen der Traubensäure sind nur 6 Prozent der Säure unzersetzt. Das traubensaure Natron-Ammoniak ist in wässeriger Lösung vollkommen in rechts- und linksweinsaures Salz zerlegt. Wie R. Anschütz[1]) nachwies, ist der Traubensäure-Aethylester auch in Dampfform vollkommen dissociirt (nach Hofmann's Methode festgestellt). Derselbe[2]) fand nach dem kryoskopischen Verfahren, dass der Diacetyltraubensäure-Diäthylester in wässeriger Lösung in Acetylweinsäure-Aethylester zerfallen ist.

Dieses Verhalten der Traubensäure in wässeriger Lösung hatten Berthelot und Jungfleisch[3]) schon früher aus ihren kalorimetrischen Messungen erkannt. Demgegenüber glaubte Aignon[4]) ganz neuerdings festgestellt zu haben, dass die Weinsäure in wässeriger Lösung Doppelmolekeln bildet. Eine Beurtheilung der Aignon'schen Behauptung ist wegen der Kürze der Mittheilung nicht möglich.

Da F. M. Raoult[5]) angegeben hatte, dass sich das Jodoform in Benzollösung bei der kryoskopischen Molekulargewichtsbestimmung unnormal verhalte, wurde dieser Stoff von E. Paternò[6]) und N. von Klobukow[7]) geprüft und vollkommen normal befunden. Dasselbe stellte N. von Klobukow[8]) für Lösungen von Morphin und dessen Derivaten in Eisessig fest, welche nach Raoult's[9]) Bestimmungen eine Sonderstellung einnehmen sollten.

Von besonderem Interesse ist das Verhalten der Kolloide gegenüber den Gesetzen der verdünnten Lösungen. Nach den grundlegenden Untersuchungen von Th. Graham[10]) unterscheiden sich die Kolloide, welche alle amorph sind, von den Krystalloiden — ausser in vielen anderen Eigenschaften — auch durch eine viel kleinere Diffusionsgeschwindigkeit und dadurch, dass sie eine kolloidale Scheidewand nicht durchdringen können. W. Ostwald[11]) machte bereits im Jahre 1885 darauf aufmerksam, dass die Lösungen der Kolloide sich ganz anders verhalten, wie diejenigen der Krystalloide; erstere verän-

---

[1]) Ber. deutsch. chem. Gesellsch. 1885, *18*, 1399.

[2]) Annal. Chem. Pharm. 1888, *247*, 111.

[3]) Compt. rend. 1874, *78*, *711*.

[4]) Compt. rend. 1889, *112*, 951.

[5]) Annal. chim. phys. [6], 1886, *8*, 327.

[6]) Ber. deutsch. chem. Gesellschaft 1889, *22*, 465.

[7]) Zeitschr. physikal. Chemie 1889, *3*, 351.

[8]) Zeitschr. physikal. Chemie 1889, *3*, 476.

[9]) Annal. chim. phys. [6], 1884, 2, 72; 1886, *8*, 327.

[10]) Annal. Chem. Pharm. 1862, *121*, 1.

[11]) W. Ostwald, Lehrbuch der allgemeinen Chemie. Leipzig 1885, 1. Aufl. *1*, 527.

dern z. B. den Gefrierpunkt, den Dampfdruck und den Siedepunkt des Wassers beim Auflösen gar nicht oder nur sehr wenig, während die Krystalloide einen sehr starken Einfluss darauf ausüben. Ostwald sprach daher die Ueberzeugung aus, dass die Lösungen der Kolloide mehr mechanische Gemenge seien.

Zahlreiche später angestellte Untersuchungen haben die Ostwaldsche Ansicht bestätigt. Ch. Lüdeking[1]) fand, dass wässerige Lösungen von Kolloiden einen etwas geringeren Dampfdruck haben als Wasser. H. T. Brown und G. H. Morris[2]) beobachteten, dass Inulin, lösliche Stärke, Dextrin, Maltodextrin und arabisches Gummi selbst in sehr konzentrirten Lösungen ganz ausserordentlich kleine Gefrierpunktserniedrigungen hervorrufen (zum Theil nur wenige Tausendstel Grad). Zu demselben Ergebniss kamen D. H. Gladstone und W. Hibbert[3]) bei der Untersuchung von Kautschuck und anderen Kolloiden, A. G. Ekstrand und R. Mauzelius[4]) bei der Prüfung einiger dem Inulin verwandter Kohlenhydrate und E. Paternò und R. Nasini[5]) bei der Untersuchung von wässerigen Albumin- und Gelatinelösungen.

Später beschäftigte sich E. Paternò[6]) mit der Prüfung der Gefrierpunkte der Gallussäure und des Tannins. Für beide berechnete er in wässeriger Lösung sehr grosse Molekulargewichte, nämlich 18500 bezw. 2643 bis 3700; in Essigsäurelösung ergab sich dagegen nahezu das der chemischen Formel entsprechende Molekulargewicht. Wie indess W. Ostwald[7]) bemerkte, ist das Molekulargewicht der Gallussäure in wässeriger Lösung nur durch einen Rechenfehler so gross gefunden worden; in Wirklichkeit entspricht dasselbe auch in wässeriger Lösung der chemischen Formel. Letzteres war nach dem Ergebniss der von W. Ostwald[8]) früher ausgeführten Bestimmung der elektrischen Leitfähigkeit der Gallussäure vorauszusehen; die Gallussäure zeigte hierbei ein völlig normales Verhalten, und dieses hat ein normales Molekulargewicht zur Voraussetzung. A. Sabanejew[9]) fand ebenfalls für die Gallussäure in wässeriger und essigsaurer Lösung normales Molekulargewicht.

Bei der Untersuchung der Gerbsäure kam Sabanejew zu einem

---

[1]) Annal. Phys. Chemie [2], 1888, *35*, 552.

[2]) Journ. Chem. Soc. 1888, *53*, 610; 1889, 462.

[3]) Phil. Mag. [5], 1889, *28*, 38.

[4]) Chem.-Ztg. 1889, *13*, 1302 und 1337.

[5]) Gazz. chim. ital. 1889, *19*, 205.

[6]) Zeitschr. physikal. Chemie 1889, *4*, 457.

[7]) Zeitschr. physikal. Chemie 1891, 7, 428.

[8]) Zeitschr. physikal. Chemie 1889, *3*, 252.

[9]) Journ. russ. Gesellschaft 1890, 102.

andern Ergebniss als Paternò; er fand für dieselbe sowohl in wässeriger wie essigsaurer Lösung das gleiche Molekulargewicht 1288, welches auf die Molekularformel $(C_{14}H_{10}O_9)_4$ hindeuten würde.

Schon vorher hatte A. Sabanejew[1]) Lösungen verschiedener Kolloide auf ihren Gefrierpunkt untersucht. Kolloidale Wolframsäure und Molybdänsäure geben noch nicht allzu grosse Werthe für das Molekulargewicht. Dagegen muss das Molekulargewicht von Eisenoxyd und Kieselsäure ausserordentlich gross sein; eine elfprozentige Kieselsäurelösung gab eine Gefrierpunktserniedrigung von nur 0,002°, was einem Molekulargewicht von etwa 11000 entsprechen würde. Auch für das Albumin stellte Sabanejew[2]) eine sehr kleine Gefrierpunktserniedrigung und dementsprechend ein sehr grosses Molekulargewicht (14000) fest.

Umfangreiche Untersuchungen von C. Barus und E. A. Schneider[3]) sowie H. Picton und E. Lindner[4]) über die Natur der kolloidalen Lösungen, welche mit kolloidalen Silberlösungen bezw. kolloidalen Lösungen verschiedener Metallsulfide ausgeführt wurden, führten zu denselben Anschauungen, welche zuerst W. Ostwald und nach ihm E. Paternò ausgesprochen hatten. Alle Thatsachen sprechen dafür, dass kolloidale Lösungen Suspensionen sehr feiner Partikelchen in Wasser sind, wie sie z. B. im Lehmwasser vorliegen. Ob die geringe Gefrierpunktserniedrigung, welche einige Kolloide, z. B. die Eiweisse und kolloidalen Kohlehydrate, erkennen lassen, wirklich durch diese Stoffe selbst oder durch unvermeidbare Verunreinigungen hervorgerufen sind, wird sich nur schwer entscheiden lassen. Jedenfalls ist in Folge der Kleinheit dieser Werthe eine genauere Bestimmung des Molekulargewichts ausgeschlossen; man kann höchstens feststellen, dass derartige Stoffe ein ausserordentlich hohes Molekulargewicht besitzen.

Bestimmung des Molekulargewichts fester Körper.

Die Möglichkeit der Molekulargewichtsbestimmung fester Stoffe ist von J. H. van 't Hoff[5]) durch Einführung des Begriffs der „festen Lösungen" dargethan worden. Als „feste Lösung" bezeichnet van 't Hoff einen festen homogenen Komplex von mehreren Körpern, deren Verhältniss unter Beibehaltung der Homogenität wechseln kann. Zahlreiche Beispiele zeigen, dass diese festen Lösungen den flüssigen durch-

---

[1]) Journ. russ. Gesellschaft 1889, 515.

[2]) Journ. russ. Gesellschaft 1891, 7.

[3]) Zeitschr. physikal. Chemie 1891, *8*, 278.

[4]) Journ. Chem. Soc. 1892, 148.

[5]) Zeitschr. physikal. Chemie 1890, *5*, 322.

aus analog sind. Feste Lösungen sind in erster Linie die isomorphen Mischungen und die Mischkrystalle, dann die farbig krystallisirenden Mineralien, deren Grundmasse farblos ist (Quarze u. s. w.), die Gläser und glasartigen Mineralien und die Lösungen von Wasserstoff in einigen Metallen, besonders im Palladium. O. N. Witt[1]) fasst auch den Vorgang des Färbens als eine Lösung des Farbstoffs in der Faser auf; hier würde also ebenfalls eine feste Lösung vorliegen. Zur Stütze dieser Anschauung führt Witt eine Anzahl von Analogien an. Rhodamin ist z. B. ein Farbstoff, welcher im festen Zustande nicht fluorescirt, aber fluorescirende Lösungen gibt; die mit Rhodamin gefärbte Seide fluorescirt, wodurch die Annahme berechtigt ist, dass der Farbstoff in der Faser gelöst ist.

Die festen Lösungen zeigen alle Eigenschaften der flüssigen, nur in einem dem festen Zustand entsprechend verminderten Grade. Die Diffusion derselben ist z. B. mit Sicherheit dargethan. In einer sehr stark zusammengepressten Mischung von Baryumsulfat und Natriumkarbonat oder von Natriumsulfat und Baryumkarbonat schreitet nach Versuchen von W. Spring[2]) die chemische Umsetzung nach Aufhebung des Druckes allmählich weiter fort, ein Vorgang, bei dem die Diffusion eine Rolle spielt. Ferner wird die Diffusion bei festen Körpern bewiesen durch die Thatsache der Elektrolyse, also der Ionenbewegung, in festen Körpern, z. B. Glas[3]), durch die Thatsache, dass beim Erhitzen von Eisen in Kohlepulver (bei der Darstellung des Cementstahls) Kohle in das Eisen und umgekehrt Eisen in das Kohlepulver eindringt[4]); beim Erhitzen von Eisen in Kalk dringt Calcium in das Eisen ein, ebenso Kohle in Porzellan[5]). Auch in der Galvanoplastik spielen Diffusionsvorgänge eine wichtige Rolle; galvanisch niedergeschlagenes Kupfer dringt z. B. in das Grundmetall, auch noch nach dem Aufhören der Verkupferung, so dass verkupfertes Zink allmählich wieder weiss wird.

Analog den flüssigen Lösungen müssen auch für feste die Gasgesetze gelten, wenn man den Gasdruck durch den osmotischen Druck ersetzt; der osmotische Druck der festen Lösungen ist zwar nicht direkt bestimmbar, doch kann er als Rechengrösse unbedenklich eingeführt werden. Die Versuche von L. Troost und P. Hautefeuille[6])

---

[1]) Färber-Ztg. 1890/91, *1*; Zeitschr. physikal. Chemie 1891, 7, 93.

[2]) Bull. soc. chim. [2], 1886, *44*, 166 und 299.

[3]) E. Warburg, Annal. Phys. Chemie [2], 1889, *38*, 396.

[4]) Colson, Compt. rend. 1881, *93*, 1074; 1882, *94*, 26.

[5]) Violle, Compt. rend. 1882, *94*, 28; Sydney Marsdon, Proceed. Royal Soc. Edinb. 1880, *10*, 712; Annal. chim. phys. [5], 1882, *26*, 286.

[6]) Compt. rend. 1874, 78, 686; Annal. chim. phys. [5], 1874, *2*, 273.

über die Löslichkeit von Wasserstoff in Palladium ergaben die annähernde Gültigkeit des Henry'schen Gesetzes für feste Lösungen, wonach sich die Gase auch in festen Stoffen proportional ihrem Druck lösen.

Wenn die Gesetze des osmotischen Drucks auf feste Lösungen Anwendung finden können, so müssen auch diejenigen des Dampfdrucks und des Schmelzpunkts, welche zu den ersteren in naher Beziehung stehen, Gültigkeit haben. Bezüglich des Dampfdrucks liegen mehrere Beobachtungen vor, welche darthun, dass die Maximaltension vieler krystallwasserhaltiger Salze durch Beimischung isomorpher, mitkrystallisirender Salze erheblich vermindert wird. Auch das Verhalten vieler an Krystallwasser sehr reicher Salze spricht für die Anwendbarkeit des Gesetzes der Dampfdruckverminderung auf feste Lösungen.

Von grösserer Bedeutung ist das Verhalten fester Lösungen beim Schmelzen; wie van 't Hoff darthut, muss der Erstarrungspunkt steigen, wenn eine feste Lösung in Gegenwart einer flüssigen Substanz vorliegt. Dieser Fall tritt ein, wenn beim Erstarren einer Lösung nicht das reine Lösungmittel ausfriert, sondern eine Mischung des Lösungsmittels mit dem gelösten Stoff, denn diese Mischung stellt eine feste Lösung dar. Dass derartige Fälle vorkommen, wurde bereits früher (S. 454) erwähnt; Paternò beobachtete es bei Thiophen in Benzollösung und J. F. Eykmann namentlich bei m-Kresol in Phenollösung. Thiophen und Benzol, ebenso m-Kresol und Phenol sind isomorph, krystallisiren zusammen und können durch Krystallisation nicht getrennt werden. Die eingehenderen Versuche über diesen Fall, für den die Gesetze der Gefrierpunktserniedrigung nicht mehr gelten, sind S. 453 mitgetheilt worden.

Anwendung haben die van 't Hoff'schen Auseinandersetzungen über die festen Lösungen bis jetzt nicht gefunden. Die Methoden werden den bei flüssigen Lösungen angewandten ganz entsprechende sein. J. H. van 't Hoff konnte bereits zeigen, dass dem in Palladium gelösten Wasserstoff mit grosser Wahrscheinlihckeit das Molekulargewicht $H_2 = 2$ zukommt. Die Ergebnisse derartiger Molekulargewichtsbestimmungen werden von dem höchsten Interesse sein, da über die Molekulargrösse fester Stoffe bis jetzt nichts bekannt ist.